“十三五”应用技术大学规划教材

环境管理实务基础

林茂兹　编

中国环境出版集团·北京

图书在版编目（CIP）数据

环境管理实务基础/林茂兹编. —北京：中国环境出版集团，2018.9

“十三五”应用技术大学规划教材

ISBN 978-7-5111-3722-7

Ⅰ. ①环… Ⅱ. ①林… Ⅲ. ①环境管理—高等学校—教材 Ⅳ. ①X32

中国版本图书馆 CIP 数据核字（2018）第 156464 号

出 版 人　武德凯
责任编辑　侯华华
责任校对　任　丽
封面设计　宋　瑞

更多信息，请关注
中国环境出版集团
第一分社

出版发行　中国环境出版集团
（100062　北京市东城区广渠门内大街 16 号）
网　　址：http://www.cesp.com.cn
电子邮箱：bjgl@cesp.com.cn
联系电话：010-67112765（编辑管理部）
010-67112735（第一分社）
发行热线：010-67125803，010-67113405（传真）

印　　刷　北京中科印刷有限公司
经　　销　各地新华书店
版　　次　2018 年 9 月第 1 版
印　　次　2018 年 9 月第 1 次印刷
开　　本　170×230
印　　张　36
字　　数　610 千字
定　　价　68.00 元

前 言

随着我国环保事业的发展，环境管理的作用日益突出，这对应用型人才的实务操作技能要求越来越高。2016 年起，笔者主持福建省重大教育教学改革研究项目“环境管理实务体系构建及其在应用型人才培养中的应用”，提出了大胆设想，认为很有必要编写一本《环境管理实务基础》教材，为环境管理人才培养贡献力量。

本书在介绍环境管理的基础上提出环境管理实务体系，继而分章阐述了常用的建设项目环境影响评价、企业清洁生产审核、常用的环境监测、企业突发环境事件应急预案编制等实务操作及要点。同时，结合笔者在相关的实务操作和指导中的实践，给出相应的实务案例和分析。全书共 5 章：第 1 章为环境管理及其实务体系；第 2 章为环境影响评价实务与案例；第 3 章为清洁生产审核实务与案例；第 4 章为环境监测实务与案例；第 5 章为企业突发环境事件应急预案实务与案例。

本书以尽量详细的案例和分析贯穿全书的主要章节，结合我国最新的环保政策、法律法规、国家标准等，阐述环境管理实务操作；使读者在相关的环境管理实务操作中有例可循，也便于读者在需要时进一步查阅。本书阐述环境保护或环境管理中较常用的环境影响评价、环境监测、清洁生产审核、企业突发环境事件应急预案编制等实务，每种实务自成一章，高度归纳总结其技术要点，便于读者阅读，也便于教师在有限的课堂教学中授课。

本书由福建省重大教育教学改革研究项目（JZ 160218）、近海流域环境测控治理福建省高校重点实验室和福建省重点学科（环境科学与工程）建设经费共同资助。编写过程中参考了多部相关教材、著作、论文和环境保护部、福建省环境保护厅、上海市环境保护局等有关文件和资料。书中的案例来自笔者先后负责和指导学生胡秀亮、周开清、谢武生、王秀连等同学为10余家企业提供的环保咨询服务；也是这些企业开展环境监测、清洁生产审核和企业突发环境事件应急预案编制的成果。在编写过程中，也参考了教研组饶清华老师、邱雪芬老师的相关课程教案。对以上单位和个人表示衷心的感谢。

环境管理实务涉及领域和范围广泛，且学科发展迅速，由于笔者学识有限，书中难免有不足之处，恳请各位专家、学者和读者批评指正，以便改进和完善。

林茂兹

2017年10月9日

目 录

第1章 环境管理及其实务体系

随着社会经济发展和科技进步，人类的工农业生产带来了严重的环境污染，另外，人类改造和利用自然资源也造成了严重的生态破坏。这两方面问题共同构成政府和社会密切关注的环境问题。解决环境污染问题，有效方法是从污染源头进行积极预防，从生产过程进行严格控制，再结合必要的环境治理。解决生态破坏问题，有效方法是对未受破坏的生态环境进行积极保护，对脆弱的、易受破坏的生态环境进行及时保护，对已被破坏的生态环境进行科学修复。这些方法实施，都是环境管理必须考虑的具体工作。这对环境科学/工程相关专业学生的环境管理实务操作能力要求提供了较好的从业机遇，但也提出了严峻的挑战。环境科学/工程专业的毕业生将来从事环境保护工作，需要先深入了解并理解环境管理及其实务体系的内涵与外延，还要扎实掌握环境管理实务操作技能。

1.1 环境管理

1.1.1 环境管理的内涵

环境管理是国家环境保护部门的基本职能，是运用计划、组织、协调、控制、监督等手段，为达到预期环境目标而进行的一项综合性工作。《环境保护法》规定：国务院环境保护主管部门对全国环境保护工作实施统一监督管理。广义的环境管理是指在环境容量的允许下，以环境科学的理论为基础，运用行政、法律、经济、教育和科学技术手段，协调社会经济发展同环境保护之间的关系，处理国民经济各部门、各社会集团和个人有关环境问题的相互关系，使社会经济发展在满足人们物质和文化生活需要的同时，防止环境污染和维护生态平衡。由于环境管理的内容涉及土壤、水、大气、生物等各种环境因素，环境管理的领域涉及经济、社会、政治、自然、科学技术等方面，环境管理的部门涉及国家的各个部门，所以环境管理具有高度的综合性。

环境管理的主要内容可分为 3 个方面：①环境计划的管理：主要包括工业交通污染防治、城市污染控制计划、流域污染控制计划、自然环境保护计划以及环境科学技术发展计划、宣传教育计划等；还包括在调查、评价特定区域的环境状况的基础区域环境规划。②环境质量的管理：主要有组织制定各种质量标准、各类污染物排放标准和监督检查工作，组织调查、监测和评价环境质量状况以及预测环境质量变化趋势。③环境技术的管理：主要包括确定环境污染和破坏的防治技术路线和技术政策；确定环境科学技术发展方向；组织环境保护的技术咨询和情报服务；组织国内和国际的环境科学技术合作交流等。

1.1.2 环境管理制度

开展环境管理工作，主要通过环境管理制度的实施。我国现行环境管理体系可表述为三大政策和八项制度。三大政策是：预防为主；谁污染谁治理；强化环境监督管理。八大制度是：环境影响评价制度；“三同时”制度；排污收费制度；环境保护目标责任制度；城市环境综合整治定量考核制度；排污许可证制度；污染集中控制制度；限期治理制度。

1.1.2.1 环境影响评价制度

为了加强建设项目环境保护管理，严格控制新的污染，保护和改善环境，1986 年 3 月 26 日全国环境保护委员会、国家计划委员会、国家经济委员会颁布了《建设项目环境保护管理办法》，共 25 条，附录为“项目环境影响报告书内容提要”。该办法适用于我国大陆的工业、交通、水利、农林、商业、卫生、文教、科研、旅游、市政等对环境有影响的一切基本建设项目和技术改造项目，以及区域开发建设项目。它规定凡从事对环境有影响的建设项目都必须执行环境影响报告书的审批制度。各级人民政府的环境保护部门对建设项目的环境保护实施统一的监督管理，各级计划、土地管理、基建、技改、银行、物资、工商行政部门都应结合该规定将建设项目的环境保护管理工作纳入工作计划。执行防治污染及其他公害的设施与主体工程同时设计、同时施工、同时投产使用的“三同时”制度；对扩建、改建、技改工程必须对原有污染在经济合理条件下同时进行治理。建设项目建成后其污染物的排放必须达到国家或地方规定的标准，符合环境保护的有关法规。该办法也具体规定了对建设项目环境保护的有关法规。该办法还具体规定了对建设项目环境影响报告书的编制要求、审批权限，以及对从事环境影响评价的单位实施资格审查的制度。

环境影响评价制度主要包括以下几个方面：

①规定了环境影响评价的适用范围，即对环境有影响的新建、改建、扩建、技术改造项目以及一切引进项目，包括区域建设项目都必须执行环境影响报告书审批制度。

②规定了评价的时机，即建设项目环境影响评价报告书（报告表）必须在项目的可行性研究阶段完成。

③规定了负责提出环境影响报告书的主体，即开发建设单位。

④规定了环境影响评价报告书和环境影响评价报告表的基本内容。

⑤规定了环境影响评价的程序包括填写《环境影响报告表》或编报《环境影响报告书》的项目筛选程序、环境影响评价的工作程序和环境影响报告书的审批程序。

⑥规定了承担评价工作单位和资格审查制度。

⑦规定了环境影响评价的资金来源和工作费用的收取。

⑧规定了其他配套措施，如“三同时”制度等。

环境影响评价制度为项目的决策、项目的选址、产品方向、建设计划和规模以及建成后的环境监测和管理提供了科学依据。

随后，环境影响评价工作又有了新的发展，过去的那种单一项目的孤立评价开始逐渐转向区域性的综合性评价，这种转变不仅适应了我国区域性经济开发的需要，而且为环境污染的区域性防治，尤其是为推行区域总量控制技术奠定了坚实的基础。此外，也为经济合理地解决区域环境问题和大系统的多方案优化决策创造了条件。

1.1.2.2 “三同时”制度

所谓“三同时”是指新扩改项目和技术改造项目的环保设施要与主体工程同时设计、同时施工、同时投产。“三同时”制度是我国早期的一项环境管理制度，它来自20世纪70年代初防治污染工作的实践。这项制度的诞生标志着我国在控制新污染的道路上迈上了新的台阶。在全面总结实践经验和教训的基础上，1986年又对其进行了修改和完善，并由国务院环境保护委员会、国家计划委员会、国家经济委员会联合颁布了《建设项目环境保护管理办法》，具体规定了“三同时”制度的内容。

1.1.2.3 排污收费制度

《环境保护法》第28条规定：“排放污染物超过国家或者地方规定排放标准的企业事业单位，依照国家缴纳超标准排污费负责治理”，征收的超标排污费必须用于污染的防治，不得挪作他用。《水污染防治法》第15条又进一步规定：“企业事业单位向水体排放污染物（不超标的污水）的，按照国家规定缴纳排污费。”

1.1.2.4 城市环境综合整治定量考核制度

所谓城市环境综合整治，就是把城市环境作为一个系统、一个整体，运用系统工程的理论和方法，采取多功能、多目标、多层次的综合的战略、手段和措施，对城市环境进行综合规划、综合管理、综合控制，以较小的投入，换取城市环境质量最优化，做到“经济建设、城乡建设，环境建设同步规划、同步实施、同步发展”，以使复杂的城市环境问题得到有效地解决。

城市环境综合整治定量考核是由城市环境综合整治的实际需要而产生的，它不仅使城市环境综合整治工作定量化、规范化，而且增强了透明度，引入了社会监督的机制。因此，这项制度的实施使环保工作切实纳入了政府的议事日程。

（1）定量考核的对象和范围

根据市长要对城市的环境质量负责的原则，城市环境综合整治定量考核的主要对象是城市政府。考核范围分为两级：①国家级考核。是国家直接对部分城市政府在组织开展城市环境综合整治、保护城市环境方面的工作情况进行的考核。目前，国家直接考核的城市有 32 个，包括北京、天津、上海、重庆 4 个直辖市、省会及自治区首府（除拉萨市和中国台湾地区外）25 个，此外还有桂林、苏州、大连 3 个城市。②省（自治区）级考核。各省、自治区考核的城市由省、自治区人民政府自行确定。据不完全统计，目前，省、自治区考核的城市超过 300 个。

（2）定量考核的内容和指标

定量考核的内容：环境质量、污染控制、环境建设和环境管理（狭义的环境管理，指地方政府对污染的控制和环境保护措施实施的监管）4 个方面，共 27 项指标，总计 100 分。其中，考核城市环境质量的指标有 7 项，计 30 分。包括：大气总悬浮微粒年、日平均值，二氧化硫年、日平均值，氮氧化物年、日平均值，饮用水水质达标率，城市地面水水质达标率，区域环境噪声平均值和城市交通干线噪声平均值。考核城市污染控制能力的指标有 9 项，计 35 分。包括：水污染物排放总量削减率、大气污染物排放总量削减率、烟尘控制区覆盖率、环境噪声达标区覆盖率、工业废水排放达标率、汽车尾气达标率、民用型煤普及率、工业固体废物综合利用率、危险废物处置率。考核城市环境基础设施水平的指标有 6 项，计 20 分。包括：城市污水处理率、城市集中供热率、城市气化率、生活垃圾处理率、建成区绿化覆盖率、自然保护区覆盖率。环境管理的指标有 4 大项 6 小项，计 15 分。包括：城市环境保护投资指数、环境保护机构建设、“三同时”合格执行率、排污费征收面、排污费征收率、污染防治设施运行率。

1.1.2.5　排污许可证制度

排污许可证制度是以改善环境质量为目标，以污染物总量控制为基础，对排污的种类、数量、性质、去向、方式等的具体规定，是一项具有法律含义的行政管理制度。

（1）排污申报登记

排污申报登记是排污许可证的基础工作。目前，各地一般要求申报如下内容：①排污单位的基本情况；②生产工艺、产品和材料消耗情况（包括用水量、用煤量)；③污染排放状况（包括排放种类、排放去向、排放强度)；④污染处理设施建设、运行情况；⑤排污单位的地理位置和平面示意图。

各单位的申报登记表报齐后，环保部门组织汇总建档。汇总的主要内容应有：①各类污染物日排放量；②各类污染物年排放总量；③按污染物排放量大小对申报单位排序编号；④绘制区域性污染物排放状况示意图，提出各排污口位置、排放污染物种类、数量、浓度等；⑤对各申报单位的排污情况进行系统分析，确定重点污染物控制对象；⑥建立污染申报登记档案库。

（2）污染物排放总量指标的规划分配

确定污染物排放总量控制指标后，分配污染物总量削减指标是发放和管理排污许可证最核心的工作。一个地区要科学地确定污染物排放总量控制指标，并合理分配污染物削减指标，就必须对当地的环境目标、经济发展、财政实力、治理技术等因素，进行综合考虑和分析。大气污染总量控制主要考虑能源结构、能源消耗量及燃烧方式等因素；水污染物总量控制主要考虑流域、区域水量水质等状况，总用水量和总排水量等因素；固体废物总量控制主要考虑排放种类和总量以及运输等因素。

（3）审核发证

排污许可证的审批，主要是对排污量、排放方式、排放去向、排放口位置、排放时间加以限制。每项污染源分配的排污量之和必须与控制指标相一致，并留有一定的余地。在这一阶段的工作中，需要确定排污许可证的类型（临时或正式两种)，与领取排污许可证的企业协商对话，最后颁发许可证。颁发许可证可以采取公开、公证形式，赋予其严肃性。排污许可证的审核颁发工作，应由专人管理，从申请、审核、批准到变更均应建立完整的工作程序。

（4）许可证的监督管理

①建立健全管理体系：应从人员结构、职能、管理制度和程序等方面考虑，建立一整套许可证管理体系，整个体系应具备组织严密、管理灵活、运行可靠的特点，确保许可证制度发挥应有的作用。

②制定相应的管理制度：主要从两个方面考虑，一是从许可证制度的协调关

系考虑，如许可证制度与“三同时”和排污收费的协调关系等；二是从许可证制度本身出现的一些客观问题去考虑，如总量指标的确定、指标分配和有偿转让等问题。

③问题监督规范化，抽查监督制度化：在推行过程中，要抓住总量计量与监督检查这两个中心环节。要完善各排污口的总量计量系统，并统一总量计量技术；此外，环保部门要加强监督性检查，并使之经常化、制度化。

1.1.2.6　环境保护目标责任制度

环境保护目标责任制度是一种具体落实地方各级政府和有关污染的单位对环境质量负责的行政管理制度。一个区域、一个部门乃至一个单位环境保护的主要责任者和责任范围，运用目标化、定量化、制度化的管理方法，把贯彻执行环境保护这一基本国策作为各级领导的行为规范，推动环保工作的全面、深入发展，是责、权、利、义的有机结合。每届地方政府，在其任期内，都要采取措施，使环境质量达到某一预定的目标。环境目标是根据环境质量状况及经济技术条件，在经过充分研究的基础上确定的。目标责任制通常是通过上一级政府对下一级政府签订环境目标责任书来体现，下一级政府在任期内完成了目标任务，上一级政府给予鼓励，没有完成任务的则给予处罚。环境保护目标责任制是将各级政府领导人依照法律应当承担的环境保护责任、权利、义务，用建立责任制的形式固定下来，并把它引入到环境管理中的一种特殊的环境管理模式。

环境保护目标责任制的作用是：首先，明确了保护环境的主要责任者、责任目标和责任范围，解决了“谁对环境质量负责”这一首要问题，按要求是一把手负总责。具体来说就是省长对该省的环境质量负责，市长对该市的环境质量负责，各排污企业的法人对该企业的排污负责，企业的法人要确保企业污染物达标排放，有总量控制任务的企业还要达到总量控制要求。其次，责任的各项指标层层分解、落实，各级政府和有关部门都按责任书项目的分工承担了相应的任务，使环境保护由过去环境部门一家抓，逐步发展为各部门各司其职、各负其责、齐抓共管。因此，全面推行环境保护目标责任制，对多层次、全方位推进环境保护工作，有着十分重要的意义。

1.1.2.7 污染集中控制制度

污染集中控制制度是要求在一定区域，建立集中的污染处理设施，对多个项目的污染源进行集中控制和处理。目前我国进行水体污染的集中处理采取兴建城镇污水处理厂的方案。污染集中控制既可以节省环保投资，提高处理效率，又可采用先进工艺，进行现代化管理，因此有显著的社会、经济、环境效益。污染集中控制制度是从我国环境管理实践中总结出来的。多年的实践证明，我国的污染治理必须以改善环境质量为目的，以提高经济效益为原则。治理污染的根本目的不是追求单个污染源的处理率和达标率，而是谋求整个环境质量的改善，同时讲求经济效率，以尽可能小的投入获取尽可能大的效益。

为了有效推行污染集中控制，必须有一系列措施加以保证。例如：

①必须以规划为先导。污染集中控制与城市密切相关，集中控制必须与城市建设同步规划、同步实施。如完善城市排水管网，建立城市污水处理厂，发展城市煤气化和集中供热，建设城市垃圾处理厂，发展城市绿化等。

②必须突出重点，划定不同的功能区划，分别整治。

③必须与分散控制相结合，构建区域环境污染综合防治体系。

④疏通多种资金渠道是推行污染集中控制的保证。要实现集中控制必须落实资金。例如，充分利用环境保护基金贷款、建设项目环境保护资金、银行贷款及地方财政补贴等多种渠道筹措资金。目前我国污水处理厂多采用 BOT 模式运行。BOT 是 Build-Operate-Transfer 的首字母缩写，即建设—经营—转让模式。这是私营企业参与基础设施建设，向社会提供公共服务的一种方式。我国一般称为“特许权”，是指政府部门就某个基础设施项目与私人企业（项目公司）签订特许权协议，授予签约方的私人企业（包括外国企业）来承担该项目的投资、融资、建设和维护，在协议规定的特许期限内，许可其融资建设和经营特定的公用基础设施，并准许其通过向用户收取费用或出售产品以清偿贷款，回收投资并赚取利润。政府对这一基础设施有监督权、调控权，特许期满，签约方的私人企业将该基础设施无偿或有偿移交给政府部门。

⑤实行污染集中控制，地方政府协调是关键。污染集中控制不仅涉及企业，

也涉及地方政府各部门，充分依靠地方政府的协调，是污染集中控制制度得以落实的基础。

1.1.2.8　限期治理制度

限期治理制度，是指对严重污染环境的企业事业单位和在特殊保护的区域内超标排污的生产、经营设施和活动，由各级人民政府或其授权的环境保护部门决定、环境保护部门监督实施，在一定期限内治理并消除污染的法律制度。

限期治理制度的主要特点是：①有严厉的法律强制性。由国家行政机关做出的限期治理决定必须履行，给予未按规定履行限期治理决定的排污单位的法律制裁是严厉的，并可采取强制措施。②有明确的时间要求。这一制度的实行是以时间限期为界线作为承担法律责任的依据之一。时间要求既体现了对限期治理对象的压力，也体现了留有余地的政策。③有具体的治理任务。体现治理任务和要求的主要衡量尺度，是看是否达到消除或减轻污染的效果和是否符合排放标准。是否完成治理任务是另一个承担法律责任的依据。④体现了突出重点的政策，有明确的治理对象，通常包括：a. 位于居民稠密区、水源保护区、风景名胜区、城市上风向等环境敏感区，严重超标排放污染物的单位和污染物；b. 排放有毒有害物，对环境造成严重污染，危害人类健康的单位和污染物；c. 污染物排放量大，对环境质量有重大影响的单位和污染。

1.1.3　环境管理手段

环境管理手段包括行政、法律、经济、技术和宣传教育等。

1.1.3.1　行政手段

行政手段主要指国家和地方各级行政管理机关，根据国家行政法规所赋予的组织和指挥权力，制定方针、政策，建立法规、颁布标准，进行监督协调，对环境资源保护工作实施行政决策和管理。主要包括：环境管理部门定期或不定期地向同级政府机关报告本地区的环境保护工作情况，对贯彻国家有关环境保护方针、政策提出具体意见和建议；组织制定国家和地方的环境保护政策、工作计划和环境规划，并把这些计划和规划报请政府审批，使之具有行政法规效力；运用行政权力对某些区域采取特定措施，如划分自然保护区、重点污染防治区，环境保护特区等；对一些污染严重的工业、交通、企业要求限期治理，甚至勒令其关、停、并、转、迁；对易产生污染的工程设施和项目，采取行政制约的方法，如审批开发建设项目的环境影响评价书，审批新建、扩建、改建项目的“三同时”设计方案，发放与环境保护有关的各种许可证，审批有毒有害化学品的生产、进口和使用；管理珍稀动植物物种及其产品的出口、贸易事宜；对重点城市、地区、水域的防治工作给予必要的资金或技术帮助等。

1.1.3.2 法律手段

法律手段是环境管理的一种强制性手段，依法管理环境是控制并消除污染，保障自然资源合理利用，并维护生态平衡的重要措施。环境管理一方面要靠立法，把国家对环境保护的要求、做法，全部以法律形式固定下来，强制执行；另一方面要靠执法，环境管理部门要协助和配合司法部门对违反环境保护法律的犯罪行为进行斗争，协助仲裁；按照环境法规、环境标准来处理环境污染和生态破坏问题，对严重污染和破坏生态环境的行为提起公诉，甚至追究法律责任；也可依据环境法规对危害人民健康、财产，污染和破坏环境的个人或单位给予批评、警告、罚款或责令赔偿损失等。我国自 20 世纪 80 年代开始，从中央到地方颁布了一系列环境保护法律、法规。目前，已初步形成了由国家宪法、环境保护基本法、环境保护单行法规和其他部门法中关于环境保护的法律规范等所组成的环境保护法体系。

《环境保护法》是为保护和改善环境，防治污染和其他公害，保障公众健康，推进生态文明建设，促进经济社会可持续发展制定的国家法律，是环保的“母法”。中华人民共和国第十二届全国人民代表大会常务委员会第八次会议于 2014 年 4 月 24 日再次修订并公布了《环境保护法》，自 2015 年 1 月 1 日起施行。该次修订，将我国环保法律手段提高到了空前的严厉程度，这是我国环境问题频出、对我国公民身心健康造成巨大风险、引起我国社会广泛关注的必然结果，也将是保障我国公民身心健康并惠及子孙后代的重大事项。

1.1.3.3 经济手段

经济手段是指利用价值规律，运用价格、税收、信贷等经济杠杆，控制生产者在资源开发中的行为，以便限制损害环境的社会经济活动，奖励积极治理污染的单位，促进节约和合理利用资源，充分发挥价值规律在环境管理中的杠杆作用。实行方法主要包括各级环境管理部门对积极防治环境污染而在经济上有困难的企业、事业单位发放环境保护补助资金；对排放污染物超过国家规定标准的单位，按照污染物的种类、数量和浓度征收排污费；对违反规定造成严重污染的单位和个人处以罚款；对排放污染物损害人群健康或造成财产损失的排污单位，责令对受害者赔偿损失；对积极开展“三废”综合利用、减少排污量的企业给予减免税和利润留成的奖励；推行开发、利用自然资源的征税制度等。

1.1.3.4 技术手段

技术手段是指借助于既能提高生产率，又能把对环境污染和生态破坏控制到最小限度的技术以及先进的污染治理技术等来达到保护环境目的的手段。运用技术手段，实现环境管理的科学化，包括制定环境质量标准；通过环境监测、环境统计方法，根据环境监管资料以及有关的其他资料对本地区、本部门、本行业污染状况进行调查；编写环境报告书和环境公报；组织开展环境影响评价工作；交流推广无污染、少污染的清洁生产工艺及先进治理技术；组织环境科研成果和环境科技情报的交流等。许多环境政策、法律、法规的制定和实施都涉及许多科学技术问题，所以环境问题解决得好坏，在极大程度上取决于科学技术。没有先进的科学技术，就不能及时发现环境问题，而且即使发现，也难以控制。例如，兴建大型工程、围湖造田、施用化肥和农药，常会产生负的环境效应。这就说明人类没有掌握足够的知识，没有科学地预见到人类活动对环境的反作用。

1.1.3.5 宣传教育

宣传教育是环境管理不可缺少的手段。环境宣传既是普及环境科学知识，又是一种思想动员。可通过报纸、杂志、电影、电视、广播、展览、专题讲座、文艺演出等各种文化形式广泛宣传，使公众了解环境保护的重要意义和内容，提高全民族的环境意识，激发公民保护环境的热情和积极性，把保护环境、热爱大自然、保护大自然变成自觉行动，形成强大的社会舆论，从而制止浪费资源、破坏环境的行为。环境教育可以通过专业的环境教育培养各种环境保护的专门人才，提高环境保护人员的业务水平；还可以通过基础的和社会的环境教育提高社会公民的环境意识，来实现科学管理环境以及提倡社会监督的环境管理措施。例如，把环境教育纳入国家教育体系，从幼儿园、中小学抓起加强基础教育，搞好成人教育以及对各高校非环境专业学生普及环境保护基础知识等。

1.2 环境管理实务体系

“先污染后治理”不能从根本上解决环境问题。预防为主、超前的环境管理是解决环境问题的主流方法和趋势。环境管理具有高度的综合性，也具有很强的专业性。所以环境管理专业人才需要熟练掌握环境管理的相关知识和技能。为此，提出环境管理实务体系，包括知识体系和技能体系。环境管理实务知识体系是环境管理的核心基础，环境管理实务技能体系是知识体系的应用和扩展。

1.2.1 环境管理实务体系

环境管理实务体系包括 3 个子体系：①环境计划实务体系，主要包含：工农业、交通污染防治计划，城市污染控制计划，流域污染控制计划，自然环境保护计划，宣传教育计划，调查、评价特定区域环境状况的基础区域环境规划等；②环境质量实务体系，主要有：组织制定各种质量标准，各类污染物排放标准和监督检查工作，组织调查、监测和评价环境质量状况以及预测环境质量变化趋势等；③环境技术实务体系，主要包括：确定环境污染和破坏的防治技术路线和技术政策，组织环境保护的技术咨询和情报服务等。其中环境计划实务子体系和环境质量实务子体系归纳为知识体系，技术体系为技能体系。环境管理实务体系见图 1-1。环境影响评价、清洁生产审核、环境监测、企业突发环境事件应急预案编制实务是本书将阐述的主要内容。

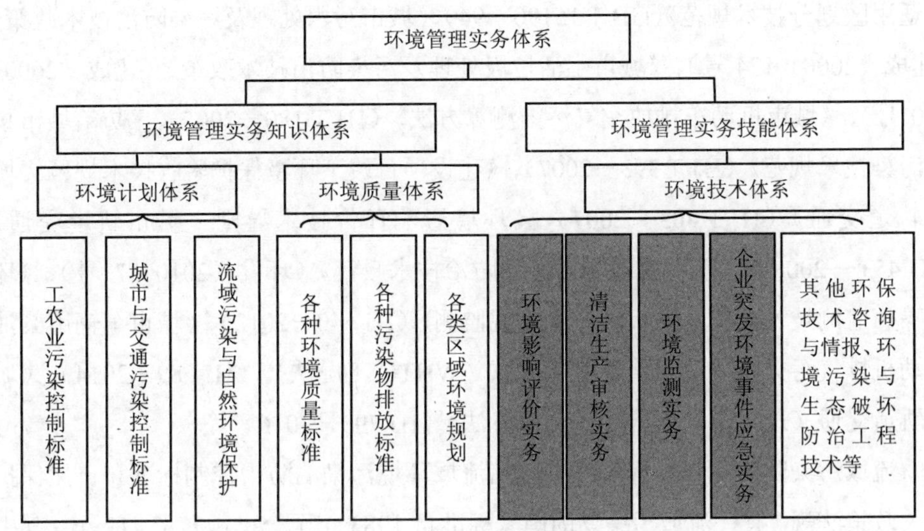

图 1-1　环境管理实务体系

工农业污染控制标准和各种污染物排放标准包括典型工业和农业生产实践中常见污染物及其控制标准的管理应用。主要工业污染物控制标准，例如，2001 年颁布的《一般工业固体废物贮存、处置场污染控制标准》（GB 18599—2001）。随着环保行业和工业发展，该标准于 2013 年修订，规定："应依据环境影响评价结论确定场址的位置及其与周围人群的距离，并经具有审批权的环境保护行政主管部门批准，并可作为规划控制的依据。"修订后该标准还规定："在对一般工业固体废物贮存、处置场场址进行环境影响评价时，应重点考虑一般工业固体废物贮存、处置场产生的渗滤液以及粉尘等大气污染物等因素，根据其所在地区的环境功能区类别，综合评价其对周围环境、居住人群的身体健康、日常生活和生产活动的影响，确定其与常住居民居住场所、农用地、地表水体、高速公路、交通主干道（国道或省道）、铁路、飞机场、军事基地等敏感对象之间合理的位置关系。"

城市与交通污染控制标准包括城市水污染、气体污染、噪声与电磁污染、固体废物污染、交通噪声污染控制标准。如《城市区域环境振动测量方法》（GB 10071—88）、《城市区域环境振动标准》（GB 10070—88）、《城市区域环境噪声适用区划分技术规范》(GB/T 15190—94)、《城市污水处理及污染防治技术政策》(建成〔2000〕124号)、《城市生活垃圾处理及污染防治技术政策》(建成〔2000〕120号)、《城市机动车排放空气污染测算方法》(HJ/T 180—2005)、《防治城市扬尘污染技术规范》(HJ/T 393—2007)、《建设项目竣工环境保护验收技术规范 城市轨道交通》(HJ/T 403—2007)、《环境影响评价技术导则 城市轨道交通》(HJ 453—2008)、《地面交通噪声污染防治技术政策》(环发〔2010〕7号)、《环境噪声监测技术规范 城市声环境常规监测》(HJ 640—2012)、《城市车辆用柴油发动机排气污染物排放限值及测量方法(WHTC工况法)》(HJ 689—2014)、《城市轨道交通(地下段)结构噪声监测方法》(HJ 793—2016)等。

流域污染防治与自然环境保护包括流域环境污染的防治控制标准和自然保护有关政策法规。有关流域污染物的国家标准自1983年至今已颁布了412个。其中在2002年、2007年、2009—2016年，国家有关部委进行了部分标准的重新修订、合并或替代了部分不能满足现实环保要求的旧标准，目前强制执行的标准有338个。如《环境影响评价技术导则 地下水环境》(HJ 610—2016)、《草浆造纸工业废水污染防治技术政策》(环发〔1999〕273号)等。自然保护有关国家标准如《自然保护区类型与级别划分原则》(GB/T 14529—93)、《海洋自然保护区类型与级别划分原则》(GB/T 17504—1998)、《自然保护区管护基础设施建设技术规范》(HJ/T 129—2003)等。我国进一步重视可持续发展战略和生态文明建设，一大批新的生态环境保护标准出台。如《建设项目竣工环境保护验收技术规范 生态影响类》(HJ/T 394—2007)、《生态工业园区建设规划编制指南》(HJ/T 409—2007)、《综合类生态工业园区标准》(HJ 274—2009代替HJ/T 274—2006)、《环境影响评价技术导则 生态影响》(HJ 19—2011代替HJ/T 19—1997)、《抗虫转基因植物生态环境安全检测导则(试行)》(HJ 625—2011)、《矿山生态环境保护与恢复治理方案(规划)编制规范(试行)》(HJ 652—2013)、《矿山生态环境保护与恢复治理技术规范(试行)》(HJ 651—2013)、《生态环境状况评价技术规范》(HJ 192—2015)。“十三五”规划之前，颁布了《国家生态工业示范园区标准》(HJ 274—2015)，代替了原先试行的3个标准(HJ/T 273—2006、HJ/T 275—2006、HJ 274—2009)。

各类区域环境规划包括对各类区域的环境规划所需的规划依据、方法、规划内容选定、规划报告书的起草等。主要国家标准如《规划环境影响评价技术导则（试行）》（HJ/T 130—2003）、《生态工业园区建设规划编制指南》（HJ/T 409—2007）、《规划环境影响评价技术导则　煤炭工业矿区总体规划》（HJ 463—2009）、《矿山生态环境保护与恢复治理方案（规划）编制规范（试行）》（HJ 652—2013）等。

各类环境质量标准如《核辐射环境质量评价的一般规定》（GB 11215—89）、《土壤环境质量标准》（GB 15618—1995）、《工业企业土壤环境质量风险评价基准》（HJ/T 25—1999）、《地表水环境质量标准》（GB 3838—2002 代替 GB 3838—88、GHZB 1—1999）、《食用农产品产地环境质量评价标准》（HJ 332—2006）、《温室蔬菜产地环境质量评价标准》（HJ 333—2006）、《展览会用地土壤环境质量评价标准（暂行）》（HJ 350—2007）、《声环境质量标准》（GB 3096—2008 代替 GB 3096—93、GB/T 14623—93）、《环境质量报告书编写技术规范》（HJ 641—2012）。有关大气环境质量的标准共颁布 54 个，由于部分标准重新修订、合并和替代一些旧标准，强制执行的有关大气环境质量 46 个，如《水泥工业大气污染物排放标准》（GB 4915—2013 代替 GB 4915—2004）、《大气污染物名称代码》（HJ 524—2009）、《锅炉大气污染物排放标准》（GB 13271—2014 代替 GB 13271—2001、GB 13271—91、GWPB 3—1999）等。

区域环境规划是指调查、评价和预测一个地区或一个流域的环境因经济发展所引起的变化，根据生态学原则提出以调整工业部门结构以及安排生产布局为主要内容的环境保护及改造和塑造环境的战略部署。区域环境规划以生态规律和社会经济规律为指导，同时考虑与整个国民经济的协调以及规划本身的可实施性。规划的目的是缓解经济发展与环境保护之间的矛盾。其实质是环境和经济的综合规划。区域环境规划主要内容通常包括：研究和确定区域环境目标和环境指标体系；进行环境预测和环境问题的研究；制定和选择区域环境规划方案；提出区域环境保护技术政策。

其他环保咨询服务机构针对常见环保技术咨询与情报实务服务，除环境影响评价、清洁生产审核外，还有节能评估与能源审计、水土保持方案编制、场地调查评估（评价）与修复方案等各类环保技术咨询服务及相关报告书（表）的编制等。政府有关部门针对环保技术咨询与情报服务实务包括相关环境质量的发布、政府有关环保工程招投标公告、有关环保文档对社会公开等。

环境污染防治技术包括典型行业水污染、大气污染、固体废物污染、噪声和辐射等物理性污染的防治工程技术等。生态破坏的防治技术包括各类生态破坏类项目造成水土流失、生态破坏等的防治工程技术等。

1.2.2 常见的环境管理实务

环境科学/工程相关专业毕业生进入环保行业，主要从事的环境管理实务工作通常是环境监测及相关环境监测报告编制、环境影响评价报告书（表）编制、企业突发环境事件应急预案报告编制、清洁生产审核报告编制、节能评估与能源审计报告编制、水土保持方案编制、场地调查评估（评价）与污染场地修复、生态乡镇规划报告编制等。本书主要介绍环境影响报告实务、清洁生产审核实务、环境监测实务和企业突发环境事件应急预案编制等基础实务。

1.2.2.1 环境监测

环境监测（environmental monitoring）是指运用物理、化学、生物等现代科学技术方法，间断地或连续地对环境化学污染物及物理和生物污染等因素进行现场的监测和测定，做出正确的环境质量评价。即通过对影响环境质量因素的代表值的测定，确定环境质量（或污染程度）及其变化趋势。环境监测通常包括背景调查、确定方案、优化布点、现场采样、样品运送、实验分析、数据收集、分析综合等过程，是计划—采样—分析—综合获得信息的过程。环境监测的主要手段包括物理手段（对于声、光的监测），化学手段（各种化学方法，包括重量法、分光光度法等），生物手段（监测环境变化对生物及生物群落的影响）。按照监测对象，环境监测分为环境质量监测和污染源监测两种。

目前环境监测的发展趋势是：①由经典的化学分析向仪器分析发展；②由手工操作向连续自动化迈进；③微量分析（0.01%～1%）向痕量（＜0.01%）、超痕量发展；④由污染物成分分析发展到化学形态分析；⑤仪器的联合使用和电子计算机化。

环境监测任务在我国加入世界经济贸易组织（WTO）之前，一直是由环保局下辖的环境监测站实施。我国加入 WTO 之后，环境监测（实验室等）逐步放开，一些民营机构实验室成立，并开展业务。2002 年谱尼测试检测机构（民营环境监测机构）注册成立，进入了环境监测领域，并逐步发展其他领域的检测。随后，与环保局下辖的环境监测站资质能力类似的民营机构发展较快。《计量法》第二十二条规定："为社会提供公证数据的产品质量检验机构，必须经省级以上人民政府计量行政部门对其计量检定、测试的能力和可靠性考核合格，即取得'CMA'（中国计量认证）资质"，所以所有环境监测机构都必须具备"CMA"资质，才可以开展相关的环境监测业务。

按监测目的，环境监测可划分为：

①监视性监测（例行监测、常规监测），包括对污染源的监测和环境质量监测，以确定环境质量及污染源状况，评价控制措施的效果、衡量环境标准实施情况和环境保护工作的进展。这是监测工作中量最大、面最广的工作。

②特定目的监测（特例监测、应急监测），包括：a. 污染事故监测：在发生污染事故时及时深入事故地点进行应急监测，确定污染物的种类、扩散方向、速度和污染程度及危害范围，查找污染发生的原因，为控制污染事故提供科学依据。这类监测常采用流动监测（车、船等）、简易监测、低空航测、遥感等手段。b. 纠纷仲裁监测：主要针对污染事故纠纷、环境执法过程中所产生的矛盾进行监测，提供公证数据。c. 考核验证监测：包括人员考核、方法验证、新建项目的环境考核评价、排污许可证制度考核监测、"三同时"项目验收监测、污染治理项目竣工时的验收监测。d. 咨询服务监测：为政府部门、科研机构、生产单位所提供的服务性监测。为国家政府部门制定环境保护法规、标准、规划提供基础数据和手段。如建设新企业应进行环境影响评价，需要按照评价要求进行监测。

③研究性监测（科研监测），针对特定目的科学研究而进行的高层次监测，是通过监测了解污染机理、弄清污染物的迁移变化规律、研究环境受到污染的程度，例如，环境本底的监测及研究、有毒有害物质对从业人员的影响研究、为监测工作本身服务的科研工作的监测（如统一方法和标准分析方法的研究、标准物质研

制、预防监测）等。这类研究往往要求多学科合作进行。

特定目的的监测委托民营监测机构等第三方监测，由环保主管部门监管已经是我国环保事业发展的必然趋势。

1.2.2.2 环境影响评价报告书（表）编制

环境影响评价实务包括污染型或生态影响型建设项目的工程分析、环境现状调查与评价、环境影响识别与评价因子的筛选、环境影响预测与评价、环境保护措施、环境容量与污染物排放总量控制、清洁生产分析、环境风险分析、环境影响经济损益分析、竣工环境保护验收监测与调查等。

环境影响评价报告，是新建、扩建、改建项目对环境造成的影响的预见性评定。根据对项目所在地的地下水、土壤的监测，对项目所用原材料、可能产生的废弃物、项目的环保设施的设计进行评价，从而评估项目建成对环境的影响。一般的各投资建设项目需完成环评报告并上报至环保局，通过环保局审核后会公示在网站上（国家规定需要保密的情形除外），最后再组织专家评审，评审通过后，环保局给予正式书面批复，项目才能在一定期限内开始建设。一些投资项目特别巨大或设计核辐射等重大潜在污染和安全问题的，不能由地方环保局审批，需要向省级环境保护厅，甚至需要向国务院申请审批。

进行环境影响报告编制的单位需要具备相应的资质。评价资质分甲、乙两个等级，并根据持证单位的专业特长和工作能力，按行业和环境要素划定业务范围。

环保部门对环境影响评价报告按行业分类管理，环境影响评价报告分类见表1-1。

表 1-1 环境影响评价报告分类

类别	范围
化工石化医药类	基本化学原料、化肥、农药、有机化学品、合成材料、感光材料、日用化学品及专用化学品的生产加工与制造等项目；人造原油、原油、石油制品、焦炭（含煤气）的加工制造等项目；各种化学药品原药、化学药品制剂、中药材及中成药、动物药品、生物制品的制造及加工等项目；转基因技术推广应用、物种引进等高新技术项目

类别	范围
建材火电类	水泥、玻璃、陶瓷、石灰、砖瓦、石棉等各种工业及民用建筑材料制造与加工项目；各种火电、脱硫工程、蒸汽、热水生产、垃圾发电等项目
轻工纺织化纤类	各种化学纤维、棉、毛、丝、绢等制造以及服装、鞋帽、皮革、毛皮、羽绒及其制品的生产、加工等项目；食品、饮料、酒类、烟草、纸及纸制品、印刷业、人造板、家具、记录媒介的制造及加工等项目
冶金机电类	普通机械、金属加工机械、通用设备、轴承和阀门、通用零部件、铸锻件、机电、石化、轻纺等专用设备、农林牧渔水利机械、医疗机械、交通运输设备、航空航天器、武器弹药、电气机械及器材电子及通信设备、仪器仪表及文化办公用机械、家用电器及金属制品的制造、加工及修理等项目；拆船、电器拆解、电镀、金属制品表面处理等项目；电子加工等项目；黑色金属、有色金属、贵金属、稀有金属的冶炼和压延加工业等项目
交通运输类	铁路、公路、地铁、城市交通、桥梁、隧道、港口、码头、航道、水运枢纽、光纤光缆等项目；管线、管道、仓储建设及相关工程等项目；各种民用、军用机场及其相关工程等项目
农林水利类	农、林、牧、渔业的资源开发、养殖及其服务项目；防沙治沙工程项目；水库、灌溉、引水、堤坝、水电、潮汐发电等项目
采掘类	地质勘查、露天开采、煤炭、石油及天然气、金属和非金属矿、盐矿采选等项目
海洋工程类	海底管道、海底缆线铺设、海洋石油勘探开发等项目
输变电及广电通信、核工业类	移动通信、无线电寻呼等电信、雷达和电信等项目；输变电工程及电力供应等项目；邮电、广播、电影、电视等项目；核设施、核技术应用等项目；伴生放射性矿物资源开发利用、放射性天然铀、钍伴生矿的开采、加工和利用及废渣的处理和贮存等项目
社会区域类	房地产、停车场、污水处理厂、城市固体废物处理（处置）、进口废物拆解、自来水生产和供应、园林、绿化等城市建设及综合整治项目；卫生、体育、文化、教育、旅游、娱乐、商业、餐饮、社会福利、社会服务设施、展览馆、博物馆、游乐场等项目；流域开发、海岸带开发、围海造地、围垦造地；开发区建设、城市新区建设和旧区改建的区域性开发等项目

根据《环境影响评价法》第 17 条和《建设项目环保管理条例》第 8 条规定：建设项目的环境影响报告书应当包括：建设项目概况，周围环境现状，对环境可能造成影响的分析、预测和评估，环境保护措施及其技术、经济论证，对环境影响的经济损益分析，对建设项目实施环境监测的建议，环境影响评价的结论等必备内容。

涉及水土保持的建设项目，还必须有经水行政主管部门审查同意的《水土保持方案》。环境影响报告表和环境影响登记表的内容和格式，由国务院环境保护行政主管部门制定。

根据《环境影响评价法》第 8 条和第 10 条，国务院有关部门、设区的市级以上地方人民政府及其有关部门，对其组织编制的工业、农业、畜牧业、林业、能源、水利、交通、城市建设、旅游、自然资源开发的有关专项规划（以下简称专项规划），应当在该专项规划草案上报审批前，组织进行环境影响评价，并向审批该专项规划的机关提交环境影响报告书。专项规划的环境影响评价报告书应当包含以下内容：①实施该规划对环境可能造成影响的分析、预测和评估；②预防或者减轻不良环境影响的对策和措施；③环境影响评价的结论。

环境影响报告书的编写要满足以下基本要求：①环境影响报告书总体编排结构应符合《建设项目保护管理条例》（1998 年 11 月 29 日颁布）的要求，即《建设项目环境影响报告书内容提要》的要求。内容全面、重点突出、实用性强。②基础数据可靠。基础数据是评价的基础。基础数据有错误，特别是污染源排放量有错误，其计算结果将是错误的。因此，基础数据必须可靠。对不同的同一参数数据出现不同时应进行核实。③预测模式及参数选择合理。环境影响评价预测模式都有一定的适用条件。参数也因污染物和环境条件的不同而不同。因此，预测模式和参数选择应“因地制宜”。要选择模式的推导（总结）条件和评价环境条件相近（相同）的模式。选择总结参数时的环境条件和评价环境条件相近（相同）的参数。④结论观点明确，客观可信。结论中必须对建设项目的可行性、选址的合理性做出明确回答，不能模棱两可。结论必须以报告书中客观的论证为依据，不能带感情色彩。⑤语句通顺、条理清楚、文字简练、篇幅不宜过长。凡带有综合性、结论性的图表应放到报告书的正文中，对有参考价值的图表应放到报告书的附录中，减少篇幅。⑥环境影响报告书中应有评价资格证书，报告书的署名，报告书编制人员按行政总负责人、技术总负责人、技术审核人、项目总负责人，依次署名盖章：报告编写人分章节相应署名。

1.2.2.3　环境事件应急预案报告编制

2015 年 3 月 19 日，《突发环境事件应急管理办法》（环境保护部令　第 34 号）由环境保护部部务会议通过，并予以公布，自 2015 年 6 月 5 日起施行。地方政府的环境监管部门为预防和减少突发环境事件的发生，控制、减轻和消除突发环境事件引起的危害，规范突发环境事件应急管理工作，保障公众生命安全、环境安全和财产安全，要求相关生产企事业单位制定环境事件应急预案，并向环境监察部门申报、批复、备案、演练。环境事件应急预案报告编制既涉及安全生产，又涉及环境保护相关法律法规和政策，通常由企事业单位的安全与环境部门起草。目前，在社会主义市场经济大环境下，第三方的环境保护咨询服务机构积极性较好。一般企事业单位的环境事件应急预案报告编制往往委托第三方的环境保护咨询服务机构编制。

突发环境事件，是指由于污染物排放或者自然灾害、生产安全事故等因素，导致污染物或者放射性物质等有毒有害物质进入大气、水体、土壤等环境介质，突然造成或者可能造成环境质量下降，危及公众身体健康和财产安全，或者造成生态环境破坏，或者造成重大社会影响，需要采取紧急措施予以应对的事件。按照事件严重程度，突发环境事件分为特别重大、重大、较大和一般四级。突发环境事件应急预案报告编制一般应明确风险控制、应急准备、应急处置、事后恢复、信息公开及相关责任的具体要求。在突发环境事件中，环境风险评价是必不可少的工作内容。

突发环境事件应急预案备案的文件目录包括：①突发环境事件应急预案备案表；②环境应急预案及编制说明：环境应急预案含签署发布文件、环境应急预案文本；编制说明含编制过程概述、重点内容说明、征求意见及采纳情况说明、评审情况说明；③环境风险评估报告；④环境应急资源调查报告；⑤环境应急预案评审意见。

1.2.2.4　清洁生产审核报告编制

清洁生产审核指按照一定程序，对生产和服务过程进行调查和诊断，找出能耗高、物耗高、污染重的原因，提出减少有毒有害物料的使用、产生，降低能耗、物耗以及废物产生的方案，进而选定技术可行、经济合算及符合环境保护的清洁生产方案的过程。生产全过程要求采用无毒、低毒的原材料和无污染、少污染的工艺和设备进行工业生产；对产品的整个生命周期过程则要求从产品的原材料选用到使用后的处理和处置不构成或减少对人类健康和环境的危害。

清洁生产审核的目的是节能、降耗、减污、增效。宗旨是提高资源利用效率，减少或者避免生产、服务和产品使用过程中的污染物的产生和排放，以减轻或者消除对人类健康和环境的危害。思路是判明资源能源消耗和废弃物产生部位，分析资源能源消耗高和废弃物产生部位，提出减少资源能源消耗、减少和消除废弃物的方案。对于企业，清洁生产审核可以真正降低成本，降低企业的原材料消耗和能耗，提高物料和能源的使用效率。对于国家，清洁生产审核可以实现节能减排的中心任务，是我国向世界承诺减少温室气体排放的重要举措。对于地方政府，清洁生产审核是完成国家规定的节能减排任务的重要方法和途径。

清洁生产审核可以分为 7 个步骤，35 个小步骤，按我国环境管理实际情况，可以分为 6 个步骤。清洁生产审核报告就要对每个步骤进行描述。清洁生产审核报告书可分为 9 个章节：前言、预审核、审核、方案的产生和筛选、方案的确定、方案的实施、持续清洁生产和结论。

1.2.2.5 节能评估与能源审计报告编制

节能评估对贯彻落实节约资源基本国策、严把能耗增长源头关、推进资源节约型、环境友好型社会建设，具有重要的现实意义和深远的历史意义。节能评估是保证国家能源安全、经济可持续发展的重要手段，是实现固定资产投资项目从源头控制能耗增长、科学用能的手段，是确保节能降耗目标的实现、贯彻落实节约能源法相关法律、法规、政策的重要保证，是贯彻国务院投资体制改革精神、改进政府宏观调控方式的具体体现，将提高、促进经济增长方式转变，是落实万家企业节能低碳行动实施方案要求的有效措施，并推动节能新技术。节能评估的原则是：专业性、真实性、完整性、实操性。节能评估应重点考虑：项目综合能源消费增量及其影响、项目效能水平、项目建设方案、节能措施情况。

节能评估报告的内容应包括：能源供应情况评估、项目建设方案节能评估、项目能源消耗和能效水平评估、节能措施评估、存在的问题及建议、评估结论及建议。进行项目能源消耗和能效水平评估的步骤是：先计算项目能源消费量、消费结构及综合能耗量，再分析能源消费品种对能效的影响，建立项目能源平衡表，分析评价能源利用效率，最后计算分析项目能效指标。评估结论及建议一般包括的内容有：项目能源消费总量及结构、项目是否符合国家地方及行业的节能相关法律法规、项目有无采用国家明令禁止或淘汰的落后工艺及设备、项目能源供应及落实情况、项目能效指标水平和能源利用率等、项目采取的节能措施及效果的评价。评估分析阶段主要是审核分析有关技术资料。在节能分析这个篇章应包括5 个方面内容：应遵循合理能耗标准及设计规范、能源消耗种类和数量、项目所在地能源供应状况、能耗指标、节能措施和节能效果经济分析等。

能源审计是指能源审计机构依据国家和各省的有关节能法规和标准，对企业能源利用状况进行统计分析、检验测试、诊断评价并提出节能改进措施的活动。能源审计分为政府监管能源审计和企业自主能源审计两种类型。

企业有下列情形之一的，应当进行政府监管能源审计：①能源利用过程中违反节能法律法规，未达到节能标准的；②单位产品能耗超过能耗限额标准的；③依法责令限期整改期满，需要确认是否达到整改要求的；④未完成年度节能目标任务的；⑤未按规定报送企业能源利用状况报告的；⑥节能管理制度不健全、节能措施不落实、能源利用效率低的；⑦建设项目申请享受各级政府财政性节能补贴、节能奖励或其他节能优惠政策的；⑧国家和省有关规定必须进行能源审计的其他情形。

能源审计报告的内容包括：①企业概况（含能源管理概况、用能管理概况及能源流程）；②企业的能源计量及能源利用统计状况；③主要用能设备运行效率测试与计算分析；④企业能源消费指标计算分析；⑤重点工艺能耗指标与单位产品能耗指标计算分析；⑥产值能耗指标与能源成本指标计算分析；⑦节能量计算；⑧节能效果评价与考核指标计算分析；⑨节能技术改造项目的经济效益评价；⑩企业合理用能的建议与意见。

政府节能主管部门有特殊要求的，能源审计内容要服从政府节能主管部门的要求。

1.2.2.6 水土保持方案编制

水土保持（soil and water conservation）是防治水土流失，保护、改良与合理利用水、土资源，维护和提高土地生产力，减轻洪水、干旱、风沙灾害，以利于充分发挥水、土资源的生态效益、经济效益和社会效益，建立良好生态环境，支撑可持续发展的社会公益事业。水土保持对自然因素和人为活动造成水土流失所采取的预防和治理措施。20 世纪 80 年代以来，进入了一个以小流域为单元开展水土流失综合治理的新阶段。小流域是指以分水岭和出口断面为界形成的面积比较小的闭合集水区。流域面积最大一般不超过 50 km^2。每个小流域既是一个独立的自然集水单元，又是一个发展农、林、牧生产的经济单元，分布在大江大河的上游。一个小流域就是一个水土流失单元，水土流失的发生、发展全过程都在小流域内产生具有一定的规律性。水土保持是一项综合性很强的系统工程，水土保持工作主要有 4 个特点：①科学性：涉及多学科，如土壤、地质、林业、农业、水利、法律等；②地域性：由于各地自然条件的差异和当地经济水平、土地利用、社会状况及水土流失现状的不同，需要采取不同的手段；③综合性：涉及财政、计划、环保、农业、林业、水利、国土资源、交通、建设、经贸、司法、公安等诸多部门，需要通过大量的协调工作，争取各部门的支持，才能搞好水土保持工作；④群众性：必须依靠广大群众，动员千家万户治理千沟万壑。工程措施、生物措施和蓄水保土耕作措施是水土保持的主要措施。

根据水利部《关于将水土保持方案编制资质移交中国水土保持学会管理的通知》（水利部 水保〔2008〕329 号）的精神，中国水土保持学会同意承接该项工作，并制定了《水土保持方案编制资质管理办法（试行）》。该办法规定：从事水土保持方案编制的单位，应申请加入中国水土保持学会，成为学会的团体会员单位；按照本办法取得《水土保持方案编制资格证书》；并在资格证书等级规定的范围内从事水土保持方案编制业务。资格证书分甲、乙、丙三级。该办法还规定：从事水土保持方案编制工作的人员须具有中专以上学历，参加资质管理单位组织的专业技术培训，取得《水土保持方案编制人员上岗证书》方可开展工作，同时每三年至少参加一次知识更新培训。目前不再要求水土保持方案编制机构具备（取得）该类资质。

水土保持方案编制应符合国家对水土保持、环境保护的总体要求，以《水土保持法》《水土保持法实施条例》《开发建设项目水土保持方案管理办法》等为依据。水土保持方案应根据工程所在区域的地形地貌特征和地质条件，对水土保持措施的类型、形式、规模、数量、布局等进行比选，选择技术合理、符合实际的水土保持工程措施和植物措施，并严格按水土保持工程设计标准、规范要求进行设计，使水土保持设计具有投资省、效果好、易实施的特点。

水土保持方案报告书的主要内容应包括：

（1）方案编制总则

①结合开发建设项目的特点阐述编制水土保持方案的目的和意义。

②编制依据：法律法规依据；项目建议书、可行性研究报告等；环境影响评价大纲及报告书；水土保持方案编制大纲及审查意见；水土保持方案编制委托书（合同）或任务书等。

③采用技术标准：有关水土保持的国家标准、行业标准、地方标准等。

（2）建设项目地区概况

①建设项目名称、位置（应附平面位置图）、建设性质、总投资等主要技术经济指标。

②建设规模、防治责任范围、工程布局（应附平面图）。

③项目区地形、地貌、地质、土壤、地面物质、植被等。

④项目区及其周边地区气象、水文、河流及泥沙等。

⑤项目区及周边地区人口、土地利用、经济发展方向和水平等社会经济状况。

⑥项目区发展规划。

⑦建设项目施工工艺、采挖及排弃固体废物的特点等。

⑧项目区水土流失现状及防治情况。

（3）生产建设过程中水土流失预测

①水土流失预测时段的划分。

②预测的内容和方法：扰动原地貌、损坏土地和植被的面积；弃土、弃石、弃渣量；损坏水土保持设施的面积和数量；可能造成水土流失的面积及流失总量；可能造成的水土流失危害。

③预测结果及综合分析。

（4）水土流失防治方案

①方案编制的原则和目标。

②建设项目的防治责任范围（应附图说明）、本方案的设计深度。

③水土流失防治分区及水土保持措施总体布局（应附平面布置图）。

④分区防治措施布局（大型建设项目还应另行编制分区防治附件）。

⑤方案实施进度安排及其工程量（应列表说明）。

⑥水土流失监测。

（5）水土保持投资估（概）算及效益分析

①水土保持投资估（概）算：编制依据；编制方法；总投资及年度安排（应列表说明）。

②效益分析：主要分析和预测方案实施后，控制水土流失、恢复和改善生态环境、恢复土地生产力、保障建设项目安全、促进地区经济发展的作用和效益。

（6）方案实施的保证措施

①组织领导和管理措施。

②技术保证措施。

③资金来源及管理使用办法。

（7）附：水土保持方案（含大纲）审查意见

1.2.2.7 场地调查评估（评价）与污染场地修复

土壤是人类赖以生存的物质基础，是人类不可缺少、不可再生的自然资源。土壤圈处于大气圈、水圈、岩石圈和生物圈的中心位置，在生态系统中有着独特和重要的空间地位。土壤具有 3 个基本特征：①土壤为植物和微生物生长提供营养，具有支持植物和微生物生长繁殖的能力；②土壤具有数量和质量的双重性，土壤质量安全生产一方面要保证最大的生物生产能力，另一方面则要保证最佳的生物学质量生产能力；③土壤具有同化和代谢外界进入土壤的物质能力，承载一定的污染负荷，具有一定的环境净化能力，因此，土壤也是保护环境的重要净化剂。

土壤环境状况不仅直接影响到国民经济发展，而且直接关系到农产品安全和人体健康。土壤一旦被污染，由于具有隐蔽性、滞后性、累积性和难恢复等特征，所带来的危害将是灾难性的，主要表现在土地资源短缺加剧，导致农作物减产和农产品污染，威胁食品安全，直接或间接危害人体健康。近年来，土壤污染事故频发。如 2004 年北京宋家庄地铁施工工人中毒事件、2006 年武汉三江地产项目建筑工地工人中毒事件、2008 年“镉”大米事件（10%市售大米镉含量超标）、2009 年湖南浏阳镉污染和山东临沂砷污染事件、2012 年韶关董塘血铅事件、2014 年陕西凤翔铅污染事件等。《土壤污染防治行动计划》（以下简称“土十条”）已于 2016 年 5 月出台，要求从 2017 年起，对拟收回土地使用权的有色金属冶炼、石油加工、化工、焦化、电镀、制革等行业企业用地，以及用途拟变更为居住和商业、学校、医疗、养老机构等公共设施的上述企业用地，开展土壤环境调查评估。我国的《土壤污染防治法（草案）》也正在广泛征求意见，该法将实行保护优先、预防为主、风险管控、综合治理的土壤环境保护原则，有望从根本上解决土壤污染问题，使土壤污染防治工作步入法制化轨道。

场地调查时采用系统的调查方法，确定场地是否污染以及污染程度和范围的过程。场地调查的主要内容包括：场地基本情况、场地土地利用方式及使用权人变更情况、场地内主要生产活动及污染物源情况、场地内建筑物和设备设施情况、场地及周边地下水等环境状况和敏感目标、场地及周边土壤污染程度和范围。场地调查的基本原则是：①针对性：针对场地特征和潜在污染物特性，进行浓度和空间分别调查；②规范性：采用程序化和系统化的方式，保证调查过程的科学性和客观性；③可操作性：综合考虑调查方法、时间、费用和专业技术水平等因素，使调查过程切实可行。

场地调查的重点和关键是污染场地健康风险评估，即在场地环境调查的基础上，分析污染场地土壤和地下水中污染物对人群的主要暴露途径，评估污染物对人体健康的致癌风险或危害水平。场地健康风险评估是在分析污染场地土壤和地下水中污染物通过不同暴露途径进入人体的基础上，定量估算致癌污染物对人体健康产生致癌污染物的危害水平与程度（危害商）。污染场地健康风险评估的主要内容包括：危害识别、暴露评估、毒性评估、风险表征以及土壤和地下水风险控制值计算等。

我国污染场地形势严峻，对人体健康产生严重威胁，污染场地管理受到全社会越来越多的关注。我国场地环境修复市场前景广阔，但目前场地环境修复领域的市场依然处于初级阶段，大部分企业缺乏核心技术和专业人才。掌握目前整个行业的发展状况，了解先进的、实用的修复技术的发展趋势，找准市场定位，做好技术的经验积累，对想在这个行业长期做下去的企业和个人来说至关重要。

污染场地往往是土壤污染和地下水污染相伴随。污染场地修复包括土壤修复和地下水污染修复。常用土壤修复技术方法见图 1-2。

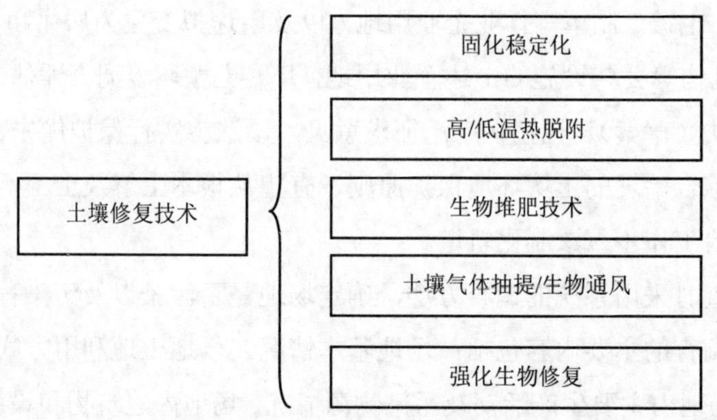

图 1-2 常用土壤修复技术方法

适合国情的地下水污染修复技术还是以污染控制为主，包括地下水污染源的去除、污染羽扩散的水力控制以及污染边界控制等。对于实施异位土壤修复的场地来说，地下水污染的修复可以结合土壤开挖过程中的降水一起进行；地下水中的非水相流体（Non-aqueous phase liquid，NAPL），以尽可能去除地下水中可移动态的 NAPL 为主，可以选择的修复技术包括自由相回收、多相抽提等；地下水污染羽扩散的水力控制可采用泵出处理；地下水污染边界的控制技术可采用渗透性反应墙（Permeable reactive barriers，PRB）技术。

1.2.2.8　生态乡镇规划报告编制

编制生态乡镇环境规划是搞好乡镇环境保护的基础性工作，也是加速推进社会主义新农村建设和做好农村生态文明的重要工作，还是创建生态乡镇的基本条件之一。环境保护部于2010年6月24日印发了《国家级生态乡镇申报及管理规定（试行）》（环发〔2010〕75 号）。我国生态乡镇建设工作步入了政府主导的新阶段。生态乡镇环境规划编制工作程序包括确定任务、调查收集资料、编制大纲与论证、规划编制、规划审查与评审、规划批准与实施6个步骤。

生态乡镇规划报告的内容应包括文本报告和附图。

生态乡镇规划报告文本常包括：

①总论：说明规划任务由来、编制依据、指导思想、规划原则、规划范围、规划时限、规划重点等。

②基本概况：介绍规划区域自然和生态环境现状、社会、经济、文化等背景情况，介绍规划地区社会经济发展规划和行业建设规划要点。

③现状调查与评价：对规划区域社会、经济和环境现状进行调查和评价（可结合生态乡镇的基本条件和考核指标），说明存在的主要生态环境问题，分析实现规划目标的有利条件和不利因素。

④预测与规划目标：对生态环境随社会、经济发展而变化进行预测，并对其预测结果进行说明，然后在调查和预测基础上确定规划总体和分阶段目标及其指标（生态乡镇考核指标）。

⑤环境功能区划分（也含生态功能区划或生态经济功能区划）：根据自然环境的客观属性、社会经济特征及发展要求和区域总体规划、生态市（县）规划、畜禽养殖规划、饮用水水源区规划等相关规划进行生态功能区划。

⑥规划方案制定：含水环境综合整治、大气环境综合整治、声环境综合整治、固废综合整治、生态环境保护、城镇和农村环保基础设施、场镇风貌打造、公共设施、生态文化体系建设、旅游资源的环境管理、环境保护宣传教育等方面内容。

⑦规划目标可达性分析：从资源、环境、经济、社会、技术等方面对规划目

标实现的可能性进行全面分析。

⑧实施方案：含经费概算、实施计划、责任单位、保障措施等方面进行，最终形成一个创建生态乡镇建设项目实施计划表（可列出分阶段实施计划表）。

生态乡镇规划报告附图一般包括：

- 地理位置图
- 行政区划图（含水系分布）
- 土地利用图
- 主要污染源点位及水、气、声监测点位图
- 生态环境功能区划图
- 生态环境综合整治规划图（也可是重点项目实施分布图）

进行生态乡镇环境规划编写应该注意：规划要具有前瞻性及约束性，其规划年限需细化；规划特色要鲜明，对乡镇的总体定位要准确，同时注意与相关规划的相容性；乡镇现状必须摸清，在对照创建基本条件和考核指标的基础上，找准存在的环境问题；规划的重点项目实施计划必须针对找出的存在环境问题提出，其项目建设内容要细化且具有可操作性。此外，文本和附图要规范，不可随意拼凑，一些图件需要用 AutoCAD、Photoshop 或 MapInfo 等专业软件进行加工制作。

第 2 章　环境影响评价实务与案例

环境影响评价（Environmental impact assessment）简称环评，是指对规划和建设项目实施后可能造成的环境影响进行分析、预测和评估，提出预防或者减轻不良环境影响的对策和措施，进行跟踪监测的方法与制度。简单地说就是分析项目建设过程，特别是建成投产后可能对环境产生的影响，并提出污染防治对策和措施。按照评价对象，环境影响评价可以分为：规划环境影响评价和建设项目环境影响评价；按照时间顺序，环境影响评价一般分为：环境质量现状评价、环境影响预测评价和环境影响后评价；按照环境要素，环境影响评价可以分为：大气环境影响评价、地表水环境影响评价、声环境影响评价、固体废物环境影响评价和生态环境影响评价。《环境保护法》和其他相关环境保护法律法规规定：建设项目防治污染的设施，必须与主体工程同时设计、同时施工、同时投产使用。防治污染的设施必须经原审批环境影响报告书（表）的环境保护行政主管部门验收合格后，该建设项目方可投入生产或者使用。环评工作对国民经济发展非常重要。学习开展环评工作，要先了解环评的内涵与外延，并深刻理解环评的相关法律法规、技术导则与标准，再掌握环评的技术方法，进行环评实务操作。

2.1　环境影响评价

1969 年美国颁布《国家环境政策法》（National Environmental Policy Act, NEPA），最早建立了环评制度，1970 年 1 月 1 日起实施。1970 年世界银行设立环境与健康事务办公室，对其每个投资项目的环境影响做出审查和评价。瑞典（1970

年)、苏联（1972 年)、加拿大（1973 年)、澳大利亚（1974 年)、马来西亚（1974 年)、德国（1976 年)、菲律宾（1979 年)、泰国（1979 年）等国也相继建立了环评制度。1974 年联合国环境规划署与加拿大环境部在加拿大联合召开了第一次环境影响评价会议。1973 年 8 月，我国第一次全国环境保护会议在北京召开，初步孕育了环评的思想。此后，在一些大城市开展了区域性环境质量的现状评价。伴随着世界各国环保发展潮流，考虑我国环保具体情况，1979 年 9 月，我国颁布了《环境保护法（试行)》。该法以法律的形式正式确定了我国实施环评制度。

环评是一门技术性很强的学科，是强化环境管理的有效手段。环评从制度建立至今经历了不同的发展阶段，有着丰富的内涵，在社会经济发展中发挥重要的作用并体现出新的特点。我国的环评应遵循科学、合理的基本原则，有各种规范的程序和严格的项目监督管理要求。

2.1.1 环评的国内外发展状况

2.1.1.1 国外环评发展状况

1970 年美国实行环评制度以后，许多国家也相继建立了环评制度。1974 年联合国环境规划署与加拿大环境部在加拿大联合召开了第一次环境影响评价会议。1984 年 5 月联合国环境规划署理事会第 12 届会议建议组织各国环评专家进行环评研究，为各国开展环评提供了方法和理论基础。1987 年 6 月联合国环境规划署理事会做出《关于环境影响评价的目标和原则》的第 14/25 号决议。1992 年联合国环境与发展大会在里约热内卢召开，《里约环境与发展宣言》原则宣告：对于可能对环境产生重大不利影响的活动，应进行环境影响评价，并作为一项国家手段，应由国家主管当局做出决定。目前已有 100 多个国家建立了环评制度。

2.1.1.2 我国环评发展状况

我国环评发展历经了准备阶段、发展阶段、成熟阶段和提高阶段。

①准备阶段：我国于 1973 年 8 月召开第一次全国环境保护会议，会议通过的“全面规划、合理布局、综合利用、化害为利、依靠群众、大家动手、保护环境、造福人民”的环境保护工作方针初步孕育了环评的思想。此后，在一些大城市开

展了区域性的环境质量的现状评价。1979 年 9 月我国颁布了《环境保护法(试行)》，以法律的形式正式规定了我国实施环境影响评价制度。

②发展阶段：1981 年，我国颁布了《基本建设项目环境保护管理办法》，对环评的适用范围、评价内容、工作程序等做了较为明确的规定，把环境影响评价制度纳入基本建设项目审批程序。1986 年 3 月，我国颁布《建设项目环境保护管理办法》，对建设项目环评的范围、程序、审批和报告书（表）编制格式都做了明确规定，并于同年颁布《建设项目环境影响评价证书管理办法（试行）》，开始了对从事环境影响评价的单位的资质审查。此外，国家环保总局还陆续下发了《关于建设项目环境管理问题的若干意见》（1988 年）、《关于重审核设施环境影响报告书审批权限问题的通知》（1989 年）、《建设项目环境影响评价证书管理办法》（1989 年）、《关于颁发建设项目环境影响评价收费标准的原则与方法（试行）的通知》（1989 年）等一系列文件。1989 年，我国颁布的《环境保护法》第三条规定："建设污染环境的项目，必须遵守国家有关建设项目环境管理的规定"。该法还规定"建设项目的环境影响报告书，必须对建设项目产生的污染和对环境的影响做出评价，规定防治措施，经项目主管部门预审，并依照规定的程序报环境保护行政主管部门批准。环境影响报告书经批准后，计划部门方可批准建设项目设计任务书"。

③成熟阶段：1998 年国务院发布实施的《建设项目环境保护条例》对环境影响评价做出了明确的规定。为了贯彻落实该法规，国家环保总局还陆续公布了《建设项目环境影响评价资格证书管理办法》《建设项目环境保护分类管理名录》《关于执行建设项目环境评价制度有关问题的通知》等。

④提高阶段：2002 年 10 月 28 日，九届全国人大常委会第三十次会议讨论通过了《环境影响评价法》，并于 2003 年 9 月 1 日开始实施。《环境影响评价法》将环评的范围从建设项目扩大到政府规划，在历经 4 年的讨论、修改后最终获得通过。使我国环评从原来的"以建设项目为主"走向了"规划环评已起步"的状况，必将全面进入项目与规划环评并重的层面。这是我国环保事业的历史性突破，对于落实环境保护基本国策和实施可持续发展战略至关重要。21 世纪的十余年中，

我国在科学发展观战略指导下，积极应对环境问题，特别是在“十二五”和“十三五”规划中，大力提高环境管理水平和要求，结合我国经济发展状况，对大部分环保法律法规和环保国家标准进行修订，替代、合并了许多法律法规和标准，也废止了一部分不再切合社会经济发展和环保实际的行政规章与部门规范性文件。

2.1.2 环评的分层体系

环评有丰富的内涵，可概括为四层体系和三层体系。

2.1.2.1 四层体系

环境影响评价是对拟议中的建设项目（project）、区域开发计划（program）、规划（plan）和国家政策（policy）实施后可能对环境产生的影响（后果）进行的系统性识别（identify）、预测（predict）和评估（evaluation）。自上而下的政策、计划、规划、项目即环境影响评价的四层体系，见图 2-1。

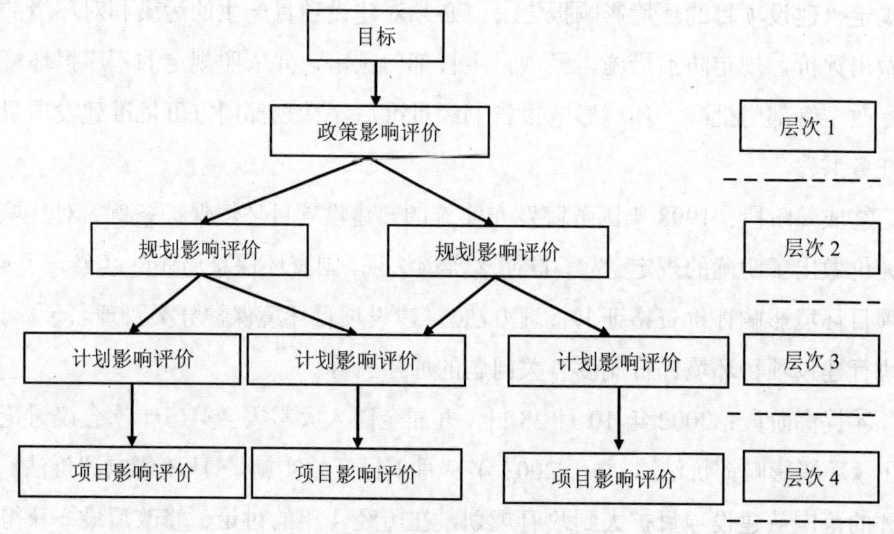

图 2-1 环境影响评价的四层体系

这种四层体系的环评最早来源于美国的《国家环境政策法》。

2.1.2.2　三层体系

实际上，我国《环境影响评价法》中的“规划环境影响评价”包括了计划（program）和规划（plan）两个层次。所以，我国的环评是三层体系。环评的三层体系见图 2-2。

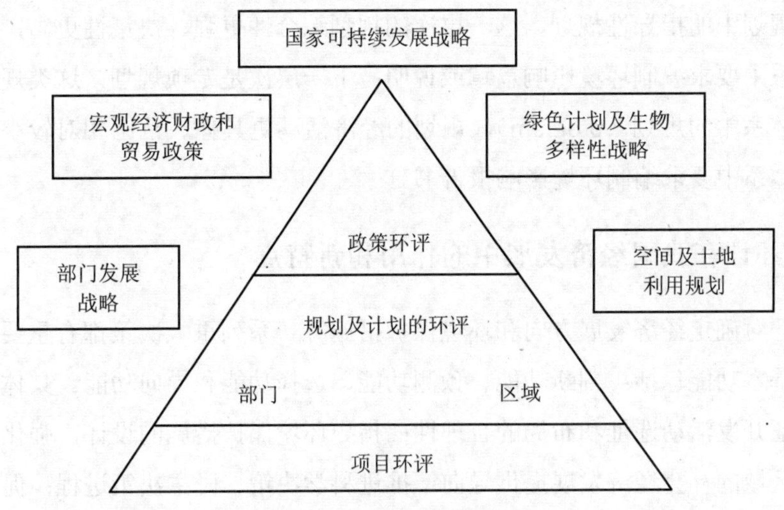

图 2-2　环境影响评价的三层体系

从图 2-2 中可以看出，在内容上，规划环评又可大致划分为部门规划（或行业规划和专项规划）和区域规划（或空间规划和土地利用规划）。

部门规划环评是评价特定的部门或行业（如能源、交通或农业）的开发或投资计划，包括评估和比较主要的替代方案（如能源供应中的供需平衡手段和燃料组成）的环境影响，并适当扩展到那些以组团形式建设的（如工程上分期的）、有可能产生累积影响的项目组。

空间和区域规划环评是对特定区域（如流域、沿海地区或城市）的多部门的开发和投资计划，以及一定行政边界内的土地利用规划进行评价，包括评估和比较实施规划的替代方案和措施的环境影响，并扩展到评估各种自然资源，生物多样性的累积影响的区域或生态评价。

因为通常土地利用规划有其固有的方法和程序，规划者和环境影响评价者之间的交流有时较困难，并且规划和环评往往有不同的政策和背景，非常难以协调，所以在规划环评中，城市和土地利用规划是比较复杂的。

尽管环评的三层体系在字面上更符合我国环评的状况。但在实务操作中，我国的规划环评还是将纳入环评范畴的规划分为两个层次，上一层次是综合性规划和专项规划中的指导性规划，这一层次的规划综合性更强、决策性更高，现行的法规体系中要求编制环境影响篇章或说明；下一层次是专项规划，这类规划类似于四层体系中的规划（program），规划的经济活动更具体、范围相对较小，现行的法规体系中要求编制环境影响报告书。

2.1.3 环评在我国经济发展中的作用和新特点

环评对确定经济发展方向和环境保护措施等一系列重大决策都有重要作用。环评的基本功能包括：判断功能、预测功能、选择功能和导向功能。具体作用包括：保证开发活动选址和布局的合理性；指导环境保护措施的设计，强化环境管理；为区域的社会经济发展提供导向；推进科学决策、民主决策进程；促进相关环境科学技术的发展。随着社会经济的进一步发展，环评工作还融入国家宏观经济调控，在新的经济发展中展现出许多重要作用，这也可以说是近年来国家对环评管理形成的重要新特点。

2.1.3.1 措施坚决

全国各地实行环评“一票否决”制度，凡是违反环评的规划不予审批，凡是不符合环评要求的建设项目不得实施。

2.1.3.2 机制创新

我国在环评实施过程中，积极建立完善规划环评与项目环评联动机制。例如，2009 年 9 月 26 日，国务院印发通知，要求各地做好本区域的产业规划环评工作。未开展区域产业规划环评、规划环评未通过审查的、规划发生重大调整或者修编而未经重新或者补充环评和审查的，一律不予受理，也不予审批区域内产能过剩、重复建设行业建设项目环评文件。

2.1.3.3 对环评的管理措施随经济发展不断更新

在环评实施过程中，根据经济发展需要，审批程序不断更新。如分批审查，减少程序，对不同项目采取不同审查程序，及时召开专题会、常务会，进行审议；便民高效，缩短时间，项目受理时间从原来的5天缩短为2天，项目审批会议的次数由原来每月一次调整为每月两次，有些项目随到随批，为保增长做好有效服务。分类评估简化流程在确保环评质量的前提下，按项目的环境影响大小，实行分类评估、分类审查、分类确定时限，对“两高一资”（“十一五”规划中出现“高耗能、高污染和资源性产品出口”，后来称为“两高一资”）项目严格执行环评制度，从源头上控制其过快增长，而对其他的环境影响相对较小的项目简化项目环评流程。

2.1.3.4 严格遵守“四个不批、三个严格”原则

国家对不符合环保法律的建设项目设置了“防火墙”。“四个不批”是指：“国家明令淘汰、禁止建设不符合产业政策的”一律不批；“环境污染重，产品质量低，能耗、物耗消耗高，特别是污染物排放不能达标的项目”一律不批；“环境质量不能满足环境功能要求的，尽管项目经济效益好，但是当地的环境质量已经不能满足环境功能要求的，已经设有总量指标的项目”一律不批；“建设项目如果位于自然保护区、核心区、缓冲区的项目”一律不批。“三个严格”是指：严格限制涉及饮用水水源保护区、自然保护区、风景名胜区以及重要生态功能区的项目；严格控制高耗能，即产业开发中能耗、物耗、污染物排放量大的项目审批，并且要坚决杜绝已被淘汰的项目以所谓技术改造、拉动内需为名义上项目；严格按照总量控制的要求，把污染物排放总量作为区域、行业、企业发展的约束条件。

2.1.3.5 “区域限批”纳入日常监管

“区域限批”是指如果一家企业或一个地区，出现严重环境违法的行为，环保部门有权暂停这一企业或这一地区所属或境内的除循环经济类项目外的所有项目，直到它们的违规项目彻底整改为止。《水污染防治法》《规划环境影响评价条例》还都以法律的形式明确了“区域限批”。

2007年1月10日，国家环保总局首次动用了“区域限批”政策，惩罚严重

违规的行政区域、行业和大型企业，对4个行政区域（唐山市、吕梁市、六盘水市、莱芜市）、4个电力集团（华能、华电、国电、大唐国际）实行停批、限批。即停止审批其境内或所属的除循环经济类项目外的所有项目。这是环保部门成立近30年来首次启用这一行政惩罚手段。“区域限批”立竿见影，遏制了非法建设投资，抑制固定资产投资过快，成效比以往任何一次环评风暴都明显。

2009年6月11日，环境保护部又发出“限批令”，对严重违反国家产业政策、发展规划和环境保护准入条件进行项目建设的金沙江中游水电开发项目、华能集团和华电集团（除新能源及污染防治项目外）建设项目、山东省钢铁行业建设项目实行“限批”，引起巨大反响。

“区域限批”纳入日常环境监管中，使运动式的“风暴”变成常规化的制度，使一时的“关停”变成促进产业升级换代的平台，使环评在调整产业结构、转变经济增长方式等方面发挥更大的作用。“区域限批”已经成为环评参与宏观经济调控的一个重要手段。

2.1.3.6 环评机构和从业人员资质管理更加严格

2015年，环保部对在2014年抽查和日常监管工作中发现存在问题的63家机构和22名环评工程师进行通报处理（环办〔2015〕23号），取消了4家机构的建设项目环评资质，缩减了6家机构的评价范围，对5家机构予以限期整改三至十二个月，对37家机构予以通报批评，并对22名环评工程师予以通报批评。此外，2015年，环保部还对16名违法违规挂靠环评工程师资质证书的环评人员通报批评，记入环评诚信信息系统。可见我国的环评已提高到一个全新的阶段。

2.1.4 环评的基本原则

环评是我国的一项重要环境管理制度，在其组织实施中必须坚持可持续发展战略和循环经济理念，严格遵守国家的有关法律、法规和政策，做到科学、公正和实用，为环境决策和管理提供服务。为此，环境影响评价应遵循以下几个基本原则。

2.1.4.1 符合国家的产业政策、环保政策和法规

20世纪80年代以来，许多工业发达国家都对本国的产业结构进行了有针对

性的优化调整。而大多数发展中国家由于工业基础薄弱、科学落后等原因，未能跟上发达国家产业结构调整的步伐。我国作为最大的发展中国家，产业结构不合理、低水平重复建设等问题十分突出，给环境保护造成了沉重的压力，大大降低了国家经济的持续发展潜力。为了解决这个问题，国务院及有关职能部门在“七五”“八五”期间先后制定了多项环境保护产业结构调整的政策性文件和规定。“九五”“十五”期间，我国将经济体制改革和经济增长的根本性转变作为促进国民经济持续、快速、健康发展的关键，坚持把结构调整作为主线，把进一步优化产业结构作为国民经济和社会发展的重要目标，先后出台了一系列与环境保护相关的产业结构调整政策。“十一五”则明确要求“立足优化产业结构推动发展”“立足节约资源保护环境推动发展”，将产业结构优化升级、资源利用效率显著提高、可持续发展能力增强作为经济社会发展的重要目标，并将其落实于农业、工业、服务业发展和结构优化之中。

“十二五”期间，我国第一部综合性大气污染防治规划——《重点区域大气污染防治“十二五”规划》（环发〔2012〕130 号）标志着我国大气污染防治工作的目标导向正逐步由污染物总量控制向改善环境质量转变，由主要防治一次污染向既防治一次污染又注重二次污染转变。2013 年 6 月，国务院常务会议部署了大气污染防治十条措施，其中包括全面整治燃煤小锅炉，加快重点行业脱硫脱硝除尘改造、严控高耗能、高污染行业新增产能，完成钢铁、水泥、电解铝、平板玻璃等重点行业“十二五”落后产能淘汰任务、强化节能环保指标约束，建立环渤海包括京津冀、长三角、珠三角等区域联防联控机制，加强人口密集地区和重点大城市 $PM_{2.5}$ 治理，构建对各省（区、市）的大气环境整治目标责任考核体系等。《国务院关于印发大气污染防治行动计划的通知》（国发〔2013〕37 号）重点要求改善空气质量、加快脱硫脱硝工程步伐。

2015 年 10 月，《十八届五中全会第五次全体会议公报》对“十三五”提出了“生态环境质量总体改善”的目标，并且提出了“要绿色发展”“要实行最严格的环境保护制度”。这些产业结构调整政策，鼓励发展具有较高技术含量、有利于保护和改善生态环境、有利于资源节约和综合利用、有利于新能源和可再生能源开发利用的生产能力、工艺技术、装备及产品，淘汰严重污染破坏生态环境，严重浪费资源、能源的生产能力、工艺技术、装备及产品，对于提高经济增长的质量和效益，减轻经济增长对环境保护和资源供给的压力具有重要意义，同时也反映出我国环境与发展的综合决策能力正在逐步加强。环境管理实务操作，应严格依据产业政策、环保政策和法规。

2.1.4.2 符合流域、区域功能区划、生态保护规划和城市发展总体规划，布局合理

流域、区域功能区划分可以从宏观流域、区域资源的利用状况进行总体控制，合理解决有关各方的矛盾。例如，水功能区划分采用两级体系，即一级区划和二级区划。一级区划从宏观上解决水资源开发利用与保护的问题，主要协调省（市）间矛盾突出的用水关系，从长远考虑可持续发展的需求；二级区划主要协调用水及地区之间的关系。一级功能区的划分对二级功能区划分具有指导作用。一级功能区分 4 类，包括保护区、保留区、开发利用区、缓冲区；二级功能区划分重点在一级所划的开发利用区内进行，分为 7 类，包括饮用水水源区、工业用水区、农业用水区、渔业用水区、景观娱乐用水区、过渡区和排污控制区。这种区划对生态环境质量保护和生态资源保护更具指导意义和可操作性。

城市发展总体规划是应对当前环境保护面临的巨大压力。推行生态保护规划，加强城镇化进程环境保护和推进生态文明建设具有重要的现实意义，是可持续发展的必由之路。国务院印发的《大气污染防治行动计划》明确把“研究开展城市环境总体规划试点工作”作为优化空间格局的重要举措，纳入城市大气环境综合治理总体安排。这是环保工作的又一次重大理论创新和实践深化，具有重大的现实意义和深远的历史意义。城市是人类文明的产物，环境是自然界的存在状态，规划是进行状态调整、过程控制和政策安排的工具。城市发展总体规划就是对城市环境中整体性、长期性、基本性问题进行思考、考量和设计而形成的工作部署和实施方案，并伴随着城市经济社会发展和环境保护的进程不断完善的一项工作。

所以，进行环境管理实务操作，应符合流域、区域功能区划、生态保护规划和城市发展总体规划，布局合理。

2.1.4.3 符合清洁生产的原则

在过去的一个世纪里，经济的高速发展带来了严重的环境污染和生态破坏。为了减轻污染对环境和公众健康的危害，企业界采取了各种污染治理措施，对产生的污染物进行处理后再向环境排放。这种“末端治理”模式虽然取得了一定的环境效果，但也存在着明显的缺陷和不足：①治理代价高，影响企业竞争力和经济效益，致使企业界缺乏治理污染的主动性和积极性；②治理技术难度大，并存在污染转移的风险；③无助于减少生产过程中的资源浪费；④政府行政监督管理的成本过高。西方工业国家为了促使保护环境与经济发展取得“双赢”的效果，曾做了多年的探索，逐步形成了废物最小量化、源头削减、无废和少废工艺、污染预防等新的生产和污染防治战略。联合国环境规划署在总结上述经验的基础上，于 1989 年提出了“清洁生产”（cleaner production）的战略及推广计划。一经推广，就得到许多国家政府和企业界的响应，并开始探索发展“循环经济”，建立“循环社会”。1993 年以来，我国开始推行清洁生产。大量的工作经验证明，实施清洁生产，可以节约资源，削减污染，降低污染治理设施的建设和运行费用，提高企业经济效益和竞争能力；实施清洁生产，将污染物消除在源头和生产过程中，可以有效地解决污染转移问题；实施清洁生产，可以从根本上减轻因经济快速发展给环境造成的巨大压力，降低生产和服务活动对环境的破坏，实现经济发展与环境保护的“双赢”，并为发展“循环经济”奠定良好的基础。

清洁生产指不断采取改进设计、使用清洁的能源和原料、采用先进的工艺技术与设备、改善管理、综合利用等措施，从源头削减污染，提高资源利用效率，减少或者避免生产、服务和产品使用过程中污染物的产生和排放，以减轻或者消除对人类健康和环境的危害。清洁生产是关于产品和生产过程预防污染的一种全新战略，是在回顾和总结工业化实践的基础上提出的，是社会经济发展和环境保护对策演变到一定阶段的必然结果。清洁生产综合考虑了生产和消费过程的环境风险资源和环境容量、成本和经济效益。与以往不同的是，清洁生产突破了过去以末端治理为主的环境保护对策的局限，将污染预防纳入产品设计、生产过程和所提供的服务之中，是实现经济与环境协调发展的重要手段。

我国自2003年1月1日起施行《清洁生产促进法》，对生产经营者的清洁生产要求分为指导性要求、强制性要求和自愿性规定三种类型。《清洁生产促进法》规定“企业应当对生产和服务过程中的资源消耗以及废物的产生情况进行监测，并根据需要对生产和服务实施清洁生产审核”；“污染物排放超过国家和地方规定的排放标准或者超过经有关地方人民政府核定的污染物排放总量控制指标的企业，应当实施清洁生产审核”；“使用有毒、有害原料进行生产或者在生产中排放有毒、有害物质的企业，应当定期实施清洁生产审核，并将审核结果报告所在地的县级以上地方人民政府环境保护行政主管部门和经济贸易行政主管部门”。为贯彻《清洁生产促进法》，国家发展和改革委员会、国家环保总局联合发布了《清洁生产审核暂行办法》，之后，国家发展和改革委员会、环保部又联合发布了《清洁生产审核办法》。

环评是分析项目建设过程，特别是建成投产后可能对环境产生的影响，并提出污染防治对策和措施的实务操作，应该考虑清洁生产技术。这样才符合我国“预防为主”的环保政策。

2.1.4.4 符合国家有关生物化学、生物多样性等生态保护的法规和政策

生物多样性（Biodiversity）是生物（动物、植物、微生物）与环境形成的生态复合体以及与此相关的各种生态过程的总和，包括生态系统、物种和基因三个层次。生物多样性是人类赖以生存的条件，是经济社会可持续发展的基础，是生态安全和粮食安全的保障。

我国政府高度重视生物多样性保护，于1992年加入国际《生物多样性公约》。《生物多样性公约》是一项国际公约，规定每一缔约国要根据国情，制定并及时更新国家战略、计划或方案。我国是较早的缔约国之一，还是世界上率先完成公约行动计划的少数国家之一。1994年6月，经国务院环境保护委员会同意，国家环境保护局会同相关部门发布了《中国生物多样性保护行动计划》。《中国生物多样性保护战略与行动计划》（2011—2030年）于2010年9月经国务院常务会议第126次会议审议通过。在我国，依据《野生动物保护法》，破坏野生动物资源的犯罪行为将一律受到处罚，其处罚最高可判处死刑。

2003 年 1 月，中国科学院倡导启动一项濒危植物抢救工程，计划在 15 年内将所属 12 个植物园保护的植物种类从 1.3 万种增加到 2.1 万种，并建立总面积为 458 km^2 的世界最大的植物园。在此项工程中，用于收集珍稀濒危植物的资金达 3 亿多元，以秦岭、武汉、西双版纳和北京等地为中心建设基因库。

我国拯救濒危野生动物工程也初见成效，全国已建立 250 个野生动物繁育中心，专项实施大熊猫、朱鹮等七大物种拯救工程。被视为中国“国宝”、也被称为动物“活化石”的大熊猫野生种群数量保持在 1 000 只以上，生存环境继续得到良好改善；朱鹮种群数量由 7 只增加到 250 只左右，濒危状况得以进一步缓解；扬子鳄的人工饲养数量接近 1 万条；海南坡鹿由 26 只增加到 700 多只；遗鸥种群数量由 2 000 只增加到 1 万多只；难得一见的老虎也不时在东北、华东和华南地区现身；对白鳖豚人工繁殖的研究正在加速进行。由于坚持不懈地打击盗猎，加上国际社会多个动物保护组织的配合，曾遭受疯狂非法屠杀致使数量急剧下降的藏羚羊得以休养生息，数量稳定在 7 万只左右。

生物多样性保护包括：①就地保护，大多是建自然保护区，如卧龙大熊猫自然保护区；②迁地保护，大多转移到动物园或植物园，例如，水杉种子带到南京的中山陵植物园种植；③开展生物多样性保护的科学研究，制定生物多样性保护的法律和政策；④开展生物多样性保护方面的宣传和教育。这 4 种保护方案中，最重要的是就地保护，可以节省人力、物力和财力，对人和自然都有好处。就地保护利用原生态的环境使被保护的生物能够更好地生存，不用再花时间去适应环境，能够保证动物和植物原有的特性。

我国《环境影响评价法》将环评的范围从建设项目扩大到政府规划，已从原来的“以建设项目为主”走向了“规划环评已起步”的状况。环评实务操作中，尤其是规划环评中，应特别重视国家有关生物化学、生物多样性等生态保护的法规和政策。

2.1.4.5　符合国家资源综合利用的政策

资源综合利用主要包括：在矿产资源开采过程中对共生、伴生矿进行综合开发与合理利用；对生产过程中产生的废渣、废水（液）、废气、余热、余压等进行回收和合理利用；对社会生产和消费过程中产生的各种废旧物资进行回收和再生利用。由于我国是一个人口大国，人均资源匮乏，国家实行优惠政策，鼓励和扶持企业积极开展资源综合利用，要求各地区、各有关部门对企业资源综合利用项目应重点扶持，优先立项，银行根据信贷政策，在安排贷款上给予积极支持；要加强对资源综合利用资金的管理，提高资金使用效率。2015年，财政部、国家税务总局为了规范和优化增值税政策，决定对资源综合利用产品和劳务增值税优惠政策进行整合和调整，联合修订、发布了最新的《资源综合利用产品和劳务增值税优惠目录》。

我国已颁布了《节约能源法》《水法》《煤炭法》《矿产资源法》《草原法》《森林法》等相关法律，国务院和相关部委也发布了相关的"条例""办法"和"规定"等（详见2.3）。初学者应该对国家资源综合利用相关法规和政策深入了解和理解，并掌握相关政策在环评实务操作中的应用。

2.1.4.6 符合国家土地利用的政策

土地是人类赖以生存和社会可持续发展的物质基础。土地利用政策是政府为了土地资源合理和有效利用，根据法律规定调整土地利用方向、利用结构、利用方式和利用强度所采取的行政的、经济的、技术的（如计划和规划）手段的综合。前文已述及：通常土地利用规划有其固有的方法和程序，规划者和环境影响评价者之间的交流有时较困难，并且规划和环评往往有不同的政策和背景，非常难以协调，所以在规划环评中，城市和土地利用规划是比较复杂的。

我国已颁布了《水土保持法》《城乡规划法》《土地管理法》等相关法律，国务院和相关部委也发布了相关的"条例""办法"和"规定"等（详见2.3节）。初学者应广泛了解、深入理解领悟，应用于环评实务操作。

2.1.4.7 符合国家和地方规定的总量控制要求

总量控制是在规定时间内，对某一区域或某一企业在生产过程中所产生的污染物最终排入环境的数量的限制。企业在生产过程中排放总量包括：以"三废"形式排放的有组织的排放量；以杂质形式附着于产品、副产品、回收品而被带走的量；在生产过程中以跑、冒、滴、漏等形式无组织排放的量。区域排放总量包括：区域内工业污染源、交通污染源、生活污染源产生的污染物的排放量之总和。

污染物总量控制是以环境质量目标为基本依据，对区域内各污染源的污染物的排放总量实施控制的管理制度。在实施总量控制时，污染物的排放总量应小于或等于允许排放总量。区域的允许排污量应当等于该区域环境允许的纳污量。环境允许纳污量则由环境允许负荷量和环境自净容量确定。例如，对一个河流段的污染物允许纳污量是由该河段控制断面的污染物允许负荷量（通常为该控制断面的水质标准浓度与水流流量之乘积）及水体自净容量两者累加确定的。污染物总量控制管理比排放浓度控制管理具有较明显的优点，它与实际的环境质量目标相联系，在排污量的控制上宽严适度；由于执行污染物总量控制，可避免浓度控制所引起的不合理稀释排放废水、浪费水资源等问题，有利于区域水污染控制费用的最小化。环评中提出的项目污染物排放总量控制指标单位是 t/a。

污染物排放总量应小于或等于允许排放总量是符合环境自净或环境自我修复自然规律的。超过环境容纳量，环境必然趋向恶化。所以，环评要符合国家和地方规定的总量控制要求，是尊重自然规律的基本要求。

2.1.4.8　符合污染物达标排放和区域环境质量的要求

污染物达标排放是国家对人为污染源排入环境的污染物的浓度或总量所做的限量规定。它对环境质量优劣有着直接的影响。

环境质量（environmental quality）一般是指在一个具体的环境内，环境的总体或环境的某些要素，对人群的生存和繁衍以及社会的经济发展的适宜程度，是反映人群的具体要求而形成的对环境评定的一种概念。环境质量优劣以国家颁布的环境质量标准为依据。环境由各种自然环境要素和社会环境要素所构成，因此环境质量包括环境综合质量和各种环境要素的质量，如大气环境质量、水环境质量、土壤环境质量、生物环境质量、城市环境质量、生产环境质量、文化环境质量等。而各种环境要素的优劣，都是根据人类各种要求而进行评价的。所以环境质量又是同环境质量评价联系在一起的，即确定具体的环境质量要进行环境质量评价；而评价的结果就表征了环境质量。所以环境质量评价是确定环境质量的手段、方法，环境质量则是环境质量评价的结果。在环评中，要确定环境质量就必须进行环境质量评价，要进行评价就必须有标准，这样就产生了环境质量标准的体系。由于环境质量是依据人类的各种要求来评价的，所以环境质量标准也根据不同的要求而有许多种。可见，环境质量和环境质量标准是不能分开的。

环境质量标准（environmental quality standards）是为了保障人体健康、维护生态环境、保证资源充分利用，并考虑技术、经济条件，而对环境中有害物质和因素做出的限制性规定。环境质量标准包括水质量标准、大气质量标准、土壤质量标准、生物质量标准、声环境质量标准等。不同的区域，这些环境要素的质量标准要求也各异。污染物排放应该限制在不同区域环境质量相应环境要素的限值以内，这样才不至于影响人体健康、破坏生态环境、影响资源充分利用。这也是符合自然规律的基本要求，同时也符合经济可行性和技术可行性，确保良好的经济、社会和环境效益不受损害。所以，环评要符合污染物达标排放和区域环境质量的要求。

2.1.5 环评的程序

环评程序是指按一定的顺序或步骤指导完成环评工作的过程。环评的程序分为管理程序和工作程序。

2.1.5.1 环评的管理程序

根据环评有关管理文件，其管理程序包括：①环境影响申报，开始项目论证；②编制环境影响评价文件（如报告书、报告表或登记表）；③审批环境影响评价文件，开始设计；④编制竣工验收报告（监测报告、调查报告）；⑤通过竣工验收，正式投产。

根据环评管理文件，需要编制环境影响报告书的项目包括可能造成重大不利影响，其影响可能是敏感的、不可逆的建设项目；填报环境影响报告表的项目包括可能产生有限的不利影响，其影响是较小的、补救措施容易找到的建设项目；填报环境影响登记表的项目为影响很小的建设项目。

环评中的主要参与方包括：①环境保护行政主管部门；②环境工程评估（咨询）中心；③环评机构；④建设方或规划拟议方；⑤行业主管部门；⑥专家；

⑦公众（代表）。环评管理程序见图 2-3。

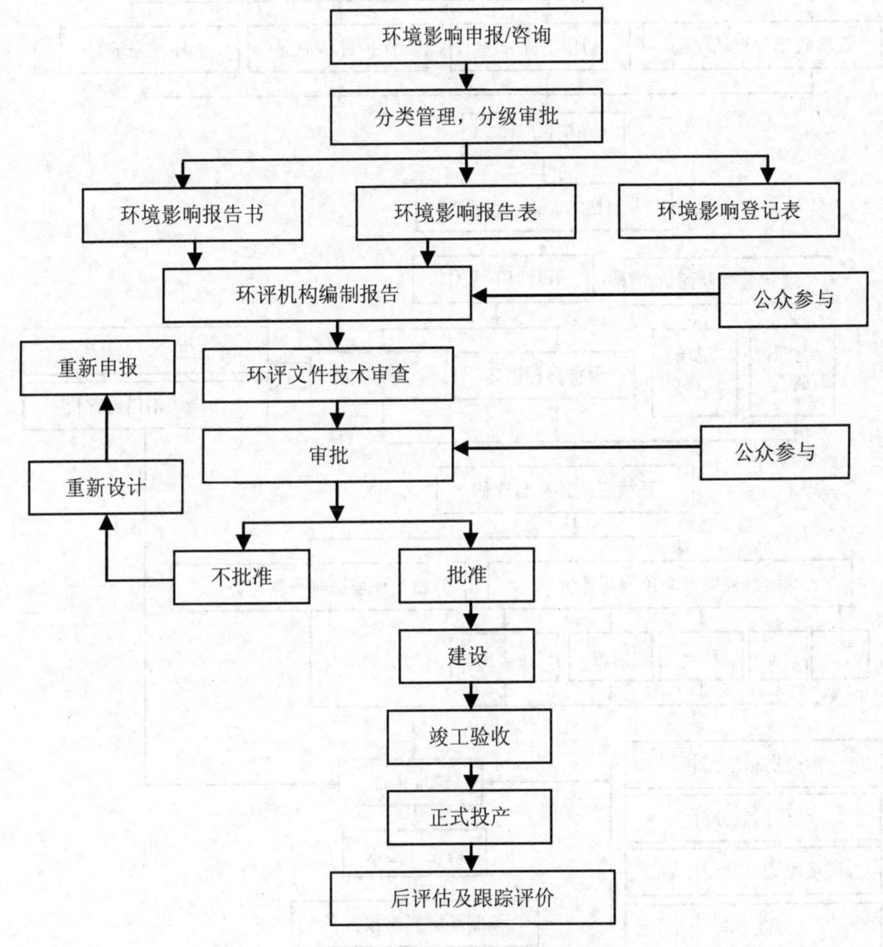

图 2-3　环境影响评价管理程序

2.1.5.2　环评的工作程序

环评工作程序主要针对环评机构的环评工作者而言。环评工作程序包括：调查分析和工作方案制定、分析论证和预测评价阶段、环境影响报告书（表）编制 3 个阶段。具体的项目环评工作流程见图 2-4。

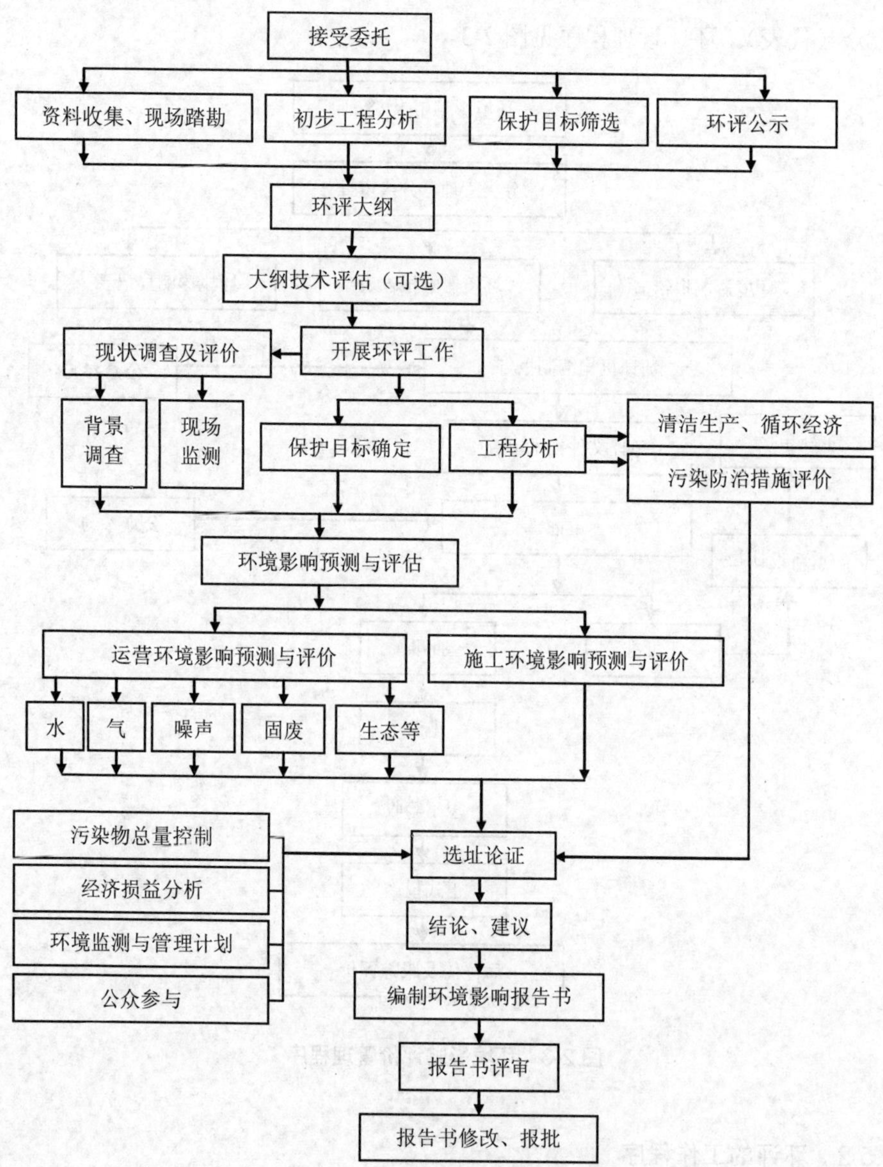

图 2-4　项目环境影响评价工作流程

具体的规划环评工作程序见图 2-5。

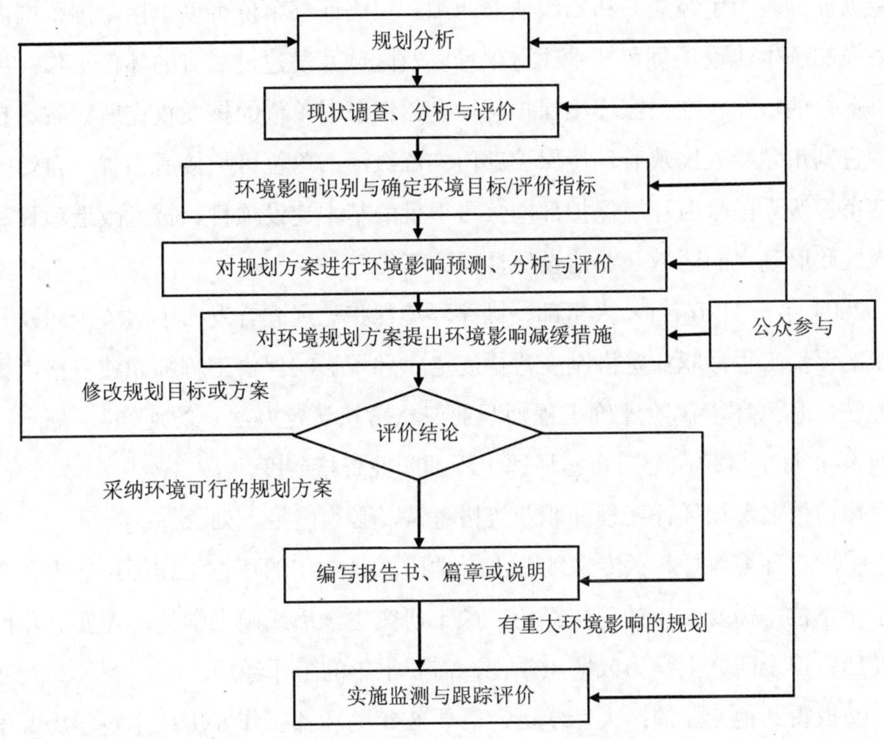

图 2-5　规划环境影响评价工作程序

环评程序应该遵循的原则是：①目的性原则；②整体性原则；③相关性原则；④主导性原则；⑤等衡性原则；⑥动态性原则；⑦随机性原则；⑧社会经济性原则；⑨公众参与原则。

2.1.6　环评项目的监督管理

我国环评项目的监督管理包括：环评单位资格考核与人员培训；环评的质量管理；环境影响报告书的审批。

2.1.6.1　环评单位资格考核与人员培训

《建设项目环境影响评价证书管理办法》中详细规定了评价证书的等级、申请证书的条件和程序、持证单位的职责及其考核办法等，并将环评证书的综合证书和专项证书改为甲级证书和乙级证书两种。甲级证书单位可以承接全国范围内各种规模的基本建设项目和技术改造项目以及区域开发建设项目的环评工作；甲级证书单位的核发权在国家环境保护总局，乙级证书单位的核发权在所在省、自治区、直辖市各级人民政府环境保护部门。乙级证书单位可承接所在省、自治区、直辖市各级人民政府环境保护部门负责审批的基本建设项目、技术改造项目和省级人民政府确定的区域开发建设项目环评工作。

2004 年 2 月 16 日，人事部、国家环境保护总局联合发布了《关于印发〈环境影响评价工程师职业资格制度暂行规定〉〈环境影响评价工程师职业资格考试实施办法〉和〈环境影响评价工程师职业资格考核认定办法〉的通知》，规定：从 2004 年 4 月 1 日起在全国实施环评工程师职业资格制度。

申请报名参加环评工程师职业资格考试，必须满足下列条件：

①取得环境保护相关专业的：大专学历需要 7 年的环评工作经历；本科学历或学士学位，需要 5 年的工作经历；硕士研究生学历或硕士学位，需要 2 年的工作经历；博士研究生学历或博士学位，需要 1 年的工作经历。

②取得其他专业的：大专学历，需要 8 年的环评工作经历；本科学历或学士学位，需要 6 年的工作经历；硕士研究生学历或硕士学位，需要 3 年的工作经历；博士研究生学历或博士学位，需要 2 年的工作经历。

环评工程师职业资格实行全国统一大纲、统一命题、统一组织的考试制度。原则上每年举行 1 次。

环评工程师职业资格实行定期登记制度。登记有效期为 3 年，有效期满前，应按有关规定办理再次登记。

2.1.6.2 环评的质量管理

《环境影响评价法》第二十条规定：环评文件中的环境影响报告书或者环境影响报告表，应当由具有相应环评资质的机构编制。任何单位和个人不得为建设单位指定对其建设项目进行环评的机构。

《建设项目环境保护管理条例》第六条规定：国家实行建设项目环评制度。建设项目的环评工作，由取得相应资格证书的单位承担。

《建设项目环境保护管理条例》第十三条规定：国家对从事建设项目环评工作的单位实行资格审查制度。从事建设项目环评工作的单位，必须取得环境保护行政主管部门颁发的资格证书，按照资格证书规定的等级和范围，从事建设项目环评工作，并对评价结论负责。国务院环境保护行政主管部门对已经颁发资格证书的从事建设项目环评工作的单位名单，应当定期予以公布。

2.1.6.3　环境影响报告书的审批

《环境影响评价法》和《建设项目环境保护管理条例》等法律法规对环境报告书的审批有明确的规定。例如，《环境影响评价法》第二十二条第一款规定：建设项目的环评文件，由建设单位按照国务院的规定报有审批权的环境保护行政主管部门审批。建设项目环评文件实行分级审批。《建设项目环境保护管理条例》规定：海岸工程建设项目环境影响报告书或者环境影响报告表，经海洋行政主管部审核并签署意见后，报环境保护行政主管部门审批。但是，最新的法规已经取消行业预审了，直接报环境保护行政主管部门审批。除国务院环境保护行政主管部门负责审批的建设项目外，其余的建设项目的环评文件由省、自治区、直辖市人民政府规定。建设单位应当在建设项目可行性研究阶段报批建设项目环境影响报告书、环境影响报告表或者环境影响登记表；铁路、交通等建设项目，经有审批权的环境保护主管部门同意，可以在初步设计完成前报批环境影响报告书或者环境影响报告表。不需要进行可行性研究的建设项目，建设单位应当在建设项目开工前报批建设项目环境影响报告书、环境影响报告表或者备案环境影响登记表；需要办理营业执照的，建设单位应当在办理营业执照前报批建设项目环境影响报告书、环境影响报告表或者备案环境影响登记表。

2014 年 4 月 24 日《环境保护法》重新修订通过，2015 年 1 月 1 日起施行。此次《环境保护法》修订后，环保违法处罚较以前更为严厉。例如，第五十九条规定：企业事业单位和其他生产经营者违法排放污染物，受到罚款处罚，被责令改正，拒不改正的，依法做出处罚决定的行政机关可以自责令改正之日的次日起，按照原处罚数额按日连续处罚。也规定：地方性法规可以根据环境保护的实际需要，增加第一款规定的按日连续处罚的违法行为的种类。这意味着企事业单位环保违法的经济罚款将无上限。《环境保护法》中有关环评审批的条款较多。第六十一条规定：建设单位未依法提交建设项目环评文件或者环评文件未经批准，擅自开工建设的，由负有环境保护监督管理职责的部门责令停止建设，处以罚款，并可以责令恢复原状。第六十二条规定：违反本法规定，重点排污单位不公开或者不如实公开环境信息的，由县级以上地方人民政府环境保护主管部门责令公开，处以罚款，并予以公告。第六十三条规定：企业事业单位和其他生产经营者有建设项目未依法进行环评，被责令停止建设，拒不执行的，尚不构成犯罪的，除依照有关法律法规规定予以处罚外，由县级以上人民政府环境保护主管部门或者其他有关部门将案件移送公安机关，对其直接负责的主管人员和其他直接责任人员，处十日以上十五日以下拘留；情节较轻的，处五日以上十日以下拘留。第六十五条规定：环评机构在有关环境服务活动中弄虚作假，对造成的环境污染和生态破坏负有责任的，除依照有关法律法规规定予以处罚外，还应当与造成环境污染和生态破坏的其他责任者承担连带责任。

2016 年 7 月 2 日《环境影响评价法》修订通过。修订前后，一些审批要求有较大的变化。《环境影响评价法》修订前后区别见表 2-1。

表 2-1　2016 年《环境影响评价法》修订前后审批变化对比

序号	修订前	修订后
1	第二十五条规定：建设项目环评审批办结后才能向发展改革部门申请企业投资项目可行性研究报告审批或项目核准	环评行政审批不再作为可行性研究报告审批或项目核准的前置条件，将环评审批与可行性研究报告审批或项目核准同时进行，但仍须在开工前完成
2	第二十五条规定：建设项目的环境影响评价文件未经法律规定的审批部门审查或者审查后未予批准的，该项目审批部门不得批准其建设，建设单位不得开工建设	建设项目的环境影响评价文件未依法经审批部门审查或者审查后未予批准的，建设单位不得开工建设
3	第三十二条规定：建设项目依法应当进行环境影响评价而未评价，或者环境影响评价文件未经依法批准，审批部门擅自批准该项目建设的，对直接负责的主管人员和其他直接责任人员，由上级机关或者监察机关依法给予行政处分；构成犯罪的，依法追究刑事责任	删除了此条

序号	修订前	修订后
4	第二十二条规定：建设项目的环境影响评价文件，由建设单位按照国务院的规定报有审批权的环境保护行政主管部门审批	建设项目的环境影响报告书、报告表，由建设单位按照国务院的规定报有审批权的环境保护行政主管部门审批，国家对环境影响登记表实行备案管理 这意味着：环境影响评价报告表只要备案即可，不用审批了
5	第十七条规定：涉及水土保持的建设项目，环境影响报告书中必须有经水行政主管部门审查同意的水土保持方案	为进一步简政放权、优化审批流程，修订后，不再将水行政主管部门对水土保持方案的审批作为环境影响评价的前置条件
6	第二十二条规定：建设项目的环境影响评价文件，由建设单位按照国务院的规定报有审批权的环境保护行政主管部门审批；建设项目有行业主管部门的，其环境影响报告书或者环境影响报告表应当经行业主管部门预审后，报有审批权的环境保护行政主管部门审批	建设项目的环境影响报告书、报告表，由建设单位按照国务院的规定报有审批权的环境保护行政主管部门审批 这意味着：取消了行业预审
7	第三十一条规定：建设单位未依法报批建设项目环境影响评价文件，或者未依照本法第二十四条的规定重新报批或者报请重新审核环境影响评价文件，擅自开工建设的，由有权审批该项目环境影响评价文件的环境保护行政主管部门责令停止建设，限期补办手续；逾期不补办手续的，可以处五万元以上二十万元以下的罚款，对建设单位直接负责的主管人员和其他直接责任人员，依法给予行政处分	建设单位未依法报批建设项目环境影响报告书、报告表，或者未依照本法第二十四条的规定重新报批或者报请重新审核环境影响报告书、报告表，擅自开工建设的，由县级以上环境保护行政主管部门责令停止建设，根据违法情节和危害后果，处建设项目总投资额百分之一以上百分之五以下的罚款，并可以责令恢复原状；对建设单位直接负责的主管人员和其他直接责任人员，依法给予行政处分 这意味着：如果项目投资总额较大，环评未审批而违规开工建设，罚款可能远远超过 20 万元

有关环评文件的审批时限和重新报批规定有：审批部门应当自收到环境影响报告书之日起 60 日内，收到环境影响报告表之日起 30 日内，收到环境影响登记表之日起 15 日内，分别做出审批决定并书面通知建设单位；对建设项目的环评文件需要重新审核的，原审批部门应当自收到建设项目环境影响评价文件之日起 10 日内，将审核意见书面通知建设单位。建设项目的环评文件经批准后，建设项目

的性质、规模、地点、采用的生产工艺或者防治污染、防止生态破坏的措施发生重大变动的，建设单位应当重新报批建设项目的环评文件。建设项目的环评文件自批准之日起超过 5 年，方决定该项目开工建设的，其环评文件应当报原审批部门重新审核；原审批部门应当自收到建设项目环评文件之日起 10 日内，将审核意见书面通知建设单位。

2.2 环评的法律法规、导则与标准

环评制度是评价的法律依据。环评制度指把环评工作以法律法规或行政规章的形式确定下来从而必须遵守的制度。我国环评制度的特点有：具有法律强制性、纳入基本建设程序、评价对象侧重于工程项目建设、进行分类管理、评价资格实行审核认定制。

2.2.1 环评的法律法规

环评也是一项法律制度。与环保相关的法律有：《宪法》中关于环境保护的规定（第二十六条、第九条、第十条、第二十二条）；环境保护综合法：《环境保护法》；环境保护单行法。环境保护单行法又可分为 3 类：①自然资源保护法，如《森林法》《草原法》《渔业法》《矿产资源法》《水法》《野生动物保护法》《水土保持法》《气象法》等；②污染防治法，如《水污染防治法》《大气污染防治法》《固体废物污染环境防治法》《噪声污染防治法》《放射性污染防治法》《海洋环境保护法》等；③其他类的法律，如《环境影响评价法》《清洁生产促进法》《循环经济促进法》等。

环评工作除以法律为依据，还要依据国务院发布的相关“条例”，环境保护部、工业和信息化部、农业部、林业部、国家发展和改革委员会等有关部委发布的有关“办法”等行政规定。各省人民政府和环境保护厅及其同级政府机构、各市人民政府和环境保护局及其同级政府机构、各县人民政府和县级环境保护局及其同级政府机构，乃至各乡（镇）人民政府的相关正式行文“通知”等文件，也应该

作为地方相关行业的环评依据。所以，环评常用法律法规包括《环境保护法》《环境影响评价法》，相关“条例”“办法”“规定”“通知”等。其中，有些法律法规随着社会经济发展需要被重新修订，或由新制定的法律法规替代而废止。例如，根据国务院《关于取消和下放一批行政审批项目的决定》（国发〔2014〕5 号），环境保护部于 2014 年 6 月 16 日废止了《环境保护设施运营资质认可管理办法（试行）》（2012 年 4 月 30 日曾修改发布为《环境污染治理设施运营资质许可管理办法》）。当然，在环评工作中，不能仅局限于这些法律法规而忽略各地方的相关法规依据。初学者在环境影响报告书（表）编制时，应对各地方的相关法规依据予以充分重视，并将其列为环评依据。

环评常用的法律法规见表 2-2。本书列出环评常用的法律和国务院及相关部委发布的行政法规共 100 部（件），便于相关行业的环评工作选择参考。

表 2-2　环评常用的法律法规

序号	法律法规名称	序号	法律法规名称
1	中华人民共和国环境保护法	18	中华人民共和国野生动物保护法
2	中华人民共和国环境影响评价法	19	中华人民共和国海洋环境保护法
3	中华人民共和国水污染防治法	20	中华人民共和国城乡规划法
4	中华人民共和国大气污染防治法	21	中华人民共和国突发事件应对法
5	中华人民共和国固体废物污染环境防治法	22	中华人民共和国防洪法
6	中华人民共和国环境噪声污染防治法	23	中华人民共和国土地管理法
7	中华人民共和国放射性污染防治法	24	城市绿化条例
8	中华人民共和国水土保持法	25	建设项目环境保护管理条例
9	中华人民共和国清洁生产促进法	26	规划环境影响评价条例
10	中华人民共和国循环经济促进法	27	退耕还林条例
11	中华人民共和国节约能源法	28	排污费征收使用管理条例
12	中华人民共和国水法	29	中华人民共和国森林法实施条例
13	中华人民共和国煤炭法	30	长江河道采砂管理条例①
14	中华人民共和国矿产资源法	31	中华人民共和国自然保护区条例
15	中华人民共和国防沙治沙法	32	中华人民共和国水产资源繁殖保护条例
16	中华人民共和国草原法	33	危险化学品安全管理条例
17	中华人民共和国森林法	34	取水许可和水资源费征收管理条例

序号	法律法规名称	序号	法律法规名称
35	畜禽规模养殖污染防治条例	63	地方环境质量标准和污染物排放标准备案管理办法
36	病原微生物实验室生物安全管理条例	64	黄河河口管理办法
37	核电厂核事故应急管理条例	65	入河排污口监督管理办法
38	大气污染防治行动计划（也称“大气十条”）	66	危险化学品生产储存建设项目安全审查办法
39	水污染防治行动计划（也称“水十条”）	67	危险化学品建设项目安全许可实施办法
40	土壤污染防治行动计划（也称“土十条”）	68	草畜平衡管理办法
41	国家核应急预案	69	全国文明风景旅游区评选和管理办法
42	国家突发环境事件应急预案	70	国家水土保持重点建设工程管理办法
43	建设项目环境保护管理办法	71	污染源自动监控管理办法
44	电磁辐射环境保护管理办法	72	草原征占用审核审批管理办法
45	征收超标准排污费财务管理和会计核算办法	73	草种管理办法
46	环境保护法规解释管理办法	74	病原微生物实验室生物安全环境管理办法
47	建设项目竣工环境保护验收管理办法	75	农业转基因生物加工审批办法
48	环境标准管理办法	76	环境信访办法
49	环境保护行政处罚办法	77	新生产机动车排放污染申报检测机构管理办法
50	环境保护档案管理办法	78	农村水电建设项目环境保护管理办法
51	城市绿线管理办法	79	国家级自然保护区监督检查办法
52	长江河道采砂管理条例实施办法	80	环境统计管理办法②
53	水功能区管理办法	81	环境信息公开办法（试行）
54	林业标准化管理办法	82	环境监测管理办法
55	新化学物质环境管理办法	83	绿色建筑评价标识管理办法
56	专项规划环境影响报告书审查办法	84	民用核安全设备无损检验人员考核与资格鉴定管理办法
57	矿产资源登记统计管理办法	85	环境保护产品认定管理办法
58	国家林业局印发行政许可工作管理办法	86	国家城市湿地公园管理办法
59	环境保护行政许可听证暂行办法	87	新化学物质环境管理办法
60	气象探测环境和设施保护办法	88	城市湿地公园规划设计导则
61	能源效率标识管理办法	89	中华人民共和国水污染防治法实施细则
62	危险废物转移联单管理办法	90	非法采矿、破坏性采矿造成矿产资源破坏价值鉴定程序的规定

序号	法律法规名称	序号	法律法规名称
91	水电站大坝运行安全监督管理规定	96	倾倒区管理暂行规定
92	排放污染物申报登记管理规定	97	渤海生物资源养护规定
93	建设项目环境影响评价文件分级审批规定	98	环境管理体系认证管理规定
94	民用核安全设备设计制造安装和无损检验监督管理规定（HAF 601）	99	中华人民共和国防治船舶污染内河水域环境管理规定
95	危险废物污染防治技术政策	100	环境监测质量管理规定

注：①2012 年 9 月 20 日，水利部、交通运输部联合下发《关于进一步加强长江河道采砂管理工作的通知》，要求沿江各地、各相关部门在当地政府的统一领导下，按照各自职责分工，进一步加强长江河道采砂管理工作，确保河势稳定、防洪安全和航运安全，以优异成绩迎接党的十八大胜利召开。该通知要求：一要认真落实长江河道采砂管理责任制；二要全面排查安全隐患；三要加大巡查打击力度；四要形成部门监管合力；五要着力建立长效机制。水利部、交通运输部近期将组织联合检查组，对长江河道采砂管理情况进行专项检查。②经 2018 年第八次生态环境部常务会议审议通过《全国人民代表大会常务委员会关于全面加强生态环境保护　依法推动打好污染防治攻坚战的决议》，拟进行修订。

环境保护部于 2016 年 7 月 13 日公布《关于废止部分环保部门规章和规范性文件的决定》(环境保护部令　第 40 号)，该决定废止了 10 件环保部门规章和 121 件规范性文件。读者可登录生态环境部网站查阅。

2.2.2　环评导则

限于篇幅，在此仅述《建设项目环境影响评价技术导则　总纲》(以下简称《总纲》）的要点，其余的环评技术导则，读者可从生态环境部网站下载浏览。2016 年 12 月 8 日发布的《建设项目环境影响评价技术导则　总纲》（HJ 2.1—2016），2017 年 1 月 1 日实施。

《总纲》修订后：在环评工作程序中，将公众参与和环评文件编制工作分离；简化了建设项目与资源能源利用政策、国家产业政策相符性和资源利用合理性分析内容；简化了清洁生产与循环经济、污染物总量控制相关评价要求；删除了社会环境现状调查与评价相关内容；强化了环境影响预测的科学性和规范性、环境保护措施的有效性以及环境管理与监测要求；新增污染源源强核算技术指南作为建设项目环评技术导则体系的组成部分，工程分析部分增加了污染源源强核算内容；环评结论增加了环境影响不可行结论的判定要求。

分析判定建设项目选址选线、规模、性质和工艺路线等要与国家和地方有关环境保护政策、法律、法规、标准、规范、相关规划、规划环评结论及审查意见相符合，并与生态保护红线、环境质量底线、资源利用上线和环境准入负面清单进行对照，作为开展环评工作的前提和基础。

环评应贯彻执行我国环境保护相关法律法规、标准、政策和规划等，优化项目建设，服务环境管理（依法评价）；环评应规范环评方法，科学分析项目建设对环境质量的影响（科学评价）；环评应根据建设项目的工程内容及其特点，明确与环境要素间的作用效应关系，根据规划环评结论和审查意见，充分利用符合时效的数据资料及成果，对建设项目主要环境影响予以重点分析和评价（突出重点）。

环境影响因素识别方法可采用矩阵法、网络法、地理信息系统（GIS）支持下的叠加图法等。根据建设项目的特点、环境影响的主要特征，结合区域环境功能要求、环境保护目标、评价标准和环境制约因素，筛选确定评价因子。

环评按环境要素分别划分评价等级。各单项环境要素评价划分为三个工作等级，例如，大气环境、地面水环境、地下水环境、声环境、生态环境影响评价划分为一级、二级、三级等。对于一级评价，要对单项环境要素的环境影响进行全面、详细和深入的评价，对该环境要素的现状调查、影响预测、评价影响和提出措施，一般都要比较全面和深入，并应当采用定量化计算来描述完成；对于二级评价，要对单项环境要素的重点环境影响进行详细、深入评价，一般要采用定量化计算和定性的描述来完成；对于三级评价，对单项环境要素的环境影响进行一般评价，可以通过定性的描述来完成。

各环境要素专项评价工作等级按建设项目特点、所在地区的环境特征、相关法律法规、标准及规划、环境功能区划等划分各环境要素、各专题评价工作等级。具体由环境要素或专题环评技术导则规定。专项评价的工作等级可根据建设项目所处区域环境敏感程度、工程污染或生态影响特征及其他特殊要求等情况进行适当调整，但调整的幅度不超过一级，并应说明调整的具体理由。

环评范围根据环境要素和专题环评技术导则的要求确定。环评技术导则中未明确具体评价范围的，根据建设项目可能影响范围确定。未制定专项环评技术导则的，根据建设项目可能影响范围确定环境影响评价范围，当评价范围外有环境敏感区的，应适当外延。

环评标准根据评价范围各环境要素的环境功能区划，确定各评价因子所采用的环境质量标准及相应的污染物排放标准。有地方污染物排放标准的，应优先选择地方污染物排放标准；国家污染物排放标准中没有限定的污染物，可采用国际通用标准；生产或服务过程的清洁生产分析采用国家发布的清洁生产规范性文件。尚未划定环境功能区的区域，由地方人民政府环境保护主管部门确认各环境要素应执行的环境质量标准和相应的污染物排放标准。

环境保护目标的确定依据环境影响因素识别结果，附图并列表说明评价范围内各环境要素涉及的环境敏感区、需要特殊保护对象的名称、功能、与建设项目的位置关系以及环境保护要求等。

环评方法采用定量评价与定性评价相结合的方法，应以量化评价为主。环评技术导则规定了评价方法的，应采用规定的方法。选用非环评技术导则规定方法的，应根据建设项目环境影响特征、影响性质和评价范围等分析其适用性。

为便于读者查询，常用的环评导则见表 2-3。

表 2-3　常用的环境影响评价导则

序号	名称	标准号
1	建设项目环境影响评价技术导则　总纲	HJ 2.1
2	环境影响评价技术导则　核电厂环境影响报告书的格式和内容	HJ 808
3	环境影响评价技术导则　地下水环境	HJ 610
4	尾矿库环境风险评估技术导则（试行）	HJ 740
5	环境影响评价技术导则　钢铁建设项目	HJ 708
6	环境影响评价技术导则　输变电工程	HJ 24
7	规划环境影响评价技术导则　总纲	HJ 130
8	环境影响评价技术导则　煤炭采选工程	HJ 619
9	建设项目环境影响技术评估导则	HJ 616
10	环境影响评价技术导则　生态影响	HJ 19
11	环境影响评价技术导则　制药建设项目	HJ 611

序号	名称	标准号
12	环境影响评价技术导则　农药建设项目	HJ 582
13	环境影响评价技术导则　声环境	HJ 2.4
14	规划环境影响评价技术导则　煤炭工业矿区总体规划	HJ 463
15	环境影响评价技术导则　大气环境	HJ 2.2
16	环境影响评价技术导则　城市轨道交通	HJ 453
17	环境影响评价技术导则　陆地石油天然气开发建设项目	HJ/T 349
18	建设项目环境风险评价技术导则	HJ/T 169
19	开发区区域环境影响评价技术导则	HJ/T 131
20	环境影响评价技术导则　水利水电工程	HJ/T 88
21	环境影响评价技术导则　石油化工建设项目	HJ/T 89
22	环境影响评价技术导则　民用机场建设工程	HJ/T 87
23	工业企业土壤环境质量风险评价基准	HJ/T 25
24	辐射环境保护管理导则　电磁辐射环境影响评价方法与标准	HJ/T 10.3
25	环境影响评价技术导则　地面水环境	HJ/T 2.3
26	山岳型风景资源开发环境影响评价指标体系	HJ/T 6

2.2.3　环评的标准体系

2.2.3.1　环境标准与作用

环境标准是控制污染、保护环境的各种标准的总称。环境标准是国家为了保护人民健康，促进生态良性循环，实现社会经济发展目标，根据国家的环境政策和法规，在综合考虑本国自然环境特征、社会经济条件和科学技术水平基础上规定环境中污染物的允许含量和污染源排放污染物的数量、浓度、时间和速度以及监测方法和其他有关技术规范。

环境标准的作用有：①是制定环境规划和环境计划的主要依据；②是环境评价的准绳；③是环境管理的技术基础；④是提高环境质量的重要手段。

2.2.3.2　环境标准体系

环境标准体系包括：环境质量标准、污染物排放标准、环境基础标准、环境方法标准、环境标准样品标准、环保仪器设备标准、强制性标准和推荐性标准等。

（1）环境质量标准

环境质量标准是制定污染物排放标准的主要依据。环境质量是环境系统客观存在的一种本质属性，并能用定性和定量的方法加以描述的环境系统所处的状态。环境质量标准分为国家和地方两级。地方环境标准优先于国家环境标准执行。国家环境质量标准是国家按照环境要素和污染因素规定的环境质量标准，适用于全国范围。地方环境质量标准是地方根据本地区的实际情况对某些标准的更严格要求，是对国家标准的补充、完善和具体化。国家环境质量标准中未做出规定的项目，可以制定地方环境质量标准，并报国务院行政主管部门备案。

环境质量一般分等级，与环境功能区类别相对应。高功能区环境质量要求严格，低功能区环境质量要求较宽松。

1）环境空气质量功能区的分类和标准分级

功能区分三类：一类区为自然保护区、风景名胜区和其他需要特殊保护的区域；二类区为居住区、商业交通居民混合区、文化区、工业区和农村地区；其余为三类。

标准分三级：一类区执行一级标准；二类区执行二级标准。

2）地表水环境质量功能区的分类和标准值

功能区分五类：Ⅰ类主要适用于源头水、国家自然保护区；Ⅱ类主要适用于集中式生活饮用水水源地一级保护区、珍稀水生生物栖息地、鱼虾类产卵场、仔稚幼鱼的索饵场等；Ⅲ类主要适用于集中式生活饮用水水源地二级保护区、鱼虾类越冬场、洄游通道、水产养殖区等渔业水域及游泳区；Ⅳ类主要适用于一般工业用水区及人体非直接接触的娱乐用水区；Ⅴ类主要适用于农业用水区及一般景观要求水域。同一水域兼有多功能的，依最高功能划分类别。

标准值分五类：对应地表水上述五类功能区，将地表水环境质量基本项目标准值分为五类，不同功能类别分别执行相应类别的标准值。水域功能类别高的区域执行的标准值严于水域功能类别低的区域。

3）城市区域环境噪声功能区的分类和标准值

功能区分五类：0 类声环境功能区指康复疗养区等特别需要安静的区域；1 类声环境功能区指以居民住宅、医疗卫生、文化教育、科研设计、行政办公为主要功能，需要保持安静的区域；2 类声环境功能区指以商业金融、集市贸易为主要功能，或者居住、商业、工业混杂，需要维护住宅安静的区域；3 类声环境功能区指以工业生产、仓储物流为主要功能，需要防止工业噪声对周围环境产生严重影响的区域；4 类声环境功能区指交通干线两侧一定距离之内，需要防止交通噪声对周围环境产生严重影响的区域，包括 4a 类和 4b 类两种类型中，4a 类为高速公路、一级公路、二级公路、城市快速路、城市主干路、城市次干路、城市轨道交通（地面段）、内河航道两侧区域；4b 类为铁路干线两侧区域。

标准值分五类，对应区域噪声上述五类功能区，将区域噪声标准值分为五类，不同功能类别分别执行相应类别的标准值。噪声功能类别高的区域（如居住区）执行的标准值严于噪声功能类别低的区域（如工业区）。

（2）污染物排放标准

污染物排放标准是实现环境质量标准的主要手段和措施。污染物排放标准也分为国家污染物排放标准和地方污染物排放标准两级。国家污染物排放标准中未作规定的项目可以制定地方污染物排放标准；国家污染物排放标准已规定的项目，可以制定严于国家污染物排放标准的地方污染物排放标准；省、自治区、直辖市人民政府制定机动车船大气污染物地方排放标准严于国家排放标准的，须报经国务院批准。

国家污染物排放标准还可分为：跨行业综合性排放标准（如《污水综合排放标准》《大气污染物综合排放标准》）和行业性排放标准（如《火电厂大气污染物排放标准》《合成氨工业水污染物排放标准》《造纸工业水污染物排放标准》等）。综合性排放标准与行业性排放标准不交叉执行。即有行业性排放标准的执行行业排放标准，没有行业排放标准的执行综合性排放标准。

（3）环境基础标准

环境基础标准是环境标准体系中的指导性标准，是制定其他各种环境标准的总原则、程序和方法。

（4）环境方法标准

环境方法标准是制定、执行环境质量标准和污染物排放标准的重要技术根据和方法。

环境方法标准、环境标准样品标准和环保仪器设备标准是制定、执行环境质量标准和污染物排放标准的重要技术根据和方法。它们之间的关系是既互相联系又互相制约的。

近年来，国家有关部委为贯彻《环境保护法》《环境影响评价法》以及《建设项目环境保护管理条例》《放射性污染防治法》《水污染防治法》等，指导建设项目环评工作，规范各行业的工程建设，防止各行业的工程建设项目污染环境，陆续制定、修订了一大批环评工作相关的国家标准。

2.3　环评技术方法

环评也是一类评价技术。环评方法通常包括识别方法、预测方法和综合评价方法。

2.3.1　环境影响识别

环境影响是人类活动（经济活动、政治活动和社会活动）导致的环境变化以及由此引起的对人类社会的效应，包括不利影响和有利影响。环境影响识别就是找出所有受影响（特别是不利影响）的环境因素，以使环境影响预测减少盲目性，环境影响综合分析增加可靠性，污染防治对策具有针对性。环境影响识别的内容包括：影响因子、类型、程度（包括建设期、运营期、服务期满后）。

环境因子的识别分析见图 2-6。

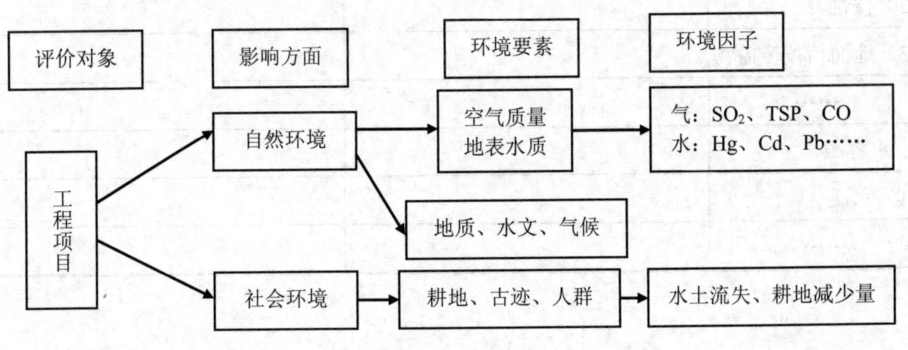

图 2-6　环境因子的识别分析

入选环境因子的原则：①尽可能精练，并能反映评价对象的主要环境影响和充分表达环境质量状态，以及便于监测和度量；②选出的因子应能组成群，并构成与环境总体结构相一致的层次，在各个层次上将环境影响全部识别出来；③项目的建设阶段、生产运行阶段和服务期满后对环境的影响内容是各不相同的，因此有不同的环境影响识别表。

环境影响程度识别包括：微弱不利、轻度不利、中等不利、非常不利、极端不利、微弱有利、轻度有利、中等有利、大有利、特有利。

核查表法（checklist），也叫清单法：将可能受开发方案影响的环境因子和可能产生的影响性质，通过核查在一张表上一一列出的识别方法，故亦称“列表清单法”或“一览表法”。核查表法虽是较早发展起来的方法，但现在还在普遍使用，并有简单型核查表、描述型核查表等多种形式。

简单型核查表仅是一个可能受影响的环境因子表，不作其他说明，可作定性的环境影响识别分析，但不能作为决策依据。简单型核查表见表 2-4 和表 2-5。

表 2-4　一般工业建设项目的初步核查用表

影响面	建设期			运行期		
	有害影响	无影响	有利影响	有害影响	无影响	有利影响
1. 土地改造和建设						
（1）压实和平整						
（2）侵蚀						
（3）地面植被覆盖物						
……						
2. 水资源						
（1）水质						
……						

表 2-5　单条内陆公路建设的环境影响的简单核查表

可能受影响的环境因子	可能产生影响的性质									
	不利影响						有利影响			
	短期	长期	可逆	不可逆	局部	大范围	短期	长期	显著	一般
水生生态系统		×		×	×					
森林		×		×	×					
渔业		×		×	×					
稀有及濒危物种		×		×		×				
陆地野生生物		×		×		×				
空气质量	×				×					
路上运输								×	×	
社会经济								×	×	
……										

注：× 表示产生影响。

描述型核查表：除了列出环境因子，还同时说明对每项因子影响的初步度量以及影响预评价的途径。目前有两种类型描述型核查表。

环境资源分类核查表：即对受影响的环境因素（环境资源）先作简单的划分，以突出有价值的环境因子。通过环境影响识别，将具有显著性影响的环境因子作为后续评价的主要内容。该类清单已按工业类、能源类、水利工程类、交通类等编制了主要环境影响识别表，在世界银行《环境评价资源手册》等文件中可以查到，供具体建设项目环境影响识别时参考。

问卷核查表：在清单中仔细列出有关“项目—环境影响”要询问的问题。答案可以是“有”或“没有”。如回答有影响，则在表中的注解栏说明影响的程度、发生影响的条件以及环境影响的方式。

描述型核查表见表 2-6。

表 2-6 改变土地利用方式对一些水文参数的影响

		活动									
		土地覆盖或利用方式改变						建筑施工	供水	废物处理	河道改造
		植被移除	土地用推土机清除	沙砾开发	土壤开挖	开垦和耕作	筑梯田				
水量	1. 截流	*	*	*	*						
	2. 渗入地下	*	×	×	▽	▽	▽				
	3. 蒸发	▽	▽	▽	▽	▽	▽				
	4. 地表径流	▼	▼	×	×	×	×				
水质	……										
河床地貌	……										

注：▼表示就地正面或提高作用重要；▽表示就地正面或提高作用次要；*表示就地负面或降低作用重要；×表示就地负面或降低次要；▲表示下游正面或提高作用重要；△表示下游正面或提高作用次要；●表示下游负面或降低作用重要；○表示下游负面或降低次要。

环境要素逐一分析法：根据建设项目排放的污染物（能量或影响因子）对环境要素的影响逐一分析。污染物（能量）是产生环境影响的根源，其排放去向直接关系到它影响的环境要素、影响程度，因而可通过分析排放的污染物（能量）识别建设项目对环境产生的影响。

2.3.2 环境影响综合评价方法

环境影响综合评价方法主要有：指数法、矩阵法、图形叠置法、网络法、动态系统模拟法等。

2.3.2.1 指数法

环境影响评价指数通常包括：等标型、函数型、均值型、加权型。

（1）单因子评价指数为式（2-1）：

$$I_i = \frac{C_i}{S_i} \tag{2-1}$$

式中，I_i 为第 i 种污染物的环境质量指数；C_i 为第 i 种污染物的环境浓度；S_i 为第

i 种污染物的环境质量评价标准。该指标表示某种污染物在环境中的浓度超过评价标准的程度，亦称超标倍数。该指标值是相对于某一评价标准而言的。

（2）多因子评价指数

常用的多因子评价指数有均值型、计权型、内梅罗型。

①均值型为式（2-2）：

$$I = \frac{1}{n}\sum_{i=1}^{n} I_i \tag{2-2}$$

式中，n 为参与评价的因子数目；I_i 为第 i 种污染物的环境质量指数。均值型指数的基本出发点是各种因子对环境的影响是等权的。

②计权型为式（2-3）：

$$I = \sum_{i=1}^{n} W_i I_i \tag{2-3}$$

式中，W_i 为对应于第 i 个因子的权重系数；I_i 为第 i 种污染物的环境质量指数。权系数的确定是关键，常用专家调查法。

③内梅罗型为式（2-4）：

$$I = \sqrt{\frac{I_{i\max}^2 + I_{\text{ave}}^2}{2}} \tag{2-4}$$

式中，$I_{i\max}$ 为参与评价的最大的单因子指数；I_{ave} 为参与评价的单因子指数的均值。

2.3.2.2　矩阵法

矩阵法（matrices）由清单法发展而来，不仅具有影响识别功能，还有影响综合分析评价功能。它将清单中所列内容，按其因果关系，系统加以排列。并把开发行为和受影响的环境要素组成一个矩阵，在开发行为和环境影响之间建立起直接的因果关系，以定量或半定量地说明拟议的工程行动对环境的影响。这类方法主要有相关矩阵法、迭代矩阵法两种。

2.3.2.3　网络图法

网络法的原理是采用原因—结果的分析网络来阐明和推广矩阵法。除了矩阵法的功能，网络法还可鉴别累积影响或间接影响，网络实际上呈树枝状，故又称关系树枝或影响树枝，可以表述和记载第一、第二以及更高层次上的影响。网络图见图 2-7。

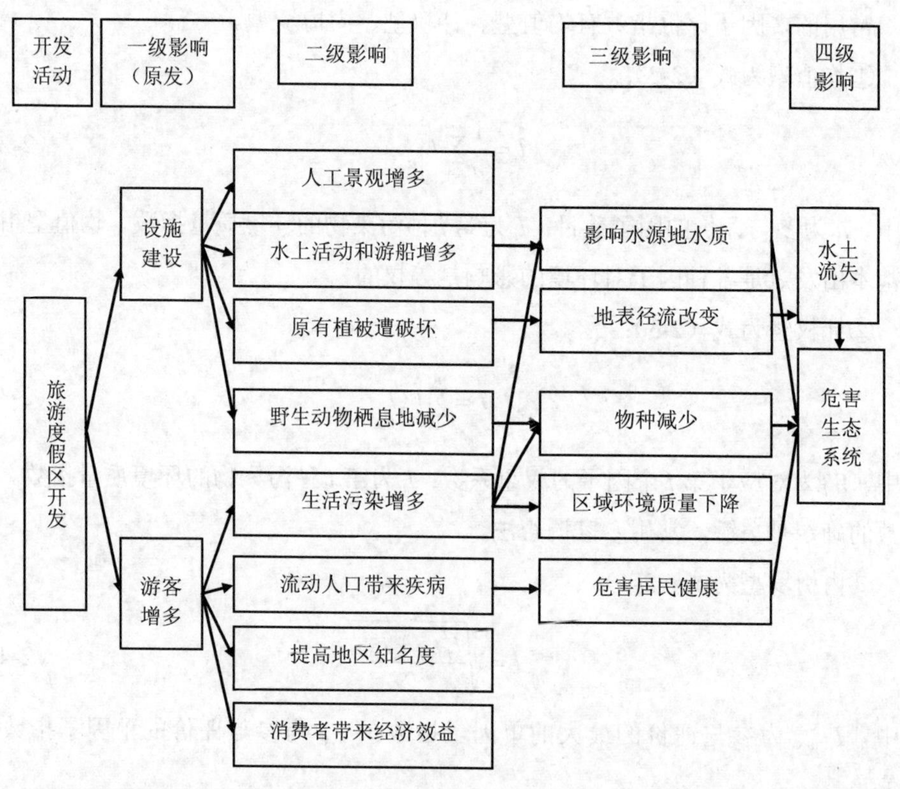

图 2-7 环境影响评价网络图

2.3.2.4 层次分析法

层次分析法（Analytical hierarchy process，AHP）是一种能够将定性分析与定量分析相结合的新型多目标决策方法。最早是 20 世纪 70 年代，由美国匹兹堡大学 Satty 教授提出。层次分析法一般用来处理具有复杂因素的技术、经济和社会问题，这些问题往往很难用定量的模型或模拟来分析，因为其中所含定性因素很多，而且需要考虑决策者的心理因素、知识经验和决策水平等。层次分析法能通过建立判断矩阵的过程，逐步分层地将众多的复杂因素和决策者的个人因素综合起来，进行逻辑思维，然后用定量的形式表示出来，从而使复杂问题从定性的分析向定量结果转化。层次分析法的层次架构模型见图 2-8。

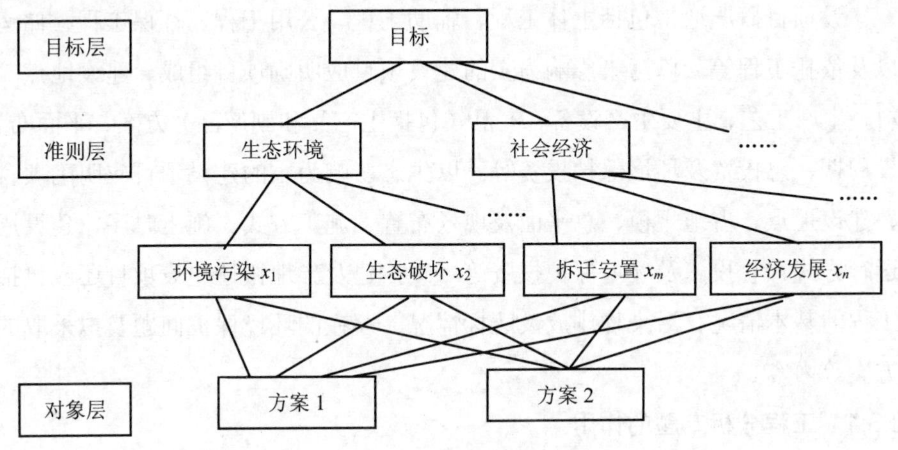

图 2-8　层次分析法的层次架构模型

2.3.2.5　图形叠置法

该方法开始为手工作业，即准备一张透明图片，画上项目的位置和要考虑影响评价的区域和轮廓。另有一份可能受影响的当地环境因素一览表，其上指出那些被专家们判断为可能受项目影响的环境因素。对每一种要评价的因素都准备一张透明图片，每种因素受影响的程度可以用一种专门的黑白色码的阴影的深浅来表示。通过在透明图上的地区给出的特定的阴影，可以很直观地表示影响程度。把各种色码的透明片叠置到基片图上就可看出一项工程的综合影响。不同地区的综合影响差别由阴影的相对深度来表示。

2.3.3　工程分析

工程分析是环评中分析项目建设影响环境内在因素的重要环节。由于建设项目对环境影响的表现不同，可以分为以污染影响为主的污染型建设项目的工程分析和以生态破坏为主的生态影响型建设项目的工程分析。

工程分析是分析建设项目影响环境的因素，其主要任务是通过工程全部组成、一般特征和污染特征的全面分析，从项目总体上纵观开发建设活动与环境全局的关系，同时从微观上为环境影响评价工作提供评价所需基础数据。

建设项目概况通常包括主体工程、辅助工程、公用工程、环保工程、储运工程以及依托工程等。以污染影响为主的建设项目应明确项目组成、建设地点、原辅料、生产工艺、主要生产设备、产品（包括主产品和副产品）方案、平面布置、建设周期、总投资及环境保护投资等。以生态影响为主的建设项目应明确项目组成、建设地点、占地规模、总平面及现场布置、施工方式、施工时序、建设周期和运行方式、总投资及环境保护投资等。改扩建及异地搬迁建设项目还应包括现有工程的基本情况、污染物排放及达标情况、存在的环境保护问题及拟采取的整改方案等内容。

2.3.3.1 工程分析专题的作用

①为项目决策提供依据：工程分析从环保角度对项目建设性质、产品结构、生产规模、原料路线、工艺技术、能源结构、技术经济指标、总图布置方案、占地面积等做出分析意见。若发现不符合有关政策、法规规定时，可直接做出结论。

②弥补《可行性研究报告》对建设项目产污环节和源强估算的不足，为环评工作提供评价所需基础数据。

③为环保设计提供优化建议：通过工程分析对生产工艺进行优化论证，并提出符合清洁生产要求的生产工艺建议；指出工艺设计上应该重点考虑的防污减污问题；对环保措施方案中拟选工艺、设备及其先进性、可靠性、实用性提出剖析意见，为优化环保设计作指导。

④为项目的环境管理提供建议指标和科学依据。

2.3.3.2 工程分析应遵循的技术原则

①体现政策性：通过工程分析，若发现不符合有关政策、法规规定时，可直接做出结论。符合有关政策、法规规定的，做出政策符合性结论。

②具有针对性：对具体的建设项目特征进行相关工艺、设备流程、排污节点分析，为环保具体措施、方案、设备选择提供有力的保障。

③应为各评价专题提供定量而准确的基础资料：不同的建设项目，对环境要素的影响侧重点不同，通过工程分析，可为环评专题提供定量而准确的基础资料。

④应从环保角度为项目的选址、工程设计提出优化建议。

2.3.3.3　工程分析的方法

（1）类比法

类比法是利用与拟建项目类型相同的现有项目的设计资料或实测数据进行工程分析的常用方法。为提高类比数据的准确性，应充分注意分析对象与类比对象之间的相似性。

①工程一般特征的相似性：包括建设项目的性质、建设规模、车间组成、产品结构、工艺路线、生产方法、原料、燃料来源与成分、用水量和设备类型等。

②污染物排放特征的相似性：包括污染物排放类型、浓度、强度与数量，排放方式与去向，以及污染方式与途径等。

③环境特征的相似性：包括气象条件、地貌状况、生态特点、环境功能以及区域污染情况等方面的相似性。因为在生产建设中常会遇到这种情况，即某污染物在甲地是主要污染因素，在乙地则可能是次要因素，甚至是可被忽略的因素。

类比法也常用单位产品的经验排污系数去计算污染物排放量。但是采用此法必须注意：一定要根据生产规模等工程特征和生产管理以及外部因素等实际情况进行必要的修正。

（2）物料衡算法

物料衡算法是用于计算污染物排放量的常规方法。此法的基本原则是遵守质量守恒定律，即在生产过程中投入系统的物料总量必须等于产出的产品量和物料流失量之和。其计算通式如式（2-5）。

$$\sum G_{投入}=\sum G_{产品}+\sum G_{流失} \tag{2-5}$$

式中，$\sum G_{投入}$为投入系统的物料总量；$\sum G_{产品}$为产出产品总量；$\sum G_{流失}$为物料流失总量。

当投入的物料在生产过程中发生化学反应时，可按总量法或定额法公式进行衡算，见式（2-6）。

①物料衡算公式：

$$\sum G_{排放}=\sum G_{投入}-\sum G_{回收}-\sum G_{处理}-\sum G_{转化}-\sum G_{产品} \quad (2\text{-}6)$$

式中，$\sum G_{投入}$为投入物料中的某污染物总量；$\sum G_{产品}$为进入产品结构中的某污染物总量；$\sum G_{转化}$为生产过程中被分解、转化的某污染物的总量；$\sum G_{处理}$为经净化处理掉的某污染物总量；$\sum G_{回收}$为进入回收产品中的某污染物总量；$\sum G_{排放}$为某污染物的排放量。

②单元工艺过程或单元操作的物料衡算

对某单元过程或某工艺操作进行物料衡算，可以确定这些单元工艺过程、单一操作的污染物产生量，例如，对管道和泵输送、吸收过程、分离过程、反应过程等进行物料衡算，可以核定这些加工过程的物料损失量，从而了解污染物产生量。

工程分析中常用的物料衡算有：总物料衡算；有毒有害物料衡算；有毒有害元素物料衡算。

（3）资料复用法

此法是利用同类工程已有的环境影响报告书或可行性研究报告等资料进行工程分析的方法。虽然此法较为简便，但所得数据的准确性很难保证，所以只能在评价工作等级较低的建设项目工程分析中使用。

2.3.3.4　污染型项目工程分析

（1）污染型项目工程分析的工作内容

工程分析的工作内容，原则上应根据建设项目的工程特征，包括建设项目的类型、性质、规模、开发建设方式与强度、能源与资源用量、污染物排放特征，以及项目所在地的环境条件来确定。

对于环境影响以污染因素为主的建设项目来说，其工作内容通常包括下列 6 部分。

1）工程概况

①工程一般特征简介：主要是介绍项目的基本情况，包括工程名称、建设性质、建设地点、项目组成、建设规模、车间组成、产品方案、辅助设施、配套工程、储运方式、占地面积、职工人数、工程总投资及发展规划等，应附总平面布

置图。

②物料及能源消耗定额：包括主要原料、辅料、材料、助剂、能源（煤、焦、油、气、电和蒸汽）以及用水等的来源、成分和消耗量。

③主要经济技术指标：包括产率、效率、转化率、回收率和放散率等。

为了便于审阅，上述有关工程概况内容可以制成表格，一目了然。

2）工艺路线与生产方法及产污环节

用形象流程图的方式说明生产过程，同时在工艺流程中表明污染物的产生位置和污染物的类型，必要时列出主要化学反应和副反应式。图 2-9 为某水泥粉磨站的工艺流程和产污环节图。

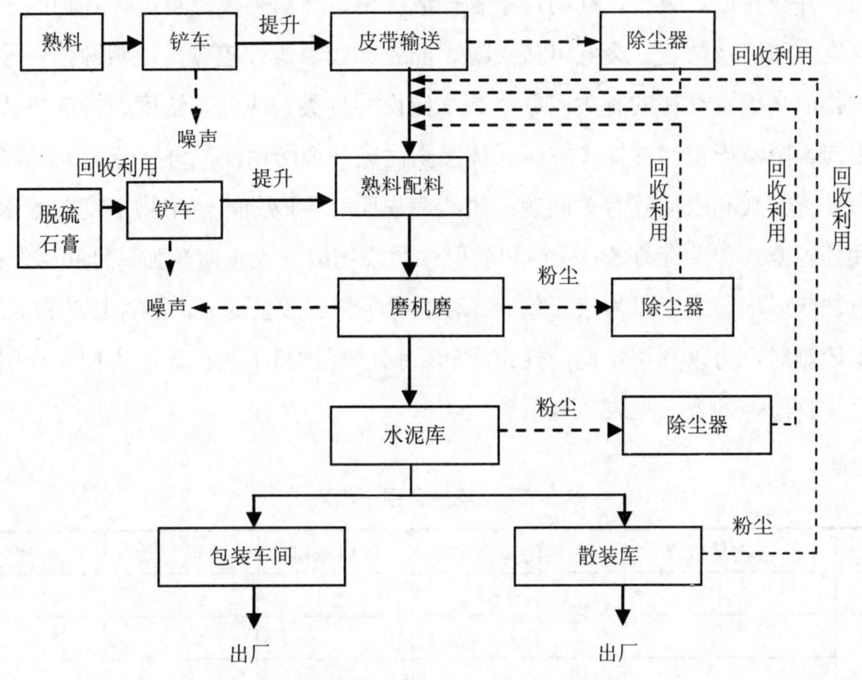

图 2-9　某水泥粉磨站的生产工艺流程和产污环节

3）污染源源强分析与核算

应根据污染物产生环节（包括生产、装卸、储存、运输）、产生方式和治理措施，核算建设项目有组织与无组织、正常工况与非正常工况下的污染物产生和排放强度，给出污染因子及其产生和排放的方式、浓度、数量等。对改扩建项目的污染物排放量（包括有组织与无组织、正常工况与非正常工况）的统计，应分别按现有、在建、改扩建项目实施后等几种情形汇总污染物产生量、排放量及其变化量，核算改扩建项目建成后最终的污染物排放量。污染源源强核算方法由污染源源强核算技术指南具体规定。

①污染物分布及污染源源强核算。污染源分布和污染物类型及排放量是各专题评价的基础资料，必须按建设过程、生产过程和服务期满后（退役期）三个时期，详细核算和统计，力求完善。因此，对于污染源分布应根据已经绘制的污染流程图，并按排放点编号，标明污染物排放部位，然后列表逐点统计各种因子的排放强度、浓度及数量。废气可按点源、面源、线源进行核算，说明源强、排放方式和排放高度及存在的有关问题；废水应说明种类、成分、浓度、排放方式、排放去向。废液应说明种类（按《固体废物污染环境防治法》进行分类）、成分、浓度、处置方式和去向等有关问题；废渣应说明有害成分、溶出物浓度、数量、处理和处置方式和贮存方法；噪声和放射性污染物应列表说明源强、剂量及分布。统计方法应以车间或工段为核算单元，对于泄漏和放散量部分，原则上要求实测，实测有困难时，可以利用年均消耗定额的数据进行物料平衡推算。为便于审阅，应将污染物源强列表，见表 2-7。

表 2-7　污染物源强一览表

序号	污染物排放点	主要污染因子	排放浓度	排放总量	备注
1					
2					
3					
……					

②新建项目污染物源强核算。在统计污染物排放量的过程中，对于新建项目要求算清两本账：一本是项目生产过程中的污染物产生量；另一本则是实施污染

防治措施后的污染物削减量。两本账之差才是评价需要的污染物最终排放量。

③改扩建项目和技术改造项目污染物源强核算。对于改扩建项目和技术改造项目的污染物排放量统计则要求算清三本账：第一本账是改扩建与技术改造前项目的污染物实际排放量；第二本账是改扩建与技术改造项目按计划实施的自身污染物排放量；第三本账是实施治理措施和评价规定措施后能够实现的污染削减量。三本账之代数和方可作为评价后所需的最终排放量（“以新带老”削减量）。三本账应该以列表的方式表示。

④通过物料平衡计算污染源强。依据质量守恒定律，投入的原材料和辅助材料的总量等于产出的产品和副产物以及污染物的总量。通过物料平衡，可以核算产品和副产品的产量，并计算出污染物的源强。

物料平衡的种类很多，有以全厂物料的总进出为基准的物料衡算，也可针对具体的装置或工艺进行的物料平衡，如在合成氨厂中，针对氨进行的物料平衡，称为氨平衡。在环评中，必须根据不同行业的具体特点，选择若干有代表性的物料进行物料平衡。工程分析中应该做出物料平衡图，特别是特征污染物平衡图。图 2-10 为某中药厂中药材炮制、提取、浓缩工段物料平衡图。

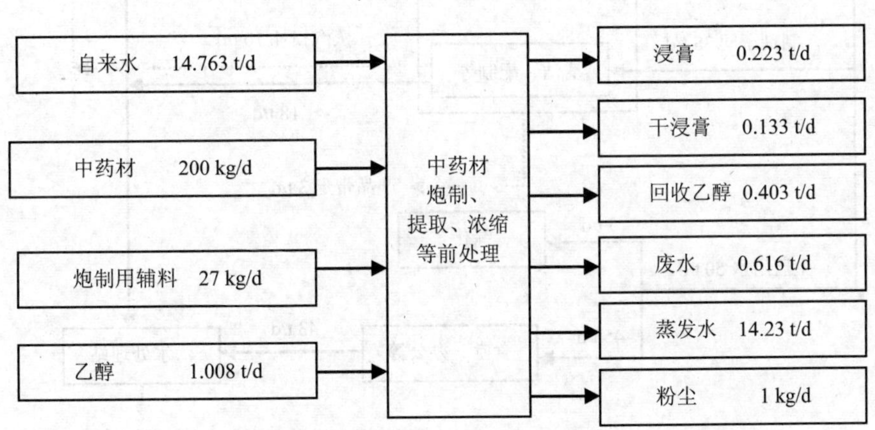

图 2-10　某中药厂中药材炮制、提取、浓缩工段物料平衡图

⑤水平衡。它是建设项目所用的新鲜水总量加上原料带来的水量等于产品带走的水量、损失水量、排放废水量之和。可以用式（2-7）表达：

$$Q_f+Q_r=Q_p+Q_l+Q_w \tag{2-7}$$

式中，Q_f 为新鲜水总量；Q_r 为原料带来的水量；Q_p 为产品带走的水量；Q_l 为生产过程损失水量；Q_w 为排放废水量。工程分析中应该做出水平衡图。图 2-11 为某中药厂的水平衡图。

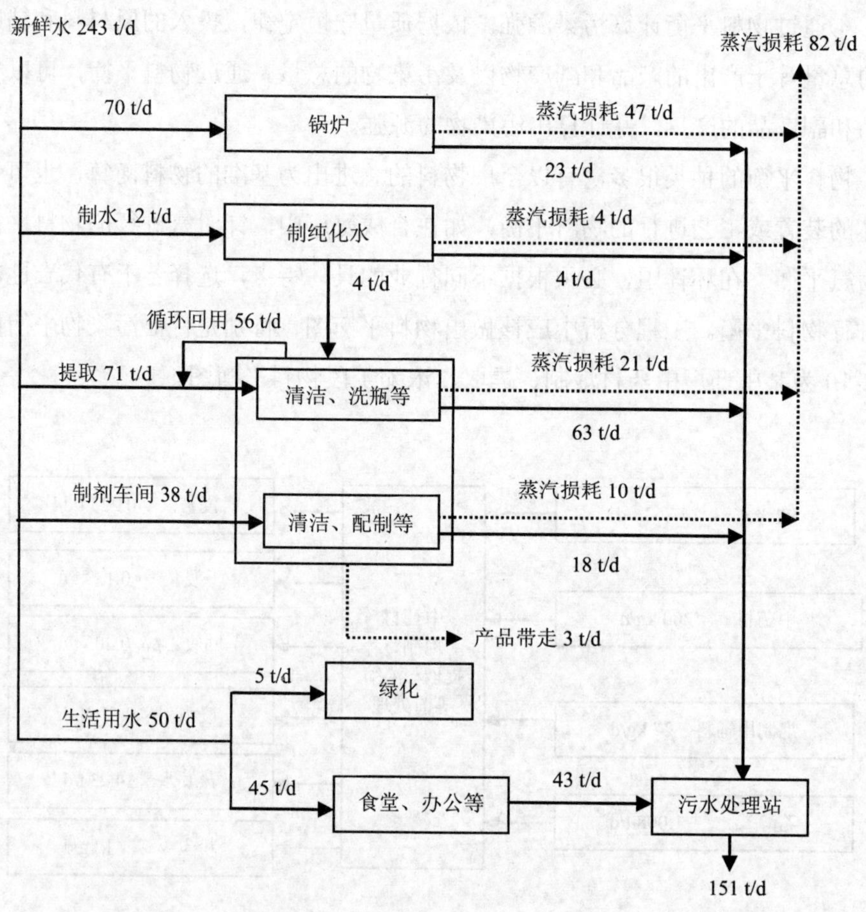

图 2-11 某中药厂的水平衡图

⑥无组织排放源的统计。无组织排放是没有排气筒或排气筒高度低于 15 m 排放源排放的污染物，表现在生产工艺过程中具有弥散型的污染物的无组织排放以及设备、管道和管件的“跑、冒、滴、漏”，在空气中的蒸发、逸散引起的无组织排放。

无组织排放源的确定方法主要有：物料衡算法（通过全厂物料的投入产出分析，核算无组织排放量）；类比法（使用原料相似的同类工厂进行类比，在此基础上，核算本厂无组织排放量）；反推法（通过对同类工厂，正常生产时无组织监控点进行现场监测，利用面源扩散模式反推，以此确定工厂无组织排放量）。

⑦非正常排污的源强统计及分析。非正常排污包括正常开、停车或部分设备检修时排放的污染物；其他非正常工况排污（工艺设备或环保设施达不到设计规定指标的超额排污）。因为这种排污不代表长期运行的排污水平，所以在非正常排污评价中，应以此作为源强。此类异常排污分析都应重点说明异常情况的原因和处置方法。

4）清洁生产水平分析

重点比较建设项目与国内外同类型项目按单位产品或万元产值的排放水平，并论述其差距。一些项目要做专题分析（具体见本书第 3 章）。对于废气排放应按能源政策评述其合理性，对其中的可燃气体应说明回收利用的可行性。对于废水排放应通过水量平衡，并按资源利用和环保技术政策评述一水多用或循环利用有关参数的合理程度。对于废渣要求根据其性质、组成，综述其综合利用的前景。

5）环保措施方案分析

环保措施方案分析包括两个层次：首先，对项目可研报告等文件提供的污染防治措施进行技术先进性、经济合理性及运行的可靠性评价；其次，若所提措施有的不能满足环保要求，则需要提出切实可行的改进完善建议，包括替代方案。

（2）污染型项目工程分析技术要点

污染型项目工程分析技术要点包括：①分析建设项目可研阶段环保措施方案的技术经济可行性。根据现有的同类环保设施的运行技术经济指标，结合建设项目环保设施的基本特点，分析论证建设项目环保设施的技术经济参数的合理性，并提出进一步改进的意见。②分析项目采用污染处理工艺，排放污染物达标的可靠性。根据建设项目产生的污染物特点，充分调查同类企业的现有环保处理方案，分析建设项目可行性研究阶段所采用的环保设施的先进水平和运行可靠程度，并提出进一步改进的意见。③分析环保设施投资构成及其在总投资中占有的比例。汇总建设项目环保设施的各项投资，分析其投资结构，并计算环保投资在总投资中所占的比例。④依托设施的可行性分析。依托设施已经成为区域环境污染防治的重要组成部分。对于所排废水，经过简单处理后排入区域或城市污水处理厂进一步处理或排放的项目，除了对其所采用的污染防治技术的可靠性、可行性进行分析评价，还应对接纳排水的污水处理厂的工艺合理性进行分析，其处理工艺是否与项目排水的水质相容；对于可以进一步利用的废气，要结合所在区域的社会经济特点，分析其集中收集、净化、利用的可行性；对于固体废物，则要根据项目所在地的环境、社会经济特点，分析综合利用的可能性；对于危险废物，则要分析能否得到妥善的处置。

（3）总图布置方案分析

①分析厂区与周围的保护目标之间所定卫生防护距离和安全防护距离的可靠性。参考国家的有关安全防护距离规范，分析厂区与周围的保护目标之间所定防护距离的可靠性，合理布置建设项目的各构筑物，充分利用场地。图中应标明：保护目标与建设项目的方位关系；保护目标与建设项目的距离；保护目标（如学校、医院、集中居住区等）的内容与性质。

②根据气象、水文等自然条件分析工厂和车间布置的合理性。在充分掌握项目建设地点的气象、水文和地质资料的条件下，认真考虑这些因素对污染物的污染特性的影响，尽可能有良好的气象、水文和地质等自然条件，减少不利因素，合理布置工厂和车间。

③分析对周围环境敏感点处置措施的可行性。分析项目所产生的污染物的特点及其污染特征，结合现有的有关资料，确定建设项目对附近环境敏感点的影响程度，在此基础上切实可行的处置措施（如搬迁、防护等）。

2.3.3.5 生态影响型项目工程分析

（1）生态影响型项目工程分析内容

生态影响型项目工程分析的内容应结合工程特点，提出工程施工期和运营期的影响和潜在影响因素，能量化的要给出量化指标。

生态影响型项目工程分析应包括以下基本内容：

①工程概况：介绍工程的名称、建设地点、性质、规模和工程特性，并给出工程特性表。工程的项目组成及施工布置：按工程的特点给出工程的项目组成表，并说明工程的不同时期存在的主要环境问题。结合工程的设计，介绍工程的施工布置，并给出施工布置图。

②施工规划：结合工程的建设进度，介绍工程的施工规划，对与生态环境保护有重要关系的规划建设内容和施工进度要做详细介绍。

③生态环境影响源强分析：通过调查，从生态完整性和资源分配的合理性对项目建设可能造成的生态环境影响源强进行分析，可能定量的要给出定量数据。如占地（湿地、滩涂、耕地、林地等），植被破坏量，特别是珍稀植物的破坏量，淹没面积、移民数量、水土流失量等均应给出量化数据。

④主要污染物排放量：项目建设中的主要污染物废水、废气、固体废物的排放量和噪声发生源源强。废水给出生产废水和生活污水的排放量和主要污染物排放量；废气给出固定源、移动源、连续源、瞬时源的主要污染物产生量；固体废物给出工程弃渣和生活垃圾的产生量；噪声则要给出主要噪声源的种类和声源强度。

⑤替代方案：结合工程设计，主要就替代方案的生态环境影响强度，特别是量化指标与推荐方案作比较，从环境保护的角度分析工程选线、选址推荐方案的合理性。

（2）生态影响型项目工程分析技术要点

生态影响型项目工程分析技术要点包括：

①工程组成完全：即把所有工程活动都纳入分析中，一般建设项目工程组成有主体工程、辅助工程、配套工程、公用工程和环保工程。

②重点工程明确：主要造成环境影响的工程，应作为重点的工程分析对象，明确其名称、位置、规模、建设方案、施工方案、运营方式等。

③全过程分析：生态环境影响是一个过程，不同时期有不同的问题需要解决，因此必须做全过程分析。

④污染源分析：明确主要产生污染物的源，污染物类型、源强、排放方式和纳污环境等。污染源可能发生于施工建设阶段，亦可能发生于运营期。污染源的控制要求与纳污的环境功能密切相关，因此必须同纳污环境联系起来进行分析。

⑤其他分析：施工建设方式，运营期方式不同，都会对环境产生不同的影响，需要在工程分析时给予考虑。

2.3.3.6 典型工程建设项目的环境影响识别案例

常见的典型工程建设项目有：飞机场、公路工程、水利工程、大坝和水库建设、天然气管线、农业和畜牧业开发、渔业、采矿和矿石加工、核电站和输配电工程、城市废水处理设施等。

（1）飞机场

建造一个机场主要考虑 5 个方面的影响，按重要性排序，通常是噪声、大气质量、水质、社会影响和继发性社会经济效应。此外还对植被与野生生物等有影响。

①噪声：凡是涉及机场选址、跑道选址、跑道范围，喷气式飞机首次起降计划，或加固跑道以供大型喷气式飞机使用的工程，都必须评价噪声影响。噪声影响识别更具体的内容视项目情况而定，但对土地使用状况的某些方面应予适当考虑。诸如机场所在地区的机构和公众的需要和愿望，当地的生活方式，该地特殊的建筑结构和隔音性能，附近土地使用规划等。噪声评价最重要的目的是提供资料，以便采取适当的措施，包括运用法规、限制机场毗邻地带的土地使用，并据此调整正常的起降活动。

②大气污染：应当估计机场和跑道的建设对大气污染物浓度和当地污染物排放总量的影响，还应估计并考虑空运增加带来的地面运输增加，从而增加对空气的污染。

③水质：建筑新的跑道或原有跑道加宽加长，都会形成大面积的构造平面，其地表径流会对水质发生影响。此外，机场还存在用水和废水处理问题。

④社会影响：包括居民和企事业单位的迁移及原有社会结构的破坏。如果发生这类影响，就必须估计要迁移的住宅数和家庭类别，确定其对地面交通的影响，确定其对可能要迁移的街道和房屋的影响，以及被迁移的企事业及迁移对该地区经济的影响。

⑤继发性影响和累积效应：由新建成扩建机场、跑道所造成的社会经济影响，性质上是典型的继发性影响。这些影响包括人口流动形式和增长形式的改变，公用事业需求及经济活动的变化。此外，机场是否征用国家公园、娱乐场地、野生生物和水鸟栖息地、名胜古迹以及国家或地方的重要自然风景区的土地，飞机是否飞越其上空，并且由上述各种影响形成的累积效应。

（2）公路工程

①视觉影响：通常人们所关心的是妨碍视野，即看不到居民区和游览区的标志地物，影响以景观获利的商业活动；高坡度或高架公路限制了毗邻城市的发展；扰乱游览区居民区的视野；造成原有植被与新栽植被或风景区之间，自然地形与公路结构之间，现有建筑与公路建筑之间的不和谐。

②大气质量影响：公路沿线植被和建筑结构上覆盖的尘土；覆盖在道路两侧的植被和建筑物上的颗粒物；由于车辆流量增加而加重该地的烟雾；机动车的烟尘和臭气（如汽车尾气和橡皮气味）。

③交通影响：公路穿越、阻断或损害现有街道的交通；把原来单一性土地使用区和功能区如农业区、游览区、野生生物居住区分割成几块；施工期间卡车、建筑设备的运输量增加；以前不通车的地区在公路建成后可以通车；改善郊区交通，促进郊区工商业发展；增加当地的交通运输量和相应的服务性设施。

④交通噪声影响：干扰道路周围需要安静的娱乐活动；影响文化、教育、医疗机构的活动；影响需要有安静环境的商业贸易活动；影响公路两侧的住宅开发。

⑤社会经济影响：住宅、工业、商业的迁移；破坏名胜古迹；失去一些适合工商业活动的地点；实际所需迁移费大于提供的补偿费；隔断被迁居民与原地区

的个人联系（家庭联系、种族联系或邻居朋友联系）。

⑥野生生物影响：特有的或高产量的野生生物、鱼或水生贝壳类动物栖息地的丧失或退化；野生生物回转和迁徙路线的割断；野生生物向其他地带迁移；阻断水生生物的迁移和洄游；影响毗邻土地上的野生生物。

⑦水质影响：公路工程在建筑和保养期间对土壤的侵蚀，导致附近河流、水库水质混浊及泥沙沉积，从而缩短水库和河道的使用期或增加管理费用，损害鱼和其他水生生物，可能损伤建筑物、道路和桥梁的地基；由于公路系统的介入和在港湾地带、沼泽、河流等处修建公路，可导致流域分界线的改变，特别是港湾地带。水流自然状况的破坏可以影响重要的生态因子，如沉积类型、淡水和咸水混合、养分流失、水生贝壳、鱼和野生生物以及局部植被等；公路地表径流含有油、沥青、杀虫剂、肥料、防冻盐、人畜排泄废物及燃烧产物等，会影响水质和野生生物及路旁植被；来自临时性和永久性废物处理设备的废物可以影响局部水系的水质；地面水和地下水补给区受公路建设和使用期堆放的污染物污染，从而增加补给水中的污染物的浓度。

（3）水利工程

水利工程通常包括开辟航道、疏浚、灌溉、堤坝加固、小型蓄水库、小船坞等不同项目。

①开辟航道，一般指河床的人工加宽加深，包括改变航道、清除障碍、疏浚等。开辟航道的结果是有一条畅通的航道。当河流自然生态系统的改变影响到生态系统的功能和结构时，就会导致整个系统的改变。开辟航道会改变水流流态和移除底泥，产生易侵蚀沉积物和不稳定河床，减少光线透入深度，从而影响整个水域的水生生物生产力；航道开辟还可改变水生生物群落中种群的相对比例，导致适应性差的物种减少或灭绝，而耐污性强的物种则异常增多；岸边植被的破坏会提高河水的温度，从而引起水生生物的变化；上游的工程会对下游的水生生物及其栖息地发生有害影响，其原因是沉积物增加，营养素同化作用加强；还会使发生洪水的可能性增加；流速增大，航道区停留时间缩短等。

②灌溉工程，是用人工控制的方法把水施用于某些农作物以促进其生长。这

在水环境的自然循环中是做不到的。这类工程的引水量及引水位置会影响河床条件。灌溉回流水的水质和水量对受纳水体水质有影响。从地下抽取灌溉用水使水位降低；灌溉对地下水水质也可能有污染。

③堤坝加固，其与开辟航道有密切联系，影响也相似。防洪堤作防洪之用，筑在易发洪水的河堤附近。河堤加固有减轻河堤侵蚀、清除自然生长的植物和堆积物以增大过水量等作用。这类工程的影响一般包括对水质、野生生物（因减少岸边栖息地)、混浊度和流速（增加）以及天然排水系统的影响等。

④蓄水工程，首先确定该工程的用途是仅仅为供水，还是有多种用途（如发电、航运、防洪、游览、繁殖鱼类和野生生物、供水等)。但不管其目的如何，影响面都比较广，如引起栖息地和物种多样性的变化；景观和一般美学特征的变化；土地使用的变化；特有自然资源和人造资源的改变；附近房地产价值的改变引发周围地区住宅、工商业的改变；蓄水引起底层溶解氧缺乏、季节性温度分层、沉积和潜在性富营养化等水质变化。

⑤小船坞，是供小船下水、存放、供应和为小游艇服务的设施。这类工程的影响包括：生活污水的收集和处理设施的影响；石油制品和其他有害物质在处理过程中溢出的可能性；防坡堤建筑和坞内水流停滞对水的流动和水循环方式的影响。

（4）大坝和水库建设

①对水库内和下游的水质和水量的影响，包括：拦蓄在水库内的水质发生季节性变化；均匀地减少下游进入河口的流量，引起河口盐水入侵类型的变化，进一步影响河口的渔业；改变当地的地下水位和水质；降低下游河段对废水污染的自净能力；蒸发量增大，减少下游河水流量。

②生态影响，包括改变鱼的种类和数量，还可能将冷水渔业变为温水渔业；影响洄游性鱼类（如长江中的中华鲟、美国哥伦比亚河的鳟鱼等）的洄游路线；必须建格网防止鱼类进入水轮机和泵等设备；如果管理得好，可以形成新的水库鱼种；增加蚊子和某些昆虫的繁殖区域，可能导致某些传染病（如疟疾等）的流行；促进水草（如水浮莲等）的生长；改变淹没区野生生物栖息地的条件，会影

响野生生物生长；将水鸟栖息地由浅水变深湖，可能对候鸟产生影响；影响稀有的、受威胁的和濒危的植物和动物物种的保护；对下游传统泄洪区作物的影响，减少输入下游土地的营养物量。

③社会经济和历史文物及考古资源保护方面的影响，包括：对居民的动迁和安置的影响，还会影响其生活方式；施工人员大批涌入产生相关的社会、基础设施和健康影响；增加水库周围旅游客人数；水库建设、周围道路开辟促进流域性开发，但也会增加进入水库的沉积物和营养物量；历史、文化、考古和宗教性遗址被淹没。

④地质、气象和资源条件的影响，包括：由于水压增加导致水库内滑坡和地震活动可能性增加；改变区域微气候，例如，多风、提高湿度和降雨量等；使矿产资源淹没水中。

⑤大坝和水库建成后，与过去及未来环境影响的累积效应。

（5）天然气管线工程

天然气管线工程应考虑建设期的影响、运转期的影响、服务期满的影响。

①建设期至少应考虑的影响，例如，对现在或未来土地使用的影响，包括商业上的使用，矿物资源开采，游览地等利用，土地及其特征的美学价值，建设工程对土地使用的暂时性限制，建设活动对地区运输方式的影响；对物种和生态系统的影响，包括对当地陆地和水生物种及其栖息地的影响，还包括清除地基、挖掘和填埋等造成的影响，生态系统的可能变化，是否可能使某一物种灭绝；对社会经济的影响，如对劳动力、住宅、地区工业和公用设施的影响，居民和企事业的搬迁，对地方经济基础的影响，由于外来人口增加需要增加学校、保健设施、治安消防设施，住宅、废物处理、市场、运输、通信、能源供应以及娱乐设施等公用事业，对游览区的现有使用和未来使用的影响；建设过程排出的大气污染物对大气质量的影响；对当地水质的影响，包括沉积、侵蚀和径流；项目建设期间噪声的强度和类型；各种废物如废品、杂物和建筑材料等处理的影响。

②运转期应考虑的影响，例如，限制了附近土地的利用；对局部运输方式的影响；在物种和生态系统方面，有对陆地和水生物种及其栖息地的影响，包括有

经济价值或美学价值的动植物品种；对动物迁移、觅食和繁殖的影响，生态系统可能产生的主要改变或某物种的灭绝；与原有的项目和拟议中的行动协同作用产生累积效应；对社会经济的影响包括对与劳动力、住宅、人口发展趋势、迁移、地方工业以及公用事业等有关的地区社会经济发展的影响；投入运转后由于其服务、产品和能源等带来的经济效益，新住宅的开发，工资增加等使地方税收基础提高；需要更多的学校、治安消防、住宅、市场、废物处理、运输、通信和游览等设施；该地区社会经济水平的保持对新能源和水源的依赖程度；资源利用、获取和使用对水、能源和原料等资源造成的影响；维修保养引起的影响；发生事故和天灾的潜在性影响。

③退役期应考虑的影响：在天然气管道最终废弃后，主要应考虑对土地使用和对当地美学价值的影响。

（6）农业和畜牧业开发

①土地清理、开垦新土地和拓展牧场造成原有植被破坏；围湖、围海造地和改造湿地使大片天然湿地消失；破坏动物栖息地、沿海鱼类自然繁殖场所和珊瑚礁；清除天然植被除了破坏表土的肥力、降低保水能力外，还导致水土流失、脆弱物种减少、野生物种迁移和生物多样性下降。

②过量施用化肥、农药，污水灌田等造成非点源污染，地下水位上升，土壤盐渍化和水土流失；重型机械耕、收使土壤压实，加重水土流失；选种育种造成遗传多样性减少。

③不符合“可持续性”农业生产管理和技术的引进会破坏原有农业生态稳定性。如林业和畜牧业结合可使林牧业持续发展，但超过林区承载能力的过度放牧会导致植被破坏、水土流失和土地荒漠化。

（7）渔业

①捕捞渔业，是开发自然生长的野生物种，包括近海和远洋作业的海洋渔业和江河、湖泊、水库作业的内陆渔业。对环境的影响有：过度捕捞导致水生生态系统、物种种群数量和结构发生变化，由于某些种群退化而影响水生食物链中的其他物种；使用的捕捞方法和器械伤害非捕捞目标的物种，例如，船底拖网破坏

底栖生物，使用农药连带地杀死大量水生生物，破坏珊瑚礁资源；捕鱼船的动力燃料泄漏和冲洗水排放造成污染。

②养殖渔业，人工养殖渔业在某些方面比捕捞渔业的环境影响更大。例如，修建鱼塘，破坏自然生态环境；在沿海地区修建水塘会破坏红树林、沼泽地及其他敏感的湿地生境，内陆海塘修建在低洼平坦地带会影响原来的传统用途（如季节性放牧），建塘时还可能造成水土流失和淤积；改变水流量，影响局地水文状况；如果池塘修在河流边，可以起到防洪、防涝、调节水量和滞留泥沙的作用；如果建在低洼洪涝地带，则可能因河流改道导致其他地带的洪涝；在干旱地区会影响其他项目的用水；鱼塘排水造成污染，鱼塘在周期性排、换水时，会导致附近水体的污染；富营养化和废物积累会造成自身生产力下降和毒性反应；不适当地引入外地物种或选种育种会引起引进物种与本地物种之间对生存条件的竞争甚至捕食本地物种，造成本地物种资源退化，减少遗传多样性；外来鱼种携带的寄生虫、传染病也会给本地鱼种带来不利；鱼塘会引起以水为传播媒介的疾病，钉螺、蚊虫的滋生在一定条件下可导致当地居民的某些疾病流行。

（8）采矿和矿石加工

采矿属于自然资源开发，所处地区多与自然生态系统所在地交错、毗连，因而一切生产过程都牵动生态系统。此类项目对环境的主要影响是多方面的，例如：

①勘探、采矿和矿石加工设施的建设会大面积清除植被，使其剥离土壤，导致天然植被丧失，地形改变，水土流失；破坏野生动植物，包括一些濒危物种的栖息环境和迁移通道；地下开采可能发生地面塌陷，引起生态系统改变，改变的程度和范围取决于塌陷区原有生态系统的状况和塌陷的严重程度。

②水力开采（如淘金）作业改变河道和河床结构，尾矿的排放堆积和水土流失造成河湾、沿海浅水区、池塘及洪泛平原的泥沙淤积，使水质恶化；水生生境的剧烈改变妨碍野生生物物种的生长、繁殖，导致种群数量下降乃至灭绝。

③尾矿堆积和河流污染造成土壤受污染、侵蚀，农作物、牲畜受污染毒害，生产力下降，产品品质变坏。

④水生生物受污染或产生毒害效应，生物对污染物的浓缩、富集作用致使产

品经济价值下降，毒物耐受力低的种群数量下降乃至灭绝。

⑤交通和爆破的噪声、震动干扰人类及野生动物的生存活动，有的野生动物可能短期迁移或永远消失。

⑥交通的便利增加了偷猎等人为伤害的机会。

⑦恢复植被时引进非本地生物物种引起物种间新的竞争，影响本地物种繁殖。

⑧可能造成文化遗产和自然景观的破坏。

（9）核电站

核电站建设的影响评价着重在识别运转期对地面水、地下水、大气和土壤的影响。主要的影响因子有：散热系统对环境的影响、对生物的放射性影响、运转期的其他影响 3 个方面。

①散热系统对环境的影响，包括：热废水对受纳水体温度的影响；释放的热量对海洋和淡水生物的影响；冷却水抽取和排放对鱼和低等生物的潜在性损害；冷凝器排出物对浮游生物、半浮游生物和自游生物（小鱼）的影响，以及由此而产生的对重要鱼种的影响；改变水体自然循环（特别是把一个地方抽来的水排放到另一个地方）的潜在性生物学效应；反应堆稳定运行后，受纳水体水温度较稳定，由于反应堆停工，使水体水温变化产生的影响；散热设备（冷却塔、冷却池、喷水池或喷雾器等）对局部环境及农业、住宅、公路安全等的影响；对地下水的影响，如地下水位、补给速度和土壤渗透性的改变。

②对生物的放射性影响，包括：局部植被和动物（定居型或迁徙型）可能遭受的辐射的性质、程度和方式；对接受放射性排出物的水体附近的土壤和植被的影响；提高地面上局部重要动植物体内放射性物质的浓度及该浓度产生的辐射剂量；人体通过饮食（牛奶、水、鱼、野味、无脊椎动物及植物性食物）、游泳、捕猎等受辐射的影响。

③运转期的其他影响，对植物、野生生物栖息地、土地资源和景观的影响；核电站附近土地使用和用水的变化；核电站与附近其他厂相互作用产生的影响；抽取地下水对工厂附近地下水资源的影响；处理固体废物和液体废物造成的影响。

（10）输配电工程

输配电工程对土壤的影响有清理道路，变电站和架线塔的选址、挖洞、改变斜坡的坡度等。对植被的影响：除去道路上的植被，限制喷洒化学药剂，施工期发生火灾的可能性，建筑材料和地面残留废物的处理；对敏感、稀有或濒危物种的影响。对动物的影响：输电设施对当地的和迁徙来的野生动物（包括马和鱼）的作用，施工活动和噪声对动物觅食、放牧、交尾、营巢、迁徙和栖息的影响，食物改变，猎人增加，失去覆盖物保护，失去栖息地；对稀有物种和濒危物种的影响。美学影响，主要是输电线对当地景观的影响。对水资源的影响是施工引起的侵蚀和排水对水源的污染，输电线跨越江河湖泊产生的影响。输电设施对不同地区有不同的影响：如对荒地、未开垦地、天然景观河流、国家游览区、自然区、风景区、文物古迹区、地质区、国家遗址、纪念碑、公园和野生生物庇护所都可能有影响；对沿线的飞机起落、航线的影响；对人类活动的影响指受影响地区是否供种植、游览、打猎或其他活动之用；开辟的道路虽为人们的各种活动提供方便，但对人身安全具有潜在威胁。对当地经济的影响：对受输电设施影响的地区和为输电设施服务的工业的经济影响，施工期间的经济影响，包括增加当地的就业率，增加货物供应和服务收入。持续性经济影响包括设施运输和保养提供的就业机会，税收增加，可供电力增加，发展地方工业等。噪声和电磁辐射的影响：输电线、继电器及其电晕放电（干湿天气）产生的噪声；电磁辐射对收音机、电视机、通信电路的干扰，臭氧干扰，金属栏杆、金属门、地面管道和地下管道等的感应电压。

（11）城市废水处理设施

主要包括施工过程可能产生的环境影响、竣工以后的长期影响、继发性影响等。

①施工过程可能产生的环境影响：改变地貌、河流或天然渠道，可能引起土壤侵蚀、河道或渠道淤积或冲刷；清理地基，铲除地面覆盖物、植被和树木，使用除萎剂、脱叶剂，爆破、挖掘、推平或火烧等，可能破坏植被和物种栖息地；处理弃土对土壤性质的影响；征用土地需要搬迁居民，征用房地产以及对邻近的

房地产供应和价格的影响；挖渠排水对水中悬浮固体量和混浊度的影响，燃料、润滑油等各种油，冲洗设备的水，多余的除草剂、杀虫剂等对水质的影响；大气质量的影响，如尘埃和烟气；打桩、汽锤或爆破等产生的噪声和振动对居民、企事业和野生生物的影响；爆破对水生生物及动物的影响；阻断交通。

②竣工以后的长期影响：对土地使用的影响，如不能更合理地使用土地，限制周围土地的未来使用，就会改变当地的地形；改变当地的美学环境，如改变原有自然特点，或使自然景观消失；如设施位于主风向，臭气和排出物对公园、住宅、商店、高速公路或其他公用区的影响；废水渗透对地下水补给的影响，地表径流进入地面水及对河流生物和水生生物栖息地的影响；泥、沙、灰等固体废物的处理方法对环境的影响；对名胜古迹、历史考古资源、自然保护区等特殊地区的影响；噪声和振动的强度，噪声发生的时间、期限和类型对居民和动物的影响；杀虫剂影响昆虫繁殖，影响土地和水质；野生生物、鸟和水生生物栖息地的改变；对附近以土壤为基础的生态系统的影响，如对河岸覆盖物、路旁植物和树木生长的影响；由于事故造成废水漫溢或该设施处于低洼地可能产生的影响；对公共卫生的影响；由于居民迁移，就业机会减少，或因公用设施被破坏而造成对社会的破坏性影响。

③继发性影响：废水处理厂或水质管理计划的继发性影响，涉及工业、商业、农业、人口密度及其分布等方面的绝对变化或相对变化。由于废水处理厂的建造，增加了空闲土地的开发，引发人口增加；发生的变化与当地居民期望发展形势是否一致，人口变化速度和人口密度改变，使污水处理厂超负荷；土地拥有者因土地开发得到的收益；对能源需求的变化。

2.3.3.7　影响因素分析

影响因素分析包括污染影响因素和生态环境影响因素分析。

（1）污染影响因素分析

进行污染影响因素分析时，要选择可能对环境产生较大影响的主要因素进行深入分析，并绘制包含产污环节的生产工艺流程图。要按照生产、装卸、储存、运输等环节分析包括常规污染物、特征污染物在内的污染物产生、排放情况（包括正常工况和开停工及维修等非正常工况），存在具有致癌、致畸、致突变的物质、持久性有机污染物或重金属的，应明确其来源、转移途径和流向；给出噪声、振动、放射性及电磁辐射等污染的来源、特性及强度等；说明各种源头防控、过程控制、末端治理、回收利用等环境影响减缓措施状况。通过分析，明确项目消耗的原料、辅料、燃料、水资源等种类、构成和数量，给出主要原辅材料及其他物料的理化性质、毒理特征，产品及中间体的性质、数量等。

对建设阶段和生产运行期间，可能发生突发性事件或事故，引起有毒有害、易燃易爆等物质泄漏，对环境及人身造成影响和损害的建设项目，应开展建设和生产运行过程的风险因素识别。存在较大潜在人群健康风险的建设项目，应开展影响人群健康的潜在环境风险因素识别。

（2）生态影响因素分析

应结合建设项目特点和区域环境特征，分析建设项目建设和运行过程（包括施工方式、施工时序、运行方式、调度调节方式等）对生态环境的作用因素与影响源、影响方式、影响范围和影响程度。分析重点为影响程度大、范围广、历时长或涉及环境敏感区的作用因素和影响源，关注间接性影响、区域性影响、长期性影响以及累积性影响等特有生态影响因素的分析。

生态影响因素分析应特别关注特殊工程点段分析，如环境敏感区、长或大的隧道与桥梁、淹没区等，并关注间接性影响、区域性影响、累积性影响以及长期影响等特有影响因素的分析。

2.3.4 环境现状调查与评价

2.3.4.1 现状调查的基本要求

环境现状调查的基本要求是：①对与建设项目有密切关系的环境状况应全面、详细地调查，给出定量的数据并做出分析或评价；对自然环境的调查，可以根据建设项目情况进行必要的说明。②充分收集和利用评价范围内各例行监测点、断面或站位的近3年环境监测资料或背景值调查资料，当现有资料不能满足要求时，应进行现场调查和测试，现状监测和观测网点应根据各环境要素环评技术导则要求布设，兼顾均布性和代表性原则。符合相关规划环评结论及审查意见的建设项目，可直接引用符合时效的相关规划环评的环境调查资料及有关结论。

2.3.4.2　现状调查的方法

现场调查方法常用收集资料法、现场调查法、遥感和地理信息系统分析方法。收集资料法应用范围广、收效大，比较节省人力、物力和时间。进行环境现状调查时，应首先通过此方法获得现有的各种有关资料，但此方法只能获得第二手资料，而且往往不全面，不能完全符合要求，需要其他方法补充。现场调查法可以针对使用者的需要，直接获得第一手的数据和资料，以弥补收集资料法的不足。这种方法工作量大，需占用较多的人力、物力和时间，有时还可能受季节、仪器设备条件的限制。遥感的方法可从整体上了解一个区域的环境特点，可以弄清人类无法到达地区的地表环境情况，如一些大面积的森林、草原、荒漠、海洋等。在环境现状调查中，使用此方法时，绝大多数情况不使用直接飞行拍摄的办法，只判读和分析已有的航空或卫星相片。

2.3.4.3　环境现状调查与评价内容

①自然环境现状调查与评价包括地理地质概况、地形地貌、气候与气象、水文、土壤、水土流失、生态、水环境、大气环境、声环境等调查内容。根据专项评价的设置情况选择相应内容进行详细调查。

②环境保护目标调查。应调查评价范围内的环境功能区划和主要的环境敏感区，详细了解环境保护目标的地理位置、服务功能、四周范围、保护对象和保护要求等。

③环境质量现状调查与评价。根据建设项目特点、可能产生的环境影响和当地环境特征选择环境要素进行调查与评价。评价区域环境质量现状时，应说明环境质量的变化趋势，分析区域存在的环境问题及产生的原因。

④区域污染源调查。选择建设项目常规污染因子和特征污染因子、影响评价区环境质量的主要污染因子和特殊污染因子作为主要调查对象，应注意不同污染源的分类调查。

2.3.5 环境影响预测与评价

2.3.5.1 基本要求

环境影响预测与评价的基本要求如下：

①环境影响预测和评价的时段、内容及方法均应根据其评价工作等级、工程与环境特性、当地的环境保护要求而定。建设项目的环境影响分为三个阶段（即建设阶段、生产运营阶段、服务期满或退役阶段）和两个时段（即冬、夏两季或丰、枯水期）。大型建设项目，当其建设阶段的噪声、振动、地面水、大气、土壤等的影响程度较重，且影响时间较长时，应进行建设阶段的影响预测。生产运行阶段可分为运行初期和运行中后期。同时应考虑预测范围内，规划的建设项目可能产生的环境影响。所有建设项目均应预测生产运行阶段，正常排放和不正常排放两种情况的环境影响。矿山开发等建设项目还要预测服务期满后的环境影响。

②预测和评价的因子应包括反映建设项目特点的常规污染因子、特征污染因子和生态因子，以及反映区域环境质量状况的主要污染因子、特殊污染因子和生态因子。在进行环境影响预测时，应考虑环境对污染影响的衰减能力。一般情况下，应该考虑两个时段，即污染影响的衰减能力最差的时段（对污染来说就是环境净化能力最低的时段）和污染影响的衰减能力一般的时段。如果评价时间较短，评价工作等级又较低时，可只预测环境对污染影响衰减能力最差的时段。

③预测和评价的环境因子应包括反映评价区一般质量状况的常规因子和反映建设项目特征的特性因子两类。

④需考虑环境质量背景与评价范围内在建的建设项目同类污染物环境影响的叠加。环境影响预测范围的大小、形状等取决于评价工作的等级、工程特点和环境特性及敏感保护目标分布等情况。为全面反映评价区内的环境影响，预测点的位置和数量除应覆盖现状监测点，还应根据工程和环境特征以及环境功能要求而设定。预测范围应等于或略小于现状调查的范围。

⑤对于环境质量不符合环境功能要求或环境质量改善目标的，应结合区域限期达标规划对环境质量变化进行预测。

2.3.5.2　预测评价方法

预测环境影响时应尽量选用通用、成熟、简便并能满足准确度要求的方法。目前使用较多的预测方法有数学模式法、物理模型法、类比分析法等。

数学模式法能给出定量的预测结果，但需一定的计算条件和输入必要的参数、数据。一般情况此方法比较简便，应首先考虑。选用数学模式时要注意模式的应用条件如实际情况不能很好地满足模式的应用条件而又拟采用时，要对模式进行修正并验证。

物理模型法定量化程度较高，再现性好，能反映比较复杂的环境特征，但需要有合适的试验条件和必要的基础数据，且制作复杂的环境模型需要较多的人力、物力和时间。在无法利用数学模式法预测而又要求预测结果定量精度较高时，应选用此方法。

类比分析法预测结果属于半定量性质。如由于评价工作时间较短等原因，无法取得足够的参数、数据，不能采用前述两种方法进行预测时，可选用此方法。生态环境影响评价中常用此方法。

2.3.5.3　环境影响预测和评价内容

预测和评价时，应重点预测建设项目生产运行阶段正常工况和非正常工况等情况的环境影响。当建设阶段的大气、地表水、地下水、噪声、振动、生态以及土壤等影响程度较重、影响时间较长时，应进行建设阶段的环境影响预测和评价。可根据工程特点、规模、环境敏感程度、影响特征等选择开展建设项目服务期满后的环境影响预测和评价。当建设项目排放污染物对环境存在累积影响时，应明确累积影响的影响源，分析项目实施可能发生累积影响的条件、方式和途径，预测项目实施在时间和空间上的累积环境影响。对以生态影响为主的建设项目，应预测生态系统组成和服务功能的变化趋势，重点分析项目建设和生产运行对环境保护目标的影响。对存在环境风险的建设项目，应分析环境风险源项，计算环境风险后果，开展环境风险评价。对存在较大潜在人群健康风险的建设项目，应分析人群主要暴露途径。

2.3.6 环境保护措施及其可行性论证

环境影响评价应明确提出建设项目建设阶段、生产运行阶段和服务期满后（可根据项目情况选择）拟采取的具体污染防治、生态保护、环境风险防范等环境保护措施；分析论证拟采取措施的技术可行性、经济合理性、长期稳定运行和达标排放的可靠性、满足环境质量改善和排污许可要求的可行性、生态保护和恢复效果的可达性。各类措施的有效性判定应以同类或相同措施的实际运行效果为依据，没有实际运行经验的，可提供工程化实验数据。

2.3.7 环评结论

环评最后应对建设项目的建设概况、环境质量现状、污染物排放情况、主要环境影响、公众意见采纳情况、环境保护措施、环境影响经济损益分析、环境管理与监测计划等内容进行概括总结，结合环境质量目标要求，明确给出建设项目的环境影响可行性结论。

对存在重大环境制约因素、环境影响不可接受或环境风险不可控、环境保护措施经济技术不满足长期稳定达标及生态保护要求、区域环境问题突出且整治计划不落实或不能满足环境质量改善目标的建设项目，应提出环境影响不可行的结论。

2.4 环评专题

环评专题通常包括声环评、水环评、大气环评、固体废物环评、土壤环评。

2.4.1 声环评专题

噪声影响评价就是解释和评估拟建项目造成的周围声环境预期变化的重大性，据此提出削减其影响的措施。对项目建设前和预测得到的建设后的状况进行分析比较，判断影响的重大性，依据各个方案噪声影响大小提出推荐方案。即根据拟建项目多个方案的噪声预测结果和环境噪声标准，评述拟建项目各个方案在施工、运行阶段噪声的影响程度、影响范围和超标状况（以敏感区域或敏感点为主）；分析受噪声影响的人口分布（包括受超标和不超标噪声影响的人口分布）；分析拟建项目的噪声源和引起超标的主要噪声源或主要原因；分析拟建项目的选址、设备布置和设备选型的合理性；分析建设项目设计中已有的噪声防治对策的适应性和防治效果；为了使拟建项目的噪声达标，提出需要增加的、适用于该项目的噪声防治对策，并分析其经济、技术的可行性；提出针对该拟建项目的有关噪声污染管理、噪声监测和城市规划方面的建议；其他考虑，如拟议项目对野生动物的影响。

2.4.1.1　噪声和噪声评价量

（1）环境噪声和噪声源

噪声是人们生活和工作中不需要的声音。环境噪声指在工业生产、建筑施工、交通运输和社会生活中所产生的、干扰周围生活、环境的声音。而环境噪声污染指所产生的环境噪声超过国家规定的环境噪声排放标准，并干扰他人正常生活、工作和学习的现象。

环境噪声源大体可分为四类：工业噪声、建筑施工噪声、交通噪声、社会生活噪声。交通运输噪声是交通工具发出的流动声源，对环境影响面大，危害大。工业噪声是工厂中各种机械设备产生的声响。建筑噪声是建筑施工现场噪声，一般在 90 dB 以上。社会生活噪声是商业噪声、人群集会、高音喇叭等声音。

声音在空气中传播，其速度和空气温度有关，声速 c 与空气温度 t 的关系见式（2-8）。

$$c = 331.4\sqrt{1+\frac{t}{273}} \approx 331.4 + 0.607t \tag{2-8}$$

声音是一种波，波长λ、频率 f、周期 T 与声速 c 的关系分别为式（2-9）、式（2-10）、式（2-11）。

$$c = \lambda f \tag{2-9}$$

$$f = 1/T \tag{2-10}$$

$$c = \lambda / T \tag{2-11}$$

声音的单位常用 dB（分贝）表示。

（2）声压与声级

声压的单位为 N/m^2 或 Pa，常用 P 表示。

声压级 L_p 由声压计算而来，见式（2-12）。

$$L_p = 10\lg\frac{P^2}{P_0^2} = 20\lg\frac{P}{P_0} \tag{2-12}$$

采用声压进行噪声的量度有一定困难，因为人耳对 1 000 Hz 听阈为 $2\times10^{-5}\ N/m^2$，而痛阈为 20 N/m^2，相差了百万倍。空气中基准声压 P_0 为 20 μPa。为了度量方便，采用声压级表示噪声强度。

（3）噪声的相加、相减

不相干涉的噪声相加遵循能量加和原则，即声功率或声压的平方加和。其声压关系为式（2-13）。

$$P_T^2 = P_1^2 + P_2^2 + \cdots + P_n^2 \tag{2-13}$$

将式（2-12）代入式（2-13），可进一步推出总声压级为式（2-14）。

$$L_{p_T} = 10\lg\frac{p_T^2}{p_0^2} = 10\lg(10^{0.1L_{p_1}} + 10^{0.1L_{p_2}}) \tag{2-14}$$

对应于 n 个声源的情况，总声压级用式（2-15）计算。

$$L_{p_T} = 10\lg\left(\sum_{i=1}^{n}10^{0.1L_{p_i}}\right) \tag{2-15}$$

这就是噪声的相加。环境噪声中噪声的相加通常认为不同声源发出的声波是互不干涉的。

进行声压级相加的逆运算，就是声压级的相减，用式（2-16）计算。

$$L_{p_2} = 10\lg\left(\sum_{i=1}^{n}10^{0.1L_{p_T}} - \sum_{i=1}^{n}10^{0.1L_{p_1}}\right) \tag{2-16}$$

（4）分贝的平均

声环境评价中，常对多个噪声源的贡献进行评价，用分贝的平均。n 个声源声压级的平均值计算用式（2-17）。

$$\overline{L_{\rm P}}=10\lg\left[\frac{1}{n}\sum_{i=1}^{n}\left(10^{0.1L_{{\rm p}_i}}\right)\right] \tag{2-17}$$

（5）声功率与声功率级

类似于声压级，声功率（每秒从声源发射出的声波能量称为声功率，用符号 W 表示，单位为 W）也可以转换为声功率级表示。声功率级用式（2-18）计算。

$$L_{\rm W}=10\lg\frac{W}{W_0} \tag{2-18}$$

空气中基准声功率 W_0 为 10^{-12} W。

（6）声强与声强级

类似于声压级，声强（垂直于声波传播方向，单位时间内单位面积上的能量称为声强，用符号 I 表示，单位为 $\mathrm{W/m^2}$）也可以转换为声强级表示。声强级用式（2-19）计算。

$$L_{\rm I}=10\lg\frac{I}{I_0} \tag{2-19}$$

空气中基准声强 I_0 为 $10^{-12}\mathrm{W/m^2}$。

（7）声压级、声功率级和声强级的关系

声功率与声强的关系为式（2-20）。

$$\overline{W}=S\overline{I} \tag{2-20}$$

式中，S 为单位面积。

声强与有效声压的关系为式（2-21）。

$$\overline{I}=\frac{p^2}{\rho_0 c} \tag{2-21}$$

式中，$\rho_0 c$ 为噪声在空气中传播的特征常数。式（2-21）代入式（2-19），得式（2-22）。

$$L_{\rm I}=10\lg\left(\frac{p^2}{{p_0}^2}\right)+10\lg\left(\frac{{p_0}^2}{\rho c I_0}\right)=L_{\rm p}+10\lg\left(\frac{400}{\rho c}\right)=L_{\rm p}+\Delta L_{\rm p} \tag{2-22}$$

常温常压下，认为空气中$10\lg\left(\frac{400}{\rho c}\right)=\Delta L_p\approx 0$。所以，$L_I\approx L_p$。

因为空气中，$W_0=10^{-12}$ W，$I_0=10^{-12}$ W/m^2，所以，式（2-18）与式（2-19）可进一步变换为式（2-23）。

$$L_I=10\lg\frac{I}{I_0}=10\lg\frac{W}{SI_0}=10\lg\frac{WW_0}{W_0SI_0}=10\lg\frac{W}{W_0}+10\lg\frac{1}{S}=L_w-10\lg S \tag{2-23}$$

对于点声源，在离声源 r 处，声波的波阵面为球面，面积用球面公式（2-24）表示。

$$S=4\pi r^2 \tag{2-24}$$

则距离点声源 r 处的声强级为式（2-25）。

$$L_I=L_w-10\lg(4\pi r^2)=L_w-20\lg r-11 \tag{2-25}$$

对于给定的声源，其声功率是不变的。且$L_I\approx L_p$，所以有式（2-26）。

$$L_p=L_w-20\lg r-11 \tag{2-26}$$

（8）响度、响度级和等响曲线

某一频率的纯音和 1 000 Hz 的纯音听起来同样响时，这时 1 000 Hz 的纯音的声压级就定义为该待定声音的响度级。响度级的符号为 L_N，单位为 phon。对各个频率的声音作这样的试听比较，得出达到同样响度级时频率与声压级的关系曲线，通常称为等响曲线。

与主观感觉的轻响程度成正比的参量为响度，符号为 N，单位为 sone。其定义为正常听者判断一个声音比响度级为 40 phon 参考声响的倍数，规定响度级为 40 phon 时响度为 1 sone。

响度与响度级的关系为式（2-27）或式（2-28）。

$$L_N=40+10\log_2 N \tag{2-27}$$

$$N=2^{0.1(L_N-40)} \tag{2-28}$$

（9）A 声级、等效连续 A 声级、昼间等效声级

模拟人耳，经滤波器（计权网络），不同频率声音（中、低频）按比例衰减，1 000 Hz 以上高频无衰减通过的计权方式称 A 声级，此外类似方式可确定 B、C、

D 声级。某时间段内，以能量平均方式确定 A 声级，称等效连续 A 声级。

A 声级能较好地反映人耳对噪声的主观感觉，它与噪声引起听力损害程度的相关性也很好，近年来 A 声级越来越广泛应用于噪声的主观评价中。A 声级适用于连续稳态噪声的评价，但不适用于起伏或者不连续的稳态噪声。对于一个声级起伏或不连续的噪声，A 计权声级就很难确切地反映噪声的状况。对于这种声级起伏或不连续的噪声，采用噪声能量按时间平均的方法来评价噪声对人的影响更为确切，为此提出了等效连续 A 声级评价参量。

等效连续 A 声级又称等能量 A 计权声级，它等效于在相同的时间间隔 T 内与不稳定噪声能量相等的连续稳定噪声的 A 声级，即式（2-29）。

$$L_{eq}=10\lg\left(\frac{1}{T}\int_0^T 10^{0.1L_t}\,dt\right) \tag{2-29}$$

式中，L_{eq} 为在 T 时段内的等效连续 A 声级，dB；L_t 为 t 时刻的瞬时 A 声级，dB；T 为连续取样时间。

如果等间隔取样，则有式（2-30）。

$$L_{eq}=10\lg\left[\frac{1}{T}\sum_{i=1}^{N}10^{0.1L_{Ai}}\tau_i\right] \tag{2-30}$$

式中，L_{eq} 为在 T 时段内的等效连续 A 声级，dB；L_{Ai} 为 t 时段的 A 声级，dB；τ_i 为等间隔取样时间。

如果是等间隔取 N 个样，则有式（2-31）。

$$L_{eq}=10\lg\left[\frac{1}{N}\sum_{i=1}^{N}10^{0.1L_i}\right] \tag{2-31}$$

式中，L_{eq} 为在 T 时段内的等效连续 A 声级，dB；L_i 为各取样时段的 A 声级，dB；N 为取样数。

（10）昼间等效声级

对夜间噪声增加 10 dB 加权的声级计算法。昼夜等效声级为式（2-32）。

$$L_{dn}=10\lg\left\{\frac{1}{24}\left[16\times\sum_{i=1}^{n}10^{0.1L_i}+8\times\sum_{j=1}^{m}10^{\left(0.1L_j+10\right)}\right]\right\} \tag{2-32}$$

式中，L_{dn} 为昼夜等效声级，dB；L_i 为昼间声级，dB；L_j 为夜间声级，dB；昼间时间为 8:00—22:00，共计 16 h，夜间时间为 22:00—次日 8:00，共计 8 h。

（11）统计噪声级

L_{10}、L_{50}、L_{90} 为常用表示方式。L_n 为测量时间内高于 L_n 声级所占的时间为 n%。如 L_{10}=70 dB 表示噪声级高于 70 dB 的时间占 10%。通常认为，L_{90} 相当于本底噪声级，L_{50} 相当于中值噪声级，L_{10} 相当于峰值噪声级（用于评价涨落较大的噪声相关性较好）。

2.4.1.2 噪声的衰减和反射效应

噪声的衰减主要受传播距离、空气吸收、阻挡物的反射与屏障等影响，而使其衰减。

噪声影响预测：根据声源附近某一位置（参考位置）处的已知声级来计算远处预测点的声级。在预测中，需要考虑由声波几何发散、声屏障、空气吸收及其他附加衰减量。

（1）噪声衰减计算式

采用不同的噪声评价量，其噪声衰减计算采用不同的公式。常用的有以下两种：倍频带衰减和 A 声级衰减。现场监测常用 63～8 000 Hz 的 8 个倍频带，所取得的倍频带数据以 L_{oct} 表示，噪声户外传播声级衰减可分别采用公式计算。

①倍频带衰减

计算方法：63～8 000 Hz 分 8 个倍频带，分别计算各倍频带声压级，再通过 A 计权网络修正计算 A 声级。倍频带衰减公式为式（2-33）。

$$L_{oct(r)} = L_{oct_{ref}(r_0)} - \left(A_{oct_{div}} + A_{oct_{bar}} + A_{oct_{atm}} + A_{oct_{exc}}\right) \tag{2-33}$$

式中，$L_{oct(r)}$ 为 r 处倍频声压；$L_{oct_{ref}(r_0)}$ 为 r_0 处倍频声压；$A_{oct_{div}}$ 为几何发散衰减；$A_{oct_{bar}}$ 为屏障衰减；$A_{oct_{atm}}$ 为空气吸收衰减；$A_{oct_{exc}}$ 为附加衰减。

根据各倍频带声压级合成计算出预测点的 A 声级：设各个倍频带声压级为 L_{pi}，$L_{pi}=L_{oct(r)}$，则 A 声级用式（2-34）表示。

$$L_A = 10\lg\left(\sum_{i=1}^{n} 10^{0.1(L_{p_i}-\Delta L)}\right) \tag{2-34}$$

②A 声级衰减

本法常用于各种噪声的预测计算，用式（2-35）表示。

$$L_{A(r)} = L_{A_{ref}(r_0)} - \left(A_{div} + A_{bar} + A_{atm} + A_{exc}\right) \tag{2-35}$$

式中，$L_{A(r)}$ 为 r 处声压级；$L_{ref(r_0)}$ 为 r_0 处的声压级；A_{div} 为几何发散衰减；A_{bar} 为屏障衰减；A_{atm} 为空气吸收衰减；A_{exc} 为附加衰减。

（2）噪声随传播距离的衰减

①点源衰减用式（2-36）表示。

$$A_{div} = 10\lg\frac{1}{4\pi r^2} \tag{2-36}$$

式中，r 为点声源声波传播距离，m。

距离点源不同距离的衰减用式（2-37）表示。

$$A_{div} = 20\lg\frac{r_1}{r_2} \tag{2-37}$$

表示距声源 r_1 处到 r_2 处的几何发散衰减。

②线状声源的衰减用式（2-38）表示。

$$A_{div} = 10\lg\frac{1}{2\pi r l} \tag{2-38}$$

式中，r 为与线声源的垂直距离，m；l 为线声源长度，m。注意此处指有限长度线状声源。无限长线源可以采用叠加法处理。

③面声源的衰减

面声源随传播距离的增加引起的衰减值与面源形状有关。例如，一个许多建筑机械的施工场地：设面声源短边是 a，长边是 b，随着距离的增加，引起其衰减值与距离 r 的关系为：

当 $r < a/\pi$，在 r 处声衰减 A_{div} 为 0 dB；

当 $b/\pi > r > a/\pi$，在 r 处，距离 r 每增加 1 倍，声衰减 A_{div} 为 0～3 dB；

当 $b > r > b/\pi$，在 r 处，距离 r 每增加 1 倍，声衰减 A_{div} 为 3～6 dB；

当 $r > b$，在 r 处，距离 r 每增加 1 倍，声衰减 A_{div} 为 6 dB。

（3）空气吸收衰减

空气吸收声波引起的衰减与声波频率、空气密度有一定关系，空气密度实际与温度、气压、湿度有联系。

空气吸收衰减用式（2-39）表示。

$$A_{\text{atm}} = \frac{\alpha\left(r - r_0\right)}{100} \tag{2-39}$$

式中，α为空气吸声系数，dB/100 m；r 为声波传播距离；r_0 为基准点。

硬表面上，空气吸收衰减还可用式（2-40）计算。

$$A_{\text{atm}} = 6\times10^{-6}\cdot f\cdot r \tag{2-40}$$

式中，f 为倍频带几何平均频率，Hz；r 为声波传播距离，m。

（4）声屏障引起的衰减

对于声屏障，插入损失用式（2-41）。

$$\text{TL} = L_{\text{p}_1} - L_{\text{p}_2} + 10\lg\left(\frac{1}{4} + \frac{S}{A}\right) \tag{2-41}$$

所以，屏障总隔声量为式（2-42）。

$$A_{b1} = \text{TL} - 10\lg\left(\frac{1}{4} + \frac{S}{A}\right) \tag{2-42}$$

式中，L_{p_1} 为室内混响噪声级；L_{p_2} 为室外 1 m 噪声级；S 为声屏障面积，m^2；A 为室内吸声量，dB。

声屏障示意图见图 2-12。对有限长薄屏障：首先计算 3 个传播途径的声程差［式（2-43）、式（2-44）、式（2-45）］和相应的菲涅尔数 N_1、N_2、N_3。菲涅尔数用式（2-46）计算。

$$\sigma_1 = SO_1 + O_1P - SP \tag{2-43}$$

$$\sigma_2 = SO_2 + O_2P - SP \tag{2-44}$$

$$\sigma_3 = SO_3 + O_3P - SP \tag{2-45}$$

$$N = 2\sigma/\lambda \tag{2-46}$$

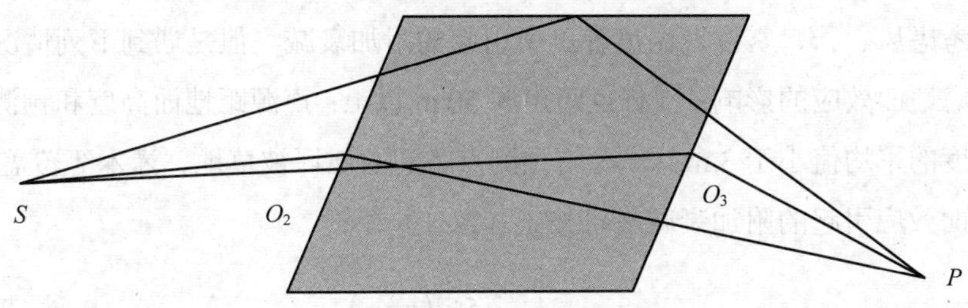

图 2-12　声屏障示意图

声屏障引起的衰减量用式（2-47）计算。

$$A_{\text{oct,bar}} = -10\lg\left(\frac{1}{3+20N_1} + \frac{1}{3+20N_2} + \frac{1}{3+20N_3}\right) \tag{2-47}$$

对于无限长声屏障，衰减量用式（2-48）计算。

$$A_{\text{oct,bar}} = -10\lg\left(\frac{1}{3+20N_1}\right) \tag{2-48}$$

（5）植物吸收屏障效应

声波通过高于声线 1 m 以上的密集植物丛时，会因植物阻挡而产生声衰减。在一般情况下，松树林带能使频率为 1 000 Hz 的声音衰减 3 dB/10 m；杉树林带为 2.8 dB/10 m；槐树林带为 3.5 dB/10 m；高 30 cm 的草地为 0.7 dB/10 m。一般草丛或灌木丛的声衰减值用式（2-49）估算。

$$A_{g1} = \left(0.18\lg f - 0.31\right)d \tag{2-49}$$

树林的声衰减值用式（2-50）估算。

$$A_{g2}=0.01f^{1/3}d \tag{2-50}$$

式中，f为声波频率；d为声波穿过树林的距离。

（6）附加衰减

附加衰减包括声波在传播过程中由于云、雾、温度梯度、风而引起的声能量衰减及地面反射和吸收，或近地面的气象条件等因素所引起的衰减。在环评中，一般不考虑风、云、雾以及温度梯度所引起的附加衰减。但是遇到下列情况时则必须考虑地面效应的影响：预测点距声源 50 m 以上；声源距地面高度和预测点距地面高度的平均值小于 3 m；声源与预测点之间的地坪被草地、灌木等覆盖。

地面效应引起的附加衰减量可按式（2-51）计算。

$$A_{\text{exc}}=5\lg\left(r/r_0\right) \tag{2-51}$$

应当注意，在实际应用中，无论传播距离多远，其上限都为 10 dB；在声屏障和地面效应同时存在引起的附加衰减量的上限值为 25 dB。

2.4.1.3 声环评的技术工作程序和要求

噪声影响评价是确定拟议开发行动或建设项目发出的噪声对人群和生态环境影响的范围和程度；是评价噪声影响的重大性，提出避免、消除和减少其影响的措施，为开发行动或建设项目方案的优化选择提供依据。

（1）技术工作程序

噪声影响的主要对象是人群；但是，在邻近野生动物栖息地（包括飞禽和水生生物）应考虑噪声对野生动物生长繁殖以及候鸟迁徙的影响。噪声影响评价技术工作程序见图 2-13。

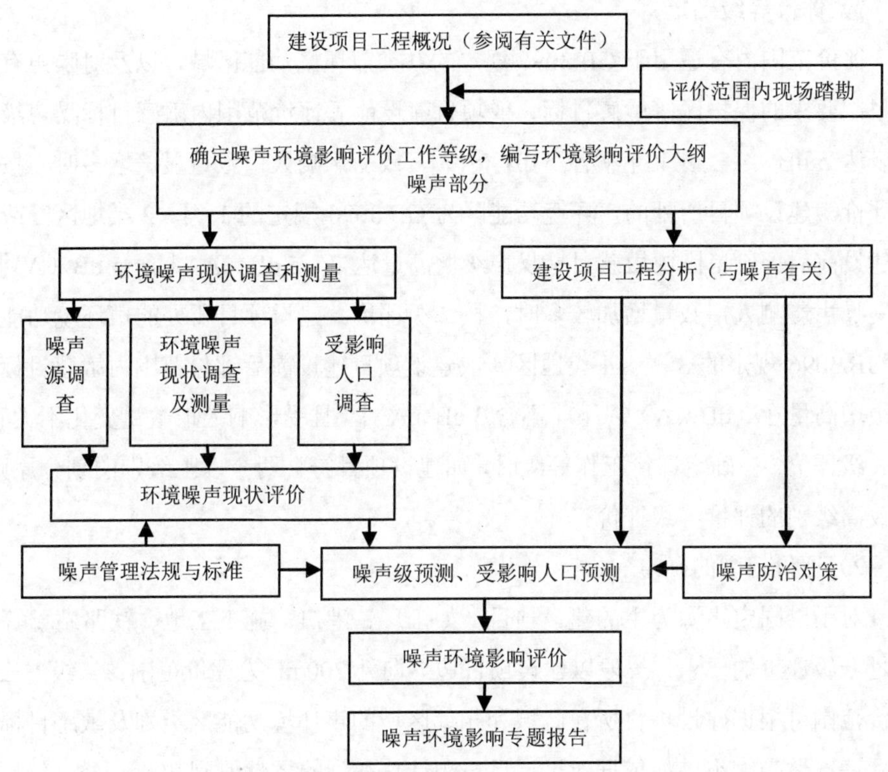

图 2-13　噪声影响评价技术工作程序

从图 2-13 可见，声环评程序可以分为四个阶段：第一阶段，开展现场踏勘、了解环境法规和标准的规定、确定评价级别与评价范围和编制环境噪声评价工作大纲；第二阶段，开展工程分析、收集资料、现场监测调查噪声的基线水平及噪声源的数量，各声源噪声级与发声持续时间、声源空间位置等；第三阶段，预测噪声对敏感点人群的影响，对影响的意义和重要性做出评价，并提出削减影响的相应对策；第四阶段，编写环境噪声影响的专题报告。

（2）评价等级的划分和工作要求

噪声评价工作等级划分的依据主要有建设项目所在区域的声环境功能区类别；项目建设前后所在区域的声环境质量变化程度；受建设项目影响人口的数量。

1）评价等级确定

评价范围内有适用于 GB 3096 规定的 0 类声环境功能区域，以及对噪声有特别限制要求的保护区等敏感目标，或项目建设前后评价范围内敏感目标噪声级增高量达 5 dB（A）以上［不含 5 dB（A）］，或受影响人口数量显著增多时，按一级评价。建设项目所处的声环境功能区为 GB 3096 规定的 1 类、2 类地区，或项目建设前后评价范围内敏感目标噪声级增高量达 3～5 dB（A）［含 5 dB（A）］，或受噪声影响人口数量增加较多时，按二级评价。建设项目所处的声环境功能区为 GB 3096 规定的 3 类、4 类地区，或建设项目建设前后评价范围内敏感目标噪声级增高量在 3 dB（A）以下［不含 3 dB（A）］，且受影响人口数量变化不大时，按三级评价。在确定评价工作等级时，如建设项目符合两个以上级别的划分原则，按较高级别的评价等级评价。

2）评价范围的确定

对于以固定声源为主的建设项目（如工厂、港口、施工工地、铁路站场等）：满足一级评价的要求，一般以建设项目边界向外 200 m 为评价范围；二级、三级评价范围可根据建设项目所在区域和相邻区域的声环境功能区类别及敏感目标等实际情况适当缩小。如依据建设项目声源计算得到的贡献值到 200 m 处，仍不能满足相应功能区标准值时，应将评价范围扩大到满足标准值的距离。

城市道路、公路、铁路、城市轨道交通地上线路和水运线路等建设项目：满足一级评价的要求，一般以道路中心线外两侧 200 m 以内为评价范围；二级、三级评价范围可根据建设项目所在区域和相邻区域的声环境功能区类别及敏感目标等实际情况适当缩小。如依据建设项目声源计算得到的贡献值到 200 m 处，仍不能满足相应功能区标准值时，应将评价范围扩大到满足标准值的距离。

机场周围飞机噪声评价范围应根据飞行量计算到 L_{WECPN} 为 70 dB 的区域：满足一级评价的要求，一般以主要航迹离跑道两端各 6～12 km、侧向各 1～2 km 的范围为评价范围；二级、三级评价范围可根据建设项目所处区域的声环境功能区类别及敏感目标等实际情况适当缩小。

3）一级评价工作基本要求

评价范围内具有代表性的敏感目标的声环境质量现状需要实测。对实测结果进行评价，并分析现状声源的构成及其对敏感目标的影响。

在工程分析中，给出建设项目对环境有影响的主要声源的数量、位置和声源源强，并在标有比例尺的图中标识固定声源的具体位置或流动声源的路线、跑道等位置。在缺少声源源强的相关资料时，应通过类比测量取得，并给出类比测量的条件。

噪声预测应覆盖全部敏感目标，给出各敏感目标的预测值及厂界（或场界、边界）噪声值。固定声源评价、机场周围飞机噪声评价、流动声源经过城镇建成区和规划区路段的评价应绘制等声级线图，当敏感目标高于（含）三层建筑时，还应绘制垂直方向的等声级线图。给出建设项目建成后不同类别的声环境功能区内受影响的人口分布、噪声超标的范围和程度。

当工程预测的不同代表性时段噪声级可能发生变化的建设项目，应分别预测其不同时段的噪声级。

对工程可行性研究和评价中提出的不同选址（选线）和建设布局方案，应根据不同方案噪声影响人口的数量和噪声影响的程度进行比选，并从声环境保护角度提出最终的推荐方案。

针对建设项目的工程特点和所在区域的环境特征提出噪声防治措施，并进行经济、技术可行性论证，明确防治措施的最终降噪效果和达标分析。

4）二级评价工作基本要求

在工程分析中，给出建设项目对环境有影响的主要声源的数量、位置和声源源强，并在标有比例尺的图中标识固定声源的具体位置或流动声源的路线、跑道等位置。在缺少声源源强的相关资料时，应通过类比测量取得，并给出类比测量的条件。

评价范围内具有代表性的敏感目标的声环境质量现状以实测为主，可适当利用评价范围内已有的声环境质量监测资料，并对声环境质量现状进行评价。

噪声预测应覆盖全部敏感目标，给出各敏感目标的预测值及厂界（或场界、边界）噪声值，根据评价需要绘制等声级线图。给出建设项目建成后不同类别的声环境功能区内受影响的人口分布、噪声超标的范围和程度。

当工程预测的不同代表性时段噪声级可能发生变化的建设项目，应分别预测其不同时段的噪声级。

从声环境保护角度对工程可行性研究和评价中提出的不同选址（选线）和建设布局方案的环境合理性进行分析。

针对建设项目的工程特点和所在区域的环境特征提出噪声防治措施，并进行经济、技术可行性论证，给出防治措施的最终降噪效果和达标分析。

5）三级评价工作基本要求

在工程分析中，给出建设项目对环境有影响的主要声源的数量、位置和声源源强，并在标有比例尺的图中标识固定声源的具体位置或流动声源的路线、跑道等位置。在缺少声源源强的相关资料时，应通过类比测量取得，并给出类比测量的条件。

重点调查评价范围内主要敏感目标的声环境质量现状，可利用评价范围内已有的声环境质量监测资料，若无现状监测资料时应进行实测，并对声环境质量现状进行评价。

噪声预测应给出建设项目建成后各敏感目标的预测值及厂界（或场界、边界）噪声值，分析敏感目标受影响的范围和程度。

针对建设项目的工程特点和所在区域的环境特征提出噪声防治措施，并进行达标分析。

2.4.1.4 噪声环境影响预测

（1）预测工作的准备

①工程分析和噪声现状调查。分析拟建项目的声源资料：确定声源的种类（包括设备型号）与数量及其声学性能参数、声源的布局及其空间位置、各声源的噪声级（声压级、A 声级、A 声功率级、倍频带声功率级，以及有效感觉噪声级）与发声持续时间、声源的作用时间段。

获取声源资料的途径：声源种类与数量、各声源的发声持续时间及空间位置的获得，可由设计单位提供或从工程设计书中获得；噪声源数据的获得可优先考虑采用类比测量法（即测定类似项目的对应数据作为依据），其次可引用已有的数据，包括国外的资料。评价等级为一级的，必须采用类比测量法。

②环境噪声现状监测。对于工矿企业的改扩建项目可监测现有车间和厂区的噪声现状；新建项目则只调查厂界及评价区的噪声水平。

③环境噪声现状评价。环境噪声现状评价的主要内容有：a. 评价范围：现有噪声敏感区、保护目标的分布情况、噪声功能区的划分情况等；b. 环境噪声现状的调查和测量方法：测量仪器、参照或参考的测量方法、测量标准、测量时段、读数方法等；c. 评价内容：现有噪声源种类、数量及相应的噪声级、噪声特性、主要噪声源分析等；d. 评价范围内环境噪声现状：各功能区噪声级、超标状况及主要噪声源；边界噪声级、超标状况及主要噪声源；e. 其他：受噪声影响的人口分布。

④预测范围和预测点布置。a. 噪声预测范围：一般与所确定的噪声评价等级所规定的范围相同，也可稍大于评价范围；b. 预测点布置原则：所有的环境噪声现状测量点都应作为预测点，以便进行对照；为了便于绘制等声级线图，可以用网格法确定预测点；对线状声源，平行于线状声源走向的网格间距可大些（如 100～300 m），垂直于线状声源走向的网格间距应小些（如 20～60 m）；对点声源，网格一般为 20×20～100×100 m^2；评价范围内需要特别考虑的预测点，如一些敏感点。

（2）预测点噪声级计算和等声级图

①预测点噪声级的计算。选择坐标系，确定出各噪声源位置和预测点位置的坐标；并根据预测点与声源之间的距离把噪声源简化为点声源或线状声源；根据已获得的噪声源声级数据和声波从各声源到预测点的传播条件，计算出噪声从各声源传播到预测点的声衰减量，计算出各声源单独作用时在预测点产生的 A 声级；确定计算的时段，并确定各声源发声持续时间；计算预测点在计算时段内的等效连续声级，计算公式为式（2-52）。

$$L_{eq}=10\lg\left(\frac{\sum_{i=1}^{n}t_i 10^{0.1L_{ij}}}{T}\right) \tag{2-52}$$

在噪声环境影响评价中，由于声源较多，预测点数量也大，故应运用计算机完成预测。现在国内外已有不少成熟、定型的预测模型软件可使用。

②绘制等声级图。计算出各网格点上的噪声级后，采用数学方法（如双三次拟合法、按距离加权平均法、按距离加权最小二乘法）计算并绘制出等声级线。等声级线的间隔不大于 5 dB；对于 L_{eq}，最低可画到 35 dB、最高可画到 75 dB 的等声级线。等声级图直观地表明了项目的噪声级分布，对分析功能区噪声超标状况提供了方便，同时为城市规划、城市环境噪声管理提供了依据。

（3）常用的预测模式

①一般环境噪声及工业噪声预测模式：

- 室外噪声源：首先用式（2-53）计算出某个声源在预测点的倍频带声压级。

$$L_{oct}(r)=L_{oct}(r_0)-20\lg(r/r_0)-\Delta L_{oct} \tag{2-53}$$

若已知声源的倍频带声功率级，式（2-53）可表示为式（2-54）。

$$L_{oct}(r_0)=L_{w,oct}-20\lg r_0-8 \tag{2-54}$$

将各频带声压级合成计算出该声源产生的 A 声级。

- 室内噪声源：首先按式（2-55）计算出某个室内声源靠近围护结构处的倍频带声压级。

$$L_{oct,1}=L_{w,oct}+10\lg\left(\frac{Q}{4\pi r_1^2}+\frac{4}{R}\right) \tag{2-55}$$

式中，Q 为噪声指向性因子；R 为房间常数，其余符号同上述。再用式（2-56）计算出所有室内声源在靠近围护结构处产生的总倍频带声压级。

$$L_{oct,1}(T)=10\lg\left[\sum_{i=1}^{N}10^{0.1L_{oct,1(i)}}\right] \tag{2-56}$$

再用式（2-57）计算出室外靠近围护结构处的声压级。

$$L_{oct,2}(T)=L_{oct,1}(T)-(TL_{oct}+6) \tag{2-57}$$

然后将室外声级和透声面积换算成等效的室外声源，用式（2-58）计算出等效声源第 i 个倍频带的声功率级。

$$L_{\mathrm{W,oct}}(T)=L_{\mathrm{oct,2}}(T)+10\lg S \tag{2-58}$$

式（2-58）为室外声源的位置为围护结构的位置的倍频带声功率级。等效室外声源的位置为围护结构的位置，按室外声源方法计算等效室外声源在预测点产生的声压级。

- 计算总声压级：设第 i 个室内声源在预测点产生的 A 声级为 $L_{\mathrm{Ain},i}$，在 T 时间内该声源工作时间为 $t_{\mathrm{in},i}$，第 j 个等效室外声源在预测点产生的 A 声级为 $L_{\mathrm{Aout},j}$，在 T 时间内该声源工作时间为 $t_{\mathrm{out},j}$，则预测点的总等效声压级可用式（2-59）计算。

$$L_{\mathrm{eq}}(T)=10\lg\left[\frac{1}{T}\left(\sum_{i=1}^{N}t_{\mathrm{in},i}10^{0.1L_{\mathrm{Ain},i}}+\sum_{j=1}^{M}t_{\mathrm{out},j}10^{0.1L_{\mathrm{Aout},j}}\right)\right] \tag{2-59}$$

②公路噪声预测模式：

先用式（2-60）预测第 i 类车的小时等效声级：

$$L_{\mathrm{eq}}(h)_i=(\overline{L_0})_{\mathrm{E}i}+10\lg\left(\frac{N_i\pi D_0}{S_iT}\right)+10\lg\left(\frac{D_0}{D}\right)^{1+a}+10\lg\left[\frac{\Phi_a(\psi_1,\psi_2)}{\pi}\right]+\Delta S-30 \tag{2-60}$$

式中，$\Phi_a(\psi_1,\psi_2)=\int_{\psi_1}^{\psi_2}(\cos\psi)^a\mathrm{d}\psi$，$a$ 为地面覆盖系数，取决于地面条件，a=0（硬）或 a=0.5；$L_{\mathrm{eq}}(h)_i$ 为第 i 类车的小时等效声级，dB；$(L_0)_{\mathrm{E}i}$ 为第 i 类车的参考能量平均辐射声级，dB；N_i 为在指定时间内通过某预测点的第 i 类车流量，辆/h；D_0 为测量车辆辐射声级的参考位置距离，D_0=15 m；D 为从车道中心到预测点的垂直距离，m，必须大于 15 m；S_i 为第 i 类车的平均车速，km/h；T 为计算等效声级的时间，h；Φ_a 代表有限长路段的修正函数，其中 ψ_1 和 ψ_2 为预测点到有限长路段两端的张角（$-\pi/2\leqslant\psi\leqslant\pi/2$）；$\Delta S$ 为由遮挡物引起的衰减量，dB。

大、中、小型三类车总车流等效声级用式（2-61）计算。

$$L_{eq}(T)=10\lg\left[10^{0.1L_{eq}(h)_1}+10^{0.1L_{eq}(h)_2}+10^{0.1L_{eq}(h)_3}\right] \quad (2\text{-}61)$$

铁路或机场噪声预测模式：可参考《环境噪声控制工程》。

2.4.1.5 噪声污染防治对策

噪声污染防治对策应该重点考虑从声源上降低噪声和从噪声传播途径上降低噪声两个环节。

（1）从声源上降低噪声

从声源上降低噪声是指将发声大的设备改造成发声小的或者不发声的设备，其方法通常包括：①改进机械设计以降低噪声。如在设计和制造过程中选用发声小的材料来制造机件，改进设备结构和形状、改进传动装置以及选用已有的低噪声设备都可以降低声源的噪声。②改革工艺和操作方法以降低噪声。如用压力式打桩机代替柴油打桩机，把铆接改用焊接、液压代替锻压等。③维持设备处于良好的运转状态。因设备运转不正常时噪声往往增高，所以要使设备处于良好的运转状态。

（2）在噪声传播途径上降低噪声

在噪声传播途径上降低噪声是一种常用以使噪声敏感区达标为目的的噪声防治手段，具体做法如下：①“闹静分开”和“合理布局”的设计原则，使高噪声设备尽可能远离噪声敏感区。②利用自然地形物（如位于噪声源和噪声敏感区之间的山丘、荒坡、地堑、围墙等）降低噪声。③合理布局噪声敏感区中的建筑物功能和合理调整建筑物平面布局，即把非噪声敏感建筑或非噪声敏感房间靠近或朝向噪声源。④采取声学控制措施，例如，对声源采用消声、隔振和减振措施，在传播途径上增设吸声、隔声等措施。

应该注意，通过评价提出的各项噪声防治对策，必须符合针对性、具体性、经济合理性、技术可行性原则。

2.4.1.6 评价结论

明确通过影响预测、评价和采取一定的防治对策后确定推荐的拟建项目方案的环境噪声影响是可以接受的、可行的或不可接受的、不可行的。

2.4.2　水环评专题

2.4.2.1　地表水体的污染和自净

（1）水体污染

水体污染物通常包括：耗氧有机污染物、营养物、有机毒物、重金属、非金属无机毒物、病原微生物、酸碱污染、石油类以及热污染。水体污染源包括点污染源、非点污染源。

点污染源排放的废水量和污染物可以从管道或沟渠直接量测流量和采样分析组分浓度确定，在经费和其他条件有限制时，常采用排污指标（如排放系数）推算的方法。例如，居住区生活污水量计算可用式（2-62）。

$$Q_s = \frac{qNK_s}{86\,400} \tag{2-62}$$

式中，Q_s 为居住区生活污水量；L/s；q 为每人每日的排水定额，L/（人·d）；N 为设计人口数，人；K_s 为总变化系数（1.5～1.7）。

工业废水量计算可用式（2-63）。

$$Q_s = \frac{mMK_i}{3\,600t} \tag{2-63}$$

式中，m 为单位产品废水量，L/s；M 为该产品的日产量，t；K_i 为总变化系数，根据工艺或经验决定；t 为工厂每日工作时数，h。

非点污染源又称面源，是指分散或均匀地通过岸线进入水体的废水和自然降水通过沟渠进入水体的废水。非点污染源主要包括城镇排水、农田排水和农村生活污水、矿山废水、分散的小型禽畜饲养场废水，以及大气污染物通过重力沉降和降水过程进入水体等所造成的污染废水。非点源污染情况复杂，其污染影响较难定量，但又不能忽视，特别是对点源已进行有效控制后，非点源污染会日益突出。

估算非点源污染负荷有两种途径：第一种是在对水土流失过程及其主要制约因素进行大量调查的基础上，通过对非点源污染物的输出过程的模拟来研究区域污染物对接收水体的输出总量；第二种是采用直接或间接途径估算非点污染源总径流量和平均径流污染物浓度以计算总污染负荷量。有关非点源污染负荷估算主要有城市非点污染源负荷估计，农田径流污染估算和畜禽养殖污染物排放估算。

①城市非点污染源负荷估计：城市降雨径流问题是一个十分复杂的问题，与水分循环的每一个环节都有关系，并与多种因素相关，如降水过程、大气污染、土地使用、人类污染特征、自然特点等。由于变化性大、随机性强、偶然因素多，尚未掌握其规律性。在此提供一些估算方法。

城市非点污染源负荷来源是城市雨水下水道及合流制下水道的溢流。污染物自城市街道经排水系统进入受纳水体。

城市非点源污染物被暴雨冲刷到接收水体的负荷的计算步骤是：首先，估计暴雨事件中暴雨径流的大小（径流深度和径流面积的乘积），从而确定暴雨的冲刷率，进而估计径流冲刷到受纳水体的沉积物负荷；其次，根据沉积物中污染物浓度计算污染物负荷，或者根据固体废物与污染物的统计相关关系计算污染物负荷。

暴雨径流深度的估计按式（2-64）。

$$R = C_{\mathrm{R}} \times P - D_{\mathrm{s}} \tag{2-64}$$

式中，R 为总暴雨径流深度，cm；C_{R} 为总径流系数；P 为降雨量，cm；D_{s} 为洼地存水，cm。

总径流系数可用式（2-65）粗略估算。

$$C_{\mathrm{R}} = 0.15 \times \left(1 - \frac{I}{100}\right) + \varphi\left(\frac{I}{100}\right) \tag{2-65}$$

式中，I 为不透水区百分数；φ 为按照不同坡度计算的不透水区（指屋面、沥青和水泥路面或广场、庭院等）的径流系数。

需要准确计算总径流系数可用式（2-66）。

$$C_{\mathrm{R}} = \frac{\sum(F_i \cdot \varphi_i)}{\sum F_i} \tag{2-66}$$

式中，F_i 为各种类型地区所占的面积；φ_i 为对应的径流系数。

洼地存水可用式（2-67）粗略估计。

$$D_s = 0.63 - 0.48 \times \left(\frac{I}{100}\right) \tag{2-67}$$

在总暴雨径流估算出来后，可估算暴雨冲刷率。一般认为 1 h 内总径流为 1.27 cm 时，可冲走 90%的街道表面颗粒物（沉积物）。

径流中冲刷到接受水体的颗粒物负荷可用式（2-68）计算出来。

$$Y_{sw} = t_e \cdot Y_{su} \cdot PC \tag{2-68}$$

式中，Y_{sw} 为暴雨冲刷到受纳水体的颗粒物负荷；t_e 为等效的累积天数，d；Y_{su} 为街道表面颗粒物日负荷量，kg/d；P 为降雨量，cm；C 为径流系数。

等效的累积天数用式（2-69）计算。

$$t_e = (t_r - t_s)(1 - \varepsilon_s) + t_s \tag{2-69}$$

式中，t_r 为从最后一次暴雨事件算起的天数，d；t_s 为从最后一次清扫街道算起的天数，d；ε_s 为街道清扫频率。

颗粒物日负荷率可用式（2-70）计算。

$$Y_{su} = L_{su} \cdot L_{st} \tag{2-70}$$

式中，L_{su} 为颗粒物日负荷率，kg/（km·d）；L_{st} 为街道边沟长，约等于 2 倍的街道长，km。

街道表面颗粒物日负荷取决于多种因素，如交通强度、区域地表覆盖物的形式、径流量和降雨强度、灰尘沉降量、前期干旱时间、城市街道清扫频率和清扫质量等。

径流中冲刷到受纳水体的有机污染负荷可以用颗粒固体负荷乘上浓度因子计算，见式（2-71）。

$$Y_{ou} = \alpha \cdot Y_{su} \cdot C_{ou} \tag{2-71}$$

式中，Y_{ou} 为有机污染物的日负荷量，kg/d；α为单位转换因子，10^{-6}；Y_{su} 为总颗粒物固体日负荷量，kg/d；C_{ou} 为有机污染物在颗粒物中的浓度，μg/g。

②农田径流污染负荷估算

农田径流污染负荷的简单估算方法是避开污染物在农田表面实际迁移过程的变化，仅通过采集和分析各个集水区的径流水样计算进入某一水环境中某种污染物总量，可用式（2-72）计算。

$$M=\sum_{j=1}^{m}\sum_{i=1}^{n}\rho_i Q_i \tag{2-72}$$

式中，Q_i为径流水量；ρ_i为污染物浓度。

③畜禽养殖污染物污染负荷估算

畜禽养殖场年粪尿排放量计算可按式（2-73）。

$$M_{\mathrm{t}}=10^{-3}\times\sum_{i=1}^{n}m_i\cdot T_i\cdot S_i \tag{2-73}$$

式中，M_{t}为不同畜禽年粪尿排放量，t/a；m_i为第 i 种畜禽个体日产粪尿量，kg/（d·头），或 kg/（d·只）；T_i为第 i 种畜禽饲养期，d；S_i为第 i 种畜禽畜禽规模化养殖数，头或只。

畜禽养殖场污染物排放量计算按式（2-74）。

$$Y_{\mathrm{t}}=10^{-6}\times k\times\left[\sum_{i=1}^{n}(m_i\cdot T_i\cdot S_i)+\sum_{i=1}^{n}(n_i\cdot T_i\cdot S_i)\right] \tag{2-74}$$

式中，Y_{t}为年污染物排放量，t/a；n_i为第 i 种畜禽个体日产粪量，kg/（d·头），或 kg/（d·只）；k 为畜禽粪中污染物平均含量，kg/t。对畜禽废渣以回收等方式进行处理的污染源，按产生量的 12%计算污染物流失量。

（2）水体自净

水体自净是水体在其环境容量范围内，经过自身的物理、化学和生物作用，使受纳的污染物浓度不断降低，逐渐恢复原有水质的过程。水体自净可以看作是污染物在水体中的迁移、转化和衰减变化的过程。

污染物在水体中的迁移和转化，包括推流迁移、分散稀释、转化和运移。推流迁移是污染物随着水流在 X、Y、Z 3 个方向上（前后、左右、上下）平移运动产生的迁移作用。分散稀释是污染物在水流中通过分子扩散、湍流扩散和弥散作用分散开来而得到稀释。转化和运移是污染物在悬浮颗粒上的吸附或解吸、污染物颗粒的凝并、沉淀和再悬浮。底泥中污染物随底泥沉淀物运移，热污染的传导和散失。

污染物在水体中会发生衰减变化，主要是好氧生化衰减过程，即降解。污染物的降解分为碳化和硝化两个阶段。

碳化阶段是不含氮有机物的氧化，包括含氮有机物的氨化及氨化后生成的不含氮有机物的继续氧化。呈一级反应，见式（2-75）。

$$\frac{\mathrm{d}\left(\rho_{\mathrm{BOD_a}}-\rho_{\mathrm{BOD_l}}\right)}{\mathrm{d}t}=\frac{\mathrm{d}\rho_{\mathrm{BOD_c}}}{\mathrm{d}t}=-K_1\rho_{\mathrm{BOD_c}} \tag{2-75}$$

对式（2-75）求解得式（2-76）。

$$\rho_{\mathrm{BOD_c}}=\rho_{\mathrm{BOD_a}}-\rho_{\mathrm{BOD_l}}=\rho_{\mathrm{BOD_a}}\mathrm{e}^{-K_1 t} \tag{2-76}$$

环境温度对碳化衰减速率（K_1）有影响，温度与衰减速率的关系见式（2-77）。

$$\begin{cases}K_{1,T}=K_{1,20}\theta_1^{T-20}\\ \theta_1=1.047\\ T=10\sim35℃\end{cases} \tag{2-77}$$

硝化阶段主要是氨氮硝化，即含氮化合物经过一系列生化反应过程，由氨氮氧化为硝酸盐。硝化阶段也具有一级反应的性质，见式（2-78）。

$$\frac{\mathrm{d}\rho_{\mathrm{BOD_n}}}{\mathrm{d}t}=-K_{\mathrm{N}}\rho_{\mathrm{BOD_n}} \tag{2-78}$$

对式（2-78）求解，得式（2-79）。

$$\rho_{\mathrm{BOD_n}}=\rho_{\mathrm{BOD_N}}\mathrm{e}^{-K_{\mathrm{N}}t} \tag{2-79}$$

式中，ρ_{BOD} 可由式（2-80）或式（2-81）估算。

$$\rho_{\mathrm{BOD_N}}=4.57N_{\mathrm{K}}+1.14\rho_{\mathrm{NO_2}} \tag{2-80}$$

$$\rho_{\mathrm{BOD_N}}=4.57\left(\rho_{\mathrm{N,o}}+\rho_{\mathrm{NH_3\text{-}N}}\right)+1.14\rho_{\mathrm{NO_2}} \tag{2-81}$$

环境温度对硝化速率（K_{N}）也有影响，温度与硝化速率的关系见式（2-82）。

$$\begin{cases}K_{\mathrm{N},T}=K_{\mathrm{N},20}\theta_{\mathrm{N}}^{T-20}\\ \theta_{\mathrm{N}}=1.08\\ T=10\sim30℃\end{cases} \tag{2-82}$$

污染物的脱氮作用：水中溶解氧被耗尽时，硝酸盐将被反硝化细菌还原为亚硝酸盐再转化为氮气。

污染物中硫化物的反应：水体中缺少溶解氧和硝酸根离子时，硫酸盐会被细菌还原为硫化氢，含硫蛋白质在厌氧条件下被大肠杆菌分解成半胱氨酸，再被还原为硫化氢，如有铁和亚铁离子，可生成难溶的硫化铁或硫化亚铁。

细菌引起的污染物衰减：服从一级反应，见式（2-83）。

$$B_t = B_0 \times 10^{-Kt} \tag{2-83}$$

重金属和有机毒物的衰减：多数也呈一级反应。

污染物在水体中衰退、水体的自净过程包括耗氧与复氧过程。碳化过程耗氧，见式（2-84）。

$$\rho_{\mathrm{BOD_1}} = \rho_{\mathrm{BOD_a}} - \rho_{\mathrm{BOD_c}} = \rho_{\mathrm{BOD_a}}\left(1-\mathrm{e}^{-K_1 t}\right) \tag{2-84}$$

硝化过程耗氧，见式（2-85）。

$$\rho_{\mathrm{BOD_2}} = \rho_{\mathrm{BOD_N}} - \rho_{\mathrm{BOD_n}} = \rho_{\mathrm{BOD_N}}\left(1-\mathrm{e}^{-K_{\mathrm{N}} t}\right) \tag{2-85}$$

若考虑硝化比碳化的滞后时间 a，则硝化过程耗氧见式（2-86）。

$$\rho_{\mathrm{BOD_2}} = \rho_{\mathrm{BOD_N}}\left[1-\mathrm{e}^{-K_{\mathrm{N}}(t-a)}\right] \tag{2-86}$$

耗氧过程中水生植物呼吸耗氧表示为式（2-87）。

$$\frac{\mathrm{d}\rho_{\mathrm{BOD_3}}}{\mathrm{d}t} = -R \tag{2-87}$$

而水体底泥耗氧可表示为式（2-88）。

$$b = \frac{\mathrm{d}\rho_{\mathrm{BOD_4}}}{\mathrm{d}t} = -\frac{\mathrm{d}\rho_{\mathrm{BOD_d}}}{\mathrm{d}t} = \frac{-K_{\mathrm{b}}\rho_{\mathrm{BOD_d}}}{1+r_{\mathrm{c}}} \tag{2-88}$$

但是底泥耗氧的机理尚不清楚。

水体自净的复氧过程主要是大气溶解氧和水生植物光合作用。大气复氧即氧气由大气进入水体。氧气由大气进入水体的传质速率与水体的氧亏量ρ_{D}成正比，即式（2-89）。

$$\frac{\mathrm{d}\rho_{\mathrm{D}}}{\mathrm{d}t}=-K_2\rho_{\mathrm{D}} \tag{2-89}$$

式中，ρ_{D} 表示为式（2-90）。

$$\rho_{\mathrm{D}}=\rho_{\mathrm{DO_s}}-\rho_{\mathrm{DO}} \tag{2-90}$$

对于淡水，常压下，溶氧浓度与温度的关系式为式（2-91）。

$$\rho_{\mathrm{DO_s}}=\frac{468}{31.6+T} \tag{2-91}$$

河口处的含盐水，溶氧浓度与温度的关系式为式（2-92）。

$$\begin{aligned}\rho_{\mathrm{DO_s}}=&14.6244-0.367134T+0.0044972T^2-0.0966S+0.00205ST+\\&0.0002739S^2\end{aligned} \tag{2-92}$$

式中，T 为环境温度，K；S 为河口面积，m^2。

植物光合作用过程，时间平均模型为式（2-93）。

$$\left(\frac{\partial\rho_{\mathrm{O}}}{\partial t}\right)_P=P \tag{2-93}$$

值得提出的是，在水环境影响评价专题中，除了考虑污染物对水体的影响，还应注意水体温度变化。一些自然因素会引起水温变化，如水面同大气的热量交换、水体同河床的热量交换、太阳的辐射等。发电厂、化工厂等排放的热水也会引起水体温度变化。水体温度变化，可能引起水生生态平衡破坏，故应该足够重视水体温度变化。

2.4.2.2　河流和河口水质模型

河流是沿地表的线形低凹部分集中的经常性或周期性水流。较大的称为河（或江），较小的称为溪。河口是河流注入海洋、湖泊或其他河流的河段，可以分为入海河口、入湖河口及支流河口。应用水质模型预测河流水质时，常假设该河段内无支流，在预测时期内河段的水力条件是稳态的和只在河流的起点有恒定浓度和流量的废水（或污染物）排入。如果在河段内有支流汇入，而且沿河有多个污染源，这时应将河流划分为多个河段采用多河段模型。

有关预测模型的选择，在河段内有支流汇入，且沿河有多个污染源，采用多河段模型；废水排入河流后与河水迅速完全混合后的浓度，持久性污染物与河水完全混合后的浓度预测，可采用零维模型；污染物浓度在断面上比较均匀分布的中小型河流的水质预测，采用一维模型；污染物浓度在垂向比较均匀，而在纵向和横向分布不均匀的大河，采用二维模型。对水面宽、深，流态复杂的河流的水质预测，应采用三维模型。

（1）完全混合模型（零维）

河流中污染物的混合和衰减模型，见式（2-94）。

$$C=\frac{C_{\mathrm{p}}Q_{\mathrm{p}}+C_{\mathrm{E}}Q_{\mathrm{E}}}{Q_{\mathrm{p}}+Q_{\mathrm{E}}} \tag{2-94}$$

式中，C 为废水与河水完全混合后污染物的浓度，mg/L；Q_{p} 为排污口上游来水流量，$\mathrm{m^3/s}$；C_{p} 为上游来水的水质浓度，mg/L；Q_{E} 为污水设计流量，$\mathrm{m^3/s}$；C_{E} 为污水设计排放浓度，mg/L。

该模型的适用对象为：废水与河水迅速完全混合后的污染物浓度计算；污染物是持久性污染物，废水与河水经一定的时间（距离）完全混合后的污染物浓度预测。

污染物与河水完全混合所需的距离——混合过程段距离 x_n 的计算可用式（2-95）。

$$x_n=\frac{(0.4B-0.6a)Bu_x}{E_y} \tag{2-95}$$

式中，a 为排放口到岸边的距离，m；B 为河流宽度，m；E_y 为废水与河水的横向混合系数，$\mathrm{m^2/s}$；u_x 为河流的平均流速，m/s。所谓的充分混合指当断面上任意一点的浓度与断面平均浓度之差小于平均浓度的 5%时，可以认为达到了充分混合。

（2）一维模型

稳态条件下的一维混合衰减模型，见式（2-96）。

$$E_x\frac{\partial^2\rho}{\partial x^2}-u_x\frac{\partial\rho}{\partial x}-K\rho=0 \tag{2-96}$$

式中，E_x 为废水与河水的纵向混合系数，m^2/s；K 为污染物的衰减系数，1/s；ρ 为预测断面水质浓度，mg/L；x 为断面间河段长，m；u 为河段平均流速，m/s。假设 ρ_0 为起始断面水质浓度，mg/L。若 x=0 时，$\rho=\rho_0$，上式的解为式（2-97）。

$$\rho=\rho_0\exp\left[\frac{u_x x}{2E_x}\left(1-\sqrt{1+\frac{4KE_x}{u_x^2}}\right)\right] \tag{2-97}$$

忽略扩散作用时，模型的解为式（2-98）。

$$\rho=\rho_0\exp\left(-\frac{Kx}{86\,400u_x}\right) \tag{2-98}$$

该模型的适用对象是污染物浓度在断面上分布均匀的中小型河流的水质预测。

（3）BOD-DO 耦合模型（S-P 模型）

该模型的基本假定是：BOD 的衰减和溶解氧的复氧都是一级反应；反应速率常数是定常的；耗氧是由 BOD 衰减引起的，溶解氧来源则是大气复氧。

模型方程见式（2-99）、式（2-100）和式（2-101）。

$$\frac{d\rho_{BOD}}{dt}=-K_1\rho_{BOD} \tag{2-99}$$

$$\frac{d\rho_{D}}{dt}=-K_1\rho_{BOD}+K_2\rho_{D} \tag{2-100}$$

$$\frac{d\rho_{DO}}{dt}=-K_1\rho_{BOD}+K_2\left(\rho_{DO_s}-\rho_{DO}\right) \tag{2-101}$$

式中，K_1 为 BOD 衰减（耗氧）系数，1/d；K_2 为河流复氧系数，1/d。

模型的解析解分别为式（2-102）、式（2-103）和式（2-104）。

$$\rho_{BOD}=\rho_{BOD_0}e^{-K_1t} \tag{2-102}$$

$$\rho_{D}=\frac{K_1\rho_{BOD_0}}{K_2-K_1}\left[e^{-K_1t}-e^{-K_2t}\right]+\rho_{D_0}e^{-K_2t} \tag{2-103}$$

$$\rho_{DO}=\rho_{DO_s}-\frac{K_1\rho_{BOD_0}}{K_2-K_1}\left[e^{-K_1t}-e^{-K_2t}\right]-\rho_{D_0}e^{-K_2t} \tag{2-104}$$

式中，ρ_{BOD_0} 及 ρ_{DO} 的计算采用完全混合模型的计算式。

在现实应用中，溶解氧最低浓度点是最值得关心的临界点。令 $d\rho_D/dt=0$ 可得式（2-105）。

$$\rho_{D_c}=\frac{K_1}{K_2}\rho_{BOD_0}e^{-K_1t_c} \tag{2-105}$$

式中，t_c 计算用式（2-106）。

$$t_c=\frac{1}{K_2-K_1}\ln\frac{K_2}{K_1}\left[1-\frac{\rho_{D_0}\left(K_2-K_1\right)}{\rho_{BOD_0}K_1}\right] \tag{2-106}$$

（4）多维模型

二维稳态混合衰减模式：

对污染物在岸边排放的情况，模型方程为式（2-107）。

$$\rho(x,y)=\exp(-K_1t)\times\left\{\rho_1+\frac{\rho_2q}{H\sqrt{\pi E_yxu_x}}\times\left[\exp\left(-\frac{u_xy^2}{4E_yx}\right)+\exp\left(-\frac{u_x\left(2B-y\right)^2}{4E_yx}\right)\right]\right\} \tag{2-107}$$

对污染物非岸边排放的情况，模型方程为式（2-108）。

$$\rho(x,y)=\exp(-K_1t)\times\left\{\rho_1+\frac{\rho_2q}{2H\sqrt{\pi E_yxu_x}}\left[\begin{array}{l}\exp(-\frac{u_xy^2}{4E_yx})+\exp\left(-\frac{u_x\left(2a+y\right)^2}{4E_yx}\right)+\\ \exp\left(-\frac{u_x\left(2B-2a-y\right)^2}{4E_yx}\right)\end{array}\right]\right\} \tag{2-108}$$

式中，a 为排放口到岸边的距离。

（5）污染物与河水完全混合所需距离

污染物从排污口排出后要与河水完全混合需一定的纵向距离，这段距离称为混合过程段。当某一断面上任意点的浓度与断面平均浓度之比为 0.95～1.05 时，称该断面已达到横向混合，由排放点至完成横向断面混合的距离称为完成横向混合所需的距离。

当采用河中心排放时所需的完成横向混合的距离可用式（2-109）计算。

$$x=\frac{0.1u_x B^2}{E_y} \tag{2-109}$$

在岸边上排时，可用式（2-110）计算。

$$x=\frac{0.4u_x B^2}{E_y} \tag{2-110}$$

（6）污染物在河口中的混合和衰减模型

河口流动为均匀、恒定水流上溯或下泄，污染物稳态排入水体时，为河口一维混合衰减模型，模型的方程为式（2-111）。

$$\frac{\partial\rho}{\partial t}+u_x\frac{\partial\rho}{\partial x}=E_x\frac{\partial^2\rho}{\partial x^2}-K\rho \tag{2-111}$$

叠加了背景浓度的模型的解为式（2-112）。

$$\rho=\frac{\rho_2 q}{(Q+q)M}\exp\left[\frac{u_x x}{2E_x}(1+M)\right]+\rho_1 \tag{2-112}$$

上溯阶段（$x<0$，污染物自 x=0 排入），解为式（2-113）。

$$\rho=\frac{\rho_2 q}{(Q+q)M}\exp\left[\frac{u_x x}{2E_x}(1+M)\right]+\rho_1 \tag{2-113}$$

式中，M 表示为式（2-114）。

$$M=\left(1+\frac{4KE_x}{u_x^2}\right)^{\frac{1}{2}} \tag{2-114}$$

下泄阶段（$x>0$，污染物自 x=0 排入），解为式（2-115）。

$$\rho=\frac{\rho_2 q}{(Q+q)M}\exp\left[\frac{u_x x}{2E_x}(1-M)\right]+\rho_1 \tag{2-115}$$

该模型的适用对象为预测小河和中河潮周、高潮和低潮的平均水质。

（7）河口的二维动态混合衰减数值模式

河口的二维动态混合衰减数值模式为式（2-116）。

$$\frac{\partial \rho}{\partial t}+u_x\frac{\partial \rho}{\partial x}+u_y\frac{\partial \rho}{\partial y}=E_x\frac{\partial^2 \rho}{\partial x^2}+E_y\frac{\partial^2 \rho}{\partial y^2}-K\rho \tag{2-116}$$

当 $u_y=0$ 时，式（2-116）简化为式（2-117）。

$$\frac{\partial \rho}{\partial t}+u_x\frac{\partial \rho}{\partial x}=E_x\frac{\partial^2 \rho}{\partial x^2}+E_y\frac{\partial^2 \rho}{\partial y^2}-K\rho \tag{2-117}$$

上微分方程可用显式差分法和梯形隐式差分法求解，具体可参见《环境影响评价技术导则　地面水环境》。

（8）河口和河网水质模型

河口是入海河流受潮汐作用影响明显的河段。潮汐对河口水质有双重影响：上游下泄的水流相汇，形成强烈的混合作用，使污染物的分布趋于均匀；由于潮流的顶托作用，延长了污染物在河口的停留时间，有机物的降解会进一步消耗水中的溶解氧，使水质下降。此外，潮汐也使河口的含盐量增加。

河口模型比河流模型复杂，求解也比较困难。对河口水质有重大影响的评价项目，需要预测污染物浓度随时间的变化。这时应采用水力学中的非恒定流的数值模型，以差分法计算流场，再采用动态水质模型，预测河口任意时刻的水质。具体可参见《水力学》等有关教材。

当排放口的废水能在断面上与河水迅速充分混合，则也可用一维非恒定流数值模型计算流场，再用一维动态水质模型预测任意时刻的水质。对河口水质有重大影响，但只需预测污染物在一个潮汐周期内的平均浓度，这时可以用一维潮周平均模型预测。

一维（潮周平均）河口水质模型为式（2-118）。

$$E_x\cdot\frac{\mathrm{d}}{\mathrm{d}x}\left(\frac{\mathrm{d}\rho}{\mathrm{d}x}\right)-\frac{\mathrm{d}}{\mathrm{d}x}\left(u_x\rho\right)+r+s=0 \tag{2-118}$$

式中，r 为污染物的衰减速率，g/（m^3·d）；s 为系统外输入污染物的速率，g/（m^3·d）；u_x 为不考虑潮汐作用，由上游来水（净泄量）产生的流速，m/s。

假定 $s=0$ 和 $r=-K_1\rho$，对排放点上游（$x<0$），解为式（2-119）。

$$\frac{\rho}{\rho_0}=\exp\left[\frac{u_x}{2E_x}\left(1+\sqrt{1+\frac{4K_1E_x}{u_x^2}}\right)\right] \tag{2-119}$$

对排放点下游（$x>0$），解为式（2-120）。

$$\frac{\rho}{\rho_0}=\exp\left[\frac{u_x}{2E_x}\left(1-\sqrt{1+\frac{4K_1E_x}{u_x^2}}\right)\right] \tag{2-120}$$

式中，ρ_0表示为式（2-121）。

$$\rho_0=\frac{W}{Q\sqrt{1+\frac{4K_1E_x}{u_x^2}}} \tag{2-121}$$

2.4.2.3　湖泊（水库）水质数学模型

湖泊（水库）水流状态分为前进和振动两类。前者指湖流和混合作用，后者指波动和波漾。湖流指湖水在水力坡度、密度梯度和风力等作用下产生沿一定方向的缓慢流动。湖流经常呈水平环状运动（多出现在湖水较浅的场合）和垂直环状运动（湖水较深时）。混合指在风力和水力坡度作用下产生的湍流混合和由湖水密度差引起的对流混合作用。波动主要由风引起，又称风浪。波漾是在复杂的外力作用下，湖中水位有节奏的升降变化。

湖泊（水库）的水质特征：水的停留时间较长（可达数月至数年），属于缓流水域，其中的化学和生物学过程保持一个比较稳定的状态；进入湖泊和水库中的营养物质在其中容易不断积累，致使水质发生富营养化；在水深较大的湖、库中，水温和水质是竖向分层的。湖泊水质模型分为描述湖、库营养状况的箱式模型、分层箱式模型和描述温度与水质竖向分布的分层模型。

湖泊（水库）水质数学模型常用完全混合模型。完全混合模型属箱式模型，也称沃兰伟德（Vollenwelder）模型。对于停留时间很长、水质基本处于稳定状态的中小型湖泊和水库，可以简化为一个均匀混合的水体。沃兰伟德假定，湖泊中某种营养物的浓度随时间的变化率，是输入、输出和在湖泊内沉积的该种营养物量的函数，可以用质量平衡方程表示：湖泊富营养物质的变化=单位时间输入湖泊营养物质的量−单位时间输出湖泊营养物质的量−单位时间营养物质沉积的量。

（1）污染物（营养物）混合和降解模型

污染物（营养物）混合和降解模型为式（2-122）。

$$V\frac{\mathrm{d}\rho}{\mathrm{d}t}=\bar{W}_0-Q\rho-K_1\rho V \tag{2-122}$$

式中，ρ为污染物或水质参数的浓度，mg/L；$\bar{W}_0$为污染物或水质参数的平均排入量，mg/s；Q 为出入湖、库流量，m^3/s；V 为湖泊容积，m^3；K_1 为污染物或水质参数浓度衰减速率系数，1/s；t 为河水入湖时间，s。

积分上式得式（2-123）。

$$\rho=\frac{\varphi}{Q+K_{1V}}\left\{\frac{\bar{W}}{\varphi}\exp\left[-\left(\frac{Q}{V}+K_1\right)t\right]\right\} \tag{2-123}$$

式中，$\bar{W}=W_0+\rho_{\mathrm{P}}\cdot q$，$W_0$ 为现有污染物排入量，mg/s；ρ_{P} 为拟建项目废水中污染物浓度，mg/L；q 为废水排放量，m^3/s。

如果ρ_0为湖、库中污染物起始浓度，mg/L，则φ，ρ_{t}和α分别为式（2-124）、式（2-125）和式（2-126）。

$$\varphi=\bar{W}-(Q+K_1V)\ \rho_0 \tag{2-124}$$

$$\rho_{\mathrm{t}}=\frac{\bar{W}}{\alpha V}\left(1-e^{-\alpha t}\right)+\rho_0\mathrm{e}^{-\alpha t} \tag{2-125}$$

$$\alpha=\frac{Q}{V}+K_1 \tag{2-126}$$

对于持久性污染物 K_1 为 0；时间足够长，湖、库中污染物（营养物）浓度达到平衡时，$\frac{\mathrm{d}\rho}{\mathrm{d}t}$为 0，则平衡时浓度为式（2-127）。

$$\rho_{\mathrm{e}}=\frac{\bar{W}}{\alpha V} \tag{2-127}$$

（2）求湖、库中污染物达到一指定ρ_{t}所需时间 t

设$\rho_{\mathrm{t}}/\rho_{\mathrm{P}}=\beta$，则 t_β表示为式（2-128）。

$$t_{\beta}=\frac{V}{Q+K_1V}\ln\left(1-\beta\right) \tag{2-128}$$

无污染物输入（W 为 0）时浓度随时间变化为式（2-129）。

$$\rho_{t}=\rho_0\mathrm{e}^{-\left(\frac{Q}{V}+K_1\right)}+\rho_0\mathrm{e}^{-\alpha t} \tag{2-129}$$

这时，可以求出污染物（营养物）浓度达到初始浓度之比为δ，即$\rho_t/\rho_0=\delta$时，所需时间用式（2-130）计算。

$$t_{\delta}=\frac{1}{\alpha}\ln\frac{1}{\delta} \tag{2-130}$$

（3）溶解氧模型

溶解氧模型为式（2-131）。

$$\begin{cases}\dfrac{\mathrm{d}\rho_{\mathrm{DO}}}{\mathrm{d}t}=\left(\dfrac{Q}{V}\right)\left(\rho_{\mathrm{DO}_0}-\rho_{\mathrm{DO}}\right)+K_2\left(\rho_{\mathrm{DO}_s}-\rho_{\mathrm{DO}}\right)-R\\ R=rA+B\end{cases} \tag{2-131}$$

式中，K_2 为大气复氧系数，1/d 或 1/s；ρ_{DO_0} 为溶解氧起始浓度，mg/L；R 为湖库的生物和非生物因素耗氧总量，mg/（m^3·d）或 mg/（m^3·s）；A 为养鱼密度，kg/m^3；r 为鱼类耗氧速率，mg/（kg·d）或 mg/（kg·s）；ρ_{DO_s} 为饱和溶解氧浓度，mg/L；B 为其他因素耗氧量，mg/（m^3·d）或 mg/（m^3·s）。

2.4.2.4　水质模型的标定

（1）混合系数估值

①经验公式：用于流量恒定、河宽大、水较浅、无河湾的顺直河流，可用式（2-132）。

$$\begin{cases}E_z=\alpha_zH\sqrt{gHI},\alpha_z\approx 0.067\\ E_y=\alpha_yH\sqrt{gHI},\alpha_y=0.1\sim 0.2\\ E_x=\alpha_xH\sqrt{gHI},\alpha_x=140\sim 300\end{cases} \tag{2-132}$$

适用于河宽为 15～60 m 的河流，式中，H 为平均水深；I 为水力坡度；g 为重力加速度。

泰勒（Taylor）公式（适用于河流）为式（2-133）。

$$\begin{cases} E_y = (0.058H + 0.0065B)(gHI)^{1/2} \\ B/H \leqslant 100 \end{cases} \tag{2-133}$$

爱尔德（Elder）公式（适用于河流）为式（2-134）。

$$E_x = 5.93H(gHI)^{1/2} \tag{2-134}$$

②示踪试验：向水体中投放示踪物质，追踪测定其浓度变化，据以计算所需要的各环境水力参数。其可结合有关（经验）模型，对数据进行拟合，然后进行计算。

③经验数据：根据条件选取文献的经验数据作为混合系数。

（2）耗氧系数 K_1 的估值

实验室测定值修正法

①实验测定原理。

将1-e^{-K_1t}展开为麦克劳林级数有式（2-135）。

$$1-e^{-K_1t} = K_1t\left[1-\frac{K_1t}{2}+\frac{(K_1t)^2}{6}-\frac{(K_1t)^3}{24}+\cdots\right] \tag{2-135}$$

而式（2-135）右侧可表示为式（2-136）。

$$K_1t\left(1+\frac{K_1t}{6}\right)^{-3} = K_1t\left[1-\frac{K_1t}{2}+\frac{(K_1t)^2}{6}-\frac{(K_1t)^3}{21.6}+\cdots\right] \tag{2-136}$$

所以有式（2-137）。

$$1-e^{-K_1t} \approx K_1t\left(1+\frac{K_1t}{6}\right)^{-3} \tag{2-137}$$

假设有式（2-138）。

$$y(t) = \rho_{BOD_t} = \rho_{BOD_a}\left(1-e^{-K_1t}\right) \tag{2-138}$$

则有式（2-139）或式（2-140）。

$$y(t)=\rho_{\mathrm{BOD_a}}K_1t\left(1+\frac{K_1t}{6}\right)^{-3} \tag{2-139}$$

$$\left[\frac{t}{y(t)}\right]^{1/3}=\left(\rho_{\mathrm{BOD_a}}K_1\right)^{-1/3}+\frac{K_1^{2/3}}{6\rho_{\mathrm{BOD_a}}^{1/3}}t \tag{2-140}$$

令式（2-141）成立。

$$\begin{cases}Y(t)=\left(\dfrac{t}{y(t)}\right)^{1/3}\\ a=\left(\rho_{\mathrm{BOD_a}}K_1\right)^{-1/3}\\ b=\dfrac{K_1^{2/3}}{6\rho_{\mathrm{BOD_a}}^{1/3}}\end{cases} \tag{2-141}$$

则有式（2-142）。

$$Y(t)=a+bt \tag{2-142}$$

$Y(t)$—t 为直线，测定不同时间下的 $\rho_{\mathrm{BOD_t}}$，作出 $Y(t)$—t 直线，求出直线的截距 a 和斜率 b，可计算出 K_1 及 $\rho_{\mathrm{BOD_a}}$，可用式（2-143）和式（2-144）。

$$K_1=6\frac{b}{a} \tag{2-143}$$

$$\rho_{\mathrm{BOD_a}}=\frac{1}{K_1a^3} \tag{2-144}$$

②实验室测定值修正法。

实验室测定的 K_1 值可直接用于湖泊或水库的模拟，用于河流或河口时需修正。K.Bosko 提出的修正方法为式（2-145）。

$$K_1'=K_1+(0.11+54I)u/H \tag{2-145}$$

假设河流上任意两个截面 A 和 B（A 为上游截面），A、B 间无废水和支流汇入，有式（2-146）和式（2-147）。

$$\rho_{\mathrm{BOD_{c,A}}}=\rho_{\mathrm{BOD_a}}\mathrm{e}^{-K_1t_\mathrm{A}} \tag{2-146}$$

$$\rho_{BOD_{c,B}} = \rho_{BOD_a} e^{-K_1 t_B} \tag{2-147}$$

式（2-146）和式（2-147）两式相比，并取对数可得式（2-148）。

$$K_1 = \frac{1}{t_B - t_A} \ln \frac{\rho_{BOD_{c,A}}}{\rho_{BOD_{c,B}}} = \frac{1}{t} \ln \frac{\rho_{BOD,A}}{\rho_{BOD,B}} \tag{2-148}$$

测定出截面 A、B 处河水的 BOD 值（ρ_{BOD_c}），原河水的（ρ_{BOD_a}），并计算出河水在两截面间的流行时间，即可算出 K_1。实际应用中可多取几个断面，得到若干个 K_1，然后取平均值。

（3）复氧系数 K_2 的估值

①奥—多公式为式（2-149）。

$$\begin{cases} K_{2(20℃)} = 294 \dfrac{(D_m u)^{1/2}}{H^{3/2}}, \quad c_z \geqslant 17 \\ K_{2(20℃)} = 824 \dfrac{D_m^{0.5} I^{0.25}}{H^{1.25}}, \quad c_z < 17 \\ D_m = 1.774 \times 10^{-4} \times 1.037^{(T-20)} \\ c_z = \dfrac{1}{n} H^{1/6} \end{cases} \tag{2-149}$$

式中，u 为河水的流速；n 为河床糙率（可从《环境影响评价技术导则　地面水环境》或其他资料查取得到）。

②文斯等的经验式为式（2-150）。

$$\begin{cases} K_{2(20℃)} = 5.34 \dfrac{u^{0.67}}{H^{1.85}} \\ 0.1 \leqslant H \leqslant 0.6 \text{ m} \\ u \leqslant 1.5 \text{ m/s} \end{cases} \tag{2-150}$$

③丘吉尔经验式为式（2-151）。

$$
\begin{cases}
K_{2(20℃)}=5.03\dfrac{u^{0.696}}{H^{1.673}} \\
0.6\leqslant H\leqslant 8\ \text{m} \\
0.6\leqslant u\leqslant 1.8\ \text{m/s}
\end{cases}
\tag{2-151}
$$

（4）多参数优化法

多参数优化法是根据实测的水文、水质数据，利用优化方法同时确定多个环境水力学参数的方法。

2.4.2.5　开发行动对地表水影响的识别案例

各种类型的人类开发行动如建设项目、区域和流域开发等都会对地表水环境的水量、水质、水生生物或底部沉积物产生影响。建设项目和区域或流域开发行动在其建设期、运行期和服务期满都会有不同性质和程度的影响。

（1）工业建设项目

工业建设项目对水环境的影响分为建设期和运行期影响。

工业建设项目在建设期（施工阶段）的共同影响主要是：施工队伍大批进入现场，排放的生活污水和垃圾的污染；施工机械运作、清洗、漏油等排放的含油和悬浮物废水；基坑开挖和降低地下水位等操作排放含泥沙废水；施工场地清理和开辟施工机械通行道路常大片破坏地面植被，造成裸土。在降雨（特别是暴雨）时，造成土壤侵蚀，使地表水中泥沙含量陡增，严重时造成河道阻塞。如果地表受过污染，则污染物随雨水进入河道。

因为任何工业建设项目都有其特殊性，所以，工业建设项目运行期对水环境的影响必须针对具体项目开展深入细致的工程分析才能全面而有重点地识别出具体影响。

①石油炼制工业：一个炼油厂有 4 种主要操作：分离、转化、精制和调和。炼油厂用水量和废水排放量都很大。石油炼制工业废水主要来自 3 个方面：含油废水主要来自油罐区和操作区的雨水、油罐排水、冷却水排污、冲洗和清洗水及原油脱盐等场所和工序；苯酚、苯和有机酸等有机物以及硫化铵、金属盐、无机盐等无机物来自汽提、原油裂解、洗涤、油的化学处理、原油脱盐、催化裂解等

工艺过程；高温水（非污染水）来自锅炉排污、冷却水排放等。

②钢铁工业：一般铁和钢制造有 6 种操作：焦炭制造和副产品回收；铁矿石制备；高炉炼铁；转炉、电炉或平炉炼钢；铸、轧机操作；精整操作。钢铁工业废水主要来源如下：焦炭生产和副产品回收过程的工艺用水和冷却水，如熄焦废水、酸洗废水和氨蒸馏废液中含高浓度酚、氰化物、硫氰酸盐和硫化物、氯化物；高炉炼铁的废水，主要是由排气洗涤和高炉炉渣用水淬熄时排出的；铸造和轧机操作主要排大量冷却水（一般循环回用），轧机操作中产生的含铁碎屑和油滴的废水；精整操作采用酸、碱浸渍去除锈和磷皮将排出含铁盐的酸性废水，含皂化油的碱性废水等。

③铝和有色金属生产：制铝工业是以铝矾土为原料采用电解还原法生产金属铝。与钢铁工业比较制铝业排放的废水量较少，主要是含铝酸钠或氟化钙的废碱液；其他为锅炉排污、冷却塔排污等的废水。铜的生产用铜矿石做原料。铜矿石被破碎后湿磨成为细矿浆再加入浮选剂，浮渣层用去炼钢；沉渣送去尾矿场，尾矿中的浮选剂（浸取剂）如管理不善，会对水体造成污染。炼铜和铜精炼过程排放少量工艺废水含低浓度铜、砷、锑、铅等重金属。

④化学工业：包含的门类很多，排放的废水中含各种有机和无机污染物，有些属于危险性污染物。无机化工产品制造业，如硫酸、盐酸、硝酸、烧碱、纯碱（苏打）、氯气、磷肥、铬酸盐、碳铵等。废水中含酸、碱类物质和合成过程的产物和副产物。有机化工与石油化工有密切关系，生产过程中除使用有机原料外还需各种无机原料（如三酸二碱）。废水来源主要有：产品和副产品洗涤；冷却塔和锅炉排污、蒸汽凝结水等；溢漏、容器清洗、地面冲洗；雨水和场地冲洗水。许多浓度低、危害性大的污染物必须在工程分析中通过仔细调查弄清，必要时需进行专题监测。

⑤食品工业：将农产品加工成消费者能食用的食品，要经过一系列过程，例如，精制、防腐、产品改性、储存和输运、包装或罐制造。食品工业中大宗生产包括：肉类和肉制品、鱼类加工；奶及奶制品；谷类碾磨、输运和食品制造；水果和蔬菜加工以及罐头制造等。食品工业排放大量含可降解有机物（如 BOD）的

废水，废水中还含较高浓度的悬浮物，可溶性固体和油脂以及各种有机和无机添加剂。在有机物中含氮有机物浓度较高；氨氮和磷等营养物浓度也较高。

⑥制浆和造纸业：纸浆生产和造纸过程排放的废水是重要的水污染源。制浆厂包括草类或木材原料处理、碱法或酸法蒸煮过程、打浆洗涤、增浓、漂白和碱回收等工序。造纸厂包括浆料处理、造纸机运转、转性和润饰等工序。排放的废水分为制浆废水和造纸废水两类。制浆过程排放的废水中含有高浓度的木质素、糖类和半纤维素等有机污染物；在漂白过程中漂白剂与有机物产生多种多样具有致癌性的氯代有机物；造纸过程中产生大量含微细纤维素（悬浮物）的废水（白水）。

（2）水利工程

水利工程包括开辟航道、疏浚、堤坝加固、水库建设与水电工程。

开辟航道工程主要影响是清除航道中树木和淤积物妨碍航行和改变水流流态产生易受侵蚀的底质和不稳定河床；船舶通航使水变混，减少光线透入深度，改变水生生物的结构，使耐污性生物量增加，水生生物生产力降低，船舶通航还造成水体污染。

灌溉工程是用人工控制的方法把水施于农作物，促其生长。这类工程的影响是从河流和湖泊中取走大量的水使河流流量减小，灌溉回流水对河流可能造成污染。

小型水库的影响面较广，会影响栖息地的物种多样性，蓄水引起底层溶解氧缺乏，季节性温度分层、沉积和潜在性富营养化等水质变化。

大型水库和水电工程建设对水库内和上下游的水质和水量及生态影响包括：水库内水质发生季节性变化；均匀地减少下游进入河口的流量，可能引起盐水入侵；降低下游河段自净能力；蒸发量加大，减少下游河水流量；妨碍洄游性鱼类的生长、繁殖；促进库内水草和浮水植物的生长；可能减少输入下游土地的营养物量。

（3）农业和畜牧业开发

其主要影响是由土地利用方式的改变或土地过度利用造成的，包括：农业过量施用化肥和农药、污水灌溉等造成对地表水体的非点源污染；禽畜饲养业开发产生大量粪便废水污染地表水体；过度的放牧引起草地退化，土壤侵蚀，影响水质和造成荒漠化等。

（4）矿业开发

矿业属于自然资源开采和粗加工，对水生生态和水质、水量均有影响。

水力开采作业（如淘金）改变河床结构，尾矿的排放造成淤积和水土流失，使水质恶化，也使水生生境剧烈改变，导致水生生物种群量下降乃至灭绝。

尾矿堆积和河流污染造成土壤污染、侵蚀并使农作物、牲畜受害。

（5）城市污水处理厂和垃圾填埋场

①污水处理厂：施工期的影响主要是改变地貌、河流和天然渠道的流向，可能引起土壤侵蚀、河渠的淤积或冲刷。运行期排水可能提高河道的BOD、悬浮物和磷、氮浓度。如污水厂除磷、脱氮措施，则排入湖、库会引起富营养化。

②垃圾填埋场：暴雨径流夹带填埋场表面的大量污染物可能溢入水体造成污染；填埋场的渗滤液通过侧向渗入河道；如果地下水与地表水有补给关系，则受渗滤液污染的地下水可能污染地表水。

2.4.2.6 地表水环境影响预测

水环境影响评价是从环境保护的目标出发，采用适当的评价手段，确定拟议开发行动或建设项目排放的主要污染物对水环境可能带来的影响范围和程度，提出避免、消除和减轻负面影响的对策，为开发行动或建设项目方案的优化决策提供依据。

（1）工作程序、评价等级和评价标准

地表水环境影响评价的技术工作程序可分为四个阶段。

第一阶段：了解工程设计、现场踏勘、了解环境法规和标准的规定、确定评价级别和评价范围、编制环评工作大纲，在这阶段还要做些环境现状调查和工程分析方面的工作。

第二阶段：详细开展水环境现状调查和监测，做仔细的工程分析，在此基础上评价水环境现状。

第三阶段：根据水环境排放源特征，选择或建立和验证水质模型，预测拟议行动对水体的污染影响，并对影响的意义及其重大性做出评价，并且研究相应的污染防范对策。

第四阶段：提出污染防治和水体保护对策，总结工作成果，完成报告书，为项目监测和事后评价作准备。

《环境影响评价技术导则　地面水环境》（HJ/T 2.3—93），根据拟建项目排放的废水量、建设项目污水水质的复杂程度、受纳水体规模和类别以及水质要求，将地表水环境影响评价分为三级。不同级别的评价工作要求不同，一级评价项目要求最高，二级次之，三级较低。

①污水排放量：污水排放量中不包括间接冷却水、循环水以及其他含污染物极少的清净下水的排放量，但包括含热量大的冷却水的排放量。污水排放量 Q（m^3/d）划分为 5 个等级：Q≥20 000；20 000＞Q≥10 000；10 000＞Q≥5 000；5 000＞Q≥1 000；1 000＞Q≥200。

②污水水质：复杂程度按污水中拟预测的污染物类型以及某类污染物中水质参数的多少划分为复杂、中等和简单 3 类。复杂：污染物类型数≥3，或者只含有两类污染物，但需预测其浓度的水质参数数目≥10。中等：污染物类型数=2，且需预测其浓度的水质参数数目＜10；或者只含有一类污染物，但需预测其浓度的水质参数数目≥7。简单：污染物类型数=1，需预测浓度的水质参数数目＜7。

③污染物分类：根据污染物在水环境中输移、衰减特点以及它们的预测模式，将污染物分为四类，即持久性污染物（其中还包括在水环境中难降解、毒性大、易长期积累的有毒物质），非持久性污染物，酸和碱（以 pH 值表征），热污染（以温度表征）。

④地面水域的规模：河流与河口，按建设项目排污口附近河段的多年平均流量或平水期平均流量划分。大河：≥150 m^3/s；中河：15～150 m^3/s；小河：＜15 m^3/s。

湖泊和水库，按枯水期湖泊、水库的平均水深以及水面面积划分，见表 2-8。

表 2-8 湖泊和水库大小划分

平均水深	小	中	大
≥10 m	＜2.5 km^2	2.5～25 km^2	≥25 km^2
＜10 m	＜5 km^2	5～50 km^2	≥50 km^2

⑤水质类别：地面水质按 GB 3838 划分为五类：Ⅰ、Ⅱ、Ⅲ、Ⅳ、Ⅴ。如受纳水域的实际功能与该标准的水质分类不一致时，由当地环保部门对其水质提出具体要求。可根据建设项目及受纳水域的具体情况适当调整评价级别。

河流、湖泊等地表水环评的主要依据是国家的有关法规和标准。主要包括：a.《地面水环境质量标准》(GB 3838)。b.《工业企业设计卫生标准》(GBZ 1)：对于 GB 3838 中未规定的污染物（参数），应按此标准中“地面水中有害物质最高允许浓度”的要求执行，如果该标准也没有，则经过论证后可采用国际标准化组织（ISO）颁布的标准或外国标准。c.《污水综合排放标准》(GB 8978)：在进行项目的工程分析时，常用到《污水综合排放标准》，本标准适用于现有单位水污染物排放管理，以及建设项目的环评、建设项目环境保护设施设计、竣工验收及其投产后的排放管理。

（2）工程分析、环境调查和水质现状评价

向水体排放污染物的建设项目可按一般的要求和做法进行工程分析；必要时需作类比项目调查。

由于划分水环境影响评价等级的判据较复杂，一般要做一定深度的工程分析工作后才能确定判据。在工程分析中除了要识别出对水环境造成污染的因子，还要识别对水体水量和底部沉积物以及水生生物有影响的因子。当然，污染因子（参数）也会对水生生物和沉积物产生影响。

1）项目特征与地表水水量和水质的关系

①项目的类型与其影响的直接联系。分析范围为项目的建设期和运行期的作业情况。分析的重点包括水的利用、废水回用与处理及其引起周围水体水量与水质改变的情况。是否可通过清洁生产审计减少耗水量和降低水的污染程度。②项

目所在位置与水体所受影响的联系，包括项目建设所需时间以及建设期的工程活动引起的影响。③识别位于特殊地点的拟建项目的要求，例如，与洪水控制、该区域后续的工业开发、经济发展和许多其他需要相关联的影响。④考虑拟建项目各项因素，包括选址、生产工艺、施工过程都应是多方案备选的，故应对每个方案进行具体的工程分析，识别其影响，以进一步通过每个方案的预测并做出评价。

2）评价因子的筛选

评价因子的筛选，应根据评价项目的特点和当地水环境污染特点而定。一般是依据拟建项目性质主要考虑：①城市和各工业部门通常排放的水污染物；②按等标排放量 P_i 值大小排序，选择排位在前的因子，但对那些毒害性大、持久性的污染物如重金属、苯并[*a*]芘等应慎重研究再决定取舍；③在受项目影响的水体中已造成严重污染的污染物或已无负荷容量的污染物；④经环境调查已经超标或接近超标的污染物；⑤地方环保部门要求预测的敏感污染物。

3）评价水域的污染源调查和评价

受纳或受到拟建项目影响的水体可能已受到其他污染源的污染，在开展拟建项目评价前应掌握评价水域受纳已有污染源排放的污染物种类及数量，作为估计拟建项目对水域污染的分担率以及评价工作依据。其他污染源包括各种点源和非点源，可通过收集资料和实际监测、调查取得其排放量。

4）地表水水质监测调查

水质监测的目的是掌握拟建项目周围地表水水体的水质现状，获取水质的基线条件，即获取评价因子（水质参数）的基线值。应该尽量收集和利用地方监测部门历史上积累的关于被测水体的数据和信息，因为这些信息能反映水质变化的某种规律性。还应了解水体的水文参数及水体开发利用现状（城市、工业、农业、渔业等各类用水的时间和地点等）以及各类废水（包括点源、非点源）排放情况，并且掌握水体或水域的现状功能和规划功能。

确定河流与湖、库水质影响评价的监测范围应考虑以下因素：①必须包括建设项目对地面水环境影响比较明显的区域，在一般情况下应考虑污染物排入水体后可能超标的范围。调查结果应能全面反映与地表水有关的基本环境状况，并能充分满足环境影响预测的要求。②各类水域的环境监测范围，可根据污水排放量与水域规模，参考水环境影响评价的规定确定。③如下游河段附近有敏感区（如水库、水源地、旅游区等），则监测范围应延长到敏感区上游边界以满足全面预测地表水环境影响的需要。

监测点位监测时期及采样次数按水质监测规范的要求并参考 HJ/T 2.3—93 确定。

一般建设项目影响预测所需的水文参数观测数据是从地方水文站取得，对于重大的建设项目，必要时应进行水文与水质同步监测。

5）水质现状评价

水质现状评价常采用指数法。

地面水的评价标准应采用国家标准或相应地方标准；国内尚无标准规定的水质参数可参考国外标准或采用经主管部门批准的临时标准。评价区内不同功能的水域应采用不同类别的水质标准。

水质参数的取值，按理用于评价的水质参数应是经过统计检验、剔除了离群值后，K 个监测数据的平均值（必要时应考虑方差）。在实际工作中，往往监测数据样本量较小，难以利用统计检验剔除离群值，这时，如果数据集的数值变化幅度甚大，应考虑高值的影响，宜取平均值与最大值的均方根作评价参数值。

①单项水质参数评价，采用标准型指数单元见式（2-152）。

$$I_i = \frac{\rho_i}{S_i} \tag{2-152}$$

式中，I_i 为单项指数；ρ_i 为单项污染物浓度，mg/L；S_i 为对应的单项污染物排放标准浓度，mg/L。

由于溶解氧和 pH 值与其他水质参数的性质不同需采用不同的指数单元。

- 溶解氧的标准型指数单元见式（2-153）或式（2-154）。

$$I_{\mathrm{DO_j}} = \frac{\left|\rho_{\mathrm{DO_f}} - \rho_{\mathrm{DO_j}}\right|}{\rho_{\mathrm{DO_f}} - \rho_{\mathrm{DO_s}}} \tag{2-153}$$

式中，$\rho_{DO_j} > \rho_{DO_s}$。

$$I_{DO_j} = 10 - 9\frac{\rho_{DO_j}}{\rho_{DO_s}} \tag{2-154}$$

式中，$\rho_{DO_j} < \rho_{DO_s}$。

- pH 值的标准型指数单元见式（2-155）或式（2-156）。

$$I_{pH,j} = \frac{7.0 - pH_j}{7.0 - pH_{sd}} \tag{2-155}$$

式中，pH≤7.0。

$$I_{pH,j} = \frac{pH_j - 7.0}{pH_{su} - 7.0} \tag{2-156}$$

式中，pH≥7.0。

水质参数的标准型指数单元大于“1”，表明该水质参数超过了规定的水质标准，已经不能满足使用功能的要求。

②多项水质参数综合评价法，根据水体水质数据的统计特点选用以下指数。

- 幂指数法按式（2-157）。

$$\begin{cases} I_j = \prod_{i=1}^{m} I_{ij}^{w_i} \\ 0 < I_{ij} \leqslant 1 \\ \sum_{i=1}^{m} w_i = 1 \end{cases} \tag{2-157}$$

- 加权平均法按式（2-158）。

$$\begin{cases} I_j = \sum_{i=1}^{m} w_i I_{ij} \\ \sum_{i=1}^{m} w_i = 1 \end{cases} \tag{2-158}$$

- 向量模法按式（2-159）。

$$I_j = \sqrt{\frac{1}{m}\sum_{i=1}^{m} I_{ij}^2} \tag{2-159}$$

• 算术平均法按式（2-160）。

$$I_j = \frac{1}{m}\sum_{i=1}^{m} I_{ij} \tag{2-160}$$

以上各种指数中，幂指数法适于各水质参数标准指数单元相差较大的场合；加权平均法一般用在水质参数的标准指数单元相差不大的情况；向量模法用于突出污染最重的水质参数的影响。

（3）地表水环境影响预测

由于地表水水文条件的特点，其预测范围与已确定的评价范围相一致。为了全面反映拟建项目对该范围内地表水环境影响，一般选以下地点为预测点：已确定的敏感点；环境现状监测点，以利于进行对照；水文条件和水质突变处的上、下游，水源地，重要水工建筑物及水文站附近；在河流混合过程段选择几个代表性断面；排污口下游可能出现超标的点位附近。

地表水预测时期分丰水期、平水期和枯水期。一般来说，枯水期河流自净能力最小，平水期居中，丰水期自净能力最大。但个别水域因非点源污染严重可能使丰水期的稀释能力变小，水质不如枯、平水期。冰封期是北方河流特有的情况，此时期的自净能力最小。因此，对一、二级评价项目应预测自净能力最小和一般的两个时期环境影响。对于冰封期较长的水域，当其功能为生活饮用水、食品工业用水水源或渔业用水时，还应预测冰封期的环境影响。三级评价或评价时间较短的二级评价可只预测自净能力最小时期的环境影响。

预测阶段，一般分建设过程、生产运行和服务期满后 3 个阶段。所有拟建项目均应预测生产运行阶段对地表水体的影响，并按正常排污和不正常排污（包括事故）两种情况进行预测。建设过程超过一年的大型建设项目，如产生流失物较多且受纳水体要求水质级别较高（在Ⅲ类以上）时，应进行建设阶段环境影响预测。个别建设项目还应根据其性质、评价等级、水环境特点以及当地的环保要求预测服务期满后对水体的环境影响（如矿山开发、垃圾填埋场等）。预测建设项目对水环境的影响，应尽量利用成熟、简便并能满足评价精度和深度要求的方法。

①定性分析法：有专业判断法和类比调查法（半定量性质）两种。专业判断

法是根据专家经验推断建设项目对水环境的影响。运用专家判断法（如德尔菲法）有助于更好地发挥专家的专长和经验；类比调查法是参照现有相似工程对水体的影响，来推测拟建项目对水环境的影响。定性分析法具有省时、省力、耗资少等优点，并且在某种情况下也可给出明确的结论。

②定量预测法，指应用物理模型和数学模型预测。应用水质数学模型进行预测是最常用的。

③污染源和水体的简化。

- 污染源的简化。拟建项目排放废水的形式、排污口数量和排放规律是复杂多样的，在应用水质模型进行预测前常需将污染源简化（概化）。排放形式分点源和非点源两种，但以下情况可简化为均布的非点源：无组织排放和均布排放源（如垃圾填埋场及农田）；排放口很多且间距较近，最远两排污口间距小于预测河段或湖（库）岸边长度的 1/5 时。排入河流的两排放口距离较近，可简化为 1 个，其位置假设在两者之间，其排放量为两者之和。排入小型湖（库）的两排放口间距较近时，可简化为 1 个，其位置假设在两者之间，其排放量为两者之和。当两个或多个排放口间距或面源范围小于沿方向差分网格的步长时，可简化为 1 个，否则，应分别单独考虑。以上所提排放口远近的判别可按两排污口距离小于或等于预测河段长度 1/20 为近，两排污口距离大于预测距离的 1/5 为远。

- 地表水环境简化。满足精度要求的基础上，对水体边界形状进行规则化，对水文、水力要素做适当的简化，可以用比较简单的方法达到预测的目的。

- 河流的简化。为使河流断面和岸边形状规则化，可将河流简化为矩形平直河流、矩形弯曲河流和非矩形河流三类。对大、中型河流（流量 $q>15\ m^3/s$，$B/H<20$），且水流变化较大（如变断面、变水深或变坡），一级评价时，其断面积 A 应按非矩形、非平直河流计算，按式（2-161）。

$$A=\int_0^B H(B)\mathrm{d}B \tag{2-161}$$

除此均可简化为矩形平直河流，见式（2-162）。

$$A=B\cdot H \tag{2-162}$$

式中，B 为河流宽度，m；H 为河水深，m。

④预测工作。河流充分混合段：可采用一维模型或零维模型预测断面平均水质。大、中河流，且排放口下游 3～5 km 以内有集中取水点或其他特别重要的环保目标时，均应采用二维模型或其他模型预测混合过程段水质。河流水温可采用一维模型预测断面平均值。pH 值可以只采用零维模型预测。小湖可采用零维数学模型，预测其平衡时的平均水质，大湖应预测排放口附近各点的水质。

2.4.2.7 地表水环境影响的评价

水环境影响评价是在工程分析和影响预测基础上，以法规、标准为依据解释拟建项目引起水环境变化的重大性，同时辨识敏感对象对污染物排放的反应；对拟建项目的生产工艺、水污染防治与废水排放方案等提出意见；提出避免、消除和减少水体影响的措施和对策建议；最后提出评价结论。

（1）评价重点和依据的基本资料

各规划应结合建设、运行和服务期满三个阶段的不同情况对所有预测点和所有预测的水质参数进行环境影响重大性的评价，但应抓住重点。如空间方面，水文要素和水质急剧变化处、水域功能改变处、取水口附近等应作为重点；水质方面，影响较大的水质参数应作为重点。多项水质参数综合评价的评价方法和评价的水质参数应与环境现状综合评价相同。进行评价的水质参数浓度应是其预测的浓度与基线浓度之和。评价应了解水域的功能，包括现状功能和规划功能。评价建设项目的地面水环境影响所采用的水质标准应与环境现状评价相同。向已超标的水体排污时，应结合环境规划酌情处理或由环保部门事先规定排污要求。

（2）判断影响重大性的方法

规划中有几个建设项目在一定时期（如 5 年）内兴建并且向同一地表水环境排污的情况可以采用自净利用指数法进行单项评价，见式（2-163）。

$$P_{i,j}=\frac{\rho_{i,j}-\rho_{hi,j}}{\lambda(\rho_{si}-\rho_{hi,j})} \tag{2-163}$$

式中，$\rho_{i,j}$、$\rho_{hi,j}$、ρ_{si} 分别为 j 点污染物 i 的浓度、j 点上游 i 的浓度和 i 的水质标准；λ为自净能力允许利用率。

溶解氧的自净利用指数见式（2-164）。

$$P_{\mathrm{DO},j}=\frac{\rho_{\mathrm{DO}_{hj}}-\rho_{\mathrm{DO}_j}}{\lambda\left(\rho_{\mathrm{DO}_{hj}}-\rho_{\mathrm{DO}_s}\right)} \tag{2-164}$$

式中，$\rho_{\mathrm{DO}_{hj}}$、ρ_{DO_j}、ρ_{DO_s} 分别为 j 点上游和 j 点的溶解氧值以及溶解氧的标准。

自净能力允许利用率λ应根据当地水环境自净能力的大小、现在和将来的排污状况以及建设项目的重要性等因素决定，并应征得主管部门和有关单位同意。

当 $P_{ij}\leqslant1$ 时，说明污染物 i 在 j 点利用的自净能力没有超过允许的比例；否则说明超过允许利用的比例，这时的 P_{ij} 值即为超过允许利用的倍数，表明影响是重大的。

当水环境现状已经超标，可以采用指数单元法或综合指数法进行评价。具体方法为将由拟建项目时预测数据计算得到的指数单元或综合评价指数值与现状值（基线值）求得的指数单元或综合指数值进行比较。根据比值大小，采用专家咨询法和征求公众与管理部门意见确定影响的重大性。

（3）对拟建项目选址、生产工艺和废水排放方案的评价

当拟建项目有多个选址、生产工艺和废水排放方案时，应分别给出各种方案的预测结果，再结合环境、经济、社会等多重因素，从水环境保护角度推荐优选方案。这类多方案比较可通过专家咨询和数学规划方法探求优化方案。

生产工艺主要是通过工程分析发现问题，如有条件应采用清洁生产审计进行评价。

（4）消除和减轻负面影响的对策

对环保措施的建议一般包括污染消减措施和环境管理措施两部分。①消减措施的建议应尽量做到具体、可行，以便对建设项目的环境工程设计起指导作用。对消减措施应主要评述其环境效益（应说明排放物的达标情况），也可以做些简单的技术经济分析。②环境管理措施建议中包括环境监测（含监测点、监测项目和监测次数）的建议、水土保持措施的建议、防止泄漏等事故发生的措施的建议、

环境管理机构设置的建议等。

常用的消减措施包括：对拟建项目实施清洁生产、预防污染和生态破坏是根本的措施；其次是就项目内部和受纳水体的污染控制方案的改进提出有效的建议；推行节约用水和废水再用，减少新鲜水用量；结合项目特点，对排放的废水采用适宜的处理措施；在项目建设期因清理场地和基坑开挖、堆土造成的裸土层应就地建雨水拦蓄池和种植速生植被，减少沉积物进入地表水体；施用农用化学品的项目，可通过安排好化学品施用时间、施用率、施用范围和流失到水体的途径等方面想办法，将土壤侵蚀和进入水体的化学品减至最少；采取生物、化学、管理、文化和机械手段一体的综合方法；在有条件的地区可以利用人工湿地控制非点源污染（包括营养物、农药和沉积物污染等）；人工湿地必须精心设计，污染负荷与处理能力应匹配；在地表水污染负荷总量控制的流域，通过排污交易保持排污总量不增长；提出拟建项目建设和投入运行后的环境监测的规划方案与管理措施。

（5）提出评价结论

在环境影响识别、水环境影响预测和采取对策措施的基础上，得出拟建项目对地表水环境的影响是否能够承受的结论。

2.4.3 大气环评专题

2.4.3.1 大气环境污染与大气扩散

（1）大气污染物

大气中有害物质的数量、浓度、存留时间超过大气环境所允许的范围称为大气污染。造成大气污染的空气污染物的发生源称为空气污染源。人为源是形成局地空气污染的主要原因。空气污染源可划分为：固定源和移动源，工业源、生活源和交通运输源，局地源和区域源，点、线、面和体源，瞬时源和连续源。

污染物排放量与源强通常分类表示，点源：t/a、g/s、m^3/s；线源：g/（m·s）；面源：g/（m^2·s）；污染物排放系数（排污系数）：kg/t 燃料、kg/t 产品、kg/kcal、kg/kW·h、m^3/t 燃料、m^3/t 产品、m^3/kcal、m^3/kW·h 等。

大气中除去水汽、液体和固体微粒以外的整个混合气体，简称干空气。它的主要成分是氮、氧、氩、二氧化碳等，其容积含量占全部干洁空气的 99.99%以上。其余还有少量的氢、氖、氪、氙、臭氧等。大气中存在空气运动和分子扩散作用，不同高度、不同地区的空气得以进行交换和混合。从地面向上至 80～100 km 高处，干洁空气的各种成分的比例基本上不发生变化。地球大气由多种气体混合组成。低层（85 km 以下）大气的气体成分可分为两类：一类为常定成分，主要包括氮、氧、氩以及微量的惰性气体（氖、氦、氪、氙等），它们在大气成分中保持固定的比例；另一类为可变成分，其比例随时间、地点而变，其中水气的变化幅度最大，二氧化碳和臭氧所占比例最小，但对气候影响较大，硫、碳和氮的各种化合物还影响人类生存的环境。

大气中污染物已经产生危害、受到人们注意的污染物大致有 100 种。其中影响范围广，对人类环境威胁较大的主要是煤粉尘、二氧化碳、一氧化碳、碳化氢、硫化氢和氨等。从污染物来源看，主要有燃料燃烧时从烟囱排出的废气与汽车排气和工厂漏排的毒气，而烟囱与汽车废气约占总大气污染物的 70%之多。大气中的主要污染物见表 2-9。

表 2-9　大气中的主要污染物

分类	成分
粉尘微粒	碳粒、飞灰、碳酸钙、氧化锌、二氧化铅
硫化物	SO_2、SO_3、H_2SO_4（雾）、H_2S、硫酸盐等
氮化物	NO、NO_2、NH_3、硝酸盐、铵盐等
卤化物	Cl_2、HCl、HF、卤代烃等
碳氧化物	CO、CO_2 等
氧化剂	O、过氧酰基硝酸酯（PAN）等
其他毒物	苯并[*a*]芘等

（2）大气扩散

大气扩散过程是大气污染物在大气湍流作用下迅速分开的现象。气象条件使同一点位同一污染物的测值有较大差异。湍流是 1883 年雷诺（Reynolds）在实验中发现的。其实验装置是一个长而直的圆玻璃管，水由大的容器流入管中。为了观测管内水的流动情况，在入口处注入染了色的细流，实验发现：当管内水流很慢时，带色的细流保持为一条完整的直线。当速度增大到某个数值后，带色的细流不再为直线，而是与周围未着色的水混合，到管子的下游，水变成了淡色而看不出带色的细流了。前面一种情况说明相邻流体层之间没有混合，称为层流（或片流）。后面一种情况说明相邻流体间有强烈的混合，流体质点的路径是不规则的，这种流动称为湍流（或乱流）。

大气湍流是大气中一种不规则的局地随机运动。特征是局地大气任意一点的物理量，如速度、温度、压力等均有快速的大幅度起伏，并随时间和空间位置而变化，各层大气间有强烈的混合。流体运动的性质与雷诺数的大小有关，当雷诺数超过临界值 2 000 时，流体运动失去稳定性而形成湍流。大气的运动黏度值很小，雷诺数很大，所以经常存在湍流。大气湍流的长度尺度为 1～2 km，时间尺度为 0.4～100 s，其能量耗散率为 10^{-3} W/kg 量级。低、中层大气中的湍流使均质层大气成分均匀混合。大气湍流是输送和混合大气中的动量、能量、热量、水汽和物质等的过程，湍流是由各种大小不同的“湍涡”组成的，它比分子尺度大得多，因而湍流扩散产生的输送和混合能力比分子扩散引起的输送和混合能力大几个量级。由于大气湍流的宽谱特性，大气中的湍流扩散包括小尺度、中尺度和大尺度的扩散过程。湍流扩散是湍流运动的主要特征之一，我们主要关注 2 km 以下大气边界层的湍流问题。

湍涡尺度对烟团的影响有 3 种情况：湍涡尺寸小于烟团尺寸时，烟团边缘融合、扩大；湍涡尺寸大于烟团尺寸时，烟团被湍流裹携；湍涡尺寸与烟团尺寸基本相当时，烟团撕裂，迅速扩散。

大气稳定度指整层空气的稳定程度。以大气的气温层的垂直加速度运动来判定，对于形成云和降水有重要作用，有时也称大气垂直稳定度。大气中某一高度的一团空气，如受到某种外力的作用，产生向上或向下运动时，可以出现 3 种情况：①稳定状态：移动后逐渐减速，并有返回原来高度的趋势；②不稳定状态：移动后，加速向上向下运动；③中性平衡状态：如将它推到某一高度后，既不加速，也不减速而停下来。大气稳定时，湍流不活跃；大气不稳定时，湍流运动强烈。

通常大气对流层内的气温是随高度呈递减关系。但在某些特殊条件下，如在空气下沉、辐射冷却、空中热气流流向地面、近地层扰动等因素影响下，高层气温反高于低层气温，这种现象称为逆温。逆温类型有辐射逆温、下沉逆温、湍流逆温、平流逆温和锋面逆温。出现逆温现象的一层气体，称为逆温层。在逆温层内，空气密度随高度增加而迅速减小。逆温层的物理特征是气体状态稳定，对气体上下对流过程有抑制作用。对流层内的逆温层高度通常在 100～200 m。由于逆温层对空气对流有强烈的抑制作用，所以极其不利于大气污染物的扩散，也称作阻挡层。

大气稳定情况对大气污染程度有重要影响。大气稳定时，对地面源扩散不利，污染严重；而高架源（烟囱）落地浓度较低。上部稳定、下部中性的大气，烟囱排气，上层逆温不易扩散，下层卷至地面导致局地污染严重，这种情况在山区较多见。大气不稳定时，烟囱排放的污染物扩散很快，大区域范围浓度很低，但由于大尺度湍涡存在，可能导致下风向近处较高的地面浓度。对于中性的大气，例如，福建省沿海各地最经常出现的情况，对高架源的影响小。上部中性、下部稳定的大气，是高架源排放的最有利情况，逆温层在下，烟气不易向下扩散。影响大气污染的其他因素还有风、辐射与云、大气形势、下垫面条件等。

2.4.3.2　大气环境影响预测

（1）大气扩散基本公式

在大气环评的实际工作中，大气扩散计算通常以高斯大气扩散公式为主。高斯模式是一类简单实用的大气扩散模式。在均匀、定常的湍流大气中污染物浓度满足正态分布，由此可导出一系列高斯型扩散公式。实际大气不满足均匀、定常条件，因此一般的高斯扩散公式应用于下垫面均匀平坦、气流稳定的小尺度扩散问题更为有效。

1）连续点源烟流扩散公式

所有连续点源公式，包括应用于各种特殊条件下的变形公式，仅适合于连续排放扩散物质且源强恒定的源。

当有风时（$u \geqslant 1.5$ m/s），可采用烟流扩散公式。设地面为全反射体，高架连续点源扩散模型，见式（2-165）。

$$\rho(x,y,z)=\frac{Q}{2\pi\sigma_y\sigma_z u}\exp\left(-\frac{y^2}{2\sigma_y^2}\right)\cdot\left\{\exp\left[-\frac{(z-H_e)^2}{2\sigma_z^2}\right]+\exp\left[-\frac{(z+H_e)^2}{2\sigma_z^2}\right]\right\} \tag{2-165}$$

式中，H_e为抬升高度，m；x、y、z为各方向扩散距离，m；σ_x、σ_y、σ_z为各方向距离响应的标准差。

高架连续点源地面浓度模型，即高架点源污染物落地，则z=0，代入式（2-165）可得式（2-166）。

$$\rho(x,y,0)=\frac{Q}{\pi\sigma_y\sigma_z u}\exp\left(-\frac{y^2}{2\sigma_y^2}-\frac{H_e^2}{2\sigma_z^2}\right) \tag{2-166}$$

高架连续点源地面轴线浓度模型，即地面轴线是烟囱原点在下风向延伸的方向，此时y=0，代入式（2-166）可得式（2-167）。

$$\rho(x,0,0)=\frac{Q}{\pi\sigma_y\sigma_z u}\exp\left(-\frac{H_e^2}{2\sigma_z^2}\right) \tag{2-167}$$

高架连续点源最大落地浓度模型，即最大落地浓度发生在轴线上。式（2-167）可变形为式（2-168）。

$$\rho(x,0,0)=\frac{Q}{2\pi x\sqrt{E_{t,y}E_{t,z}}}\exp\left(-\frac{uH_e^2}{4E_{t,z}x}\right) \tag{2-168}$$

由于$\sigma_y^2=2tE_{t,y},\sigma_z^2=2tE_{t,z},t=\dfrac{x}{u}$。将高架连续点源最大落地浓度模型对$x$求导，可得式（2-169）。

$$\frac{\mathrm{d}\rho}{\mathrm{d}x}=-\frac{Q}{2\pi x^2\sqrt{E_{\mathrm{t},y}E_{t,z}}}\exp\left(-\frac{uH_{\mathrm{e}}^2}{4E_{\mathrm{t},z}x}\right)+\frac{Q}{2\pi x\sqrt{E_{\mathrm{t},y}E_{\mathrm{t},z}}}\exp\left(-\frac{uH_{\mathrm{e}}^2}{4E_{\mathrm{t},z}x}\right)\cdot\left(\frac{uH_{\mathrm{e}}^2}{4E_{\mathrm{t},z}x^2}\right) \tag{2-169}$$

那么，出现最大落地浓度时（拐点），$\mathrm{d}\rho/\mathrm{d}x=0$，最大落地浓度出现距离为式（2-170）。

$$x_{\mathrm{m}}=\frac{uH_{\mathrm{e}}^2}{4E_{\mathrm{t},z}}=\frac{xH_{\mathrm{e}}^2}{2\sigma_z^2} \tag{2-170}$$

最大落地浓度为式（2-171）。

$$\rho_{\max}=\frac{2Q\sqrt{E_{\mathrm{t},z}}}{\pi\mathrm{e}uH_{\mathrm{e}}^2\sqrt{E_{\mathrm{t},y}}}=\frac{2Q\sigma_z}{\pi\mathrm{e}uH_{\mathrm{e}}^2\sigma_y}\approx\frac{0.117Q}{u\sigma_y\sigma_z} \tag{2-171}$$

x 为下风向的距离，在最大落地浓度出现距离最大时，即 x 为 $x_{\max}$，σ_z 表示为式（2-172）。

$$\sigma_z\Big|_{x=x_{\max}}=\frac{H_{\mathrm{e}}}{\sqrt{2}} \tag{2-172}$$

扩散参数 σ_y、σ_z 通常表示成式（2-173）和式（2-174）。

$$\sigma_y=\gamma_1x^{\alpha_1} \tag{2-173}$$

$$\sigma_z=\gamma_2x^{\alpha_2} \tag{2-174}$$

γ_1、γ_2、α_1、α_2 与大气稳定度有关。

将式（2-173）和式（2-174）代入式（2-167），可得式（2-175）。

$$\rho(x,0,0)=\frac{Q}{\pi\sigma_y\sigma_zu}\exp\left(-\frac{H_{\mathrm{e}}^2}{2\sigma_z^2}\right)=\frac{Q}{\pi u\gamma_1\gamma_2x^{(\alpha_1+\alpha_2)}}\cdot\exp\left(-\frac{H_{\mathrm{e}}^2}{2\gamma_2^2x^{2\alpha_2}}\right) \tag{2-175}$$

将式（2-175）对 x 求偏导，得精确最大落地浓度公式（2-176）。

$$\begin{cases} \rho_{\max}=\dfrac{2Q}{\pi e u H_e^2 P_1} \\ P_1=\dfrac{2\gamma_1\cdot\gamma_2^{-\frac{\alpha_1}{\alpha_2}}}{\left(1+\dfrac{\alpha_1}{\alpha_2}\right)^{\frac{1}{2}\left(1+\frac{\alpha_1}{\alpha_2}\right)}\cdot H_e^{\left(1-\frac{\alpha_1}{\alpha_2}\right)}\cdot e^{\frac{1}{2}\left(1-\frac{\alpha_1}{\alpha_2}\right)}} \end{cases} \tag{2-176}$$

此时，最大落地浓度出现距离为式（2-177）。

$$x_{\max}=\left(\frac{H_e}{\gamma_2}\right)^{\frac{1}{\alpha_2}}\left(1+\frac{\alpha_1}{\alpha_2}\right)^{-\frac{1}{2\alpha_2}} \tag{2-177}$$

最大地面浓度 $C_{\max}$ 及出现距离：最大地面浓度同式（2-171），当 σ_y/σ_z 为常数时，$\rho_{\max}=\dfrac{2Q}{\pi e u H_e^2}\cdot\dfrac{\sigma_z}{\sigma_y}$。$x_{\max}$ 用式（2-172）。当满足式（2-174）时，$x_{\max}$ 用式（2-178）。

$$x_{\max}=\left(\frac{H_e}{\sqrt{2}\gamma_2}\right)^{1/\alpha_2} \tag{2-178}$$

2）混合层反射的扩散公式

大气边界层常常出现这样的铅直温度分布：低层是中性层结或不稳定层结，在离地面几百米到 1～2 km 的高度中存在一个稳定的逆温层，即上部逆温，它使污染物的铅直扩散受到抑制。观测表明，逆温层底上下两侧的浓度通常相差 5～10 倍，污染物的扩散实际上被限制在地面和逆温层底之间。上部逆温层或稳定层底的高度称为混合层高度（或厚度），用 h 表示。

烟气在混合层中流动，上层逆温，下层为中性或不稳定，污染物扩散限定于逆温层底与地面之间。逆温层底与地面距离为混合层高度 h，当 $\sigma_z<1.6h$ 时，模型为（2-179）。

$$\rho(x,y,z)=\frac{Q}{2\pi\sigma_y\sigma_z u}\exp\left(-\frac{y^2}{2\sigma_y^2}\right)\cdot\sum_{n=-\infty}^{\infty}\left\{\exp\left[-\frac{(z-H_e+2nh)^2}{2\sigma_z^2}\right]+\exp\left[-\frac{(z+H_e+2nh)^2}{2\sigma_z^2}\right]\right\} \tag{2-179}$$

一般而言，n=−4～4 的计算结果可以满足评价要求；

当$\sigma_z \geqslant 1.6h$时，模型为（2-180）。

$$\rho(x,y)=\frac{Q}{\sqrt{2\pi}\sigma_y uh}\exp\left(-\frac{y^2}{2\sigma_y^2}\right) \tag{2-180}$$

3）熏烟扩散公式

Z_f为熏烟高度，模型为式（2-181）。

$$\begin{cases}\rho(x,y,z_\mathrm{f})=\dfrac{Q}{\sqrt{2\pi}\sigma_{y\mathrm{f}}uz_\mathrm{f}}\exp\left(-\dfrac{y^2}{2\sigma_{y\mathrm{f}}^2}\right)\cdot\int_{-\infty}^{p}\dfrac{1}{\sqrt{2\pi}}\exp\left(-\dfrac{p^2}{2}\right)\mathrm{d}p\\ \sigma_{y\mathrm{f}}=\sigma_y+\dfrac{H_\mathrm{e}}{8}\\ p=\dfrac{z_\mathrm{f}-H_e}{\sigma_z}\end{cases} \tag{2-181}$$

当熏烟高度达到烟流顶部时，z_f与h_f相等，此时全部污染物向下混合，模型为式（2-182）。

$$\begin{cases}\rho_\mathrm{f}=\dfrac{Q}{\sqrt{2\pi}\sigma_{y\mathrm{f}}uh_\mathrm{f}}\exp\left(-\dfrac{y^2}{2\sigma_{y\mathrm{f}}^2}\right)\\ h_\mathrm{f}=H_\mathrm{e}+2.15\sigma_z\\ x_\mathrm{f}=\dfrac{uc_\mathrm{a}c_\mathrm{p}}{4k_\mathrm{h}}\left(h_\mathrm{f}^2-H_\mathrm{e}^2\right)\\ k_\mathrm{h}=\exp\left[-0.99\left(\dfrac{\Delta\theta}{\Delta z}\right)+3.22\right]\times 10^3\end{cases} \tag{2-182}$$

式中，c_a为周围空气密度，g/m^3；c_p为空气定压比热，cal/（g·K）；x_f为熏烟最近距离；K_h为湍流热传导系数，cal/（m·s·℃）；$\dfrac{\Delta\theta}{\Delta z}$为温度梯度。

4）连续线源公式

主要运用于公路，模型为式（2-183）。

$$\rho=\frac{Ql}{u}\int_0^L f\mathrm{d}l \tag{2-183}$$

式中，f为连续点源浓度的函数。

5）连续面源公式

把面源划分为若干个单元，再拟合成一个“虚拟点源”，虚拟点源直接计算的结果将导致虚拟点处的浓度不合理地偏高，为克服此偏差，引入上风向退缩距离。这一退缩距离的选取规则为：在y方向，虚拟点排放的烟气扩散至面单元时，其在面单元中心的烟气宽度恰与面单元宽度相同；在z方向，虚拟点排放的烟气扩散至面单元时，其在面单元中心的烟气厚度恰与面单元高度相同。连续面源扩散模型为式（2-184）。

$$\rho(x,y,z)=\frac{Q_{\mathrm{A}}}{2\pi\sigma\left(x+x_y\right)_y\sigma_z\left(x+x_z\right)u}\exp\left[-\frac{y^2}{2\sigma_y^2\left(x+x_y\right)}\right]\cdot \left\{\exp\left[-\frac{\left(z-H_{\mathrm{e}}\right)^2}{2\sigma_z^2\left(x+x_z\right)}\right]+\exp\left[-\frac{\left(z+H_{\mathrm{e}}\right)^2}{2\sigma_z^2\left(x+x_z\right)}\right]\right\} \tag{2-184}$$

又由式（2-173）和式（2-174），则有式（2-185）和式（2-186）。

$$x_y=\left(\frac{L/4.3}{\gamma_1}\right)^{1/\alpha_1} \tag{2-185}$$

$$x_z=\left(\frac{H_{\mathrm{e}}/2.15}{\gamma_2}\right)^{1/\alpha_2} \tag{2-186}$$

对于具体点位的影响为所有单元的计算值的叠加，类似方法可以运用在线源、体源上，是使用计算机辅助计算的具体方法。

6）长期平均浓度公式

简单扇形公式，模型为式（2-187）。

$$\bar{\rho}=\left(\frac{2}{\pi}\right)^{1/2}\frac{nfQ}{2\pi ux\sigma_z}\exp\left(-\frac{H_e^2}{2\sigma_z^2}\right) \tag{2-187}$$

式中，f 为风向频率。

联合频率计算公式为式（2-188）。

$$\begin{cases}\bar{\rho}=\sum\limits_k\sum\limits_m\sum\limits_l\varphi_{k,m,l}c_{k,m,l}\\ \sum\limits_k\sum\limits_m\sum\limits_l\varphi_{k,m,l}=1\end{cases} \tag{2-188}$$

7）扩散参数选择与计算

在高斯模式中扩散参数：σ_y 及 σ_z 是表示大气湍流扩散能力的核心参数，为了估计这些参数，目前主要有两个途径：一种是使用气象站常规仪器观测进行分类参数化，即所谓稳定度分类法；另一种是由湍流量测量风速脉动量及其相关时间的湍流量确定法。前者方法简便易行，可以使用大量的气象台站历史数据，但在精度上存在不少问题；后者的物理意义明确，精确程度高于分类法，但需要较好的仪器设备进行观测。且无足够的历史数据供给应用。使用中常将二者结合起来，在进行野外实测评价时尽量使用湍流量测量来估计扩散参数，而进行长期平均使用历史资料时则使用稳定度等级分类法。该方法根据 10 m 高处地表平均风速、白天日射强度、夜间云量，将稳定度分成以下几类：强不稳定类 A、不稳定类 B、弱不稳定类 C、中性 D、弱稳定 E、稳定 F。结合我国气象记录的情况，国家标准 HJ/T 2.2—93 给出了参考值，以确定太阳净辐射等数。我国将可见天空分为 10 分，云遮盖了几分，云量就是几分。如碧空无云，云量为零；阴天云量为 10。

有风时扩散参数 σ_y 及 σ_z 的确定可由国标推荐的扩散参数法确定：对平原地区农村及城市远郊区，A、B、C 级稳定度直接由标准 HJ 2.2 相关表格查算，D、E、F 级稳定度则需向不稳定方向提半级后由标准 HJ 2.2 相关表格查算；对工业区或城区中的点源，A、B 级不提级，C 级提到 B 级，D、E、F 级向不稳定方向提一级，再按标准 HJ 2.2 相关表格查算。

小风和静风时扩散参数的确定：小风（1.5 m/s＞u_{10}≥0.5 m/s）和静风（u_{10}＜0.5 m/s）时，0.5 h 取样时间的扩散参数的系数 r_{01}、r_{02} 按标准 HJ 2.2 相关表格选

取（$\sigma_x=\sigma_y=r_{01}T,\sigma_z=r_{02}T$）。

8）烟囱有效高度公式

由于烟速、更主要由于烟气所含热量，烟气排放时还会上冲一段距离（抬升），其达到的高度定义为烟囱有效高度，向上抬升的距离称抬升高度，用式（2-189）。

$$H_e=H+\Delta H \tag{2-189}$$

有风，中性、不稳定条件，当 $Q_h\geqslant 2\,100$ kJ/s，$\Delta T\geqslant 35$ K 时，模型为式（2-190）。

$$\begin{cases}\Delta H=n_0Q_h^{n_1}H^{n_2}u^{-1}\\Q_h=0.35P_aQ_v\dfrac{\Delta T}{T_t}\\\Delta T=T_t-T_a\end{cases} \tag{2-190}$$

式中，n_0 为烟气热状况与地表状况系数；Q_h 为烟气热释放率，kJ/s；Q_v 为排烟率，m^3/s；P_a 为大气压，hPa；T_t 为烟气出口温度，T_a 为环境大气温度，K。

1 700 kJ/s<Q_h<2 100 kJ/s 时，模型为式（2-191）。

$$\begin{cases}\Delta H=\Delta H_1+(\Delta H_2-\Delta H_1)\dfrac{Q_h-1\,700}{400}\\\Delta H_1=2(1.5V_sD+0.01Q_h)/u-0.048(Q_h-1\,700)/u\end{cases} \tag{2-191}$$

式中，V_s 为烟气流速；D 为烟囱直径；ΔH_1 与前式的 ΔH 计算方式相同，n 取值取小的。

$Q_h\leqslant 1\,700$ kJ/s 或者 $\Delta T<35$ K 时，模型为式（2-192）。

$$\Delta H=2(1.5V_sD+0.01Q_h)/u \tag{2-192}$$

有风时，稳定条件下，模型为式（2-193）。

$$\Delta H=Q_h^{1/3}\left(\frac{\mathrm{d}T_a}{\mathrm{d}z}+0.009\,8\right)^{-1/3}u^{-1/3} \tag{2-193}$$

式中，$\dfrac{\mathrm{d}T_a}{\mathrm{d}z}$ 为排气筒几何高度以上的大气温度梯度。

静风（u<0.5 m/s）、小风（0.5 m/s≤u<1.5 m/s）情况下（u 指距地 10 m 处风速），模型为式（2-194）。

$$\Delta H = 5.50 Q_{\mathrm{h}}^{1/4}\left(\frac{\mathrm{d}T_{\mathrm{a}}}{\mathrm{d}z}+0.0098\right)^{-3/8} \tag{2-194}$$

$\frac{\mathrm{d}T_{\mathrm{a}}}{\mathrm{d}z}$ 宜小于 0.01 K/m。

（2）实用模拟预测方法

空气质量模式是以数学方法定量描述大气污染物从源地到接受地所经历的全过程的一种手段或工具，其核心部分为大气扩散模式，主要描写大气对污染物输送、扩散和稀释作用。污染物在大气中所经历的其他过程，诸如烟气抬升，干、湿沉积和化学转化过程等，则常以某种形式的过程参数、确定参数的方法或计算公式，以及子模式的形式从属于大气扩散模式；另外，除大气以外，污染源和下垫面的状况也会影响污染物在大气中的变化和分布，这些因素及其影响规律亦必须在空气质量模式中得到恰如其分地反映。通常，一个空气质量模式应包括一组以大气扩散公式为主体的描写各种过程的数学表达式，一套模式输入参数和确定参数方法，以及为完成模式计算所需的计算方法和程序。

按照发展模式的理论途径划分，可将空气质量模式分为统计理论模式、K 理论（包括高阶闭合）模式和相似理论模式；按模拟区的范围可分为微尺度（建筑物尺度）模式、局地尺度（103～104 m）模式及中、远距离（105 m 以上）输送模式；按照模式的时间尺度划分为短期（1～24 h）平均及长期（月、季、年）平均模式；按照污染源的形态划分为点源、线源、面源、体源及多源或复合源模式。

扩散模式着重模拟除了大气的输送和扩散稀释过程以外另一种过程的模式：如酸雨模式、光化学烟雾模式和干沉积模式等。还有一些则是针对某种特殊气象条件导出的，如熏烟型扩散模式和热力内边界层扩散模式等。实际上大多数模式都可以归入高斯型和数值（K 模式）型两大类，许多模式是它们应用于不同场合的变形。有些模式之间的唯一的实质性差异仅仅在模式输入和输出方面考虑的细致程度不同而已。从对模式的应用需要出发分为“法规应用级”模式和“研究级”模式。

“法规应用级”模式指已被国家环境保护管理部门推荐应用于污染物浓度预测计算的模式。按其精密的程度分成“筛选模式”和“精细模式”两级。“筛选模式”可以用它对某个或某类特定污染源对空气质量的影响作偏保守的评价；“精细模式”由那些能够对大气物理和化学过程作比较精细处理的方法形成。“研究级”模式是指正在进行探索和研究的模式。模式通常都比较复杂，大多为复杂的数值模式。就目前空气质量模式的研究和应用状况来看，“法规应用级”模式大多数仍是高斯型模式，复杂的数值模式多属“研究级”模式。

选用空气质量模式通常应当考虑几个方面：污染源及污染物、模拟的时空范围及分辨率、模拟区的下垫面特征、对模式效能的要求等。

①污染源及污染物方面。一方面是考虑污染源的类型，污染源的形态有点源、线源、面源、体源和它们组成的复合源；按其排放方式可分为瞬时源、间断源和连续源；其中，又可按排放温度分为热源和冷源。另一方面是考虑污染物的性质，可分为气态污染物或颗粒物。对后者，还需了解其粒径分布，估计重力沉降、干沉积与扩散的相对重要性。此外，还应考虑是保守的或是反应性污染物、化学转化的重要性等。

②模拟的时空范围及分辨率方面。一方面是考虑模式区的范围，通常局地空气污染问题以采用高斯型模式比较适当，即使在复杂下垫面，亦可用它的变形作为筛选模式使用。另一方面是考虑模拟的时间尺度，大气扩散模式计算的基准时间尺度为小时平均，其他时段的平均浓度可在小时平均浓度的基础上逐时（或按一定的采样间隔）求和计算，也可选用专门的长期平均模式，这类模式包含按频率加权的计算方法，通常都是计算效率高的高斯型模式。再者是考虑要求的空间分辨率，模式计算浓度的空间分辨率是一项重要和敏感的指标。在一个孤立点源的下风区，相距数百米两个接收点的污染物浓度可以有数量级的差异，即使在污染源分布比较均匀的城市，相距 1 km 监测浓度的差异也常常很大。

③下垫面特征方面。下垫面可分为平原乡村、城市、山区及水陆交界地区等。复杂下垫面上气流复杂，复杂地形上污染物浓度的空间分布更不均匀，起伏更大。一般来说，由均匀定常假定导出的高斯模式不再适用。

空气质量模式应当具备的效能与前述三方面的条件及要求有密切关系。例如，对局地空气污染，通常仅需考虑大气的扩散稀释作用，而对中、远距离问题则还必须考虑污染物的化学转化和干湿沉积等其他物理化学过程，此时对模式效能将提出不同的要求。但是，即使对相同的模拟对象，也可以用简单的参数化方法，给出化学转化速率的方法来解决，模式使用者仍有一定的选择余地。

总之，由于空气污染问题的复杂性，迫使人们不得不通过多种途径和手段来研究并建立适合各种特定条件的空气质量模式。它们的针对性很强，选用时需要认真加以鉴别。除了以上 4 个方面的问题以外，还应根据各自的应用目的和条件做更加具体的分析。模式选择是一个关键的阶段，它常常同时决定了资料搜集、外场测试等工作的规模，甚至总的工作方向。

实践表明，模式计算结果存在着误差和所谓的“不确定性”，其中，一部分称为“固有的”，另一部分称作“可约束的”。固有的误差是指由于湍流活动等不可分辨的细节引起的不可重复性，进而造成对总体的平均偏差。可约束误差则由以下原因造成：模式使用的排放源、气象和地形资料的误差；模式包括的所有计算公式和参数不合适引起的误差；用来检验模式的浓度实测资料的误差。

可见，通过模式选择阶段的各项分析以后只是选定了“拟用模式”。这个模式对特定的地区和应用目的是否真正适用，还要经过模式性能评价这一必不可少的工作程序。当模式预测的结果将直接被用作环境保护的决策、规划和工程设计的依据时，这项工作就更加重要，应该通过模式性能评价向环境保护机构提供模式不确切性的定量分析。模式性能评价主要包括模式的合理性、保真性和灵敏性分析等。

合理性分析。在进行模式性能评价时，可考虑选取一个参考模式，用以校核拟用模式，进一步考核其物理模型和参数化方案等的合理性，必要时还可作一些对比性的计算经验。

模式检验的主要目的是检查模式的“保真性”。一般应使用同步的排放源、气象和浓度监测资料，检验模式计算值与实测值的符合程度。这是模式性能评价最主要的内容。检验模式所使用的资料应满足以下标准：排放源、气象与浓度资料的同时性；对所要求的时间和空间分辨率具有代表性；必须是不同于建立模式所使用过的独立的数据；数据的平均时段与环境保护法规的规定一致。

浓度计算值与实测值的比较是通过计算一系列的统计特征量来实现的，常用的检验项目有以下几类：①浓度差分析：以相同时间、地点的观测值和计算值为数据对，求其差值；②最大浓度分析：在空气污染分析中，地面最大浓度常是人们最关心的；③浓度比值分析：计算每一对浓度计算值与观测值的比值 $K=\rho_p/\rho_0$；④相关分析：计算由浓度观测值和计算值组成的数据对序列的相关系数；⑤浓度分布比较：为了更直观地考察模式的预测效能，还可以绘制计算浓度和观测浓度的等值线图，比较它们高、低中心区的位置、数值以及分布图形是否一致。

灵敏度的定义是模式输出（计算浓度）对输入变量的偏导数。通过灵敏度分析，可以定量判别影响空气质量的各个因子的相对重要性，确定它们的误差和不确切性对模式输出的影响。这项工作至少有以下几方面的意义：①分析模式输入—输出响应关系的合理性，为改进模式提供依据；②明确模式所依据的各项基础资料的相对重要性以及对它们的精度和分辨率要求，以便改进观测和搜集方案，以及确定模式输入参数的方法；③为评价控制空气污染的策略提供可靠性分析和环境效益分析。

（3）平原局地空气质量模式

局地空气质量模式应用范围是污染物的输送距离小于 20 km 的场合，在均匀平坦的下垫面最多不超过 50 km。常用局地空气质量模式为高斯型扩散公式。视污染源的状况和应用的需要，局地空气质量模式可以采用风向坐标系或者地理坐标系。此外，为满足法规应用的要求，应能计算几种不同平均时间的污染物浓度。

①坐标系：基本的高斯扩散公式都采用风向坐标系，风向坐标系是取 x 轴与平均风向一致，y 轴在水平面上与风向垂直，z 轴指向天顶的直角坐标系，坐标原点设在污染源在地面的垂直投影点上。它是随平均风向改变的坐标系。但在以下情况下还需建立地理坐标系：需要计算多源叠加浓度；需要计算不同风向叠加的时间平均浓度；以高斯公式为计算基础的数值积分模式（如线源积分模式、烟团轨迹模式等）。地理坐标系是固定在某个地理位置上的直角坐标系。为了方便，通

常将坐标原点设在模拟区下垫面的西南端点，x 轴指向东，y 轴指向北，z 轴指向天顶。所有污染源和浓度计算点的位置用它们在地理坐标系中的坐标来确定，坐标系中的计算网络根据所要求的空间分辨率来设计。设地理坐标系为 EON，风向坐标系为 xoy，两种坐标系之间的转换用式（2-195）。

$$\begin{cases} x=(N_p-N_r)\cos\theta+(E_p-E_r)\sin\theta \\ y=(N_p-N_r)\sin\theta-(E_p-E_r)\cos\theta \end{cases} \tag{2-195}$$

②小时平均浓度的计算：局地大气扩散模式所代表的平均时间为数十分钟，通常把它计算的浓度定为小时平均浓度（过去习惯上称为“一次”浓度）。局地空气污染计算中最关心的是如何求出最大的“一次”浓度，通常有以下几种方法：

- 逐时计算法：有的国家规定至少要逐时计算一年的小时平均浓度，然后用平均的方法求取其他时段的平均浓度并与空气质量标准相比较。这种方法当然不会漏算那些很少出现的最大值。但是这样做至少需要输入一年逐时的气象参数（可利用气象台站的常规观测资料求取）。

- 分类计算法：按气象条件分类计算“一次”浓度，特别是计算各类条件下可能出现的最大地面浓度和它离源的距离。通常是将大气稳定度分为 6 类或 4 类，输入模式计算的扩散参数和抬升高度公式应与各自的稳定度类别一致，风速和混合层高度亦取每一类别的平均值。

- 保证率计算法：按一定的保证率设计计算条件，使实际可能出现的污染物浓度小于计算值的概率等于所规定的保证率。目前这种方法仅在少数专门的课题研究中采用。

在有些环境影响评价工作中，能够给出可造成浓度超标的不利气象条件可能出现的概率，这是值得提倡的，通常可根据风向、风速和大气稳定度的联合频率确定。此时应注意不同的气象条件组合可能对应相同的浓度值，特别是有抬升的源，要注意风速对浓度的双重影响。应当指出，我国目前普遍采用的计算一次浓度的方法与大气环境质量标准之间还不能完全协调一致。后者规定的“一次”最大允许浓度是指任何一次均不得超过的数值，而前述分类计算法只能求得分类的平均值。从这个意义来说，前述逐时计算法相对更合理。事实上，对平原地区的一般污染源，利用常规气象资料按照一定的法规模式逐时计算全年的污染物浓度，不失为一种既经济又比较可靠的方法。

③日均浓度计算：日均浓度通常是取一日内若干个等间隔的一次浓度求平均。风向在一日内是会改变的，所以应采用地理坐标系，以便计算不同风向浓度的叠加和平均。对任意给定的计算点，日均浓度计算用式（2-196）。

$$\rho_{日均}=\frac{1}{N}\sum_{i=1}^{N}\rho_{一次} \tag{2-196}$$

为保证日均值有代表性，一般取 $N>8$，即至少需要输入 8 个不同时次的“一次”浓度所需的模式输入参数。所不同的是，还需输入所有污染源和计算点的坐标和每个计算时次的风向值。计算日均浓度的关键在于如何用比较简单的方法求取对各种典型气象条件具有代表性的值，以及如何求得法规需要的最大日均浓度。

- 逐日计算法：在逐时计算法的基础上可以得到一年内任意 24 小时的平均浓度。这种方法的优点是信息量大，可以得到每个计算点最大的日均浓度和日均浓度的概念分布等对大气环境规划和排污总量控制等非常有价值的信息。当然，它需要的基础数据量和计算量都比较大，一般不易办到。

- 典型日（控制日）法：所谓“典型日”是指与模拟区典型空气质量状况相对应的有代表性的“气象日”。若能通过某种方法找出若干组典型日的气象条件，则能避免逐时、逐日计算之苦。

- 气象分析法：这是单纯利用气象资料寻求“典型日”气象参数的方法，并不考虑污染源的状况，甚至不考虑污染源是否存在。它仅根据模拟区的气象资料和大气扩散规律，分析并归纳出代表该地区一般的、有利和不利的日均大气扩散稀释条件，必要时可作一些计算试验，以确定各种典型日的模式输入参数。孤立源与浓度场的响应关系最简单，用这种方法更有效，对于拟建项目的预测计算则是必由之路。

- 综合分析法：这是利用平行观测的气象和浓度资料综合确定典型日计算条件的方法。在多源情况下，模拟区的空气质量不仅取决于气象条件，还和污染源的布局以及二者的相互关系有关。一般需要积累 2 年以上的平行观测资料才能总结出比较可靠的典型日条件。

- 保证率法：由于日均浓度的计算条件由 8 个以上的一次浓度计算条件所组成，此时可能的气象条件组合数多不胜数，要求得出与浓度相对应的概率分布将十分困难，同时还要考虑污染源分布的影响，难度就更大，我国已有这方面的探索和研究。
- 长期平均浓度计算：平均时间超过 24 h 的浓度称为长期平均浓度。在已计算逐时、逐日平均浓度的情况下，可以进一步求取一年内任意时段的长期平均浓度，除此之外，一般都采用联合频率法计算长期平均浓度，其要点是：需要用地理坐标系以便计算不同风向浓度分布的叠加；长期平均浓度公式代表每一对源和计算点之间的相应关系，每一个计算点上的浓度等于所有源在该点长期平均浓度之和；利用一年以上的资料可以统计模拟区大气稳定度、风速和风向的联合频率。

我国过去的一些环境影响评价工作中，用 1 日 4 次（2 时、8 时、14 时及 20 时）的气象观测资料统计联合频率，有些研究者发现 8 时及 20 时较易定为 D 类稳定度，即人为加大了中性的权重。另外，每天 4 次资料确实太少。为此，建议改为每天至少 8 次观测资料统计联合频率。从气象部门可获得每小时的风向、风速。为确定 5 时、11 时、17 时、23 时各时的大气稳定度，所缺少的云的观测数据可以用已有的 4 次数据内插推算。

2.4.3.3　开发行为对大气环境的影响识别案例

（1）大气环境影响的类型

按影响时段划分，识别大气环境影响的类型大致可划分为：建设阶段影响（指建设项目在施工期间对大气环境产生的影响）、运行阶段影响（指建设项目投产运行和使用期间产生的影响）和服务期满后的影响（指建设项目使用寿命期结束后仍继续对大气环境产生的影响）；按影响方式划分直接影响和间接影响。

（2）建设项目的大气环境影响识别

建设项目的环境影响随建设类型、性质和规模而变化。不同生产性质的工业项目对环境的影响存在差异。对大气环境产生影响的工业部门主要包括能源工业、交通运输业、钢铁工业、有色金属冶炼工业、化学工业、石油化学工业、制浆和造纸工业等。

①交通运输建设项目的大气环境影响识别。交通运输建设项目包括高速公路、隧道、高架快速道路、机场、航道、港口、码头的建设等，其中对大气产生影响比较显著的有高速公路建设、城市高架快速路的建设和机场建设。在识别交通运输业对大气环境的影响时要注意几个特殊性：汽车尾气污染的特殊性，汽车排气量虽小，但汽车数量多，尾气成分复杂；汽车尾气排气口高度接近于人的呼吸高度，在一定范围内，污染物的地面浓度与距离的平方成反比；汽车的体积小，流动性大，汽车尾气污染具有流动性、不确定性。

交通工程建设项目对大气环境的影响可分为建设阶段与建成阶段。建设期间，大量的土地裸露，并且由于车辆的运输与开挖引起很大的扰动，车辆的尾气排放和地面扬尘是主要影响因素。公路建成阶段，在公路建成投入使用后，机动车辆往复行驶，排放废气，公路成为对大气环境影响的线污染源。

②能源建设项目对大气环境影响的识别。对大气环境有影响的能源建设项目主要包括煤、石油、天然气等开发利用。火力发电厂建成后对大气环境的影响主要来自煤炭燃烧后的排放。因此，煤炭的种类和排放的条件对大气环境的影响产生非常大的作用。不同的排放方式对大气环境的影响也产生作用。

能源建设项目的污染物特征有：排放量都大，以 120×10^4 kW 的发电机组为例，锅炉蒸发量为 4 000 t/h，耗煤量为 660 t/h，若煤的含硫量为 0.49%，则排二氧化硫约为 5.3 t/h；一般都以高架点源的形式排放污染物，为提高扩散能力，根据发电容量和当地的地质和气象条件烟囱高度从 60 m 到 240 m；影响范围大，由于高架点源排放，虽然污染物被稀释扩散，但影响的范围大，有时会造成跨区域的影响，如酸雨的形成及其造成的影响。

③矿业建设项目的大气环境影响识别。主要是对煤矿工程建设项目与金属矿开发建设项目进行分析。开采过程中的影响识别是矿业建设项目的重点。矿山开采的方式不同对大气环境的影响也不同。在露天矿开采过程中常用炸药爆破，露天矿山的爆破产生的粉尘气体可飘浮 10～12 km。

特大型矿山在数千米直径范围内降落的粉尘达数百吨。煤矿的粉尘中含有1%～12%的硫分时，在空气中氧化遇水能产生酸性降水。矿区的公路可能对公路两侧的土地造成矿尘污染。由于运输车辆的运行，矿石的散落，矿尘随风迁移，对周围的居民和农田造成严重影响。

2.4.3.4　大气环评

（1）工作程序、评价等级和评价标准

大气环评程序大体分六步。

第一步是弄清建设项目概况，进行工程的大气环境影响因素分析，获得有关源参数（排污种类、源强、源高、排放方式、排放温度、排烟速度等）资料，进行污染源评价。

第二步是必要时进行大气环境现状监测与评价，取得本底浓度值，进行评价区的环境现状评价。

第三步是进行评价区地形和气象资料的收集和观测，取得环境预测所必需的气象条件和地形条件资料。

第四步是进行评价区大气扩散规律的研究，取得评价区的大气扩散参数，并选择适用于评价区的烟气抬升高度模式及大气扩散模式。

第五步是进行评价区污染浓度预测。模拟计算工程投产后将造成的长期和短期环境浓度分布，得到影响浓度值。将本底浓度值与影响浓度值叠加，得到浓度分布预测值，并绘制环境质量变化图。

第六步是确定评价标准，评价预测结果，做出结论，提出预防和改善大气质量的对策和建议。

根据《环境影响评价技术导则　大气环境》（HJ 2.2—2008），将大气环评分为三级。不同级别的评价工作要求不同，一级评价项目要求最高，二级次之，三级较低。根据项目的初步工程分析结果，选择 1～3 种主要污染物，分别计算每种污染物的最大地面质量浓度占标率 P_i（第 i 个污染物），以及第 i 个污染物的地面质量浓度达标准限值 10%时所对应的最远距离 D_{10}%。其中，最大地面质量浓度占标率按式（2-197）。

$$P_i = \left(C_i / C_{0i}\right) \times 100\% \tag{2-197}$$

式中，P_i为第 i 个污染物的最大地面质量浓度占标率，%；C_i为采用估算模式计算出的第 i 个污染物的最大地面质量浓度，mg/m^3，C_{0i}为第 i 类污染物空气质量标准，mg/m^3。

C_{0i}按《环境空气质量标准》（GB 3095—2012）二级、一小时平均值计算；对于没有小时浓度限值的污染物，可取日平均浓度限值的 3 倍值；对该标准中未包含的污染物，可参照 TJ 36—79 中的居住区大气中有害物质的最高容许浓度的一次浓度限值。如已有地方标准，应选用地方标准中的相应值。对某些上述标准中都未包含的污染物，可参照国外有关标准选用，但应做出说明，报环保主管部门批准后执行。

评价工作等级按表 2-10 的分级判据进行划分。最大地面质量浓度占标率 P_i 按式（2-197）计算，如污染物数 i 大于 1，取 P 值中最大者（P_{max}）和其对应的 D_{10}%。

表 2-10 大气环境影响评价等级划分

评价工作等级	评价工作分级判据
一级	P_{max}≥80%，且 D_{10}%≥5 km
二级	其他
三级	P_{max}<10% 或 D_{10}%<污染源距厂界最近距离

评价工作等级的确定还应符合以下规定：①同一项目有多个（两个以上，含两个）污染源排放同一种污染物时，则按各污染源分别确定其评价等级，并取评价级别最高者作为项目的评价等级。②对于高耗能行业的多源（两个以上，含两个）项目，评价等级应不低于二级。③对于建成后全厂的主要污染物排放总量都有明显减少的改、扩建项目，评价等级可低于一级。④如果评价范围内包含一类环境空气质量功能区，或者评价范围内主要评价因子的环境质量已接近或超过环境质量标准，或者项目排放的污染物对人体健康或生态环境有严重危害的特殊项

目，评价等级一般不低于二级。⑤对于以城市快速路、主干路等城市道路为主的新建、扩建项目，应考虑交通线源对道路两侧的环境保护目标的影响，评价等级应不低于二级。⑥对于公路、铁路等项目，应分别按项目沿线主要集中式排放源（如服务区、车站等大气污染源）排放的污染物计算其评价等级。⑦可以根据项目的性质，评价范围内环境空气敏感区的分布情况，以及当地大气污染程度，对评价工作等级做适当调整，但调整幅度上下不应超过一级。调整结果应征得环保主管部门同意。⑧一、二级评价应选择 HJ 2.2—2008 推荐模式清单中的进一步预测模式进行大气环境影响预测工作。三级评价可不进行大气环境影响预测工作，直接以估算模式的计算结果作为预测与分析依据。

根据项目排放污染物的最远影响范围确定项目的大气环评范围。即以排放源为中心点，以 $D_{10}\%$为半径的圆或 $2\times D_{10}\%$为边长的矩形作为大气环评范围，当最远距离超过 25 km 时，确定评价范围为半径 25 km 的圆形区域，或边长 50 km 矩形区域；评价范围的直径或边长一般不应小于 5 km；对于以线源为主的城市道路等项目，评价范围可设定为线源中心两侧各 200 m 的范围。

根据《环境空气质量标准》（GB 3095—2012），环境质量功能分区，一类区：自然保护区、风景名胜区和其他需要特殊保护的地区；二类区：城镇规划中确定的居住区、商业交通居民混合区、文化区、工业区和农村地区。根据《大气污染物综合排放标准》（GB 16297—1996）设置：污染物最高允许排放浓度；排气筒排放的污染物的最高允许排放速率；无组织排放污染物的监控点及监控浓度限值；标准按年限执行；标准中表 2 是针对 1997 年 1 月 1 日以后的项目，是评价中主要应用的标准；应注意与质量标准部分指标有冲突，如排放标准保留氮氧化物指标，而质量标准中没有。

空气污染指数：空气污染指数（air pollution index，API）是一种反映和评价空气质量的方法，就是将常规监测的几种空气污染物的浓度简化成为单一的概念性数值形式并分级表征空气质量状况与空气污染的程度，其结果简明直观、使用方便，适用于表示城市的短期空气质量状况和变化趋势。我国目前计入空气污染指数的污染物项目为二氧化硫、氮氧化物和总悬浮颗粒物。

空气污染指数的计算与报告：污染指数与各项污染物浓度的关系是分段线性函数，用内插法计算各污染物的分指数 I_n，取各项污染物分指数中最大者代表该区域或城市的污染指数。即 API=max（I_1，I_2，…，I_i，…，I_n）。

空气污染指数的确定原则：空气质量的好坏取决于各种污染物中危害最大的污染物的污染程度。空气污染指数是根据环境空气质量标准和各项污染物对人体健康和生态环境的影响来确定污染指数的分级及相应的污染物浓度限值。

我国空气指数的分级标准：空气污染指数（API_{50}）点对应的污染物浓度为国家空气质量日均值一级标准；API_{100} 点对应的污染物浓度为国家空气质量日均值二级标准；API_{200} 点对应的污染物浓度为国家空气质量日均值三级标准；API 更高值段的分级对应于各种污染物对人体健康产生不同影响时的浓度限值；API_{500} 点对应于对人体产生严重危害时各项污染物的浓度，该指数所对应的污染物即为该区域或城市的首要污染物。当污染指数 API 值小于 50 时，不报告首要污染物。

（2）大气污染源调查和现状评价

大气污染源调查与现状评价是大气环评的重要组成部分，其目的在于找出影响评价区域大气质量的主要污染源和主要污染物，为确定大气环境现状监测因子和大气环评因子提供依据。

污染源调查内容包括工艺流程、排放量、对改扩建项目的主要污染物排放量、毒性较大的物质、污染物排放方式等。

①工艺流程。按生产工艺流程或按分厂、车间分别绘制工艺流程及产污环节图。

②排放量。按分厂或车间逐一统计各有组织排放源和无组织排放源的主要污染物排放量。

③对改扩建项目的主要污染物排放量。应给出现有工程排放量，新扩建工程排放量以及预计现有工程经改造后污染物的削减量，并按上述 3 个量计算最终排放量。

④毒性较大的物质。除调查统计主要污染物的正常生产的排放量外，对于毒性较大的物质还应该估计其非正常排放量。如点火开炉、设备检修、原燃料中毒

性较大成分含量波动、净化措施达不到应有效率的设备及管理事故等。除极少数要求较高的一级评价项目外，一般只对上述各项中排放量显著增加的非正常排放进行统计。

⑤污染物排放方式。可将污染源划分为点源和面源，面源包括无组织排放源和数量多、源强源高都不大的点源。可根据污染源源强和源高的具体分布状况确定点源的最低源高和源强。厂区内某些属于线源性质的排放源可并入其附近的面源，按面源排放统计。

⑥源调查统计内容。包括：排气筒底部中心坐标及分布平面图；排气筒高度（m）及出口内径（m）；排气筒出口烟气温度（K）；烟气出口速度（m/s）；各主要污染物正常排放量（t/a，t/h 或 kg/h）；毒性较大物质的非正常排放量（kg/h）；排放工况，如连续排放或间断排放，间断排放应注明具体排放时间、时数和可能出现的频率。

⑦源调查统计内容。将评价区在选定的坐标系内网格化。可以评价区的左下角为原点，分别以东（E）和北（N）为正 x 轴和正 y 轴。网格的单元，一般可取 1 km×1 km，评价区较小时，可取 500 m×500 m，建设项目所占面积小于网格单元面积时，可取其为网格单元面积。然后，按网格统计面源主要污染物排放量［t/(h·km^2)］、面源排放高度（m）等参数。计算面源排放高度（m）时，如网格内排放高度不等时，可按排放量加权平均取平均排放高度；如果面源分布较密且排放量较大，当其高度差较大时，可酌情按不同平均高度将面源分为 2～3 类。

⑧对排放颗粒物的重点点源。除排放量外，还应调查其颗粒物的密度及粒径分布。

⑨风面源。原料、固体废物等堆放场所产生的扬尘可作为“风面源”处理，应通过试验或类比调查，确定其起动风速和扬尘量。

对于规模较小的建设项目，污染源调查内容可适当从简。对于评价区内其他工业污染源的调查内容，可参照上述建设项目污染源调查的有关内容进行。一般可直接从近期的“工业污染源调查资料”中收集，对于“工业污染源调查资料”中有明显错误的和重点污染源，应进行校对和核实。民用污染源调查，主要污染因子可限二氧化硫、颗粒物两项，其排放量可按全年平均燃料使用量估算，对于有明显采暖和非采暖期的地区，应分别按采暖期和非采暖期统计。界外区域较大点源的调查内容，可参照评价区内工业污染源调查内容进行。

调查方法应注意：对于新建项目可通过类比调查或根据设计资料确定污染源资料；对于改扩建项目的现有工业污染源调查，可以现有的“工业污染源调查资料”为基础，再对变化情况进行核实、调整。评价区内其他工业污染源的调查，一般可直接取近期的“工业污染源调查资料”。对于重点污染源，必要时应进行核实。

核实污染物排放量一般有 3 种方法：

①现场实测：对于有组织排放的大气污染物（如烟囱排放的 SO_2、NO_x 和烟尘等），可根据实测的废气流量和污染物浓度，计算按式（2-198）。

$$Q_i=Q_N\times\rho_i\times10^{-6} \tag{2-198}$$

式中，Q_i 为废气中污染物 i 的排放量，kg/h；Q_N 为废气体积流量，m^3/h；ρ_i 为废气中污染物 i 的浓度实测值，mg/m^3。

②物料衡算法：对一些无法实测的污染源，可采用此种算法计算污染物的排放量，物料衡算通式为式（2-199）。

$$\sum G_{投入}=\sum G_{产品}+\sum G_{流失} \tag{2-199}$$

式中，$\sum G_{投入}$为投入物料量总和；$\sum G_{产品}$为所得产品量总和；$\sum G_{流失}$为物料或产品流失总和。

③经验估算法：对于某些特征污染物排放量，可依据一些经验公式（如燃煤排放的 SO_2），或一些经验的单位产品的排污系数来计算。

污染源评价的目的是确定主要污染物和主要污染源，为污染源的治理或制定治理规划和污染防治对策提供依据。为统一不同污染物和污染源的比较尺度，常采用等标污染负荷以及在此基础上所构造的其他参数进行评价。

- 等标污染负荷

污染物的等标污染负荷按式（2-200）计算。

$$P_{ij}=(\rho_{ij}/\rho_{oi})\cdot Q_{ij} \tag{2-200}$$

式中，P_{ij} 为第 j 个污染源第 i 种污染物的等标污染负荷，m^3/s；ρ_{ij} 为第 j 个污染源第 i 种污染物的排放浓度，mg/m^3；ρ_{oi} 为第 i 种污染物的排放标准，mg/m^3；Q_{ij} 为第 j 种污染源中含有第 i 种污染物的介质排放流量，m^3/s。

若第 j 个污染源共有 n 种污染物参与评价，则该污染源的总等标污染负荷按式（2-201）。

$$P_j = \sum_{i=1}^{n} P_{ij} = \sum_{i=1}^{n} \frac{\rho_{ij}}{\rho_{oj}} Q_{ij} \tag{2-201}$$

若评价区共有 m 个污染源含有第 i 种污染物，则该污染物在评价区内的总等标污染负荷按式（2-202）。

$$P_i = \sum_{i=1}^{m} P_{ij} = \sum_{i=1}^{m} \frac{\rho_{ij}}{\rho_{oj}} Q_{ij} \tag{2-202}$$

等标污染负荷比：为了确定污染物和污染源对环境的贡献，引入污染负荷比。

第 j 个污染源中，第 i 种污染物的污染负荷比按式（2-203）计算。

$$K_{ij} = P_{ij} \Big/ \sum_{i=1}^{n} P_{ij} \tag{2-203}$$

K_{ij} 量纲一，它是一个确定污染源内各种污染物排序的参数，K_{ij} 最大者就是最主要的污染物。

评价区内，第 j 个污染源的污染负荷比按式（2-204）计算。

$$K_j = \sum_{i=1}^{n} P_{ij} \Big/ P \tag{2-204}$$

式中，P 为评价区域内所有污染源的等标污染负荷之和；K_j 量纲一，它可确定评价区的主要污染源及污染源的排序；K_j 值最大者为最主要污染源。

等标污染负荷的缺陷时容易造成一些毒性大、在环境中易于积累的污染物排不到主要污染物中去。在通过计算后，还应作全面考虑和分析，最后确定出主要污染源和主要污染物。

（3）大气环境质量现状监测

大气环境质量现状监测的目的是取得进行大气环境质量预测和评价所需的背

景数据。因此，监测范围、监测项目、监测点和监测制度的确定，都应根据拟建项目的规模、性质和厂址周围的地理环境及实际条件而定，突出针对性和实用性。

监测结果的统计及分析：监测结果应能说明评价区内大气污染物监测浓度范围、平均值、超标率等。同时，还应进行浓度时空分布特征分析和浓度变化与污染气象条件的相关分析。

监测数据的有效性检验：实验室在提出监测报告时，应根据《数据的统计处理和解释、正态样本异常值的判断和处理》(GB 4885—85) 的规定，剔除失控数据，对于未检出值，取该分析方法最小检出限的一半代之。对统计结果影响大的极值应进行核实，并剔除异常值。

监测数据的统计：在现状监测数据统计中，通常需要计算数据的集中趋势和离散指标，一般包括浓度范围、日均浓度及其波动范围、季（监测期）日均浓度值、一次及日均值的超标率、最大污染时日等。

监测数据的分析：①污染物浓度时空分布特征分析。研究污染物浓度随时间变化时，需要确定一定的时间序列。对环评来说，由于监测时间较短，只能用周期性时间序列，从周期性分析浓度随时间的变化规律。周期性序列包括一昼夜、一周、一个月、一季度等。计算出一定时间周期的污染物平均浓度后，绘制出污染物周期变化图。②污染物浓度的空间分布特征分析。污染物浓度的空间分布特征可反映排放源、气象因素、地理条件、人为活动等与浓度之间的关系。通常都用浓度等值线图表示浓度空间分布的特征。③污染物浓度与气象条件的相关分析。对污染物浓度和气象要素进行同步监测后，可根据监测资料分析污染物浓度与大气层结、风向、风速、温度、气压等气象因素的相关关系。

（4）大气环境质量现状评价

大气环境质量现状评价常用的方法有综合指数法和单项评价指数评价法。

①综合指数法：综合指数是以大气环境内诸评价因子的分指数为基础，经过数学关系式运算而得。用综合指数表征大气环境质量的优劣容易出现以偏概全的弊端。例如，有几种污染物浓度很低，就有可能把某个污染物浓度较高的情况掩盖起来，反之亦然。

②单项评价指数评价法：评价用式（2-205）。

$$I_i = \frac{\rho_i}{\rho_{oi}} \tag{2-205}$$

式中，ρ_i为环境污染物 i 的实测浓度，mg/m^3；ρ_{oi}为污染物 i 的环境质量标准值，mg/m^3。

（5）大气环境影响评价内容

①建设项目概况及工程分析，主要包括：

- 建设项目概况：厂址位置、建设规模、产品结构、占地面积、厂区平面布置、劳动定员、工作制度等。

- 生产工艺分析：对生产全过程各个环节进行分析和说明，对所选工艺技术和设备技术性能进行评述。通过分析，了解各类污染物来源和排放情况，各种废物的治理、回收利用措施，并附生产工艺流程图。

- 原材料情况：原材料数量、规格、产地、运距、运输形式等。对有害有毒物质的种类、性质、危害应特别说明，并附生产过程的物料平衡表。

- 主要污染物及其排放情况：对不同类型、不同排放种类、不同排放方式的污染源分别加以详细介绍和分析，对生产过程中产生的污染物种类、数量及排放特征（排放量、排放口高度、出口内径、出口温度等）进行深入研究分析，并附污染物排放流程图或示意图。

- 大气环保工程情况：重点介绍工程拟采用的大气污染防治措施及设备情况，分析设备的技术性能及可靠性。如属于改、扩建项目，应本着“以新带老”的原则，分析对比改、扩建前后环保工程变化和污染物排放量的变化。

②建设项目周围地区的环境概况：主要对建设项目周围地区的自然环境、生态环境和社会经济环境等状况进行评价。

③边界层污染气象条件分析常用 6 种方法：

- 根据可代表评价区气象条件的气象台站多年的气象观测资料，分析各气象要素常年的变化规律。

- 利用可代表评价区气象条件的气象台站（或在评价区内设立的临时气象

站）最近 1～3 年的气象资料，采用 P-T 法统计出年、季（期）风频图及风向、风速、稳定度联合频率表。

• 依据现场低空风观测资料，分析评价区低空风的时空变化规律，给出不同稳定度下风廓线表达式和有关参数。如果是引用其他资料，则需说明理由。

• 依据低空温度探测资料，分析评价区的逆温强度、厚度、生消规律的时空变化特征及混合层变化对大气污染扩散的影响。

• 大气扩散参数的选择、测试的方法及其结果，给出评价区内不同大气稳定度条件下扩散参数值。

• 有些项目拟建在特殊地区，如海滨、山谷、城市或其他下垫面比较复杂的地区，此时根据需要，应增加低空气象探测内容，如海陆风、山谷风、局地流场、城市热岛效应等。

④大气环境质量现状监测与评价：

• 说明大气污染物现状监测情况：包括监测项目、监测周期和频率、布点状况及样品分析方法等。统计监测的浓度范围、日均值、单次和日均值超标率，分析浓度的时空分布特征，并附图或列表说明。

• 说明评价区污染源调查情况：包括工业污染源和民用污染源的调查情况，采用等标污染负荷法对污染源做出评价。

• 采用单项评价指数法对监测结果进行评价。

⑤大气环境影响预测与评价：

• 采用列表法，按不同类型的排放源，分别给出平均源强和瞬时源强。用瞬时源强计算短期地面浓度（如轴线地面浓度），用平均源强计算长期地面浓度（如年均地面浓度）。

• 介绍扩散模式的选择及其对修正过程，如应用高斯烟羽模式、倾斜烟羽模式、考虑不利气象因素（如静风、逆温层）的修正模式等。

• 介绍扩散模式中有关参数的选取和参数模式化处理，主要包括扩散参数、风廓线指数、混合层高度等参数的选取和风速、风向、稳定度联合频率中风速级的划分及各级风速的代表值。

- 介绍模式预测的验证情况。对于大型建设项目和评价区域较大的大气影响评价，为了使预测的结果真实可靠，要对模式进行验证。

- 简要介绍模式计算过程中的关键技术问题，例如，坐标系和计算点的选取，典型天气日的确定等。根据需要把预测结果按不同源型、不同污染物分别列表给出短期、长期和不利天气条件下的地面浓度，并进行必要的分析。

- 进行浓度叠加分析和评价。将预测值与背景值叠加，按相应的评价标准进行评价，用列表或附图的形式给出评价结果。提出评价区工程建成后污染状况及其对环境的影响程度和范围。

⑥环境经济损益分析。环境经济损益分析表示工程对环境资源的损害、环境污染所造成的损失及保护环境设施的社会经济效益。

- 环境费用，包括内部费用和外部费用。内部费用是指建设项目为防治污染而安装的防治设备的投资，如消声器、除尘器等。外部费用是指建设项目排放污染物造成对自然资源和环境质量的损害费用，包括社会的、经济的、自然的 3 个方面。例如，因污染而致害的赔偿费、因污染致使农作物减产、因污染造成生态破坏等。

- 环境收益，包括货币收益和非货币收益。货币收益指可以用市场价格直接估算的部分，又可分为直接收益和间接收益（如回收物的收益和替代原料而降低生产成本的收益）；非货币收益是指市场规律失效的部分。

⑦评价结论和对策。总结各评价专题的主要结果，把建设项目对环境的有利影响与不利影响进行全面比较，权衡利弊，明确回答该项目选择是否可行，厂地选择是否合理；针对建设项目特点、环境状况和经济技术条件，对不利的环境影响，提出进一步治理大气污染的具体方案和措施（包括环境管理与监测计划），把建设项目对环境的不利影响减小到最低程度。

2.5 案例分析

2.5.1 某化肥厂建设的环境影响识别

某化肥厂建设规模为年产硫酸 10 万 t、磷酸二铵 5 万 t，占地 25.6 万 m^2。对该建设项目进行环境影响识别如下。

2.5.1.1 环境污染影响

（1）大气

硫酸生产排放的尾气含有一定量的二氧化硫，其由 80 m 高的烟囱排入大气；锅炉房烟气含二氧化硫、氮氧化物和烟尘，其由 45 m 高的烟囱排入大气；在磷铵生产中，排放的尾气含有氟化物，其由 40 m 高的烟囱排入大气。因此，化肥厂的建设会对周围大气环境产生影响，在环评中，应对二氧化硫、氮氧化物、氟化物的地面浓度作预测和评价。

（2）水

在硫酸和磷铵生产中，会产生酸性废水，其虽经处理，排入河流后仍会对河流水质产生影响，故应进行河水水质影响预测及评价。

（3）其他

硫酸生产中产生的废渣含有大量的铁和硫酸钙，可作为水泥添加剂；磷铵生产产生的废渣为磷石膏，可作为水泥缓凝剂、建筑材料等；煤渣可铺路、填沟、制砖等。因此，废渣对土地的影响较小，可做一般分析。

生产设备开停车和出现事故时，会有大量污染物排放，造成严重影响，故应对此进行预测及风险评价。

2.5.1.2 土地利用的改变对经济的影响

将农田变为工业用地，对农业生产不利，但工业的收益及生产的化肥对当地农业的发展所产生的总效益足可弥补，对经济的影响总的来说是有利的。

2.5.1.3　对农业生态的影响

工厂生产中产生的二氧化硫、氟化物、酸性废水等对周围农作物的生长有影响，特别是开停车及发生事故时。因此，要提出污染防治措施，如果污染防治措施好，这方面的影响可减少到允许的程度。

2.5.1.4　其他影响

厂址附近未发现石油、矿藏，项目不会影响资源的开发利用。

项目的建设不会诱发地震、泥石流等自然灾害，也不会增加水土流失。

总结：评价以大气、地面水的影响作为预测、评价的重点。

2.5.2　某专业生产汽车轮圈的企业扩建环评案例分析

2.5.2.1　建设项目概况

地址位于福州市闽侯青口投资区，其占地面积为 126 234 m^2，是一家专业生产汽车轮圈的企业，其计划的生产规模是年产汽车钢圈 100 万件、钢圈和组立轮胎 100 万件，铝圈 120 万件，目前该项目年产汽车用钢圈 10 万件、铝圈 10 万件。

随国内市场的扩大，该公司决定扩大汽车钢圈的生产规模，计划引进钢圈金属加工流水线，即集成钢圈的金属加工全过程设备于一流水线。新上钢圈生产线产能较大，但受现有涂装线的限制，新上线生产规模限定为年产钢圈 120 万件，此时需新增钢板使用量 1 020 t/a，新上线每天工作 10 h，年工作 300 天。在实现新上线生产规模时，其总的生产规模为年产汽车钢圈 130 万件、铝圈 10 万件。

2.5.2.2　工程分析

该企业的生产规模见表 2-11。

表 2-11　生产规模表　　单位：万件

序号	生产项目	原设计规模	目前规模	新上线实现后规模
1	钢圈	100	10	130
2	铝圈	120	10	10
3	钢圈及轮胎组立	100	—	—

该项目钢圈生产流程：钢板→机械加工→前处理→涂装→包装→入库。其中，机械加工生产流程：卷圈→闪电熔接→焊痕修整→切边→倒缘→两端扩大→成形Ⅰ→成形Ⅱ→成形Ⅲ→扩大整形→冲气孔→气密试漏→组立压配→CO_2 焊接→检查振幅→打批号；前处理流程：脱脂→水洗→表调→化成皮膜→水洗→纯水洗；涂装流程：ED 电着→UF 超滤→纯水洗→烘干→面涂→烘干。

企业现有主要污染源及污染物排放情况见表 2-12。

表 2-12 某企业现有主要污染源及污染物排放情况

废气	涂装	钢圈面涂及烘干	苯、二甲苯、正丁醇、乙酸丁酯	共计 900 kg/a
		铝圈中涂、面涂、烘干		
	铝热加工	铝锭融解、精炼	SO_2、烟尘	SO_2：13.8 kg/a 烟尘：11.2 kg/a
	烤漆	涂装烘干		

企业生产钢圈新增产能废气新增排放情况见表 2-13。

表 2-13 钢圈新增产能废气新增排放情况

生产工序	原料	主要成分	用量	主要污染物及排放浓度	排放方式
离交树脂再生	NaOH HCl	NaOH HCl	2.5 kg/d 6.3 kg/d	pH 值：2～12	0.5 t/d
切削	太古油	LAS 石油类	720 L/m	LAS：6 000 mg/L 石油类：4 000 mg/L	基本未排
生活污水	—	—	2.5 m^3/d	COD：300 mg/L	2 m^3/d
燃料废气	液化石油气	正丁烷	16.6 t/a	SO_2：0.22 kg/h 烟尘：0.11 kg/h	直排
涂装	SAK130	亚克力树脂	543 kg/m	正丁醇：22.3 mg/s 二甲苯：1 567 mg/s 苯：60 mg/s 甲苯：366 mg/s 乙酸丁酯：36.5 mg/s	大部分回用
	稀释剂	正丁醇	38.5 kg/m		
		二甲苯	1 692 kg/m		
		苯	64.8 kg/m		
		甲苯	395 kg/m		
		乙酸丁酯	62.6 kg/m		

2.5.2.3　施工期影响

该项目新上线在施工过程中会对大气环境产生一定影响，主要体现在：

①飘尘及降尘：在建筑施工过程中，基础开挖、建筑物资装卸、场地清理等都将导致尘土飞扬，明显地增加周围环境的飘尘及降尘；建筑物资及建筑垃圾运输过程中也会增加运送道路及周围地区的飘尘及降尘量。

②气态污染物：建筑物装饰、粉刷期间因涂料等化学物质的使用，造成诸如“三苯”、丁酯、乙酯类、丙烯酸类有机物质的挥发，将污染周围大气环境，并且由于其刺激性气味导致周围居民产生不适感；同时，施工车辆、挖掘机、发电机等燃油设备的使用，会产生 SO_2、NO_x、CO、烃类污染物等。

2.5.2.4　施工期对策

①规范建筑施工人员的操作，把飘尘、降尘影响减低。

②施工场地内渣土及临时堆放的建材、露天黄土应覆盖，以减少飘尘、降尘的影响及场地水土流失。

③尽量使用水性溶剂，减少挥发性有机物质的使用。

2.5.2.5　运营期环境影响分析

该项目新增线的废气主要来自涂装工艺，一是燃料废气，主要来自于钢圈涂装烘干瓦斯废气，二是涂料挥发的有机废气。

该项目使用液化石油气用于铝熔解、精炼，铝圈及钢圈的涂装后烘干，目前的使用量为 100 t/m，主要的使用处在铝熔解精炼加工，钢圈生产涂装烘干使用液化气量较铝熔解、精炼加工量少很多，且目前二氧化硫、烟尘排放量、排放浓度不足允许排放量、排放浓度的 10%。

盐尘、SO_2 排放情况见表 2-14。

该项目新增的有机废气由二甲苯、苯、甲苯、正丁醇、乙酸丁酯组成，这出自于钢圈涂装烘烤工序：液化石油气燃烧加热空气，再由鼓风机送热风进入烘烤流水线，少部分工艺废气通过排气筒排放，大部分工艺废气回收后加热再利用。考虑到“三苯”的危险性远大于正丁醇、乙酸丁酯，本报告仅针对二甲苯、苯、甲苯展开。

表 2-14 烟尘、SO_2 排放情况

排放量		烟尘	SO_2
目前	排放速率/（kg/h）	1.5×10^{-2}	1.9×10^{-2}
	年排放量/（t/a）	0.011	0.013 8
新增	排放速率/（kg/h）	0.11	0.22
	年排放量/（t/a）	0.15	0.31
叠加	排放速率/（kg/h）)	0.13	0.24
	年排放量/（t/a）	0.16	0.32
允许值	排放速率/（kg/h）	1.46	3.05
	年排放量/（t/a）	2.08	4.35

该项目现有的有机废气的排气筒高度为 11 m，不足 15 m，根据《大气污染物综合排放标准》（GB 16297—1996）的要求，排放速率按实际高度严格 50%执行。有机废气排放标准限值见表 2-15。

表 2-15 有机废气排放标准限值

项目	允许排放浓度/（mg/m^3）	允许排放速率/（kg/h）
苯	12	0.27
甲苯	40	0.83
二甲苯	70	0.54

目前铝圈涂装有机废气中“三苯”排放情况见表 2-146。

表 2-16 铝圈涂装“三苯”排放情况

项目	排放浓度/（mg/m^3）	排放速率/（kg/h）
苯	≤0.72	≤0.035
甲苯	≤1.9	≤0.07
二甲苯	≤16.8	≤0.87

钢圈涂装“三苯”排放情况见表 2-17。

表 2-17　钢圈涂装“三苯”排放情况

项目	排放浓度/（mg/m^3）	排放速率/（kg/h）
苯	≤0.88	≤0.017 5
甲苯	≤6.5	≤0.11
二甲苯	≤26.1	≤0.47

钢圈生产线有 4 个废气排放口，即 N7、N8、N9、N11，分别对应烤炉自然排风口、静置室排风口、面涂排风口、烤炉强制排风口。各排风口“三苯”排放速率与排放总速率量比率见表 2-18。

表 2-18　各排风口“三苯”排放速率与排放总速率量比率

<table>
<tr><td colspan="2">排气筒编号</td><td>N7</td><td>N8</td><td>N9</td><td>N11</td></tr>
<tr><td colspan="2">污染源名称</td><td>烤炉自然排风口</td><td>静置室排风口</td><td>面涂排风口</td><td>烤炉强制排风口</td></tr>
<tr><td>苯</td><td rowspan="3">排放速率与排放总速率量比率/%</td><td>7.4×10^{-3}</td><td>22.86</td><td>77.14</td><td>1.1×10^{-2}</td></tr>
<tr><td>甲苯</td><td>7.2×10^{-4}</td><td>1.36</td><td>98.63</td><td>1.1×10^{-3}</td></tr>
<tr><td>二甲苯</td><td>4.9×10^{-2}</td><td>1.45</td><td>97.87</td><td>6.4×10^{-5}</td></tr>
</table>

注：原始数据取自省监测站验收报告。

由于该项目钢圈涂装烘烤工序中使用液化石油气燃烧加热空气，再由鼓风机送热风进入烘烤流水线，少部分工艺废气通过排气筒排放，大部分工艺废气回收后加热再利用，实际上这个工艺过程是有机废气的热力燃烧炉燃烧净化法的工艺形式，热力燃烧炉燃烧净化法对于“一般碳氢化合物、苯、二甲苯的净化效率高于 90%”，因此新增钢圈产能贡献的“三苯”排放速率为：二甲苯 0.56 kg/h、苯 0.022 kg/h、甲苯 0.132 kg/h。

新增钢圈产能后各排风口“三苯”排放速率见表 2-19。

表 2-19　新增钢圈产能后各排风口“三苯”排放速率　　单位：kg/h

	苯	甲苯	二甲苯
烤炉自然排风口	3.0×10^{-6}	1.7×10^{-6}	5.0×10^{-4}
静置室排风口	9.1×10^{-3}	3.3×10^{-3}	0.015

	苯	甲苯	二甲苯
面涂喷房排风口	0.031	0.239	1.01
烤炉强制排风口	4.4×10^{-6}	2.7×10^{-6}	6.6×10^{-7}
总排放情况	0.040	0.242	1.03

与标准限值比较后，可以看出，面涂喷房对应的排风口 N9 在排气筒高度为 11 m 时的情况下，二甲苯排放速率超过了允许限值。根据标准限值，该项目新增钢圈产能后，钢圈线面涂喷房排气筒加高至 16 m 方能达到排放速率限制要求。

“三苯”废气的排放还应满足《大气污染物综合排放标准》（GB 16297—1996）表 2 中最高允许排放浓度的限值要求。由监测报告知道该新增钢圈产能后各排风口“三苯”排放浓度符合最高允许排放浓度要求，即该项目维持现有各排风口风量可以满足最高允许排放浓度限值的要求。

2.5.2.6 评价小结

新增钢圈产能实现后，烟尘、SO_2 排放量虽有增加，但仍远小于该项目允许的排放速率和排放量的限值要求。新老污染源叠加后，烟尘排放速率占允许排放速率的 8.9%、排放量占允许排放量的 12.0%；SO_2 排放速率占允许排放速率的 7.9%、排放量占允许排放量的 10.1%。新增烟尘、SO_2 的排放对周围环境没有显著影响。

面涂喷房对应的排风口 N9 在排气筒高度为 11 m 情况下，二甲苯排放速率超过了最高排放速率的允许限值。苯、甲苯在各排气筒的排放速率则符合 11 m 排气筒高度下的允许限值要求。在各排气筒现有风量的基础上，各污染物的排放浓度符合最高允许排放浓度的限值要求。

2.5.2.7 对策与结论

钢圈涂装面涂喷房的排气筒应加高至 16 m 以上，保证二甲苯排放速率符合《大气污染物综合排放标准》表 2 二级的要求，在此基础上，该项目增加 120 万件/年的钢圈产能从环境保护的角度分析是可行的。

2.6　环评报告书编制

2.6.1　环评大纲的编写

环评大纲是环评报告书的总体设计和行动指南。

评价大纲应在开展评价工作之前编制，它是具体指导环评的技术文件，也是检查报告书内容和质量的主要判据。

评价大纲应在充分研读有关文件、进行初步的工程分析和环境现状调查后形成。

2.6.2　环境影响报告书的编制

我国《建设项目环境保护管理条例》规定：建设项目环境影响报告书，应当包括下列内容：①建设项目概况；②建设项目周围环境状况；③建设项目对环境可能造成影响的分析和预测；④环境保护措施及其经济、技术论证；⑤环境影响经济损益分析；⑥对建设项目实施环境监测的建议；⑦环境影响评价结论。

2.6.2.1　环境影响报告书的编写原则

环境影响报告书编写时应注意：①报告书应该全面、客观、公正，概括地反映环评的全部工作，重点评价项目可另编分项报告书主要技术问题可另编专题报告书。②文字应简洁、准确，图表要清晰，论点要明确。大项目可分为总报告和分报告（或附件）。

2.6.2.2　环境影响报告书编制的基本要求

①建设项目环评报告书总体编排结构应符合《建设项目环境保护条例》的要求，内容全面，重点突出，实用性强。

②基础数据可靠。根据评价等级，需要实测的数据要现场实测。引用的数据应是公开发表（布）的，且注明出处。

③预测模式及参数选择合理。尽量选择《环境影响评价技术导则》的相关推

荐预测模式及参数，不是推荐预测模式及参数，选用时应同时说明合理性。

④结论观点明确、客观可信。观点应明确，不能闪烁其词。

⑤语句通顺、条理清楚、文字简练、篇幅不宜过长。

⑥环境影响报告书中应有评价资格证书，分章节编写人员应本人签名。

2.6.3 环境影响报告书的编制要点

环境影响报告书编制可参考如下要点编制。

（1）总论

①环境影响报告书的由来。说明建设项目立项始末，批准单位及文件，评价项目的委托，完成评价工作概况。

②编制环境影响报告书的目的。结合评价项目的特点，阐述报告书的编制目的。

③编制依据。一般包括评价委托合同或委托书；建设项目建议书的批准文件或可行性研究报告的批准文件；《建设项目环境保护管理条例》及地方环保部门为贯彻此办法而颁布的实施细则或规定；建设项目的可行性研究报告或设计文件；评价大纲及批准文件。

④评价标准。包括环境质量标准和排放标准，并要说明执行标准的哪一类或哪一级。

⑤评价范围。列出评价范围并简述评价范围确定的理由，给出评价范围的评价地图。

⑥控制及保护目标。应指出建设项目中有无须特别加以控制的污染源，有无需要重点保护的目标。

（2）建设项目概况

①建设规模。包括建设项目的名称、建设性质、厂址的地理位置、产品、产量总投资、利税、资金回收年限、占地面积、土地利用情况、建设项目平面布置（应附平面布置图）、职工人数、全员劳动生产率。对扩建、改建项目，应说明原有规模。

②生产工艺简介。按产品生产方案分别介绍，从原料的投入，经多少次加工，加工的性质，排放出什么污染物及数量，最终产品。应给出生产工艺流程图和重要的化学反应方程式。应说明生产工艺的先进性。对扩建、改建项目，还应对原有的生产工艺、设备及污染防治措施进行分析。

③原料、燃料及用水量。应给出原料、燃料的组成成分及百分含量，列出原料、燃料及用水量的年、月、日、时的消耗量表，给出物料平衡图和水量平衡图。

④污染物排放量清单。列出各污染源排放的污染物种类、数量、排放方式和排放去向。对扩建、技改项目，还应列出技改、扩建前后的污染物排放量清单。

⑤建设项目采取的环保措施。说明建设项目拟采用的治污方案、工艺流程、主要设备、处理效果、排放是否达标、投资及运转费等。

⑥工程影响环境因素分析。根据污染物排放情况及环境背景状况，分析污染物可能影响环境的各个方面，将其主要影响作为预测的重要内容。

（3）环境现状（背景）调查

①自然环境调查。一般包括评价区的地形、地貌、地质概况；水文及水文地质情况；气象与气候；土壤及农作物；森林、草原、水产、野生动物、野生植物、矿藏资源等情况。

②社会环境调查。一般包括评价区的行政区划，人口分布，人口密度、人口职业构成与文化构成；现有工矿企业的分布情况；文化教育概况；人群健康及地方病情况；自然保护区、风景游览区、名胜古迹、温泉、疗养区以及重要政治文化设施。

③评价区大气环境质量现状调查。应给出大气监测点的位置（附监测点布置图）及布点理由，监测项目及选择理由，监测天数、每天监测次数、时段，采样仪器、方法及分析方法等。

④地面水环境质量现状调查。给出监测断面的地理位置，每个监测断面的采样点数目及位置，监测项目及选择理由监测天数、每天采样次数。同时测量河流水文参数（水文、流速、流量、河宽、河深）。

⑤地下水现状调查。给出地下水监测点的位置、监测项目、分析方法、采样

时间及次数，指出地下水是潜水还是承压水。

⑥土壤及农作物现状调查。给出评价地区的土壤类型、分布状况及土地利用情况。给出监测点的位置、采样方法、监测项目、分析方法。

⑦环境噪声现状调查。给出环境噪声监测点的位置、监测时间、监测仪器、监测方法、气象条件、监测点处的主要噪声源。

⑧评价区内人体健康及地方病调查。给出人体健康调查的区域，调查人数，性别、年龄、职业构成、体检项目、检查方法、调查结果的数理统计，污染区与对照区的比较分析等。

⑨其他社会、经济活动污染、破坏环境现状调查。

（4）污染源调查与评价

①建设项目污染源预估。

②评价区内污染源调查与评价。

（5）环境影响预测与评价

①大气环境影响预测与评价。

②水环境影响预测与评价。

③噪声环境影响预测与评价。

④土壤及农作物环境影响分析。

⑤对人群健康影响分析。

⑥振动及电磁波的环境影响分析。

⑦对周围地区的地质、水温、气象可能产生的影响。

（6）环保措施的可行性分析及建议

①大气污染防治措施的可行性分析与建议。

②废水治理措施的可行性分析与建议。

③对废渣处理与处置的可行性分析。

④对噪声、振动等其他污染控制措施的可行性分析。

⑤对绿化措施的评价及建议。

⑥环境监测制度建议。

（7）环境影响经济损益简要分析

①建设项目的经济效益。一般包括建设项目的直接经济效益，利税、资金回收年限、贷款偿还期；建设项目的产品为社会其他部门带来的经济效益；环保投资及运转费。

②建设项目的环境效益。一般包括建设项目建成后使环境恶化，对农、林、牧、渔业造成的经济损失及污染治理费用；环保副产品收益，环境改善效益。

③建设项目的社会效益。一般包括建设项目的产品满足社会需要，促进生产和人民生活的提高，促进当地经济、文化的进步，增加就业机会等。

（8）结论及建议

①评价区的环境质量。

②污染源评价的主要结论，主要污染源及主要污染物。

③建设项目对评价区环境的影响。

④环保措施可行性分析的主要结论及建议。

⑤从三个效益统一的角度，综合提出建设项目的选址、规模、布局等是否可行。建议应包括各节中的主要建议。

第3章 清洁生产审核实务与案例

清洁生产（Cleaner Production）是预防污染、保护环境的有效途径。清洁生产是世界各国从单纯依靠末端治理逐步转向过程控制的根本转变，是发展循环经济社会最基本的要求。清洁生产推动和促使现代企业树立新的发展观，改变传统工业经济的线性发展模式，通过不断改进设计、使用清洁的能源和原料、采用先进的工艺技术与设备、改善管理、综合利用等措施，从源头削减污染，提高资源利用效率，减少或避免生产、服务和产品使用过程中污染物的产生和排放，以减少或消除对人类健康和环境的危害。

清洁生产审核是保证企业实施清洁生产的前提和基础，也是促进企业清洁生产的有效手段。《清洁生产促进法》规定：企业应当对生产和服务过程中的资源消耗以及废物的产生情况进行监测，并根据需要对生产和服务实施清洁生产审核；污染物排放超过国家和地方规定的排放标准或者超过经有关地方人民政府核定的污染物排放总量控制指标的企业，应当实施清洁生产审核；使用有毒、有害原料进行生产或者在生产中排放有毒、有害物质的企业，应当定期实施清洁生产审核，并将审核结果报告所在地的县级以上地方人民政府环境保护行政主管部门和经济贸易行政主管部门。

学习开展清洁生产审核工作，要先了解清洁生产的内涵与外延，并深刻理解清洁生产的相关法律、技术与标准，进而较好地掌握清洁生产审核的技术方法，进行清洁生产审核实务操作。

3.1 清洁生产

清洁生产是指将综合预防的环境保护策略持续应用于生产过程和产品中，以期减少对人类和环境的风险。清洁生产从本质上说，是对生产过程与产品采取整体预防的环境策略，减少或者消除它们对人类及环境的可能危害，同时充分满足人类需要，使社会经济效益最大化的一种生产模式。

3.1.1 清洁生产的由来与发展历程

3.1.1.1 由来

在人类社会经济发展过程中，世界各国的工业生产污染严重，环境问题突出；传统的末端治理效果不理想；资源、能源高消耗等原因使清洁生产应运而生。走可持续发展道路成为必需的选择，而清洁生产是工业生产实施可持续发展战略的最佳模式。

3.1.1.2 发展历程

清洁生产起源于 20 世纪 60 年代美国化学行业的污染预防审计。清洁生产概念的出现，最早可追溯到 1976 年。当年欧共体在巴黎举行了“无废工艺和无废生产国际研讨会”，会上提出“消除造成污染的根源”的思想。1979 年 4 月，欧共体理事会宣布推行清洁生产政策。1984 年、1985 年和 1987 年欧共体环境事务委员会三次拨款支持建立清洁生产示范工程。

1989 年，联合国开始在全球范围内推行清洁生产。此后，全球先后有 8 个国家建立了清洁生产中心。这推动着各国清洁生产不断向深度和广度拓展。1989 年 5 月，联合国环境规划署工业与环境规划活动中心根据联合国环境规划理事会会议的决议，制定了《清洁生产计划》，在全球范围内推进清洁生产。1992 年 6 月在巴西里约热内卢召开的“联合国环境与发展大会”上，通过了《21 世纪议程》，号召工业提高能效，开展清洁技术，更新替代对环境有害的产品和原料，推动实现工业可持续发展。我国政府于 1994 年提出了《中国 21 世纪议程》，将清洁生产列为“重点项目”之一。

1990年以来，联合国环境规划署已先后在坎特伯雷、巴黎、华沙、牛津、首尔、蒙特利尔等地举办了六次国际清洁生产高级研讨会。1998年10月，在韩国首尔第五次国际清洁生产高级研讨会上，出台了《国际清洁生产宣言》，包括13个国家的部长及其他高级代表和9位公司领导人在内的64位签署者共同签署了该宣言，参加这次会议还有国际机构、商会、学术机构和专业协会等组织的代表。《国际清洁生产宣言》的主要目的是提高公共部门和私有部门中关键决策者对清洁生产战略的理解及该战略在他们中间的形象，它也将激励对清洁生产咨询服务的更广泛的需求。《国际清洁生产宣言》是对作为一种环境管理战略的清洁生产公开的承诺。

20世纪90年代初，经济合作与发展组织（Organization for Economic Co-operation and Development，OECD）在许多国家采取不同措施鼓励采用清洁生产技术。例如，在西德，将70%投资用于清洁工艺的工厂可以申请减税。在英国，税收优惠政策是导致风力发电增长的原因。1995年以来，经济合作与发展组织的国家开始把它们的环境战略针对产品而不是工艺，以此为出发点，引进生命周期分析，以确定在产品寿命周期（包括制造、运输、使用和处置）中的哪一个阶段有可能削减或替代原材料投入和最有效，并以最低费用消除污染物和废物。这一战略刺激和引导生产商和制造商以及政府政策制定者去寻找更有潜力的途径来实现清洁生产和产品。

美国、澳大利亚、荷兰、丹麦等发达国家在清洁生产立法、组织机构建设、科学研究、信息交流、示范项目和推广等领域已取得明显成就。特别是进入21世纪后，发达国家清洁生产政策有两个重要的倾向：一是着眼点从清洁生产技术逐渐转向清洁产品的整个生命周期；二是从大型企业在获得财政支持和其他种类对工业的支持方面拥有优先权转变为更重视扶持中小企业进行清洁生产，包括提供财政补贴、项目支持、技术服务和信息等措施。

我国于2003年颁布了《清洁生产促进法》，借鉴、采纳了世界各国的清洁生产管理经验和符合我国国情的清洁生产技术与方案。我国有关部委和地方环境管理部门为了促进清洁生产，还根据我国及我国各区域的实际情况，先后颁布、制定了《清洁生产审核暂行办法》《清洁生产审核办法》《企业清洁生产审核指南》《企业清洁生产审计手册》等。环境保护部还专门下发了《关于进一步加强重点企业清洁生产审核工作的通知》《关于深入推进重点企业清洁生产的通知》等。相关行业为了促进清洁生产，也颁布了相应的清洁生产标准、清洁生产指标体系。这些清洁生产标准中，绝大部分为国家标准，少部分行业由于在我国各区域发展现状不同，发展较快、较先进的区域颁布了地方清洁生产标准。2012 年，《清洁生产促进法》进行了第一次修订。"十二五"规划以来，随着我国节能减排工作的日益推进，各级环境管理和经济贸易管理部门对清洁生产促进工作更加重视。

3.1.2　清洁生产的内涵

在不同的发展阶段或者不同的国家，对清洁生产有不同的叫法，如"废物减量化""无废工艺""污染预防"等。但其基本内涵是一致的，即对产品和产品的生产过程、产品及服务采取预防污染的策略来减少污染物的产生。

联合国环境规划署工业与环境规划中心对清洁生产的定义是：清洁生产是一种新的创造性的思想，该思想将整体预防的环境战略持续应用于生产过程、产品和服务中，以增加生态效率和减少人类及环境的风险。对生产过程，要求节约原材料与能源，淘汰有毒原材料，减降所有废弃物的数量与毒性；对产品，要求减少从原材料提炼到产品最终处置的全生命周期的不利影响；对服务，要求将环境因素纳入设计与所提供的服务中。与末端治理相比，清洁生产思考方法的不同之处在于：末端治理理念考虑对环境的影响时，把注意力集中在污染物产生之后如何处理，以减小对环境的危害，而清洁生产则是要求把污染物消除在污染物产生之前。

在美国，清洁生产又称为"污染预防"或"废物最小量化"。"废物最小量化"是美国清洁生产的初期表述，后用"污染预防"一词代替。美国对污染预防的定义为：污染预防是在可能的最大限度内减少生产厂地所产生的废物量。它包括通过源削减、提高能源效率、在生产中重复使用投入的原料以及降低水消耗量来合理利用资源。源削减指在进行再生利用、处理和处置以前，减少流入或释放到环境中的任何有害物质、污染物或污染成分的数量；减少与这些有害物质、污染物或组分相关的对公共健康与环境的危害。常用的两种源削减方法是改变产品和改进工艺。改进工艺包括设备与技术更新、工艺与流程更新、产品的重组与设计更新、原材料的替代以及促进生产的科学管理、维护、培训或仓储控制。污染预防不包括废物的厂外再生利用、废物处理、废物的浓缩或稀释以及减少其体积或有害性、毒性成分从一种环境介质转移到另一种环境介质中的活动。

《中国 21 世纪议程》的对清洁生产的定义是指既可满足人们的需要又可合理使用自然资源和能源，并保护环境的实用生产方法和措施。其实质是一种物料和能耗最少的人类生产活动的规划和管理，将废物减量化、资源化和无害化，或消灭于生产过程之中。同时，也是对人体和环境无害的绿色产品的生产。这也将随着可持续发展进程的深入而日益成为今后产品生产的主导方向。

清洁生产具体措施包括：不断改进设计；使用清洁的能源和原料；采用先进的工艺技术与设备；改善管理；综合利用；从源头削减污染，提高资源利用效率；减少或者避免生产、服务和产品使用过程中污染物的产生和排放。清洁生产是实施可持续发展的重要手段。

清洁生产的观念主要强调 3 个重点：①清洁能源，包括开发节能技术，尽可能开发利用再生能源以及合理利用常规能源。②清洁生产过程，包括尽可能不用或少用有毒有害原料和中间产品。对原材料和中间产品进行回收，改善管理、提高效率。③清洁产品，包括以不危害人体健康和生态环境为主导因素来考虑产品的制造过程甚至使用之后的回收利用，减少原材料和能源使用。

清洁生产是生产者、消费者、社会三方面谋求利益最大化的集中体现：①它是从资源节约和环境保护两个方面对工业产品生产从设计开始，到产品使用后直到最终处置，给予了全过程的考虑和要求。②它不仅对生产，而且对服务也要求考虑对环境的影响。③它对工业废弃物实行费用有效的源削减，一改传统的不顾费用或单一末端控制办法。④它可提高企业的生产效率和经济效益，与末端处理相比，成为受到企业欢迎的新事物。⑤它着眼于全球环境的彻底保护，为人类社会共建一个洁净的地球带来了希望。

根据经济可持续发展对资源和环境的要求，清洁生产谋求达到两个目标：①通过资源的综合利用，短缺资源的代用，二次能源的利用以及节能、降耗、节水，合理利用自然资源，减缓资源的耗竭。②减少废物和污染物的排放，促进工业产品的生产、消耗过程与环境相融，降低工业活动对人类和环境的风险。清洁生产的目标可以总结为“节能、降耗、减污、增效”。

3.1.3　清洁生产是企业发展的历史必然

清洁生产的出现是人类工业生产迅速发展的历史必然，是一项迅速发展的新生事物，是人类对工业化大生产所制造出有损于自然生态、人类自身、污染负面作用等逐渐认识做出的反应和行动。

20 世纪中叶，发达国家由于经济快速发展，忽视对工业污染的防治，致使环境污染问题日益严重，公害事件不断发生。环境问题逐渐引起各国政府的极大关注，并采取了相应的环保措施和对策。例如，增大环保投资、建设污染控制和处理设施、制定污染物排放标准、实行环境立法等，以控制和改善环境污染问题，取得了一定的成绩。

但是通过十多年的实践发现，这种仅着眼于控制排污口（末端），使排放的污染物通过治理达标排放的办法，虽在一定时期内或在局部地区起到一定的作用，但并未从根本上解决工业污染问题。其原因在于：

第一，随着生产的发展和产品品种的不断增加，以及人们环境意识的提高，对工业生产所排污染物的种类检测越来越多。

第二，由于污染治理技术有限，治理污染很难达到彻底消除污染的目的。

第三，只着眼于末端处理的办法，不仅需要投资，而且使一些可以回收的资源（包含未反应的原料）得不到有效的回收利用而流失，致使企业原材料消耗增高，产品成本增加，经济效益下降，从而影响企业治理污染的积极性和主动性。

第四，实践证明：预防优于治理。

据美国环保局（EPA）统计，美国用于空气、水和土壤等环境介质污染控制总费用（包括投资和运行费），1972 年为 260 亿美元（占 GNP 的 1%），1987 年猛增至 850 亿美元，20 世纪 80 年代末达到 1 200 亿美元（占 GNP 的 2.8%）。如杜邦公司每磅废物的处理费用以每年 20%～30%的速率增加，焚烧一桶危险废物可能要花费 300～1 500 美元。即使如此之高的经济代价仍未能达到预期的污染控制目标，末端处理在经济上已不堪重负。

因此，发达国家通过治理污染的实践，逐步认识到防治工业污染不能只依靠治理排污口（末端）的污染，要从根本上解决工业污染问题，必须“预防为主”，将污染物消除在生产过程之中，实行工业生产全过程控制。20 世纪 70 年代末期以来，不少发达国家的政府和各大企业集团（公司）都纷纷研究开发和采用清洁工艺，开辟污染预防的新途径，把推行清洁生产作为经济和环境协调发展的一项战略措施。

3.1.4 清洁生产的措施

3.1.4.1 实施产品绿色设计

企业实行清洁生产，在产品设计过程中，一要考虑环境保护，减少资源消耗，实现可持续发展战略；二要考虑商业利益，降低成本、减少潜在的责任风险，提高竞争力。例如，对于电子应用产品或工农业设备制造品，在产品设计之初就注意未来的可修改性，容易升级以及可生产几种产品的基础设计，提供减少固体废物污染的实质性机会。产品设计要达到只需要重新设计一些零件就可更新产品的目的，从而减少固体废物。在产品设计时还应考虑在生产中使用更少的材料或更多的节能成分，优先选择无毒、低毒、少污染的原辅材料替代原有毒性较大的原辅材料，防止原料及产品对人类和环境的危害。

3.1.4.2 实施生产全过程控制

清洁的生产过程要求企业采用少废、无废的生产工艺技术和高效生产设备；尽量少用、不用有毒有害的原料；减少生产过程中的各种危险因素和有毒有害的中间产品；使用简便、可靠的操作和控制；建立良好的卫生规范、卫生标准操作程序、危害分析与关键控制点；组织物料的再循环；建立全面质量管理系统；优化生产组织；进行必要的污染治理，实现清洁、高效的利用和生产。

3.1.4.3　实施材料优化管理

材料优化管理是企业实施清洁生产的重要环节。选择材料，评估化学使用，估计生命周期是提高材料管理的重要方面。企业实施清洁生产，在选择材料时尤其要注重再使用与可循环性，具有再使用与再循环性的材料可以通过提高环境质量和减少成本获得经济与环境收益；实行合理的材料闭环流动，主要包括原材料和产品的回收处理过程的材料流动、产品使用过程的材料流动和产品制造过程的材料流动。

原材料的加工循环是自然资源到成品材料的流动过程以及开采、加工过程中产生的废物的回收利用所组成的一个封闭过程。产品制造过程的材料流动，是材料在整个制造系统中的流动过程，以及在此过程中产生的废物的回收处理形成的循环过程。制造过程的各个环节直接或间接地影响着材料的消耗。产品使用过程的材料流动是在产品的寿命周期内，产品的使用、维修、保养以及服务等过程，以及在这些过程中产生的废物的回收利用过程。产品的回收过程的材料流动是产品使用后的处理过程，其组成主要包括：可重用的零部件、可再生的零部件、不可再生的废物。在材料消耗的四个环节里，都要将废物减量化、资源化和无害化，或消灭在生产过程之中，不仅要实现生产过程的无污染或不污染，而且生产出来的产品也没有污染。

3.1.5　清洁生产的特点

（1）清洁生产是一项系统工程

推行清洁生产需企业建立一个预防污染、保护资源所必需的组织机构，要明确职责并进行科学的规划，制定发展战略、政策、法规。清洁生产是包括产品设计、能源与原材料的更新与替代、开发少废无废清洁工艺、排放污染物处置及物料循环等的一项系统工程。

（2）重在预防和有效性

清洁生产是对产品生产过程中产生的污染进行综合预防，以预防为主，通过污染物产生源的削减和回收利用，使废物减至最少，有效防止污染物的产生。

（3）经济性良好

在技术可靠的前提下执行清洁生产、预防污染的方案，进行社会、经济、环境效益分析，使生产体系运行最优化，以及产品具备最佳的质量价格。

（4）与企业发展相适应

清洁生产结合企业产品特点和工艺生产要求，使其目的符合企业生产经营发展的需要。环境保护工作要考虑不同经济发展阶段的要求和企业的经济支撑能力，这样清洁生产不仅推进企业生产的发展，而且保护了生态环境和自然资源。

（5）废物循环利用，建立生产闭合圈

工业生产中物料的转化不可能达到100%。生产过程中工件的传递、物料的输送，加热反应中物料的挥发、沉淀，加之员工操作不当，设备的泄漏等原因，总会造成物料的流失。工业生产中的“三废”实质上是生产过程中流失的原料，中间体和副产品及废品废料。尤其是我国农药、染料工业，主要原料利用率只有30%～40%，其余都以“三废”形式排入环境。因此对废物的有效处理和回收利用，既可创造财富，又可减少污染。

（6）发展环保技术，做好末端治理

为了实现清洁生产，在全过程控制中还需要依靠必要的末端治理，使之成为一种在采取其他措施之后的防治污染最终手段。这种厂内末端处理，往往是集中处理前的预处理措施。在这种情况下，它的目标再不是达标排放，而只需处理到集中处理设施可接纳的程度。因此，对生产过程也需提出一些新的要求。

为了实现有效的末端处理，必须努力开发一些技术先进、处理效果好、占地面积小、投资少、见效快，可回收有用物质、有利于组织物料再循环的实用环保技术。20 世纪 80 年代中期以来，我国已开发很多成功的环保实用技术。如粉煤灰处理和综合利用技术、钢渣处理及综合利用技术、苯系列有机气体催化净化技术、氯碱法处理含氰废水技术等。然而，我国还有不少环保上的难题至今尚未彻底解决，例如，处理含二氧化硫废气的脱硫技术、造纸黑液的治理与回收碱技术、萘、蒽和醌等系列燃料中间体生产废水的治理和回收技术，汽车尾气的处理技术、高浓度有机废液的处理及综合利用技术等。因此，还需依靠科学技术的研究成果，继续努力开发最佳实用技术，使末端处理更加行之有效，真正起到污染控制的“把关”作用。

3.1.6　清洁生产的意义

清洁生产是一种新的创造性理念，这种理念将整体预防的环境战略持续应用于生产过程、产品和服务中，以增加生态效率和减少人类及环境的风险。清洁生产是环境保护战略由被动反应向主动行动的一种转变。

首先，清洁生产体现的是预防为主的环境战略。

其次，清洁生产体现的是集约型的增长方式。

最后，清洁生产体现了环境效益与经济效益的统一。

3.2　清洁生产审核实务

清洁生产审核是促进企业清洁生产的有效办法。

3.2.1　清洁生产审核

清洁生产审核是指按照一定程序，对生产和服务过程进行调查和诊断，找出能耗高、物耗高、污染重的原因，提出减少有毒有害物料的使用、产生，降低能耗、物耗以及废物产生的方案，进而选定技术经济及环境可行的清洁生产方案的过程。

清洁生产审核的思路主要是针对“能耗高、物耗高、污染重”的问题开展 3 个方面的工作：①“能耗高、物耗高、污染重”发生在哪里？通过现场调查和数据分析找出问题节点并确定产生量。②为什么会产生“能耗高、物耗高、污染重”的问题？这要求分析生产过程中的每一个环节。③如何解决这些“能耗高、物耗高、污染重”的问题？针对每一问题产生的原因，设计相应的清洁生产方案，包括无/低费方案和中/高费方案。清洁生产方案可以是一个、几个甚至几十个。通过实施这些清洁生产方案从而在生产过程当中消除这些问题产生的原因，从而达到减少“能耗高、物耗高、污染重”这个问题的目的。

在生产过程中解决“能耗高、物耗高、污染重”的问题，这是清洁生产与末端治理的重要区别之一。

清洁生产审核思路中提出要分析“能耗高、物耗高、污染重”产生的原因和提出预防性方案，这就需要分析生产过程中“能耗高、物耗高、污染重”产生的主要途径，有针对性地提出方案。一个生产和服务过程可抽象成 8 个方面，即原辅材料和能源、工艺技术、生产设备、过程控制、管理、员工 6 个方面的输入，以及产品和废物的输出 2 个方面。见图 3-1。

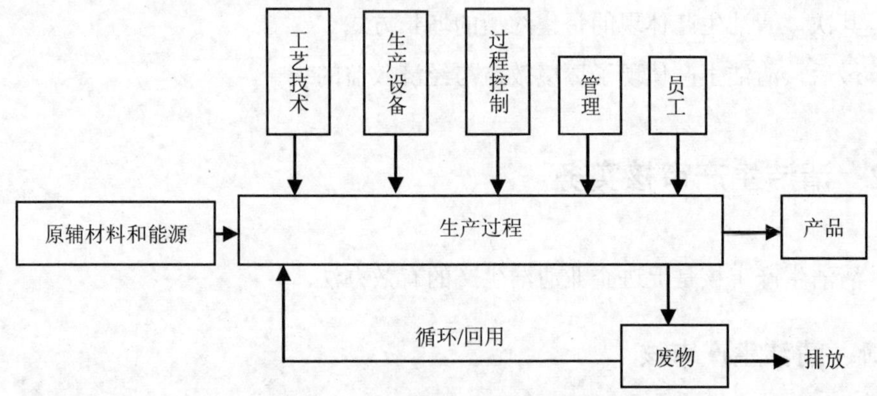

图 3-1 清洁生产审核思路分析图

从清洁生产的角度看，“能耗高、物耗高、污染重”产生的原因与这 8 个方面都可能相关，这 8 个方面中的某几个方面直接导致“能耗高、物耗高、污染重”的产生。根据图 3-1，对“能耗高、物耗高、污染重”的产生原因分析要针对以下 8 个方面进行：

①原辅材料和能源。主要指原辅材料本身所具有的特性，如纯度、毒性、难降解性等，以及原辅材料的储存、发放、运输，原辅材料的投入方式和投入量等

都决定了污染物产生的种类和数量，因而选择对环境无害的原辅材料是清洁生产所要考虑的重要方面。

②工艺技术。生产过程的工艺技术水平基本上决定了“能耗高、物耗高、污染重”的产生数量和种类，先进技术可以提高原材料的利用效率，从而减少废物的产生。结合技术改造预防污染是实现清洁生产的一条重要途径。

③生产设备。生产设备作为技术工艺的具体体现，在生产过程中也具有重要的作用，设备的搭配、生产设备之间、生产设备和公用设施之间、自身的功能、设备的状况与维护保养等均会影响到废物的产生。

④过程控制。过程控制对生产过程十分重要，反应参数是否处于受控状态并达到优化水平或工艺要求，对产品的收得率和废物产生数量具有直接的影响。

⑤产品。产品本身决定了生产过程，同时产品性能、种类的变化往往要求生产过程做出相应的调整，因而也会影响到污染物的种类和数量。此外，包装方式和用材、体积大小、报废后的处置方式以及产品储运和搬运过程等，都是在分析和研究产品相关的环境问题时应加以考虑的因素。

⑥管理。加强管理是企业发展的永恒主题，任何管理上的松懈和疏漏，如岗位操作过程不够完善、缺乏有效的奖惩制度等，都会影响到废物的产生。

⑦员工。任何生产过程，无论其自动化程度多高，从广义上讲，均需要人的参与，因而员工素养的提高和积极性的激励，也是有效控制生产过程废物产生的重要因素。缺乏专业技术人员、缺乏熟练的操作工人和优良的管理人员，以及员工缺乏积极性和进取精神等都可能导致废物的增加。

⑧废物。废物本身所具有的特性和状态直接关系到它是否可再用和循环使用，只有当它离开生产过程才成为废物，否则仍为生产过程中的有用物质，应尽可能回收，以减少废物排放的数量。不得不产生的废物，要优先采用回收和循环使用措施，最后剩余部分经环境安全处置后向环境排放。

清洁生产审核促进企业清洁生产，其目的仍是“节能、降耗、减污、增效”。

3.2.2 清洁生产审核分类

对生产经营者（一般是企业）的清洁生产要求分为指导性要求、强制性要求和自愿性规定三种类型。其中，指导性的要求不附带法律责任。属于此类要求的法律规定包括有关建设和设计活动优先考虑采用清洁生产方式；按照清洁生产要求进行技术改造；普通企业的清洁生产审核等。自愿性的规定主要是鼓励企业自愿实施清洁生产，改善企业及其产品的形象，相应可以依照有关规定得到奖励和享受政策优惠。属于此类的规定包括企业自愿申请环境管理体系认证等。强制性的要求规定了生产经营者必须履行的义务。其中包括对部分产品和包装物要进行标识和强制回收；部分企业要进行强制性的清洁生产审核；对污染严重的企业要按照环境保护部的规定公布主要污染物排放情况等。

《清洁生产促进法》关于指导性的要求比重较大，强制性规范比重较小，这样设计突出了“促进法”的特点，淡化了行政强制性色彩，以利于引导、规范生产经营者实施清洁生产。《清洁生产促进法》鼓励企业在污染物排放达到国家和地方规定的排放标准的基础上，可以自愿与有管辖权的经济贸易行政主管部门和环境保护行政主管部门签订进一步节约资源、削减污染物排放量的协议。该经济贸易行政主管部门和环境保护行政主管部门应当在当地主要媒体上公布该企业的名称以及节约资源、防治污染的成果。《清洁生产促进法》规定：“国家建立清洁生产表彰奖励制度。对在清洁生产工作中做出显著成绩的单位和个人，由人民政府给予表彰和奖励。”《清洁生产促进法》还规定：“在依照国家规定设立的中小企业发展基金中，应当根据需要安排适当数额用于支持中小企业实施清洁生产。”《清洁生产促进法》还规定：“企业用于清洁生产审核和培训的费用，可以列入企业经营成本。”

国家发改委、环境保护部联合发布的《清洁生产审核办法》规定，清洁生产审核的对象是企业，审核采取自愿审核与强制审核相结合的办法。对污染物排放达到国家和地方规定的排放标准以及总量控制指标的企业，可按照自愿的原则开展清洁生产审核；而对于污染物排放超过国家和地方规定的标准或者总量控制指标的企业，以及使用有毒、有害原料进行生产或者在生产中排放有毒、有害物质的企业，应依法强制实施清洁生产审核。重点企业是指《清洁生产促进法》中规定的应当实施清洁生产审核的企业，包括污染物超标排放或者污染物排放总量超过规定限额的污染严重企业，生产中使用或排放有毒有害物质的企业。有毒有害物质是指被列入《危险货物品名表》（GB 12268）、《危险化学品名录》《国家危险废物名录》和《剧毒化学品目录》中的剧毒、强腐蚀性、强刺激性、放射性（不包括核电设施和军工核设施）、致癌、致畸等物质。

根据有关法律法规和通知精神，各地方环境保护主管部门颁布清洁生产审核实施细则，鼓励企业自愿开展清洁生产审核，企业可自愿组织实施清洁生产审核，提出进一步节约资源、削减污染物排放量的目标；企业组织实施清洁生产审核，经验收合格的，清洁生产审核费用由地方政府财政给予相应补贴；对于企业清洁生产中、高费项目，地方政府财政给予适当资金补助。如《北京市清洁生产审核实施细则》规定：污染物排放达标，清洁生产审核工作通过验收，并且清洁生产方案实施之后，成效显著的企业，或清洁生产水平达到国际或国内领先的企业，由市发展改革委、市环保局联合对其进行表彰和奖励，命名为“清洁生产先进企业”，在市级媒体上公布。

3.2.3 清洁生产审核程序

根据联合国环境规划署对清洁生产的定义和内涵解释，可以将清洁生产审核划分为 7 个阶段：筹划与组织、预评估、评估、方案产生与筛选、可行性分析、方案实施、持续清洁生产。

根据国家发改委和环保部《清洁生产审核办法》，按上述清洁生产审核的思路，整个清洁生产审核过程可分解为具有可操作性的 6 个步骤，或者称为清洁生产审核的 6 个阶段。这种审核阶段划分思路更清晰，更具可操作性，便于开展工作。清洁生产审核程序见图 3-2。

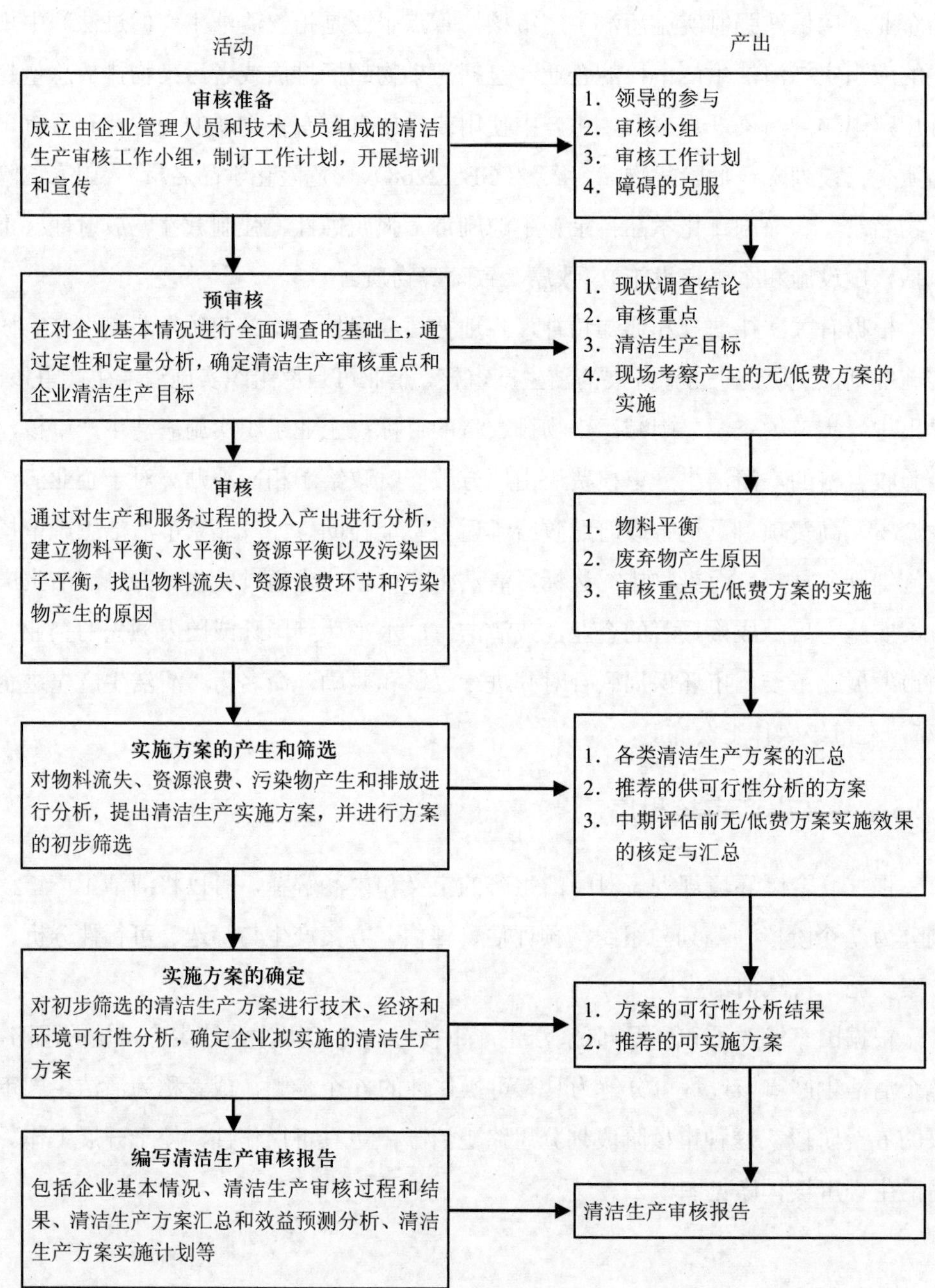

图 3-2　清洁生产审核程序

3.2.3.1　审核准备

审核准备是企业进行清洁生产审核工作的第一个阶段。目的是通过宣传和培训，使企业的领导和职工对清洁生产有一个初步的、正确的认识，消除思想上和观念上的障碍；了解企业清洁生产审核的工作内容、要求及其工作程序。

审核准备阶段工作的重点是：①取得企业高层领导的支持和参与；②组建清洁生产审核小组；③制订工作计划和宣传清洁生产思想。

（1）领导支持和全员参与

清洁生产审核是一件综合性很强的工作，涉及企业的各个部门，而且随着审核工作阶段的变化、参与审核工作的部门和人员可能也会变化，因此，只有取得企业高层领导的支持和参与，由高层领导动员并协调企业各个部门乃至全体职工积极参与，审核工作才能顺利进行。高层领导的支持和参与还是使审核过程中提出的清洁生产方案符合实际、容易实施的关键。一轮成功的清洁生产审核可以给企业带来“节能、降耗、减污、增效”的好处（见表 3-1），这是企业高层领导支持和参与清洁生产审核的动力和重要前提。

表 3-1　清洁生产审核效益分析

经济效益	环境效益	无形资产	技术进步
1. 由于减少废弃物所产生的综合经济效益 2. 无/低费方案的实施所产生的经济效益	1. 对企业实施更严格的环境要求是国内外大势所趋 2. 提高环境形象是当代企业的重要竞争手段 3. 清洁生产是国内外大势所趋 4. 清洁生产审核尤其是无/低费方案可以很快产生明显的环境效益	1. 无形资产有时比有形资产更有价值 2. 清洁生产审核有助于企业由粗放型经营向集约型经营过渡 3. 清洁生产审核是对企业领导加强本企业管理的一次有力支持 4. 清洁生产审核是提高劳动者素质的有效途径	1. 清洁生产审核是一套包括发现和实施无/低费方案，以及产生、筛选和逐步实施技改方案在内的完整程序，鼓励采用节能、低耗、高效的清洁生产技术 2. 清洁生产审核的可行性分析，使企业的技改方案更加切合实际，并充分利用国内外最新信息

（2）组建审核小组

组建审核小组，对审核工作制订内容和计划，为审核工作的顺利开展奠定基础是开展审核工作的关键。这样审核小组成员在审核工作时间上才能给予保证。

推荐审核小组组长是组建审核小组的关键，审核小组的组长是审核小组的核心。组长应具备的条件一般是：①具备企业的生产、工艺、管理与新技术的知识和经验；②掌握污染防治的原则和技术，并熟悉有关的环保法规；③了解审核工作程序，熟悉审核小组成员情况；④具备领导和组织工作的才能，并善于和其他部门合作等。审核小组组长一般由企业高层领导担任，可以推荐一位至若干位企业高层领导担任，但是各位领导在审核工作时间投入方面要有保障。

推荐审核小组成员也是组建审核小组的关键，审核小组的成员是审核工作的主要力量。审核小组成员应具备的条件一般是：①具备企业清洁生产审核的知识和工作经验；②掌握企业的生产、工艺、管理等方面的情况及新技术信息；③熟悉企业的废弃物产生、治理和管理情况以及国家和地区环保法规和政策等；④具有宣传、组织工作的能力和经验。审核小组成员一般由企业的生产车间、设备、财务、安全与环保、仓储、原辅料采购等部门负责人组成。

审核小组成员及其职责分工可制成表格，由企业办公室等行政部门任命，并在企业内部公布。审核小组成员及职责分工见表 3-2。

表 3-2　某公司清洁生产审核小组成员名单

序号	姓名	职务	部门	专业	职责	投入时间
1	郑××	组长	副总经理	××	组织和协调厂各部门工作，负责审核小组的全面工作	按需投入
2	林××	副组长	生产总监	××	组织协调各阶段的工作，全面推进清洁生产	按需投入
4	唐××	成员	财务部经理	××	负责所在部门的资料收集及审核工作、方案的经济可行性评估、经费管理	全程投入
5	黄××	成员	车间主任	××	负责本部门合理化建议的收集、方案实施、物料平衡、水平衡、清洁生产方案的技术可行性评估	全程投入

序号	姓名	职务	部门	专业	职责	投入时间
6	吴××	成员	仓库主管	××	负责本部门合理化建议的收集、方案实施及审核其他相关工作	全程投入
7	黄××	成员	办公室主任	××	负责现场调研、资料收集、分析、工作接洽	全程投入
8	高××	成员	设备主管	××	负责所在部门的资料收集及审核工作、清洁生产方案的技术可行性评估	全程投入
9	章××	成员	环保员	××	负责本部门合理化建议的收集、方案实施及审核其他相关工作	按需投入
…						

（3）制订工作计划

组成审核小组后，可以实质性开展清洁生产审核工作，首先应及时编制工作计划表，组织好人力物力各司其职，协调配合，该表包括审核过程的所有主要工作，包括这些工作的内容、进度、负责人姓名、参与部门名称、参与人姓名等。清洁生产审核工作计划见表3-3。

表3-3 某公司清洁生产审核工作计划

阶段	工作内容	完成时间	负责部门	考核部门及考核人
审核准备	1．取得领导支持 2．组建审核小组 3．制订工作计划 4．开展宣传教育	××××年××月	审核小组、咨询机构	组长、副组长
预审核	1．进行现状调研和现场考察 2．企业的生产现状 3．评价产污排污状况 4．确定审核重点 5．设置清洁生产目标 6．提出和实施无/低费方案	××××年××月	审核小组、咨询机构	组长、副组长
审核	1．准备审核重点概况 2．实测输入、输出物流 3．物料平衡分析 4．废物产生原因分析 5．提出和实施无/低费方案	××××年××月	审核小组、咨询机构	审核小组、审核重点车间人员

阶段	工作内容	完成时间	负责部门	考核部门及考核人
实施方案的产生和筛选	1．全面、系统产生方案 2．分类汇总方案 3．筛选方案 4．研制方案 5．继续实施无/低费方案 6．核定并汇总无/低费方案实施效果 7．编写清洁生产的中期审核报告	××××年××月	审核小组、咨询机构	审核小组
实施方案的确定	1．中高费方案可行性分析 （1）进行市场调查 （2）进行技术评估 （3）进行环境评估 （4）进行经济评估 （5）推荐可实施方案 2．方案的实施 （1）组织方案实施 （2）汇总已实施的无/低费方案的成果 （3）验证已实施的中/高费方案的成果 （4）分析总结已实施方案对企业的影响	××××年××月	公司领导、审核小组、咨询机构	公司领导、审核小组组长
编制清洁生产审核报告	1．完善清洁生产组织 2．建立和完善清洁生产管理制度 3．制订持续清洁生产方案实施计划 4．编写清洁生产审核报告	××××年××月	审核小组、咨询机构	审核小组、咨询机构

（4）开展全员培训和宣传教育

为了使企业领导和员工对清洁生产有一个比较全面、正确的认识，了解国家和地方行政管理部门对清洁生产的相关要求以及企业清洁生产审核的工作程序和内容等，消除思想上和观念上的障碍，还应开展清洁生产培训和宣传教育活动。

广泛开展宣传教育活动，争取企业内各部门和广大职工的支持，尤其是现场操作工人的积极参与，是清洁生产审核工作顺利进行和取得更大成效的必要条件。通过清洁生产培训和宣传教育，受培训和受教育者系统学习清洁生产及清洁生产审核的相关内容。

清洁生产审核培训和宣传教育主要内容一般包括：①清洁生产及清洁生产审核的基本知识，如包括清洁生产的概念、意义、相关法律法规要求，基本过程等。②审核准备的相关知识，如组建审核小组的原则与做法、如何制订审核工作计划、进行清洁生产知识宣贯的方式等。③预审核的相关知识，如如何进行现状调研和现场考察；如何评价产污、排污状况；如何确定审核重点、制定目标；从哪些方面提出方案等。④审核的相关知识，如物料实测的要求；如何建立物料平衡和水平衡、分析废物产生原因；继续提出和实施清洁生产方案的过程等。⑤实施方案的产生和筛选的相关知识，如全面、系统产生方案的原则；如何筛选、分类汇总方案；核定并汇总无/低费方案实施效果的一般要求等。⑥实施方案的确定的相关知识，如如何对备选中/高费方案进行技术评估、环境评估和经济评估等。⑦编写清洁生产审核报告的相关知识，如如何总结清洁生产审核过程，如何统计已实施方案的效果，如何编写清洁生产审核报告。⑧清洁生产审核成功的案例分析等。

经过清洁生产培训和宣传教育，企业的中高层领导应该对清洁生产有了更深刻的了解和理解，生产一线人员对清洁生产也有了一定的认识。同时可在全企业范围内发放清洁生产方案合理化建议表，组织员工从原辅材料和能源、工艺技术、生产设备、过程控制、产品、废物、员工、管理 8 个方面提出清洁生产合理化建议。还可采用召开现场座谈会等办法分析讨论、征求清洁生产方案。此外，还可通过公司宣传专栏、黑板报、各级会议等宣传手段在全公司范围内开展广泛宣传，内容可包括清洁生产促进法、国家和行业相关政策法规、企业如何开展清洁生产审核、企业实施清洁生产的重要意义等。

3.2.3.2　预审核

预审核是清洁生产审核的第二阶段，目的是对企业全貌进行调查，分析和发现清洁生产的潜力和机会，从而确定本轮审核的重点。本阶段工作重点是：①评价企业的产污排污状况；②确定审核重点；③设置清洁生产目标；④提出清洁生产无/低费方案。

预审核工作从生产全过程出发，对现状进行调研和考察，摸清污染现状和产污环节，并通过定性比较或定量分析，确定审核重点。预审核工作主要包括：

（1）企业生产状况分析

对企业各个方面的情况进行摸底调查是预审核的第一步，为了在较短的时间内了解企业生产现状的基本情况，审核小组应收集企业现有的各项资料，主要包括：①企业简介，地理位置（含地理图件）；②企业产品构成（必要时列表），人员构成，组织机构图；③企业原辅材料、能源消耗情况（必要时列表）；④企业各车间生产工艺流程图（在此基础上重新绘制产污环节图），各车间主要生产设备（列表）；⑤企业“三废”处理设施及环境保护情况（必要时列表）、配套工程（供水、排水、供电、应急预案及其设备）情况（必要时列表）。通过资料收集，审核小组应掌握企业的主要产品以及原辅材料、能源的消耗、主要生产设备、各车间的简单工艺流程等企业生产基本信息，为现场调查核实奠定基础。其中生产设备如果是高能耗设备，应与工信部《高耗能落后机电设备（产品）淘汰目录》各批次目录比对，判断是否属于淘汰类设备，如果涉及淘汰类设备，应进行更新。企业有燃煤锅炉的，可一并收集燃煤的煤质检测报告，并列表。见表3-4～表3-9。

表3-4 某公司近3年产品种类产量情况

生产线	序号	产品名称	规格	近3年产量				近3年产值/万元			产值占总产值的比例/%		
				单位	2015年	2016年	2017年	2015年	2016年	2017年	2015年	2016年	2017年
糖浆	1	小儿止咳糖浆	100 mL×100盒	万瓶									
	…												
	合计			万瓶									
搽剂	1	白花油	5 mL×480盒	万瓶									
	…												
	合计			万瓶									

表 3-5　某公司近 3 年主要原辅料消耗情况

序号	产品名称	原辅料名称	近 3 年消耗量				近 3 年单位产品消耗量			
			单位	2015 年	2016 年	2017 年	单位	2015 年	2016 年	2017 年
一、口服液										
1	复方甘草口服液	甘草流浸膏	L				L/t			
		阿片酊	L				L/t			
		愈创甘油醚	kg				kg/t			
		八角茴香油	L				L/t			
		甘油	kg				kg/t			
		樟脑	kg				kg/t			
		苯甲酸	kg				kg/t			
		乙醇	L				L/t			
…		…	…							

表 3-6　某公司近 3 年主要能耗情况

指标	近 3 年消耗量				近 3 年单位产品能耗			
	单位	2015 年	2016 年	2017 年	单位	2015 年	2016 年	2017 年
总用水量	万 m^3				m^3/t			
生产用水量	万 m^3				m^3/t			
生活用水量	万 m^3				m^3/t			
电耗	万 kW·h				kW·h/t			
煤耗	t/a				t/t			
蒸汽用量	t/a				t/t			

表 3-7 某公司主要设备

使用点	序号	设备名称	型号	数量/台	安装点	是否淘汰类*
提取车间	1	自控粉碎机组	ZKF-200	1	磨粉间	否
	2	自控粉碎机组	ZKF-400	2		否
	3	真空干燥器	FZG-15	1	干燥间	否
	4	双效节能浓缩器机组	SXZ-2000	2	提取间	否
	5	真空减压浓缩机组	ZNZ2.5	2		否
	6	醇沉罐	JC-3000	6		否
	7	渗漉罐	SL-800	4		否
	8	多功能提取罐	TG-3000	6		否
	9	压滤机	XMJ630-30U	1		否
	10	洗药机	XY-TF720	1	洗药间	否
	11	旋料式切片机	QXL-250	1	切药间	否
	12	切药机	D74-10	1		否
	13	桶式炒药机	CYY-750	1	炒药间	否
	14	热风循环烘箱	CT-HW-IV	1	烘房	否
…						

* 高能耗设备根据工信部《高耗能落后机电设备（产品）淘汰目录》。

表 3-8 某公司燃煤的工业分析成分 单位：%

名称	水分	灰分	挥发分	固定碳	硫	氢含量	高位热值/（kJ/kg）	低位热值/（kJ/kg）	产地
含量									

表 3-9 某公司主要环境应急设施及装备

单元	装备物资名称	单位	数量	用途或功能
××车间	消防栓	个		风险防范
	消防水带	根		
	各种型号灭火器	只		
全公司	环境事故应急池	500 m^3		

车间的生产工艺流程与产污环节见图 3-3。

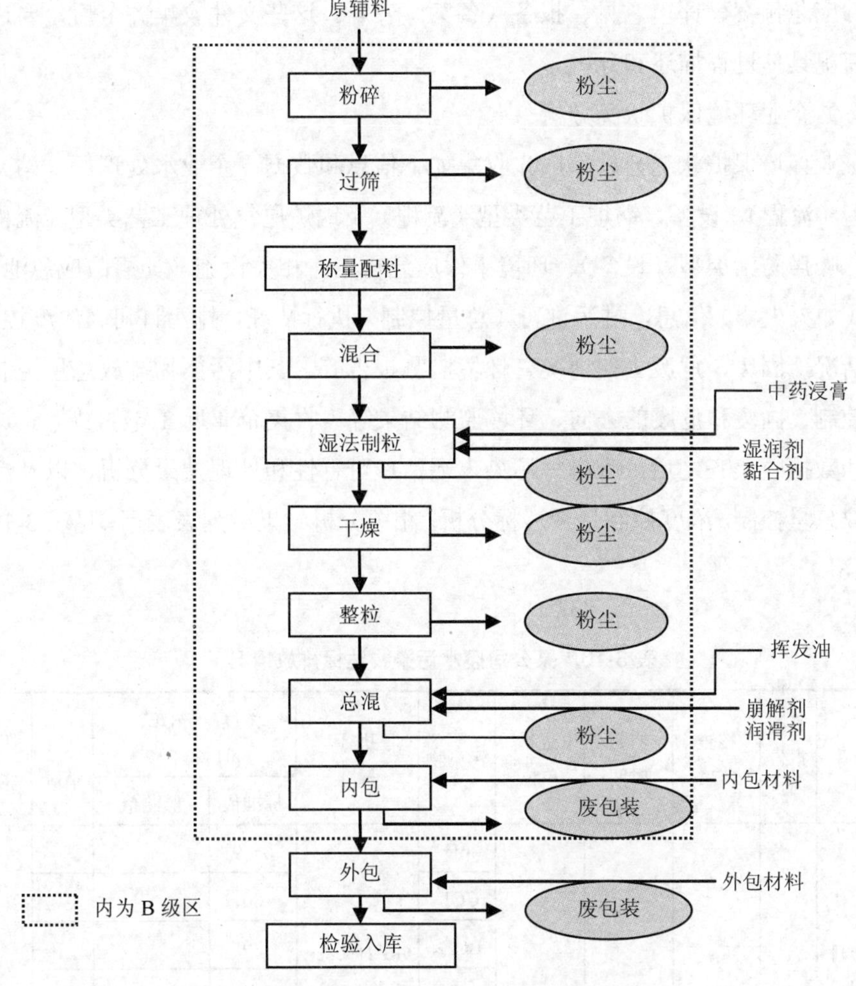

图 3-3　某公司生产工艺流程与产污环节

（2）企业环保法律法规执行情况分析

企业环保法律法规执行情况分析一般先收集如下文件：企业项目建设环评报告书（表），主管环保部门对环评预审、批复，环保竣工验收监测报告，环保竣工验收批文，企业排污许可证，近几年环境监测报告，固废、危废委托处理处置技术服务合同，危废处置单位的资质证明，危废转移联单，危废转移台账，企业环境事件应急预案、评审意见、报备（备案）表等。这些文件收集齐全后，要进行执行情况具体过程描述和分析。

（3）企业环境保护状况分析

企业环境保护状况分析一般先收集如下信息和数据：企业水处理厂（站）工艺类型（流程）、设备，锅炉工艺类型（流程）及锅炉尾气处理工艺类型（流程）、设备，噪声防治类型（设备）、环境事件应急预案、相关设施（如事故应急池）、设备（如灭火器）信息，排污许可（总量控制）执行情况，排污许可（浓度控制）执行情况，固废、危废去向情况，环境监测报告等。其中污染物排放总量控制、浓度控制、固废和危废的去向、环境监测结果等需收集企业近 3 年的数据。这些信息和数据收集齐之后，应进行污染末端治理可行性和处理效果分析，以及污染物排放总量控制、浓度控制是否达标分析。相关分析结果可列表表示，见表 3-10～表 3-16。

表 3-10 某公司废水污染物达标排放情况

污染源	监测报告编号	核查年度	监测时间	监测单位	污染物	执行标准	浓度/（mg/L，pH 除外）		达标情况	附件编号
							标准值	监测值		
污水总排放口					pH	GB 21908—2008 表 1	6～9			
					COD		80			
					BOD_5		20			
					氨氮		15			
					总磷		1.0			
					总氮		30			
…										

表 3-11　某公司废气污染物达标排放情况

污染源	监测报告编号	核查年度	监测时间	监测单位	污染物	执行标准	浓度/（mg/m^3）		排放速率/（kg/h）		达标情况	附件编号
							监测值	标准值	监测值	标准值		
燃煤锅炉					烟尘	GB 13271—2001 中二类区Ⅱ时段标准	19	200	0.1	—	达标	附件 9
					SO_2		73	900	0.41	—		
					NO_x		103	—	0.64	—		
无组织排放												
污染源	报告编号	监测单位	监测时间	监测点位	污染物	执行标准	浓度				达标情况	附件编号
							监测值		标准值			
污水处理站					NH_3	GB 14554—93	0.04～0.06		1.5		达标	附件 9
					H_2S		0.005～0.006		0.06			

表 3-12　某公司噪声污染达标排放情况

监测点	监测报告编号	核查年度	监测时间	监测单位	执行标准	昼间噪声/dB（A）		夜间噪声/dB（A）		达标情况	是否扰民	附件编号
						监测值	标准值	监测值	标准值			
西南厂界					GB 12348—2008 中 2 类标准		60		50			
西厂界												
西北厂界												
北厂界												
东厂界												
南厂界												

表 3-13 某公司排污许可证（排污总量控制）执行情况

核查年度	许可证编号	有效期	污染物	许可排放量	实际排放量	是否满足排污许可证要求	附件编号
			SO_2				
			COD				
			氨氮				
			BOD_5				
			总磷				
			总氮				
…							

表 3-14 某公司废气污染源及防治设施

序号	废气产生设施或工序	排放源类型	主要废气污染物的名称	废气污染防治设施					排气筒高度/m
				设施名称	数量/套	工艺类型	处理能力/（m^3/h）	年运行时间/h	
1	前处理车间药材粉碎、过筛	有组织	粉尘	袋式除尘器	3	布袋除尘	2 000	1 200	气体送入回风系统，不外排
2	制剂车间混合工序	有组织	粉尘	袋式除尘器	2	布袋除尘	360	805	
…									

表 3-15 某公司噪声污染源及防治设施

序号	产生噪声设施或工序	主要噪声源设备	台数	降噪设施
1	螺杆空压机组	螺杆空压机组	1	基础减振、建筑物隔声
2	各种泵类	各种泵类	17	基础减振、建筑物隔声
3	通风、排尘、抽气	风机	6	基础减振、建筑物隔声
4	设备冷却	冷却塔	4	基础减振、建筑物隔声

表 3-16 某公司一般工业固体废物和危险废物处理处置设施

序号	产生固体废物设施或工序	固体废物名称	类别	处理处置方式	综合利用途径
1	前处理工序废药渣	废药渣	—	作为锅炉燃料掺烧	作为锅炉燃料掺烧
2	生产过程过滤废渣	废药渣	—		
3	包装工序	废包装	—	综合利用	外售给……公司
4	机修	少量废机油	危废	交由……公司处理	

（4）清洁生产水平评估

根据《清洁生产标准　制订技术导则》（HJ/T 425—2008）：企业清洁生产水平评估可与行业清洁生产标准比较，选择的行业清洁生产标准可以是国家标准或地方标准。行业内无清洁生产国家和地方标准的，对企业进行清洁生产水平评估时，可以通过行业内横向比较，设定清洁生产指标进行评估，或者进行企业内历年清洁生产水平比较，按清洁生产审核有关规定，设定清洁生产指标进行评估。无国家或地方行业清洁生产标准的，为了定量评价公司清洁生产水平，可参照《清洁生产评价指标体系编制通则》，结合行业清洁生产情况，制定评价指标项目、权重等指标体系，定量评价企业的清洁生产水平。评价后应明确得出企业清洁生产水平，以及企业清洁生产存在的问题和清洁生产潜力，为清洁生产目标设置奠定基础。

参照《清洁生产评价指标体系编制通则》，行业清洁生产评价指标体系框架见表 3-17。

表 3-17 ××行业清洁生产评价指标体系框架

序号	一级指标	一级指标权重	二级指标	单位	二级指标权重	Ⅰ级基准值	Ⅱ级基准值	Ⅲ级基准值	审核前公司的指标状况
1	生产及工艺装备指标	0.2	工艺类型	—	0.5	工艺布局先进	工艺布局合理，有安全节能工效	不采用已淘汰生产工艺	
2			装备设备	—	0.5	自动化程度高、有全面节能、节水措施	有集尘、酸雾收集系统	符合工业安全、卫生要求	
3	资源能源消耗指标	0.2	*单位产品综合能耗	tce/单位产品	0.4	3	6	9	
4			*单位产品取水定额	t/单位产品	0.3	30	40	50	
5			单位产品原辅料消耗	t/单位产品	0.3	3	4	5	
6	资源综合利用指标	0.2	工业用水重复利用率	%	0.5	75	55	35	
7			*金属铜回收利用率	%	0.5	95	93	90	
8	污染物产生指标	0.2	*单位产品废水产生量	t/单位产品	0.2	20	30	40	
9			*单位产品化学需氧量产生量	kg/单位产品	0.2	8	10	12	
10			*单位产品二氧化硫产生量	kg/单位产品	0.2	2	4	6	
11			*单位产品氨氮产生量	kg/单位产品	0.2	0.2	0.4	0.6	
12			*单位产品氮氧化物产生量	kg/单位产品	0.2	2	4	6	

序号	一级指标	一级指标权重	二级指标	单位	二级指标权重	Ⅰ级基准值	Ⅱ级基准值	Ⅲ级基准值	审核前公司的指标状况
13	产品特征指标	0.1	*Cu 含量（以 CuO 计）	%	0.4	98	96	94	
14			Fe 含量	%	0.2	0.001	0.005	0.009	
15			氯化物（以 Cl 计）	%	0.2	0.05	0.1	0.2	
16			盐酸不溶物	%	0.2	0.005	0.01	0.02	
17	清洁生产管理指标	0.1	清洁生产审核制度执行	—	0.2	积极落实环保管理部门清洁生产审核要求，按期、规范开展清洁生产审核工作			
18			清洁生产部门和人员配备	—	0.1	成立清洁生产审核办公室，成立清洁生产审核小组，组长、副组长和各成员分工合理、责任明确			
19			环境法律法规指标	—	0.1	符合国家和地方有关环境法律、法规、污染物排放达到国家和地方排放标准，总量控制指标和排污许可证要求			
20			生产过程环境管理	—	0.1	有工艺控制和设备操作文件；有针对生产装置突发损坏和对危险物、化学溶液应急处理措施的规定		无跑、冒、滴、漏现象，有维护保养计划与记录	
21			环境管理体系	—	0.1	建立 GB/T 14001 环境管理体系并被认证，管理体系有效运行；有完善的清洁生产管理规划，制订持续的清洁生产体系，完成国家的清洁生产审核		有环境管理和清洁生产管理规程，岗位职责明确	
22			废水处理系统	—	0.1	废水分类处理，有自动加料调节与监控装置，有废水排放量与主要成分自动在线监测装置		废水分类汇集处理，有废水分析监测装置，排水口有计量表具	
23			环保设施的运行管理	—	0.1	对污染物能在线监测，自有污染物分析条件，记录运行数据并建立环保档案，具备计算机网络化管理系统，废水在线监测装置经环保部门对比监测		有污染物分析条件，记录运行的数据	

序号	一级指标	一级指标权重	二级指标	单位	二级指标权重	Ⅰ级基准值	Ⅱ级基准值	Ⅲ级基准值	审核前公司的指标状况
24	清洁生产管理指标	0.1	危险废物管理	—	0.1	符合国家《危险废物贮存污染物控制标准》规定，危险品原料分类，有专门的仓库存放，有危险品管理制度，岗位职责明确		有危险品管理规程，有危险品管理场所	
25			废物存放和处置	—	0.1	做到国家相关管理规定，危险废物交有资质的专业单位回收处理，应制定并向所在地县级以上地方人民政府环境行政主管部门备案危险废物管理计划（包括减少危险废物产生量和危害性的措施及危险废物贮存、利用、处置措施），向所在地县级以上地方人民政府环境保护行政主管部门申报危险废物产生种类、产生量、流向、贮存、处置等有关资料。针对危险废物的产生、收集、贮存、运输、利用、处置，应当制定意外事故防范措施和应急预案。废物定置管理，按不同种类区别存放及标识清楚；无泄漏，存放环境整洁；如为可利用资源应无污染地回收处置；不能自行回用则交有资质专业单位处置，做到再生利用，没有二次污染			

注：带*的为限定性指标；

指标无量纲化：不同清洁生产指标由于量纲不同，不能直接比较，需要建立原始指标的隶属函数，见式（3-1）。

$$Y_{g_k}(x_{ij})=\begin{cases}100，x_{ij}属于g_k \\ 0，x_{ij}不属于g_k\end{cases} \tag{3-1}$$

式中，x_{ij}表示第 i 个一级指标下的第 j 个二级指标；g_k表示二级指标基准值，其中，g_1为Ⅰ级水平，g_2为Ⅱ级水平，g_3为Ⅲ级水平；$Y_{g_k}(x_{ij})$为二级指标 x_{ij}对于级别 g_k的隶属函数。

如公式所示，若指标 x_{ij}属于级别 g_k，则隶属函数的值为 100，否则为 0。

综合评价指数计算：通过加权平均、逐层收敛可得到评价对象在不同级别 g_k 的得分 Y_{g_k}，见式（3-2）。

$$Y_{g_k}=\sum_{i=1}^{m}w_i\left[\sum_{j=1}^{n_i}\omega_{ij}Y_{g_k}(x_{ij})\right] \tag{3-2}$$

式中，w_i 为第 i 个一级指标的权重，ω_{ij} 为第 i 个一级指标下的第 j 个二级指标的权重，权重可由专家咨询法（Delphi 法）或层次分析法确定。其中，$\sum_{i=1}^{m}w_i=1$，$\sum_{j=1}^{n_i}\omega_{ij}=1$，$m$ 为一级指标的个数；n_i 为第 i 个一级指标下二级指标的个数。

另外，Y_{g_1} 等同于 Y_{I}，Y_{g_2} 等同于 Y_{II}，Y_{g_3} 等同于 Y_{III}。

等级条件：

Ⅰ级清洁生产水平（国际清洁生产领先水平）应同时满足以下条件：$Y_{\mathrm{I}}\geqslant 85$，且限定性指标全部满足Ⅰ级基准值要求。

Ⅱ级清洁生产水平（国内清洁生产领先水平）应同时满足以下条件：$Y_{\mathrm{II}}\geqslant 85$，且限定性指标全部满足Ⅱ级基准值要求及以上。

Ⅲ级清洁生产水平（国内清洁生产一般水平）应满足以下条件：$Y_{\mathrm{III}}=100$。

（5）确定审核重点

确定审核重点可先在所收集的数据资料进行整理、汇总，特别是生产过程的各消耗指标进行分析的基础上，列出企业清洁生产存在的主要问题，从企业现状确定筛选备选审核重点。备选审核重点的原则是：①污染严重的环节或部位；②能源消耗大的环节或部位；③环境及公众压力大的环节或问题；④在区域环境质量改善中起重大作用的环节；⑤一旦采取措施，容易产生显著环境效益与经济效益的环节；⑥有明显的清洁生产机会的环节。备选审核重点可以列表表示。

根据清洁生产审核的要求，结合企业生产现状、设备运行状况、污染物排放状况、清洁生产水平，以及从企业员工征集到的方案、意见和建议及发现的问题，清洁生产审核小组要通过讨论、协商确定清洁生产审核重点。确定审核重点，要严格对照“节能、降耗、减污、增效”的目的，将需要作为审核重点的车间或工段作为审核重点。

确定审核重点可以采用比较法、投票法，还可以采用权重总和计分排序法（简称权重总和法）。通常各要素权重取值为：废物，w=10；市场发展潜力，w=4～6；主要消耗，w=7～9；车间积极性，w=1～3；环保费用，w=7～9。例如，某企业利用权重总和法确定审核重点，见表 3-18。

表 3-18 某公司确定审核重点权重表

因素	权重值 w	备选审核重点得分					
		一车间		二车间		三车间	
		R	$R×w$	R	$R×w$	R	$R×w$
废物量	10	10	100	6	60	4	40
主要消耗	9	5	45	10	90	8	72
环保费用	8	10	80	4	32	1	8
废物毒性	7	4	28	10	70	5	35
市场发展潜力	5	6	30	10	50	8	40
车间积极性	2	5	10	10	20	7	14
总分Σ（$R×w$）			293		322		209
排序		2		1		3	

由权重表排序，二车间优先作为审核重点，其次是一车间，最后是三车间。

（6）设置清洁生产目标

设置清洁生产目标是通过设置定量化指标，使清洁生产审核真正得以落实，以达到节能、降耗、减污、增效的目的。同时，对于部分定性考核项目可以设置相应指标。通过定量和定性相结合的方式可以使清洁生产指标设置更加科学合理，具有更高的可操作性和实用性。设置的清洁生产目标需列表表示，见表 3-19。

企业生产产量或产值年际变动比较大的，一般以单位产品指标或每万元产值指标为项目设置清洁生产目标，这样较为科学、合理。如果企业年际生产产量或产值比较稳定的，可以直接将相关指标作为项目设置。

表 3-19　某公司清洁生产目标

<table>
<tr><th rowspan="2">序号</th><th colspan="2" rowspan="2">项目</th><th rowspan="2">现状（2017 年）</th><th colspan="2">近期目标（2018 年）</th><th colspan="2">远期目标（2020 年）</th></tr>
<tr><th>绝对量</th><th>相对量/%</th><th>绝对量</th><th>相对量/%</th></tr>
<tr><td>1</td><td colspan="2">每万元产值 SO_2 排放量/（kg/万元）</td><td></td><td></td><td></td><td></td><td></td></tr>
<tr><td>2</td><td colspan="2">每万元产值烟尘排放量/（kg/万元）</td><td></td><td></td><td></td><td></td><td></td></tr>
<tr><td>3</td><td colspan="2">每万元产值 NO_x 排放量/（kg/万元）</td><td></td><td></td><td></td><td></td><td></td></tr>
<tr><td>4</td><td colspan="2">每万元产值 COD 排放量/（kg/万元）</td><td></td><td></td><td></td><td></td><td></td></tr>
<tr><td>5</td><td colspan="2">每万元产值氨氮排放量/（kg/万元）</td><td></td><td></td><td></td><td></td><td></td></tr>
<tr><td rowspan="2">6</td><td rowspan="2">单位产品综合能耗</td><td>针剂/（tce/万瓶）</td><td></td><td></td><td></td><td></td><td></td></tr>
<tr><td>片剂/（kgce/万片）</td><td></td><td></td><td></td><td></td><td></td></tr>
</table>

（7）提出和实施明显易见的清洁生产方案

审核小组经过分类汇总收集到的清洁生产合理化建议，以及通过现状调研和现场考察，针对企业各个生产环节发现的一些问题，提出的措施可进行资金投入比较。如果这些措施无须投资或投资很少，容易在短期生效，可以让企业贯彻“边审核边实施”的原则，实施方案，滚动式地推进审核工作。这些无/低费方案需列表表示，见表 3-20。

表 3-20　某公司可行的无/低费方案汇总表

<table>
<tr><th>方案类型</th><th>方案编号</th><th>方案名称</th><th>主要内容</th><th>预计效益</th></tr>
<tr><td rowspan="2">原辅料及能源</td><td>1-1</td><td>选用更高质量的包装材料</td><td>选用更高质量的包装材料，如改善包装物的包袋、运输、储存，保证包装材料质量的稳定性</td><td>提高包装材料的利用，减少浪费，降低成本</td></tr>
<tr><td>...</td><td></td><td></td><td></td></tr>
<tr><td rowspan="2">技术工艺</td><td>2-1</td><td>冷却系统优化方案</td><td>优化提取冷却系统，提高效率，节能降耗</td><td>降低成本，节约水费：10 000 t/年×2.5 元/t=25 000 元/年</td></tr>
<tr><td>...</td><td></td><td></td><td></td></tr>
<tr><td rowspan="2">过程控制</td><td>3-1</td><td>加强计量检测方案</td><td>增加检测计量仪表</td><td>加强耗能的检测和分析</td></tr>
<tr><td>...</td><td></td><td></td><td></td></tr>
<tr><td rowspan="2">废物回收利用和循环使用</td><td>4-1</td><td>资源再利用方案</td><td>加强中药专项塑料袋的回收利用</td><td>减少或避免产生白色污染，节约费用 0.05 万元/年</td></tr>
<tr><td>...</td><td></td><td></td><td></td></tr>
</table>

方案类型	方案编号	方案名称	主要内容	预计效益
加强管理	5-1	生产安排合理化	加强信息交流，合理安排生产，加强交接班制度执行，避免电和热能的浪费	避免电和热能的浪费，节约电费 600 kW·h×0.7 元/kW·h=0.42 万元/年
	…			
员工素质的提高以及积极性的激励	6-1	员工培训	加强对员工操作技术、清洁生产知识的培训，提高员工素质、增强员工责任心	提高员工素质可产生较大的经济效益和环境效益 节约用水费：600 t×2.5 元/t=0.15 万元/年，节约电费 600 kW·h×0.7 元/kW·h = 0.42 万元/年，减少污染物排放
	…			
废物	7-1	化学试剂用完的空瓶收集	统一回收处理，由废品收购站收购	减少化学试剂空瓶的浪费，提高利用率
	…			
合计	…			经济效益：××万元

3.2.3.3 审核

审核是企业清洁生产审核工作的第三阶段。目的是通过审核重点的物料平衡，发现物料流失的环节，找出废弃物产生的原因，查找物料储运、生产运行、管理以及废弃物排放等方面存在的问题，寻找与国内外先进水平的差距，为清洁生产方案的产生提供依据。本阶段工作重点是实测输入、输出物流，建立物料平衡，分析废弃物产生原因。

（1）审核重点概况分析

备选作为审核重点的原则前文已述。在审核阶段，首先，要对审核重点车间或工段定员、工作班制等进一步分析，对设备应进一步详细清点，认真对照《高耗能落后机电设备（产品）淘汰目录》（第一批）、（第二批）、（第三批）、（第四批），排除落后设备清单。必要时，列表表示。其次，要对审核重点车间或工段的工艺流程进一步详细分析，工艺流程图以图解的方式整理、标示出工艺过程及进入和排出系统的物料、能源以及废弃物流的情况。通过工艺流程分析，掌握审核重点的工艺过程和输入、输出物流情况，为更充分地对审核重点进行实测和分析做准备。

进行审核重点的工艺流程分析时，应从工艺操作着手，根据审核需要，分别将各工艺流程分为几个主要单元操作。同时列出操作单元功能说明表。操作单元见表 3-21。

表 3-21　某公司中药材提取、浓缩工艺流程单元操作功能说明

单元操作名称	功能
渗漉	将适度粉碎的药材置于渗漉罐中，由上部不断添加溶剂，溶剂渗过药材层向下流动过程中浸出药材成分，收集渗漉液进入下一步浓缩操作单元
浸渍	属于静态提取方法，是在常温下或者加热的条件下在多功能提取罐中浸泡药材，使其所含的有效成分被浸出，浸泡后浸泡液回收进入下一步浓缩操作单元。中药的浸渍是溶剂进入药材，将有效成分从固相转移到液相的过程
…	…

（2）输入、输出物流（能流）测定

为了在审核阶段对审核重点做更深入、更细致的物料平衡和废弃物产生原因分析，必须实测审核重点的输入、输出物流，建立投入产出平衡。审核小组应根据企业审核重点的生产情况，合理安排输入、输出物流（能力）实测工作。安排实测工作前先做好实测准备表和实测数据表。实测准备表和实测数据表分别见表 3-22 和表 3-23。

表 3-22 某公司审核重点物流实测准备

序号	监测点位置及名称	监测项目及频次	
		项目	频次
1	中药材炮制工段	各原料、用水量	1 次/批
2	中药材提取工段	各原料、用水量、用乙醇量	1 次/批
3	中药材浓缩工段（水提醇沉、含醇提水沉）	各原料、用水量、用乙醇量	1 次/批

表 3-23 某公司审核重点物料实测数据表

生产线名称	输入项目	质量/t	输出项目	质量/t
氧化铜生产线	酸性蚀刻液		氧化铜	
	碱性蚀刻液		总铜	
	液碱		沉淀物	
	水		废水	
…				

（3）物料平衡、特征污染物平衡和水平衡分析

物料平衡即根据审核重点输入、输出数据汇总，绘制物料平衡图并进行物料平衡分析。物料平衡图见图 3-4。

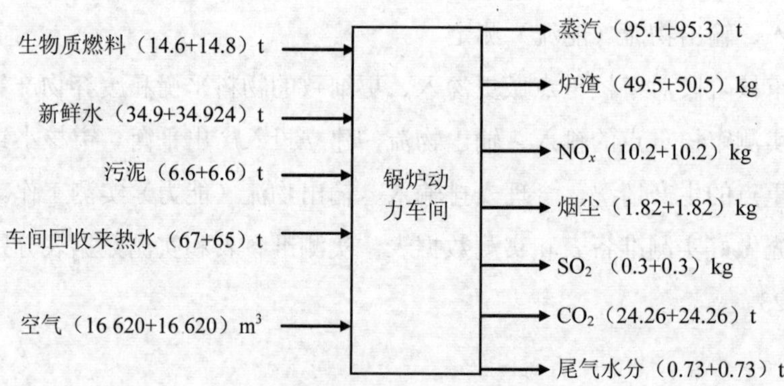

图 3-4 某公司锅炉动力车间物料平衡图

物料平衡的偏差计算：

先换算使用空气的含氧气量为：（16 620+16 620）×21%×32÷22.4÷1 000÷1 000=0.01（t），其中 21%为空气含氧气量（*v*/*v*），22.4 为标准状况每摩尔的 O_2 体积，估算过程忽略温度变化对体积的影响，不再引用克拉伯龙方程换算温度变化后的 O_2 摩尔体积。

再换算烟尘、NO_x、SO_2、炉渣的单位：[（0.3+0.3）+（10.2+10.2）+（1.82+1.82）+（49.5+50.5）] ÷1 000=0.125（t）。

总输入=生物质燃料+新鲜水+污泥+车间回收来热水+氧气量

=14.6+14.8+34.9+34.924+6.6+6.6+67+65+0.01=244.43（t）

总输出=蒸汽+SO_2+NO_x+烟尘+炉渣+CO_2

= 95.1+95.3+0.125+24.26+24.26+0.73+0.73=240.51（t）

$$偏差=\frac{总输入-总输出}{总输入}\times 100\%=\frac{244.43-240.51}{244.43}\times 100\%=1.63\%$$

物料相对偏差为 1.63%＜5%，说明物料实测结果在可接受的范围内。

物料流失分析：根据现场考察和实测输入、输出物流及物料平衡的结果，主要物料流失来源于：生物质燃料的含碳、含氢、含氮、含硫的转化物及烟尘，通过各种办法进行了估算，但可能估算偏低。

对于企业的特征污染物平衡，其原理和物料平衡分析方法相似，根据物料输入、输出的实测数据，绘制特征污染物平衡图，并分析其偏差范围。特征污染物平衡图见图 3-5。

特征污染物的偏差计算：

总输入= 酸性蚀刻液中的铜+碱性蚀刻液中的铜

=3.78×0.14+9.52×0.13=0.529 2+1.237 6=1.766 8（t）

总输出=氧化铜中的铜+废水中的铜+沉淀物中的铜

=2.175×0.8+78×5×10^{-7}+0.032×64÷98

=1.74+0.000 041+0.020 898

=1.760 9（t）

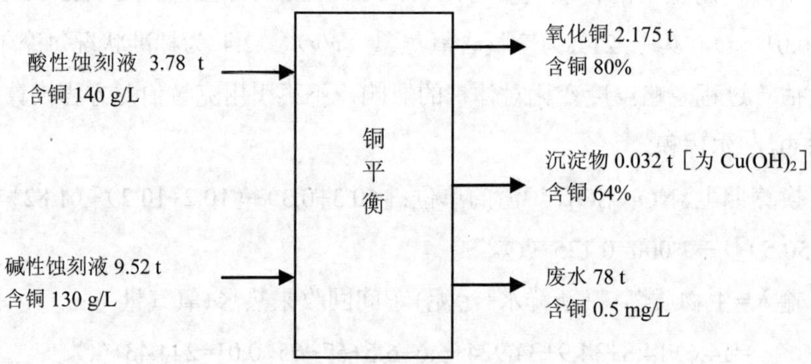

图 3-5 某公司氧化铜生产线特征污染物平衡图

$$\text{偏差}=\frac{\text{总输入}-\text{总输出}}{\text{总输入}}\times 100\%=\frac{1.7668-1.7609}{1.7668}\times 100\%=0.33\%$$

物料相对偏差为 0.33%＜5%。说明物料实测结果在可接受的范围内。

通过水平衡图分析，可以核定企业废水排放情况，评价企业用水及其水资源利用水平，从而提出节水合理化建议。清洁生产审核步骤中，应对企业水平衡进行分析，根据企业实际情况绘制水平衡图。水平衡图的单位可以是 t/d 或 t/a。水平衡图见图 3-6。

从该公司水平衡图可见，该公司水的工业重复利用率不高，卫生清洁用水量较大，这两方面在清洁生产审核中应该予以高度重视。

（4）污染物排放现状原因分析

通过审核重点的物料平衡、特征污染物平衡和水平衡分析，结合预审核阶段工作结果，对审核重点的生产过程进行污染物排放现状原因分析。可从原辅材料和能源、技术工艺、设备、过程控制、产品、废物特性、管理和员工等方面进行污染物排放原因分析，并列表汇总。企业污染物排放原因分析见表 3-24。

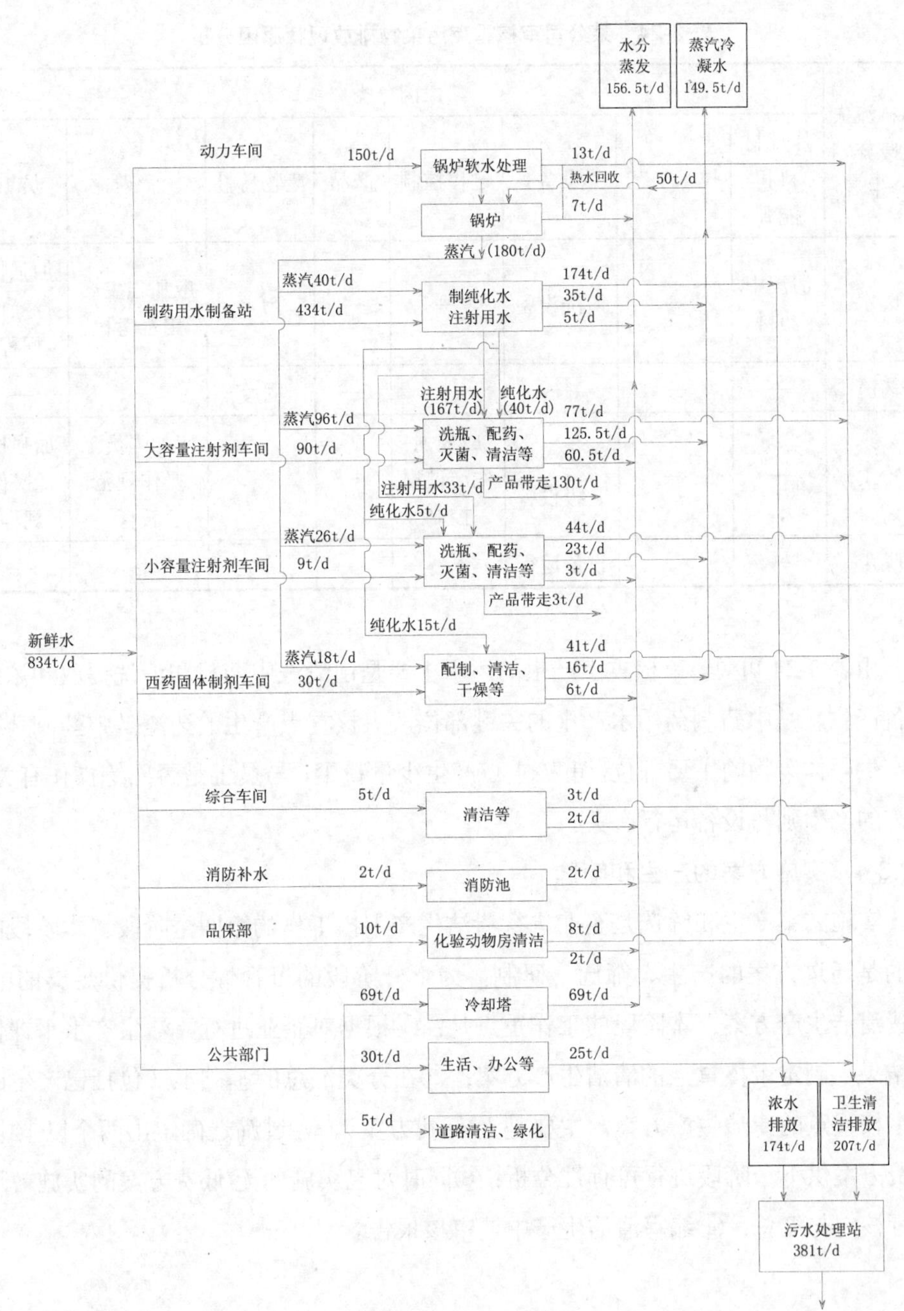

水分
蒸发
156.5t/d
蒸汽冷
凝水
149.5t/d
动力车间
150t/d
锅炉软水处理
13t/d
热水回收
50t/d
锅炉
7t/d
蒸汽
(180t/d)
蒸汽40t/d
制药用水制备站
434t/d
制纯化水
注射用水
174t/d
35t/d
5t/d
注射用水
(167t/d)
纯化水
(40t/d)
蒸汽96t/d
大容量注射剂车间
90t/d
洗瓶、配药、
灭菌、清洁等
77t/d
125.5t/d
60.5t/d
产品带走130t/d
注射用水33t/d
纯化水5t/d
蒸汽26t/d
小容量注射剂车间
9t/d
洗瓶、配药、
灭菌、清洁等
44t/d
23t/d
3t/d
产品带走3t/d
纯化水15t/d
新鲜水
834t/d
蒸汽18t/d
西药固体制剂车间
30t/d
配制、清洁、
干燥等
41t/d
16t/d
6t/d
综合车间
5t/d
清洁等
3t/d
2t/d
消防补水
2t/d
消防池
2t/d
品保部
10t/d
化验动物房清洁
8t/d
2t/d
69t/d
冷却塔
69t/d
公共部门
30t/d
生活、办公等
25t/d
5t/d
道路清洁、绿化
浓水
排放
174t/d
卫生清
洁排放
207t/d
污水处理站
381t/d

图3-6　某公司水平衡图

表 3-24 某公司审核重点污染物排放现状原因分析

物料流失及废弃物产生源	原因分类							
	原辅材料和能源	技术工艺	设备	过程控制	产品	废物特性	管理	员工
废水	清洗中药材	—	清洗设备	—	—	污水	应加强生产用水考核	加强执行操作规程
药渣	—	—	—	—	—	固废	—	—
粉尘	—	—	应进一步升级设备	应加强生产过程控制	—	—	应加强员工操作规范教育	加强执行操作规程
噪声	—	—	设备运行	—	—	—	—	—

由表 3-24 可见，审核重点产生的污水主要是由清洗中药材和清洗提取和浓缩设备产生，是中药制药污水产生的关键部位，审核重点产生的药渣是中药制药行业产生固体废物的主要部位，审核重点产生少量粉尘，与员工是否熟练操作有关，噪声的产生则与设备运行有关。

3.2.3.4 实施方案的产生和筛选

实施方案产生和筛选是企业进行清洁生产审核工作的第四个阶段。本阶段的目的是通过方案的产生、筛选、研制，为下一阶段的可行性分析提供足够的中/高费清洁生产方案。本阶段的工作重点是：①根据对企业进行清洁生产水平评估的结果，制定审核重点的清洁生产方案；②在分类汇总的基础上（包括已产生的非审核重点的清洁生产方案，主要是无/低费方案），经过筛选确定出两个以上中/高费方案供下一阶段进行可行性分析；③同时对已实施的无/低费方案的实施效果进行核定与汇总；④编写清洁生产中期审核报告。

（1）实施方案的产生、汇总

实施方案的产生首先应该建立在对企业员工广泛采集的基础上。应该在全公司范围内通过宣传栏、知识竞赛、制定奖励措施等各种渠道和多种形式，进行清洁生产宣传动员，倡导全员参与，发放《清洁生产合理化建议表》，鼓励员工提出清洁生产方案或合理化建议，促使公司全员参与清洁生产审核活动，集思广益，也在公司例行检查中大力推动清洁生产，各级主管部门、各分厂、车间都发动起来，提出清洁生产方案或合理化建议。清洁生产合理化建议见表 3-25。

表 3-25　某公司清洁生产合理化建议表

姓名		部门		填表时间	
合理化建议：					
建议针对的清洁生产问题：					
方案的环境、技术、经济效益简要分析：					
清洁生产审核咨询机构					

其次，审核小组应进行物料平衡或废物产生原因分析，为清洁生产方案的产生提供依据。同时鼓励各个分厂/车间也针对这两方面积极探索，提出大量的清洁生产方案。

再次，审核小组应组织行业专家或工程技术人员进行技术咨询、启发思路、帮助企业清洁生产审核工作向深度和广度推进。

最后，全面系统地产生和汇总清洁生产方案。清洁生产涉及企业生产和管理的各个方面，虽然物料平衡、水平衡和废物产生原因分析将大大有助于方案的产生，但是在其他方面可能也存在着一些清洁生产机会，清洁生产方案的数量、质量和可实施性直接关系到企业清洁生产审核的成效。

对所有的清洁生产方案，不论已实施的还是未实施的，不论是否属于审核重点的，均可按原辅材料替代和能源节约、技术工艺改造、设备维护和更新、过程优化控制、产品品质改进、废物回收利用和循环使用、加强管理、员工素质的提高以及积极性的激励等进行初步筛选。初步筛选时要对已产生的所有清洁生产方案进行简单检查和评估，从而分出可行的无/低费方案、初步可行的中费方案和不可行方案三大类。其中，可行的无/低费方案可立即实施；初步可行的中/高费方案供下一步进行研制和进一步筛选；不可行的方案则搁置或否定。

方案的初步筛选主要考虑技术可行性、环境效果、经济效益、实施难易程度以及对生产和产品的影响等几个方面。

①技术可行性：主要考虑该方案的成熟程度，如是否已在企业内部其他部门采用过或同行业其他企业采用过，以及采用的条件是否基本一致等。

②环境效果：主要考虑该方案是否可以减少废弃物排放的数量，是否能改善工人的操作环境等。

③经济效果：主要考虑投资费用能否承受得起，是否有经济效益，能否减少废弃物的处理处置费用等。

④实施的难易程度：主要考虑是否在现有的场地、设备、设施、技术人员等条件下即可实施或稍作改进即可实施，实施的时间长短等。

⑤对生产和产品的影响：主要考虑方案的实施过程中对企业正常生产的影响程度以及方案实施后对产量、质量的影响。

方案汇总见表 3-26。

表 3-26　某公司清洁生产审核方案汇总

方案类型	方案编号	方案名称	方案简介	预计投资/万元	预计效益	
					环境效益	经济效益/（万元/年）
原辅料及能源	1-1					
	…					
技术工艺	2-1					
	…					
过程控制	3-1					
	…					
废物回收利用和循环使用	4-1					
	…					
加强管理	5-1					
	…					
员工素质的提高以及积极性的激励	6-1					
	…					
废物	7-1					
	…					
合计						

在此阶段，审核小组可对预审核和审核阶段所进行的无/低费方案实施成效汇总、核对、分析。

（2）实施中/高费方案筛选

审核小组对产生的中/高费方案从技术可行性、环境效果、经济效益、实施难易程度以及对生产和产品的影响等几个方面进行评估，从而初步确定可行的中/高费方案，并列表。

（3）实施方案研制

在中/高费方案筛选的基础上，对中/高费方案进一步研制。实施方案研制主要是对方案的技术原理、设备、投资及效益进行工程化分析。对研制结果编制方案说明表见表 3-27。

表 3-27 某公司清洁生产中/高费方案说明

方案名称	更新乙醇回收塔
要点	将现有的乙醇回收装置更新为 JH-500 乙醇回收装置
主要设备	JH-500 乙醇回收装置（武汉制药有限公司供货）
主要技术经济指标（包括费用及效益）	当酒精作为回流浓缩的溶剂后，浓度大大下降，并含有大量药渣和其他杂物。该设备用于回收酒精，不但能清除母液中的药渣和其他杂质，并能将酒精含量提高到一定的程度。当稀酒精浓度为 45%左右时，通过酒精回收塔，其浓度可提高到 95%左右，残液排放含醇度低，符合环保要求。酒精回收塔由再沸器、酒精回收塔、冷凝器、冷却器、转子流量计、缓冲罐及附件组成。设备型号为 JH-500 型，塔体直径 500 mm，处理能力 700 kg/h，回收能力 250～300 kg/h，冷凝器面积 16 m^2，冷却器面积 3.2 m^2，自沸器面积 15 m^2。 设备及配套投资：设备投资 18 万元 年节约乙醇费用：130 t×20%×10 000 元/t=26 万元
可能的环境影响	减少向生产废水中排放乙醇，减轻污水 COD 负荷

3.2.3.5 实施方案的确定

本阶段的目的是对筛选出来的中/高费清洁生产方案进行分析和评估，以选择最佳的、可实施的清洁生产方案。本阶段的工作重点是：在结合市场调查和收集一定资料的基础上，进行方案的技术、环境、经济的可行性分析和比较，从中选择和推荐最佳的可行方案。最佳的可行方案是指该项投资方案在技术上先进适用、在经济上合理有利，又能保护环境的最优方案。

技术评估的目的是研究项目在预定条件下为达到投资目的而采用的工程是否可行。任何一种清洁生产方案都要有显著的环境效益。环境评估是方案可行性分析的核心。

本阶段所指的经济评估是从企业的角度，按照国内现行市场价格，计算出方案实施后在财务上的获利能力和清偿能力。经济评估的基本目标是要说明资源利用的优势。它是以项目投资所能产生的效益为评价内容，通过分析比较，选择效益最佳的方案，为投资决策提供依据。

本节以某企业的“微波真空干燥替代蒸汽减压干燥”方案的确定为例。

方案简介：公司在前处理阶段，干燥间采用蒸汽减压对清洗筛选后的中药材进行干燥，耗蒸汽量大，且干燥所需时间长。发达国家在 20 世纪 80 年代已开始进行工业化微波真空干燥设备开发。国内目前微波干燥技术也较为成熟。利用微波真空干燥技术，投资 16 万元左右，即可以缩短对中药材的干燥时间，提高干燥效率，且更有利于保留中药材的有效成分，有较好的经济、环境和社会效益。

技术评估：发达国家在 20 世纪 80 年代已开始进行工业化微波真空干燥设备开发，并在实际应用中取得良好的效果。国内通过几年的努力，完成工业化微波真空干燥设备研制，为制药工程、生物工程、化工工程、材料工程以及农副产品深加工提供了一种新型、高效的干燥设备。

常规的真空干燥设备都采用蒸汽进行加热，需要对待干燥品从外到内进行加热，加热速度慢、效率低，因而需要耗费大量的煤或蒸汽。而微波真空干燥设备采用的是电磁波加热，无须传热媒介，直接对待干燥品从外部到内部进行加热，故升温速度快、效率高、干燥周期大大缩短，能耗降低。微波真空干燥与常规干燥技术相比，可提高工效 4 倍以上。例如，1 kW 的微波能在 3～5 min 内将常温下的水加热到 80℃。

微波加热可激发分子本身的热运动，使中药材内外同时均匀受热升温，蒸汽干燥则由药材表面传热至内部，不能药材内外同时均匀加热，所以微波真空干燥更有利于保留药材的有效成分。特别是对热敏性药材更适用，且干燥时间缩短到蒸汽干燥的 1/3，即干燥效率可显著提高，清洁卫生，节能节电，长期储存不易霉变。

此外，由于微波功率可快速调整且具有“无惯性”的特点，易于即时控制，可以在 40～80℃任意调节温度。所以微波真空干燥还便于连续生产及实现自动化生产。

综上所述，技术评估：可行。

环境评估：蒸汽减压干燥耗用大量蒸汽，这需要企业耗用大量的煤。通常 1 t 蒸汽大约需要燃烧 200 kg 的煤。而燃烧 1 t 煤可产生 2.4～2.7 t 的 CO_2，8.5 kg 的 SO_2，7.4 kg 的 NO_x。这将对大气环境产生较严重的污染。该方案实施后，使用电，且干燥工作时间由原来的 10 h/批次降低到 2.5 h/批次，使得大气污染大大降低。

故，环境评估：可行。

经济评估：采用微波真空干燥，选用总功率为 35 kW 的 KMZ-2050 型微波真空干机。年开机约：6 h/d×250 d/年=1 500 h，使用电费：0.85 元/kW·h× 1 500 h×35 kW=4.462 5 万元/年。

使用原来的 FZG-15 型低温真空干燥箱：年消耗蒸汽的燃煤费用：300 元/t×20 t/月×12 月=7.2 万元，其真空泵每年使用电费：4 kW×250 d/年×10 h×0.85 元/kW·h = 0.85 万元/年。

若本方案实施后，每年可以节约费用：7.2 万+0.85 万−4.462 5 万=3.587 5 万元。

按照清洁生产审核的要求，各项经济指标计算见表 3-28。

表 3-28　某公司清洁生产中高费方案经济效益评估一览

指标名称	计算公式	结果
项目总投资费用 *I*	*I*=总投资−补贴	16 万元
年运行费用总节省金额 *P*	*P*=收入增加额+总运行费用减少额	3.587 5 万元
新增设备年折旧费 *D*	*D*=*I*/10	1.6 万元
年增加现金流量 *F*	*F*=*P*−0.125×（*P*−*D*）	3.339 1 万元
投资偿还期 *N*	*N*=*I*/*F*	4.79 年
净现值 NPV（*i*=5%）	$\sum_{j=1}^{n}\frac{F}{(1+i)^j}-I$	9.783 6 万元
内部收益率 IRR	$i_1+\frac{\mathrm{NPV}_1(i_2-i_1)}{\mathrm{NPV}_1+\lvert\mathrm{NPV}_2\rvert}$	17.444 5%

参照经济评估准则：定额投资偿还期为高费的项目应＜10 年，净现值应≥0，内部收益率应不小于行业或本企业的收益率，至少不应当低于同期银行贷款利率，同时符合前述准则的项目方为可行。本方案为高费方案，定额投资偿还期 4.79 年＜10 年，净现值 9.783 6 万元，为正值，说明投资收益率大于贴现率，内部收益率为 17.444 5%，小于企业内部收益率 25%，但是大于银行贷款利率，可以进行此项目投资。

故，经济评估：可行。

综上所述，本方案技术可行性和经济可行性评估均可行，在环境和社会影响方面效益显著，故推荐实施。

实施方案确定后，企业应进行清洁生产方案实施，并持续开展清洁生产。通过推荐方案的实施，达到两个目的：①使企业实现技术进步，获得显著的经济和环境效益；②通过评估已实施的清洁生产方案成果，激励企业推行清洁生产。清洁生产并非一朝一夕就可完成，即使是实施清洁生产较好的企业，也要继续向更高的要求不断发展，绝不可能一劳永逸。持续清洁生产的目的是使清洁生产工作在企业内长期、持续地推行下去。持续清洁生产阶段工作的重点是建立推行和管理清洁生产工作的组织机构、建立促进实施清洁生产的管理制度、制订持续清洁生产计划。企业组建的推行和管理清洁生产工作的组织机构主要任务是：①组织协调并监督实施本次审核提出的清洁生产方案；②定期地组织对企业员工的清洁生产教育和培训；③选择下一轮清洁生产审核重点，并启动新的清洁生产审核；④负责清洁生产活动的日常管理。

3.2.3.6　清洁生产审核报告示例

清洁生产审核的最后阶段，要编制清洁生产审核报告，并向评估机构申请评估。审核报告需要将该轮清洁生产审核做详细的总结。清洁生产审核报告正文的目录一般可包括如下内容：

第一章　前言

开篇应当适当阐述项目由来，如果不是第一轮清洁生产审核，应对前一轮或前几轮清洁生产审核进行回顾，详细阐述以往的清洁生产审核后尚存在的问题及企业对这些问题的解决情况。

第一节　企业清洁生产审核及其要求

第二节　清洁生产审核工作程序

本节一般包括“清洁生产审核工作程序图”和“清洁生产审核思路分析图”。

第三节　清洁生产审核依据

一般包括：（1）法律法规，如《环境保护法》（修订）（2015.1.1），《清洁生产促进法》（修订）（2012.7.1）……

（2）行业、环境标准，如《环境空气质量标准》（GB 3095—2012）、《地表水环境质量标准》（GB 3838—2002）、《声环境质量标准》（GB 3096—2008）、《污水综合排放标准》（GB 8978—1996）、《工业企业厂界环境噪声排放标准》（GB 12348—2008）、《大气污染物综合排放标准》（GB 16297—1996）……

（3）规范及政策性文件，如《部分工业行业淘汰落后生产工艺装备和产品指导目录》（2016 年本）、《福建省清洁生产审核实施细则（修订）》（闽环保厅、经贸委〔2011〕60 号）、《关于进一步加强淘汰落后产能工作的通知》（国发〔2010〕7 号）……

（4）项目相关文件及技术要求，如《清洁生产审核程序及报告编制要求》《×公司环境影响评价报告书》《×公司突发环境事件应急预案》《×公司环境影响评价批复》《×公司环境监测报告》……

第二章　企业概况

第一节　企业基本情况

一般包括“公司地理位置图”和“公司平面布置图”，同时应对照最新的《产业结构调整指导目录》进行企业产业符合性分析。

第二节　企业周边环境情况

对企业周边环境情况简要说明，说明是否存在环境敏感点。

第三章　审核准备

第一节　领导支持和全员参与

可插入一些表格，如“清洁生产审核效益分析表”等。

第二节　组建审核小组

应包括“公司清洁生产审核小组成员名单”表格。

第三节　制订工作计划

应包括“公司清洁生产审核工作计划表”。

第四节　开展全员培训和宣传教育

一般应附“公司清洁生产培训现场图片”资料。

第四章　预审核

第一节　企业生产状况

对企业生产现状应附“企业生产线生产工艺流程及产污环节图”“企业近三年年产品种类及原辅材料消耗产量情况”和“企业近 3 年主要能耗情况表”。

第二节　企业主要设备

应附“企业主要设备表”，并对照各批次的《部分工业行业淘汰落后生产工艺装备和产品指导目录》，对企业是否存在淘汰类设备进行说明，如果存在淘汰类设备，应要求企业更换为同类非淘汰类设备。

第三节　企业配套工程情况

一般包括对企业的供水系统、供电系统、污水处理系统、供热系统、运输工程、行政管理和生活设施、消防设施、公司应急预案等进行阐述。应附“企业雨污分流图”“企业环境风险防控措施情况表”等相关表格。

第四节　企业环保法律法规执行情况

应详细阐述企业对环保法律法规的执行情况，并附“企业环评执行情况一览表”。

第五节　企业环境保护状况

应对企业的废水、废气、噪声、固废和危废等处理处置、排放达标情况进行分析。排放达标情况包括排放总量合法性和排放浓度达标分析。危废应阐明产生量及转移、处置的合法性。企业污染物排放总量控制合法性分析后，应附“排污许可执行情况表”，浓度达标排放分析后，应附“废水污染物达标排放情况表”“废气污染物达标排放情况表”和“噪声污染达标排放情况表”。

本节一般还要包括“企业污水处理工艺流程图”“污水处理站图”“废水污染防治设施表”“固废物贮存间和危废暂存间图”“工业固体废物和危险废物处理处置设施表”“废气污染源及防治设施表”“尾气吸收塔及排气筒图”“噪声污染源及防治措施表”等图表。

第六节　企业清洁生产水平评估

本节应包括“行业清洁生产评价指标体系框架表”。此表可参照相关行业清洁生产标准或《清洁生产评价指标体系编制通则》制作。

第七节　确定审核重点

本节应列出“企业备选审核重点情况表”，并结合预审核收集的有关信息确定审核重点。

第八节　设置清洁生产目标

本节应列出“企业清洁生产目标”表格。对于企业产量和产值年际波动较大的，指标应尽量以“单位产品指标”或“每万元产值指标”设置，如COD排放量/万元产值。

第九节　提出和实施明显易见方案

本节应列出“企业可行的无/低费方案汇总表”。

第五章　审核

第一节　审核重点概况

审核重点概况应列出“审核重点的主要设备情况表”，并对照各批次的《部分工业行业淘汰落后生产工艺装备和产品指导目录》，对企业是否存在淘汰类设备进行说明，如果存在淘汰类设备，应要求企业更换为同类非淘汰类设备。

审核重点工艺流程应附“审核重点生产线工艺流程图”和“审核重点的生产工艺流程单元操作功能说明表”，并进行产污、耗能等分析。

第二节　输入、输出物流（能流）的测定

本节应给出“审核重点物流实测准备表”和“审核重点物料实测数据表”。

第三节　物料平衡

进行物料平衡结果与分析，应附“审核重点的物料平衡图”，并作物料流失分析。特别是涉及特征污染物的，应附“特征污染物平衡图”，并作物料流失分析。

水平衡分析应附“公司水平衡图”，并进行水循环利用及效率分析。

第四节 污染物排放现状原因分析

进行污染物排放现状原因分析，应附“审核重点的物料流失及废物产生原因分析表”。

第六章 实施方案的产生和筛选

第一节 实施方案汇总

阐述方案产生和筛选，并进行方案汇总，附“清洁生产方案汇总表”。进行无/低费方案实施成效分析，附“无/低费方案实施效果的核定与汇总表”。

第二节 实施方案筛选

阐述中/高费方案筛选，附“清洁生产中/高费方案汇总表”。

第三节 实施方案研制

对中/高费方案进行研制，附“清洁生产中/高费方案说明表”。

第七章 实施方案的确定

对中/高费方案进行确定。

第一节 方案一：××方案

方案简介

技术评估，可附“方案的技术评估分析表”。

环境评估，可附“方案的环境评估分析表”。

经济评估，应附“方案的经济效益分析表”。

……

第三节 推荐可实施方案

可附“中/高费方案综合评估汇总表”。

第八章 方案的实施

第一节 已实施方案评估

汇总已实施的无/低费方案的成果，应附“已实施的无/低费方案的成果汇总表”，见表3-29。

表 3-29 已实施的无/低费方案的成果汇总

序号	项目	单位	绩效
1	实施数量	个	
2	投资额	万元	
3	经济效益	万元	
4	节水	万 t	
5	节电	kW·h	

可附“已实施典型低费方案现场照片”。

评价已实施的中/高费方案的成果，应附“已实施的中/高费方案成果汇总表”和“已实施的中/高费方案的现场照片”。已实施的中/高费方案成果汇总表见表3-30。

表 3-30 已实施的中/高费方案成果汇总

序号	方案名称	实施时间	投资/万元	效益	
				经济效益/（万元/年）	环境效益
1					
…					

同时，分析总结已实施方案对企业的影响。

第二节 拟实施方案评估

如果企业清洁生产审核中，有拟计划实施但尚未实施的中/高费方案，应有本节，并应给出“拟实施的中/高费方案计划表”，见表 3-31。

表 3-31 拟实施的中/高费方案计划

序号	方案名称	预计投资/万元	拟实施时间	预计产生效益	
				环境效益	经济效益/万元
1					
…					

同时，应该明确拟实施的方案筹措资金方法、途径；还应该评价拟实施的中/高费方案的成果，给出“拟实施的中/高费方案成果汇总表”，例表与表3-29类似。

最后，也应该分析总结准备实施的方案对企业的影响。

第三节　全部方案实施后评估

汇总全部方案实施后的成果，并分析总结全部方案实施后对企业的影响，应附“清洁生产审核前与全部方案实施后公司代表性指标对比表”和“审核前后企业环境管理指标清洁生产水平对照表”。

最后，应明确清洁生产审核前后企业清洁生产的水平，以及审核前后企业清洁生产水平有怎样的变化。

第九章　持续清洁生产

第一节　建立和完善清洁生产组织

附“清洁生产办公室成员表”，例表见表3-32。

表3-32　清洁生产办公室成员

序号	姓名	职务	职责
1	××	副总经理	组织和协调公司各部门工作，负责审批制订的清洁生产工作计划，并监督实施
2	××	财务总监	负责清洁生产计划资金的落实
3	××	行政总监	负责清洁生产人力资源配置、考核和行政管理
4	××	总工程师	负责已制定的清洁生产项目技术研究和开发
5	××	生产副总监	负责各部门清洁生产计划的落实
6	××	工程部经理	负责清洁生产机械项目的实施和监督
7	××	工程部经理	负责清洁生产法律法规落实，环保体系工作管理
…			

第二节　建立和完善清洁生产制度

阐明拟建立和完善哪些清洁生产制度用以推进企业清洁生产工作。清洁生产管理制度通常包括把审核成果纳入公司的日常管理轨道、建立激励机制和保证稳定的清洁生产资金来源。

（1）将清洁生产审核的工作纳入环境管理体系的相关要素中，更好地改善公司的环境绩效，共同为实现改善环境意义上的持续改进、污染预防的目标服务：①明确公司对清洁生产的总体构想和思路，将清洁生产审核纳入公司的环境保护行动计划。②把清洁生产审核提出的有关加强管理、岗位操作改进、工艺控制改进方面的措施文件化、具体化，并形成制度。③将推行清洁生产的内容在公司的各个部门的职责中加以明确，以规范公司各部门和各责任人在实施清洁生产中职责和所承担的工作内容。④及时评价清洁生产审核的效果，确定今后公司清洁生产审核的工作内容和实施方案，以达到清洁生产的目的。⑤不定期开展员工在清洁生产审核方面知识的培训，使员工能充分领会清洁生产审核的思想，将清洁生产融入其日常工作中。

（2）进一步完善清洁生产激励机制

公司在工资分配、提升、表彰、奖励、批评等方面，充分与清洁生产挂钩，进一步完善清洁生产激励机制，以充分调动全体员工参与清洁生产的积极性。

（3）保证稳定的清洁生产资金来源

对清洁生产方案实施完成所取得的经济效益归入清洁生产的单独账户中，专款专用。

第三节　持续清洁生产计划

应列出“持续清洁生产计划表”，应注意计划要切实，并且富含一定的技术性，忌讳计划空洞无物。持续清洁生产计划表见表 3-33。

表 3-33　持续清洁生产计划

计划分类	主要内容	开始时间	结束时间	负责部门
清洁生产方案技改	组织进行清洁生产方案技改攻关，主要针对：主要生产设备提高先进性的技术论证；纯化水产率提高方案论证与实施；锅炉能否改为燃气的可行性论证；片剂生产的单位产品综合能耗降低；能源管理方面，制订年度、月度能源使用计划			领导小组
下一轮清洁生产审核工作计划	细化与提升清洁生产目标，持续清洁生产工作，强化清洁生产绩效			生产部

计划分类	主要内容	开始时间	结束时间	负责部门
机构组成	由公司高层组织各部门管理人员根据公司人员调动情况调整清洁生产领导小组成员			事务部
清洁生产方案的实施计划	持续实施已见效清洁生产方案，做好未实施清洁生产方案的工作			生产部
清洁生产技术的研究与开发计划	邀请行业专家、能源专家、环保专家，与公司生产与技术骨干，就清洁生产技术进行探讨			领导小组
员工清洁生产培训计划	组织员工开展清洁生产培训与考核，提高员工清洁生产意识，强化清洁生产行为			事务部

第十章　结论

第一节　结论

阐述本轮清洁生产审核前后企业清洁生产水平分别达到几级（Ⅰ级、Ⅱ级或Ⅲ级），以及企业清洁生产还存在哪些客观困难，拟如何解决。

第二节　清洁生产审核过程简述

第三节　本轮清洁生产审核特色

企业清洁生产审核经济效益表（上报申请评估时，表头应加盖企业公章）和企业清洁生产审核环境效益表（上报申请评估时，表头应加盖企业公章）例表见表 3-34 和表 3-35。

表 3-34　企业清洁生产审核经济效益表

<table>
<tr><td>企业名称</td><td colspan="5">××有限公司</td></tr>
<tr><td>年份</td><td colspan="2"></td><td colspan="2">主要产品</td><td></td></tr>
<tr><td>指标名称</td><td colspan="5">具体信息</td></tr>
<tr><td rowspan="4">一、企业清洁生产方案及资金投入情况</td><td>序号</td><td>项　目</td><td>单位</td><td>数额</td><td>备注</td></tr>
<tr><td rowspan="3">1</td><td>清洁生产审核提出的清洁生产方案总数</td><td rowspan="3">个</td><td></td><td rowspan="3"></td></tr>
<tr><td>无/低费方案数</td><td></td></tr>
<tr><td>中/高费方案数</td><td></td></tr>
</table>

一、企业清洁生产方案及资金投入情况	2	已经实施的清洁生产方案总数	个		
		无/低费方案数			
		中/高费方案数			
	3	实施清洁生产方案资金总投入额 其中：政府投资 企业投资	万元		
二、实施清洁生产形成的能源与资源节约	序号	项目	单位	数额	备注
	1	节水	万 t		
	2	节电	万 kW·h		
	3	节煤	t		
	4	节油	t		
		…			
三、实施清洁生产形成的经济效益	序号	项目	单位	数额	备注
	1	节能降耗的经济效益	万元		

表 3-35 企业清洁生产审核环境效益表

企业名称：＿＿＿＿＿＿ ××××年产品及产量：＿＿＿＿＿＿

指标名称	具体信息						
一、审核前后企业主要污染物产生指标（末端治理前）对比	序号	项目	单位	审核前	审核后	变化量	备注
	1	废水量	万 t				
	2	COD	t				
	…	…	…				
二、审核前后企业主要污染物排放指标对比	1	废水量	万 t				
	2	COD	t				
	…	…	…				
三、审核前后企业各项单位产品指标对比	1	单位产品耗水量	t/t				
	2	单位产品综合能耗	kgce/t				

指标名称	具体信息							
三、审核前后企业各项单位产品指标对比	3	单位产品主要污染物产生量	废水量	t/t				
			COD	t/t				
			…	…				
	4	单位产品主要污染物排放量	废水量	t/t				
			COD	t/t				
			…	…				

注意，填写表格时，应尽量具体写出各指标的计算依据或过程。

附件：

通常包括：

（1）清洁生产审核咨询机构资质证明；

（2）环境管理部门对企业实施清洁生产审核的通知或相关通知；

（3）企业建设项目的环评（提供首页扫描件）；

（4）环境管理部门对企业建设项目的环评的相关批复；

（5）企业建设项目竣工环境保护验收监测报告；

（6）企业建设项目竣工环境保护验收申请和批复意见；

（7）企业的排污许可证（注意应包括排污许可的内容）；

（8）企业近 3 年的环境监测报告（水、气、声）；

（9）固废或危废委托处理处置的技术服务合同；

（10）危废处置单位或机构的资质证明和营业执照；

（11）危废转移联单或相关资质证明；

（12）企业环境事件应急预案报备表等；

（13）其他与环保有关的文件。

附件所需提供的文档可以是复印件或扫描件。

3.3 政策法规与常用的审核依据、标准

清洁生产审核不仅是一项技术性很强的工作，也是一项政策性很强的工作，需要紧密结合国家和地方有关的政策法规开展审核工作，需要了解相关的政策法规和常用标准。

3.3.1 政策法规的研究进展

国际上，各个国家有关清洁生产的重大政策法规制定时间和侧重点各不相同。美国于 1990 年 10 月通过并实施了《污染预防法》。荷兰编制的若干清洁生产审核手册已被联合国环境规划署和世界银行译成英文向世界推广；在荷兰经济部和环境部的支持下，荷兰实行了“污染预防项目”。德国于 1996 年实施《循环经济与废物管理法》。日本政府先后制定了 7 项有关处理和利用工业和生活废物、保护生态环境的法律。泰国在联合国有关组织的资助和指导下，通过采取有效的清洁生产摆脱目前日趋严重的环境污染和资源短缺的局面。1992 年，泰国政府通过了新的环境立法，强调国家管理的整体性，由官方进行管理。

我国清洁生产起步于 20 世纪 90 年代。1993 年 10 月，国家经贸委和国家环境保护局在上海召开了第二次全国工业污染防治会议，会议一致高度评价清洁生产的重要意义和作用，确定了清洁生产在我国环境保护的战略地位。1994 年 3 月，国务院通过的《中国 21 世纪议程》中列出了清洁生产的内容。有关清洁生产的项目也被列入第一批优先项目计划之中。1996 年 8 月，国务院颁布了《关于环境保护若干问题的决定》，明确规定所有大、中、小型新建、扩建、改建和技术改造项目，要提高技术起点，采用能耗物耗小、污染物排放量少的清洁生产工艺。1997 年 4 月，国家环保局制定并发布了《关于推行清洁生产的若干意见》，要求地方环境保护主管部门将清洁生产纳入已有的环境管理政策中，以便更深入地促进清洁生产。为指导企业开展清洁生产工作，国家环保局还会同有关工业部门编制了《企业清洁生产审计手册》以及啤酒、造纸、有机化工、电镀、纺织等行业的清洁生

产审计指南。1999 年 5 月，国家经贸委发布了《关于实施清洁生产示范试点的通知》，选择北京、上海等 10 个试点城市和石化、冶金等 5 个试点行业开展清洁生产示范和试点。与此同时，陕西、辽宁、江苏、山西、沈阳等许多省市也制定和颁布了地方性的清洁生产政策和法规。

经过长期、充分的酝酿和调研后，《清洁生产促进法》已由中华人民共和国第九届全国人民代表大会常务委员会第二十八次会议于 2002 年 6 月 29 日通过，并于 2003 年 1 月 1 日起正式施行。2012 年 2 月 29 日第十一届全国人民代表大会常务委员会第二十五次会议通过《全国人民代表大会常务委员会关于修改〈中华人民共和国清洁生产促进法〉的决定》，修改的《清洁生产促进法》自 2012 年 7 月 1 日起施行。

我国清洁生产政策法规的发展趋势是研究制定促进清洁生产的产业政策、财政税收政策、技术开发和推广政策，鼓励发展符合清洁生产要求的先进技术、工艺、设备和产品，限制和淘汰落后的技术、工艺、设备和产品。

经济政策是指根据价值规律，利用价格、税收、信贷、投资、微观刺激和宏观经济调节等经济杠杆，调整或影响有关当事人产生和消除污染行为的一类政策。清洁生产的经济政策包括税收政策、财政政策、清洁生产基金、信贷投资政策等。经济政策在实施过程中，有相应的具体办法。税收政策包括优惠政策和限制政策。财政政策包括投资政策、价格补贴政策及政府采购。国家将清洁生产纳入国民经济与社会发展规划，还将清洁生产纳入技改政策，构成了清洁生产的产业政策。

3.3.2　《清洁生产促进法》和《清洁生产审核办法》

《清洁生产促进法》包括总则、清洁生产的推行、清洁生产的实施、鼓励措施、法律责任和附则，共六章。

总则界定了立法目的、清洁生产定义、适用范围、国家鼓励和促进清洁生产、管理部门、基本方针。

清洁生产的推行一章中，对政府及有关部门明确规定了要支持和促进清洁生产的具体要求。包括制定有利于清洁生产的政策、制订清洁生产推行计划、发展区域性清洁生产、为企业提供清洁生产的技术信息和技术支持、组织清洁生产的技术研究和技术示范、组织开展清洁生产教育和宣传、优先采购清洁产品等。

清洁生产的实施一章中，规定了对生产经营者的清洁生产要求。例如，规定企业在进行技术改造过程中，应当采取以下清洁生产措施：①采用无毒、无害或者低毒、低害的原料，替代毒性大、危害严重的原料；②采用资源利用率高、污染物产生量少的工艺和设备，替代资源利用率低、污染物产生量多的工艺和设备；③对生产过程中产生的废物、废水和余热等进行综合利用或者循环使用；④采用能够达到国家或者地方规定的污染物排放标准和污染物排放总量控制指标的污染防治技术。再如，规定企业应当对生产和服务过程中的资源消耗以及废物的产生情况进行监测，并根据需要对生产和服务实施清洁生产审核。污染物排放超过国家和地方规定的排放标准或者超过经有关地方人民政府核定的污染物排放总量控制指标的企业（即“双超”企业），应当实施清洁生产审核。使用有毒、有害原料进行生产或者在生产中排放有毒、有害物质的企业（即“双有”企业），应当定期实施清洁生产审核，并将审核结果报告所在地的县级以上地方人民政府环境保护行政主管部门和经济贸易行政主管部门。还规定：列入污染严重企业名单的企业，应当按照国务院环境保护行政主管部门的规定公布主要污染物的排放情况，接受公众监督。

鼓励措施一章中，对清洁生产的有关经济政策做了具体规定，如如何鼓励，如何扶持企业清洁生产，以及如何支持中小企业清洁生产。

法律责任一章中，规定了企业相应的责任，如规定：不实施清洁生产审核或者虽经审核但不如实报告审核结果的，由县级以上地方人民政府环境保护行政主管部门责令限期改正；拒不改正的，处以十万元以下的罚款。不公布或者未按规定要求公布污染物排放情况的，由县级以上地方人民政府环境保护行政主管部门公布，可以并处十万元以下的罚款。

国家发改委和国家环保总局第 16 号令发布了《清洁生产审核暂行办法》，2004 年 10 月 1 日起实施。国家发改委和环境保护部第 38 号令发布了修改后的《清洁生产审核办法》，于 2016 年 7 月 1 日起实施。

《清洁生产审核办法》规定清洁生产审核分为自愿性审核和强制性审核。国家鼓励企业自愿开展清洁生产审核。污染物排放达到国家或者地方排放标准的企业，可以自愿组织实施清洁生产审核，提出进一步节约资源、削减污染物排放量的目标。“双超”或“双有”企业应实施强制性清洁生产审核。清洁生产审核程序原则上包括审核准备、预审核、审核、实施方案的产生、筛选和确定，编写清洁生产审核报告等。列入实施强制性清洁生产审核名单的企业，应当在名单公布之日起一年内，将清洁生产审核报告报当地环境保护行政主管部门和发展改革（经济贸易）行政主管部门。中央直属企业应当将清洁生产审核报告报送当地环境保护和发展改革（经济贸易）行政主管部门，并同时抄报环保部和国家发改委。自愿开展清洁生产审核的企业参照强制清洁生产审核的企业报送清洁生产审核报告。各级发展改革（经济贸易）行政主管部门在制定和实施国家重点投资计划和地方投资计划时，应当将企业清洁生产实施方案中的节能、节水、综合利用，提高资源利用率，预防污染等清洁生产项目列为重点领域，加大投资支持力度。

3.3.3　重点企业清洁生产审核

重点企业一般属于强制性清洁生产审核对象。“双超”企业为第一类重点企业，“双有”企业为第二类重点企业。其中，有毒有害物质，主要指《危险货物品名表》《危险化学名录》《国家危险废物名录》和《剧毒化学品目录》中的剧毒、强腐蚀性、强刺激性、放射性（不包括核电设施和军工核设施）、致癌、致畸等物质。2005 年 12 月 13 日国家环境保护总局下发了《关于印发重点企业清洁生产审核程序的规定的通知》（环发〔2005〕151 号），含《重点企业清洁生产审核程序的规定》和《需重点审核的有毒有害物质名录》两个附件。2008 年 7 月 1 日环境保护部下发了《关于进一步加强重点企业清洁生产审核工作的通知》（环发〔2008〕60 号），含《需重点审核的有毒有害物质名录（第二批）》和《重点企业清洁生产审核评估、验收实施指南（试行）》两个附件。

需重点审核的有毒有害物质名录见表 3-36。

表 3-36 需重点审核的有毒有害物质名录

批次	序号	物质类别	物质来源
	1	医药废物	医用药品的生产制作
	2	染料、涂料废物	油墨、染料、颜料、油漆、真漆、罩光漆的生产配制和使用
	3	有机树脂类废物	树脂、胶乳、增塑剂、胶水/胶合剂的生产、配制和使用
第一批	4	表面处理废物	金属和塑料表面处理
	5	含铍废物	稀有金属冶炼及铍化合物生产
	6	含铬废物	化工（铬化合物）生产；皮革加工（鞣革）；金属、塑料电镀；酸性媒介染料染色；颜料生产与使用；金属铬冶炼（修合金）；表面钝化（电解锰等）
	7	含铜废物	有色金属采选和冶炼；金属、塑料电镀；铜化合物生产
	8	含锌废物	有色金属采选及冶炼；金属、塑料电镀；颜料、油漆、橡胶加工；锌化合物生产；含锌电池制造业
	9	含砷废物	有色金属采选及冶炼；砷及其化合物的生产；石油化工；农药生产；染料和制革业
	10	含硒废物	有色金属冶炼及电解；硒化合物生产；颜料、橡胶、玻璃生产
	11	含镉废物	有色金属采选及冶炼；镉化合物生产；电池制造；电镀
	12	含锑废物	有色金属冶炼；锑化合物生产和使用
	13	含碲废物	有色金属冶炼及电解；硫化合物生产和使用
	14	含汞废物	化学工业含汞催化剂制造与使用；含汞电池制造；汞冶炼及汞回收；有机汞和无机汞化合物生产；农药及制药；荧光屏及汞灯制造及使用；含汞玻璃计器制造及使用；汞法烧碱生产
第一批	15	含铊废物	有色金属冶炼及农药生产；铊化合物生产及使用
	16	含铅废物	铅冶炼及电解；铅（酸）蓄电池生产；铅铸造及制品生产；铅化合物制造和使用
	17	无机氰化物废物	金属制品业；电镀业和电子零件制造业；金矿开采与筛选；首饰加工的化学抛光工艺；其他生产过程
	18	有机氰化物废物	合成、缩合等反应；催化、精馏、过滤过程
	19	含酚废物	石油、化工、煤气生产
	20	废卤化有机溶剂	塑料橡胶制品制造；电子零件清洗；化工产品制造；印染涂料调配
	21	废有机溶剂	塑料橡胶制品制造；电子零件清洗；化工产品制造；印染染料调配
	22	含镍废物	镍化合物生产；电镀工艺
	23	含钡废物	钡化合物生产；热处理工艺
	24	无机氟化物废物	电解铝生产；其他金属冶炼

批次	序号	物质类别	物质来源
第二批	1	精（蒸）馏残渣	炼焦制造、基础化学原料制造——有机化工及其他非特定来源
	2	感光材料废物	印刷、专用化学产品制造、电子元件制造
	3	含金属羰基化合物	在金属羰基化合物生产以及使用过程中产生的含有羰基化合物成分的废物、精细化工产品生产-金属有机化合物的合成
	4	有机磷化合物废物	有机化工行业
	5	含醚废物	有机化工行业生产、配制过程中产生的醚类残液、反应残余物、废水处理污泥及过滤渣
	6	废矿物油	天然原油和天然气开采、精炼石油产品的制造、船舶及浮动装置制造及其他非特定来源
	7	废乳化液	从工业生产、金属切削、机械加工、设备清洗、皮革、纺织印染、农药乳化等过程产生的混合物
第二批	8	废酸	无机化工、钢的精加工过程中产生的废酸性洗液、金属表面处理及热处理加工、电子元件制造
	9	废碱	毛皮鞣制及制品加工、纸浆制造及其他非特定来源
	10	废催化剂	石油炼制、化工生产、制药过程
	11	石棉废物	石棉采选、水泥及石膏制品制造、耐火材料制品制造、船舶及浮动装置制造
	12	含有机卤化物废物	有机化工、无机化工
	13	农药废物	杀虫、杀菌、除草、灭鼠和植物生物调节剂的生产
	14	多溴二苯醚（PBDE）	电子信息产品制造业及其他非特定来源
		多溴联苯（PBB）废物	

3.3.4 常用的审核依据、标准

常用的审核依据和标准，应在审核工作中根据具体行业和环保要求选择适用的相关法律法规和标准。本书仅列出部分常用的审核依据、标准。随着国家和地方环境管理状况变化，这些法律法规和标准经常修订（改），在清洁生产审核工作中，应注意使用最新修订（改）的版本作为审核依据。

3.3.4.1 常用的审核依据

《环境保护法》;

《清洁生产促进法》;

《可再生能源法》;

《循环经济促进法》;

《水法》;

《大气污染防治法》;

《环境噪声污染防治法》;

《固体废物污染环境防治法》;

《节约能源法》;

《建设项目环境保护管理条例》;

《清洁生产审核办法》;

《废弃危险化学品污染环境防治办法》;

《国家危险废物名录》;

《危险化学品名录》;

《危险化学品安全管理条例》;

《危险废物污染防治技术政策》(环发〔2001〕199 号);

《危险化学品经营许可管理办法》;

《企业清洁生产审核指南》;

《企业清洁生产审计手册》;

《清洁生产标准 制订技术导则》(HJ/T 425—2008);

《清洁生产评价指标体系编制通则(试行)》;

《清洁生产审核指南 制订技术导则》(HJ 469—2009);

《环境空气质量标准》(GB 3095—2012);

《地表水环境质量标准》(GB 3838—2002);

《声环境质量标准》(GB 3096—2008);

《污水综合排放标准》(GB 8978—1996);

《工业企业厂界环境噪声排放标准》（GB 12348—2008）；

《大气污染物综合排放标准》（GB 16297—1996）；

《主要污染物总量减排核算细则（试行）》；

《关于印发重点企业清洁生产审核程序的规定的通知》（环发〔2005〕115 号）；

《关于进一步加强淘汰落后产能工作的通知》（国发〔2010〕7 号，2010.2.6）；

《产业结构调整指导目录》；

《部分工业行业淘汰落后生产工艺装备和产品指导目录》；

《限制用地项目目录》和《禁止用地项目》；

《突发环境事件应急预案管理暂行办法》；

《危险废物转移联单管理办法》；

《关于进一步加强重点企业清洁生产审核工作的通知》（环发〔2008〕60 号）；

《关于深入推进重点企业清洁生产的通知》（环发〔2010〕54 号）。

在清洁生产审核工作中，一些地方法规或政令文件，也应作为审核依据。例如：

《福建省环境保护条例》；

《福建省鼓励发展的制造业指导目录》；

《福建省固体废物污染环境防治若干规定》；

《福建省清洁生产审核实施细则（修订）》（闽环保厅、经贸委〔2011〕60 号文）；

《清洁生产审核程序及报告编制要求》；

《关于规范企业申请清洁生产审核评估报告格式的通知》（闽环院函〔2010〕007 号）。

3.3.4.2　常用的污染物排放标准

常用的污染物排放标准请见本书第 2 章和第 4 章有关内容。

3.3.4.3　国家部分清洁生产标准

国家部分清洁生产标准见表 3-37。

表 3-37 国家部分清洁生产标准

序号	标准名称	标准号
1	清洁生产标准 酒精制造业	HJ 581
2	清洁生产标准 制革工业（羊革）	HJ 560
3	清洁生产标准 铜电解业	HJ 559
4	清洁生产标准 铜冶炼业	HJ 558
5	清洁生产标准 宾馆饭店业	HJ 514
6	清洁生产标准 铅电解业	HJ 513
7	清洁生产标准 粗铅冶炼业	HJ 512
8	清洁生产标准 废铅酸蓄电池铅回收业	HJ 510
9	清洁生产标准 氯碱工业（聚氯乙烯）	HJ 476
10	清洁生产标准 氯碱工业（烧碱）	HJ 475
11	清洁生产标准 纯碱行业	HJ 474
12	清洁生产标准 氧化铝业	HJ 473
13	清洁生产标准 钢铁行业（铁合金）	HJ 470
14	清洁生产审核指南 制订技术导则	HJ 469
15	清洁生产标准 造纸工业（废纸制浆）	HJ 468
16	清洁生产标准 水泥工业	HJ 467
17	清洁生产标准 葡萄酒制造业	HJ 452
18	清洁生产标准 印制电路板制造业	HJ 450
19	清洁生产标准 合成革工业	HJ 449
20	清洁生产标准 制革工业（牛轻革）	HJ 448
21	清洁生产标准 铅蓄电池工业	HJ 447
22	清洁生产标准 煤炭采选业	HJ 446
23	清洁生产标准 淀粉工业	HJ 445
24	清洁生产标准 味精工业	HJ 444
25	清洁生产标准 石油炼制业（沥青）	HJ 443
26	清洁生产标准 电石行业	HJ/T 430
27	清洁生产标准 化纤行业（涤纶）	HJ/T 429
28	清洁生产标准 钢铁行业（炼钢）	HJ/T 428
29	清洁生产标准 钢铁行业（高炉炼铁）	HJ/T 427
30	清洁生产标准 钢铁行业（烧结）	HJ/T 426
31	清洁生产标准 制订技术导则	HJ/T 425
32	清洁生产标准 白酒制造业	HJ/T 402
33	清洁生产标准 烟草加工业	HJ/T 401
34	清洁生产标准 平板玻璃行业	HJ/T 361

序号	标准名称	标准号
35	清洁生产标准　彩色显像（示）管生产	HJ/T 360
36	清洁生产标准　化纤行业（氨纶）	HJ/T 359
37	清洁生产标准　镍选矿行业	HJ/T 358
38	清洁生产标准　电解锰行业	HJ/T 357
39	清洁生产标准　造纸工业（硫酸盐化学木浆生产工艺）	HJ/T 340
40	清洁生产标准　造纸工业（漂白化学烧碱法麦草浆生产工艺）	HJ/T 339
41	清洁生产标准　钢铁行业（中厚板轧钢）	HJ/T 318
42	清洁生产标准　造纸工业（漂白碱法蔗渣浆生产工艺）	HJ/T 317
43	清洁生产标准　乳制品制造业（纯牛乳及全脂乳粉）	HJ/T 316
44	清洁生产标准　人造板行业（中密度纤维板）	HJ/T 315
45	清洁生产标准　电镀行业	HJ/T 314
46	清洁生产标准　铁矿采选业	HJ/T 294
47	清洁生产标准　汽车制造业（涂装）	HJ/T 293
48	清洁生产标准　基本化学原料制造业（环氧乙烷/乙二醇）	HJ/T 190
49	清洁生产标准　钢铁行业	HJ/T 189
50	清洁生产标准　氮肥制造业	HJ/T 188
51	清洁生产标准　电解铝业	HJ/T 187
52	清洁生产标准　甘蔗制糖业	HJ/T 186
53	清洁生产标准　纺织业（棉印染）	HJ/T 185
54	清洁生产标准　食用植物油工业（豆油和豆粕）	HJ/T 184
55	清洁生产标准　啤酒制造业	HJ/T 183
56	清洁生产标准　制革行业（猪轻革）	HJ/T 127
57	清洁生产标准　炼焦行业	HJ/T 126
58	清洁生产标准　石油炼制业	HJ/T 125

3.3.4.4　国家部分清洁生产指标体系

国家部分清洁生产指标体系主要包括：

《清洁生产评价指标体系编制通则（试行稿）》

《电力（燃煤发电企业）行业清洁生产评价指标体系》

《制浆造纸行业清洁生产评价指标体系》

《稀土行业清洁生产评价指标体系》

《钢铁行业清洁生产评价指标体系》

《电镀行业清洁生产评价指标体系》

《平板玻璃行业清洁生产评价指标体系》

《生物药品制造业（血液制品）清洁生产评价指标体系》

《再生铅行业清洁生产评价指标体系》

《锑行业清洁生产评价指标体系》

《镍钴行业清洁生产评价指标体系》

《电池行业清洁生产评价指标体系》

《电解锰行业清洁生产评价指标体系》

《涂装行业清洁生产评价指标体系》

《合成革行业清洁生产评价指标体系》

《光伏电池行业清洁生产评价指标体系》

《黄金行业清洁生产评价指标体系》

《制革行业清洁生产评价指标体系》

《环氧树脂行业清洁生产评价指标体系》

《1,4-丁二醇行业清洁生产评价指标体系》

《有机硅行业清洁生产评价指标体系》

《活性染料行业清洁生产评价指标体系》

《铅锌采选行业清洁生产评价指标体系》

《水泥行业清洁生产评价指标体系》

国家发展和改革委员会对一些早期发布的试行指标体系，如《煤炭采选行业清洁生产评价指标体系（征求意见稿）》等，已做了进一步整合、修改，正在进一步征集意见中，预计不久后将重新发布。

3.4　国家清洁生产技术与推行方案

3.4.1　国家重点行业清洁生产技术简介

清洁生产是将污染预防战略持续地应用于生产全过程，通过不断地改善管理和技术进步，提高资源利用率，减少污染物排放，以降低对环境和人类的危害。清洁生产的核心是从源头抓起，预防为主，生产全过程控制，实现经济效益和环境效益的统一。到目前为止，为全面推进清洁生产，引导企业采用先进的清洁生产工艺和技术，积极防治工业污染，国家经贸委已经先后组织编制了《国家重点行业清洁生产技术导向目录》，可从生态环境部网站一步查阅。

3.4.2　国家清洁生产技术推行方案简介

为深入贯彻落实《清洁生产促进法》，加快重大清洁生产技术的示范应用和推广，提升行业整体清洁生产水平，工业和信息化部组织编制了聚氯乙烯等 17 个重点行业清洁生产技术推行方案，并于 2010 年 3 月 14 日印发《关于印发聚氯乙烯等 17 个重点行业清洁生产技术推行方案的通知》(工信部节〔2010〕104 号)。这些方案提出了各行业的清洁生产技术推行总体目标，并给出了应用示范技术和推广技术。实务操作需要时，可从生态环境部网站进一步查阅。

第4章　环境监测实务与案例

环境监测（environmental monitoring）是环境保护的“耳目”，对环境管理工作举足轻重。环境监测实务是环境保护重要的技术之一。环境保护专业相关毕业生应该对环境监测及其实务有深刻的了解和理解。环境监测是环境科学中重要的基础学科，也是一门理论与实践并重的应用学科，要不断地通过实践才能掌握、应用和提高。

4.1 环境监测概述

环境监测是重要的环境保护项目之一，环境监测实务是环境保护工作的重要内容。

4.1.1　环境监测

环境监测指测定代表环境质量的各种标志数据的过程，即通过物理测定、化学测定、仪器测定和生物监测等手段，有计划、有目的地对环境质量某些代表值进行测定的过程。环境监测是环境科学的一个重要分支学科，是以分析化学的分析方法和原理为基础，通过对影响环境质量因素的代表值的测定，确定环境质量（或污染程度）及其变化趋势的学科。

4.1.1.1　环境监测的意义

从理论角度看，环境监测是环境化学、环境物理学、环境地学、环境工程学、环境医学、环境管理学、环境经济学以及环境法学等所有环境科学的分支学科的重要基础。换句话说，环境科学的所有分支学科都需要在了解、评价环境质量及其变化趋势的基础上，才能进行各项研究，并进一步制订有关环保法律法规。

从实践角度看，环境监测结果是环境保护行政部门是否要求企事业单位进行环境保护设施进一步更新升级的重要依据，为环境管理和环境规划提供技术支撑。环境监测结果也是企事业单位污染物排放总量和污染物排放浓度是否达标排放的基础依据，为企事业单位的环境管理提供技术和法律支持，是企事业单位环境保护设施是否正常有效运行的重要依据。环境监测结果还为环境保护设施设备开发是否符合环境保护要求提供技术支持。环境分析与监测是环境保护工作的“耳目”。

4.1.1.2 环境分析与监测的过程

开展环境分析与监测工作包括现场调查、监测计划设计、优化布点、样品采集、运送保存、分析测试、数据处理和综合评价等一系列工作过程，最后，形成一定形式的监测报告书。

现场调查通常包括了解生产工艺、原料以及排放情况，明确污染源的坐落位置，以便选择相应的环境标准，收集材料（主要是环评报告书及其批复、排污许可信息等）。

监测计划设计主要是根据现场调查收集到的资料，确定污染因子，即确定具体的监测项目，编写监测方案，包括生产工艺、采样点布设等。如果需要，还要考虑监测费用。

优化布点，正确选择采样位置，确定适当的采样点数目，是决定能否获得代表性的样品和尽可能地节约人力、物力的一项很重要的工作，应在调查研究的基础上综合分析后确定，即根据规范进行监测位点的优化布点。

样品采集即正确选择采样容器，正确选择采样方法，进行监测位点的样品采集。

运送保存是将采集的样品按监测要求尽快运送回实验室并按监测的要求保存。通常采样和分析有一定的时间间隔，所以应尽量让样品（通常是水样）保持原来的质量，使其不发生变化或少发生变化。

分析测试即对样品进行理化或生物方法的测定。通常包括物理法、化学法、物理化学法、仪器分析法、生物法等。

数据处理是对分析测试结果进行必要的分析计算处理。数据处理应注意有效数字的取舍，取舍时要注意数据的置信度、精确性、可靠性等。

综合评价即根据前面工作所得的数据，套用国家或地方标准，对污染源（企业）排放的污染物是否达标进行评价，并提出整改措施。

从信息技术的角度看，环境分析与监测是环境信息的“捕获—传递—解析—综合”的过程。

只有在对监测信息进行解析、综合的基础上，才能全面、客观、准确地揭示监测数据的内涵，对环境质量及其变化做出正确的评价。

4.1.1.3 环境监测的对象

环境监测对象通常有 3 类：①反映环境质量变化的各种自然因素，如水体、空气、土壤等；②对人类活动与环境有影响的各种人为因素，如 COD、SO_2、NO_x 等；③对环境造成污染危害的各种成分，如烟尘、SO_2、NO_x 等。

4.1.2 环境监测的分类

环境监测的目的是为了准确、及时、全面地反映环境质量现状及发展趋势，为环境管理、污染源控制、环境规划等提供科学依据。可以按监测介质对象或监测目的对环境监测进行分类。

按监测介质对象，环境监测分为水质监测、空气监测、土壤监测、固体废物监测、生物监测、生态监测、噪声和振动监测、电磁辐射监测、放射性监测、热监测、光监测、卫生（病原体、病毒、寄生虫）监测等。

按监测目的，可分为研究性监测、监视性监测和特定目的监测三类。

4.1.2.1 研究性监测

研究性监测也可以称为科研性监测，是针对特定目的科学研究而进行的高层次的监测。通过监测结果分析，可以掌握污染机理，并弄清污染物的迁移转化规律，研究环境受到污染的程度和危害程度。例如，环境本底的监测及研究；有毒有害物质对从业人员的影响的监测及研究；为监测工作本身服务的科研工作的监测，如统一方法、标准分析方法的研究、标准物质的研制等。

研究性监测往往要求多学科合作进行。例如，监测结果与毒理学结合，才能理解污染物毒性作用阈值和机理、毒性作用途径等。

4.1.2.2　监视性监测

监视性监测是通过预先布置好的网点，用较长时间来收集数据，用以评价环境污染的现状，超标程度，污染变化趋势以及环境改善状况等，从而确定一个区域、一个国家或全球的污染状况。监视性监测对指定的有关项目进行定期的、长时间的监测，以确定环境质量及污染源状况、评价控制措施的效果，衡量环境标准实施情况和环境保护工作的进展。

监视性监测包括对污染源的监督监测（污染物浓度、排放总量、污染趋势等）和环境质量监测（所在地区的空气、水质、噪声、固体废物等监督监测）。监视性监测是监测工作中量最大、面最广的工作。我国环境管理行政部门（各地方环保局的监测站）对各类企事业单位的环境监测即监视性监测。

我国近年来监视性监测有了较好的发展。例如，生态环境监测，是生态环境保护的基础。按照国务院办公厅 2015 年 8 月 12 日印发的《生态环境监测网络建设方案》（以下简称《方案》），坚持全面设点、全国联网、自动预警、依法追责，形成政府主导、部门协同、社会参与、公众监督的生态环境监测新格局。其中，突出生态环境监测与监管执法联动是一项重要部署。

《方案》提出的“利用生态环境监测结果考核问责政府环保责任落实情况，依托重点排污单位污染源监测建立监测与执法相结合的快速响应体系，实现监测与监管有效联动”，针对的就是当前监测与监管结合不紧密、对追究各级政府和企业相关生态环境保护责任支撑不足的问题。

“监测和监管是生态环境保护的重要支撑和手段。”针对人为干扰采样装置，随意篡改监测数据；擅自修改自动监测设备设置，干扰自动监测设备正常运行等环境监测数据造假现象，《方案》提出，各级环境保护部门要加大监测质量核查巡查力度，严肃查处故意违反环境监测技术规范，篡改、伪造监测数据的行为。党政领导干部指使篡改、伪造监测数据的，按照《党政领导干部生态环境损害责任追究办法（试行）》等规定严肃处理。

环境保护部推动监测事权上收工作，国家环境监测网络运行机制改革已取得实质性进展。环境监测事权的上收，有利于避免个别地方政府受考核评比等行政干扰对监测数据进行造假，保障环境监测数据的真实性和全局性，增强监测数据的科学性、权威性。

4.1.2.3 特定目的监测

特定目的监测通常是对偶然发生的环境污染事故的监测，以便在污染造成危害之前采取预防措施，确定各种紧急情况下的污染程度范围。

特定目的监测期限短，通常随着事故的完结而结束。特定目的监测包括污染事故监测、仲裁监测、考核验证监测、咨询服务监测等。

污染事故监测是在发生污染事故时进行的应急监测，以确定污染物扩散方向、速度和危及范围，为控制污染提供依据。这类监测常采用流动（车、船等）监测、简易监测、低空航测、遥感等手段。

仲裁监测主要针对污染事故纠纷、环境执法过程中所产生的矛盾进行监测。仲裁监测应由国家指定的具有权威的部门进行，以提供具有法律责任的数据（公证数据），供执法部门、司法部门仲裁。

考核验证监测一般包括人员考核、方法验证和污染治理项目竣工时的验收监测（也称为环境保护项目竣工验收监测）。

咨询服务监测是为政府部门、科研机构、生产单位所提供的服务性监测。如建设新企业应进行环评，需要按环评要求进行的监测。

4.1.3 环境监测的特点和监测技术概述

4.1.3.1 发展历程

环境监测是通过对人类和环境有影响的各种物质的含量、排放量的检测，跟踪环境质量的变化，确定环境质量水平，为环境管理、污染治理等工作提供基础和保证。为了解环境水平，进行环境监测是开展一切环境工作的前提。

早期的（20 世纪 50 年代）环境监测是污染监测阶段，主要采用分析化学的方法对污染物进行分析，但由于环境污染物含量低（通常是 ppm 或 ppb 级别）、变化快，实际上是分析化学的发展，也被称为污染源监测阶段。这个阶段的环境监测实际上以典型污染事故调查监测为主。

从 20 世纪 60 年代起人们逐渐认识到环境污染不仅包括化学物质的污染，也包括噪声污染；不仅包括污染源的监测，也包括环境背景值的监测，环境监测的范围扩大，手段更多，这个阶段被称作环境监测阶段。

进入 20 世纪 70 年代，环境监测技术进入自动化、计算机化水平，发达国家相继建立全国性的自动化监测网络，这个阶段被称为目的监测阶段。这个阶段开始，环境监测以环境质量监测为主。

进入 20 世纪 80 年代以后，随着地理信息系统（GIS）、遥感技术（RS）、全球卫星定位系统（GPS）等“3S”系统技术的发展，环境监测水平提高到了污染防治监测阶段或自动监测阶段。

进入 21 世纪后，自动在线监测网络进一步发展、完善。国务院办公厅 2015 年 8 月 12 日印发了《生态环境监测网络建设方案》，我国全面开启了监测网络建设。目前我国的环境质量监测网络已覆盖至各县级环境监测站。

4.1.3.2　环境监测的特点

环境监测是环境污染防治的重要基础，所以环境监测的特点与环境污染的特点有关。

（1）环境污染特点

①时间分布性：污染物的排放量和污染因素的排放强度随时间而变化。例如，工业企业的污染排放随生产周期而变化；河流中污染物浓度在平水期、丰水期和枯水期而不同；大气污染程度由于不同的气象条件而不同；交通噪声污染程度随不同时间段车流量的变化而变化等。

②空间分布性：污染物和污染因素进入环境后，随着水和空气流动将被稀释扩散，从而使得不同空间污染程度不同。不同污染物性质不同，其扩散速度和稳定性也不同，所以不同空间污染程度不同。

③环境污染与污染物含量（或污染因素强度）的关系：有毒有害物质引起毒

害具有阈值。有些污染物在自然界中的本底值就高。

④污染因素的综合效应：污染因素的综合效应包括单独作用、相加作用、协同作用和拮抗作用。

- 单独作用（AB = A 或 B）：也叫独立作用，指仅由某种污染组分独立产生的危害。就是说没有因为混合污染物的共同作用而加深（或减轻）危害。如大气中的 SO_2 和 CO 同时作用于人体时，前者引起呼吸道刺激，而后者通过肺泡吸收进入血液，并与血红蛋白（Hb）结合生成碳氧血红蛋白，致使缺氧中毒，二者作用部位不同，互不相干。

- 相加作用（AB = A + B）：当混合污染物各组分对机体的毒害作用等于个别毒害作用的总和时，称为污染的相加作用。这类毒害的作用方式彼此相似，如苯和甲苯、SO_2 和 NO_x、乙酰甲胺磷和甲拌磷分别具有相加作用。

- 协同作用（AB＞A + B）：也称相乘作用，当混合污染物各组分对机体的毒害作用超过个别毒害作用的总和时，称为相乘作用。例如，NO_x 和 CO 之间，SO_2 和颗粒物之间的毒害作用具有相乘性。马拉硫磷和苯硫磷共同作用时，毒性增加 10 倍以上，其机理是苯硫磷抑制肝脏降解马拉硫磷的酯酶。

- 拮抗作用（AB＜A 或 B）：当混合污染物作用于机体时，每一毒物的毒害作用反而减弱，这种毒物间相互干扰的作用，称为拮抗作用。例如，李时珍《本草纲目》中解砒霜或硫黄毒就是靠铅与砷或铅与硫的拮抗作用，俗称以毒攻毒。金属锌（Zn）能够抑制镉（Cd）的毒性，金属硒（Se）能够抑制汞（Hg）的毒性。有动物试验表明，当食物中有 30 ppm 甲基汞，同时又存在 12.5 ppm 硒时，就不会出现甲基汞的中毒现象。在美国，金枪鱼是人们餐桌上的美味，可是科学研究表明，其含有一种有毒的甲基汞，为此，美国政府于 1970 年下令禁止销售、食用这种鱼。然而，后来硒的作用被公认后，一向在国民卫生问题上慎之又慎的美国政府解除了对金枪鱼的禁令。原因在于金枪鱼体内含丰富的硒，恰恰抵消了甲基汞的毒性，从而使这一美味又回到了人们的餐桌上。再如久效磷与苯巴比妥有拮抗作用，试验表明给予小鼠苯巴比妥毒性暴露后，再经口给久效磷，使后者半数致死效应浓度（LD_{50}）值增加 1 倍以上，即久效磷毒性降低。

因此，利用上述观点对环境进行评价时，只有当污染物的毒害形式为单独作用时，才能用最高允许浓度来评价；否则，还需考虑混合污染物之间的联合作用。

⑤环境污染的社会评价：环境污染如果是潜在的，不直接表现出来的，往往不会马上被人们关注；如果是直接表现出来的，往往马上就会受到人们的关注。例如，河流污染，往往不是直接表现出来的，只有污染达到一定程度后才受到人们的关注，而噪声、恶臭等空气污染则是马上就会引起社会强烈的反响。

（2）环境监测的特点

①环境监测的综合性：从监测手段上，环境监测常常包括：化学、物理、生物、物理化学、生物化学及生物物理等；从监测对象上，环境监测常常包括：空气、水体（江、河、湖、海及地下水）、土壤、固体废物、生物等；从监测数据的处理上，环境监测往往要对监测数据进行统计处理、综合分析，涉及该地区的自然和社会各个方面情况。

②环境监测的连续性：由于环境污染的时空分布特点等特点，进行环境监测必须从时间上有连续性，这样才能从大量的数据中发现环境污染变化的规律性和变化趋势，样本数量大，数据才能更加准确、可靠。对于监测网络、监测点位的选择必须科学、合理。一旦监测位点正确选定后，必须长期监测，数据才有可比性。

③环境监测的追踪性：环境监测是一项技术性很强的工作，往往时空跨度较大，参与人员众多，实验仪器设备也可能有差异。为了试验测定的准确，必须有统一的标准和可追溯的体系，即环境监测要有质量保证体系。

4.1.3.3　环境监测技术概述

环境监测技术包括化学、物理技术，生物技术，以及新发展的监测技术。

化学、物理技术：对环境样品中污染物的成分分析及其状态与结构的分析，目前多采用化学分析方法和仪器分析方法。如重量法常用作残渣、降尘、油类、硫酸盐等的测定。容量分析被广泛用于水中酸度、碱度、化学需氧量、溶解氧、硫化物、氰化物的测定。仪器分析是以物理和物理化学方法为基础的分析方法。它包括光谱分析法（可见分光光度法、紫外分光光度法、红外光谱法、原子吸收光谱法、原子发射光谱法、X-荧光射线分析法、荧光分析法、化学发光分析法等）；色谱分析法（气相色谱法、高效液相色谱法、薄层色谱法、离子色谱法、色谱—质谱联用技术）；电化学分析法（极谱法、溶出伏安法、电导分析法、电位分析法、离子选择电极法、库仑分析法）；放射分析法（同位素稀释法、中子活化分析法）和流动注射分析法等。目前仪器分析法被广泛用于对环境污染物进行定性和定量的测定。如分光光度法常用于大部分金属、无机非金属的测定；气相色谱法常用于有机物的测定；对于污染物状态和结构的分析常采用紫外光谱、红外光谱、质谱及核磁共振等技术。

生物技术：这是利用植物和动物甚至微生物在污染环境中所产生的各种反映信息来判断环境质量的方法，这是一种直接方法，也是一种综合的方法。生物监测包括生物体内污染物含量的测定；观察生物在环境中受伤害症状；生物的生理生化反应；生物群落结构和种类变化等来判断环境质量。例如，利用某些对特定污染物敏感的植物或动物（指示生物）在环境中受伤害的症状，可以对空气或水的污染做出定性和定量的判断，如地衣和苔藓可以作为 SO_2 或 HF 污染的指示生物。

新发展的监测技术：目前监测技术的发展较快，许多新技术在监测过程中已得到应用。如 GC-AAS（气相色谱—原子吸收光谱）联用仪，使两项技术互促互补、扬长避短，在研究有机汞、有机铅、有机砷方面表现了优异性能。再如，利用遥测技术对整条河流的污染分布情况进行监测，是以往监测方法很难完成的。

对区域甚至全球范围的监测和管理，其监测网络及点位的研究、监测分析方法的标准化、连续自动监测系统、数据传送和处理的计算机化的研究、应用也是发展较快的。

在发展大型、自动、连续监测系统的同时，研究小型便携式、简易快速的监测技术也十分重要。例如，在污染突发事故的现场、瞬时造成很大的伤害，但由于空气扩散和水体流动，污染物浓度的变化十分迅速，这时大型仪器无法使用，而编写适合快速测定技术就显得十分重要，在野外也同样如此。

随着计算机科学的快速发展，地理信息系统（GIS）、遥感技术（RS）、全球卫星定位系统（GPS）在环境监测中发挥越来越大的作用。

4.1.3.4　环境优先污染物和优先监测

在实际监测中，因需要监测的项目较多，但又不能同时进行，所以在监测时，应根据污染物本身的重要性和迫切性来选择有限的监测因子。优先污染物及其监测受到环境监测的高度重视。

（1）优先污染物

优先污染物指的是经过优先选择的污染物。其特点一般是：难以降解、在环境中有一定残留水平、出现频率较高、具有生物累积性、“三致”物质、毒性较大或潜在危害性较大以及现代已有检出方法。

（2）优先监测

优先监测指的是对优先污染物进行的监测。

美国最早开展优先监测：美国环保局（EPA）列出的优先污染物包括水体中的 129 种和空气中的 43 种污染物。美国从 7 万余种有机物中筛选出 65 类、129 种优先控制污染物。苏联列出的优先污染物包括水体中 664 种和空气中 1 122 种污染物。欧共体于 1975 年提出有毒化合物的“黑名单”和“灰名单”。联邦德国和荷兰也提出有机污染物的控制名单。

我国的环境优先污染物黑名单包括：14 种化学类别共 68 种有毒化学物质，其中有机物占 58 种。我国环境优先污染物黑名单见表 4-1。

表 4-1　我国环境优先污染物黑名单

化学类别	名称
1．挥发性卤代烃类（10 个）	二氯甲烷；三氯甲烷；四氯化碳；1,2-二氯乙烷；1,1,1-三氯乙烷；1,1,2-三氯乙烷；1,1,2,2-四氯乙烷；三氯乙烯；四氯乙烯；三溴甲烷（溴仿）
2．苯系物计（6 个）	苯；甲苯；乙苯；邻-二甲苯；间-二甲苯；对-二甲苯
3．氯代苯类（4 个）	氯苯；邻二氯苯；对二氯苯；六氯苯
4．多氯联苯（1 个）	多氯联苯
5．酚类（6 个）	苯酚；间甲酚；2,4-二氯酚；2,4,6-三氯酚；五氯酚；对硝基酚
6．硝基苯类（6 个）	硝基苯；对硝基甲苯；2,4-二硝基甲苯；三硝基甲苯；对硝基氯苯；2,4-二硝基氯苯

化学类别	名称
7. 苯胺类（4 个）	苯胺；二硝基苯胺；对硝基苯胺；2,6-二硝基苯胺
8. 多环芳烃类（7 个）	萘；荧蒽；苯并[*b*]荧蒽；苯并[*k*]荧蒽；苯并[*a*]芘；茚并[1,2,3-*c*,*d*]芘；苯并[*g*,*h*,*i*]芘；
9. 酞酸酯类（3 个）	酞酸二甲酯；酞酸二丁酯；酞酸二辛酯
10. 农药（8 个）	六六六；滴滴涕；敌敌畏；乐果；对硫磷；甲基对硫磷；除草醚；敌百虫
11. 丙烯腈（1 个）	丙烯腈
12. 亚硝胺类（2 个）	*N*-亚硝基二乙胺；*N*-亚硝基二正丙胺
13. 氰化物（1 个）	氰化物
14. 重金属及其化合物（9 个）	砷及其化合物；铍及其化合物；镉及其化合物；铬及其化合物；铜及其化合物；铅及其化合物；汞及其化合物；镍及其化合物；铊及其化合物

注：砷的毒性与重金属类似，归为重金属毒性。

我国优先污染物包括 14 个类别，有 68 种有毒化学物质，其中优先控制的有毒有机化合物有 12 类，58 种，占总数的 85.29%，包括 10 种卤代（烷、烯）烃类，6 种苯系物，4 种氯代苯类，1 种多氯联苯，6 种酚类，6 种硝基苯，4 种苯胺，7 种多环芳烃，3 种酞酸酯，8 种农药、丙烯腈和 2 种亚硝胺。

在优先污染物中，许多痕量有毒有机物对 COD、BOD、TOC 等综合指标贡献极小，但危害极大，这说明综合指标并不能充分反映有机污染的状况。

因受各种因素限制，在一定阶段确定的优先污染物只能反映当时的生产与科学技术水平。随着生产的发展和科学技术的进步，各国的优先污染物“黑名单”可能发生变化。

4.2 环境监测实务常用标准

4.2.1 环境标准

标准化和标准的实施是现代社会的重要标志。所谓标准化，按国际标准化组织（ISO）的定义是：“为了所有有关方面的利益，特别是为了促进最佳的全面经济效果，并适当考虑产品使用条件与安全要求，在所有有关方面的协作下，进行有秩序的特定活动，制定并实施各项规则的过程。”而标准则是“经公认的权威机构批准的一项特定标准化工作成果，它通常以一项文件并规定一整套必须满足的条件或基本单位来表示”。

环境标准是标准中的一类，是为了保护人群健康、防治环境污染、促使生态良性循环，同时又合理利用资源，促进经济发展，依据环境保护法和有关政策，对有关环境的各项工作所做的规定。例如，有害污染物成分含量限量阈值规定，有害污染物排放源规定，有害污染物含量测定技术规范等。

4.2.1.1　环境标准的作用

环境标准是执行环境保护法规的基本手段；是强化环境管理的技术基础；是环境规划的定量化依据；是推动科技进步的动力。

4.2.1.2　环境标准的分类和分级

环境标准的分类和分级见图 4-1。

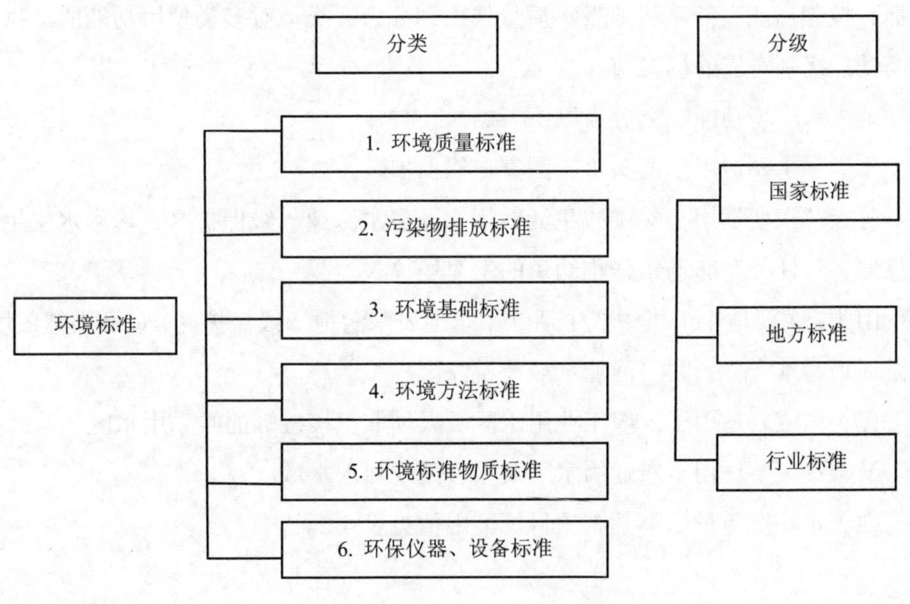

图 4-1　环境标准的分类和分级

其中，国家环境标准由环境保护部组织制定、审批、发布；地方环境标准由省级人民政府组织制定、审批、发布。所以，我国环境标准具有行政法规的效力。其中，环境监测方法标准，环境标准物质标准和环境基础标准只有国家标准。监测方法标准、标准样品标准、基础标准为环境质量标准和污染物控制标准的实施提供了技术保障。

4.2.1.3 制定环境标准的原则

制定环境标准的原则包括：要有充分的科学依据；既要技术先进，又要经济合理；与有关标准、规范、制度协调配套；积极采用或等效采用国际标准。

4.2.2 水质标准

水质标准包括水环境质量标准和污染物排放标准两大类。

4.2.2.1 地表水环境质量标准

《地表水环境质量标准》（GB 3838—2002）依据地表水水域环境功能和保护目标、控制功能高低，将地表水质量依次划分为五类，对多类使用功能的，执行最高功能级别对应的标准值。

地表水环境功能区划分为以下五类：

Ⅰ类：主要适用于源头水、国家自然保护区。

Ⅱ类：主要适用于集中式生活饮用水地表水源地一级保护区、珍稀水生生物栖息地、鱼虾类产卵场、仔稚幼鱼的索饵场等。

Ⅲ类：主要适用于集中式生活饮用水地表水源地二级保护区、鱼虾类越冬场、洄游通道、水产养殖区等渔业水域及游泳区。

Ⅳ类：主要适用于一般工业用水区及人体非直接接触的娱乐用水区。

Ⅴ类：主要适用于农业用水区及一般景观要求水域。

地表水环境质量标准基本项目标准限值见表 4-2。

表 4-2　地表水环境质量标准基本项目标准限值　　单位：mg/L

序号	项目	Ⅰ类	Ⅱ类	Ⅲ类	Ⅳ类	Ⅴ类
1	水温/℃	人为造成的环境水温变化应限制在： 周平均最大温升≤1 周平均最大温降≤2				
2	pH 值（量纲一）	6～9				
3	溶解氧 ≥	饱和率 90% （或 7.5）	6	5	3	2
4	高锰酸盐指数 ≤	2	4	6	10	15
5	化学需氧量（COD） ≤	15	15	20	30	40
6	五日生化需氧量（BOD_5） ≤	3	3	4	6	10
7	氨氮（NH_3-N） ≤	0.15	0.5	1.0	1.5	2.0
8	总磷（以 P 计） ≤	0.02 （湖、库 0.01）	0.1 （湖、库 0.025）	0.2 （湖、库 0.05）	0.3 （湖、库 0.1）	0.4 （湖、库 0.2）
9	总氮（湖、库，以 N 计） ≤	0.2	0.5	1.0	1.5	2.0
10	铜 ≤	0.01	1.0	1.0	1.0	1.0
11	锌 ≤	0.05	1.0	1.0	2.0	2.0
12	氟化物（以 F 计） ≤	1.0	1.0	1.0	1.5	1.5
13	硒 ≤	0.01	0.01	0.01	0.02	0.02
14	砷 ≤	0.05	0.05	0.05	0.1	0.1
15	汞 ≤	0.000 05	0.000 05	0.000 1	0.001	0.001
16	镉 ≤	0.001	0.005	0.005	0.005	0.01
17	铬（六价） ≤	0.01	0.05	0.05	0.05	0.1
18	铅 ≤	0.01	0.01	0.05	0.05	0.1
19	氰化物 ≤	0.005	0.05	0.2	0.2	0.2
20	挥发酚 ≤	0.002	0.002	0.005	0.01	0.1
21	石油类 ≤	0.05	0.05	0.05	0.5	1.0
22	阴离子表面活性剂 ≤	0.2	0.2	0.2	0.3	0.3
23	硫化物 ≤	0.05	0.1	0.2	0.5	1.0
24	粪大肠菌群/（个/L） ≤	200	2 000	10 000	20 000	40 000

注：批准划定的单一渔业水域按《渔业水质标准》进行管理。

集中式生活饮用水地表水源地补充项目标准限值见表 4-3。

表 4-3 集中式生活饮用水地表水源地补充项目标准限值　　单位：mg/L

序号	项目	标准值
1	硫酸盐（以 SO_4^{2-}计）	250
2	氯化物（以 Cl^-计）	250
3	硝酸盐（以 N 计）	10
4	铁	0.3
5	锰	0.1

集中式生活饮用水地表水源地特定项目标准限值见表 4-4。

表 4-4 集中式生活饮用水地表水源地特定项目标准限值　　单位：mg/L

序号	项目	标准值	序号	项目	标准值
1	三氯甲烷	0.06	12	氯丁二烯	0.002
2	四氯化碳	0.002	13	六氯丁二烯	0.000 6
3	三溴甲烷	0.1	14	苯乙烯	0.02
4	二氯甲烷	0.02	15	甲醛	0.9
5	1,2-二氯乙烷	0.03	16	乙醛	0.05
6	环氧氯丙烷	0.02	17	丙烯醛	0.1
7	氯乙烯	0.005	18	三氯乙醛	0.01
8	1,1-二氯乙烯	0.03	19	苯	0.01
9	1,2-二氯乙烯	0.05	20	甲苯	0.7
10	三氯乙烯	0.07	21	乙苯	0.3
11	四氯乙烯	0.04	22	二甲苯	0.5
23	异丙苯	0.25	52	滴滴涕	0.001
24	氯苯	0.3	53	林丹	0.002
25	1,2-二氯苯	1	54	环氧七氯	0.000 2
26	1,4-二氯苯	0.3	55	对硫磷	0.003
27	三氯苯	0.02	56	甲基对硫磷	0.002
28	四氯苯	0.02	57	马拉硫磷	0.05

序号	项目	标准值	序号	项目	标准值
29	六氯苯	0.05	58	乐果	0.08
30	硝基苯	0.017	59	敌敌畏	0.05
31	二硝基苯	0.5	60	敌百虫	0.05
32	2,4-二硝基甲苯	0.000 3	61	内吸磷	0.03
33	2,4,6-三硝基甲苯	0.5	62	百菌清	0.01
34	硝基氯苯	0.05	63	甲萘威	0.05
35	2,4-二硝基氯苯	0.5	64	溴氰菊酯	0.02
36	2,4-二氯酚	0.093	65	阿特拉津	0.003
37	2,4,6-三氯酚	0.2	66	苯并[*a*]芘	2.8×10^{-6}
38	五氯酚	0.009	67	甲基汞	1.0×10^{-6}
39	苯胺	0.1	68	多氯联苯	2.0×10^{-5}
40	联苯胺	0.000 2	69	微囊藻毒素-LR	0.001
41	丙烯酰胺	0.000 5	70	黄磷	0.003
42	丙烯腈	0.1	71	钼	0.07
43	邻苯二甲酸二丁酯	0.003	72	钴	1
44	邻苯二甲酸二（2-乙基己基）酯	0.008	73	铍	0.002
45	水合肼	0.01	74	硼	0.5
46	四乙基铅	0.000 1	75	锑	0.005
47	吡啶	0.2	76	镍	0.02
48	松节油	0.2	77	钡	0.7
49	苦味酸	0.5	78	钒	0.05
50	丁基黄原酸	0.005	79	钛	0.1
51	活性氯	0.01	80	铊	0.000 1

4.2.2.2 生活饮用水卫生标准

现行《生活饮用水卫生标准》为 GB 5749—2006，更早的 GB 5749—85 由我国卫生部于 1985 年 8 月 16 日发布，1986 年 10 月 1 日实施。随着社会经济的发展，人口的增加，不少地区水源短缺，有的城市饮用水水源污染严重，居民生活饮用水安全受到威胁。1985 年发布的《生活饮用水卫生标准》已不能满足保障人民群众健康的需要。为此，卫生部和国家标准化管理委员会对原有标准进行了修订，联合发布新的强制性国家标准《生活饮用水卫生标准》（GB 5749—2006）。2007 年 7 月 1 日，《生活饮用水卫生标准》（GB 5749—2006）和 13 项生活饮用水卫生检验国家标准正式实施。

《生活饮用水卫生标准》（GB 5749—2006）具有以下 3 个特点：①加强了对水质有机物、微生物和水质消毒等方面的要求。修订的标准中的饮用水水质指标由原标准的 35 项增至 106 项，增加了 71 项。其中：微生物指标由 2 项增至 6 项；饮用水消毒剂指标由 1 项增至 4 项；毒理指标中无机化合物由 10 项增至 21 项；毒理指标中有机化合物由 5 项增至 53 项；感官性状和一般理化指标由 15 项增至 20 项；放射性指标仍为 2 项。②统一了城镇和农村饮用水卫生标准。③实现饮用水标准与国际接轨。修订的标准水质项目和指标值的选择，充分考虑了我国实际情况，并参考了世界卫生组织的《饮用水水质准则》，参考了欧盟、美国、俄罗斯和日本等国饮用水标准。

《生活饮用水卫生标准》（GB 5749—2006）中，细菌总数指标反映微生物的情况；大肠杆菌群指标反映水中有害病菌数量指标；游离性余氯表征消毒效果；由于饮用水不存在自净问题，故无 BOD、DO 等指标。

生活饮用水水质常规检验项目及限值见表 4-5。

表 4-5 生活饮用水水质常规检验项目及限值 单位：mg/L

项目	限值
感官性状及一般化学指标（17 项）	
色度	色度不超过 15 度，并不得呈现其他异色
浑浊度	不超过 1 度（NTU），特殊情况下不超过 5 度
臭和味	不得优异臭、异味
肉眼可见物	不得含有
pH 值	6.5～8.5
总硬度（以 $CaCO_3$ 计）	450
铝	0.2
铁	0.3
锰	0.1

项目	限值
铜	1
锌	1
挥发酚类（以苯酚计）	0.002
阴离子合成洗涤剂	0.3
硫酸盐	250
氯化物	250
溶解性总固体	1 000
耗氧量	3 mg/L，特殊情况下不超过 5 mg/L
毒理学指标（11 项）	
砷	0.05
镉	0.005
铬（六价）	0.05
氰化物	0.05
氟化物	1
铅	0.01
汞	0.001
硝酸盐（以 N 计）	20
硒	0.01
四氯化碳	0.002
氯仿	0.06
细菌学指标（4 项）	
细菌总数/（CFU/mL）	100
总大肠菌群	每 100 mL 水样中不得检出
粪大肠菌群	每 100 mL 水样中不得检出
游离余氯	在与水接触 30 min 后应不低于 0.3 mg/L，管网末梢水末端水中应不应低于 0.05 mg/L（适用于加氯消毒）
放射性指标（2 项）	
总α放射性/（Bq/L）	0.5
总β放射性/（Bq/L）	1

注：①表中 NTU 为散浊度单位；②特殊情况包括水源限值等情况；③CFU 为菌落形成单位；④放射学指标规定数值不是限值，而是参考水平。放射学指标超过表中所规定的数值时，必须进行核素分析和评价，以决定是否饮用。

4.2.2.3 污水综合排放标准

《污水综合排放标准》（GB 8978—1996），批准日期 1996 年 10 月 4 日，实施日期 1998 年 1 月 1 日；适用对象：一切排污的企事业单位。

一切排污单位指本标准适用范围所包括的一切排污单位。

其他排污单位：指在某一控制项目中，除所列行业外的一切排污单位。

第一类污染物：指的是能在环境或动植物体内积累，对人体健康产生长远不良影响的污染物。不分行业、污水排放方式及受纳水体功能，统一执行相同的标准值。

第一类污染物最高允许排放限值见表 4-6。

表 4-6 第一类污染物最高允许排放限值　　单位：mg/L

序号	污染物	最高允许排放限值
1	总汞	0.05
2	烷基汞	不得检出
3	总镉	0.1
4	总铬	1.5
5	六价铬	0.5
6	总砷	0.5
7	总铅	1.0
8	总镍	1.0
9	苯并[*a*]芘	0.000 03
10	总铍（按 Be 计）	0.005
11	总银（按 Ag 计）	0.5
12	总α放射性/（Bq/L）	1
13	总β放射性/（Bq/L）	10

第二类污染物：指的是长远影响小于第一类污染物的污染物。按地表水域使用功能要求和污水排放去向，分别执行一、二、三级标准。

第二类污染物最高允许排放的限值见表 4-7。

表 4-7　第二类污染物最高允许排放的限值　　单位：mg/L

序号	污染物	适用范围	一级标准	二级标准	三级标准
1	pH 值	一切排污单位	6～9	6～9	6～9
2	色度（稀释倍数）	一切排污单位	50	80	—
3	悬浮物（SS）	采矿、选矿、选煤工业	70	300	—
		脉金选矿	70	400	—
		边远地区沙金选矿	70	400	—
		城镇二级污水处理厂	20	50	—
		其他排污单位	70	150	400
4	五日生化需氧量（BOD_5）	甘蔗制糖、苎麻脱胶、湿法纤维板、燃料、洗毛工业	20	60	600
		甜菜制糖、酒精、味精、皮革、化纤浆泊工业	20	100	600
		城镇二级污水处理厂	20	30	—
		其他排污单位	20	30	300
5	化学需氧量（COD_{Cr}）	甜菜制糖、合成脂肪酸、湿法纤维板、燃料、洗毛、有机磷农药工业	100	200	1 000
		味精、酒精、医药原料药、生物制药、苎麻脱胶、皮革、化纤浆泊工业	100	300	1 000
		石油化工工业（包括石油炼制）	60	120	500
		城镇二级污水处理厂	60	120	—
		其他排污单位	100	150	500
6	石油类	一切排污单位	5	10	20
7	动植物油	一切排污单位	10	15	100
8	挥发酚	一切排污单位	0.5	0.5	2
9	总氰化物（按 CN^- 计）	一切排污单位	0.5	0.5	1
10	硫化物	一切排污单位	1	1	1
11	氨氮	医药原料药、燃料、石油化工工业	15	50	—
		其他排污单位	15	25	—
12	氟化物	黄磷工业	10	15	20
		低氟地区（水体含氟质量浓度＜0.5 mg/L）	10	20	30
		其他排污单位	10	10	20

序号	污染物	适用范围	一级标准	二级标准	三级标准
13	磷酸盐（以P计）	一切排污单位	0.5	1	—
14	甲醛	一切排污单位	1	2	5
15	苯胺类	一切排污单位	1	2	5
16	硝基苯类	一切排污单位	2	3	5
17	阴离子表面活性剂（LAS）	一切排污单位	5	10	20
18	总铜	一切排污单位	0.5	1	2
19	总锌	一切排污单位	2	5	5
20	总锰	合成脂肪酸工业	2	5	5
		其他排污单位	2	2	5
21	彩色显影剂	电影制片	1	2	3
22	显影剂及氧化物总量	电影制片	3	3	6
23	元素磷	一切排污单位	0.1	0.1	0.3
24	有机磷农药（以P计）	一切排污单位	不得检出	0.5	0.5
25	乐果	一切排污单位	不得检出	1	2
26	对硫磷	一切排污单位	不得检出	1	2
27	甲基对硫磷	一切排污单位	不得检出	1	2
28	马拉硫磷	一切排污单位	不得检出	5	10
29	五氯酚及五氯酚钠（以五氯酚计）	一切排污单位	5	8	10
30	可吸附有机卤化物（AOX）（以Cl^-计）	一切排污单位	1	5	8
31	三氯甲烷	一切排污单位	0.3	0.6	1
32	四氯化碳	一切排污单位	0.03	0.06	0.5
33	三氯乙烯	一切排污单位	0.3	0.6	1
34	四氯乙烯	一切排污单位	0.1	0.2	0.5
35	苯	一切排污单位	0.1	0.2	0.5
36	甲苯	一切排污单位	0.1	0.2	0.5
37	乙苯	一切排污单位	0.4	0.6	1
38	邻二甲苯	一切排污单位	0.4	0.6	1
39	对二甲苯	一切排污单位	0.4	0.6	1
40	间二甲苯	一切排污单位	0.4	0.6	1
41	氯苯	一切排污单位	0.2	0.4	1

序号	污染物	适用范围	一级标准	二级标准	三级标准
42	邻二氯苯	一切排污单位	0.4	0.6	1
43	对二氯苯	一切排污单位	0.4	0.6	1
44	对硝基氯苯	一切排污单位	0.5	1	5
45	2,4—二硝基氯苯	一切排污单位	0.5	1	5
46	苯酚	一切排污单位	0.3	0.4	1
47	间甲酚	一切排污单位	0.1	0.2	0.5
48	2,4—二氯酚	一切排污单位	0.6	0.8	1
49	2,4,6—三氯酚	一切排污单位	0.6	0.8	1
50	邻苯二甲酸二丁酯	一切排污单位	0.2	0.4	2
51	邻苯二甲酸二辛酯	一切排污单位	0.3	0.6	2
52	丙烯腈	一切排污单位	2	5	5
53	总硒	一切排污单位	0.1	0.2	0.5
54	粪大肠菌群数/（个/L）	医院①、兽医院及医疗机构含病原体污水	500	1 000	5 000
		传染病、结核病医院污水	100	500	1 000
55	总余氯（采用氯化消毒的医疗污水）	医院①、兽医院及医疗机构含病原体污水	＜0.5②	＞3（接触时间＞1 h）	＞2（接触时间＞1 h）
		传染病、结核病医院污水	＜0.5②	＞6.5（接触时间＞1.5 h）	＞5（接触时间＞1.5 h）
56	总有机碳（TOC）	合成脂肪酸工业	20	40	—
		苎麻脱胶工业	20	60	—
		其他排污单位	20	30	—

注：其他排污单位是指除在该控制项目中所列行业以外的一切排污单位；

①指50个以上床位的医院；

②加氯消毒后须进行脱氯处理，达到本标准。

第一类污染与第二类污染物在环境监测工作时，污水取样点的不同，第一类污染物监测时，不分行业和污水排放方式，也不分受纳水体的功能类别，一律在车间或车间处理设施排放口采样。第二类污染物，在排污单位排放口采样。

4.2.2.4 回用水标准

再生水回用于景观水体的水质标准见表4-8。

表 4-8 再生水回用于景观水体的水质标准　　单位：mg/L

序号	项目	人体非直接接触	人体非全身性接触
1	基本要求	无漂浮物，无令人不愉快的嗅和味	无漂浮物，无令人不愉快的嗅和味
2	色度/度	30	30
3	pH 值	6.5～9.0	6.5～9.0
4	化学需氧量（COD）	60	50
5	五日生化需氧量（BOD_5）	20	10
6	悬浮物（SS）	20	10
7	总磷（以 P 计）	2	1
8	凯氏氮	15	10
9	大肠菌群/（个/L）	1 000	500
10	余氯①	0.2～1.0②	0.2～1.0②
11	全盐量	1 000/2 000③	1 000/2 000③
12	氯化物（以 Cl^-计）	350	350
13	溶解性铁	0.4	0.4
14	总锰	1	1
15	挥发酚	0.1	0.1
16	石油类	1	1
17	阴离子表面活性剂	0.3	0.3

注：①为管网末端余氯；②1.0 为夏季水文超过 25℃时的采用值；③2 000 为盐碱地区采用值。

生活杂用水水质标准见表 4-9。

表 4-9 生活杂用水水质标准　　单位：mg/L

项目	厕所便器冲洗、城市绿化	洗车、扫除
浊度/度	10	5
溶解性固体	1 200	1 000
悬浮物	10	5
色度/度	30	30
嗅	无不快感觉	无不快感觉
pH 值	6.5～9.0	6.5～9.0
BOD_5	10	10
COD_{Cr}	50	50

项目	厕所便器冲洗、城市绿化	洗车、扫除
氨氮（以 N 计）	20	10
总硬度（以 $CaCO_3$ 计）	450	450
氯化物	350	300
阴离子合成洗涤剂	1	0.5
铁	0.4	0.4
锰	0.1	0.1
游离余氯	管网末端水不小于 0.2	管网末端水不小于 0.2
总大肠菌群/（个/L）	3	3

4.2.3　大气标准

4.2.3.1　大气环境质量标准

《大气环境质量标准》（GB 3095—2012）中，根据地区的地理、气候、生态、政治、经济和大气污染程度，划分了三类环境空气质量功能区。

一类区：国家规定的自然保护区、风景名胜区和其他需要特殊保护的地区。

二类区：城镇规划中确定的居住区、商业交通居民混合区、文化区、一般工业区和农村地区。

三类区：特定工业区。

环境空气功能区质量要求：一类区适用一级浓度限值，二类区适用二级浓度限值。一、二类区环境空气功能区质量要求见表 4-10 和表 4-11。

表 4-10　环境空气污染物基本项目浓度限值　单位：μg/m³

序号	污染物项目	平均时间	浓度限值	
			一级	二级
1	二氧化硫（SO_2）	年平均	20	60
		24 h 平均	50	150
		1 h 平均	150	500
2	二氧化氮（NO_2）	年平均	40	40
		24 h 平均	80	80
		1 h 平均	200	200

序号	污染物项目	平均时间	浓度限值	
			一级	二级
3	一氧化碳（CO）/（mg/m^3）	24 h 平均	4	4
		1 h 平均	10	10
4	臭氧（O_3）	日最大 8 h 平均	100	160
		1 h 平均	160	200
5	颗粒物（粒径≤10 μm）	年平均	40	70
		24 h 平均	50	150
6	颗粒物（粒径≤2.5 μm）	年平均	15	35
		24 h 平均	35	75

注：2016 年 1 月 1 日起实施。

表 4-11 环境空气污染物其他项目浓度限值 单位：$\mu g/m^3$

序号	污染物项目	平均时间	浓度限值	
			一级	二级
1	总悬浮颗粒物（TSP）	年平均	80	200
		24 h 平均	120	300
2	氮氧化物（NO_x）	年平均	50	50
		24 h 平均	100	100
		1 h 平均	250	250
3	铅（Pb）	年平均	0.5	0.5
		季平均	1	1
4	苯并[*a*]芘（BaP）	年平均	0.001	0.001
		24 h 平均	0.002 5	0.002 5

《大气环境质量标准》（GB 3095—2012）还规定了监测分析方法及数据统计的有效性要求，具体可参考该标准的表 3 和表 4。

4.2.3.2 保护农作物的大气污染物限值

《保护农作物的大气污染物最高允许浓度标准》（GB 9137—88）规定了保护农作物的各项大气污染物浓度限值。保护农作物的各项大气污染物浓度限值见表 4-12。

表 4-12　保护农作物的各项大气污染物浓度限值

污染物	作物敏感程度	生长季平均浓度①	日平均浓度②	任何一次浓度③	农作物种类
二氧化硫/（mg/m^3）	敏感作物	0.05	0.15	0.5	冬小麦、春小麦、大麦、荞麦、大豆、甜菜、芝麻；菠菜、青菜、白菜、莴苣、黄瓜、南瓜、西葫芦、马铃薯、苹果、梨、葡萄、苜蓿、三叶草、鸭茅、黑麦草
	中等敏感作物	0.08	0.25	0.7	水稻、玉米、燕麦、高粱、棉花、烟草；番茄、茄子、胡萝卜；桃、杏、李、柑橘、樱桃
	抗性作物	0.12	0.3	0.8	蚕豆、油菜、向日葵；甘蓝、芋头；草莓
氟化物/[μg/（$dm^3·d$）]	敏感作物	1	5		冬小麦、花生；甘蓝、菜豆；苹果、梨、桃、杏、李、葡萄、草莓、樱桃、桑葚、紫花苜蓿、黑麦草、鸭茅
	中等敏感作物	2	10		大麦、水稻、玉米、高粱、大豆；白菜、芥菜、花椰菜、柑橘、三叶草
	抗性作物	4.5	15		向日葵、棉花、茶、茴香、番茄、茄子、辣椒、马铃薯

注：①生长季平均浓度为任何一个生长季的日平均浓度不得超过的限值；②日平均浓度为任何一日的平均浓度不得超过的限值；③任何一次浓度为任何一次采样测定浓度不得超过的限值。

4.2.3.3　锅炉大气污染物排放限值

《锅炉大气污染物排放标准》（GB 13271—2014）制定是为了控制锅炉污染物排放，防治大气污染。新建锅炉自 2014 年 7 月 1 日起、10 t/h 以上在用蒸汽锅炉和 7 MW 以上在用热水锅炉自 2015 年 10 月 1 日起、10 t/h 及以下在用蒸汽锅炉和 7 MW 及以下在用热水锅炉自 2016 年 7 月 1 日起执行该标准，GB 13271—2001 自 2016 年 7 月 1 日废止。标准中的一、二、三类区的划分按《环境空气质量标准》（GB 3095—2012），即按照锅炉所处的大气功能类别执行相应的类别。排放标准分燃料设定，燃料分为燃煤锅炉、燃油锅炉和燃气锅炉。锅炉排放限值分地区设定管理。

在用锅炉大气污染物排放浓度限值见表 4-13。

表 4-13 在用锅炉大气污染物排放浓度限值 单位：mg/m^3

污染物项目	限值			污染物排放监控位置
	燃煤锅炉	燃油锅炉	燃气锅炉	
颗粒物	80	60	30	烟囱或烟道
二氧化硫	400/500①	300	100	
氮氧化物	400	400	400	
汞及其化合物	0.05	—	—	
烟气黑度（林格曼黑度）/级	≤1			烟囱排放口

注：①位于广西壮族自治区、重庆市、四川省和贵州省的燃煤锅炉执行 500 限值。

自 2014 年 7 月 1 日起，新建锅炉执行的大气污染物排放限值见表 4-14。

表 4-14 新建锅炉执行的大气污染物排放限值 单位：mg/m^3

污染物项目	限值			污染物排放监控位置
	燃煤锅炉	燃油锅炉	燃气锅炉	
颗粒物	50	30	20	烟囱或烟道
二氧化硫	300	200	50	
氮氧化物	300	250	200	
汞及其化合物	0.05	—	—	
烟气黑度（林格曼黑度）/级	≤1			烟囱排放口

重点地区锅炉的大气污染物特别排放限值。执行大气污染物特别排放限值的地域范围、时间，由国务院环境保护主管部门或省级人民政府规定。大气污染物特别排放限值见表 4-15。

表 4-15 大气污染物特别排放限值 单位：mg/m^3

污染物项目	限值			污染物排放监控位置
	燃煤锅炉	燃油锅炉	燃气锅炉	
颗粒物	30	30	20	烟囱或烟道
二氧化硫	200	100	50	
氮氧化物	200	200	150	
汞及其化合物	0.05	—	—	
烟气黑度（林格曼黑度）/级	≤1			烟囱排放口

每个新建燃煤锅炉房只能设一根烟囱，烟囱高度应根据锅炉房装机总容量，按规定执行，燃油、燃气锅炉烟囱不低于 8 m，锅炉烟囱的具体高度按批复的环评文件确定。新建锅炉房的烟囱周围半径 200 m 距离内有建筑物时，其烟囱应高出最高建筑物 3 m 以上。燃煤锅炉房烟囱最低允许高度见表 4-16。

表 4-16　燃煤锅炉房烟囱最低允许高度

锅炉房装机总容量	MW	<0.7	0.7～<1.4	1.4～<2.8	2.8～<7	7～<14	≥14
	t/h	<1	1～<2	2～<4	4～<10	10～<20	≥20
烟囱最低允许高度	m	20	25	30	35	40	45

不同时段建设的锅炉，若采用混合方式排放烟气，且选择的监控位置只能监测混合烟气中大气污染物浓度，应执行各个时段限值中最严格的排放限值。

锅炉大气污染物浓度测定方法及大气污染物基准含氧量排放浓度折算方法具体请查阅《锅炉大气污染物排放标准》(GB 13271—2014)。

4.2.4　噪声标准

按区域的使用功能特点和环境质量要求，声环境功能区分为 5 种类型：

0 类声环境功能区：指康复疗养区等特别需要安静的区域。

1 类声环境功能区：指以居民住宅、医疗卫生、文化教育、科研设计、行政办公为主要功能，需要保持安静的区域。

2 类声环境功能区：指以商业金融、集市贸易为主要功能，或者居住、商业、工业混杂，需要维护住宅安静的区域。

3 类声环境功能区：指以工业生产、仓储物流为主要功能，需要防止工业噪声对周围环境产生严重影响的区域。

4 类声环境功能区：指交通干线两侧一定距离之内，需要防止交通噪声对周围环境产生严重影响的区域，包括 4a 类和 4b 类两种类型。4a 类为高速公路、一级公路、二级公路、城市快速路、城市主干路、城市次干路、城市轨道交通（地面段）、内河航道两侧区域；4b 类为铁路干线两侧区域。

环境噪声限值见表 4-17。

表 4-17 环境噪声限值 单位：dB（A）

声环境功能区类别		时段	
		昼间	夜间
0 类		50	40
1 类		55	45
2 类		60	50
3 类		65	55
4 类	4a 类	70	55
	4b 类	70	60

工业企业厂界环境噪声排放限值见表 4-18。

表 4-18 工业企业厂界环境噪声排放限值 单位：dB（A）

声环境功能区类别	时段	
	昼间	夜间
0 类	50	40
1 类	55	45
2 类	60	50
3 类	65	55
4 类	70	55

4.2.5 固体废物控制标准

为了防止农用污泥、建材农用粉煤灰、农药、农用城镇垃圾及有色金属、建材工业固体废物对土壤、农作物、地表水、地下水的污染，保障农牧渔业生产和人体健康，我国制定了有关固体废物的控制标准。若在环境监测工作中有需要，可通过这些标准，进一步查阅相关标准限值。

4.2.6 未列入标准的物质最高允许浓度的估算

未列入标准但已证明有害，且在局部范围（如企业的生产车间）排放量和浓度又比较大的物质，其最高允许排放浓度，通常可由当地环境管理行政部门会同相关专家和有关工矿企业，参考国外标准，或从公式估算，或直接做毒理试验再估算。

常用的污染物排放标准列表，请参考本书第 2 章 2.2 节。

4.3 环境监测实务

环境监测实务具体工作开展，包括现场调查、监测方案（计划）设计、优化布点、样品采集、运送保存、分析测试、数据处理和综合评价、撰写监测报告等。现场调查、监测方案设计、优化布点后，即进入样品采集、运送保存、分析测试、数据处理和综合评价、撰写监测报告等程序。

4.3.1 水样的采集和保存

水样采样的原则：采集的水样，必须具有代表性，能真实反映水质状况；保证在实验室分析之前水样中待测成分保持不变。

4.3.1.1 水样的类型

（1）瞬时水样

在某一时间和地点从水体中随机采集的分散水样，为瞬时水样。当水体水质稳定，或其组分在相当长的时间或相当大的空间范围内变化不大时，瞬时水样具有很好的代表性。当水体组分及含量随时间和空间变化时，就应隔时、多点采集瞬时样，分别进行分析，摸清水质的变化规律。

（2）混合水样

混合水样是指在同一采样点于不同时间所采集的瞬时水样的混合水样，有时称“时间混合水样”，以与其他混合水样相区别。这种水样在观察平均浓度时非常有用，但不适用于被测组分在保存过程中发生明显变化的水样。

（3）综合水样

综合水样是把不同采样点同时采集的各个瞬时水样混合后所得到的样品。这种水样在某些情况下更具有实际意义。例如，当为几条废水河、渠建立综合处理厂时，以综合水样取得的水质参数作为设计的依据更为合理。

4.3.1.2 地表水样的采集

（1）采样前的准备

水样采样要选择适宜材质的盛水容器和采样器，清洗干净，并准备好交通工具。交通工具常使用船只。

（2）采样方法和采样器（或采水器）

在河流、湖泊、水库、海洋中采用，常乘坐监测船或采样船、手划船等交通工具到采样点采集，也可涉水或在桥上采集。

①表层水：可使用桶、瓶等容器直接采取。一般将其沉至水面下 0.3～0.5 m 处采集。

②深层水：可使用图 4-2 所示的带重锤的采样器沉入水中采集。将采样容器沉降至所需深度（可从绳上的标度看出），上提细绳打开瓶塞，待水样充满容器后提出。

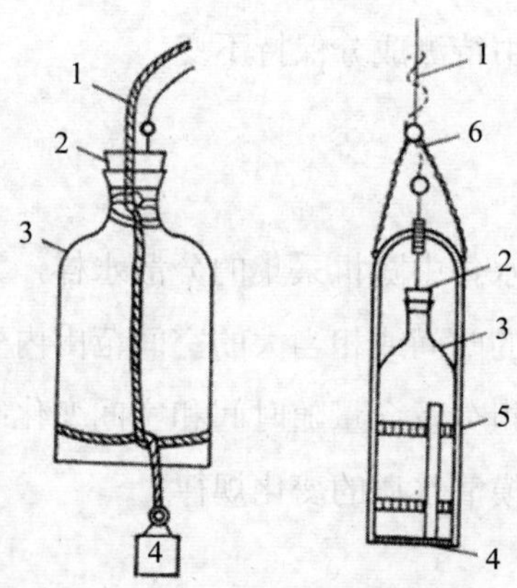

1. 绳子；2. 带软绳的橡胶塞；3. 采样瓶；4. 铅锤；5. 铁框；6. 挂钩

图 4-2 常用水样采样器

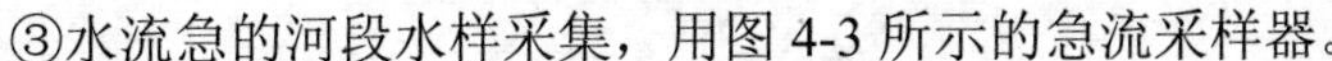
③水流急的河段水样采集，用图 4-3 所示的急流采样器。

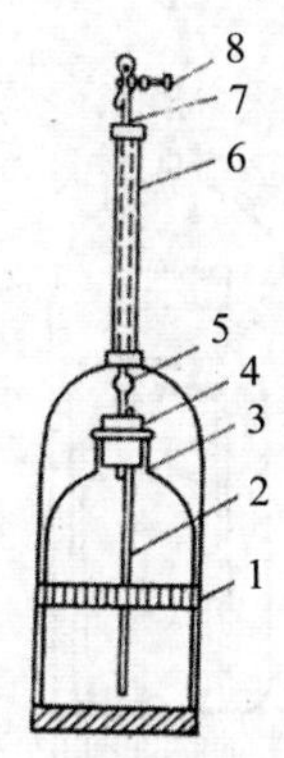

1. 铁框；2. 长玻璃管；3. 采样瓶；4. 橡胶塞；5. 短玻璃管；6. 钢管；7. 橡胶管；8. 夹子

图 4-3　急流采样器

急流采样器是将一根长钢管固定在铁框上，管内装一根橡胶管，其上部用夹子夹紧，下部与瓶塞上的短玻璃管相连，瓶塞上另有一长玻璃管通至采样瓶底部。采样前塞紧橡胶塞，然后沿船身垂直伸入要求水深处，打开上部橡胶管夹，水样即沿长玻璃管流入样品瓶中，瓶内空气由短玻璃管沿橡胶管排出。

这样采集的水样也可用于测定水中溶解性气体，因为它是与空气隔绝的。

④测定溶解气体（如溶解氧）的水样采集，常用图 4-4 所示的双瓶采样器。采样时，将采样器沉入要求水深处后，打开上部的橡胶管夹，水样进入小瓶（采样瓶）并将空气驱入大瓶，从连接大瓶短玻璃管的橡胶管排出，直到大瓶中充满水样，提出水面后迅速密封。

4.3.1.3　地下水样的采集

地下水的水质比较稳定，一般采集瞬时水样。从监测井中采集水样常利用抽水机设备；对于自喷泉水，可在涌水口处直接采样；对于自来水，放水数分钟后再采样。

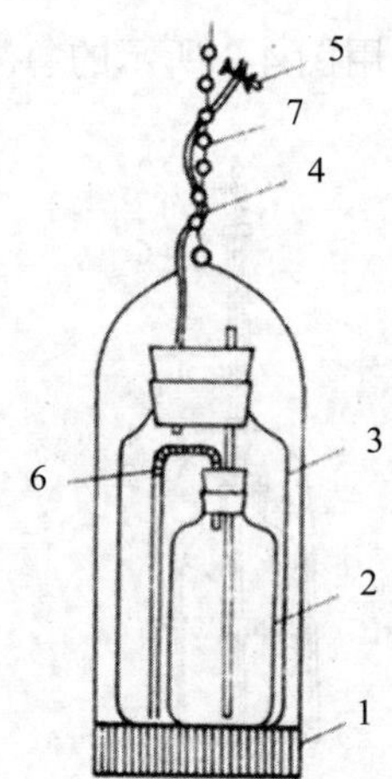

1. 带重锤的铁框；2. 小瓶；3. 大瓶；4. 橡胶管；5. 夹子；6. 塑料管；7. 绳子

图 4-4 溶解氧采水器

4.3.1.4 废（污）水样的采集

①浅层废（污）水：可从浅埋排水管、沟道中采样，用采样容器直接采集，也可用长把塑料勺采集。

②深层废（污）水：可用深层采水器或固定在负重架内的采样容器，沉入监测井内采样。

③自动采样：采用自动采水器可自动采集瞬时水样和混合水样。

4.3.1.5 采集水样注意事项

①测定悬浮物、pH 值、溶解氧、生化需氧量、油类、硫化物、余氯、放射性、微生物等项目需要单独采样；其中，油类项目测定应单独采样、定容。

②测定溶解氧、生化需氧量和有机污染物等项目的水样必须充满容器。

③测定 pH 值、电导率、溶解氧等项目宜在现场测定。

④采样时还需同步测量水文参数和气象参数。

⑤采样时必须认真填写采样登记表。

⑥每个水样瓶都应及时贴上标签（填写采样点编号、采样日期和时间、测定项目等）。

⑦要塞紧瓶塞，必要时还要密封。

4.3.1.6　盛装水样容器的选择

用于盛装水样的容器，可用硼硅玻璃瓶或聚乙烯塑料瓶或桶，必须能用塞或盖紧密封。应注意：①容器不能是新的污染源。塑料可溶出增塑剂、未聚合的单体等，而玻璃器皿可溶出硼、硅、钙、镁等。所以，测金属的水样多选用聚乙烯塑料瓶；测有机物的水样一般只能用玻璃瓶。②容器壁不应吸收或吸附某些待测组分，请见本节下文中“水样贮存容器的选择”。③容器不应与待测组分发生反应，如氟化物与玻璃，测定氟化物的水样，不能采样玻璃容器。

4.3.1.7　采样体积

水样采样体积取决于所分析项目的多少以及选用的测定方法。分析常规水质项目，只需要 3～5 L 水样。取样量应能满足欲测项目的需要，还要留有余地。

4.3.1.8　流量的测量

（1）地表水流量测量

①流速—面积法：先将测量断面分成若干小块，测出每小块的面积和流速，计算出相应的流量，再将各小断面的流量累加，即为断面上的水流量。

②浮标法：是一种粗略测量小型河、渠中水流速的简易方法。测量时，选择一平直河段，测量该河段 2 m 间距内起点、中点和终点 3 个过水横断面面积，求出平均横断面面积。在上游投入浮标，测量浮标流经确定河段（L）所需时间，重复测量几次，求出所需时间的平均值（t），即可计算出流速（L/t）。

（2）废（污）水流量测量

①流量计法：废（污）水管道若装有流量计，可从流量计直接读数。

②容积法：将污水导入已知容积的容器或污水池中，测量流满容器或污水池的时间，然后用其除受纳容器或池的容积，即可求出流量。该方法简单易行，适用于测量污水流量较小的连续或间歇排放的污水。

③溢流堰法：适用于不规则的污水沟、污水渠中水流量的测量。该方法是用三角形或矩形、梯形堰板拦住水流，形成溢流堰，测量堰板前后水头和水位，计算流量。如果安装液位计，可连续自动测量液位。

4.3.2 水样的运输与保存

4.3.2.1 水样的运输

为避免水样在运输过程中震动、碰撞导致损失或玷污，将其装箱，并用泡沫塑料或纸条挤紧，在箱顶贴上标记。需冷藏的样品，应采取制冷保存措施；冬季应采取保温措施，以免冻裂样品瓶。水样的运输时间，通常以 24 h 为最大允许时间。

4.3.2.2 水样的保存方法

通常影响水质变化的因素包括生物、化学和物理作用。

（1）生物作用

微生物的代谢活动会改变水中溶解氧、硝酸盐、亚硝酸盐和氨氮等的含量和部分有机物的浓度。

（2）化学作用

测定组分可能被氧化或还原。价态的改变可导致一些沉淀与溶解、聚合物的产生或解聚作用的发生。

（3）物理作用

光照、温度、静置或振动、敞露或密封保存，这些条件及容器材料都会使一些成分发生改变。

水样从采集到分析这段时间里，由于物理的、化学的或生物的作用会发生不同程度的变化，必须采取相应的保存方法，努力将这些改变降到最小限度。

有些组分可迅速改变，如游离余氯、pH 值、水温和溶解性气体等最好在现场采样后立即测定。

4.3.2.3 水样贮存容器的选择

贮存水样的容器可能吸附欲测组分，或者玷污水样。因此要选择性能稳定、杂质含量低的材料制作的容器。常用的材质有硼硅玻璃、石英、聚乙烯和聚四氟乙烯。其中，石英和聚四氟乙烯杂质含量少，但价格昂贵。

一般常规监测中广泛使用聚乙烯和硼硅玻璃材质的容器。

聚乙烯容器在常温下，不被浓盐酸、磷酸、氢氟酸和浓碱腐蚀，容器不怕碰撞，便于运输和携带。但浓硝酸、溴水、高氯酸对它有缓慢侵蚀作用。贮存水样时，对大多数金属离子很少吸附，仅对 I_2、NH_3、H_2S、CrO_4^{2-}有吸附作用。用聚乙烯塑料桶贮存水样适合于大多数无机成分的监测。但是塑料本身和添加剂的老化分解，能从器壁沥取到水样中，产生对有机物的污染，因此不宜贮存测定有机污染物的水样。

硼硅玻璃的主要成分是 SiO_2、B_2O_3，其他杂质很少。这类玻璃材料机械性能和耐热性能良好，能耐硝酸、硫酸、盐酸强氧化剂以及有机溶剂的侵蚀，但是，不耐 HF 和强碱。不宜贮存碱性水样以及测定 Zn、Na、K、Ca、Mg、Si 的水样。因此，玻璃容器常用作监测有机污染物水样的贮存器，也作为监视某些无机污染物（如 Cr^{6+}、NH_3、H_2S）等水样的贮存容器。

4.3.2.4　选择适宜的水样保存措施

（1）冷藏或冷冻法

冷藏或冷冻的作用是抑制微生物活动，减缓物理挥发和化学反应速度。

（2）加入化学试剂保存法

①加入生物抑制剂：$HgCl_2$ 可抑制生物的氧化还原作用；用 H_3PO_4 调至 pH 值为 4 时，加入适量 $CuSO_4$，即可抑制苯酚菌的分解活动。

②调节 pH 值：测定金属离子的水样常用 HNO_3 酸化至 pH 值为 1～2，既可防止重金属离子水解沉淀，又可避免金属被器壁吸附；测定氰化物或挥发性酚的水样加入 NaOH 调 pH 值为 12 时，使之生成稳定的酚盐等。

③加入氧化剂或还原剂：测定汞的水样需加入 HNO_3（至 pH＜1）和 $K_2Cr_2O_7$（0.05%），使汞保持高价态；测定硫化物的水样，加入抗坏血酸，可以防止被氧化；测定溶解氧的水样则需加入少量硫酸锰和碘化钾固定溶解氧（还原）等。例如，推荐测定 Cr^{6+}的水样，在弱碱性 pH=8 的条件下保存，此时 Cr^{6+}的氧化还原电位大大降低，可与还原剂共存而不起反应。测定总铬的水样，如在碱性条件下保存，会形成 $Cr(OH)_3$，增加器壁吸附的可能性，所以仍需加酸保存。

4.3.2.5 水样的过滤或离心分离

如欲测定水样中某组分的含量，采样后立即加入保存剂，分析测定时充分摇匀后再取样。如果测定可滤（溶解）态组分含量，所采水样应用 0.45 μm 微孔滤膜过滤，除去藻类和细菌，提高水样的稳定性，有利于保存。如果测定不可过滤的金属时，应保留过滤水样用的滤膜备用。对于泥沙型水样，可用离心方法处理。对含有机质多的水样，可用滤纸或砂芯漏斗过滤。如果用自然沉降后取上清液测定可滤态的组分是不恰当的。

4.3.3 水样样品预处理

环境水样所含组分复杂，并且多数污染组分含量低，存在形态各异，所以在分析测定之前，往往需要进行样品预处理（sample preprocessing），以得到欲测组分适合测定方法要求的形态、浓度和消除共存组分干扰的试样体系。因为大部分天然水和各种污水、废水常会含有不同数量的固体物质，从而使水质浑浊。而且在测定金属等无机物的指标时，如果水样中含有有机物时，需先经消解处理。所以，除了检测水样的常规参数，对需测定重金属或有机物的水样，大多数样品需要进行适当的预处理。样品经预处理后即成为可供直接分析的试样。

可以说，样品预处理是环境分析中不可或缺的重要步骤，有时甚至是整个检测过程的关键。样品预处理在整个分析过程中占用时间的比例为 61%，其他步骤所占时间比例分别为：采样 6%、分析测定 6%、数据处理 27%。

4.3.3.1 水样预处理的原则

水样预处理的原则是最大限度去除干扰物，回收率高，操作简便省时，成本低、对人体和环境无影响。

4.3.3.2 水样的消解

消解也称消化，是将样品与酸、氧化剂、催化剂等共置于回流装置或密闭装置中，加热分解并破坏有机物的一种方法。一般样品中微量金属和非金属元素测定，土壤、有机肥料全量养分测定，以及植物组织全量养分测定都要先对样品进行消解处理。

水样消解的目的有：破坏有机物；溶解悬浮性固体；将各种价态的欲测元素氧化成单一高价态或转变成易于分离的无机化合物。消解后的水样应清澈、透明、无沉淀。且不引入待测组分和干扰组分；不损失待测组分。但是消解后的水样未必完全无颜色。

常用的水样消解的方式如图 4-5 所示。

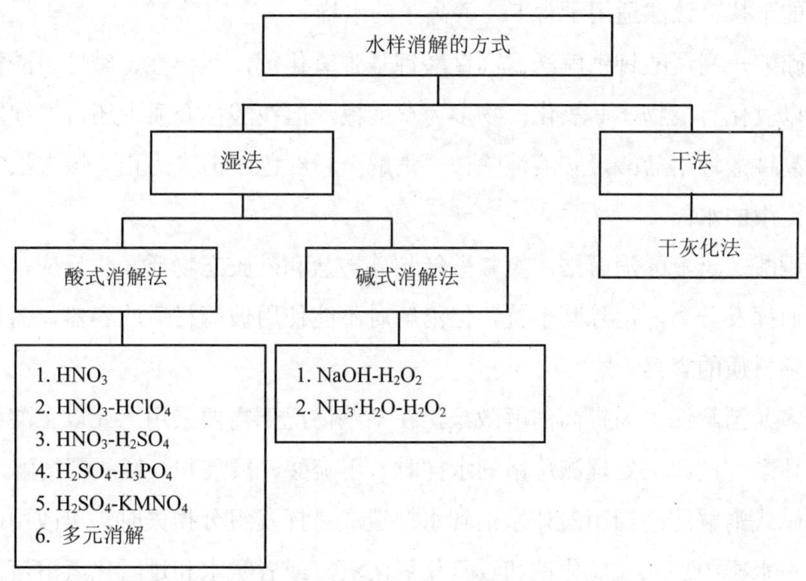

图 4-5　常用的水样消解的方式

（1）湿式消解法

①硝酸消解法：对于较清洁的水样，可用硝酸消解。消解后，水样应清澈透明，呈无色或浅色，否则，应补加硝酸继续消解。

②硝酸—高氯酸消解法：两种酸都是强氧化性酸，联合使用可消解含难氧化有机物的水样。应注意：高氯酸能与羟基化合物反应生成不稳定的高氯酸酯，有发生爆炸的危险，故先加入硝酸，氧化水中的羟基化合物，稍冷后再加高氯酸处理。需少量、逐次加入。

③硝酸—硫酸消解法：两种酸都有较强的氧化能力，其中硝酸沸点低，而硫

酸沸点高（纯硫酸沸点 338℃，硝酸沸点 83℃），二者结合使用，可提高消解温度和消解效果。常用的硝酸与硫酸的比例为 5∶2。该法不适用于易生成难溶硫酸盐组分（如铅、钡、锶）的水样。

④硫酸—磷酸消解法：两种酸的沸点都比较高，其中硫酸氧化性较强，磷酸能与一些金属离子如 Fe^{3+}等络合，故二者结合消解水样，有利于测定时消除 Fe^{3+}等离子的干扰。该法适用于含 Fe^{3+}等离子的水样。

⑤硫酸—高锰酸钾消解法：高锰酸钾是强氧化剂，在中性、碱性、酸性条件下都可以氧化有机物，其氧化产物多为草酸根，但在酸性介质中还可继续氧化。过量的高锰酸钾用盐酸羟胺溶液除去。消解至粉红色刚消失为止。该方法常用于消解测定汞的水样。

⑥硝酸—氢氟酸消解法：氢氟酸能与硅酸盐和硅胶态物质发生反应，生成四氟化硅而挥发分离，消除其干扰，但消解时不能使用玻璃材质的容器，需使用聚四氟乙烯材质的容器。

⑦多元消解法：为提高消解效果，在某些情况下需要采用三元以上酸或氧化剂消解体系。例如，处理测总铬的水样时，用硫酸、磷酸和高锰酸钾消解。

⑧碱式消解法：当用酸体系消解水样造成易挥发组分损失时，可改用碱分解法。即在水样中加入氢氧化钠和过氧化氢溶液，或者氨水和过氧化氢溶液，加热煮沸至近干，用水或稀碱溶液温热溶解。碱的加入量不宜过多，100 mL 水样加入 NaOH 1～3 g，或氨水 5～10 mL 为宜。

（2）干灰化法

干灰化法又称高温分解法。将样品先水浴蒸干转入马弗炉内，450～550℃灼烧至残渣呈灰白色，冷却后用 2%的 HNO_3（或 HCl）溶解样品灰分，过滤后，滤液定容后供测定。该法常用于固体、食品类的分析。本方法不适用于处理测定易挥发组分（如砷、汞、镉、硒、锡等）的水样。

（3）微波消解法

近年来，微波消解法得到较广泛的应用。微波消解法是用微波作为热源，从样品和消解液内部进行加热并伴随激烈搅拌，加快了样品分解速率，提高了加热效率，并且消解在密闭容器中，避免了易挥发组分的损失和有害气体排放对环境造成污染。

4.3.3.3　富集与分离

富集是分离的一种，即从大量试样中搜集欲测定的少量物质至一较小体积中，从而提高其浓度至其测定下限之上。分离是将欲测组分从试样中单独析出，或将几个组分一个一个地分开，或者根据各组分的共同性质分成若干组。

（1）气提、顶空和蒸馏法

①气提法：该方法基于把惰性气体（氮气、空气或氦气）通入调制好的水样中，将欲测组分吹出（使用加热吹气或溶剂解吸等方法将被测物转入仪器测定），直接送入仪器测定，或导入吸收液吸收富集后再测定。气提法适用于被测组分沸点较高和水溶性较大的水样。

图 4-6 为测定硫化物的吹气分离装置示意图。

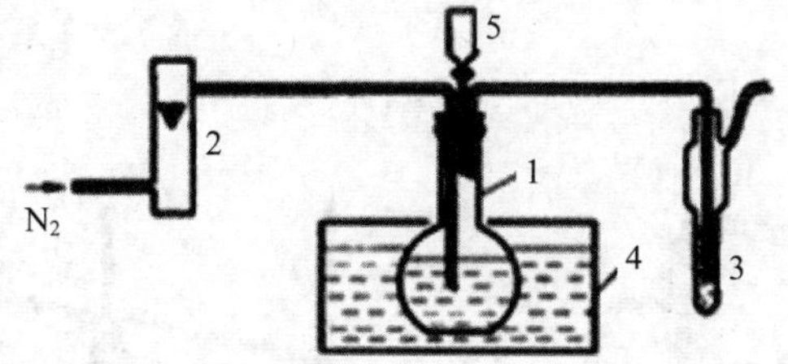

1. 500 mL 平底烧瓶（内装水样）；2. 流量计；3. 吸收管；4. 50～60℃恒温水浴；5. 分液漏斗

图 4-6　测定硫化物的吹气分离装置示意图

测定废水中的砷，也可通过转化为砷化氢（H_3As）以气提方式进行分离。

②顶空法（HS）：该方法常用于测定挥发性有机物（VOCs）水样的预处理。例如，测定水样中的挥发性有机物（VOCs）或挥发性无机物（VICs）时，先在密闭的容器中装入水样，容器上部留存一定空间，再将容器置于恒温水浴中，经一定时间，容器内的气液两相达到平衡。将顶空法与气相色谱仪连成一体即为 HS-GC。水样中组分浓度在 0.01～100 mg/L，沸点低于 150℃适宜用本法。如含卤代烃、醇、酮、醛、酯或含无机硫化物等的水样。

欲测物气相中的平衡浓度$[X]_G$与水样中原始浓度$[X]_L^0$之间的关系为式（4-1）。

$$\begin{cases}[X]_G=[X]_G^0/K+\beta \\ K=[X]_G/[X]_L \\ \beta=V_G/V_L\end{cases} \tag{4-1}$$

式中，K 为欲测组分在两相中的分配系数，β为两相体积比，$[X]_G$ 为平衡状态下欲测物 X 在气相中的浓度，$[X]_L$ 为平衡状态下欲测物 X 在液相中的浓度，V_G 和 V_L 分别为气相体积和液相体积。

③蒸馏法：利用水样中各污染组分具有不同的沸点而使其彼此分离的方法，分为常压蒸馏、减压蒸馏、水蒸气蒸馏、分馏法等。最常用的办法是在水样中加试剂使欲测组分形成挥发性的化合物，并将水样加热至沸腾，然后使蒸气冷凝，收集冷凝液，可达到预测组分与样品中干扰物质分离的目的。图 4-7 为蒸馏装置示意图。

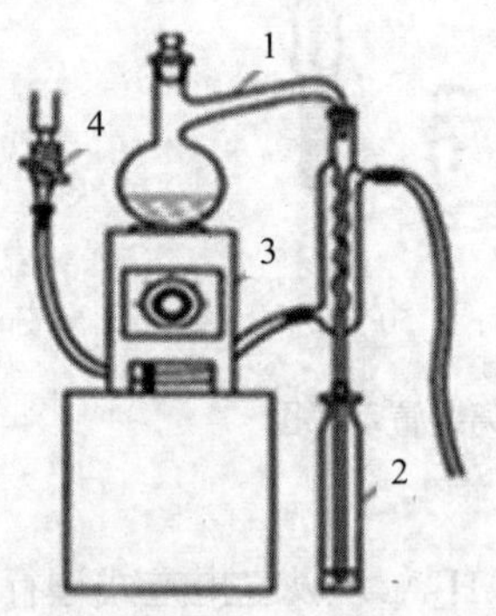

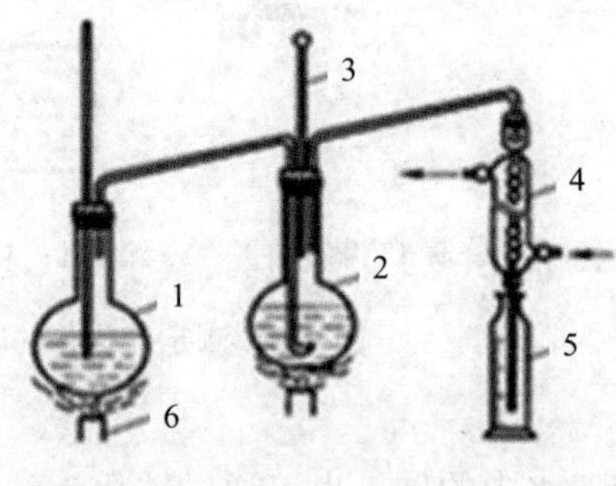

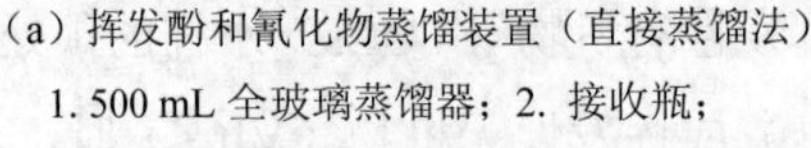
（a）挥发酚和氰化物蒸馏装置（直接蒸馏法）

1. 500 mL 全玻璃蒸馏器；2. 接收瓶；
3. 电炉；4. 水龙头

（b）氟化物水蒸气蒸馏装置（间接蒸馏法）

1. 水蒸气发生器；2. 烧瓶（内装水样）；3. 温度计；
4. 冷凝器；5. 接收瓶；6. 热源

图 4-7 蒸馏装置示意图

直接蒸馏法效率高，但温度不易控制，蒸馏时易发生暴沸，且水样中干扰组分易进入冷凝液。水蒸气蒸馏法避免了直接蒸馏法的缺点，但蒸馏速度相对较慢。

（2）液相萃取法

溶剂萃取法是基于物质在互不相溶的两种溶剂中分配系数不同，进行组分的分离和富集的方法。

分配系数（K）是有机相中被萃取物浓度与水相中被萃取物浓度的比值。K 大的组分，易进入有机相，K 小的组分仍留在溶液中。

分配系数 K 是指欲分离组分在两相中存在形式相同，但实际情况并不总是如此，故通常用分配比（D）来表示，见式（4-2）。

$$D=\sum\left[A\right]_{\text{有机相}}/\sum\left[A\right]_{\text{水相}} \tag{4-2}$$

式中，分子表示欲分离组分 A 在有机相中各种存在形式的总浓度；分母表示 A 在水相中各种存在形式的总浓度。

分配比反映萃取体系达到平衡时的实际分配情况，所以具有较好的实用价值。

萃取分离中，一般要求 $D>10$。

除 K、D 外，还可用萃取率（E）来表示被萃取物质在两相中的分配。D 不能直接表示萃取的完全程度，为了从量的角度反映被萃取物转移进入了有机相的比例，引入萃取效率 E，见式（4-3）。

$$E(\%)=\frac{A}{B}\times 100\% \tag{4-3}$$

式中，A 为有机相中被萃取物的量；B 为水相和有机相中被萃取物的总量。

图 4-8 显示了萃取率 E 与分配比 D 的关系。

萃取率与分配比的关系见式（4-4）。

$$E(\%)=\frac{100D}{D+V_{\text{水}}/V_{\text{有机}}} \tag{4-4}$$

式中，E 为萃取率；D 为分配比；$V_{\text{水}}$为水相体积；$V_{\text{有机}}$为有机相体积。

分析化学中最常用的是等体积容积进行萃取，即相比为 1。

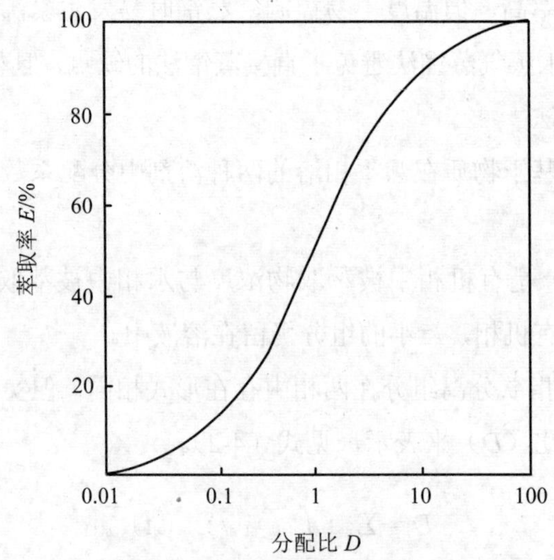

图 4-8 萃取率与分配比的关系

由式（4-4）可知：一次萃取效率 E 需达到 90%以上，则 D 必须大于 10；一次萃取效率 E 需达到 99%，则 D 必须大于 100。

如果 D 值较小而要得到较高的萃取效率，则可以采用连续多次的萃取方法。

如果同一体系中，预测组分 A 与干扰组分 B 共存，则只有二者的分配比 D_A 与 D_B 不相等时才能分离，并且相差越大，分离效果越好。通常 D_A 与 D_B 的比值称为分离系数β。

β=1，即 $D_A=D_B$，表明 A 和 B 不能分离。

如果$\beta>1$ 或$\beta<1$，即 $D_A>D_B$ 或 $D_A<D_B$，表明 A 和 B 可以分离，β值越大或越小，分离效果越好。

①有机物的萃取：根据相似相溶原理，用有机溶剂直接萃取水中的有机物，多用于分子化合物（如挥发酚、油、有机农药）的萃取。

②无机物的萃取：多数无机物质在水相中均以水合离子状态存在，故无法用有机溶剂直接萃取，为实现用有机溶剂萃取，需先加入一种试剂，使水中离子生成一种不带电、易溶于有机溶剂的物质，该试剂与水相、有机相共同构成

萃取体系。

根据生成萃取物类型的不同，可分为螯合物萃取体系、离子缔合物萃取体系、三元络合物萃取体系和协同萃取体系等。

其中，螯合物萃取体系在环境监测中最常用，既可选择通用型螯合剂，在适当条件下一次可同时萃取多种元素，也可选择选择性强的螯合剂，仅萃取特殊目标金属离子。

（3）固相萃取法

固相萃取法的萃取剂是固体，其工作原理是水样中欲测组分与共存干扰组分在固相萃取剂上作用力强弱不同，使它们彼此分离。固相萃取剂是含 C18 或 C8、腈基、氨基等基团的特殊填料。

固相萃取原理与液相色谱分离过程相似。

（4）吸附法

吸附法是利用多孔性的固体吸附剂将水样中一种或数种组分吸附于表面，再用适宜溶剂、加热或吹气等方法将欲测组分解吸，达到分离和富集的目的。活性炭/分子筛（主要由硅酸钾钠和硅铝酸钙化合而成）是常用的吸附剂。

（5）离子交换法

该方法是利用离子交换剂与溶液中的离子发生交换反应进行分离的方法。离子交换剂分为无机离子交换剂和有机离子交换剂两大类，广泛应用的是有机离子交换剂，即离子交换树脂。

（6）共沉淀法

共沉淀法系指溶液中一种难溶化合物在形成沉淀（载体）过程中，将共存的某些痕量组分一起载带沉淀出来的现象。共沉淀现象在常量分离和分析中是力图避免的，但却是一种分离富集痕量组分的手段。

①利用吸附作用的共沉淀分离：常用的载体有 $Fe(OH)_3$、$Al(OH)_3$、$Mn(OH)_2$ 及硫化物等。由于它们是表面积大、吸附力强的非晶形胶体沉淀，故吸附和富集效率高，但选择性不高。

②利用生成混晶的共沉淀分离：当欲分离微量组分及沉淀剂组分生成沉淀时，

如具有相似的晶格，就可能生成混晶共同析出，如 $PbSO_4$-$SrSO_4$ 混晶。

③用有机共沉淀剂进行共沉淀分离：有机共沉淀剂的选择性较无机沉淀剂高，得到的沉淀也较纯净，并且通过灼烧可除去有机共沉淀剂，留下欲测元素。

4.3.3.4 几种常用的水样预处理药剂简介

（1）氢氟酸

氢氟酸的沸点 120℃。它有两个显著的特点：与硅和其他化合物迅速反应，和许多高价金属离子如硅、铝、铁生成稳定的络合物；一些阳离子可以和氟离子形成微溶性沉淀。实验室常用 38%～40%的氢氟酸，较浓的是 48%的氢氟酸，其纯度很高。氢氟酸的浓度最高可达 55%～60%，主要用于分解含硅样品（如土壤），与硅形成挥发性的 SiF_4。对玻璃器皿腐蚀严重，需在铂或聚四氟乙烯容器中处理。

溶样时使用较多的是氢氟酸和硼酸、硫酸及高氯酸等的混合溶液。由于许多非硅酸盐矿物（如黄铁矿、磁铁矿）与硅酸盐矿物伴生，单独用氢氟酸不能分解，而加入氧化性酸，则反应可大大加快；许多硅酸盐用氢氟酸处理会形成各种微溶性产物，这些产物可溶于如硫酸或高氯酸中。此外，氟离子的广泛络合性还常对测定或下一步处理产生不利影响，因而必须用其他难挥发的酸将其蒸发取代。

氢氟酸对操作者的眼、手、骨、牙齿、皮肤等都有严重危害，因此，使用氢氟酸时应有必要的保护措施，如戴塑料或乳胶手套、口罩、眼镜等，操作应在良好的通风橱内进行。

（2）盐酸

浓盐酸的沸点为 108℃，强酸性，弱还原性，Cl^-具有一定的络合能力。其中易溶于盐酸的元素或化合物有：Fe、Co、Ni、Cr、Zn；高铬铁，多数金属氧化物（MnO_2、2PbO、PbO_2、Fe_2O_3 等），过氧化物，氢氧化物，硫化物，碳酸盐，磷酸盐等。不溶于盐酸的物质包括灼烧过的 Al，Be，Cr，Fe，Ti，Zr，Th，SnO_2，Sb_2O_5，Nb_2O_5，Ta_2O_5，磷酸锆，独居石，磷钇矿，锶、钡和铅的硫酸盐，尖晶石，黄铁矿，汞和某些金属的硫化物，铬铁矿，铌、钽矿石和各种钍和铀的矿石。

As（Ⅲ）、Sb（Ⅲ）、Ge（Ⅳ）、Se（Ⅳ）、Hg（Ⅱ）、Zn（Ⅱ）、Sn（Ⅳ）和 Re（Ⅷ）的氯化物有挥发性，处理含硫、磷样品时会生成氯化物挥发。

（3）硝酸

硝酸的沸点 86℃，挥发性强酸，具有较强的氧化能力，对金属具有较强的溶解能力，几乎对所有的金属都能溶解。

硝酸与其他酸、氧化剂、还原剂及络合剂混合使用有更好的溶样效果。硝酸与高氯酸的混合液氧化底质、污泥和岩石中的少量有机物，效果比用与硫酸的混合液好。高氯酸挥发温度足够高，硝酸可充分除去，生成的高氯酸盐易溶解，或可转变成氯化物。而用硫酸则可能生成许多不溶物，对后续处理不利。硝酸中加过氧化氢或碘化钾，可大大加速许多矿物的分解。浓硝酸与溴水的混合液，对含硫、砷的矿物是极佳的溶剂。硝酸与甘露醇的混合液可抑制硼酸的挥发。

硝酸最宜用于消解生物样品如脂肪、蛋白质、糖类、植物材料以及废水、一些颜料和聚合物，也广泛用于淋洗土壤样品。对多数仪器分析方法而言，硝酸盐一般不会造成基体效应而影响后续的测定。实际工作中被测量的样品，往往其成分是由多种元素组成，除待测元素以外的元素统称为基体。由于被测量的样品中，其基体成分是变化的（这个变化一是指元素的变化，二是指含量的变化），它直接影响待测元素含量的测量。

发烟硝酸（＞90%）最适宜消解难分解的高含碳量的样品。在用硝酸密封增压消解完毕后，由于大量的 NO_2 聚合成 N_2O_4 而使试液呈绿色，但放置一段时间后，N_2O_4 分解析出 NO_2 或用水稀释后，绿色即会消失。

（4）王水

王水是盐酸与硝酸的混合液（$HCl:HNO_3 = 3:1$，体积比），具有较强的氧化能力和溶解能力，可分解贵金属和辰砂、镉、汞、钙等多种硫化矿物，也可以分解铀的氧化物，沥青铀矿及许多其他的含稀土元素、钍、锆的衍生物，某些硅酸盐，矾矿物，钼钙矿、大多数天然硫酸盐类矿物。有时稀王水对许多金属样品的溶解效率高于浓溶液。

（5）硫酸

硫酸是高沸点强酸，热的浓硫酸是强氧化剂，具有强的脱水能力。与硝酸一起混合溶样以提高沸点。硫酸可破坏几乎所有的有机化合物，但硫酸严重干扰原子吸收分光光度法（AAS）的测定，特别是石墨炉 AAS 分析；对可能存在的 Cd、Pb、Ba、Sr 等元素，形成难溶的硫酸盐；由于沸点高，密封溶样时因过热易损坏 PTFE 消化罐。即使采用石英消化罐，硫酸也易使其表面变得粗糙，缩短其使用寿命。

消解样品一般避免使用硫酸。

（6）磷酸

磷酸沸点 213℃，中强酸，具有一定的络合能力。热的浓磷酸具有很强的分解能力，能分解很难溶的金属废渣。许多金属的正磷酸盐不溶于水。

磷酸最重要的分析应用是测定铬铁矿、铁氧体和各种不溶于氢氟酸的硅酸盐中的二价铁。

（7）高氯酸

高氯酸沸点 203℃（含高氯酸 72%），是最强的酸，热的高氯酸是最强的氧化剂和脱水剂，几乎所有的有机物都能被它迅速分解，但使用时危险性很大，尤其在高温冒烟时。高氯酸只能在特定的通风橱中使用，不要把高氯酸加到含有机物的热溶液中。在任何情况下，不得将高氯酸消解的水样蒸干。

许多实验室禁止使用高氯酸。在非使用不可时，也只能与其他酸混合使用。通常可先加硝酸进行消解，待大量有机物分解后再加入高氯酸，或者以硝酸—高氯酸混合液浸泡样品，先小火加热，待大量泡沫消失后再提高消化温度，直至消解完全。高氯酸与硫酸混合氧化能力很强，因为浓硫酸会引起高氯酸部分脱水，形成 85%以上的酸，这种混合液可迅速将低价的铬、硒、砷化物氧化成相应的高价态，且不易挥发。高氯酸纯度差，不能用亚沸蒸馏法提纯，因此易带来污染。

4.3.4 水质物理指标检验

4.3.4.1 水温

开展水质水温检验实务，可参考《水质 水温的测定 温度计或颠倒温度计测定法》（GB 13195—91）。

水的物理、化学性质与水温有密切关系。水中溶解性气体（如氧、二氧化碳等）的溶解度、水生生物和微生物活动、化学和生物化学反应速度及盐度、pH 值等都受水温变化的影响。

水的温度因水源不同而有很大差异。一般来说，地下水温度比较稳定，通常为 8～12℃。地面水随季节和气候变化较大，大致变化范围为 0～30℃。工业废水的温度因工业类型、生产工艺不同有很大的差别。

水温为现场监测项目。水温的测定方法有水温计法、颠倒温度计法和深水温度计法。

（1）水温计法

水温计法用于表层水温度的测量。

水温计是安装于金属半圆槽壳内的水银温度表，下端连接一金属贮水杯，温度表水银球部悬于杯中，其顶端的槽壳带一圆环，拴以一定长度的绳子。水温计测温范围通常为−6～41℃，最小分度为 0.2℃。测量时将其插入一定深度的水中，放置 5 min 后，迅速提出水面并读数。

（2）颠倒温度计法

颠倒温度计用于测量深层水温度（水深在 40 m 以上的各层水温），一般装在采水器上使用。

它由主温表和辅温表构成。主温表是双端式水银温度计，用于观测水温；辅温表为普通水银温度计，用于观测读取水温时的气温，以校正因环境温度改变而引起的主温表读数的变化。

测量时，将其沉入预定深度水层（最深可达 5 000 m）。感温 7 min，提出水面后立即读数，并根据主、辅温度表的读数，用海洋常数表进行校正。

（3）深水温度计法

深水温度计法用于测量水深 40 m 以内的水温。

三种测量水温的温度计见图 4-9。

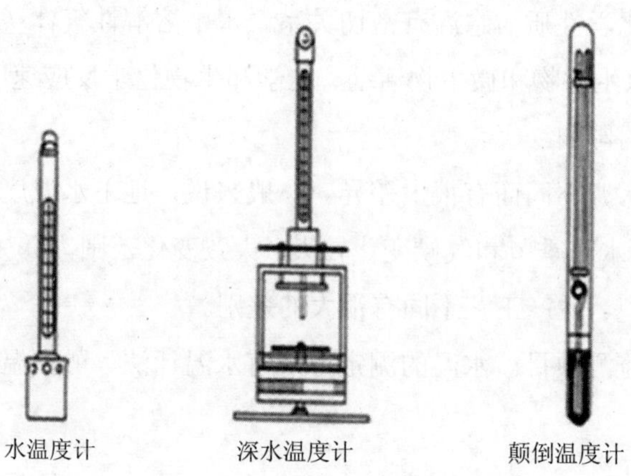

图 4-9 三种测量水温的温度计

4.3.4.2 臭和味

臭与味是人的嗅觉和味觉细胞受到某种化学刺激所产生的感受。检验原水和处理水的水质，臭和味是必测项目之一。水中臭主要来源于生活污水和工业废水中的污染物、天然物质的分解或有关的微生物活动。

水样应采集在具塞玻璃瓶中，并尽快分析臭和味。如需要保存水样，则至少采集 500 mL 于玻璃瓶并充满瓶口，冷藏，并确保冷藏时不得有外来气味进入水中，不能用塑料容器盛水样。

臭和味的测定方法有定性描述法和臭阈值法。

（1）定性描述法

测定臭的方法一般用定性描述法。

测定要点：取 100 mL 水样于 250 mL 锥形瓶中，检验人员依靠自己的嗅觉，分别在 20℃和煮沸稍冷后闻其臭，用适当的词语描述其臭特征，并按表 4-19 划分的等级报告臭强度。

定性描述法是粗略的检臭法。由于各人的嗅觉感受程度不同，所得结果会有一定的出入。

表 4-19　测定臭的定性描述表

等级	强度	说明
0	无	无任何气味
1	微弱	一般饮用者很难觉察，嗅觉敏感者可以觉察
2	弱	一般饮用者可觉察
3	明显	已明显觉察，不加处理，不能饮用
4	强	有很明显的臭味
5	很强	有强烈的臭味

（2）臭阈值法

原理是用无臭水稀释水样，直至闻出最低可辨别臭气的浓度（称“臭阈浓度”），用其表示臭的阈限。水样稀释到刚好闻出臭味时的稀释倍数称为“臭阈值”。

操作要点：

用水样和无臭水在锥形瓶中配制水样稀释系列（稀释倍数不要让检验人员知道），在水浴上加热至（60±1）℃；

检验人员取出锥形瓶，振荡 2～3 次，去塞，闻其臭气，与无臭水比较，确定刚好闻出臭气的稀释样，计算臭阈值。

通过初步测试后，选定检臭人员。虽不需要嗅觉特灵的人，但嗅觉迟钝者不可入选。要求检臭人员认真对待此项工作，必须避免外来气味的刺激，例如，在检验前吃食物，或由于用过香皂、香水的影响。保证检验人员不因感冒或厌烦而对测臭不合要求。

在他们出现疲劳之前，给以有限的检验次数，并在无气味的房间中经常休息。保持在检臭实验室不分散注意力，不受气流和气味的干扰。

不要让检验人员制备试样或知道试样的稀释倍数，样瓶编暗码。先给以最稀的试样，逐渐升高浓度，以免闻了浓的试样后产生嗅觉的厌倦。臭阈值计算按式（4-5）。

$$A=\frac{V_1+V_0}{V} \tag{4-5}$$

式中，A 为臭阈值；V_1 为水样体积，mL；V_0 为无臭水体积，mL；V 为水样体积，mL。

如水样含余氯，应在脱氯前后各检验一次。由于检验人员嗅觉敏感性有差异，对同一水样稀释系列的检验结果会不一致，因此，一般选择 5 名以上嗅觉敏感的人员同时检验，取各检臭人员检验结果的几何均值作为代表值。

无臭水一般用蒸馏水或自来水通过活性炭颗粒制取。

【例】某水样臭阈值 5 人测定结果列为表 4-20。

表 4-20 某水样臭阈值 5 人测定结果

无臭水体积/mL	水样体积/mL	1	2	3	4	5
188	12	−	−	−	−	−
175	25	−	+	−	+	+
200	0	−	−	−	−	−
150	50	+	+	−	−	+
200	0	−	−	−	−	−
100	100	+	+	+	+	+
0	200	+	+	+	+	+

注：从最低浓度开始，闻出臭气的水样记录“+”，未闻出的记“-”。

有时，出现水样浓度低的为“+”，而浓度高的反而为“-”，例如，随着水样浓度的增大，列出的结果为“- -+- -++++”，此时以开始连续出现“+”的那个水样的稀释倍数作臭阈值。

该水样的臭阈值=（4×8×2×2×8）$^{1/5}$=1 024$^{1/5}$=4

4.3.4.3 色度

开展水质色度检验实务，可参考《水质 色度的测定》(GB 11903—89)。

颜色、浊度、悬浮物等都是反映水体外观的指标。色度（colority）是衡量颜色深浅的指标。纯水为无色透明，天然水中存在腐殖质、泥土、浮游生物和无机矿物质，使其呈现一定的颜色。工业废水含有染料、生物色素、有色悬浮物等，是环境水体着色的主要来源。

水色包括真色和表色，水中悬浮物质完全移去后的颜色称为真色，没有除去悬浮物时所呈现的颜色，称为表色。在水质分析中，水色指真色，故在测定前需先用澄清或离心沉降的方法除去水中的悬浮物，但不能过滤。如果水样中有泥土或其他分散很细的悬浮物，用澄清、离心等方法处理仍不透明时，则测定的是表色。

色度的测定方法有稀释倍数法和铂、钴比色法。

（1）稀释倍数法

稀释倍数法是将水样用光学纯水稀释至近无色，与同样液柱高度的无色光学纯水比较，至不能觉察出颜色为止，记下此时稀释倍数值。该方法适用于受工业废水污染的地表水和工业废水颜色的测定。用稀释倍数表示水样颜色的深浅，单位为“倍”。

测定时，先用文字描述水样颜色的种类和深浅程度，如深蓝色、棕黄色、暗黑色等。然后取一定量水样，用蒸馏水稀释到刚好看不到颜色，用稀释倍数表示该水样的色度。

所取水样应无树叶、枯枝等杂物，取样后应尽快测定，否则，于 4℃保存，并在 48 h 内测定。

（2）铂、钴比色法

铂、钴比色法是用氯铂酸钾与氯化钴（或重铬酸钾与硫酸钴）配成标准色列，再与水样进行目视比色。水样的色度为标准色列中颜色最相近的那支比色管的色度。该方法适用于较清洁的、带有黄色色调的天然水和饮用水的测定。单位为“度”。

规定 1 mg/L 以氯铂酸离子形式存在的铂产生的颜色作为 1 度。测量时用目视比较水样和铂钴标准系列，直接记录水样色度。

pH 值对色度影响较大，pH 值高时往往色度加深，在测量色度时应同时测量 pH 值。

4.3.4.4 浊度

开展水质浊度检验实务可参考《水质　浊度的测定》（GB 13200—91b）。开展浊度水质自动分析实务可参考《浊度水质自动分析仪技术要求》（HJ/T 98—2003）。

浊度是反映水中的不溶解物质对光线透过时阻碍程度的指标。水中含有泥沙、黏土、有机物、无机物、浮游生物和微生物等悬浮物质时，可使光散射或吸收，浊度大。天然水经过混凝、沉淀和过滤等处理，使水变得清澈。水的浊度高可造成设备腐蚀和结垢。

我国采用 1 L 蒸馏水中含有 1 mg 二氧化硅为一个浊度单位。浊度测量通常仅用于天然水和饮用水，而污水和废水中不溶物质含量高，一般要求测定悬浮物含量。

浊度的测定方法有目视比浊法、分光光度法和浊度仪法。

①目视比浊法：该法将水样与用硅藻土配制的标准浊度溶液进行比较。适用于饮用水、水源水等低浊度水的测定，最低检测浊度为 1 度。

②分光光度法：该法是将一定量硫酸肼与 6-次甲基四胺聚合，生成白色高分子聚合物，作为浊度标准溶液，在一定条件下与水样浊度比较。该法适用于天然水、饮用水及高浊度水的测定，最低检测浊度为 3 度。

③浊度仪法：该法即使用浊度仪对欲测的水样进行直接测定。

4.3.4.5 透明度

透明度是指水样的澄清程度。洁净的水是透明的。透明度与浊度相反，水中悬浮物和胶体颗粒物越多，其透明度就越低。

透明度的测定方法有铅字法、塞氏盘法和十字法。

（1）铅字法

将振荡均匀的水样快速倒入透明度计（见图 4-10）筒内，检验人员从透明度计的筒口垂直向下观察，缓慢放出水样，至刚好能清楚辨认其底部铅字的水样高度为该水的透明度。该法主观影响较大，测时应取平均值，适用于天然水或处理后的水。透明度大于 30 cm 为透明水。

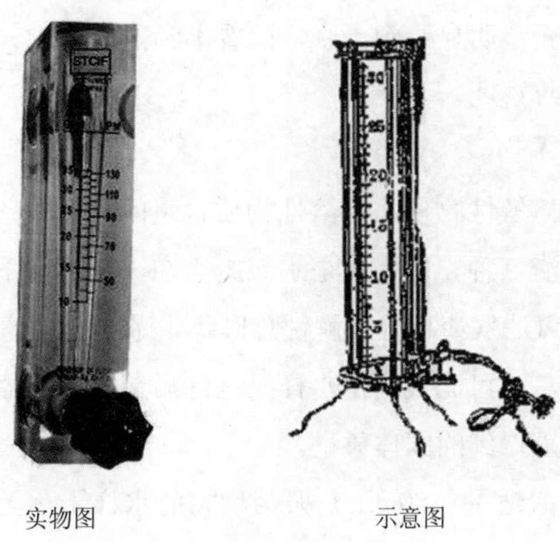

实物图　　　　示意图

图 4-10　透明度计

（2）塞氏盘法

这是一种现场测定透明度的方法。塞氏盘（图 4-11）为直径 200 mm、黑白各半的圆盘，将其沉入水中，以刚好看不到它时的水深（cm）表示透明度。塞氏盘使用时间较长后，白漆的颜色会逐渐发黄，必须重新涂漆。

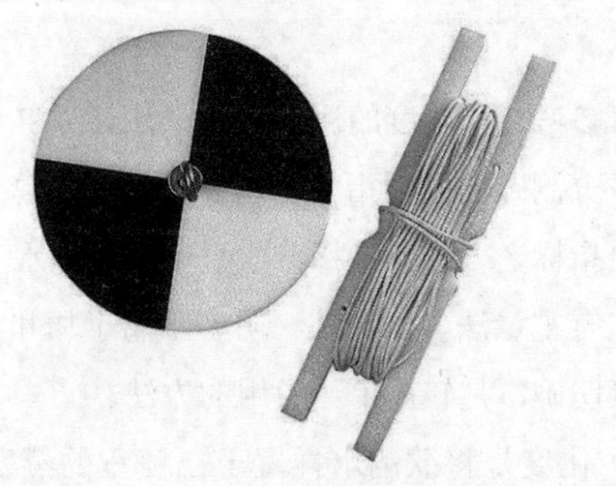

图 4-11　塞氏盘

（3）十字法

在内径为 30 mm，长为 0.5 m 或 1.0 m，具刻度的玻璃筒底部放一白瓷片，上有宽度为 1 mm 黑色十字和 4 个直径为 1 mm 的黑点，将混匀的水样倒入筒内，从筒下部徐徐放水，直至明显看到十字，而看不到黑点为止。

透明度大于 1 m 算透明。

4.3.4.6 残渣

残渣是表征水中溶解性物质、不溶性物质含量的指标。残渣分总残渣、总可滤残渣和总不可滤残渣三种。总残渣是水或废水在一定温度下蒸发、烘干后残留在器皿中的物质；总可滤残渣也称溶解性总固体，系指通过滤器并在 103～105℃烘干至恒重的固体；总不可滤残渣指水样经过滤后留在过滤器上的固体物质，于 103～105℃烘干至恒重得到的固体质量。

总残渣的测定：取适量（50 mL）振荡均匀的水样于称至恒重的蒸发皿中，在蒸汽浴或水浴上蒸干，移入 103～105℃烘箱中烘至恒重，增加的重量即为总残渣，计算按式（4-6）。

$$总残渣（mg/L）=[（A-B）\times 1\,000\times 1\,000]/V \tag{4-6}$$

式中，A 为总残渣和蒸发皿质量，g；B 为蒸发皿质量，g；V 为水样体积，mL。

总可滤残渣和总不可滤残渣分别经过滤纸过滤后的滤液和滤渣，进行烘干称量后计算其含量。

4.3.4.7 矿化度

矿化度测定方法可参考《矿化度的测定（重量法）》（SL 79—1994）。

矿化度是水化学成分测定的重要指标，用于评价水中总含盐量，是农田灌溉用水适用性评价的主要指标之一。该指标一般只用于天然水。

矿化度的测定方法有重量法、电导法、阴、阳离子加和法、离子交换法、比重计法等。重量法含义明确，是较简单、通用的方法。

重量法测定水样矿化度是将欲测水样置于已恒重的蒸发皿中，于水浴上蒸干。如蒸干残渣有色，则使蒸发皿稍冷后，滴加过氧化氢溶液数滴（去除水样中的有机物），慢慢旋转蒸发皿至气泡消失。再置于水浴或蒸汽浴上蒸干。反复数次，直至残渣变白或颜色稳定不变为止。再根据公式计算水样的矿化度，其单位为 mg/L。

4.3.4.8　电导率

开展大气降水电导率测定实务，可参考《大气降水电导率的测定方法》（GB 13580.3—92）。电导率水质自动分析实务可参考《电导率水质自动分析仪技术要求》（HJ/T 97—2003）。

水的电导率与其所含无机酸、碱、盐的量有一定关系。当它们浓度较低时，电导率随浓度增大而增加。该指标常用于推测水中离子的总浓度或含盐量。

新鲜蒸馏水的电导率一般为0.5～2 μS/cm，超纯水的电导率小于0.1 μS/cm，天然水的电导率多在 50～500 μS/cm，含酸、碱、盐的工业废水电导率往往超10 000 μS/cm，海水的电导率约为30 000 μS/cm。

电导仪是测定溶液电导或电导率的专用仪器。

4.3.4.9　氧化还原电位

氧化还原电位测定方法可参考《氧化还原电位的测定（电位测定法）》（SL 94—1994）。

水体中氧化—还原作用通常用氧化—还原电位表示。将铂电极和参比电极插入欲测水样中，金属表面便会产生电子转移反应，电极与溶液之间产生电位差，电极反应达到平衡时相对于氢标准电极的电位差为氧化—还原电位。

4.3.5　水体中金属化合物的测定

随着原子吸收分光光度计和电感耦合等离子体发射光谱仪等设备在各环境监测站和第三方检测机构的推广普及，有关金属元素测定多数已采用这些先进设备，不再使用传统的化学方法测定。《水质　65 种元素的测定　电感耦合等离子体质谱法》（HJ 700）、《水质　32 种元素的测定　电感耦合等离子体发射光谱法》（HJ 776）、《水质　钡的测定　火焰原子吸收分光光度法》（HJ 603）、《水质　钡的测定　石墨炉原子吸收分光光度法》（HJ 602）、《水质　总汞的测定　冷原子吸收分光光度法》（HJ 597）等相关标准可以作为水质金属元素测定的参考。有关水质金属总量的消解，可参考《水质　金属总量的消解　硝酸消解法》（HJ 677）和《水质　金属总量的消解　微波消解法》（HJ 678）。在开展环境监测实务时，应根据实际需要，结合实际条件，尽量选择较新的国家环保标准作为监测的参考依据，开展环境监测实务工作。

水体中含大量无机金属化合物，一般都以离子形式存在。毒性较大的金属离子有汞、镉、铬、铅、铜、镍、砷等，是金属化合物监测的重点。

金属以不同形式存在时，其毒性大小不同，所以可以分别测定可过滤金属，不可过滤金属和金属总量。可过滤态金属指能通过孔径 0.45 μm 滤膜的部分，不可过滤态金属指不能通过 0.45 μm 微孔滤膜的部分，金属总量是不经过滤的水样经消解后测得的金属含量，应是可过滤金属与不可过滤金属之和。

测定水体中金属元素广泛采用的方法有分光光度法、原子吸收分光光度法、阳极溶出伏安法及容量法，尤以前两种方法用得最多，容量法用于常量金属的测定。

4.3.5.1 分光光度法

紫外—可见分光光度计的光谱可分为 3 个区。

①紫外光区：光谱波长 200～400 nm，多用于有机物的定量和结构分析。在紫外区应使用石英比色皿，因为玻璃比色皿在紫外区也会吸收光谱，对测定结果有影响。

②可见光区：光谱波长 400～780 nm，广泛用于水中金属污染物的定量分析。

③红外光区：光谱波长 780 nm～3 000 μm，多用于有机物的定量和结构分析。

分光光度计测量条件的选择对准确测定至关重要。

①入射波长的选择：吸收曲线是选择波长的重要依据。为提高测定灵敏度，一般都是选择最大吸收波长的光来作为入射光，称为“最大吸收原则”。如果在最大吸收波长处有其他吸光物质干扰时，则应根据“吸收最大，干扰最小”的原则来选择入射光的波长。

②吸光度范围的选择：把吸光度控制在 0.2～0.8 可以获得较小的测定相对误差，可以通过控制溶液的浓度或选择不同厚度的吸收池（比色皿）来达到目的。

③参比溶液的选择：在进行吸光度测量时，可利用参比溶液调节仪器的零点，

以消除由于比色皿壁及溶剂对入射光的反射和吸收带来的误差。一般选择参比溶液的原则有：当试液及显色剂均无色时，可用蒸馏水作为参比溶液；显色剂无色，而被测试液中存在其他有色离子，可用不加显色剂的被测试液作为参比溶液；显色剂有颜色，可用不加试样溶液的试剂空白作为参比溶液；显色剂和试液均有颜色，可将一份试液中的待测成分掩蔽起来，再按条件加入显色剂和其他试剂，以此作为参比溶液。

4.3.5.2　原子吸收分光光度法

测定废水和受污染的水中的镉、铜、铅、锌等元素可以直接采用火焰原子吸收法（FAAS）。对含量低的地表水或地下水可以采用萃取或离子交换法富集—火焰法或石墨炉原子吸收法（GFAAS）。原子吸收分光光度法一般只能用于检测元素的总量，不能直接用于元素的形态分析。

（1）火焰原子法与无火焰原子法

火焰原子化法具有操作简便、重复性好的优点，已经成为原子化的主要方法，但火焰法仍有它的局限性。首先，雾化效率低，到达火焰参与原子化的试液，仅为提取量的 5%～15%，大部分试液通过废液管排泄掉了。那些来源困难，贵重或数量很少的试样的分析，就会受到很大的限制。其次，基态原子在火焰的原子化区停留的时间很短，只有 10^{-3}s 左右，因而限制了灵敏度的进一步提高。最后，火焰原子化法还不能对固体样品直接进行测定。

无火焰原子化法正好从上述几个方面弥补了火焰法的不足。

无火焰原子化方法较多，有冷原子化法、阴极溅射法、高频感应加入法和低温化学蒸气原子化法等。目前广泛使用的是高温石墨炉原子化法。

（2）关于高温石墨炉原子化

石墨炉有多种装置形式，但机理大体相同。石墨炉是将样品用进样器定量注入石墨管，并以石墨管作为电阻发热体，通电后使石墨管迅速升温，高温（最高温度可达 3 400℃左右）石墨管使试样完全蒸发，在短暂时间内充分原子化，从而进行吸收测定。

在操作过程中应通过氩气或氮气防止石墨氧化。在此惰性气体的保护下，分几个升温程序进行加热。升温程序为 4 个步骤：①干燥：主要是除去溶剂，即在溶剂沸点温度下，加热使溶剂完全挥发。对于水溶液干燥温度应为 100℃，每微升溶液的干燥时间约为 1.5 s。②灰化（分解）：主要是使待测物的盐类分解，并赶走阴离子、破坏有机物以及除去易挥发的基体。这一步骤相当于化学预处理。最适宜的灰化温度及时间，随样品及待测元素的性质而异，以待测元素不挥发损失为限度。一般灰化温度在 100～1 800℃，灰化时间一般为 0.5 s。③原子化：是使以化合物形式存在的待测元素蒸发并解离为基态原子。原子化温度一般在 1 800～3 500℃，原子化时间为 5～10 s。对多数元素，无论以何种化合物形式存在，这个温度和时间是足够的。因为样品用量极少，具有很低的分压，其蒸发和原子化一般可在低于化合物沸点下进行，但对于那些易与石墨形成稳定化合物的元素，即使在 3 000℃也难以原子化。④高温除残：其作用是清除石墨管炉中残留的分析物，以减少或避免记忆效应。

与火焰原子化方法相比，石墨炉原子化方法的主要优点是：具有较高并且可调的温度；气态原子在测定区停留的时间比在火焰中长 100～1 000 倍；液体或固体样品均可测定，而且用量极少；原子化效率高，试样的利用率达 100%；灵敏度高，其绝对检出极限可达 10^{-6}～10^{-14}g；由于在充有惰性气体的室内，并有强还原性石墨介质的条件下进行原子化的，因此有利于难解离氧化物的原子化。

另外，由于灰化步骤相当于化学预分离和富集，因此在某些情况下具有抗干扰的能力。

石墨炉原子化的主要缺点是：由于取样量少，试样组成的不均匀性影响较大，所以精密度不如火焰原子化法好；有时记忆效应严重；此外，石墨炉原子化法的设备复杂，价格昂贵。

（3）低温原子化

低温原子化属于无火焰原子法。某些元素在酸性溶液中，能被还原剂还原成金属原子或还原生成挥发性气体，而且该挥发性气体在不太高的温度下就有可能全部分解，产生待测元素的基态原子，所以这些元素可采用低温原子化法。

①氢化物的原子化：As、Sb、Ge、Sn、Pb、Se、Fe 等元素，它们的共振线

位于 230 nm 以下的紫外光谱区，在火焰法中能被火焰气体强烈吸收产生干扰，利用石墨炉原子化法时，又易受基体元素背景吸收的影响，而且在灰化过程中，像砷、锡、硒等元素易挥发而产生损失，若采用氢化物原子化技术可克服上述弊病。

②汞的冷原子化：若要测定废水中的汞，则可利用 $SnCl_2$ 将试液中的汞离子还原成汞原子。若试液含有机汞，则先消化处理，即用高锰酸钾和硫酸混合液分解有机汞，使汞在溶液中呈离子状态，再用 $SnCl_2$ 将它还原成汞原子。汞原子由氮气导入吸收管，即可进行吸光度的测定，其检测限可达 0.01 μg/mL。专门的冷原子吸收测汞仪，结构简单，操作方便，各级监测站广泛使用。

（4）原子吸收分光光度法测定条件的选择

原子吸收分光光度法测定条件的选择对测定结果至关重要。

①分析线的选择：通常选择元素的共振线作为分析线。但如果试样浓度太高，或共振线附近干扰谱线多，可选取灵敏度较低的谱线。

②空心阴极灯电流：灯的发射特性取决于工作电流，最适宜的工作电流需通过实验选定。电流太小，灵敏度低；电流太大，易产生自蚀，且灯寿命缩短。灯电流一般选择在额定电流的 40%～60%较合适。

③火焰：不同类型和不同燃助比火焰的性能不同，火焰类型的选择取决于具体分析任务。对用空气—乙炔焰难解离的元素，如 Al、Be、V、Ti 等，可用氧化亚氮—乙炔火焰（最高温度可达 3 300 K）。

④燃烧器高度：调节燃烧器高度，使测量光束从基态原子蒸气最大的火焰区通过，以期得到最佳灵敏度。

⑤狭缝宽度：狭缝宽度影响光谱通带，通带宽度的选择以能将吸收线与近邻干扰线分开为原则。在实际工作中，通过改变狭缝宽度来选择不同的通带宽度。

4.3.5.3　水质常见金属及测定

（1）铝

在正常 pH 值的天然水中，铝以聚合的氢氧化铝胶体形态存在，它对于鱼类是无毒的；但当湖泊被酸雨酸化时，铝就转化为可溶性的有毒形态 $Al(OH)^{2+}$，可与鱼鳃的黏液发生反应，阻碍必需元素氧、钠、钾通过生物膜的正常转移，而造成鱼类大量死亡。铝是自然界中的常量元素，毒性不大，但过量摄入人体，会干扰磷的代谢，对胃蛋白酶的活性有抑制作用。我国饮用水限值为 0.2 mg/L。

铝的测定方法可选用等离子体原子发射光谱（ICP-AES）法、间接火焰原子吸收法或分光光度法。

（2）汞

开展水质汞的监测实务，可参考《水质　总汞的测定　高锰酸钾—过硫酸钾消解法　双硫腙分光光度法》（GB 7469），或《水质　汞、砷、硒、铋和锑的测定　原子荧光法》（HJ 694），或《水质　汞的测定　冷原子荧光法（试行）》（HJ/T 341），或《水质　总汞的测定　冷原子吸收分光光度法》（HJ 597）等。

汞及其化合物属于剧毒物质，可在体内蓄积，水体中的无机汞可转变为有机汞，有机汞的毒性更大。有机汞通过食物链进入人体，引起全身中毒。

汞主要来源于金属冶炼、仪器仪表制造、颜料、塑料、食盐电解及军工等废水。天然水中含汞极少，一般不超过 0.1 μg/L，我国饮用水标准限值为 0.001 mg/L。工业废水中汞的最高允许排放浓度为 0.05 mg/L，目前是所有排放标准中最严格的指标。

总汞，是指未过滤的水样，经剧烈消解后测得的汞浓度，包括无机的和有机结合的，可溶的和悬浮的全部汞。

冷原子吸收法适用于各种水体，最低检测浓度为 0.1～0.5 μg/L。

元素汞在室温下，不加热的条件下，就可挥发成汞蒸气，汞原子蒸气对波长为 253.7 nm 的紫外光有选择性吸收，在一定浓度范围内，吸光度与汞浓度成正比。

水样经消解后，将各种形态的汞转变成二价汞，再用氯化亚锡将二价汞还原为元素汞，用载气（N_2 或干燥清洁的空气）将产生的汞蒸气带入测汞仪的吸收池测定吸光度，与汞标准溶液吸光度进行比较定量。

冷原子吸收测汞仪工作原理见图 4-12。

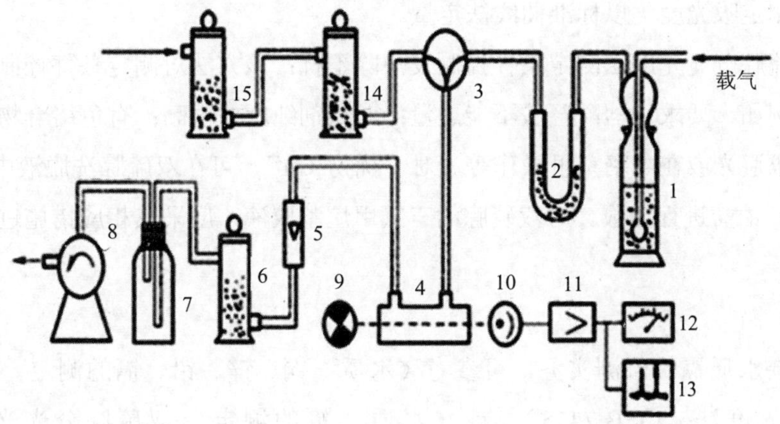

1. 汞还原瓶；2. 硅胶管；3. 三通阀；4. 洗手池；5. 流量计；6、14. 汞吸收瓶；7. 缓冲瓶；8. 抽气泵；
9. 汞灯；10. 光电倍增管；11. 放大器；12. 指示表；13. 记录仪；15. 水蒸气吸收瓶

图 4-12　冷原子吸收测汞仪工作原理

冷原子吸收法测定要点：

①水样预处理：硫酸—硝酸介质中，加入高锰酸钾和过硫酸钾消解水样，使水中汞全部转化为二价汞，过剩氧化剂用盐酸羟胺溶液还原。

②绘制标准曲线：配制系列汞标准溶液，吸取适量汞标准液于还原瓶内，加入氯化亚锡溶液（将二价汞还原为单质汞），迅速通入载气（用载气将产生的汞蒸气带入测汞仪的吸收池测定吸光度），测定吸光度，绘制标准曲线。

③水样的测定：取适量处理好的水样于还原瓶内，按照标准溶液测定方法测其吸光度，经空白校正后，从标准曲线上查得汞浓度，再乘以样品的稀释倍数，即得水样中汞浓度。

双硫腙分光光度法适于工业废水和受汞污染的地表水，最低检测浓度为 0.001～0.004 mg/L。

水样于 95℃，在酸性介质中用 $KMnO_4$ 和 $K_2S_2O_8$ 消解，将无机汞和有机汞转变为 Hg^{2+}。用盐酸羟胺还原过剩的氧化剂，加入双硫腙溶液，与汞离子生成橙色螯合物，用三氯甲烷或四氯化碳萃取，再用碱溶液洗去过量的双硫腙，于 485 nm

波长处测定吸光度，以标准曲线法定量。

双硫腙分光光度法测定条件控制及消除干扰：该方法对测定条件控制要求较严格，例如，要求加盐酸羟胺不能过量；对试剂纯度要求高；有色络合物对光敏感，要求避光或在半暗室里操作等。对干扰物 Cu^{2+}，可在双硫腙洗脱液中加 1% EDTA 二钠盐进行掩蔽。对双硫腙的三氯甲烷萃取液，应采取相应措施进行回收处理。

（3）镉

开展水质镉的监测实务，可参考《水质　铜、锌、铅、镉的测定　原子吸收分光光度法》（GB 7475），或《水质　镉的测定　双硫腙分光光度法》（GB 7471）。

镉的毒性很强，可在人体的肝、肾、骨骼等组织中积蓄，造成各内脏器官组织的损害，尤以对肾脏的损害最大，还可以导致骨质疏松和软化，如日本富山事件（骨痛病事件）。

镉的主要污染源是电镀、采矿、染料、电池和化学工业等排放的废水。绝大多数淡水的含镉量低于 1 μg/L，海水中镉的平均浓度为 0.15 μg/L。我国生活饮用水卫生标准规定镉的浓度不能超过 0.005 mg/L。

镉的测定方法可选用原子吸收分光光度（AAs）。原子吸收分光光度法还可测定 Cu、Pb、Zn、Cd 等元素，测定快速，干扰少，应用范围广，可在同一试样中分别测定多种元素。

测定时可采用直接吸入、萃取或离子交换富集后再吸入或石墨炉原子化等方法。

测定原理是将含待测元素的溶液通过原子化系统喷成细雾，随载气进入火焰，并在火焰中解离成基态原子，当空心阴极灯辐射出待测元素特征波长光通过火焰时，被其吸收，在一定条件下，特征波长光强的变化与火焰中待测元素基态原子的浓度有定量关系，从而与试样中待测元素的浓度 C 有定量关系。

火焰的温度能使得待测元素解离成基态原子即可，太高或太低的火焰温度对测定都不利。在火焰中容易生成难解离化合物的元素以及易生成耐热氧化物的元素，应当选用高温火焰；而对于易电离挥发的碱金属元素，应当选用低温火焰。

方法应用：

标准曲线法：配制相同基体的含有不同浓度待测元素的系列标准溶液，分别测其吸光度，绘制标准曲线，在同样的操作条件下，测定试样溶液的吸光度，从标准曲线上查得浓度。

①标准曲线法虽简单，但必须保证标样与试样溶液的物理性质（如比重、黏度等）相同，保证不存在干扰物（或能采用适当方法消除干扰）时，才能适用。对于那些组成尚不清楚，干扰物质数量尚不清楚的样品，不能用此法。

②标准加入法：当试样的基体效应（指试样溶液的基本成分不同，将直接影响溶液的物理特性，如黏度、表面张力、密度等，进而影响到雾化效率）对测定有影响，或干扰不易消除，标准溶液配制麻烦，分析样品数量少时，用标准加入法较好，它也常用来检验分析结果。

取若干（不少于 4 份）体积相同的试样溶液，从第二份开始依次加入不同等份量的待测元素的标准溶液（如 10 μg、20 μg、40 μg），然后用蒸馏水稀释至相同体积后摇匀。在相同的实验条件下依次测得各溶液的吸光度为 A_x、A_1、A_2、A_3。以吸光度 A 为纵坐标，以加入标准溶液的量（浓度、体积、绝对含量）为横坐标，做出 A—C 曲线（一条不通过原点的直线），外延曲线与横坐标相交于一点 C_x，此点与原点的距离，即为所测试样溶液中待测元素的含量，见图 4-13，图中截距 A_x 正是试样中待测元素所引起的效应。

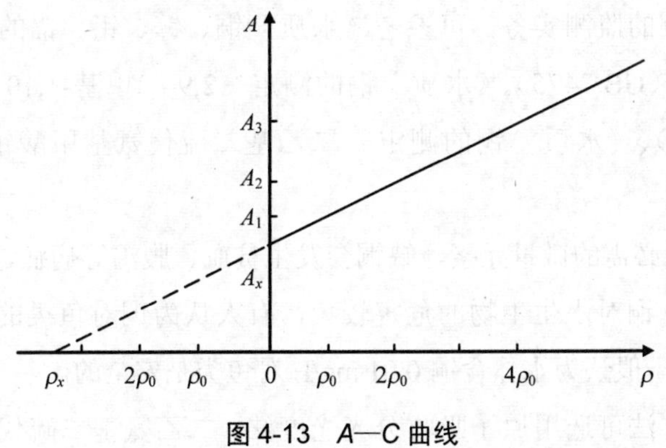

图 4-13　A—C 曲线

【例】测定合金中微量镁，称取 0.268 7 g 试样，经化学处理后移入 50 mL 容量瓶中，以蒸馏水稀释至刻度后摇匀。取上述试液 10 mL 于 25 mL 容量瓶中（共 4 份），分别加入镁 0、2 μg、4 μg、6 μg，以蒸馏水稀释至刻度，摇匀。测出上述各液的吸光度依次为 0.1、0.3、0.5、0.7，求试样中镁的百分含量。

解：根据已知数据绘制 A—C 曲线，由图可见，曲线与横坐标交点到原点的距离为 1.0，即未加标准镁的 25 mL 容量瓶中，含有 1.0 μg 的镁，这 1.0 μg 镁只能来源于所加入的 10 mL 试样溶液。所以可由下式算出试样中镁的含量：

$$\text{Mg 含量} = \frac{1.0\times10^{-5}}{0.268\,7\times10}\times50\times100\% = 0.062\ \mu\text{g/mL}$$

（4）铅

开展水质铅的监测实务，可参考《水质　铜、锌、铅、镉的测定　原子吸收分光光度法》（GB 7475）、《水质　铅的测定　示波极谱法》（GB/T 13896）、《水质　铅的测定　双硫腙分光光度法》（GB 7470）。铅水质自动在线监测实务可参考《铅水质自动在线监测仪技术要求及检测方法》（HJ 762）。

铅是可在人体和动植物中蓄积的有毒金属，其主要毒性效应是导致贫血、神经机能失调和肾损伤等。铅对水生生物的安全浓度为 0.16 mg/L。

铅的测定方法可选用原子吸收分光光度法、双硫腙分光光度法、阳极溶出伏安法、示波极谱法或电感耦合等离子体发射光谱法（ICP-AES）。

（5）铜

开展水质铜的监测实务，可参考《水质　铜、锌、铅、镉的测定　原子吸收分光光度法》（GB 7475）、《水质　铜的测定　2,9-二甲基-1,10-菲啰啉分光光度法》（HJ 486）、《水质　铜的测定　二乙基二硫代氨基甲酸钠分光光度法》（HJ 485）。

铜是人体所必需的微量元素，缺铜会发生贫血、腹泻等病症，但过量摄入铜也会产生危害。铜对水生生物的危害较大，有人认为铜对鱼类的毒性浓度始于 0.002 mg/L，但一般认为水体含铜 0.01 mg/L 对鱼类是安全的。

铜的测定方法可选用原子吸收分光光度法、二乙氨基二硫代甲酸钠萃取分光光度法、新亚铜灵萃取分光光度法、阳极溶出伏安法、示波极谱法，或ICP-AES法。

（6）锌

开展水质锌的监测实务，可参考《水质　铜、锌、铅、镉的测定　原子吸收分光光度法》（GB 7475）、《水质　锌的测定　双硫腙分光光度法》（GB 7472）。

锌也是人体必不可少的有益元素，每升水含数毫克锌对人体和温血动物无害，但对鱼类和其他水生生物影响较大。锌对鱼类的安全浓度约为0.1 mg/L。

锌的测定方法可选用原子吸收分光光度法、原子吸收分光光度法、双硫腙分光光度法、阳极溶出伏安法、示波极谱法，或ICP-AES法。

（7）铬

水质铬的监测实务可参考《水质　铬的测定　火焰原子吸收分光光度法》（HJ 757）、《水质　总铬的测定》（GB 7466）、《水质　六价铬的测定　二苯碳酰二肼分光光度法》（GB 7467）。开展铬的水质自动在线监测实务可参考《总铬水质自动在线监测仪技术要求及检测方法》（HJ 7986）、《六价铬水质自动在线监测仪技术要求》（HJ 609）。

铬生物体所必需的微量元素之一。毒性与其存在价态有关，三价铬能参与正常的糖代谢过程，而六价铬有强毒性，为致癌物质，并易被人体吸收而在体内蓄积。常认为六价比三价毒性大，但是对于鱼类三价比六价毒性高。

水中不同价态的铬在一定条件下可以互相转换，所以在排放标准中，既要求测定六价铬，也要求测定总铬。

工业污染源主要来自铬矿石的加工、金属表面处理、皮革加工、印染、照相材料、皮革鞣制等行业。铬是水质污染控制的一项重要指标。饮用水标准限值为≤0.05 mg/L。

测定六价铬和总铬的水样的保存方法不同。测定总铬：加HNO_3，调pH值<2。因为测定总铬的水样，如在碱性条件下保存，会形成$Cr(OH)_3$，增加器壁吸附的可能，所以仍需加酸保存。而测定Cr^{6+}：加NaOH，调pH值为8～9，推荐测

Cr^{6+}的水样，在弱碱性条件 pH 值为 8 的条件下保存，此时 Cr^{6+}的氧化还原电位大大降低，Cr^{6+}可与还原剂共存而不发生反应。

铬的测定方法可选用二苯碳酰二肼分光光度法或硫酸亚铁铵滴定法。

二苯碳酰二肼（DPC）分光光度法，适用于铬含量较少时。

①六价铬的测定：在酸性介质中，Cr^{6+}与 DPC 反应，生成紫红色络合物，于 540 nm 处进行比色测定。本方法最低检出浓度为 0.004 mg/L，使用 10 mm 比色皿，测定上限为 1 mg/L。

②总铬的测定：在酸性溶液中，首先用高锰酸钾将水样中的三价铬氧化成六价铬，过量的高锰酸钾用亚硝酸钠分解，过量的亚硝酸钠用尿素分解，然后，加入二苯碳酰二肼显色，于 540 nm 处比色测定。其原理见图 4-14。

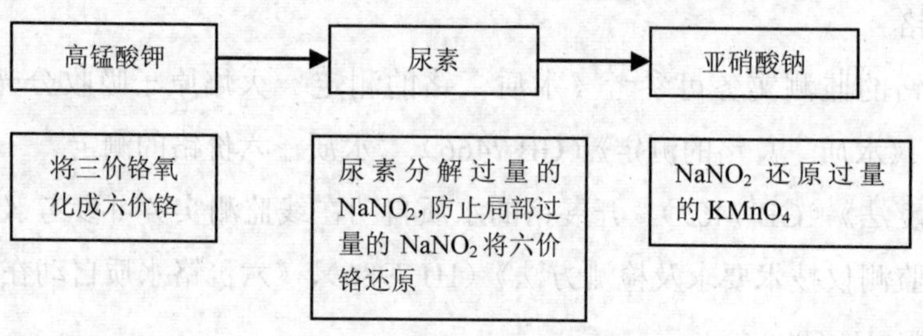

图 4-14 总铬测定原理

硫酸亚铁铵滴定法，适用于总铬浓度大于 1 mg/L 的废水，在酸性介质中，以银盐作催化剂，用过硫酸铵将三价铬氧化成六价铬，加少量氯化钠并煮沸，除去过量的过硫酸铵和反应中产生的氯气，以苯基代邻氨基苯甲酸作指示剂，用硫酸亚铁铵标准溶液滴定至溶液呈亮绿色。

根据硫酸亚铁铵溶液的浓度和进行试剂空白校正后的用量，可以计算出水样中总铬的含量。

（8）砷

开展水质砷的监测实务，可参考《水质　汞、砷、硒、铋和锑的测定　原子荧光法》（HJ 694），或《水质　痕量砷的测定　硼氢化钾—硝酸银分光光度法》

（GB 11900），或《水质　总砷的测定　二乙基二硫代氨基甲酸银分光光度法》（GB 7485）。开展砷水质自动在线监测实务，可参考《砷水质自动在线监测仪技术要求及检测方法》（HJ 764）。

砷化物通过呼吸道、消化道进入人体骨骼、肌肉等部位，容易在人体内积累，特别是毛发、指甲。造成急性或慢性中毒，潜伏期可达几年甚至几十年。

砷的测定方法可选用新银盐分光光度法、二乙氨基二硫代甲酸银分光光度法、氢化物发生—原子吸收法或原子荧光法。原子荧光法可测定砷、硒、锑、铋等。

（9）其他金属化合物

根据水和废水污染类型和对用水水质要求的不同，有时还需要监测其他金属元素，如铍、镍、锑、锰、钙、镁、钍、铀、硒等，其监测方法可查阅《水和废水监测分析方法》，环境监测实务也可直接查阅有关国家标准或行业标准等资料。

4.3.6　水体非金属无机化合物的测定

4.3.6.1　酸度和碱度

（1）酸度

酸度指水中所含能与强碱发生中和作用的物质的总量。凡水中能够给出质子的物质与碱标准溶液作用消耗的量，就叫作酸度。这类物质包括无机酸、有机酸、强酸弱碱盐等。

地面水中，由于溶入二氧化碳和被机械、选矿、电镀、农药、印染、化工等行业排放的含酸废水污染，使水体 pH 值降低，破坏了水生生物和农作物的正常生活及生长条件，造成鱼类死亡，作物受害。所以，酸度是衡量水体水质的一项重要指标。

酸度的单位规定用 mg/L 表示（以 $CaCO_3$ 计）。它可以分为甲基橙酸度和酚酞酸度（总酸度）两种。用甲基橙为指示剂所测酸度（终点 pH 值 3.7）称为甲基橙酸度或强酸酸度；以酚酞为指示剂所测酸度（终点 pH 值为 8.3）称酚酞酸度（又称总酸度），它包括强酸和弱酸。酸度的测定方法可以是酸碱指示剂滴定法或电位滴定法。酸碱指示剂滴定结果计算按式（4-7）。

$$\begin{cases}\text{酚酞酸度（以}CaCO_3\text{计）}(mg/L)=\dfrac{V_1\times C_{NaOH}\times 50.5\times 1\,000}{V}\\ \text{甲基橙酸度（以}CaCO_3\text{计）}(mg/L)=\dfrac{V_2\times C_{NaOH}\times 50.5\times 1\,000}{V}\end{cases}\tag{4-7}$$

式中，V_1 为酚酞作为指示剂时 NaOH 标液的耗用量，mL；V_2 为甲基橙作为指示剂时 NaOH 标液的耗用量，mL；V 为水样体积，mL；50.5 为碳酸钙$(1/2CaCO_2)$的摩尔质量，g/mol。

（2）碱度

凡水中能够接受质子的物质与强酸发生中和作用的物质总量，称为碱度，包括强碱、弱碱、强碱弱酸盐等。

天然水中的碱度主要是由重碳酸盐，碳酸盐和氢氧化物引起的，其中，重碳酸盐是水中碱度的主要形式。

当滴定至酚酞指示剂由红色变为无色时，溶液 pH 值为 8.3，指示水中氢氧根离子（OH^-）已被中和，碳酸盐均被转化为重碳酸盐，此时的滴定结果称为“酚酞碱度”。当滴定至甲基橙指示剂由黄色变为橙红色时，溶液的 pH 值为 4.4～4.5，指示水中的重碳酸盐（包括原有的和由碳酸盐转化成的）已被中和，此时的滴定结果称为“总碱度”。碱度的测定方法可以是酸碱指示剂滴定法或电位滴定法。酸碱指示剂滴定结果计算按式（4-8）。

$$\begin{cases}\text{酚酞碱度（以}CaCO_3\text{计）}(mg/L)=\dfrac{V_1\times C_{HCl}\times 50.5\times 1\,000}{V}\\ \text{总碱度（以}CaCO_3\text{计）}(mg/L)=\dfrac{(V_1+V_2)\times C_{HCl}\times 50.5\times 1\,000}{V}\end{cases}\tag{4-8}$$

式中，V_1 为酚酞作为指示剂时 HCl 标液的耗用量，mL；V_2 为甲基橙作为指示剂时 HCl 标液的耗用量，mL；V 为水样体积，mL；50.5 为碳酸钙$(1/2CaCO_2)$的摩尔质量，g/mol。

测定水的总碱度时，可能出现下列 5 种情况，见图 4-15 和表 4-21。

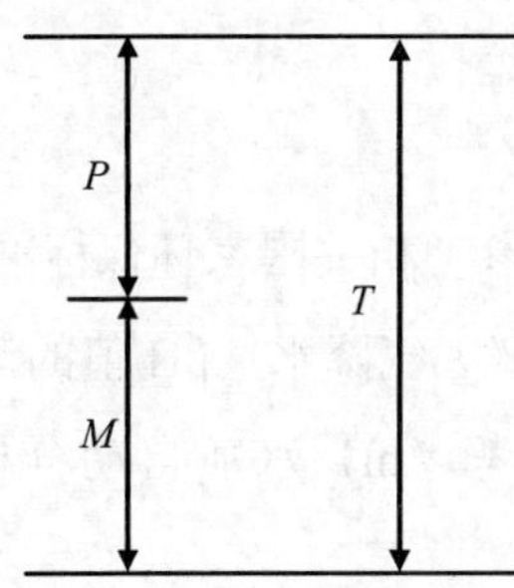

水样为以酚酞为指示剂滴定消耗强酸量 P，继续以甲基橙为指示剂滴定消耗强酸量为 M，二者之和为 T

图 4-15　总碱度滴定示意图

表 4-21　水样总碱度测定的 5 种情况

情况	滴定结果	氢氧化物（OH^-）	碳酸盐（CO_3^{2-}）	重碳酸盐（HCO_3^-）
A	$P=T$	P	0	0
B	$P>1/2T$	$2P-T$	2（$T-P$）	0
C	$P=1/2T$	0	$2P$	0
D	$P<1/2T$	0	$2P$	$T-2P$
E	$P=0$	0	0	T

针对这些情况的干扰及消除办法有：

①游离氯会使甲基橙指示剂褪色，可在滴定前加 $Na_2S_2O_3$ 溶液去除。

②含 Fe^{3+}和 Fe^{2+}、锰、铁等可氧化或易溶水中的离子时，在常温滴定时的反应速率较慢，且生成沉淀，导致终点时，指示剂褪色，遇此情况，应加热后进行滴定。如水样中含 $Fe_2(SO_4)_3$、$Al_2(SO_4)_3$ 时，加酚酞后，加热煮沸 2 min 趁热滴定至红色。

③对酸度产生影响的溶解气体，如 CO_2、H_2S、NH_3，在取样、保存或滴定时，都可能增加或损失。因此，在打开试样容器后，要迅速滴定到终点，防止干扰气体溶入试样。为防止 CO_2 等溶解气体损失，在采样后，要避免剧烈摇动，并尽快分析，否则低温保存。

④采集的样品要使水样充满，不留空间，盖紧瓶盖。若为废水样品，接触空

气易引起微生物活动，容易减少或增加CO_2及其他气体，最好在1天内分析完毕。对微生物活动明显的水样，应在6 h内分析完。

4.3.6.2 pH值

水质pH值监测实务，可根据实际需要，参考相关国家环保标准，如《水质 pH值的测定 玻璃电极法》（GB/T 6920），或《大气降水 pH值的测定 电极法》（GB 13580.4），水质pH值自动监测可参考《pH水质自动分析仪技术要求》（HJ/T 96）。

pH值表示水中酸碱性的强弱，是最常用的水质指标之一，用溶液中氢离子活度的负对数表示：$pH=-\lg\alpha_{H^+}$。天然水的pH值多在6～9；饮用水的pH值在6.5～8.5；一般工业用水的pH值必须保持在7.0～8.5，以防止金属设备和管道被腐蚀。

pH值和酸碱度既有联系，也有区别。pH值表示水的酸碱性的强弱，而酸碱度是水中所含酸或碱物质的含量。同样酸度的溶液，如0.1 mol/L盐酸和0.1 mol/L乙酸，二者的酸度都是100 mmol/L，但其pH值却大不相同。

水的pH值的测定方法可以用比色法或玻璃电极法。

①比色法：将系列已知pH值的缓冲溶液加入适当的指示剂制成标准色液，并封装在小安瓿瓶内，测量时取与缓冲溶液同量的水样，加入与标准系列同样的指示剂，然后进行比较，以确定水样的pH值。此法简便易行，但不适用于有色、浑浊、含较高游离氨、氧化剂和还原剂的水样。

②玻璃电极法：玻璃电极（见图4-16）以饱和甘汞电极为参比，以pH玻璃电极为指示电极组成原电池。在25℃下，每变化1个pH单位，电位差变化59.1 mV，将电压表的刻度变为pH刻度，便可直接读出溶液pH值，温度差异可通过仪器上补偿装置进行校正。实际应用中，常使用复合电极，制成便携式pH计到现场测定。此法准确快速，不受溶液浊度、胶体物质及各种氧化剂与还原剂干扰，但pH值＞10时，产生较大误差，称“钠差”，使读数偏低。克服“钠差”的办法除使用“低钠误差”电极外，还可以选用与被测溶液pH值相近的标准缓冲溶液来加以校正。

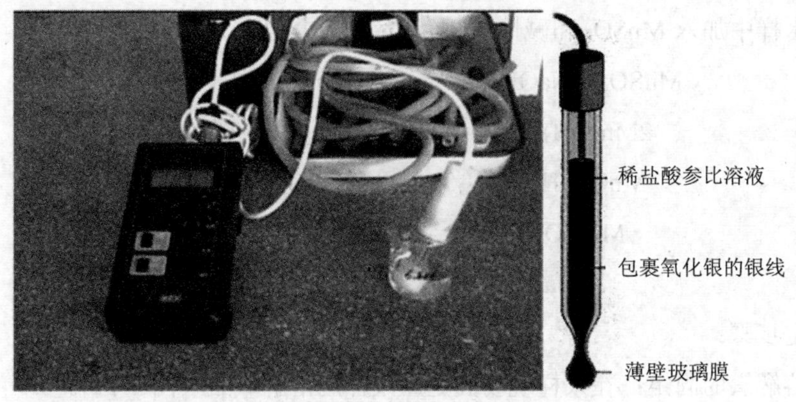

图 4-16　玻璃电极

4.3.6.3　溶解氧

水质溶解氧监测实务，可参考《水质　溶解氧的测定　碘量法》（GB 7489）或《水质　溶解氧的测定　电化学探头法》（HJ 506），水质溶解氧自动监测实务，可参考《溶解氧（DO）水质自动分析仪技术要求》（HJ/T 99）。

溶解于水中的分子态氧称为溶解氧（DO）。水中溶解氧的含量与大气压力、水温及含盐量等因素有关。氧在水中溶解度随盐含量的增加而减少。

水中溶解氧低于 3～4 mg/L 时，许多鱼类呼吸困难，DO 继续减少，则会窒息死亡。一般规定水体中的溶解氧至少在 4 mg/L 以上。

清洁地表水溶解氧接近饱和。当有大量藻类繁殖时，溶解氧可能过饱和。当水体受到有机物质、无机还原物质污染时，会使溶解氧含量降低，甚至趋于 0，此时厌氧细菌繁殖活跃，水质恶化。

对于清洁水，可以采用碘量法测定其 DO 值，对于受污染的地面水和工业废水，可采用修正的碘量法。

碘量法测定溶解氧是水样中加入硫酸锰和碱性碘化钾，水中的溶解氧将二价锰氧化成四价锰，生成氢氧化物棕色沉淀。加酸后，氢氧化物沉淀溶解并与碘离子反应而释放出与溶解氧量相当的游离碘。以淀粉为指示剂，用硫代硫酸钠滴定释出的碘，可计算出溶解氧的含量。

向水样中加入 $MnSO_4$ 和碱性 KI 溶液，反应方程式为：

$$MnSO_4+2NaOH = Na_2SO_4+Mn(OH)_2\downarrow \text{（白）}$$

$$2Mn(OH)_2+O_2 = 2MnO(OH)_2\downarrow \text{（棕红）}$$

$$MnO(OH)_2+2\,H_2SO_4 = Mn(SO_4)_2+3\,H_2O$$

$$Mn(SO_4)_2+2\,KI = MnSO_4+K_2SO_4+I_2$$

$$2Na_2S_2O_3+I_2 = Na_2S_4O_6+2NaI$$

测定步骤：

①溶解氧的固定：在采样现场固定。采样用溶解氧瓶（图 4-17）。

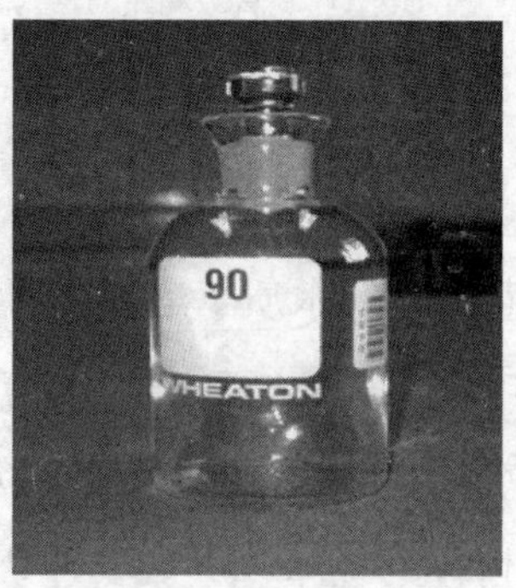

图 4-17 溶解氧瓶

②用吸管插入液面下加入浓硫酸。

③硫代硫酸钠溶液的标定。

④溶解氧测定：用硫代硫酸钠溶液滴定至溶液呈淡黄色，加淀粉溶液，继续滴定至蓝色刚好褪去，并记录硫代硫酸钠溶液用量 V。

⑤计算用式（4-9）。

$$DO(O_2,\ mg/L)=\frac{C\times V\times 8\times 1\,000}{V_{水}} \tag{4-9}$$

式中，C 为硫代酸酸钠标液浓度，mol/L；V 为滴定硫代硫酸钠标液体积，mL；$V_{水}$为水样体积，mL；8 为氧$(1/4O_2)$换算值，g。

溶解氧饱和度计算用式（4-10）。

$$溶解氧饱和度（\%）=\frac{水中溶解氧含量}{采样水温和气压下饱和溶解氧含量}\times 100\% \qquad (4-10)$$

水中的饱和溶解氧受水体问题影响较大，在常压下，不同温度水中饱和溶解氧浓度见表4-22。

表4-22　在常压下，不同温度时，水中饱和溶解氧浓度

温度/℃	饱和DO/（mg/L）	温度/℃	饱和DO/（mg/L）	温度/℃	饱和DO/（mg/L）	温度/℃	饱和DO/（mg/L）
0	14.6	9	11.55	18	9.45	27	7.95
1	14.19	10	11.27	19	9.26	28	7.81
2	13.81	11	11.01	20	9.07	29	7.67
3	13.44	12	10.76	21	8.9	30	7.54
4	13.09	13	10.52	22	8.72	33	7.16
5	12.75	14	10.29	23	8.56	36	6.82
6	12.43	15	10.07	24	8.4	40	6.41
7	12.12	16	9.85	25	8.24	45	5.95
8	11.83	17	9.65	26	8.09	50	5.54

测定注意事项：应单独取样，不使水样曝气或有气泡残留在采样瓶内，可用水样冲洗DO瓶后，沿瓶壁直接倾注水样或用虹吸法将细管插入溶解氧瓶底，注入水样至溢流出瓶容积的1/3～1/2。加$MnSO_4$和碱性KI溶液固氧，用移液管，不能用滴管，移液管需插入液面下，管内空气不能用洗耳球吹入瓶内。两根移液管不能互换。如水样呈强酸性或强碱性，可用NaOH或H_2SO_4调至中性后测定。当水中含氧化性物质，还原性物质及有机物时，会干扰测定，应预先消除，并根据不同的干扰物质采用修正的碘量法。

①叠氮化钠修正法：用以消除亚硝酸盐干扰。亚硝酸盐主要存在于经生化处理的废（污）水和河水中，它能与碘化钾作用释放出游离碘而产生干扰，使结果偏高，即

$$2H^{+}+2NO_2^{-}+KI = K_2SO_4+2H_2O+N_2O_2+I_2$$

如果反应到此为止，引入的误差尚不大；但当水样与空气接触时，新溶入的氧将和 N_2O_2 作用，再形成亚硝酸盐：

$$2N_2O_2+2H_2O_2 = 4H^++4NO_2^-$$

如此循环，不断地释放出碘，将会引入相当大的误差。

向水样中加入叠氮化钠，使水中亚硝酸盐分解，分解反应只需 2～3 min。

$$2NaN_3+H_2SO_4 = 2NH_3+Na_2SO_4$$

$$NH_3+HNO_2 = N_2O+N_2+H_2O$$

在不含其他氧化、还原剂时，水中如含三价铁离子较多，达 100～200 mg/L，可于水样中加氟化钾溶液排除干扰或用磷酸酸化后立即滴定。

应特别注意，NaN_3 剧毒，易爆，切不可将碱性 KI-NaN_3 直接酸化。

②高锰酸钾修正法：用于消除亚铁离子的干扰。该法适于含大量亚铁离子（Fe^{2+}＞1 mg/L），不含其他还原剂及有机物的水样。测定时，先用高锰酸钾氧化亚铁离子，消除干扰，过量的高锰酸钾用草酸钠溶液除去，生成的高价铁离子用氟化钾（KF）掩蔽。

因为水质的 DO 是环境监测的重要指标之一，有些水质需要连续自动监测。常用的 DO 连续自动监测仪见图 4-18。

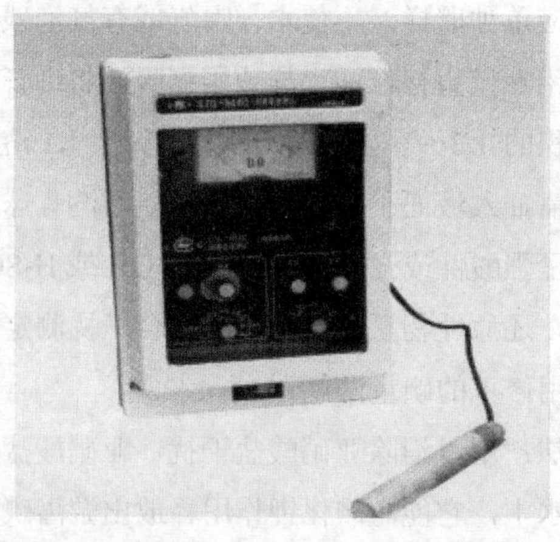

图 4-18　SJG-9440 型 DO 连续自动监测仪

4.3.6.4　氰化物

水质氰化物监测实务，可参考《水质　氰化物的测定　流动注射—分光光度法》（HJ 823），《水质　氰化物等的测定　真空检测管—电子比色法》（HJ 659），或《水质　氰化物的测定　容量法和分光光度法》（HJ 484）。

氰化物包括简单氰化物、络合氰化物和有机氰化物（腈）。简单氰化物易溶于水、毒性大。氰离子在水体中通常以络合物的形式存在。构成络合物的金属离子不同，络合物的稳定性差别很大，对环境的危害也不相同。络合氰化物在水体中受 pH 值、水温和光照等影响离解为毒性强的简单氰化物。虽然络合氰化物毒性比简单氰化物毒性小，但由于它能分解出简单氰化物，所以仍然有毒。例如，$[Zn(CN)_4]^{2-}$、$[Cd(CN)_4]^{2-}$在非常稀的溶液中几乎全部解离，这种溶液在水体 pH 值呈中性时，对鱼类有剧毒。氰化物进入人体后，主要与高铁细胞色素氧化酶结合，生成氰化高铁细胞色素氧化酶而失去传递氧的作用，引起组织缺氧窒息。

测定水体中氰化物的方法有容量滴定法、分光光度法和离子选择电极法。

测定之前，通常先将水样在酸性介质中进行蒸馏，把能形成氰化氢的氰化物（全部简单氰化物和部分络合氰化物）蒸出，使之与干扰组分分离。但氰化物可以通过多种途径转化，有的转化过程被蒸馏预处理促进，因此，在蒸馏前进行适当的预处理，可以有效消除干扰。

（1）水样采集、保存和干扰物质的消除

氰化物测定中的主要干扰物质有硫化物、氧化剂、油类、亚硝酸盐和碳酸盐等。

多数氰化物活性很强而不稳定，当水样偏酸时，可产生氰化氢气体而逸出；因此，水样在采集后，应尽快进行分析。必要时，应加入固体 NaOH 或浓 NaOH 溶液，使 pH 值提高到 12～12.5。

①硫化物：硫化物的存在，可使氰化物转变为硫氰酸盐，特别是在高的 pH 值时，当含硫化物时，应作除硫处理。检验硫化物的方法：取 1 滴水样，放在乙酸铅试纸上，若变黑色（PbS），说明有硫化物存在。除硫途径有两种：加入不能氧化 CN^-的氧化剂，如 $KMnO_4$，使 S^{2-}氧化；或者加入适量的金属离子如硝酸镉、

碳酸铅等溶液，使生成金属硫化物沉淀。

②氧化剂：氧化剂的存在，会使氰化物分解。水样如含氧化剂（如有效氯），则在采样时，加入相当量的亚硫酸钠（或 $Na_2S_2O_3$）溶液或抗坏血酸，以去除干扰（还原有效氯）。

③油类：油类的存在，可使滴定终点模糊，或由于蒸馏液呈乳浓状而影响正常比色。脂肪酸在酸性蒸馏时亦可被蒸出，从而在碱性滴定条件下发生皂化反应，使终点几乎不能判断。

少量的油类对测定无影响，中性油或酸性油大于 40 mg/L 时干扰测定，可加入水样体积 20%量的正己烷，在中性条件下迅速萃取，当萃取完成，应立即用 NaOH 溶液调节 pH 值＞12 再行蒸馏。

④亚硝酸盐：当含 NO_2^-＞100 mg/L 时，采取加 EDTA 的加热蒸馏法进行预处理时，由于 NO_2^-与 EDTA 反应（生成氰化物），造成干扰，所以样品中含 NO_2^-时，可加入适量氨基磺酸铵使之分解。通常每毫克 NO_2^-需加 2.5 mg 氨基磺酸铵。

⑤碳酸盐：高浓度的碳酸盐可由于加酸蒸馏时产生大量气体而受影响，而释放出的 CO_2 亦可使吸收液中 NaOH 浓度显著降低。采集此类废水后，在搅拌下徐徐加入 NaOH，使 pH 值升至 12～12.5，沉淀后，倾出上层水样于样品瓶中。

⑥醛类：醛类在测定总氰的蒸馏条件下，可使 CN^-转变为氰醛类。当甲醛浓度超过 0.5 mg/L 时，干扰显著。

（2）常用的蒸馏方法

常用的蒸馏方法有两种。不管采用哪种方法，都应该注意装置的气密性。

①酒石酸—硝酸锌预蒸馏法：调节 pH 值为 4，蒸出的 HCN 用氢氧化钠溶液吸收。取此蒸馏液测得的氰化物为易释放的氰化物。

②磷酸—EDTA 预蒸馏法：调节 pH 值小于 2，可将全部简单氰化物和除钴氰络合物外的绝大部分络合氰化物以氰化氢的形式蒸馏出来，用氢氧化钠溶液吸收。取该蒸馏液测得的结果为总氰化物。

（3）常用的氰化物测定方法

常用的氰化物测定方法有容量滴定法和分光光度法。

1）容量滴定法

经蒸馏得到的碱性馏出液含氰量在 1 mg/L 以上时，用 $AgNO_3$ 溶液滴定。

取一定量预蒸馏溶液，调 pH 值为 11 以上（试银灵显色反应需在强碱性介质中进行，当 pH 值小于 12 时，则变色缓慢，且变色不明显），以试银灵作指示剂，用硝酸银（$AgNO_3$）标准溶液滴定，则氰离子与银离子生产银氰络合物，稍过量的银离子与试银灵反应，使溶液由黄色变橙红色，即为终点。

$$Ag^{+}+2CN^{-}=\!=Ag(CN)_2^{-}$$

$$Ag^{+}+\text{试银灵（黄）}\longrightarrow\text{络合物（橙红色）}+H_2O$$

根据消耗硝酸银的量可计算出水中氰化物的浓度。计算公式按式（4-11）。

$$\rho\text{(氰化物)（}CN^{-}\text{，mg/L）}=\frac{(V_a-V_b)\times C\times 52.04}{V_1}\times\frac{V_2}{V_3}\times 1\,000 \qquad (4\text{-}11)$$

式中，V_a 为滴定水样吸收液消耗硝酸银标准溶液体积，mL；V_b 为滴定空白试验吸收液消耗硝酸银标准溶液体积，mL；C 为硝酸银标准溶液浓度，mol/L；V_1 为水样体积，mL；V_2 为水样吸收液总体积，mL；V_3 为测定时所取水样吸收液体积，mL；52.04 为氰离子（$2CN^{-}$）摩尔质量，g/mol。

2）分光光度法

分光光度法测定包括：异烟酸—吡唑啉酮分光光度法和吡啶—巴比妥酸分光光度法。

①异烟酸—吡唑啉酮分光光度法：取一定量预蒸馏溶液，调节 pH 值至中性，加入氯胺 T 溶液，则氰离子被氯胺 T 氧化生成氯化氰（CNCl）；再加入异烟酸—吡唑啉酮溶液，氯化氰与异烟酸作用，经水解生成戊烯二醛，与吡唑啉酮进行缩合反应，生成蓝色染料，在 638 nm 波长下，进行吸光度测定，用标准曲线法定量。此法适用于饮用水、地面水、生活污水和工业废水，其最低检测浓度为 0.004 mg/L，测定上限为 0.25 mg/L。

②吡啶—巴比妥酸分光光度法：取一定量预蒸馏溶液，调节 pH 值为中性，

氰离子被氯胺 T 氧化生成氯化氰，氯化氰与吡反应生成戊烯二醛，戊烯二醛再与巴比妥酸发生缩合反应，生成红色染料，于 580 nm 波长处比色定量。本方法最低检测浓度为 0.002 mg/L，检测上限为 0.45 mg/L。

4.3.6.5 氟化物

水质氟化物监测实务，可参考《水质　氟化物的测定　氟试剂分光光度法》（HJ 488），或《水质　氟化物的测定　茜素磺酸锆目视比色法》（HJ 487），或《大气降水中氟化物的测定　新氟试剂光度法》（GB 13580.10），或《水质　氟化物的测定　离子选择电极法》（GB 7484）。

氟化物广泛存在于天然水中。氟是人体必需的微量元素之一，缺氟易患龋齿病。饮用水中含氟的适宜浓度为 0.5～1.0 mg/L，当长期饮用含氟量高于 1.5 mg/L 的水时，则易患斑齿病。如果水中含氟量高于 4 mg/L 时，则可导致氟骨病，产生弯腰驼背、骨骼变形等症状。

有色冶金、钢铁和铝加工、玻璃、磷肥、电镀、陶瓷、农药等行业排放的废水和含氟矿物废水是氟化物的人为污染源。

氟化物可通过消化道、呼吸道和皮肤吸收，饮用水中氟化物的吸收率大于食物。氟被人体吸收后，大约 60 min 在血液中达最高浓度，在牙齿和骨骼蓄积最多。最后，大部分氟通过肾脏由尿排出，小部分由粪便和汗液排出。

贵州织金县煤储量极为丰富，是百姓生活的重要燃料。但该地区煤的含氟量非常高。当地秋收后，各种粮食作物经烘干后存放，煤经燃烧后，氟含量 85%会进入人体，每燃烧 1 kg 煤，会吸入 508.3 mg 的氟，达到正常人需求量的 254 倍。当地有些村氟斑牙发病率达到 99%，成人氟骨症患病率达到 77%。

工业废水和含干扰物较多的污水的氟化物的测定应先进行预处理（蒸馏），再行测定。清洁的地表水和地下水可直接采样测定。

测定水中氟化物，常用的预蒸馏方法有：直接蒸馏法和水蒸气蒸馏法。

①直接蒸馏法：在高沸点酸介质中（如硫酸），水中氟化物直接以氟硅酸或氢氟酸形式被蒸出。为了避免馏出物带出硫酸，蒸馏温度不要超过 180℃。该法简单，蒸馏效率高，但蒸馏温度较难控制，易发生暴沸。当水样中氯化物含量过高

时，可于蒸馏前加入适量固体硫酸银再蒸馏。

②水蒸气蒸馏：在水样中加入高氯酸加热，在 130～140℃通入水蒸气，水中氟化物以氟硅酸或氢氟酸形式被蒸出，收集馏出液用于测定。当水样中含有高浓度有机物时，为避免与高氯酸反应而发生爆炸，可以用硫酸代替高氯酸。水蒸气蒸馏可以较为严格地控制反应温度，排除干扰的效果好，安全。

测定水中氟化物的常用方法有：离子色谱法、离子选择电极法和氟试剂分光光度法。

例如，可以用氟化镧（LaF_3）沉淀膜电极为指示电极，饱和甘汞电极为参比电极，在水中有 F^- 时就会在氟电极上产生电位响应。利用电动势和离子活度负对数值的线性关系直接求出水样中 F^- 浓度。

电极法测定的是游离的氟离子浓度，某些高价阳离子（如三价铁、三价铝和四价硅）及氢离子能与氟离子络合而有干扰，所产生的干扰程度取决于络合离子的种类和浓度、氟化物的浓度及溶液的 pH 值等。

氟电极对氟硼酸盐离子（BF_4^-）不响应，如果水样中含有氟硼酸盐或者污染严重，则应先进行蒸馏。但水样有颜色或混浊不影响离子选择电极法的测定。

在实际测定中，其他卤素离子及 NO_3^-、SO_4^{2-}、PO_4^{3-}、HCO_3^-、CH_3COO^- 等均不产生干扰，唯有 $[OH^-]>[F^-]$ 的 1/10 时有干扰。

氟离子选择电极法测定水中氟离子浓度时 pH 值控制在 5～8 较适宜。这是因为：若 pH 值大于 8 时，$LaF_3+3OH^- = La(OH)_3+3F^-$，生成的 F^- 能为电极自身响应，产生正干扰；OH^- 的大小和电荷与 F^- 相似，也能进入氟化镧晶格，因此对电极有响应；若 pH 值小于 5，氟离子可能会形成氟化氢气体逸出。

氟离子选择电极是一种以氟化镧（LaF_3）单晶片为敏感膜的传感器。Al^{3+}、Fe^{3+} 等高价阳离子及 H^+ 对测定有干扰；碱性溶液中，氢氧根离子浓度大于氟离子浓度的 1/10 时也有干扰，常采用加入总离子强度调节剂（TISAB）的方法消除。TISAB 是一种含有强电解质、络合剂、pH 缓冲剂的溶液，其作用是消除标准溶液与被测溶液的离子强度差异，使离子活度系数保持一致。

用氟试剂分光光度法、滴定法、目视比色法、离子色谱法等测定可以不加

TISAB。因为不需要消除标准溶液与被测溶液的离子强度差异，不必使离子活度系数保持一致。

4.3.6.6 含氮化合物

水处理系统中，含氮有机物进入水体，由于某些微生物的作用，逐渐分解变成简单的化合物。在分解过程中，含氮有机物不断减少，而氨的无机化合物不断增加。在缺氧的情况下，氨是有机氮分解的最后产物；如有氧存在，在硝化细菌作用下，先将氨氧化为亚硝酸根离子，进而氧化为硝酸根离子。

测定水中各种形态的氮化合物，可评价水体被污染和“自净”状况。当发现水中氨氮或有机氮的浓度很高时，表明水体刚刚受到污染，其潜在的危害较大，当水中硝酸盐氮浓度高时，表明水已经过生化自净。水体中三种形态的氮检出的环境化学意义见表4-23。

表4-23 水体中三种形态的氮检出的环境化学意义

氨氮	亚硝酸盐氮	硝酸盐氮	环境化学意义
−	−	−	洁净水
+	−	−	水体受到新近污染
+	+	−	水体受到污染不久，且污染物正在分解
−	+	−	污染物已分解，但未完全自净
−	+	+	污染物已基本分解完毕，但未自净
−	−	+	污染物已无机化，水体已基本自净
+	−	+	有新近污染，在此之前的污染已基本自净
+	+	+	以前受到污染，正在自净过程，且又有新污染

（1）氨氮

水质中氨氮监测实务，可参考《水质　氨氮的测定　流动注射—水杨酸分光光度法》（HJ 666）、《水质　氨氮的测定　连续流动—水杨酸分光光度法》（HJ 665）、《水质　氨氮的测定　蒸馏—中和滴定法》（HJ 537）、《水质　氨氮的测定　水杨酸分光光度法》（HJ 536）、《水质　氨氮的测定　纳氏试剂分光光度法》（HJ 535）或《水质　氨氮的测定　气相分子吸收光谱法》（HJ/T 195），水质氨氮自动监测实务可参考《氨氮水质自动分析仪技术要求》（HJ/T 101）。

水中的氨氮是指以游离氨（或称非离子氨、NH_3）和离子氨（NH_4^+）形式存在的氮。两者的组成决定于水的 pH 值。pH 值偏高时，游离氨；pH 值偏低时，离子氨。

水中氨氮主要来源于生活污水中含氮有机物受微生物作用的分解产物，焦化、合成氨等工业废水以及农田排水等。对于地面水，常要求测定游离氨。

氨氮含量较高时，对鱼类呈现毒害作用，对人体也有不同程度的危害。亚硝酸盐进入人体后，可使低铁血红蛋白失去输氧能力，还可与仲胺类反应生成具致癌性的亚硝胺类物质。

水中氨氮的测定方法有：纳氏试剂分光光度法、水杨酸—次氯酸盐分光光度法、气相分子吸收光谱法、电极法和滴定法。纳氏试剂分光光度法和水杨酸—次氯酸盐分光光度法都需对水样作相应预处理。气相分子吸收光谱法比较简单，使用专用仪器或原子吸收分光光度计测定均可获得良好效果。电极法通常不需要对水样进行预处理，但再现性和电极寿命尚存在一些问题。滴定法适宜用于测定氨氮含量较高的水样。

①纳氏试剂分光光度法：本法适用于地面水、地下水和污（废）水中氨氮的测定。如待测的水样有色或浑浊及含其他干扰物质影响测定，需进行预处理。

对较清洁的水，可采用絮凝沉淀法消除干扰，在水样中加入适量硫酸锌溶液，并加氢氧化钠使呈碱性，生产氢氧化锌沉淀，经过滤即可除去颜色和浑浊。

滤纸中含有一定量的可溶性氨盐，定量滤纸中含量高于定性滤纸，所以最好采用定性滤纸过滤，过滤前用无氨水少量多次淋洗（一般为 100 mL）。这样可以减少或避免滤纸引入的测量误差，提高数据的准确度。

对污染严重的水或废水应采用蒸馏法：调节水样的 pH 值在 6.0～7.4，加入适量氧化镁使其呈微碱性，蒸馏释出的氨被吸收于硫酸或硼酸溶液中。纳氏比色法或滴定法用硼酸为吸收液，水杨酸—次氯酸比色法用硫酸为吸收液。

测定原理化学方程式是：

$$2K_2[HgI_4]+3KOH+NH_3 \longrightarrow NH_2Hg_2IO\text{（黄棕色）}+7KI+2H_2O$$

在水样中加入碘化汞和碘化钾的强碱溶液（纳氏试剂），则与氨反应生成黄棕色胶态化合物，此颜色在较宽的波长范围内具有强烈吸收，通常使用410～425 nm范围波长光比色定量。本法最低检出浓度0.025 mg/L；测定上限为2 mg/L。

测定实验仪器主要为：带氮球的定氮蒸馏装置、分光光度计、pH计以及常用实验室仪器。带氮球的定氮蒸馏装置主要含500 mL 凯氏烧瓶、氮球、直形冷凝管（图4-19）。

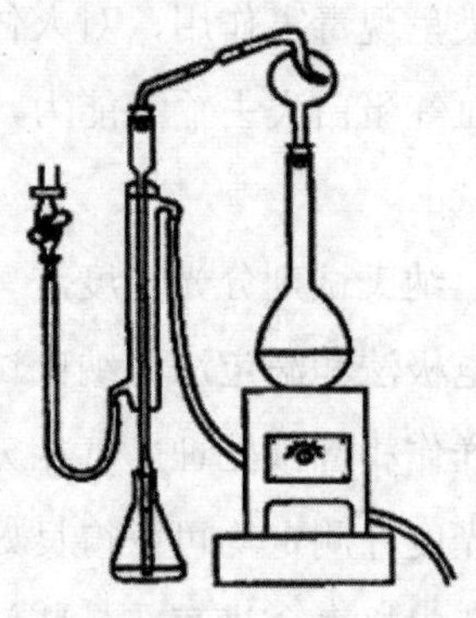

图4-19 带氮球的定氮蒸馏装置

②水杨酸—次氯酸光度法测定氨氮：该法适用于地下水、地表水、生活污水和工业废水中氨氮的测定。

该法是在碱性介质（pH=11.6）中，亚硝基铁氰化钠$[Na_2(Fe(CN)_6)NO]\cdot 2H_2O$存在下，水中的氨、铵离子与水杨酸盐和次氯酸离子反应生成蓝色化合物，在波长697 nm具最大吸收，用分光光度计测量吸光度。

这类反应的机理比较复杂，是一个分步进行的反应：第一步是氨与次氯酸盐反应生成氯胺；第二步氯胺与水杨酸反应形成一个中间产物——氨基水杨酸；第三步是氨基水杨酸转变为醌亚胺；最后是卤代醌亚胺与水杨酸缩合生成靛酚蓝。

③气相分子吸收光谱法：往水样中加入次溴酸钠，将氨及铵盐氧化成亚硝酸盐，再加入盐酸和乙醇溶液，则亚硝酸盐迅速分解，生成二氧化氮，用空气载入气相分子吸收光谱仪的吸光管，测量该气体对锌空心阴极灯发射的213.9 nm特征

波长光的吸光度，以标准曲线法定量。

④电极法：采用氨气敏复合电极，用 pH 计测水的电动势，从而推出水样中氨氮的浓度。

⑤滴定法：取一定量水样，调节 pH 值在 6.0～7.4，加入氯化镁使呈微碱性。加热蒸馏，释出的氨用硼酸溶液吸收。取全部吸收液，以甲基红—亚甲蓝为指示剂，用酸标准溶液滴定。

（2）亚硝酸盐氮

水质中亚硝酸盐氮监测实务，可参考《水质　亚硝酸盐氮的测定　气相分子吸收光谱法》（HJ/T 197—2005），或《水质　亚硝酸盐氮的测定　分光光度法》（GB 7493—87）。

亚硝酸盐氮（NO_2^--N）是氮循环的中间产物。在氧和微生物的作用下，可被氧化成硝酸盐；在缺氧条件下也可被还原为氨。

水中亚硝酸盐氮常用的测定方法有：*N*-（1-萘基）-乙二胺分光光度法、离子色谱法、气相分子吸收光谱法。

例如，*N*-（1-萘基）-乙二胺分光光度法是在 pH 值为 1.8±0.3 的酸性介质中，亚硝酸盐与对氨基苯磺酰胺反应，生成重氮盐 *N*-（1-萘基）-乙二胺偶联生成红色染料，540 nm 处进行比色测定。方法检出限为：0.003～0.20 mg/L。

（3）硝酸盐氮

水质硝酸盐氮监测实务，可参考《水质　硝酸盐氮的测定　紫外分光光度法（试行）》（HJ/T 346），或《水质　硝酸盐氮的测定　气相分子吸收光谱法》（HJ/T 198），或《水质　硝酸盐氮的测定　酚二磺酸分光光度法》（GB 7480）。

硝酸盐是在有氧环境中最稳定的含氮化合物，也是含氮有机化合物经无机化作用最终阶段的分解产物。亚硝酸盐可经氧化而生成硝酸盐，硝酸盐在无氧环境中，也可受微生物的作用还原成亚硝酸盐。

水中硝酸盐氮含量相差悬殊，从每升数十微克至数十毫克，清洁的地面水硝酸盐氮（NO_3^--N）含量较低，受污染水体和一些深层地下水中（NO_3^--N）含量较高。

水中硝酸盐氮的常用测定方法有：酚二磺酸分光光度法、气相分子吸收光谱法和紫外分光光度法。

（4）凯氏氮

水质凯氏氮监测实务，可参考《水质　凯氏氮的测定　气相分子吸收光谱法》（HJ/T 196），或《水质　凯氏氮的测定》（GB 11891）。

凯氏氮（KN）是指以基耶达（kjeldahl）法测得的含氮量。它包括了氨氮和在此条件下能被转化为铵盐而测定的有机氮化合物。此类有机氮化合物主要是指蛋白质、氨基酸、核酸、尿素以及大量合成的、氮为负三价的有机氮化合物。它不包括叠氮化合物、联氮、偶氮、腙、硝酸盐、亚硝酸盐、硝基、亚硝基、腈、肟和半卡巴腙类的含氮化合物。

由于一般水中存在的有机氮化合物多为前者，因此，在测定凯氏氮和氨氮后，其差值即称为有机氮。将凯氏氮称为有机氮是不合理的。

测定有机氮或凯氏氮，主要是为了了解水体受污染状况，尤其是在评价湖泊和水库的富营养化时，是一个有重要意义的指标。凯氏氮测定的最后测量方法与氨氮相同，当含量低时使用分光光度法，含量高时使用滴定法，也可采用气相分子吸收法。

凯氏氮的测定要点包括蒸馏、光度法或滴定法。

蒸馏：取适量水样于凯氏烧瓶中，加入浓硫酸和催化剂（K_2SO_4），加热消解，将有机氮转变为氨氮，然后在碱性介质中蒸馏出氨，用硼酸溶液吸收，以分光光度法或滴定法测定氨氮含量，即为水样中的凯氏氮。

可用凯氏氮与氨氮的差值表示有机氮含量，即有机氮含量为凯氏氮含量减去氨氮含量的差值。

（5）总氮

水质总氮监测实务，可参考《水质　总氮的测定　流动注射—盐酸萘乙二胺分光光度法》（HJ 668）、《水质　总氮的测定　连续流动—盐酸萘乙二胺分光光度法》（HJ 667）、《水质　总氮的测定　气相分子吸收光谱法》（HJ/T 199）、《水质　总氮的测定　碱性过硫酸钾消解紫外分光光度法》（HJ 636），水质总氮自动监测实务可参考《总氮水质自动分析仪技术要求》（HJ/T 102）。

水中的总氮含量是衡量水质的重要指标之一。水中有机氮、氨氮、亚硝酸盐氮和硝酸盐氮的总和称为总氮，见式（4-12）。

$$总氮=有机氮+无机氮=有机氮+0.78\times(NH_4^+)+0.30\times(NO_2^-)+0.23\times(NO_3^-) \quad (4\text{-}12)$$

水中总氮的测定方法可以是加和法，即分别测定有机氮、氨氮、亚硝酸盐氮和硝酸盐氮的量，然后加和。测定也可以采用过硫酸钾氧化—紫外分光光度法，在水样中加入碱性过硫酸钾溶液，于过热水蒸气中将大部分有机氮化合物及氨氮、亚硝酸盐氮氧化成硝酸盐，再用紫外分光光度法测定硝酸盐氮含量，即为总氮含量。还可以用仪器测定法（燃烧法）：在专门的总氮测定仪中进行，快速方便。

4.3.6.7　硫化物

水质硫化物监测实务，可参考《水质　硫化物的测定　流动注射—亚甲基蓝分光光度法》（HJ 824）、《水质　硫化物的测定　气相分子吸收光谱法》（HJ/T 200）、《水质　硫化物的测定　碘量法》（HJ/T 60）、《水质　硫化物的测定　直接显色分光光度法》（GB/T 17133）或《水质　硫化物的测定　亚甲基蓝分光光度法》（GB/T 16489）。

水中硫化物的种类包括溶解性的 H_2S、HS^-和 S^{2-}，酸溶性的金属硫化物以及不溶性的硫化物和有机硫化物。通常所测定的硫化物系指溶解性的及酸溶性的硫化物。

硫化氢毒性很大，可危害细胞色素、氧化酶，造成细胞组织缺氧，甚至危及生命。它还腐蚀金属设备和管道，并可被微生物氧化成硫酸，加剧腐蚀性。因此，硫化物是水体污染的重要指标。

地下水（特别是温泉水）及生活污水常含有硫化物，其中一部分是在厌氧条件下，由于微生物的作用，使硫酸盐还原或含硫有机物分解而产生的。焦化、造气、选矿、造纸、印染、制革等工业废水中也含有硫化物。

测定水中硫化物的主要方法有：对氨基二甲基苯胺分光光度法、碘量法、间接火焰原子吸收法、气相分子吸收光谱法。

①对氨基二甲基苯胺分光光度法：在含高铁离子的酸性溶液中，硫离子与对氨基二甲基苯胺反应，生成蓝色的亚甲蓝染料，665 nm 波长处比色定量。该方法检出限为 0.02～0.8 mg/L（S^{2-}）。

②碘量法：适用于测定硫化物含量大于 1 mg/L 的水样。其原理基于水样中的硫化物与乙酸锌生成白色硫化锌沉淀，将其用酸溶解后，加入过量碘溶液，则碘与碱化物反应析出硫，用硫代硫酸钠标准溶液滴定剩余的碘，间接计算硫化物的含量。

$$Zn^{2+} + S^{2-} = ZnS\downarrow \text{（白色）}$$

$$ZnS + 2\,HCl = H_2S + ZnCl_2$$

$$H_2S + I_2 = 2\,HI + S\downarrow$$

$$I_2 + 2Na_2S_2O_3 = Na_2S_4O_6 + 2NaI$$

计算按式（4-13）。

$$\rho(\text{硫化物，}S^{2-}\text{，mg/L}) = \frac{(V_0 - V_1) \times c \times 16.03 \times 1000}{V} \tag{4-13}$$

式中，V_0 为空白试验消耗硫代硫酸钠标准溶液体积，mL；V_1 为水样耗硫代硫酸钠标准溶液体积，mL；V 为水样体积，mL；c 为硫代硫酸钠标准溶液浓度，mol/L；16.03 为硫离子（1/2 S^{2-}）摩尔质量，g/mol。

4.3.6.8 磷

水质磷的监测实务，可参考《水质　黄磷的测定　气相色谱法》（HJ 701），或《水质　总磷的测定　流动注射—钼酸铵分光光度法》（HJ 671），或《水质　磷酸盐和总磷的测定　连续流动—钼酸铵分光光度法》（HJ 670），或《水质　磷酸盐的测定　离子色谱法》（HJ 669），或《水质　单质磷的测定　磷钼蓝分光光度法（暂行）》（HJ 593），或《水质　总磷的测定　钼酸铵分光光度法》（GB 11893），水质磷的自动监测实务，可参考《总磷水质自动分析仪技术要求》（HJ/T 103）。

水中的磷包括总磷、溶解性磷酸盐和溶解性总磷。在天然水和废（污）水中，磷主要以各种磷酸盐和有机磷（如磷脂等）形式存在，也存在于腐殖质粒子和水生生物中。

磷是生物生长必需的元素之一，但水体中磷含量过高，会导致富营养化，使水质恶化。进行水体磷的测定一般需要先行预处理再测定。

测定水中磷的主要方法有钼锑抗分光光度法和孔雀绿—磷钼杂多酸分光光度法。

4.3.7　水质有机污染物的监测

有机污染物种类繁多，结构复杂，化学稳定性差，易被水中生物分解。在环境监测中，对有机耗氧污染物，一般是从各个不同侧面反映有机物的总量，如化学需氧量（COD）、有机碳（OC）、生化需氧量（BOD）、总需氧量（TOD）、总有机碳 TOC 等，前 4 种参数称为氧参数，TOC 称为碳参数。

对于单一化合物，可以通过化学反应方程进行计算，以求得其理论需氧量 ThOD 或理论有机碳量 ThOC。

水质有机污染物指标常见的还有高锰酸盐指数 I_{Mn}、挥发酚、硝基苯类和石油类。通常各耗氧参数在数值上的关系是：ThOD＞TOD＞COD_{Cr}＞I_{Mn}＞BOD_5。

4.3.7.1　化学需氧量

水质化学需氧量（COD）监测实务，可参考相关的环保标准，如《高氯废水　化学需氧量的测定　碘化钾碱性高锰酸钾法》（HJ/T 132）、《高氯废水　化学需氧量的测定　氯气校正法》（HJ/T 70）、《水质　化学需氧量的测定　重铬酸盐法》（HJ 828）、《水质　化学需氧量的测定　快速消解分光光度法》（HJ/T 399），水质 COD 在线监测实务可参考《环境保护产品技术要求　化学需氧量（COD_{Cr}）水质在线自动监测仪》（HJ/T 377）。

我国化学需氧量用 COD_{Cr} 指标，因为我国的 COD 测定标准使用重铬酸钾作为氧化剂。欧洲和日本的化学需氧量用 COD_{Mn} 指标，因为它们的 COD 测定标准使用高锰酸钾作为氧化剂。

COD是指在一定条件下，氧化1 L水样中的还原性物质所消耗的氧化剂的量，以氧的mg/L表示。COD_{Cr}只能反映能被氧化剂氧化的有机物，并非全部有机物。

COD的测定方法有重铬酸钾法、库仑滴定法、快速密闭消解滴定法或光度法、氯气校正法等，以下只介绍重铬酸钾法。

COD反映了水体受还原性物质污染的程度，这些还原性物质不仅包括耗氧性的有机物，还包括一些在该条件下能够被氧化的还原性无机物，如亚硝酸盐、硫化物、亚铁盐等。相对于耗氧有机物而言，还原性无机物可以忽略不计。因此COD反映了水体受有机物污染的程度。

重铬酸钾氧化性很强，可将大部分有机物氧化，但吡啶不被氧化，芳香族有机物不易被氧化，挥发性直链脂肪族有机物、苯等存在于蒸汽相，不能与氧化剂液体接触，氧化不明显。

测定的化学方程式：

$$Cr_2O_7^{2-} + 6e + 14\ H^+ \longrightarrow 2Cr^{3+} + 7H_2O$$

$$Cr_2O_7^{2-} + 6Fe^{2+} + 14\ H^+ \longrightarrow 2Cr^{3+} + 6Fe^{3+} + 7H_2O$$

Fe^{2+} + 试亚铁灵⟶红褐色，或：Fe^{2+} + 硫酸亚铁铵⟶红褐色

重铬酸钾法测水中COD的氧化需要一定的时间，且氧化过程需要加热，所用的加热回流装置见图4-20。

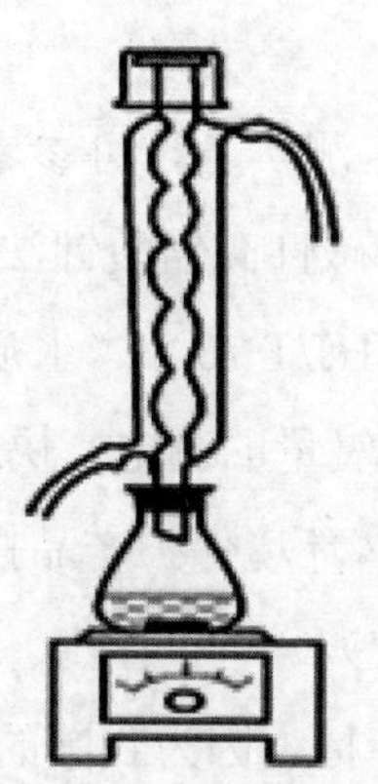

图4-20 氧化回流装置

氧化完成后，用试亚铁灵或硫酸亚铁铵进行滴定，滴定颜色变化由黄色经蓝绿色，至红褐色即为终点。

COD 测定应注意：重铬酸钾标液不能从冷凝管口加入，应先加到三角瓶中后再将冷凝管装好；加入硫酸—硫酸银溶液时将放出大量热量，必须从冷凝管上口加入，之前要保证冷凝回流水开启；回流 2 h 从溶液沸腾开始计时，注意要预先加入玻璃珠，防止暴沸；最后加入水“定容”，必须在溶液冷却之后才能加入；对化学需氧量高的水样，应预先进行预实验；可用邻苯二甲酸氢钾标液检查试剂的质量和人员的操作技术水平；邻苯二甲酸氢钾通常于 105～120℃下干燥后备用，干燥温度不可过高，否则会导致其脱水而成为邻苯二甲酸酐。

Cl^-是测定水样中 COD 时最常见的干扰离子，它将作为还原剂消耗 $K_2Cr_2O_7$，反应为：$6Cl^-+Cr_2O_7^{2-}+14H^+ = 3Cl_2+2Cr^{3+}+7H_2O$，另外，$Cl^-$还能与作为催化剂的 $AgSO_4$ 反应生成沉淀，影响催化效果。所以，在水样中有大量 Cl^-存在的条件下，加入硫酸汞消除其干扰。

结果计算按式（4-14）。

$$COD_{Cr} = \frac{(V_0 - V_1)\times c \times 8 \times 1000}{V_{水}} \tag{4-14}$$

式中，V_0 为滴定空白溶液消耗硫酸亚铁铵或试亚铁灵标准溶液的体积，mL；V_1 为滴定水样消耗硫酸亚铁铵或试亚铁灵标准溶液的体积，mL；c 为硫酸亚铁铵或试亚铁灵标准溶液的浓度，mol/L；$V_{水}$为水样体积，mL；8 为氧（$1/4O_2$）的摩尔质量，g/mol。

计算结果保留 3 位有效数字。

4.3.7.2　高锰酸盐指数 I_{Mn}

水质高锰酸盐指数监测实务可参考《水质　高锰酸盐指数的测定》（GB 11892），水质高锰酸盐指数自动监测实务可参考《高锰酸盐指数水质自动分析仪技术要求》（HJ/T 100）。

以高锰酸钾溶液为氧化剂测得的化学需氧量，称高锰酸盐指数，以氧的 mg/L 表示。该指数常被作为反映地表水受有机物和还原性无机物污染程度的综合指标。

该法仅适用于地表水、饮用水和生活污水。按测定溶液的介质不同，分为酸性高锰酸钾法和碱性高锰酸钾法。当 Cl^-含量高于 300 mg/L 时，应采用碱性高锰酸钾法，因为碱性条件下，高锰酸钾氧化能力比酸性条件下稍弱，此时不能氧化水中的 Cl^-；对于较清洁的地面水和被污染的水体中氯化物含量不高（Cl^-＜300 mg/L）的水样，常用酸性高锰酸钾法。

①碱性高锰酸钾法：在碱性溶液中，加过量高锰酸钾加热 30 min，以氧化水样中的有机物和某些还原性无机物，然后用过量酸化的草酸钠溶液还原，再以高锰酸钾标准溶液氧化过量的草酸钠，滴定至微红色为终点。

②酸性高锰酸钾法：在酸性条件下的水样中加入过量高锰酸钾，在沸水浴上加热 30 min，利用高锰酸钾将水样中某些有机物及还原性物质氧化，反应后剩余的高锰酸钾用过量的草酸钠还原，再以高锰酸钾标准溶液回滴过量的草酸钠，通过计算求出水样中所含有机物及还原性物质所消耗的高锰酸钾的量。

酸性高锰酸钾法实验步骤：①取 100 mL 水样（原样或经稀释）置于锥形瓶中，加入 5 mL 的 H_2SO_4 溶液（1+1）混合均匀；②加入 10 mL 高锰酸钾标准溶液[c（1/5 $KMnO_4$）=0.1 mol/L]，置于沸水浴中加热 30 min，取出冷却至室温；③加入 10 mL 草酸钠标准溶液[c（1/2$Na_2C_2O_4$）=0.01 mol/L]，使溶液中的红色褪尽；④用高锰酸钾标准溶液[c（1/5 $KMnO_4$）=0.1 mol/L]滴定，直至出现微红色。

应注意：沸水浴的液面应高于溶液液面；水浴完毕后，溶液仍应保持淡红色，如变浅或全部褪去，说明高锰酸钾用量不够，此时，应将水样稀释倍数加大后再测定。

化学需氧量（COD_{Cr}）和高锰酸盐指数（I_{Mn}）是采用不同的氧化剂在各自的氧化条件下测定的，难以找出明显的相关关系。

一般来说，重铬酸钾法的氧化率可达 90%，而高锰酸钾法的氧化率为 50%左右，两者均未完全氧化，因而都只是一个相对参考数据。

4.3.7.3 生化需氧量

水质生化需氧量监测实务，可参考《水质 五日生化需氧量（BOD_5）的测定 稀释与接种法》（HJ 505）或《水质 生化需氧量（BOD）的测定 微生物传感器快速测定法》（HJ/T 86）。

生化需氧量（BOD_5）是指在有溶解氧的条件下，好氧微生物在分解水中有机物的生物化学氧化过程中所消耗的溶解氧量。同时亦包括如硫化物、亚铁等还原性无机物质氧化所消耗的氧量，但这部分通常占很小比例。BOD 是反映水体被有机物污染程度的综合指标，也是研究废水的可生化降解性和生化处理效果，以及生化处理废水工艺设计和动力学研究中的重要参数。

有机物在微生物作用下好氧分解大体上分为两个阶段：一是含碳物质氧化阶段，主要是含碳有机物氧化为二氧化碳和水；二是硝化阶段，主要是含氮有机化合物在硝化菌的作用下分解为亚硝酸盐和硝酸盐。硝化阶段在 5～7 日后才显著进行。故目前常用的 20℃五天培养法（BOD_5 法）测定 BOD 值一般不包括硝化阶段。

测定一般水样的 BOD_5 时，硝化阶段不明显或根本不发生，但对于生化处理池的出水，因其中含有大量硝化细菌，因此，在测定 BOD_5 时也包括了部分含氮化合物的需氧量。对于这种水样，如只需测定有机物的含量，应加入硝化抑制剂，如在每升稀释水中加入 500 mg/L 的丙烯基硫脲（ATU、$C_4H_8N_2S$）1 mL 等。

水质生化需要量的测定方法有：五天培养法、微生物电极法及其他方法。以下仅介绍五天培养法。

水样经稀释后，在（20±1）℃条件下培养 5 天，求出培养前后水样中溶解氧含量，二者的差值为 BOD_5。如果水样 BOD_5 未超过 7 mg/L，则不必进行稀释，可直接测定。对于污染的地面水和大多数工业废水，因含较多的有机物，需稀释后再培养测定，以保证培养过程中有充足的 DO。其稀释的程度是：应使培养中所耗 DO＞2 mg/L，而剩余 DO 在 1 mg/L 以上。稀释倍数失当，过大或过小，可导致 5 日耗氧过多而无氧，使实验失败。由于 BOD 实验周期长，一旦出现此类情况，就无法以原样补测，因此，必须充分重视这一问题。

①水样测定时微生物的来源：对不含或少含微生物的工业废水，如酸性废水、碱性废水、高温废水或经过氯化处理的废水，在测定 BOD_5 时应进行接种，以引入能降解废水中有机物的微生物。当废水中存在难降解有机物或有剧毒物质时，

应将驯化后的微生物引入水样中进行接种。

②稀释水和接种稀释水的配制：稀释水一般用蒸馏水配制，先通入经活性炭吸附及水洗处理的空气，曝气 2～8 h，使水中 DO 接近饱和，然后 20℃下放置数小时。临用前加入少量氯化钙、氯化铁、硫酸镁等营养溶液及磷酸盐缓冲溶液，混匀备用。稀释水的 pH 值应为 7.2，BOD_5＜0.2 mg/L。接种稀释水是在稀释水中接种微生物，即在每升稀释水中加入生活污水上层清液 1～10 mL，或表层土壤浸出液 20～30 mL，或河水、湖水 10～100 mL，使 pH=7.2，BOD_5 在 0.3～10 mg/L 为宜。配后立即使用。

③结果的平均与取舍：在两个或 3 个稀释比的样品中，凡消耗 DO＞2 mg/L 和剩余 DO＞1 mg/L 时，计算结果时，应取其平均值。若剩余 DO＜1 mg/L 甚至为零时，应加大稀释比。如果 DO 消耗量＜2 mg/L，有两种可能：其一，稀释倍数过大；其二，可能是微生物菌种不适应、活性差或含有毒物质浓度过大。这是可能出现在几个稀释比中，稀释倍数大的消耗 DO 反而较多的现象。

水样稀释倍数可根据经验估计（见表 4-24）。

表 4-24 水样的稀释倍数

BOD_5 期望值/（mg/L）	稀释倍数	水样类型
6～20	2	河水、生物净化的生活污水
10～30	5	河水、生物净化的生活污水
20～30	10	生物净化的生活污水
40～120	20	澄清的生活污水或轻度污染的工业废水
100～300	50	轻度污染的工业废水或原生活污水
200～600	100	轻度污染的工业废水或原生活污水
400～120	200	重度污染的工业废水或原生活污水
1 000～6 000	500～1 000	重度污染的工业废水

也可根据 I_{Mn}（地面水）或 COD_{Cr}（工业废水）值估计，分别乘上相应系数。对于地表水，由高锰酸盐指数估算稀释倍数乘以的系数（见表 4-25）。

表 4-25　高锰酸盐指数确定水样的稀释倍数系数

I_{Mn}/（mg/L）	系数
＜5	—
5～10	0.2、0.3
10～20	0.4、0.6
＞20	0.5、0.7、1.0

例：水样的 PV 为 20 mg/L，培养瓶容积为 250 mL。注：PV 为锰法测定的耗氧量，相当于铬法测定的耗氧量 COD。

则稀释倍数为：20×0.4=8（倍）和 20×0.6=12（倍），直接稀释法分别取水样：250÷8=31（mL）和 250÷12=21（mL）。

如果水样的 I_{Mn} 大于 20 mg/L，则做 3 个稀释比的水样。系数分别取 0.5、0.7 和 1.0。

对于工业废水，做 3 个稀释比的水样，由 COD_{Cr} 值分别乘以系数 0.075、0.15、0.25。

对不经稀释直接培养的水样，用式（4-15）计算测定结果。

$$BOD_5\text{（mg/L）}=C_1-C_2 \tag{4-15}$$

对稀释后培养的水样，用式（4-16）计算测定结果。

$$BOD_5=\frac{\left[(C_1-C_2)-(B_1-B_2)\times f_1\right]}{f_2} \tag{4-16}$$

式中，C_1、C_2 分别为接种稀释水样在培养前后的溶解氧质量浓度，mg/L；B_1、B_2 分别为空白样在培养前后的溶解氧质量浓度，mg/L；f_1 为接种稀释水或稀释水在培养液中所占的比例；f_2 为原样品在培养液中所占的比例。

4.3.7.4　理论需氧量

水质的理论需氧量（ThOD）可由以下反应方程式计算：

$$C_aH_bO_cN_dP_eS_f+1/2\,(2a+b/2+d+5/2e+2f-c)\,O_2{=\!=}aCO_2+b/2\,H_2O+dNO+P_2O_5+f\,SO_2$$

即 1 mol 有机物 $C_aH_bO_cN_dP_eS_f$ 在氧化反应中需要消耗 1/2（$2a+b/2+d+5/2e+2f-c$）mol O_2，用此法算出的 COD 值称为理论需氧量。

在评价 COD 的方法时往往引入氧化率的概念，将实际测得的需氧量与理论需氧量相比而得，即式（4-17）。

$$氧化率=COD/ThOD\times100\% \quad (4\text{-}17)$$

例：采用两种方法测定浓度为 50 mg/L 的甲醇溶液时，用铬法测得 COD 为 72.0 mg/L，锰法测得 PV 为 20.2 mg/L，问：两方法的氧化率各为多少？

则在甲醇的氧化反应中，其 ThOD 应按 $CH_3OH + 3/2\ O_2 = CO_2 + H_2O$ 计算：1 mol CH_3OH 理论耗氧 3/2 mol，即 32 g 的 CH_3OH 耗氧 48 g，或 CH_3OH 的 ThOD 为 48/32=1.50（g/g）。

对 50 mg/L 的甲醇溶液，其理论耗氧为 50.0 mg/L×1.50 g/g=75.0 mg/L。

所以，铬法耗氧率为：72.0/75.0×100%=96%，锰法耗氧率为：20.2/75.0×100%=26.9%。

4.3.7.5 总有机碳

水质总有机碳监测实务可参考《水质　总有机碳的测定　燃烧氧化—非分散红外吸收法》（HJ 501），水质总有机碳自动监测实务可参考《总有机碳（TOC）水质自动分析仪技术要求》（HJ/T 104）。

总有机碳（TOC）是以碳的含量表示水体中有机物质总量的综合指标。测定碳的最终用途在于估计接纳河流的有机物质好氧负荷能力，为此可测定污水处理厂出水和工业废水中的碳，或者可直接取河水测定。鉴于碳酸盐和碳酸氢盐中的碳都不是河水耗氧量的一部分，因此应从最后的计算结果中扣掉或在分析前将它们除去。

目前广泛应用的测定 TOC 的方法是燃烧氧化—非色散红外吸收法。由于 TOC 的测定采用燃烧法，因此能将有机物全部氧化，它比 BOD_5 或 COD 更能反映有机物的总量。

TOC 的测定原理是将一定量水样注入高温炉内的石英管，在 900～950℃下，以铂和三氧化钴或三氧化二铬为催化剂，使有机物燃烧裂解转化为二氧化碳，然后用红外线气体分析仪测定 CO_2 含量，从而确定水样中碳（此为总碳量，TC）的含量。

要测 TOC 量，有两种方法：一是先将水样酸化，通入氮气曝气，去除各种碳酸盐生成的 CO_2，然后再注入仪器内测定；二是把等量水样分别注入高温炉和低温炉，则水样中有机碳和无机碳均转化为 CO_2，依次导入非色散红外气体分析仪，分别测得总碳（TC）和无机碳（IC），二者之差即为 TOC，即式（4-18）。

总有机碳（TOC）=总碳（TC）−无机碳（IC） （4-18）

可用该法测定的碳的形式有：溶解的非挥发性有机碳，如天然糖；溶解的挥发性有机碳，如硫醇；不溶解的部分挥发碳，如油；不溶解的散式含碳物质，如纤维素；吸附或残留在不溶性无机悬浮物上的溶解性或不溶性含碳物质，如吸附于淤泥颗粒上的含油物质。

4.3.7.6 总需氧量

总需氧量（TOD）指水中能被氧化的物质，主要是有机物质在燃烧中变成稳定的氧化物时所需要的氧量，以 O_2 的 mg/L 表示。

TOD 值能反映几乎全部有机物质经燃烧后变成 CO_2、H_2O、NO、SO_2 所需要的氧量，比 BOD、COD 和 PV 更接近 ThOD 值，但它们之间也没有固定的相关关系，具体比值取决于废水的性质。由 TOD/TOC 可粗略判断有机物的种类。对于含碳物质，因 1 个 C 原子消耗 2 个 O 原子，即 $O_2/C=2.67$。从理论上讲，TOD=2.67 TOC，若某水样：TOD/TOC = 2.67，可认为主要是含碳有机物污染。TOD/TOC＞4.0，应考虑水中有较大量含 S、P 的有机物存在。TOD/TOC＜2.6，水中 NO_3^- 和 NO_2^- 盐含量可能较大，它们在高温和催化条件下分解放出氧，使 TOD 测定呈现负误差。

4.3.7.7 挥发酚

水质挥发酚监测实务可参考《水质 挥发酚的测定 流动注射—4-氨基安替比林分光光度法》（HJ 825）、《水质 挥发酚的测定 4-氨基安替比林分光光度法》（HJ 503）或《水质 挥发酚的测定 溴化容量法》（HJ 502）。

酚类为原生质毒物，属高毒类物质，在人体富集时出现头痛、贫血，水中酚浓度达 5 g/L 时，水生生物中毒。酚类污染物主要来自炼油厂、洗煤厂和炼焦厂等。

根据酚类物质能否与水蒸气一起蒸出，分为挥发酚与不挥发酚。通常认为：

沸点在230℃以下的为挥发酚，且多属一元酚（除了对硝基酚沸点为279℃以外，其他各种一元酚沸点都在230℃以下）；而沸点在230℃以上的为不挥发酚（二、三元酚沸点都在230℃以上）。

（1）水样的保存

含酚水样很不稳定，水样采集后应加入氢氧化钠保存剂，并尽快测定，尤其是低浓度样品。主要因为水中的微生物或氧气使酚分解或氧化。当水样经酸化后滴于碘化钾—淀粉试纸上出现蓝色时，说明存在氧化剂。当水样含氧化剂时，加入足够的 $FeSO_4$ 消除之。用 $CuSO_4$ 抑制生物的氧化作用，并用 H_3PO_4 酸化（因可由于 Cu^{2+} 的氧化作用而使酚浓度降低），也可单独用 NaOH 碱化至 pH＞11，在 24 h 内测定。应注意，当水样中含 Cu^{2+} 时，不能采用加碱固定法。如果水样中含 S^{2-}，会干扰测定，可加入 $CuSO_4$ 使之沉淀，或加入酸，曝气，逸出 H_2S。如果水样中含油类，也会干扰测定，可用 CCl_4 萃取，水浴加温去除残存的 CCl_4。

（2）测定

挥发酚类的测定方法有容量法、分光光度法、色谱法等，尤以4-氨基安替比林分光光度法应用最广。对高浓度含酚废水可采用溴化容量法测定。

①4-氨基安替比林光度法测定原理是：在 pH 值为 10.0±0.2 的介质中，在铁氰化钾的存在下，酚类化合物与 4-氨基安替比林（4-AAP）反应，生成橙红色的吲哚酚安替比林染料，在 510 nm 波长处有最大吸收，用比色法定量。该法所测酚类不是总酚，而只是与 4-AAP 显色的酚，并以苯酚为标准，结果以苯酚计算含量。酚的对位取代基可阻止酚与安替比林的反应，本法可测定苯酚及邻、间位取代的酚，但不能测定对位有取代基的酚。但羟基（—OH）、卤素、磺酰基（$—SO_2H$）、羧基（—COOH）、甲氧基（$—OCH_3$）除外。此外，邻位硝基也阻止反应，间位硝基部分地阻止反应。

②溴化滴定法测定原理是：在含过量溴（因 Br_2 极易挥发，Br_2 液不稳定，此时过量溴由溴酸钾和 KBr 产生）的溶液中，酚与溴反应生成三溴酚，进一步生成溴代三溴酚。剩余的溴与 KI 作用放出游离碘，与此同时，溴代三溴酚也与 KI 反应生成游离碘，用硫代硫酸钠标准溶液滴定释出的游离碘。根据其耗量，计算出

以苯酚计的挥发酚含量。相关化学反应方程式为：

$$KBrO_3 + 5KBr + 6HCl \longrightarrow 3Br_2 + 6KCl + 3H_2O$$

$$C_6H_5OH + 3Br_2 \longrightarrow C_6H_2Br_3OBr + 3HBr$$

$$C_6H_2Br_3OH + Br_2 \longrightarrow C_6H_2Br_3OBr + HBr$$

$$Br_2 + 2KI \longrightarrow 2HBr + I_2$$

$$C_6H_2Br_3OBr + 2KI + 2HCl \longrightarrow C_6H_2Br_3OH + 2KCl + HBr + I_2$$

$$2Na_2S_2O_3 + I_2 \longrightarrow 2NaI + Na_2S_4O_6$$

测定结果按式（4-19）计算。

$$\text{挥发酚(以苯酚计，mg/L)} = \frac{(V_1 - V_2) \times C \times 15.68 \times 1\,000}{V} \tag{4-19}$$

式中，V_1 为空白（以蒸馏水代替水样，加同体积溴酸钾—溴化钾溶液）试验滴定时消耗硫代硫酸钠标准溶液的体积，mL；V_2 为水样滴定时消耗硫代硫酸钠标准溶液的体积，mL；C 为硫代硫酸钠标准溶液的浓度，mol/L；V 为水样体积，mL，15.68 为苯酚（$1/6C_6H_5OH$）的摩尔质量，g/mol。

该方法适用于含高浓度挥发酚的工业废水，检出限为 0.1 mg/L，测定范围 0.1～450.1 mg/L。

无论用哪种方法，当水样中存在氧化剂、还原剂、油类及某些金属离子时，均应设法消除并进行预蒸馏。预蒸馏不仅可以消除颜色、浑浊和金属离子等的干扰，还可以分离出挥发酚。预蒸馏时，取 250 mL 水样于 500 mL 全玻蒸馏器中，用磷酸调至 pH＜4，以甲基橙作指示剂，使水样由橘黄色变为橙红色，加入 5% $CuSO_4$ 溶液 5 mL（采用时已加可略去此操作），加热蒸馏，用内装 10 mL 蒸馏水的 250 mL 容量瓶收集（冷凝管插入液面之下），待蒸馏出 200 mL 左右时，停止加热，稍冷后再向蒸馏瓶中加入蒸馏水 50 mL，继续蒸馏，直至收集至 250 mL 为止。测酚水样的蒸馏必须使用全玻蒸馏器，因橡皮管、乳胶管中都含有酚，若用其连接蒸馏器和冷凝管，将使结果偏高。由于酚类化合物沸点高，挥发速度缓慢，收集馏出液的体积必须与原水样体积相同，否则酚回收率偏低。

4.3.7.8 硝基苯类

水质硝基苯类监测实务可参考《水质 硝基苯类化合物的测定 气相色谱—质谱法》（HJ 716）、《水质 硝基苯类化合物的测定 液液萃取/固相萃取—气相色谱法》（HJ 648）、《水质 硝基苯类化合物的测定 气相色谱法》（HJ 592）。

常见的硝基苯类化合物有硝基苯、二硝基苯、二硝基甲苯、三硝基甲苯、二硝基氯苯等。它们难溶于水。废水中一硝基和二硝基苯类化合物常采用还原—偶氮分光光度法。三硝基苯类化合物采用氯代十六烷基吡啶分光光度法。

4.3.7.9 石油类

水质石油类监测实务，可参考《水质 石油类和动植物油类的测定 红外分光光度法》（HJ 637）。

石油类化合物漂浮在水体表面，影响空气与水体界面间的氧交换；分散于水中的油可被微生物氧化分解，消耗水中的溶解氧，使水质恶化。水中的矿物油来自工业废水和生活污水。矿物油漂浮于水体表面，影响空气与水面的氧交换；分散于水中的油被微生物氧化分解，消耗水中的溶解氧，使水质恶化矿物油中还含有毒性大的芳烃类。

测定水中石油类物质的方法有：重量法、红外分光光度法、非色散红外吸收法、荧光法、比浊法等。

重量法是常用方法，不受油品种的限制，但操作烦琐，灵敏度低，只适用于测定 10 mg/L 以上的含油水样。测定时以硫酸酸化水样，用石油醚萃取矿物油，然后蒸发除去石油醚，称量残渣量，计算矿物油含量。

此法所测为水中可被石油醚萃取的物质总量，可能含有较重的石油成分不能被萃取。蒸发除去溶剂时，也会造成轻质油的损失。

非色散红外法是利用石油类物质的甲基、亚甲基在近红外区（3.4 μm）有特征吸收，作为测定水样中油含量的基础。测定时，先用硫酸酸化水样，加 NaCl 破乳化，再用三氯三氟乙烷萃取，萃取液经无水硫酸钠层过滤、定容，注入红外分析仪测其含量。标准油可采用受污染地点水中石油醚萃取物或混合石油烃。

紫外分光光度法是利用石油及其产品在紫外光区有特征吸收，如一般原油的两个吸收峰波长为 225 nm 和 254 nm，轻质油及炼油厂的油品吸收波长为 225 nm，故可采用紫外分光光度法测定。水样先用硫酸酸化，加 NaCl 破乳化，然后用石油醚萃取，脱水，定容后测定。标准油可采用受污染地点水样的石油醚萃取物。

4.3.7.10　特定有机污染物

水质特定有机污染物监测实务，可根据需要参考国家相关环保标准，如《水质　挥发性卤代烃的测定　顶空气相色谱法》(HJ 620)、《水质　挥发性有机物的测定　顶空/气相色谱—质谱法》(HJ 810)、《水质　挥发性有机物的测定　吹扫捕集/气相色谱法》(HJ 686)、《泄漏和敞开液面排放的挥发性有机物检测技术导则》(HJ 733)、《水质　挥发性有机物的测定　吹扫捕集/气相色谱—质谱法》(HJ 639)、《水质　多环芳烃的测定　液液萃取和固相萃取高效液相色谱法》(HJ 478)、《水质　多氯联苯的测定　气相色谱—质谱法》(HJ 715)、《水质　有机氯农药和氯苯类化合物的测定　气相色谱—质谱法》(HJ 699)、《水质　氯苯类化合物的测定　气相色谱法》(HJ 621)，水质特定有机污染物自动监测实务，可参考国家相关环保标准、公告，如《挥发性有机物（VOCs）污染防治技术政策》(环保部公告　2013 年第 31 号)。

特定有机污染物是指毒性大，积累性强、难降解、被列为优先污染物的有机化合物，其品种多、含量低。

常见的有挥发性卤代烃、挥发性有机物（VOCs）、多环芳烃（PAHs）、多氯联苯（PCBs）等。这类物质含量低，普通的化学反应方法较难测定，通常要使用灵敏度高的高端仪器设备进行测定，如气相色谱（GC）法、气相色谱—质谱（GC-MS）法、顶空气相色谱法、吹扫捕集—气相色谱（P&T-GC）法、顶空气相色谱—质谱（HSGC-MS）法、高效液相色谱（HPLC）法等。

4.3.8　空气和废气监测

空气和废气监测实务，先要进行监测方案制定，再进行空气和废气采样，然后进行相关污染物含量测定，最后形成监测结果报告。

4.3.8.1 监测方案制定

制订大气污染监测方案的程序同制订水质监测方案一样，首先要根据监测目的进行调查研究，收集必要的基础资料，然后经过综合分析，确定监测项目，设计布点网络，选定采样频率、采样方法和监测技术，建立质量保证程序和措施，提出监测结果报告要求及进度计划等。

我国的《固定源废气监测技术规范》(HJ/T 397)、《固定污染源烟气排放连续监测技术规范（试行）》(HJ/T 75)、《环境空气质量手工监测技术规范》(HJ/T 194)、《酸沉降监测技术规范》（HJ/T 165）、《室内环境空气质量监测技术规范》(HJ/T 167)、《辐射环境监测技术规范》（HJ/T 61）等相关行业标准，规定了大气环境污染监测与污染源监测的目的、布点原则、监测项目、采样方法和监测技术等。这里结合这些规范关于大气污染监测方案的基本内容做介绍。

（1）监测目的

大气环境监测的目的有：①通过对大气环境中主要污染物质进行定期或连续的监测，判断大气质量是否符合国家制定的大气质量标准，并为编写大气环境质量状况评价报告提供数据；②为研究大气质量的变化规律和发展趋势，开展大气污染的预测预报工作提供依据；③为政府部门执行有关环境保护法规，开展环境质量管理、环境科学研究及修订大气环境质量标准提供基础资料和依据。

（2）有关资料的收集

大气污染监测方案编制时，应通过调查，收集有关资料，包括：

①污染源分布及排放情况：通过调查，将监测区域内的污染源类型、数量、位置、排放的主要污染物及排放量逐一弄清楚，同时还应了解所用原料、燃料及消耗量。注意将由高烟囱排放的较大污染源与由低烟囱排放的小污染源区别开来。因为小污染源的排放高度低，对周围地区地面大气中污染物浓度影响比大型工业污染源大。另外，对于交通运输污染较重和有石油化工企业的地区，应区别一次污染物和由于光化学反应产生的二次污染物。因为二次污染物是在大气中形成的，其高浓度可能在远离污染源的地方，在布设监测点时应加以考虑。

②气象资料：污染物在大气中的扩散、输送和一系列的物理、化学变化在很大程度上取决于当时当地的气象条件。因此，要收集监测区域的风向、风速、气温、气压、降水量、日照时间、相对湿度、温度的垂直梯度和逆温层底部高度等资料。

③地形资料：地形对当地的风向、风速和大气稳定情况等有影响，因此，是设置监测网点应考虑的重要因素。例如，工业区建在河谷地区时，出现逆温层的可能性大；位于丘陵地区的城市，市区内大气污染物的浓度梯度会相当大；位于海边的城市会受海、陆风的影响，而位于山区的城市会受山谷风的影响等。为掌握污染物的实际分布状况，监测区域的地形越复杂，要求布设监测点越多。

④土地利用和功能分区情况：监测区域内土地利用情况及功能区划分也是设置监测网点应考虑的重要因素之一。不同功能区的污染状况是不同的，如工业区、商业区、混合区、居民区等。还可以按照建筑物的密度、有无绿化地带等作进一步分类。

⑤人口分布及人群健康情况：环境保护的目的是维护自然环境的生态平衡，保护人群的健康，因此，掌握监测区域的人口分布、居民和动植物受大气污染危害情况及流行性疾病等资料，对制订监测方案、分析判断监测结果是有益的。

此外，对于监测区域以往的大气监测资料等也应尽量收集，供制订监测方案参考。

（3）监测项目

存在于大气中的污染物质多种多样，应根据优先监测的原则，选择那些危害大、涉及范围广、已建立成熟的测定方法，并有标准可比的项目进行监测。例如，美国提出 43 种空气优先监测污染物；苏联在《居民区大气中有害物质的最大允许浓度》中规定了 131 种有害物质的限值；我国在《居住区大气中有害物质最高容许浓度》中规定了 34 种有害物质的限值。对于大气环境污染例行监测项目，各国大同小异。

（4）监测网点的布设

监测网点的布设方法有经验法、统计法和模式法等。在一般监测工作中，常用经验法。

①布设采样点的原则和要求：采样点应设在整个监测区域的高、中、低三种不同污染物浓度的地方；在污染源比较集中，主导风向比较明显的情况下，应将污染源的下风向作为主要监测范围，布设较多的采样点，上风向布设少量点作为对照；工业较密集的城区和工矿区，人口密度及污染物超标地区，要适当增设采样点；城市郊区和农村，人口密度小及污染物浓度低的地区，可酌情少设采样点；采样点的周围应开阔，采样口水平线与周围建筑物高度的夹角应不大于 30°。测点周围无局地污染源，并应避开树木及吸附能力较强的建筑物。交通密集区的采样点应设在距人行道边缘至少 1.5 m 远处；各采样点的设置条件要尽可能一致或标准化，使获得的监测数据具有可比性；采样高度根据监测目的而定。研究大气污染对人体的危害，采样口应在离地面 1.5～2 m 处；研究大气污染对植物或器物的影响，采样口高度应与植物或器物高度相近。连续采样例行监测采样口高度应距地面 3～15 m；若置于屋顶采样，采样口应与基础面有 1.5 m 以上的相对高度，以减小扬尘的影响。特殊地形地区可视实际情况选择采样高度。

②采样点数目：在一个监测区域内，采样点设置数目是与经济投资和精度要求相应的一个效益函数，应根据监测范围大小、污染物的空间分布特征、人口分布及密度、气象、地形及经济条件等因素综合考虑确定。世界卫生组织（WHO）和世界气象组织（WMO）提出按城市人口多少设置城市大气地面自动监测站（点）的数目。我国对大气环境污染例行监测采样点设置数目也有相应的规定。

③布点方法：布点方法有功能区布点法、网格布点法、同心圆布点法、扇形布点法。

功能区布点法：按功能区划分布点法多用于区域性常规监测。先将监测区域划分为工业区、商业区、居住区、工业和居住混合区、交通稠密区、清洁区等，再根据具体污染情况和人力、物力条件，在各功能区设置一定数量的采样点。各功能区的采样点数不要求平均，一般在污染较集中的工业区和人口较密集的居住区多设采样点。

网格布点法：这种布点法是将监测区域地面划分成若干均匀网状方格，采样点设在两条直线的交点处或方格中心。网格大小视污染源强度、人口分布及人力、物力条件等确定。若主导风向明显，下风向设点应多一些，一般约占采样点总数的 60%。对于有多个污染源，且污染源分布较均匀的地区，常采用这种布点方法。它能较好地反映污染物的空间分布；如将网格划分的足够小，则将监测结果绘制成污染物浓度空间分布图，对指导城市环境规划和管理具有重要意义。

同心圆布点法：这种方法主要用于多个污染源构成污染群，且大污染源较集中的地区。先找出污染群的中心，以此为圆心在地面上画若干个同心圆，再从圆心作若干条放射线，将放射线与圆周的交点作为采样点。不同圆周上的采样点数目不一定相等或均匀分布，常年主导风向的下风向比上风向多设一些点。例如，同心圆半径分别取 4 km、10 km、20 km、40 km，从里向外各圆周上分别设 4 个、8 个、8 个、4 个采样点。

扇形布点法：扇形布点法适用于孤立的高架点源，且主导风向明显的地区。以点源所在位置为顶点，主导风向为轴线，在下风向地面上画出一个扇形区作为布点范围。扇形的角度一般为 45°，也可更大些，但不能超过 90°。采样点设在扇形平面内距点源不同距离的若干弧线上。每条弧线上设 3～4 个采样点，相邻两点与顶点连线的夹角一般取 10～20°。在上风向应设对照点。

采用同心圆和扇形布点法时，应考虑高架点源排放污染物的扩散特点。在不计污染物本底浓度时，点源脚下的污染物浓度为零，随着距离增加，很快出现浓度最大值，然后按指数规律下降。因此，同心圆或弧线不宜等距离划分，而是靠近最大浓度值的地方密一些，以免漏测最大浓度的位置。至于污染物最大浓度出现的位置，与源高、气象条件和地面状况密切相关。在实际工作中，为做到因地制宜，使采样网点布设得合理，往往采用以一种布点方法为主兼用其他方法的综合布点法。

（5）采样时间和采样频率

采样时间指每次采样从开始到结束所经历的时间，也称采样时段。采样频率指在一定时间范围内的采样次数。这两个参数要根据监测目的、污染物分布特征及人力物力等因素决定。采样时间短，试样缺乏代表性，监测结果不能反映污染物浓度随时间的变化，仅适用于事故性污染、初步调查等情况的应急监测。为增加采样时间，目前采用两种办法，一种是增加采样频率，即每隔一定时间采样测定一次，取多个试样测定结果的平均值为代表值。例如，在一个季度内，每 6 天或每个月采样一天，而一天内又间隔等时间采样测定一次（如在 2 时、8 时、14 时、20 时采样分别测定），求出日平均、月平均和季度平均监测结果。这种方法适用于受人力、物力限制而进行人工采样测定的情况，是目前进行大气污染常规监测、环境质量评价现状监测等广泛采用的方法。若采样频率安排合理、适当，积累足够多的数据，则具有较好的代表性。另一种增加采样时间的办法是使用自动采样仪器进行连续自动采样，若再配用污染组分连续或间歇自动监测仪器，其监测结果能很好地反映污染物浓度的变化，得到任何一段时间（如 1 小时、1 天、1 个月、1 个季度或 1 年）的代表值（平均值），这是最佳采样和测定方式。显然，连续自动采样监测频率可以选得很高，采样时间很长。如一些发达国家为监测空气质量的长期变化趋势，要求计算年平均值的积累采样时间在 6 000 h 以上。我国环境监测技术规范对大气污染例行监测规定的采样时间和采样频率也有相应的规定。

在《大气环境质量标准》中，要求测定日平均浓度和最大一次浓度。若采用人工采样测定，应满足 3 个要求：应在采样点受污染最严重的时期采样测定；最高日平均浓度全年至少监测 20 天，最大一次浓度样品不得少于 25 个；每日监测次数不少于 3 次。

（6）采样方法和仪器

根据大气污染物的存在状态、浓度、物理化学性质及监测方法不同，要求选用不同的采样方法和仪器，这部分内容将在下文介绍。

（7）监测方法

在大气污染监测中，目前应用最多的方法还属分光光度法和气相色谱法。与水质监测一样，为获得准确和具有可比性的监测结果，监测方法应尽量统一和规范化，为此，许多国家根据国际标准化组织（ISO）推荐的方法，结合自己国情制订出本国的大气污染监测方法。《空气和废气监测分析方法》（第四版）中包括 80 个监测项目，149 个监测方法，并将这些方法分为国标、推荐和试行三类，是目前我国大气环境污染监测的统一方法。

4.3.8.2　采样

采集空气和废气样品的方法，可归纳为直接采样法和富集（浓缩）采样法两类。

（1）直接采样法

直接采样法适用于大气中被测组分浓度较高或监测方法灵敏度高的情况，这时不必浓缩，只需用仪器直接采集少量样品进行分析测定即可。此法测得的结果为瞬时浓度或短时间内的平均浓度。

①注射器采样：常用 100 mL 注射器（图 4-21）采集有机蒸汽样品。采样时，先用现场气体抽洗 2～3 次，然后抽取 100 mL，密封进气口，带回实验室分析。样品存放时间不宜长，一般应当天分析完。气相色谱分析法常采用此法取样。取样后，应将注射器进气口朝下，垂直放置，以使注射器内压略大于外压。

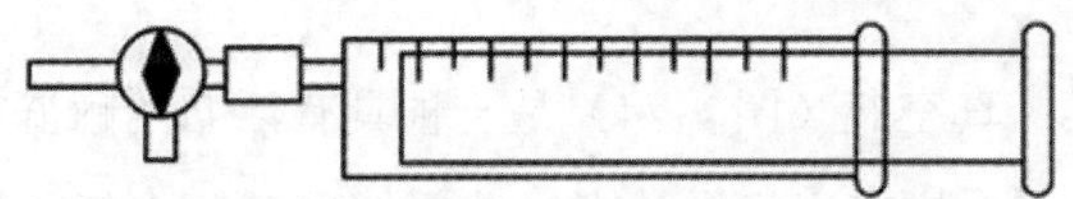

图 4-21　采样注射器

②塑料袋采样：应选择与样气中污染组分既不发生化学反应，也不吸附、不渗漏的材质制成的塑料袋，常用的有聚四氟乙烯袋、聚乙烯塑料袋及聚酯袋等。为了减少对组分的吸附，可在袋的内壁衬银、铝等金属膜（图 4-22）。采样时，先用二连球打进现场气体冲洗 2～3 次，再充样气、夹封进气口，带回实验室尽快分析。

③采气管采样：采气管（见图 4-23 左）是两端具有旋塞的管式玻璃容器，其容积为 100～500 mL。采样时，打开两端旋塞，将二连球（图 4-23 右）或抽气泵接在管的一段，迅速抽进比容积大 6～10 倍的欲采气体，使采气管中原有气体被完全置换出，关上两端旋塞，采气体积即为采气管的容积。

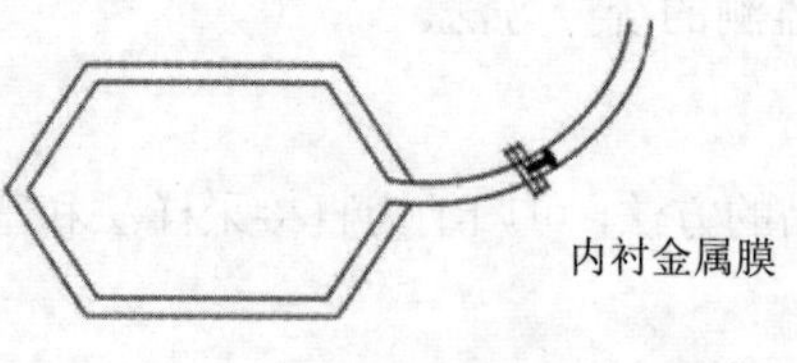

图 4-22 采样袋

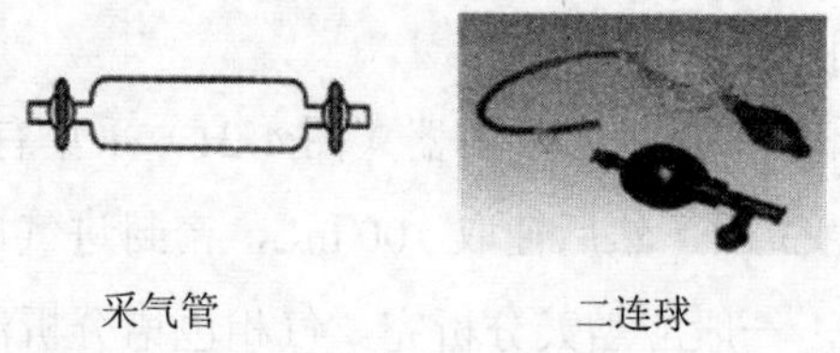

图 4-23 采气管和二连球

④真空瓶采样：真空瓶（图 4-24）是一种具有活塞的耐压玻璃瓶，容积一般为 500～1 000 mL。采样前，先用抽真空装置把采气瓶内气体抽走，使瓶内真空度达到（或小于）1.33 kPa（如瓶内预先装入吸收液，可抽至溶液冒泡为止），关闭旋塞。之后，在采样地点便可打开旋塞采样，被测空气立即充满瓶子。瓶子外面要套上安全保护套，以防止瓶子炸裂。采完即关闭旋塞，则采样体积即为真空瓶体积。

图 4-24 真空瓶

如果采气瓶内真空达不到 1.33 kPa，实际采样体积计算按式（4-20）。

$$V = V_0 \frac{(P - P_0)}{P} \tag{4-20}$$

式中，V_0为真空瓶体积；P为实际大气压；P_0为闭口压力计读数。

（2）富集（浓缩）采样法

当空气中被测物浓度很低（10^{-6}～10^{-9}数量级），而所用分析方法的灵敏度又不够高时，就需要用富集采样法进行空气样品的富集。

①溶液吸收法：用抽气装置将欲测空气以一定流量抽入装有吸收液的吸收管（瓶），使被测气态污染物溶入或与吸收液反应，然后对吸收液进行测定，根据测得结果及采样体积计算大气中污染物的浓度。吸收效率主要取决于吸收速度和样气与吸收液的接触面积。适用范围：采集气态、蒸汽态和能溶解于吸收液的气溶胶污染物。方法要点：采样时，用抽气装置将欲测气样以一定流量抽入装有吸收液的吸收管。采样结束后，倒出吸收液进行测定。常用的吸收管（瓶）的类型见图 4-25。

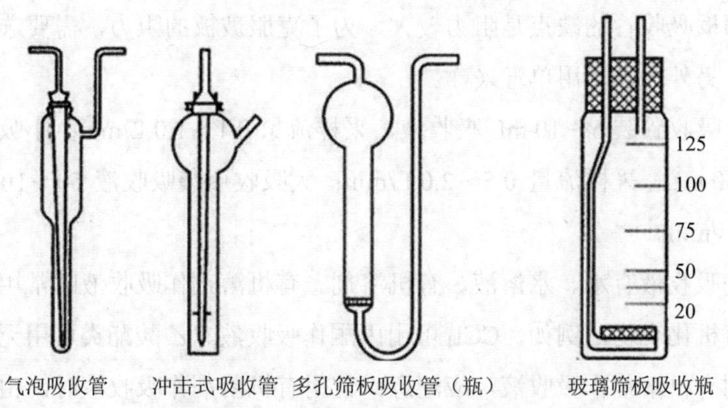

图 4-25 常用的吸收管（瓶）的类型

- 气泡吸收管：适用于采集气态和蒸气态物质。这种吸收管可装 5～10 mL 吸收液，采样流量为 0.5～2.0 L/min。不宜采集气溶胶态物质。例如，采环境空气中的 H_2S 用大型气泡吸收管，不能用多孔玻板吸收管，防止被氧化。

- 冲击式吸收管：管内有一尖嘴玻璃管作冲击器。采样时，让气体样品以很快的速度冲击到盛有吸收液的瓶底部，使雾状气溶胶颗粒因惯性作用被冲撞到瓶底部，再被瓶中的吸收液阻留。注意，装吸收液 5～10 mL 的吸收管采样流量为 3.0 L/min；装吸收液为 50～100 mL 的吸收管采样流量为 30 L/min；适宜采集气溶胶态物质和易溶解的气体样品；不适用于气态和蒸气态物质的采集。这是因为，气体分子的惯性很小，在快速抽气的情况下，容易随空气一起跑掉；只有在吸收液中溶解度很大或与吸收液反应速度很快的气体分子，才能吸收完全。当然，有些易溶解的气体可以用它来采集。

- 多孔筛板吸收管（瓶）：是在内管出气口熔接一块多孔性的砂芯玻板。当气体通过多孔玻板时，使其分散成极细的小气泡进入吸收液中，使雾状气溶胶一部分在通过多孔玻板后，形成很细小的气泡，被吸收液吸收；一部分在通过多孔玻板时，被弯曲的孔道所阻留，然后被吸入吸收液中。多孔筛板吸收管不仅对气态和蒸汽态污染物的吸收效率高，而且对与其共存的气溶胶也有很高的采样效率。因此，多孔筛板吸收管既适用于采集气态和蒸气态物质，也适于气溶胶态物质。但是多孔筛板吸收管的缺点是阻力较大，为了克服玻板的阻力，需要选用较大的抽气动力，另外可以多用单管采样。

注意：吸收管装 5～10 mL 吸收液，采样流量 0.1～1.0 L/min；小吸收瓶装吸收液 10～30 mL，采样流量 0.5～2.0 L/min；大吸收瓶装吸收液 50～100 mL，采样流量 30 L/min。

常用的吸收液有水、水溶液、有机溶剂。有机溶剂作吸收液时常用于采集难溶于水的有机化合物，例如，CCl_4 可用丙酮作吸收液、乙酸酯类可用无水乙醇吸收。如果用有机溶剂作吸收液，应注意：使用有机溶剂作吸收液时，由于它们挥发性大，采样过程损失较多，因此，采样流量不宜大，时间不宜长，采样温度不宜高；若需在流量大、时间长、温度高的情况下采样，必须将吸收液放入制冷剂中，以减少吸收液损失。

选择吸收液的原则是：与被测组分发生化学反应快或溶解度大；要求吸收液对被采集对象物溶解度大或化学反应迅速，以保证高的吸收效率；有些易溶于水的物质如 HCl、NH_3 等可用水作吸收液；有机物的蒸汽易溶于有机溶剂中，可用有机溶剂作吸收液，如有机磷农药可用5%甲醇吸收，硝基苯可用10%乙醇吸收；根据中和反应原理，酸性污染物用碱性吸收液，碱性污染物用酸性吸收液，如HCN可用0.1 mol/L NaOH 溶液吸收，NH_3 可用 0.01 mol/L 的 H_2SO_4 吸收；污染物被吸收后要有足够的稳定性，例如，空气中 SO_2 的监测，不能选用 H_2O 或碱性溶液吸收，因为 SO_2 在水中的溶解度不大，但是，SO_2 用水或碱液吸收后，很容易氧化为 SO_4^{2-} 而使结果偏低，若用 $K[HgCl_4]$ 作吸收液，与 SO_2 反应生成配合物保护起来，就不再被氧化，这样，测定的结果能更真实地反映实际浓度；污染物被吸收后应有利于下一步的分析，如下一步采用光度法，最理想的吸收液是显色剂，一边吸收一边显色，简化了操作手续；吸收剂毒性小，价格低，易于购买，且易回收。

用溶液吸收法采样，随着采样时间延长，溶液浓度增大，采样效率也随之降低，一般采样时间不超过1 h。

吸收类型有物理吸收、化学吸收等。物理吸收指的是气体分子溶解于溶液，如用水吸收大气中的HCl。化学吸收指的是气体与吸收液反应，如用NaOH吸收大气中的 H_2S。伴有化学反应的吸收溶液的吸收速度比单靠溶解作用的吸收液吸收速度快得多。因此除采集溶解度非常大的气态物质外，一般都选用伴有化学反应的吸收液。

②填充柱阻留法：用玻璃管或塑料管内装颗粒状填充剂，让气体以一定流速通过填充柱，欲测组分被阻留在填充剂上，达到浓缩采样的目的（图4-26）。采集过程，气体与填充剂发生吸附、溶解、化学反应作用。

填充剂类型有吸附型、分配型、反应型。吸附型有活性炭、硅胶、分子筛、高分子多孔微球等；分配型有涂高沸点有机溶剂的惰性多孔颗粒物等；反应型有惰性多孔颗粒物、纤维状物表面能与被测组分发生化学反应的试剂等。

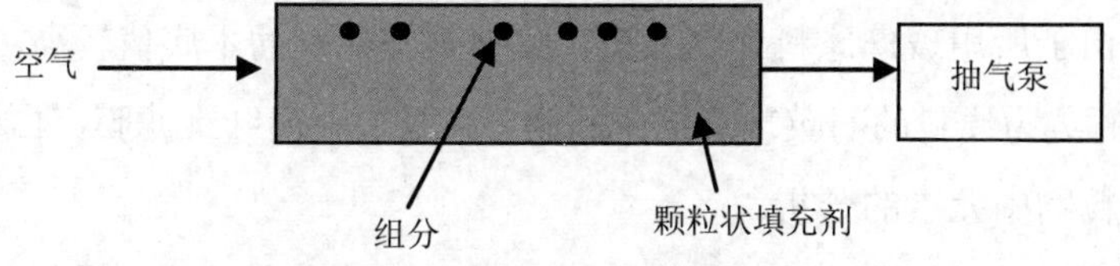

图4-26　填充柱阻留法示意图

③滤料阻留法：将过滤材料（滤纸、滤膜）放在采样夹上，用抽气装置抽气，则空气中的颗粒物被阻留在过滤材料上，通过称量过滤材料上富集的颗粒物质量而测定颗粒物浓度。示意图见图 4-27。

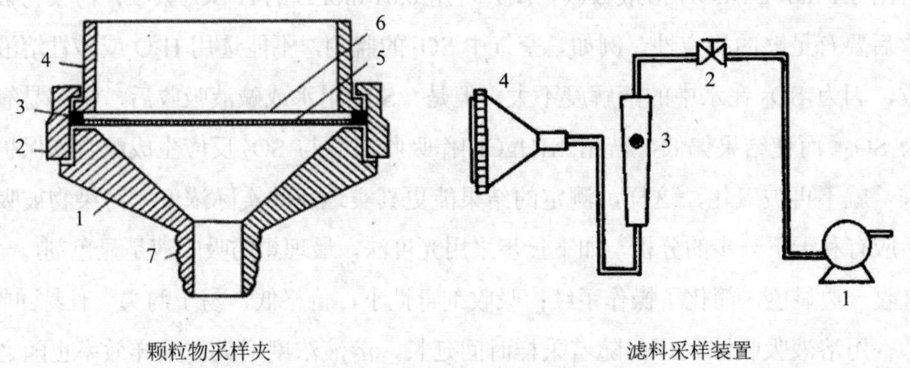

图 4-27 滤料阻留示意图

影响采集效率的因素有采样速度和滤料特性。采样速度低速时细小颗粒物效率高，高速时大颗粒物效率高；滤料用滤纸、玻璃纤维滤膜、过氯乙烯滤膜、聚苯乙烯滤膜、微孔滤膜、核孔滤膜，采集效率各不相同。

- 实验室分析用的定量滤纸（中速和慢速）：价格便宜、灰分低、纯度高、机械强度大，对一些金属尘粒采样效果很好，且易于消解处理，空白值低。但抽气阻力大，有时孔隙不均匀，且吸水性较强，不宜用作重量法测定悬浮颗粒物。
- 玻璃纤维滤膜：机械强度差，但耐高温，阻力小，不易吸水，可用于采集大气中 TSP 和 PM_{10}。样品可以用酸和有机溶剂提取，用于分析颗粒物中的其他污染物。但由于所用玻璃原料含有杂质，致使某些元素的本底值较高，限制了它的使用。以石英为原料的石英玻璃纤维滤膜，克服了玻璃纤维滤膜空白值高的问题，常用于颗粒物中元素的分析。
- 过氯乙烯纤维滤膜：不易吸水，阻力小，由于带静电，采样效率高，广泛用于悬浮颗粒物的采集。由于滤膜易溶于乙酸乙酯等有机溶剂，且空白值较低，可用于颗粒物中元素的分析。缺点是机械强度差，需用带筛网的采样夹托住。

- 有机滤膜：主要有由硝酸纤维素或乙酸纤维素制成的微孔滤膜和由聚碳酸酯制成的直孔滤膜。重量轻，灰分和杂质含量极低，带静电，采样效率高，并可溶于多种有机溶剂，便于分析颗粒物中的元素。由于颗粒物沉积在膜表面后，阻力迅速增加，采样量受到限制。若经丙酮蒸熏使之透明后，可直接在显微镜下观察颗粒物的特性。

④低温冷凝法：当大气中某些沸点比较低的气态污染物质（如烯烃类、醛类等），通过低温填充柱时，因冷凝而凝结在采样管底部，从而达到富集浓缩的目的（图 4-28）。

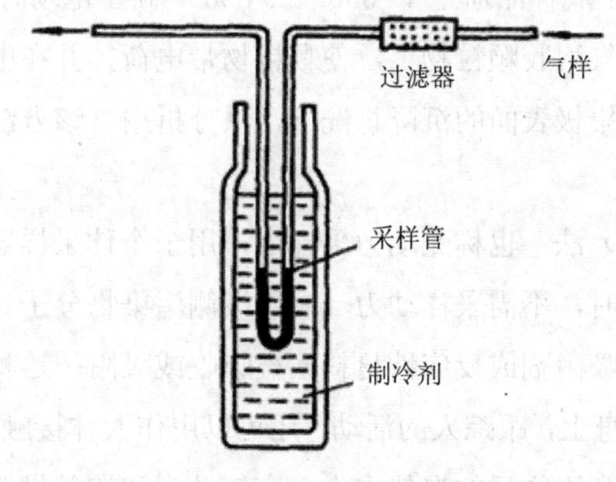

图 4-28　低温冷凝采样

低温冷凝法采样，在不加填充剂的情况下，制冷温度至少要低于被浓缩组分的沸点 80～100℃，否则效率很差。这是因为空气样品在冷却时凝结形成很多小雾滴，含有一部分被测物随气流带走。若加入填充剂可起到过滤雾滴的作用。因此，这时对温差的要求可以降至更低一些。

该采样方法的优点是：可长时间较长流量采样，效率高，富集效果好，样品可稳定较长时间保存；采样效果好，采样量大，利于组分稳定。但空气中的水蒸气、二氧化碳、氧会干扰测定。

常用的制冷剂见表4-26。

表4-26 常用制冷剂

制冷剂名称	制冷温度/℃	制冷剂名称	制冷温度/℃
冰	0	干冰—丙酮	−78.5
冰—盐水	−4	干冰	−78.5
干冰—二氯乙烯	−60	液氮—乙醇	−117
干冰—乙醇	−72	液态氧	−183
干冰—乙醚	−77	液氮	−196

⑤静电沉降法：空气样品通过12 000～20 000 V高压电场时，气体分子电离，所产生的离子附着在气溶胶颗粒物上，使颗粒物带电荷，并在电场作用下沉降到收集极上，然后将收集极表面的沉降物洗下，供分析用。该方法不可用于易燃、易爆的场合。

⑥扩散（或渗透）法：也称无动力采样法，用于个体采样器采集气态和蒸汽态的有害物质。采样时，不需采样动力，利用被测污染物分子自身扩散或渗透到达吸收层（吸收液、吸附剂或反应性材料）被吸收或吸附。这种采样器体积小而轻便，可以佩戴在人身上，跟踪人的活动，还可以用作人体接触有害物质的监测。

⑦自然积集法：利用物质的自然重力、空气动力和浓差扩散作用采集大气中的被测物质。如自然降尘量、硫酸盐化速率、氟化物等大气样品的采集。该法的优点是不需动力设备，简单易行，且采样时间长，测定结果能较好地反映大气污染情况。

例如，降尘（大气中自然降落于地面的颗粒物）的采集（图4-29）。湿法：在圆筒形玻璃缸中加入一定量的水。干法：不加水，用标准集尘器，利于尘自然降落其中。

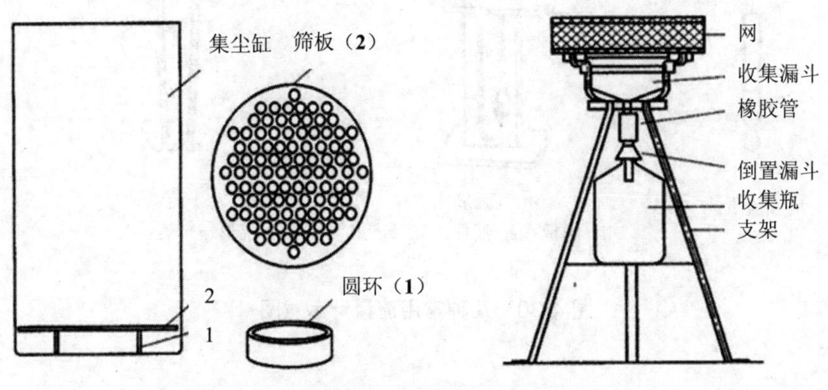

图 4-29　降尘采集装置

再如硫酸盐化速率试样采集是将排放到大气中的二氧化硫、硫化氢、硫酸蒸气等含硫污染物，经过一系列氧化演变和反应，最终形成危害更大的硫酸雾和硫酸盐雾的过程。硫酸盐化速率试样采集有二氧化铅法和碱片法。前者是将涂有 PbO_2 糊状物的纱布绕贴在青瓷管上，制成二氧化铅采样管，将其放置在采样点，则空气中的 SO_2、硫酸雾等与其反应生成硫酸铅而被收集。后者是将用碳酸钾溶液浸渍过的玻璃纤维滤膜置于采样点，则空气中的 SO_2、硫酸雾等与其反应生成碳酸盐而被收集。

⑧综合采样法：采用不同采样方法相结合，将空气中不同状态的污染物同时采集下来。

（3）采样仪器

①主要组成部分：采样仪器的主要组成部分一般由收集器、流量计、采样动力三部分组成。收集器是用于捕集大气中欲测污染物质的装置。流量计是用于测量气体流量的仪器，而流量是计算采气体积的参数。流量计常用的有孔口流量计、转子流量计、皂膜流量计、临界孔流量计等（图 4-30）。

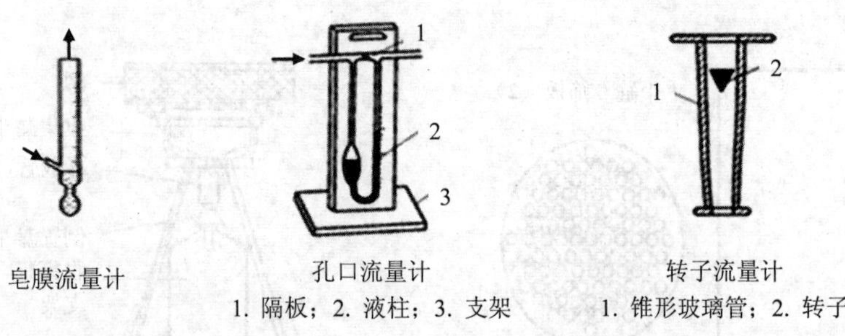

图 4-30 几种常用流量计示意图

采样动力（抽气）装置应根据采样流量、收集器类型及采样点条件进行选择。并要求抽气流量稳定，连续运行能力强、噪声小和能满足抽气速度要求。一般有电力抽气动力和非电力抽气动力两类。非电力抽气动力如注射器、抽气筒、水抽气瓶、双连球等。应用于采气量小，现场无市电供给的情况。电力抽气动力如真空泵。真空泵有刮板泵、薄膜泵和电磁泵三种。刮板泵抽气速度较大，可用于大流量采样。薄膜泵适用于阻力不大的收集器采气，流量 0.5～3.0 L/min 的采样。电磁泵原理与薄膜泵相似，抽气量 0.5～1.0 L/min。

②专用采样器：将收集器、采样动力及气样预处理、流量调节、自动定时控制等部件有机组装，可构成专用采样器。这里介绍几种常用专用采样器的工作原理示意图。

常用的大气采样器，如携带式采样器，工作原理示意图见图 4-31。

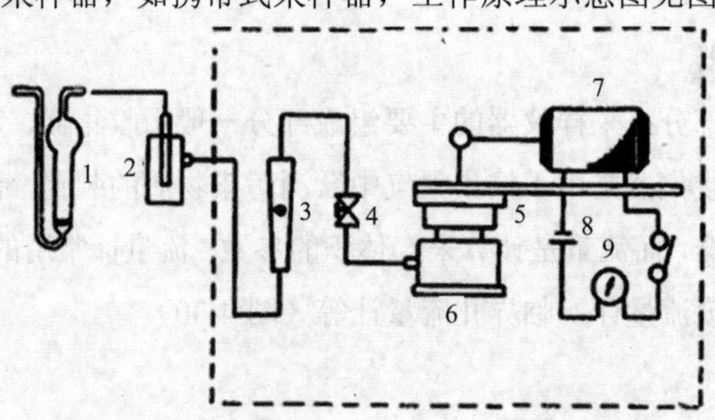

1. 吸收管；2. 滤水井；3. 转子流量计；4. 流量调节阀；5. 抽气泵；6. 稳流器；7. 电机；8. 电源；9. 定时器

图 4-31 携带式采样器工作原理示意图

颗粒物采样器，如旋风分尘器，为可吸入颗粒物采样器，其工作原理示意图见图 4-32。

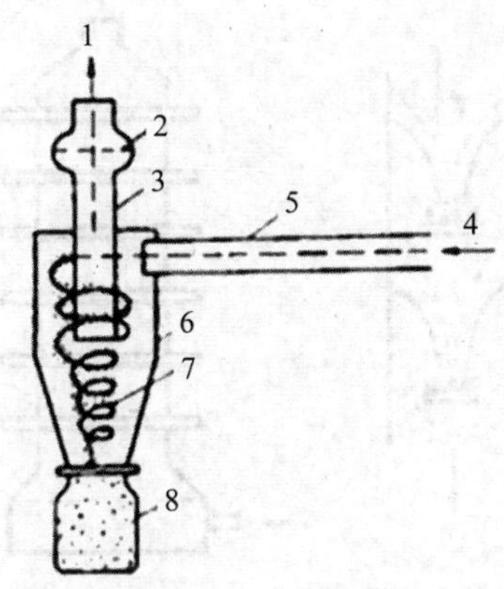

1. 空气出口；2. 滤膜；3. 气体排出管；4. 空气入口；5. 气体导管；6. 圆筒体；
7. 旋转气流轨迹；8. 大颗粒物收集器

图 4-32　旋风分尘器工作原理示意图

颗粒物采样器，如向心式分尘器，为可吸入颗粒物采样器，其工作原理示意图见图 4-33。

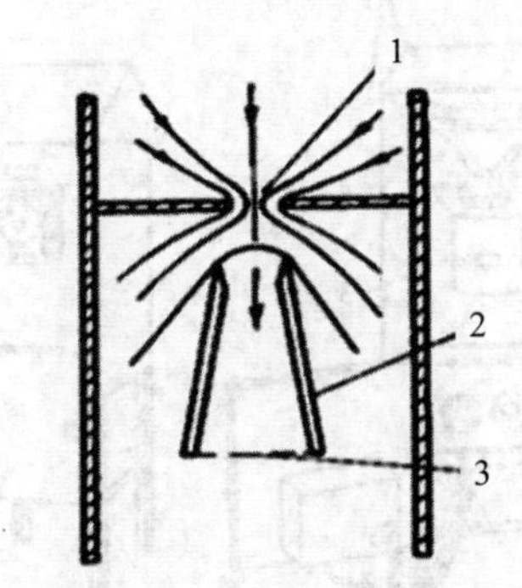

1. 空气喷孔；2. 收集器；3. 滤膜

图 4-33　向心式分尘器工作原理示意图

颗粒物采样器，如撞击式分尘器，为可吸入颗粒物采样器，其工作原理示意图见图 4-34。

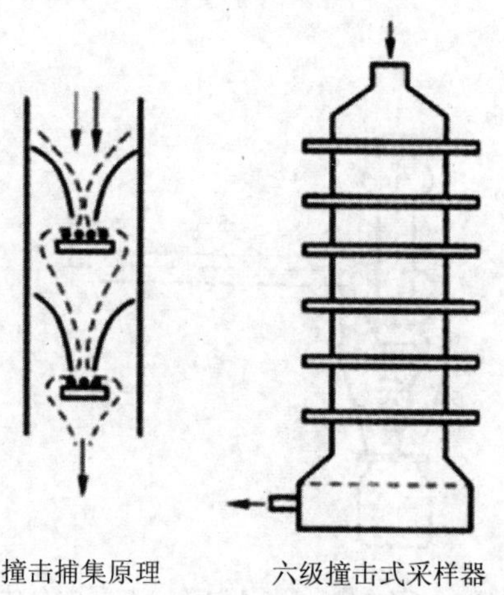

图 4-34 撞击式分尘器工作原理示意图

总悬浮颗粒物采样器，分为大流量采样器、中流量采样器和小流量采样器。常用的大流量采样器结构见图 4-35。

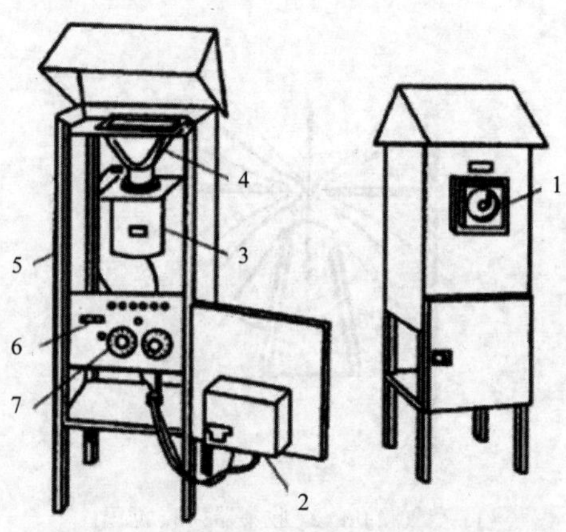

1. 流量记录仪；2. 流量控制器；3. 抽气风机；4. 滤料采样夹；5. 壳体；

6. 工作计时器；7. 工作计时器的程序控制器

图 4-35 大流量采样器的结构

（4）采样效率

采样方法或采样器的采样效率是指在规定的采样条件（如流量、污染物浓度范围、采样时间等）下所采集到的污染物量占其总量的百分数。对采样效率的评价方法一般分为采集气态和蒸气态污染物质效率的评价方法、采集颗粒物效率的评价方法两种。

①采集气态和蒸气态污染物质效率的评价方法有绝对比较法和相对比较法。

- 绝对比较法：用标准气测定采样效率，采样效率用式（4-21）计算。

$$K=\frac{C_1}{C_0}\times 100\% \tag{4-21}$$

式中，C_1为实测浓度；C_0为配制浓度。

- 相对比较法：配制一定浓度范围的待测气体，串联 2～3 个采样管采集所配制的样品，采样效率用式（4-22）计算。

$$K=\frac{C_1}{C_1+C_2+C_3}\times 100\% \tag{4-22}$$

式中，C_1、C_2、C_3分别为第 1 个、第 2 个、第 3 个采样管中污染物的实测浓度。K应大于 90%，若K小于 90%，应串联 3 个管使用。

②采集颗粒物效率的评价方法。对颗粒物的采样效率可以用颗粒数采样效率表示，也可以用质量采样效率表示。但在实际中，质量采样效率总会大于颗粒数采样效率，故一般采用质量采样效率评价。

评价采集颗粒物方法的采样效率与评价采集气态和蒸气态物质采样效率的方法不同。一是配制已知颗粒物浓度的气体比配制气态和蒸气态物质的标准气要复杂得多，且颗粒物范围很大，很难在实验室模拟现场存在的气溶胶的各种状态；二是滤料采样如同筛分，能通过第一级滤料的细小颗粒物，往往也会通过第二、第三级滤料，因此直接用相对比较法评价颗粒物的采样效率是不切实际的。为此，评价滤料（滤纸或滤膜）的采样效率一般用另一个一致采样效率高的方法同时采样，或串联在它的后面采样，然后进行比较得知。

（5）采样记录

采样记录与实验室记录同等重要，在实际工作中，若对采样记录不重视，不认真填写采样记录，会导致由于采样记录不全而使一大批监测数据无法统计而作废。

采样记录内容应包括：被测污染物的名称及编号；采样地点和采样时间；采样流量和采样体积；采样时的温度、大气压力和天气情况，采样仪器和所用吸收液；采样者、审核者姓名等。

大气采样记录表示例见表 4-27。

表 4-27 大气采样记录表

大气样品的采集　　　　分子态污染物采样记录表

采样地点 ____________　　　　污染物名称 ____________

采样方法 ____________　　　　采样仪器型号 ____________

采样日期	样品编号	采样时间		气温/℃	气压/kPa	流量/（L/min）			采集空气/L			天气状况
		开始	结束			开始后	结束前	平均	时间/min	体积	标准体积	

4.3.8.3 气态和蒸汽态污染物质的测定

（1）二氧化硫的测定

大气 SO_2 测定实务，可参考国家相关环保标准，如《环境空气　二氧化硫的测定　四氯汞盐吸收—副玫瑰苯胺分光光度法》（HJ 483）、《环境空气　二氧化硫的测定　甲醛吸收—副玫瑰苯胺分光光度法》（HJ 482）、《固定污染源废气　二氧化硫的测定　非分散红外吸收法》（HJ 629）、《固定污染源排气中二氧化硫的测定　碘量法》（HJ/T 56）、《固定污染源排气中二氧化硫的测定　定电位电解法》（HJ/T 57）、《定电位电解法二氧化硫测定仪技术条件》（HJ/T 46）等。

SO_2 是一种无色、易溶于水、有刺激性气味的气体，能通过呼吸进入气管，对局部组织产生刺激和腐蚀作用，是诱发支气管炎等疾病的原因之一，特别是当它与烟尘等气溶胶共存时，可加重对呼吸道黏膜的损害。空气中 SO_2 的阈值是 0.3 mg/L，达 30～40 mg/L 时，人会感到呼吸困难。

SO_2 密度比空气大，易液化，常温常压下，1 体积水大约能溶解 40 体积的 SO_2。

大气中的含硫污染物主要有 H_2S、SO_2、SO_3、CS_2、H_2SO_4 和各种硫酸盐。它们主要来源于煤和石油燃料的燃烧、含硫矿石的冶炼、硫酸等化工产品生产排放的废气。

作为大气污染的主要指标之一，SO_2 在各种大气污染物中分布最广、影响最大，因此，在硫氧化物的检测中常常以 SO_2 为代表。

常用测定 SO_2 的方法有：分光光度法、紫外荧光法、电导法、库仑滴定法、火焰光度法等。

四氯汞钾溶液吸收—PRA 分光光度法的原理是：

SO_2 + 四氯汞钾+水 ⟶ 二氯亚硫酸盐络合物 + H^+ + Cl^-

二氯亚硫酸盐络合物+H^++甲醛 ⟶ HgCl + 羟基甲基磺酸

盐酸副玫瑰苯胺（品红）+羟基甲基磺酸 ⟶ 紫色络合物

该方法是国内广泛采用的测定环境空气中 SO_2 的方法，具有灵敏度高，选择性好等优点。最低检出浓度为 0.4 μg/5 mL。

应注意：采样时，用一个内装 5 mL 浓度为 0.04 mol/L 的四氯汞钾（TCM）吸收液的多孔玻板吸收管（图 4-36），以 0.5 L/min 的流量采气 10～20 L。采样、样品运输及存放过程中应避免日光直接照射。如果样品不能当天分析，需将样品放在 5℃的冰箱中保存，但存放时间不得超过 7 d。

标准曲线的绘制：取 8 支具塞比色管，按要求配制标准色列，各管中加入 0.50 mL（6 g/L）的氨基磺酸铵溶液，摇匀；再加入 0.50 mL（2 g/L）的甲醛溶液及 1.50 mL 0.016%（*m*/*V*）的盐酸副玫瑰苯胺溶液，摇匀。显色后用 10 mm 比色皿，在波长 575 nm 处，以水为参比，测定吸光度。用最小二乘法计算标准曲线的回归方程，并绘出标准曲线。

图 4-36 多孔玻璃板吸收管

样品测定：将吸收管中的样品溶液全部移入比色管中，用少量水洗涤吸收管，并入比色管中，使总体积为 5 mL。加 0.50 mL（6 g/L）氨基磺酸铵溶液，摇匀，放置 10 min 以除去 NO_x 的干扰，以水为参比，测定样品的吸光度，在标准曲线上查出样品中 SO_2 的含量。

测定要点：Na_2SO_3 标液配制标准色列，在最大吸收波长处以蒸馏水为参比测定吸光度，用经试剂空白修正后的吸光度对 SO_2 含量绘制标准曲线，然后用同样的方法测定显色后的样品溶液。

干扰及消除：采样后放置片刻，O_3 可自行分解；加入 H_3PO_4 和 EDTA-Na_2 可消除或减少某些金属离子（如 Mn^{2+}、Fe^{3+}、Cr^{6+}等）的干扰；加入氨磺酸铵消除 NO_x 的干扰。

还应注意：温度、酸度、显色时间等因素影响显色反应，标准溶液和试样溶液操作条件应保持一致，如温度越高，空白值越大，温度高时发色快，褪色也快，最好使用恒温水浴控制显色温度；TCM 吸收液为剧毒试剂，应小心使用，如溅到皮肤上，立即用水冲洗，使用过的废液集中回收处理，以免污染环境，可在每升废液中加约 10 g 碳酸钠至中性，再加 10 g 锌粒，在黑布罩下搅拌 24 h 后，将清液导入玻璃缸，滴加饱和硫化钠溶液，至不再产生沉淀为止，弃去溶液，将沉淀物转入一适当容器里；用过的具塞比色管应及时用酸洗涤，否则红色难以洗净，具塞比色管用 1∶4 盐酸溶液洗干净，比色皿用 1∶4 盐酸加 1/3 体积乙醇的混合物洗干净；因 Cr^{6+}能使紫红色络合物褪色，产生负干扰，故应避免用硫酸—铬酸洗液洗涤玻璃器皿。若玻璃仪器用硫酸—铬酸洗液洗过，则需用 1∶1 盐酸溶液浸洗，再用水充分洗涤，以将六价铬清洗干净。

甲醛缓冲液吸收-PRA 分光光度法：为避免四氯汞钾溶液的毒性，可用甲醛缓冲溶液取代，作为吸收液，之后加入 NaOH 溶液，使 SO_2 释放，再与 PRA 显色。

干扰及消除：加入 H_3PO_4 和 EDTA-Na_2 以消除或减少某些金属离子的干扰；采样后放置一段时间，O_3 可自行分解；加入氨磺酸钠以消除 NO_x 的干扰。此时不能用氨磺酸铵代替氨磺酸钠，因为铵离子会与 NaOH 结合生成 NH_4OH，不利于羟基甲磺酸加成化合物释放出 SO_2。

应注意：样品的采集、运输和贮存的过程应该避光；环境空气样品采样时吸收液温度应保持在 23～29℃，此温度范围 SO_2 吸收效率为 100%；10～15℃时吸收效率比 23～29℃时低 5%，高于 33℃及低于 9℃时，比 23～29℃时吸收效率低 10%；甲醛法的条件要求比四氯汞钾法严格得多。

（2）氮氧化物的测定

氮氧化物监测实务，根据需要，可参考《固定污染源废气　氮氧化物的测定　定电位电解法》（HJ 693）、《固定污染源废气　氮氧化物的测定　非分散红外吸收法》（HJ 692）、《固定污染源排气　氮氧化物的测定　酸碱滴定法》（HJ 675）、《环境空气　氮氧化物（一氧化氮和二氧化氮）的测定　盐酸萘乙二胺分光光度法》（HJ 479）、《固定污染源排气中氮氧化物的测定　盐酸萘乙二胺分光光度法》（HJ/T 43）、《固定污染源排气中氮氧化物的测定　紫外分光光度法》（HJ/T 42）。

空气中的氮氧化物以 N_2O、NO、NO_2、N_2O_3、N_2O_4、N_2O_5 等多种形式存在，其中 NO 和 NO_2 是主要存在形态，为通常所指的氮氧化物（NO_x）。它们主要是化石燃料在高温下燃烧时所产生的，燃烧的主要产物是 NO，NO 在大气中部分被氧化成 NO_2。NO 为无色、无臭、微溶于水的气体，在空气中易被氧化成 NO_2。NO_2 为棕红色具有强刺激性臭味的气体，毒性比 NO 高 4 倍，是引起支气管炎、肺损害等疾病的有害物质。

大气和排气中的 NO 和 NO_2 可以分别测定，也可以测定其总量，测定结果以

NO_2计。测定方法常用的有盐酸萘乙二胺分光光度法和原电池库仑法。

①盐酸萘乙二胺分光光度法：用冰醋酸、对氨基苯磺酸和盐酸萘乙二胺配制成吸收—显色液，当气体通过吸收液时，其中的NO_2被吸收并转变为HNO_2，在冰醋酸存在下，HNO_2与对氨基苯磺酸发生重氮化反应后，再与盐酸萘乙二胺反应生成玫瑰红色偶氮染料，最终产物的颜色深浅与气体中NO_2的浓度成正比，因此可用分光光度法测定气体中NO_2的含量。

校准曲线的绘制：用亚硝酸盐标准溶液绘制标准曲线，取6支10 mL具塞比色管，制备标准色列，各管混匀，于暗处放置20 min（室温低于20℃时，应适当延长显色时间）。以水为参比，在波长540～545 nm处，测量吸光度。扣除空白试验的吸光度以后，对应NO_2的浓度（μg/mL），用最小二乘法计算标准曲线的回归方程。

样品测定：采样后放置20 min，用水将采样瓶中吸收液的体积补至标线，混匀，按标准曲线的测定步骤测量样品的吸光度和空白试验样品的吸光度。

干扰及排除：采样时在吸收瓶入口端串接一段15～20 cm长的硅胶管，即可将O_3浓度降低到不干扰NO_2测定的水平；大气中SO_2浓度为NO_2浓度的10倍时，对NO_2的测定干扰，SO_2浓度超过NO_2浓度的30倍时，产生负干扰，可在采样管前接一个氧化管消除SO_2的干扰；过氧乙酰酯（PAN）能使试剂显色产生干扰，但一般环境大气中PAN的浓度很低，不会造成测定误差。

应注意：吸收液为无色，若显微红色，可能有亚硝酸根的污染，应检查试剂和蒸馏水的质量；吸收液长时间暴露在空气中或受日光照射，也会显色，使空白值增高，吸收液应避光保存，吸收管在采样、运送和存放过程中，都应避光；吸收液中加入一定量冰醋酸，可维持吸收液酸性条件（pH值为2以下），保证显色充分。

另外，用Saltzman实验系数表示NO_2（气）转换为NO^{2-}（液）的转换系数。大气中的NO_2被吸收液吸收后大部分转变为NO^{2-}，但由于NO_2溶于水的过程较复杂，出现一些副反应会损失部分NO_2。转换系数不仅与吸收液的成分有关，而且与吸收管的形状、采样流速、气体浓度等因素有关，它是一个通过实验测得的经验数据。本方法中Saltzman实验系数为0.88，即表明0.88 mol的亚硝酸钠与1 mol

的 NO_2 产生相同的颜色。氮氧化物的测定，实际上是测定大气中 NO、NO_2 气体的总和。由于 NO 不与吸收液发生反应，要测定氮氧化物的总量时，必须首先将 NO 氧化成 NO_2，再通入吸收液进行吸收和显色。

②酸性高锰酸钾溶液氧化法：该方法用图 4-37 的原理采样。当空气通过吸收瓶时，NO_2 被串联的第一支吸收瓶中的吸收液吸收生成玫瑰红色的偶氮染料。空气中的 NO 不与第一支吸收瓶中的吸收液反应，进入串联在两支吸收瓶中间的氧化瓶内，被氧化瓶内的酸性高锰酸钾溶液氧化为 NO_2，然后进入第二支吸收瓶中，被吸收液吸收生成粉红色偶氮染料。可以于波长 540～545 nm 处测定两支吸收瓶中吸收液的吸光度。

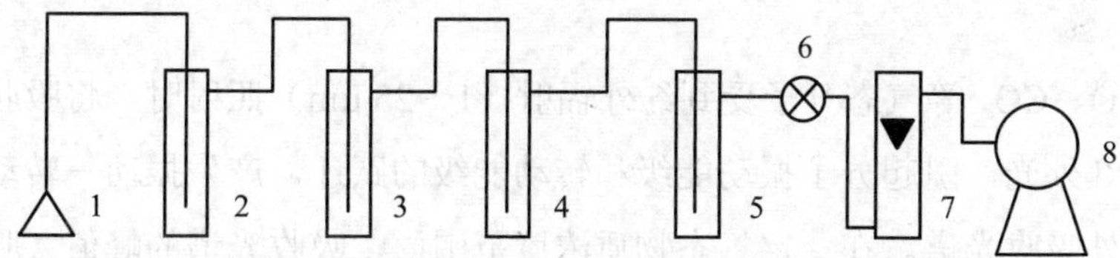

1. 空气入口；2. 显色吸收液瓶；3. 酸性高锰酸钾溶液氧化瓶；4. 显色吸收液瓶；

5. 干燥瓶；6. 止水夹；7. 流量计；8. 抽气泵

图 4-37 空气中 NO_2、NO 和 NO_x 采样流程示意图

③三氧化铬—石英砂氧化法：将装有三氧化铬—石英砂的双球氧化管用硅橡胶管连接在吸收瓶前面。采样时，空气首先通过氧化管，空气中的 NO 被三氧化铬氧化为 NO_2，再进入吸收瓶，NO_2 与吸收液中的对氨基磺酸进行重氮化反应，再与 *N*-（1-萘基）乙二胺盐酸盐偶合，生成粉红色偶氮染料，于波长 540～545 nm 处测定吸光度。

（3）一氧化碳的测定

一氧化碳（CO）监测实务，根据需要可参考《固定污染源排气中一氧化碳的测定　非色散红外吸收法》（HJ/T 44）或《空气质量　一氧化碳的测定　非分散红外法》（GB 9801）。

CO 是大气中主要污染物之一，它主要来自石油、煤炭燃烧不充分的产物和

汽车排气；一些自然灾害如火山爆发、森林火灾等也是来源之一。CO 是一种无色、无味的有毒气体，燃烧时呈淡蓝色火焰。它容易与人体血液中的血红蛋白结合，形成碳氧血红蛋白，使血液输送氧的能力降低，造成缺氧症。中毒较轻时，会出现头痛、疲倦、恶心、头晕等感觉；中毒严重时，则会发生心悸亢进、昏睡、窒息而造成死亡。

测定大气中 CO 的方法有非分散红外吸收法、气相色谱法、定电位电解法、间接冷原子吸收法等。

①非分散红外吸收法：这种方法被广泛用于 CO、CO_2、CH_4、SO_2、NH_3 等气态污染物质的监测，具有测定简便、快速、不破坏被测物质和能连续自动监测等优点。

当 CO、CO_2 等气态分子受到红外辐射（1～25 μm）照射时，将吸收各自特征波长的红外光，引起分子振动能级和转动能级的跃迁，产生振动—转动吸收光谱，即红外吸收光谱。在一定气态物质浓度范围内，吸收光谱的峰值（吸光度）与气态物质浓度之间的关系符合朗伯-比尔定律，因此，测其吸光度即可确定气态物质的浓度。

CO 的红外吸收峰在 4.5 μm 附近，CO_2 在 4.3 μm 附近，水蒸气在 3 μm 和 6 μm 附近。因为空气中 CO_2 和水蒸气的浓度远大于 CO 的浓度，故干扰 CO 的测定。在测定前用制冷或通过干燥剂的方法可除去水蒸气；用窄带光学滤光片或气体滤波室将红外辐射限制在 CO 吸收的窄带光范围内，可消除 CO_2 的干扰。

非分散红外吸收法 CO 监测仪常用于 CO 的测定。我国生产的非分散红外吸收 CO 监测仪有多种型号和规格，分别用于大气和废气的监测，最低检出限达 0.1 mg/L。

②气相色谱法：大气中的 CO、CO_2 和甲烷经 TDX-01 碳分子筛柱分离后，于氢气流中在镍催化剂（360±10℃）作用下，CO、CO_2 皆能转化为 CH_4，然后用氢火焰离子化检测器分别测定上述 3 种物质，其出峰顺序为：CO、CH_4、CO_2。

测定时，先在预定实验条件下用定量管加入各组分的标准气样，测其峰高，按式（4-23）定量校正值。

$$K=\frac{c_s}{h_s} \tag{4-23}$$

式中，K 为定量校正值，表示每毫米峰高代表的 CO（或 CH_4、CO_2）浓度，mg/m^3；c_s 为标准气样中 CO（或 CH_4、CO_2）浓度，mg/m^3；h_s 为标准气样中 CO（或 CH_4、CO_2）峰高，mm。

为保证催化剂的活性，在测定之前，转化炉应在 360℃下通气 8 h；氢气和氮气的纯度应高于 99.9%。当进样量为 1 mL 时，对 CO 的检测限为 0.2 mg/m^3。

③汞置换法：也称间接冷原子吸收法。该方法基于气样中的 CO 与活性氧化汞在 180～200℃发生反应，置换出汞蒸气，带入冷原子吸收测汞仪测定汞的含量，再换算成 CO 浓度。置换反应式为：CO（气）+HgO $\longrightarrow$ Hg（蒸气）+CO_2（气）。

用该法测 CO 时，空气经灰尘过滤器、活性炭管、分子筛管及硫酸亚汞硅胶管等净化装置除去尘埃、水蒸气、二氧化硫、丙酮、甲醛、乙烯、乙炔等干扰物质后，通过流量计、六通阀，由定量管取样送入氧化汞反应室，被 CO 置换出的汞蒸气随气流进入测量室，吸收低压汞灯发射的波长为 253.7 nm 的紫外光，用光电管、放大器及显示、记录仪表测量吸光度，以实现对 CO 的定量测定。测量后的气体经碘—活性炭吸附管由抽气泵抽出排放。

空气中的甲烷和氢在净化过程中不能除去，和 CO 一起进入反应室。其中，CH_4 在这种条件下不与氧化汞发生反应，而 H_2 则与之反应，干扰测定，可在仪器调零时消除。校正零点时，将霍加特氧化管串入气路，将空气中的 CO 氧化为 CO_2 后作为零气。

测定时，先将适宜浓度（c_s）的 CO 标准气由定量管进样，测量吸收峰高（h_x）或吸光度（A_x），再用定量管进入气样，测其峰高（h_s）或吸光度（A_x），气样中 CO 的浓度（c_x）用式（4-24）计算。

$$c_x=\frac{c_s}{h_s}\times h_x \tag{4-24}$$

该方法检出限为 0.04 mg/m^3。

（4）光化学氧化剂的测定

光化学氧化剂是总氧化剂的主要组成部分，是与形成光化学烟雾有关的污染物质。总氧化剂是指大气中能氧化碘化钾析出碘的物质，主要包括臭氧、过氧乙酰硝酸酯和氮氧化物等。光化学氧化剂是指除去 NO_2 以外的能氧化碘化钾的氧化剂，二者的关系为：

$$光化学氧化剂=总氧化剂-0.269\times氮氧化物$$

式中，0.269 为 NO_2 的校正系数，即在采样后 4～6 h 内，有 26.9%的 NO_2 与碘化钾反应。因为采样时在吸收管前安装了三氧化铬—石英砂氧化管，将 NO 等低价氮氧化物氧化成 NO_2，所以式中使用大气中 NO_x 总浓度。

空气中光化学氧化剂的测定常用硼酸碘化钾分光光度法。测定过程是先用硼酸碘化钾分光光度法测定气样中的总氧化剂浓度，再扣除 NO_x 参加反应的浓度。方法灵敏、简易可行，检出限为 0.19 μg O_3/10 mL（按与 0.01 吸光度相对应的 O_3 浓度计）；当采样体积 30 L 时，最低检出浓度为 0.006 mg/m^3。

硼酸碘化钾吸收液吸收 O_3 等氧化剂的反应为：$O_3+2I^-+2H^+ = I_2+O_2+H_2O$。可见，反应置换出碘，与 O_3 有定量关系，故于 352 nm 下比色测定碘的浓度可得知 O_3 的浓度。

实际测定时，以硫酸酸化的碘酸钾（准确称量）—碘化钾溶液作 O_3 标准溶液（以 O_3 计）配制标准系列，在 352 nm 波长处以蒸馏水为参比测其吸光度，以吸光度对相应的 O_3 浓度绘制标准曲线，或者用最小二乘法建立标准曲线的回归方程式。然后，在同样操作条件下测定气样吸收液的吸光度，再计算光化学氧化剂的浓度。

（5）臭氧的测定

臭氧（O_3）监测实务，根据需要，可参考《环境空气　臭氧的测定　紫外光度法》（HJ 590），《环境空气　臭氧的测定　靛蓝二磺酸钠分光光度法》（HJ 504）。

O_3 是最强的氧化剂之一，它是大气中的氧在太阳紫外线的照射下或受雷击形成的。臭氧具有强烈的刺激性，在紫外线的作用下，参与烃类和 NO_x 的光化学反应。同时，臭氧又是高空大气的正常组分，能强烈吸收紫外光，保护人和生物免受太阳紫外光的辐射。

O_3 的测定方法有吸光光度法、化学发光法、紫外线吸收法等。

①硼酸碘化钾分光光度法：该方法为用含有硫代硫酸钠的硼酸碘化钾溶液作吸收液采样，大气中的 O_3 等氧化剂氧化碘离子为碘分子，而碘分子又立即被硫代硫酸钠还原，剩余硫代硫酸钠加入过量碘标准溶液氧化，剩余碘于 352 nm 处以水为参比测定吸光度。同时采集对照气体（除去 O_3 的空气），并准确加入与采集大气样品相同量的碘标准溶液，氧化剩余的硫代硫酸钠，于 352 nm 测定剩余碘的吸光度，则气样中剩余碘的吸光度减去零气样剩余碘的吸光度即为气样中 O_3 氧化碘化钾生成碘的吸光度。根据标准曲线建立的回归方程式，计算气样中 O_3 的浓度。

SO_2、H_2S 等还原性气体干扰测定，采样时应串接三氧化铬管消除。在氧化管和吸收管之间串联 O_3 过滤器（装有粉状二氧化锰与玻璃纤维滤膜碎片）同步采集大气样品即为零气样品。采样效率受温度影响，实验表明，25℃时采样效率可达 100%，30℃达 96.8%。还应注意，样品吸收液和试剂溶液都应放在暗处保存。

本方法检出限和最低检出浓度同总氧化剂的测定方法。

②化学发光法：测定臭氧的化学发光法有 3 种，即罗丹明 B 法、一氧化氮法和乙烯法。

- 罗丹明法：罗丹明 B（$C_{28}H_{313}Cl$）是一种比较好的化学发光试剂。将大气样品通入焦性没食子酸—罗丹明 B 乙醇溶液，则焦性没食子酸被 O_3 氧化，产生受激中间体，并迅速与罗丹明 B 作用，使罗丹明 B 被激发而发光。发光峰值波长为 584 nm；发光强度与 O_3 浓度成正比；测定 O_3 浓度范围为 3～140 mg/L。共存 NO_x、SO_2 等组分不干扰测定。
- 一氧化氮法：是利用 NO 与 O_3 接触发生化学发光反应原理建立的。发光峰值波长为 1 200 nm，测定 O_3 浓度范围为 0.001～50 mg/L。该反应主要用于测定 NO。
- 乙烯法：是较通用的方法，1971 年就被美国环境保护局确定为测定大气中 O_3 浓度的标准方法。该方法原理基于 O_3 能与乙烯发生均相化学发光反应，即气样中 O_3 与过量乙烯反应，生成激发态甲醛，而激发态甲醛瞬间回至基态，放出光子，波长范围为 300～600 nm，峰值波长 435 nm。发光强度与 O_3 浓度成正比，其反应式为：$2O_3+2C_2H_4 \longrightarrow 2C_2H_4O_3 \longrightarrow 4\ HCHO^*+O_2$，$HCHO^* \longrightarrow HCHO+h\nu$，该反应对 O_3 是特效的，SO_2、NO_2、Cl_2 等共存不干扰测定；测定 O_3 浓度线性范围为 0.01～200 mg/L。

乙烯法化学发光 O_3 监测仪是该法专用的仪器设备。测定过程中需通入四种气体，反应气乙烯由钢瓶供给，经稳压、稳流后进入反应室；空气 A 经活性炭过滤器净化后作为零气抽入反应室，供调节仪器零点。空气 B 经过滤净化进入标准 O_3 发生器，产生标准浓度的 O_3 进入反应室校准仪器刻度。测量时，将三通阀旋至测量挡，样气经粉尘过滤器吸入反应室与乙烯发生化学发光反应，其发射光经滤光片滤光投至光电倍增管上，将光信号转换成电信号，经阻抗转换和放大后，送入显示和记录仪表显示，记录测量结果。反应后的废气经抽气泵、流量计进入催化燃烧装置，将废气中剩余乙烯烧掉后排出。

为降低光电倍增管的暗电流和噪声，提高仪器的稳定性，还安装了半导体制冷器，使光电倍增管在较低的温度下工作。

化学发光法 O_3 分析仪一般设有多档量程范围，如 0～0.25 mg/m^3、0～0.5 mg/m^3、0～1.0 mg/m^3、0～2.0 mg/m^3 等。最低检出浓度为 0.005 mg/m^3，响应时间小于 1 min。主要缺点是使用易燃、易爆的乙烯（爆炸极限 2.7%～36%），因此，要特别注意乙烯高压容器的漏气检测。

（6）氟化物的测定

氟化物监测实务，根据需要可参考《环境空气　氟化物的测定　石灰滤纸采样氟离子选择电极法》（HJ 481）、《环境空气　氟化物的测定　滤膜采样氟离子选择电极法》（HJ 480）、《大气固定污染源　氟化物的测定　离子选择电极法》（HJ/T 67）。

大气中的气态氟化物主要是氟化氢，也可能有少量氟化硅（SiF_4）和氟化碳（CF_4）。含氟粉尘主要是冰晶石（Na_3AlF_6）、萤石（CaF_2）、氟化铝（AlF_3）、氟化钠（NaF）及磷灰石[$3Ca_3(PO_4)_2 \cdot CaF_2$]等。氟化物污染主要来源于铝厂、冰晶石和磷肥厂、用硫酸处理萤石及制造和使用氟化物、氢氟酸等部门排放或逸散的气体和粉尘。氟化物属高毒类物质，由呼吸道进入人体，会引起黏膜刺激、中毒等症状，并能影响各组织和器官的正常生理功能。对于植物的生长也会产生危害，因此，人们已利用某些敏感植物监测大气中的氟化物。

测定大气中氟化物的方法有吸光光度法、滤膜（或滤纸）采样—氟离子选择电极法等。目前广泛采用后一种方法，因为离子选择电极法简便、准确、灵敏性和选择性好。

①滤膜采样—氟离子选择电极法：用磷酸氢二钾溶液浸渍的玻璃纤维滤膜或碳酸氢钠—甘油溶液浸渍的玻璃纤维滤膜采样，则大气中的气态氟化物被吸收固定，尘态氟化物同时被阻留在滤膜上。采样后的滤膜用水或酸浸取后，用氟离子选择电极法测定。如需要分别测定气态、尘态氟化物时，第一层采样膜用孔径 0.8 μm 经柠檬酸溶液浸渍的纤维素酯微孔膜先阻留尘态氟化物，第二、三层用磷酸氢二钾浸渍过的玻璃纤维滤膜采集气态氟化物。用水浸取滤膜，测定水溶性氟化物；用盐酸溶液浸取，测定酸溶性氟化物；用水蒸气热解法处理采样膜，可测定总氟化物。采样滤膜均应分张测定。另取未采样的浸取吸收液的滤膜 3～4 张，按照采样滤膜的测定方法测定空白值（取平均值），计算氟化物的含量。分别采集尘态、气态氟化物样品时，第一层采尘膜经酸浸取后，测得结果为尘态氟化物浓度。

②石灰滤纸采样—氟离子选择电极法：用浸渍氢氧化钙溶液的滤纸采样，则大气中的氟化物与氢氧化钙反应而被固定，用总离子强度调节剂浸取后，以离子选择电极法测定。该方法将浸渍吸收液的滤纸自然暴露于大气中采样，对比前一种方法，不需要抽气动力，并且由于采样时间长（7 天到 1 个月），测定结果能较好地反映大气中氟化物平均污染水平。

（7）硫酸盐化速率的测定

污染源排放到空气中的 SO_2、H_2S、H_2SO_4 蒸气等含硫污染物，经过一系列氧化演变和反应，最终形成危害更大的硫酸雾和硫酸盐雾。这种演变过程的速率称为硫酸盐化速率。其测定方法有二氧化铅—重量法、碱片—重量法、碱片—离子色谱法、碱片—铬酸钡分光光度法等。

①二氧化铅—重量法：大气中的 SO_2、硫酸雾、H_2S 等与二氧化铅反应生成硫酸铅，用碳酸钠溶液处理，使硫酸铅转化为碳酸铅，释放出硫酸根离子，再加入 $BaCl_2$ 溶液，生成 $BaSO_4$ 沉淀，用重量法测定。结果以每日在 100 cm^2 二氧化铅面积上所含 SO_2 的毫克数表示。影响该方法测定结果的因素有：PbO_2 的粒度、纯度和表面活性度，PbO_2 涂层厚度和表面湿度，含硫污染物的浓度及种类，采样期间的风速、风向及空气温度、湿度等。该方法的最低检出浓度为 0.05 mg/（100 cm^2·d）。

②碱片—重量法：将用碳酸钾溶液浸渍的玻璃纤维滤膜暴露于大气中，碳酸钾与空气中的 SO_2 等反应生成硫酸盐，加入 $BaCl_2$ 溶液将其转化为 $BaSO_4$ 沉淀，用重量法测定。测定结果表示方法同二氧化铅法。该方法的最低检出浓度为 0.05 mg/（100 cm^2·d）。

③碱片—离子色谱法：用碱片法采样，采样碱片经碳酸钠—碳酸氢钠稀溶液浸取后，获得样品溶液，注入离子色谱仪测定硫酸根离子。离子色谱（IC）法是利用离子交换原理，连续对共存多种阴离子或阳离子进行分离后，导入检测装置进行定性分析和定量测定的方法。其仪器由洗提液贮罐、输液泵、进样阀、分离柱、抑制柱、电导测量装置、数据处理器、记录仪等组成。分离柱内填充低容量离子交换树脂，由于液体流过时阻力大，故需使用高压输液泵。抑制柱内填充另一类型高容量离子交换树脂，其作用是削减洗提液造成的本底电导和提高被测组分的电导。除了电导型检测器外，还有紫外—可见光度型、荧光型和安培型等检测器。用非电导型检测器时一般不需使用抑制柱。分析阴离子时，分离柱填充低容量阴离子交换树脂，抑制柱填充强酸性阳离子交换树脂，洗提液用氢氧化钠（钾）溶液或碳酸钠—碳酸氢钠溶液。当将水样注入洗提液并流经分离柱时，基于不同阴离子对低容量阴离子交换树脂的亲和力不同而彼此分离，在不同时间随洗提液进入抑制柱，转换成高电导型酸，而洗提液被中和转化为低电导的水或碳酸，使水样中的阴离子得以依次进入电导测量装置测定。根据电导峰的保留时间定性，以电导峰的峰高或峰面积定量，即可获得水溶液中各阴离子的浓度。

④碱片—铬酸钡分光光度法：用碳酸钾溶液浸渍过的玻璃纤维滤纸，暴露于空气中，与气态含硫化合物（如二氧化硫、硫化氢等）发生反应，生成的硫酸盐，在弱酸性溶液的条件下，碱片样品溶液中的硫酸根离子与铬酸钡悬浊液生成硫酸钡沉淀及铬酸根离子。将溶液中和至偏碱性后，生成的硫酸钡沉淀及多余的铬酸钡，可过滤除去。滤液中则含有为硫酸根所取代的铬酸根离子，呈现黄色。根据颜色深浅，比色测定而定量硫酸盐化速率。

该法应注意：铬酸根和重铬酸根在一定 pH 值条件下是可逆的，因此，在反应液过滤之前必须加足够量的氯化钙—氨溶液，使重铬酸根变为铬酸根离子；在溶液中加入氯化钙—氨溶液、乙醇，并在冷水浴中冷却 10 min，可降低硫酸钡及铬酸钡的溶解度，使方法的重现性好，试剂空白值低而且呈色稳定；加盐酸煮沸，可使水中碳酸盐分解，除去其干扰；在处理用碳酸钾浸渍的碱片时，需加盐酸溶液，样品溶液中含氯化钾，故在绘制标准曲线的色列溶液中，加入氯化钾溶液，使之与样品溶液的组成接近；铬酸钡比色法最大吸收为 370 nm，在近紫外区 420 nm 波长的吸收值仅相当于紫外区的 1/2；由于仪器因素，本法推荐用 420 nm 波长，如具备紫外可见分光光度计时，可在波长 370 nm 处，用 10 mm 比色皿，以水为参比，测定样品溶液中铬酸根离子的吸光度；所用玻璃仪器不要用铬酸洗液洗涤，以免干扰测定。

（8）总烃及非甲烷烃的测定

这类环境监测实务，根据需要可参考《固定污染源排气中非甲烷总烃的测定　气相色谱法》（HJ/T 38）、《环境空气　挥发性有机物的测定　吸附管采样—热脱附　气相色谱—质谱法》（HJ 644）、《环境空气　挥发性卤代烃的测定　活性炭吸附—二硫化碳解吸/气相色谱法》（HJ 645）、《环境空气　总烃的测定　气相色谱法》（HJ 604）、《环境空气和废气　气相和颗粒物中多环芳烃的测定　高效液相色谱法》（HJ 647）、《环境空气和废气　气相和颗粒物中多环芳烃的测定　气相色谱—质谱法》（HJ 646）。

总碳氢化合物常以两种方法表示，一种是包括甲烷在内的碳氢化合物，称为总烃（THC），另一种是除甲烷以外的碳氢化合物，称为非甲烷烃（NMHC）。大气中的碳氢化合物主要是甲烷，其浓度范围为 2～8 ppm。但当大气严重污染时，大量增加甲烷以外的碳氢化合物。甲烷不参与光化学反应，因此，测定不包括甲烷的碳氢化合物对判断和评价大气污染具有实际意义。

大气中的碳氢化合物主要来自石油炼制、焦化、化工等生产过程中逸散和排放的气体及汽车排气，局部地区也来自天然气、油田气的逸散。对大气造成污染的一般是具有挥发性的碳氢化合物，它们是形成光化学烟雾的主要物质之一。

测定总烃和非甲烷烃的主要方法有气相色谱法、光电离检测法等。

①气相色谱法：原理基于以氢火焰离子化检测器分别测定气样中的总烃和甲烷烃含量，两者之差即为非甲烷烃含量。

以氮气为载气测定总烃时，总烃峰包括氧峰，即大气中的氧产生正干扰，可采用两种方法消除，一种方法用除碳氢化合物后的空气测定空白值，从总烃中扣除；另一种方法用除碳氢化合物后的空气作载气，在以氮气为稀释气的标准气中加一定体积纯氧气，使配制的标准气样中氧含量与大气样品相近，则氧的干扰可相互抵消。

该方法中，气相色谱仪中并联了两根色谱柱，一根是不锈钢螺旋空柱，用于测定总烃；另一根是填充 GDX-502 担体的不锈钢柱，用于测定甲烷。在选定色谱条件下，将大气试样，甲烷标准气及除烃净化空气依次分别经定量管和六通阀注入，通过色谱仪空柱到达检测器，可分别得到 3 种气样的色谱峰。设大气试样总烃峰高（包括氧峰）为 h_t；甲烷标准气样峰高为 h_s；除烃净化空气峰高为 h_a。

在相同色谱条件下，将大气试样、甲烷标准气样通过定量管和六通阀分别注入仪器，经 GDX-502 柱分离到达检测器，可依次得到气样中甲烷的峰高（h_m）和甲烷标准气样中甲烷的峰高（h_s'）。再按式（4-25）计算总烃含量，按式（4-26）计算甲烷含量。

$$\text{总烃（以甲烷计，mg/m}^3\text{）} = \frac{h_t - h_s}{h_s} \times \rho_s \qquad (4\text{-}25)$$

$$\text{甲烷（mg/m}^3\text{）} = \frac{h_m}{h_s'} \times \rho_s \qquad (4\text{-}26)$$

式中，ρ_s 为甲烷标准气浓度，mg/m^3。

最后，非甲烷烃浓度为总烃浓度值减去甲烷浓度值。

如果用除烃后的净化空气作载气测定，带离子化检测器的色谱仪内并联的两根色谱柱，一根填充玻璃微球，用于测定总烃；另一根填充 GDX-502 担体，用于测定甲烷。

测定时，先配制氧含量和大气样品相近的甲烷标准气样，再以除烃净化空气为稀释气配制甲烷标准气系列。然后，将气样及甲烷标气样分别经定量管和六通阀注入色谱仪的玻璃微球柱和 GDX-502 柱，从得到的色谱图上测量总烃峰高和甲烷峰高，再计算大气样品中总烃和甲烷的浓度。总烃含量按式（4-27）计算。

$$总烃（以甲烷计，mg/m^3）=\frac{h_t}{h_{s_1}}\times\rho_s \tag{4-27}$$

甲烷含量按式（4-28）计算。

$$甲烷（mg/m^3）=\frac{h_m}{h_{s_2}}\times\rho_s \tag{4-28}$$

式中，h_t 为大气试样中总烃的峰高，mm；h_m 为大气试样中甲烷的峰高，mm；h_{s_1} 为甲烷标准气经玻璃微球柱后得到的峰高，mm；h_{s_2} 为甲烷标准气经 GDX-502 柱后得到的峰高，mm；ρ_s 为甲烷标准气浓度，mg/m^3。

总烃与甲烷的浓度之差即为非甲烷烃浓度。

也可以用色谱法直接测定大气中的非甲烷烃，其原理基于为用填充 GDX-102 和 TDX-01 的吸附采样管采集气样，则非甲烷烃被填充剂吸附，氧不被吸附而除去。采样后，在 240℃加热解吸，用载气（N_2）将解吸出来的非甲烷烃带入色谱仪的玻璃微球填充柱分离，进入 FID 检测。该方法用正戊烷蒸气配制标准气，测定结果以正戊烷计。

②光电离（PID）检测法：有机化合物分子在紫外光照射下可产生光电离现象，即 $RH+h\nu \longrightarrow RH^+ +e$。用 PID 离子检测器收集产生的离子流，其大小与进入电离室的有机化合物的质量成正比。

凡是电离能小于 PID 紫外辐射能的物质（至少低 0.3 eV）均可被电离测定。

PID 光电离检测法通常使用 10.2 eV 的紫外光源，此时氧、氮、二氧化碳、水蒸气等不电离，无干扰，CH_4的电离能为 12.98 eV，也不被电离，而 C4 以上的烃大部分可电离，这样可直接测定大气中的非甲烷烃。该方法简单，可进行连续监测。但是，所检测的非甲烷烃是指 C4 以上的烃，而气相色谱法检测的是 C2 以上的烃。

（9）挥发性有机物的测定

挥发性有机物（VOCs）的监测实务，可参考相关环保标准，如《固定污染源废气 挥发性有机物的采样 气袋法》（HJ 732）、《泄漏和敞开液面排放的挥发性有机物检测技术导则》（HJ 733）、《固定污染源废气 挥发性有机物的测定 固相吸附—热脱附/气相色谱—质谱法》（HJ 734）、《环境空气 挥发性有机物的测定 吸附管采样—热脱附 气相色谱—质谱法》（HJ 644），《合成革与人造革工业污染物排放标准》（GB 21902）等。

大气中的 VOCs 不仅是生成光化学烟雾污染物的主要前体物，也是大气细粒子中有毒有害有机组分的重要来源，是形成灰霾有重要因子，且一些 VOCs 本身具有毒性和致癌性。VOCs 是一类有机化合物的组合，不同组织对其有不同的定义。世界卫生组织将 VOCs 定义为沸点范围在 50～260℃，室温下饱和蒸汽压超过 133.32 Pa，在常温下以蒸汽形式存在于空气中的一类有机物，按挥发性有机物化学结构可进一步分为 8 类：烷类、芳烃类、烯类、卤烃类、酯类、醇类、酮类和其他化合物。大气中的 VOCs 主要来源于石油化工、有机化工、表面涂装、包装印刷、医药、塑料制品等行业。因此大气中 VOCs 的检测主要应用于 3 个方面：大气中 VOCs 检测、污染源集中排放 VOCs 检测和生产过程 VOCs 泄漏检测。与三种应用场合相适应，VOCs 的检测分为实验室仪器、在线监测。

①实验室 VOCs 检测：该方法发展较早，也比较成熟。分析方法为使用采样袋、苏码罐、吸附剂或吸收液将 VOCs 采集回实验室，再经过热解析、溶剂解析等前处理过程后，利用 GC 或 HPLC 分析。实验室 VOCs 检测主要难点在于选择合适的采样方法保证可以采集到所有挥发性有机污染物，制定规范的运输方案防止运输过程中 VOCs 的损失，选择合适的前处理过程保证所有的挥发性有机物进入分析仪器。实验室分析方法的主要优势是结果准确，主要缺点是时效性差，采

样和运输过程中易导致样品损失，影响测定的准确性和可靠性。

②在线 VOCs 检测：VOCs 在线分析仪主要有在线气相色谱仪、在线质谱仪、在线气质联用仪、在线 PID 和 FID 检测器、在线红外光谱仪、在线激光检测仪和在线差分光学吸收光谱仪等。由于在线系统用于现场检测，而不同现场的挥发性有机物种类差异较大且相对稳定，故检测需求不同。因此需要根据需求和各种检测仪器的特点选择合适的检测方法。在线气相色谱仪可检测出已知挥发性有机物的浓度；在线质谱仪可同时实现挥发性有机物的定性和定量检测，但无法区分同分异构体；在线 PID 和 FID 检测器可得出 VOCs 的总量，且仪器体积较小；各种在线光谱仪检测范围宽，可适应各种工业场合应用。

目前大气 VOCs 的主要检测方法是气相色谱法、质谱法和光谱法，环保部公布的行业标准中采用的是气质联用法。其中环境空气挥发性有机物 HJ 644 标准中测定的是 35 种目标有机化合物，主要是烷烃、烯烃和苯系物，固定污染源废气挥发性有机物 HJ 734 标准中测定的是 24 种目标有机化合物，主要是酮类、酯类、烯烃类和苯系物。

（10）甲醛的测定

甲醛监测实务，可参考《空气质量　甲醛的测定　乙酰丙酮分光光度法》（GB/T 15516）。

甲醛与 VOCs 一样，是人们关注的室内空气污染的主要有机物，具有毒性和刺激性，主要来自燃料的燃烧、烹油烟和装饰材料、家具、日用生活化学品释放的蒸气，以及室外污染空气的扩散。和 VOCs 一样，虽然污染的空气中甲醛浓度可能较低，但释放时间长，对人体健康潜在威胁大。

测定空气中甲醛常用的方法有分光光度法、气相色谱法、离子色谱法等。

①酚试剂分光光度法：空气中的甲醛与酚试剂（3-甲基-2-苯并噻唑腙盐盐酸，简称 MBTH）反应生成嗪，嗪在酸性溶液中被高价铁离子氧化成蓝绿色化合物，根据颜色深浅，在波长 630 nm 处比色定量。该方法采样 10 L 时，最低检出限为 0.01 mg/m^3。

②乙酰丙酮分光光度法：空气中的甲醛被水吸收后，在 pH 值为 6 的乙酸—

乙酸铵缓冲液中与乙酰丙酮反应，在沸水浴条件下，迅速生成稳定的黄色化合物，在波长413 nm处比色定量。该方法采样0.5～10 L时，测定范围为0.5～800 mg/m^3。

③气相色谱法：空气中的甲醛在酸性条件下用涂有2,4-二硝基苯肼的6201担体吸附并发生反应，生成稳定的甲醛腙。用二氧化碳洗脱，经OV-1色谱柱分类，用火焰离子化检测器测定，对照标准样品，以色谱峰高定量。该法采样50 L时，最低检出浓度为0.01 mg/m^3。若用填充质量分数3%的硅油OV-17的红色硅藻土的色谱柱和电子捕获检测器，灵敏度可提高4～5倍。

④离子色谱法：空气中的甲醛经活性炭富集，在碱性介质中用过氧化氢氧化成甲酸。再用有电导检测器的离子色谱仪测定，根据甲酸的峰高间接计算甲醛浓度。

（11）其他污染物测定

空气中气态和蒸气态污染物是多种多样的，其他污染物，如苯系物、挥发酚、甲基对硫磷、敌百虫、二噁英等，在环境监测实务中，可参考相关环保标准，如《环境空气　苯系物的测定　活性炭吸附/二硫化碳解吸—气相色谱法》（HJ 584）、《环境空气　苯系物的测定　固体吸附/热脱附—气相色谱法》（HJ 583）、《环境空气和废气　二噁英类的测定　同位素稀释高分辨气相色谱—高分辨质谱法》（HJ 77.2）以及《空气和废气监测分析方法》。

4.3.8.4　污染源监测

大气污染源通常是指向大气排放足以对大气环境产生有害影响的有毒或有害物质的生产过程。大气污染源可分为固定源和移动源。固定大气污染源又分为两类：一类为有组织排放，如烟道、烟囱及排气筒等；另一类为无组织排放，即大气污染不经过排气筒的无组织排放，露天环境中的无组织排放设施，或无组织排放的建筑构造，如车间、工棚等，露天煤场、干灰场也属于无组织排放。流动污染源如汽车排气。

（1）固定污染源排气监测

1）监测目的和要求

固定污染源排气监测目的：一是检查排放的废气中有害物质含量是否符合国

家或地方的排放标准和总量控制标准；二是评价净化装置及污染防治设施的性能和运行情况，为空气质量评价和环境管理提供依据。

进行监测时，要求生产设备处于正常运转状态下，对因生产过程而引起排放情况变化的污染源，应根据其变化特点和周期进行系统监测。

《大气污染物综合排放标准》（GB 16297）设置三项指标：最高允许排放浓度、最高允许排放速率和无组织排放浓度。最高允许排放浓度指通过排气筒排放污染物的最高允许浓度（1 h 浓度平均值），一般以 mg/m^3 表示；排放速率又称为单位时间排放量，一般以 kg/h 表示；无组织排放指大气污染物不经过排气筒的无规则排放。对有组织排放，必须同时遵守最高允许排放浓度和最高允许排放速率两指标，超过其中任何一项均为超标排放。否则可能出现为达标而稀释的现象，或通过高排气筒而达标。在计算废气排放量和污染物质排放浓度时，都使用标准状态下的干气体体积。

2）采样点的布设

采样位置依据《固定污染源排气中颗粒物测定与气态污染物的采样方法》（GB/T 16157—1996）确定。由于水平管道中的气流速度与污染物的浓度分布不如垂直管道中均匀，所以优先考虑垂直管道，还需考虑方便、安全等因素。

采样点数目根据烟道的形状、尺寸和流速分布情况确定。

圆形烟道：将烟道断面分成不同直径的同心等面积圆环，沿两个采样孔中心线设 4 个采样点；矩形烟道：将烟道断面分成一定数目的等面积矩形小块，各小块中心即为采样点位置，小矩形数目可根据烟道断面面积大小确定，对于矩形烟道，其当量直径按式（4-29）计算。

$$D=2AB/(A+B) \qquad (4\text{-}29)$$

式中，A 和 B 分别为矩形边长和宽。

拱形烟道：上半部为圆形，按圆形烟道布点方法布点；下半部为矩形烟道，按矩形烟道布点方法布点。

在能满足测压管和采样管到达各样点位置的情况下，尽可能地少开采样孔，一般开两个互成 90°的孔，孔内径不小于 80 mm，采样孔管长不大于 50 mm。

3）基本状态参数的测量

烟道排气的体积、温度和压力是烟气的基本状态参数，也是计算烟气流速、颗粒物及有害物质浓度的依据。

①温度的测量：玻璃水银温度计适用于直径小、温度不高的烟道；对直径大、温度高的烟道，要用热电偶测温毫伏计（或电阻温度计）测量。测量时，将两根不同的金属导线连成闭合回路，当两接点处于不同温度环境时，便产生热电势，两接点温差越大，热电势越大，如果使热电偶一个接点温度保持恒定（称自由端），则热电偶的热电势大小便完全取决于另一个接点的温度（称工作端），用毫伏计测出热电偶的热电势，便可知工作端所处的环境温度。

②压力的测量：烟道中的压力分全压 P_t、动压 P_V 和静压 P_s。静压（P_s）是单位体积气体具有的势能，表现为气体在各个方向上作用于器壁的压力；动压（P_V）是单位体积气体具有的动能，使气体流动的压力；全压（P_t）是 P_V 与 P_s 代数和，是气体在管道中流动时具有的总能量。管道内气体的压力比大气压大时，静压为正；反之为负。动压恒为正值。全压和静压一样为相对压力，有正负之分，三者的关系为式（4-30）。

$$P_t = P_s + P_V \tag{4-30}$$

所以，只要测出三项中的任意两项，即可求出第三项。测量烟气压力常用测压管和测压计。

测压管大致有标准皮托管和 S 形皮托管两类（图 4-38）。标准皮托管只适于测含尘量少的烟气。标准皮托管是一根弯成 90°的双层同心圆管，前端呈半圆形，前方有一开孔与内管相通，用来测量全压；在靠近前端的外管壁上开有一圈小孔，通至后端的侧出口，用来测量静压。标准皮托管具有较高的测量精度，但测孔很小，当烟气中颗粒物浓度大时，易被堵塞，适用于测量含尘量少的烟气。S 形皮托管由两根相同的金属管并联组成，其测量端有两个大小相等、方向相反的开口，测量烟气压力时，一个开口面向气流，接受气流的全压，另一个开口背向气流，接受气流的静压。由于气体绕流的影响，测得的静压比实际值小，因此，在使用前必须用标准皮托管进行校正。因开口较大，适用于测颗粒物含量较高的烟气。

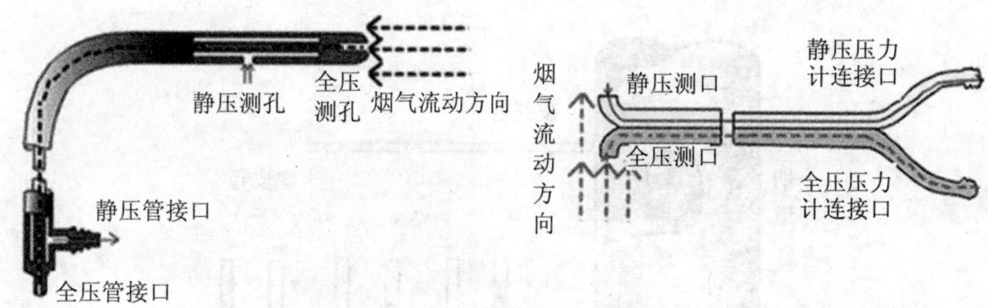

图 4-38　S 形皮托管和标准皮托管

测量时，标准皮托管校正系数近似等于 1，不需要再校正。S 形皮托管与标准皮托管相比，两者所测的全压值基本相同，动压值 S 形皮托管测定结果偏高，静压值偏低。因此，其使用前必须用标准皮托管进行校正，求出其校正系数 K_p。校正方法是在风洞中以不同的速度分别用标准皮托管和 S 形皮托管进行对比测定，两者测得的速度值之比，称为 S 形皮托管的 K_p。K_p 通常 S 形皮托管出厂时已标在 S 形皮托管上。

压力计通常有 U 形压力计和倾斜式微压计两类。使用时，将微压计容器开口与测定系统中正压力较高的一端相连，斜管与系统中正压力较低的一端相连，作用于两个液面上的压力差使液柱沿斜管上升。测定时应把测压计调整到水平状态，检查液柱内是否有气泡，液面调至零点；测压计与测压管相连接，测压管的测压口伸进烟道内测点上，测压口对准气流方向（图 4-39、图 4-40）。

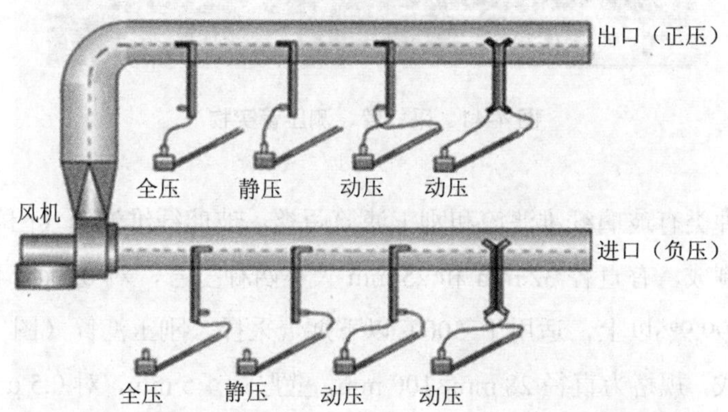

图 4-39　标准皮托管与斜管式微压计测量烟气压力的连接方法

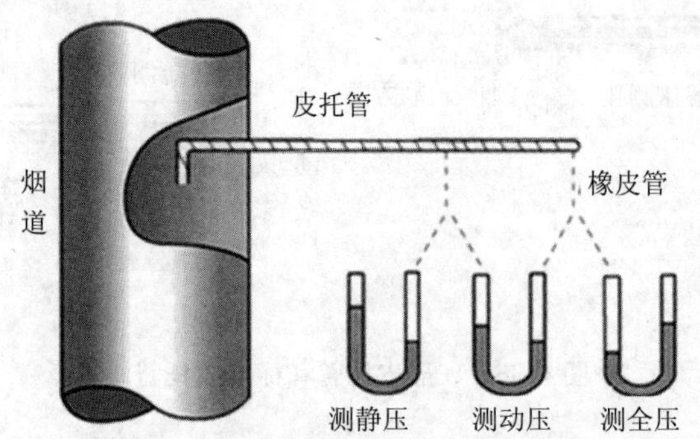

图 4-40 标准皮托管与 U 形压计测量烟气压力的连接方法

采样管、测压管实物照片见图 4-41。

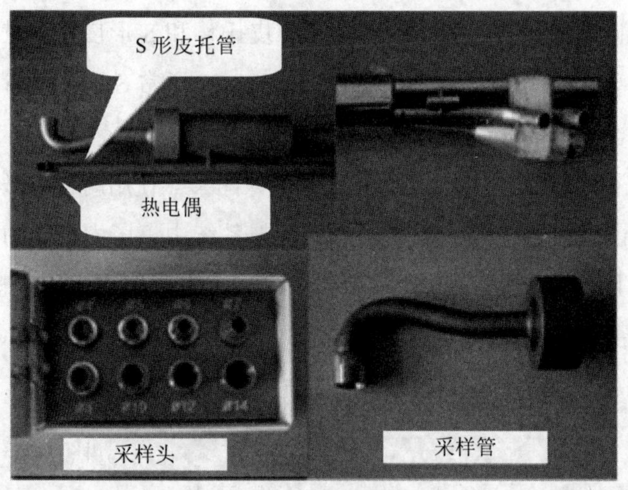

图 4-41 采样管、测压管实物

滤筒的种类有玻璃纤维滤筒和刚玉滤筒两类。玻璃纤维滤筒（图 4-42）由超细玻璃纤维制成，有直径 32 mm 和 25 mm 大小两种型号，对 0.5 μm 以上尘粒的捕集效率达 99.9%以上，适用于 500℃以下烟气采样。刚玉滤筒（图 4-43）由刚玉砂烧结而成，规格为直径 28 mm×100 mm，壁厚约 1.5 mm，对 0.5 μm 的粒子捕集效率不低于 99%，适用温度为 1 000℃以下，但由于采样管材质和密封垫耐温限制，目前只用于 850℃以下的烟气采样。

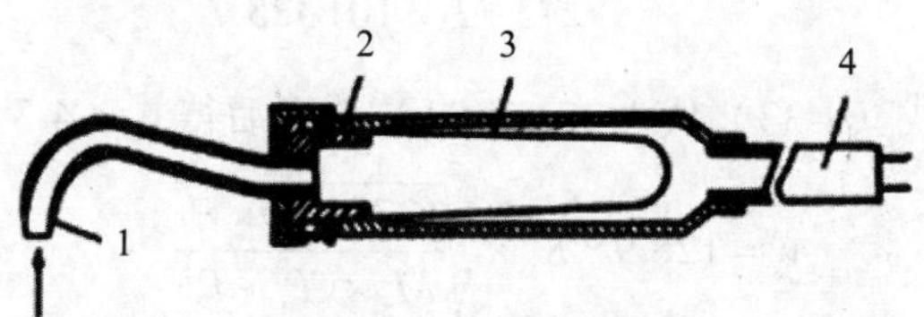

1. 采样嘴；2. 滤筒夹；3. 玻璃纤维滤筒；4. 连接管

图 4-42　玻璃纤维滤筒

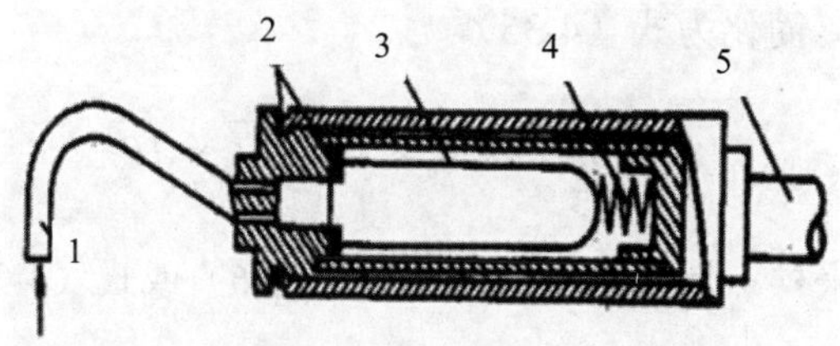

1. 采样嘴；2. 密封圈；3. 刚玉滤筒；4. 耐温弹簧；5. 连接管

图 4-43　刚玉滤筒

③流速和流量的计算：测出烟气的温度、压力等参数后，烟气的流速按式（4-31）计算。

$$v_s = K_p \times \sqrt{\frac{2P_v}{\rho}} \tag{4-31}$$

式中，v_s 为烟气流速，m/s；K_p 为皮托管校正系数；P_v 为烟气动压，Pa；ρ 为烟气密度，kg/m^3。

标准状况烟气密度为式（4-32）。

$$\rho_n = \frac{M_s}{22.4} \tag{4-32}$$

测量状况烟气密度为式（4-33）。

$$\rho_s = \rho_n \times \frac{273}{273 + t_s} \times \frac{P_a + P_s}{101\,325} \tag{4-33}$$

式（4-32）和式（4-33）代入式（4-31）整理后得式（4-34）。

$$v_s = 128.9 \times K_p \times \sqrt{\frac{(273 + t_s) \times P_v}{M_s \times (P_a + P_s)}} \tag{4-34}$$

式中，M_s 为烟气分子的摩尔质量，kg/kmol；t_s 为烟气温度，℃；P_a 为大气压，Pa；P_s 为烟气静压，Pa。

当烟气组分与空气近似，烟气露点温度为 35～55℃，烟气绝对压力为 97～103 kPa，式（4-34）简化为式（4-35）。

$$v_s = 0.077 \times K_p \times \sqrt{273 + t_s} \times \sqrt{P_v} \tag{4-35}$$

烟道断面上各采样点烟气平均流速为式（4-36）或式（4-37）。

$$\overline{v}_s = \frac{v_1 + v_2 + \cdots + v_n}{n} \tag{4-36}$$

$$\overline{v}_s = 128.9 \times K_p \times \sqrt{\frac{(273 + t_s)}{M_s \times (P_a + P_s)}} \times \overline{\sqrt{P_v}} \tag{4-37}$$

式中，$\overline{v}_s$ 为烟气平均流速，m/s；v_1，v_2，…，v_n 为断面上各采样点的烟气流速，m/s；n 为采样点数；$\overline{\sqrt{P_v}}$ 为各采样点动压平方根的平均值。

烟气流量按式（4-38）计算。

$$q_{v,s} = 3\,600 \times v_s \times A \tag{4-38}$$

式中，$q_{v,s}$ 为烟气流量，m^3/h；A 为测量断面面积，m^2。

标准状况干烟气流量为式（4-39）。

$$q_{v,nd} = q_{v,s} \times (1 - X_w) \times \frac{273}{273 + t_s} \times \frac{P_a + P_s}{101\,325} \tag{4-39}$$

式中，$q_{v,nd}$ 为标准状况干烟气流量，m^3/h；X_w 为烟气的含湿量（体积分数）；P_a 为大气压，Pa；P_s 为烟气静压，Pa。

4）含湿量的测定

与环境空气相比，烟气的水分含量高，变化大。为便于比较，《环境空气质量手工监测技术规范》（HJ/T 194—2005）要求：烟气监测数据要用标态下去除水分后的干基表示。含湿量测定方法主要有重量法、冷凝法、干湿球温度计法。

①重量法：从烟道采样点取一定体积的烟气，使之通过装有吸湿剂的吸收管，烟气中的水蒸气被吸湿剂吸收，测定烟气通过吸收管前后吸收管增加的质量，计算单位体积烟气中水蒸气的含量。测定时，在采样头中应放入玻璃棉，过滤掉烟气中的尘粒。为防止烟气中水汽到达湿球温度计前水汽冷凝而产生误差，测定时要将取样管保温大于 100℃。常用吸湿剂有 $CaCl_2$、CaO、Al_2O_3、P_2O_5、硅胶、过氯酸镁等。

②冷凝法：从烟道采样点取一定体积的烟气，使之通过冷凝器，测定烟气通过冷凝器前后所得到的冷凝水的质量；同时测定通过冷凝器后烟气的温度，查出该温度下气体的饱和蒸气压，计算出从冷凝器出口排出烟气中的含水量。冷凝水质量与冷凝器出口排出烟气中的含水量之和即为烟气中水蒸气的含量。

③干湿球温度计法：干湿球湿度计由两支完全相同的温度计组成，其中一支温度计的球（温包）用一浸入水的棉织物包住，使它经常处于润湿状态，为湿球温度计；另一支为干球温度计。根据测出的干球温度和湿球温度，查湿空气线图，可以得知此状态下空气的温度、湿度、比热、比焓、比容、水蒸气分压、热量、显热、潜热等资料。例如，干球 18℃，湿球 15℃时，其度差 3℃之纵栏与干球 18℃之横栏交叉 70°就是表示湿气为 70%。当烟气以一定的流速通过干湿球湿度计时，由于湿球表面水分的蒸发，使湿球温度计读数下降，产生干湿球温度差。根据干湿球湿度计读数及有关压力计算烟气含湿量。采样时，在采样头中放入玻璃棉，过滤掉烟气中的尘粒。将采样头插入烟道的中心位置，打开抽气泵，使烟气以大于 2.5 m/s 的流速流过干湿球温度计，当干湿球温度计读数稳定不变时读数。

5）烟尘浓度的测定

抽取一定体积烟气通过已知质量的捕集装置，根据捕集装置采样前后的质量差和采样体积可以计算烟尘浓度。测定烟尘浓度必须采用等速采样法，即采样速度（烟气进入采样嘴的流速 v_n）应与采样点烟气流速（v_s）相等，否则测定结果有测定误差。若 $v_n > v_s$，由于气体分子惯性小，容易改变方向，而烟尘惯性大，不容易改变方向，所以采样嘴边缘以外的部分气流被抽入采样嘴，而其中烟尘按原方向前进，不进入采样嘴，从而导致测定结果偏低；相反情况，若 $v_n < v_s$，则测定结果偏高。

采样类型有移动采样、定点采样和间断采样三种。移动采样可测定烟道断面上烟气中烟尘的平均浓度，用同一个尘粒捕集器在已确定的各采样点上移动采样，在各点的采样时间相同，是目前普遍使用的方法。定点采样是为了解烟道内烟尘的分布状况和确定烟尘的平均浓度，分别在断面上每个采样点采样，即每个采样点采集一个样品。间断采样适用于有周期性变化的排放源，即根据工况变化情况，分时段采样，求出时间加权平均浓度。

等速采样方法包括预测流速法、皮托管平行测速采样法和动压平衡型等速管采样法。①预测流速法：测定烟气流速与采样不是同时进行的，故仅适用于烟气流速比较稳定的污染源。实际中，要知道烟气的流速需要预先测出烟气的温度、压力、含湿量等参数，然后，根据选择的采样嘴直径，计算出等速采样条件下，各测点的采样流量，再按该流量在各点采样。②皮托管平衡测速采样法：测定流量和采样几乎同时进行，适用于工况易发生变化的烟气。③动压平衡型等速管采样法：利用装置在采样管中的孔板在采样抽气时产生的压差和与采样管平行放置的皮托管所测出的气体动压相等来实现等速采样。特点是当工况发生变化时，它通过双联斜管微压计的指示，可及时调整采样流量，保证等速采样的条件。

烟尘浓度的计算要先计算标准状况采样体积。在采样装置的流量计前装有冷凝器和干燥器的情况下，干烟气的采样体积为式（4-40）。

$$v_{nd} = 0.27 \times q_v' \times \sqrt{\frac{P_a + P_r}{M_d \times (273 + t_r)}} \times t \tag{4-40}$$

式中，v_{nd} 为标准状况干烟气的采样体积，L；q_v' 为采样流量，L/min；P_a 为大气压，Pa；P_r 为转子流量计前烟气的表压，Pa；M_d 为干烟气气体分子的摩尔质量，kg/kmol；t_r 为转子流量计前气体温度，℃；t 为采样时间，min。

当烟气气体分子的摩尔质量近似等于空气的平均摩尔质量时，简化式（4-40）为式（4-41）。

$$v_{nd} = 0.05 \times q'_{v} \times \sqrt{\frac{P_a + P_r}{273 + t_r}} \times t \qquad (4\text{-}41)$$

再计算烟尘浓度。根据采样类型不同，计算公式不同。

移动采样时，烟尘浓度为式（4-42）。

$$\rho = \frac{m}{v_{nd}} \times 10^6 \qquad (4\text{-}42)$$

式中，ρ为烟气中烟尘质量浓度，mg/m^3；m 为测得烟尘质量，g；v_{nd} 为标准状况干烟气的采样体积，L。

定点采样时，烟尘浓度为式（4-43）。

$$\overline{\rho} = \frac{\rho_1 v_1 A_1 + \rho_2 v_2 A_2 + \cdots + \rho_n v_n A_n}{v_1 A_1 + v_2 A_2 + \cdots + v_n A_n} \qquad (4\text{-}43)$$

式中，$\overline{\rho}$ 为烟气中烟尘平均质量浓度，mg/m^3；v_1，v_2，…，v_n 为各采样点烟气流速，m/s；ρ_1，ρ_2，…，ρ_n 为各采样点烟气中烟尘质量浓度，mg/m^3；A_1，A_2，…，A_n 为各采样点所代表的断面面积，m^2。

6）烟尘（或气态污染物）排放速率的计算

烟尘（或气态污染物）排放速率为式（4-44）。

$$排放速率（kg/h）=\rho \times q_{v,nd} \times 10^{-6} \qquad (4\text{-}44)$$

式中，ρ为烟气中烟尘（或气态污染物）的质量浓度，mg/m^3；$q_{v,nd}$ 为标准状况干烟气流量，m^3/h。

7）烟气黑度的测定

烟尘黑度监测实务，应严格按照《固定污染源排放烟气黑度的测定　林格曼烟气黑度图法》（HJ/T 398—2007）进行测定。林格曼是反映锅炉烟尘黑度（浓度）的一项指标。常用的检测方法有方格黑度比较（林格曼黑度图法）、测烟望远镜法（望远镜式林格曼黑度仪）和光电测烟仪法（数字式光电烟色仪）。

①林格曼黑度图法：是用视觉方法对烟气黑度进行评价的一种方法，共分为

六级，分别是：0 级、1 级、2 级、3 级、4 级、5 级，5 级为污染最严重。

19 世纪末法国科学家林格曼将烟气黑度划分为 6 级，用于固定污染源排放的灰色或黑色烟气在排放口处黑度的监测。标准的林格曼烟气黑度图由 14 cm×21 cm 不同黑度的图片组成，除全白与全黑分别代表林格曼黑度 0 级和 5 级外，其余 4 个级别是根据黑色条格占整块面积的百分数来确定的，黑色条格的面积占 20%为 1 级、占 40%为 2 级、占 60%为 3 级、占 80%为 4 级。观测时（图 4-44），可将烟气与镜片内的黑度图比较测定简称“林格曼图”，把林格曼烟气黑度图放在适当的位置上，将烟气的黑度与图上的黑度相比较，由具有资质的观察者用目视观察来测定固定污染源排放烟气的黑度。以全白、微灰、灰、深灰、灰黑、全黑 6 种颜色分别代表含烟尘量为 0 g/m^3、0.25 g/m^3、0.7 g/m^3、1.2 g/m^3、2.3 g/m^3、4～5 g/m^3（图 4-45）。观测应在白天进行。观测刚离开烟囱、黑度最大部位的烟气。连续观测 30 min，记下烟气的林格曼黑度级别及持续时间。在 30 min 内，如果出现 2 级林格曼黑度的累积时间超过 2 min，则烟气黑度为 2 级；出现 3 级林格曼黑度的累积时间超过 2 min，则烟气黑度为 3 级；依此类推更高的林格曼黑度级数。若烟气黑度介于两个林格曼黑度级别之间，可估计一个 0.5 级或 0.25 级林格曼黑度。该法和观测者的判断力，空气均匀性、亮度、风速、烟囱大小和性状，以及观测时照射光线角度等都有关。

图 4-44 用林格曼黑度图观测烟气

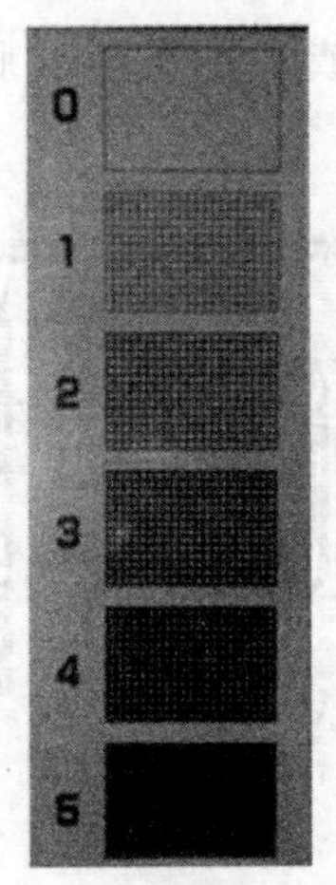

图 4-45　林格曼黑度图

②测烟望远镜法：将标准林格曼烟气浓度图缩制在一块玻璃上，并安装在测烟望远镜上，从而对烟气黑度进行监测。将在望远镜目镜中看到或由数码照相机拍摄到的烟气与林格曼烟气浓度图直接作对比，确定烟气的黑度等级。由于体积小巧，携带方便，使烟气黑度的测试变得快速、简便，使监测工作的准确度得到提高。

③光电测烟仪法：利用测烟仪内的光化学系统搜集烟气的图像，把烟气透光率与仪器内安装的标准黑度班的透光率（根据林格曼黑度分级定义确定的）比较，再经光学系统处理后，用光电检测系统把光信号转换成电信号，自动显示和打印烟气的林格曼黑度级别。该法可排除观测者视觉因素的影响。

8）烟气组分的测定

由于气态蒸气态物质分子在烟道内分布较均匀，不需要多点采样，也不需要等速采样。采样管前端装有烟尘过滤装置，烟道外连接管装有保温装置。

①烟气主要组分的测定：奥氏气体分析仪吸收法测烟气主要组分 N_2、O_2、CO、CO_2。先用 KOH 溶液吸收 CO_2，再用焦性没食子酸吸收 O_2，接着用 CuCl-NH_3 吸收 CO，最后剩下的为 N_2。当烟气中 CO 体积分数小于 0.5 时，不适宜用该法。奥氏气体分析仪简图见图 4-46。用仪器分析法如用定电位分析仪或非色散红外气体分

析仪测定CO。用氧化锆氧分析仪或磁氧分析仪、膜电极式氧分析仪测定氧的含量等。

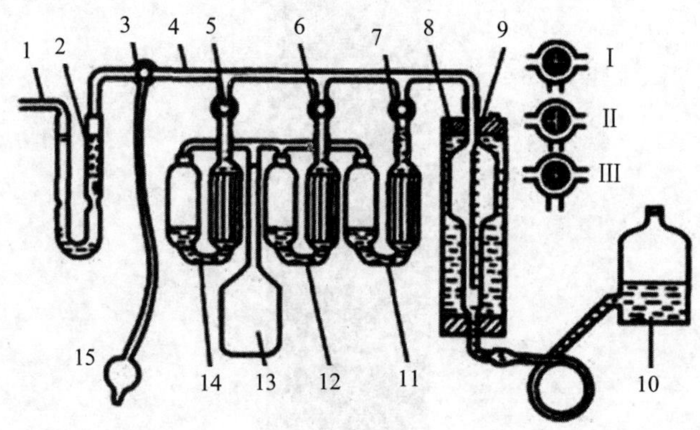

1. 连接管；2. 过滤器；3. 三通阀门；4. 梳形管；5、6、7. 阀门；8. 玻璃圆筒；9. 量筒；

10. 压力瓶；11、12、14. 吸收容器；13. 橡皮囊；15. 橡皮球

图 4-46 奥氏气体分析仪

②烟气中有害组分的测定：与空气中有害组分的测定方法相同。

③烟尘中有害组分的测定：被捕集在滤筒上的烟尘，用前面介绍方法处理制成易测定的溶液进行测定。

（2）流动污染源排气监测

流动污染源排气监测实务可参考国家相关环保标准，如《轻型汽车污染物排放限值及测量方法（中国第六阶段）》（GB 18352.6）、《轻便摩托车污染物排放限值及测量方法（中国第四阶段）》（GB 18176）、《轻型混合动力电动汽车污染物排放控制要求及测量方法》（GB 19755）。

汽车、火车、飞机、轮船等排放的废气为流动污染源，主要是汽（柴）油燃烧尾气，特别是汽车，数量大，排放的有害气体是造成空气污染的主要原因之一。废气中主要有CO、NO_x、烃类（HC）、烟尘和少许SO_2、醛类、3,4-苯并芘等。

4.3.8.5 颗粒物的测定

（1）总悬浮颗粒物的测定

总悬浮颗粒物（Total suspended particulate，TSP）监测实务，可参考《总悬

浮颗粒物采样器技术要求及检测方法》（HJ/T 374），《环境保护产品技术要求　标定总悬浮颗粒物采样器用的孔口流量计技术要求及检测方法》（HJ/T 368），《环境空气　总悬浮颗粒物的测定　重量法》（GB/T 15432）。

总悬浮颗粒物是指悬浮在空气中，空气动力学当量直径≤100 μm 的颗粒物。它源自烟雾、尘埃、煤灰或冷凝气化物的固体或液态水珠，能长时间悬浮于空气中，包括碳基、硫酸盐及硝酸盐粒子。

目前测定空气中总悬浮颗粒物含量广泛采用重量法。用重量法测定大气中总悬浮颗粒物的方法一般分为大流量（1.1～1.7 m^3/min）和中流量（0.05～0.15 m^3/min）采样法。测定时，抽取一定体积的空气，使之通过已恒重的滤膜，则悬浮微粒被阻留在滤膜上，根据采样前后滤膜重量之差及采气体积，即可计算总悬浮颗粒物的质量浓度。

总悬浮颗粒物按式（4-45）计算。

$$\text{TSP（mg/m}^3\text{）}=\frac{W}{Q_n \times t} \tag{4-45}$$

式中，W 为采样在滤膜上的总悬浮颗粒物质量，mg；t 为采样时间，min；Q_n 为标准状态下的采样流量，m^3/min。

Q_n 按式（4-46）、式（4-47）或式（4-48）计算。

$$Q_n=\frac{Q_2 \times (273 \times P_3) \times \sqrt{\frac{T_3}{T_2} \times \frac{P_2}{P_3}}}{101.3 \times T_3} \tag{4-46}$$

$$Q_n=\frac{Q_2 \times 273 \times \sqrt{\frac{T_3}{T_2} \times \frac{P_2}{P_3}}}{101.3} \tag{4-47}$$

$$Q_n=2.69 \times Q_2 \times \sqrt{\frac{T_3}{T_2} \times \frac{P_2}{P_3}} \tag{4-48}$$

式中，Q_2 为现场采样流量，m^3/min；P_2 为采样器现场校准时大气压力，kPa；P_3 为采样时大气压力，kPa；T_2 为采样器现场校准时空气温度，K；T_3 为采样时的空气温度，K。若 T_3、P_3 与采样器校准时的 T_2、P_2 相近，可用 T_2、P_2 代之。

（2）环境空气颗粒物的测定

环境空气颗粒物监测实务可参考《环境空气颗粒物（$PM_{2.5}$）手工监测方法（重量法）技术规范》（HJ 656）、《环境空气颗粒物（PM_{10} 和 $PM_{2.5}$）采样器技术要求及检测方法》（HJ 93）、环境空气颗粒物自动监测实务可参考《环境空气颗粒物（PM_{10} 和 $PM_{2.5}$）连续自动监测系统安装和验收技术规范》（HJ 655）、《环境空气颗粒物（PM_{10} 和 $PM_{2.5}$）连续自动监测系统技术要求及检测方法》（HJ 653）。

环境空气颗粒物是指 PM_{10} 和 $PM_{2.5}$ 两种颗粒物。PM_{10} 指环境空气空气动力学当量直径≤10 μm 的颗粒物，也称可吸入颗粒物。$PM_{2.5}$ 指环境空气空气动力学当量直径≤2.5 μm 的颗粒物，也称细颗粒物。空气动力学当量直径指单位密度（ρ_0=1 g/cm^3）的球体，在静止空气中做低雷诺数运动时，达到与实际粒子相同的最终沉降速度时的直径。与较粗的大气颗粒物相比，$PM_{2.5}$ 粒径小，面积大，活性强，易附带有毒、有害物质（如重金属、微生物等），且在大气中的停留时间长、输送距离远，因而对人体健康和大气环境质量的影响更大。

PM_{10} 通常来自在未铺沥青、水泥的路面上行使的机动车、材料的破碎碾磨处理过程以及被风扬起的尘土，更重要的是各种工业过程（燃煤、冶金、化工、内燃机等）直接排放的超细颗粒物。

$PM_{2.5}$ 通常来自各种燃料燃烧源，如发电、冶金、石油、化学、纺织印染等各种工业过程、供热、烹调过程中燃煤与燃气或燃油排放的烟尘。流动源主要是各类交通工具在运行过程中使用燃料时向大气中排放的尾气。

环境空气颗粒物测定是先用切割粒径 d=10 μm 或 2.5 μm 的切割器将颗粒物分离，然后用重量法或 β 射线吸收法、压电晶体差频法、光散射法测定。

①重量法：分为大流量法、中流量法和小流量法三种。将欲测物收集在已恒重的滤膜上，根据采样前后滤膜质量之差及采样体积，即可计算出 PM_{10} 或 $PM_{2.5}$ 的质量浓度。采样时要将采样头及入口各部件旋紧，防止空气从旁侧进入采样器而导致测定误差，采样后滤膜要置于干燥器中平衡 24 h，再称量至恒重。

环境空气颗粒物浓度计算按式（4-49）。

$$\rho\ (\mathrm{mg/m^3}) = \frac{W_2 - W_1}{V} \times 1\,000 \tag{4-49}$$

式中，ρ为 PM_{10} 或 $PM_{2.5}$ 的浓度，mg/m^3；W_2 为采样后滤膜的质量，g；W_1 为采样前滤膜的质量，g；V 为换算成标准状况（101.3 kPa，273 K）的采样体积，m^3。

②β 射线吸收法：原理为β 射线穿过待测定物质后，其强度衰减程度仅与被穿透物质的质量有关，而与其物理、化学性能无关。当仪器按规定流量抽取空气样品，气体通过带状滤纸过滤，使粉尘集中到该滤纸上，捕集前和捕集后的滤纸经β 射线照射并测定透过滤纸的β 射线强度，间接测出附在滤纸上的粉尘质量。β 射线辐射源一般使用等放射性同位素。β 射线辐射强度用盖革管或电离箱进行测定。该法可用于环境或作业现场空气中含尘量的自动测定。

③压电晶体差频法：用静电采样器原理将颗粒物采集在石英谐振器的电极表面上，因电极上增加了颗粒物质量，使其振荡频率发生变化。根据频率变化，可测出空气中颗粒物的浓度。

④光散射法：给暗室里的浮游粉尘照射光时，在粉尘物理性质一定的条件下，粉尘的散射光强度正比于粉尘的质量浓度。将散射光强度转换成脉冲计数即可测出粉尘的相对质量浓度，通过预置 K 值，便可直接显示粉尘质量浓度（mg/m^3）。

（3）降尘及其组分的测定

降尘监测实务，可参考《环境空气　降尘的测定　重量法》（GB/T 15265）。

自然降尘简称降尘，指大气中自然降落于地面上的颗粒物，其粒径多在 10 μm 以上。自然降尘的能力虽主要取决于自身重量及粒度大小，但风力、降水、地形等自然因素也起着一定的作用，把自然降尘和非自然降尘区分开是很困难的。降尘是大气污染的参考性指标。

在降尘的测定中，除测定降尘量外，有时还需测定降尘中的可燃性物质、水溶性物质、非水溶性物质、灰分以及某些化学组分如硫酸盐、硝酸盐、氯化物、焦油等。通过这些物质的测定，可以分析判断污染因子、污染范围和程度等。

自然降尘量的测定：测定降尘量首先要按有关布点原则和采样方法进行布点采样。采样结束后，剔除集尘器中的树叶、小虫等异物，其余部分定量转移至 1 000 mL 烧杯中，加热蒸发浓缩至 10～20 mL 后，再转移至已恒重的磁坩埚中，用水冲洗黏附在烧杯壁上的尘粒，并入瓷坩埚中，在电热板上蒸干后，于（105±5）℃烘箱内烘至恒重，计算降尘量。

计算公式为式（4-50）。

$$降尘量\left[\mathrm{t/(km^2 \cdot 30\,d)}\right]=\frac{W_1-W_0-W_a}{A\times t}\times 30\times 10^4 \tag{4-50}$$

式中，W_1 为降尘和瓷坩埚的重量，g；W_0 为瓷坩埚的重量，g；W_a 为加入的硫酸铜溶液（或乙二醇水溶液）经蒸发和烘干后的重量，g；A 为集尘缸口的面积，cm^2；t 为采样时间（精确到 0.1 d）。

其他物质的测定：水溶性物质、非水溶性物质、pH 值及其他组分的分析过程示意于图 4-47，其结果以 $g/(m^2 \cdot 30\,d)$表示。图 4-47 中，可燃物质总量为水溶性可燃物质量和非水溶性可燃物质量之和；灰分总量为水溶性物质灰分量和非水溶性物质灰分量之和。

（4）总悬浮颗粒物中污染组分的测定

总悬浮颗粒物中的污染组分包括某些金属元素和非金属元素化合物，有机化合物等。

金属元素和非金属化合物的测定可先用湿式消解法、干灰化法或水浸取法进行样品预处理（见本章前述部分），再选择适当的方法进行测定。一些化学元素测定方法见表 4-28。

表 4-28 一些化学元素的测定方法

铍	原子吸收光谱法，桑色素荧光光谱法，气相色谱法
六价铬	二苯碳酰二肼分光光度法，原子吸收光谱法
铁	分光光度法，原子吸收光谱法
砷	二乙氨基二硫代甲酸银分光光度法，新银盐分光光度法，原子吸收光谱法
硒	紫外分光光度法，荧光光谱法
铅	原子吸收光谱法，双硫腙分光光度法
铜、锌、铬、镉、锰、镍	火焰原子吸收光谱法，石墨炉原子吸收光谱法

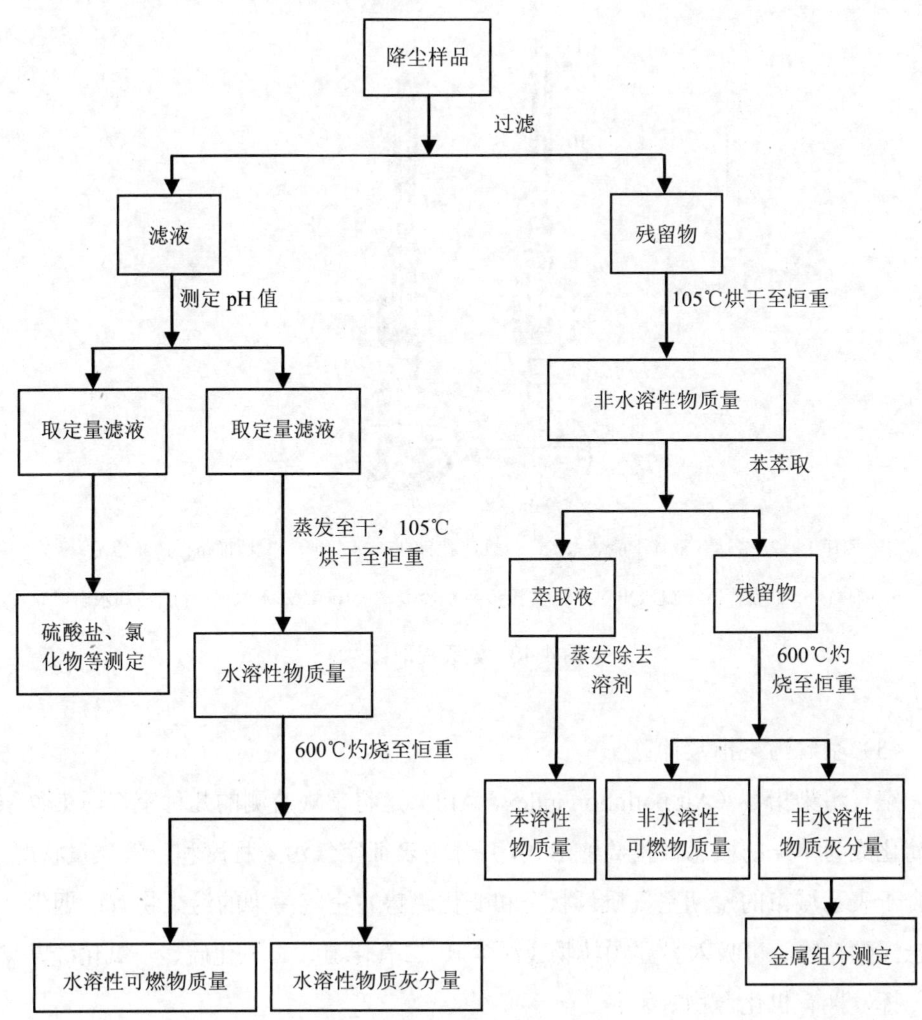

图 4-47 降尘组分的分析过程

有机化合物，如多环芳烃的测定，需先用索氏提取器（图 4-48）进行提取，或者用真空充氮升华法进行提取，再用相应的分离方法，如纸层析法或薄层层析法，对其中欲分离的组分进行分类，最后用相关的测定方法进行测定。如苯并[*a*]芘的测定，可选用乙酰化滤纸层析—荧光光谱法或高效液相色谱法（HPLC）。

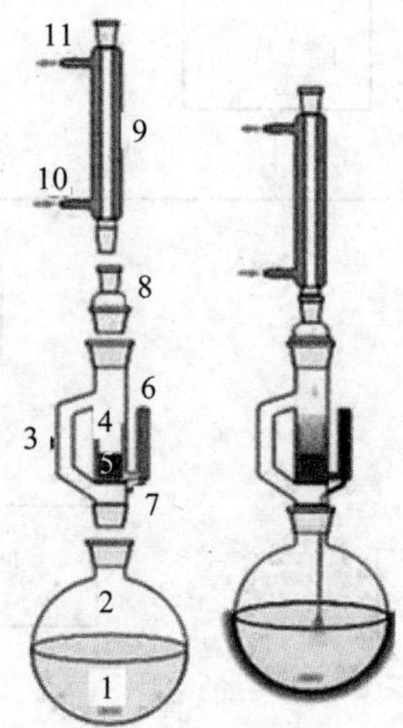

1. 搅拌子；2. 烧瓶（液体不能装太多；一般是溶剂的3～4倍）；3. 蒸馏路径；4. 套管；5. 固体；6. 虹吸管；7. 虹吸出口；8. 转接头；9. 冷凝管；10. 冷却水入口；11. 冷却水出口

图 4-48 索氏提取器

（5）空气污染指数计算

空气污染指数（Air pollution index，API）是将常规监测的几种空气污染物浓度简化成为单一的概念性指数值形式，并分级表征空气污染程度和空气质量状况，适合于表示城市的短期空气质量状况和变化趋势。空气污染的污染物有：烟尘、总悬浮颗粒物、可吸入悬浮颗粒物（浮尘）、二氧化氮、二氧化硫、一氧化碳、臭氧、挥发性有机化合物等。

空气污染指数是评估空气质量状况的一组数字，表示空气是清洁的还是受到污染的。空气污染指数关注的是吸入受到污染的空气以后几小时或几天内人体健康可能受到的影响。空气污染指数划分为0～50、51～100、101～150、151～200、201～300和大于300六档，对应于空气质量的六个级别，指数越大，级别越高，说明污染越严重，对人体健康的影响也越明显。

我国计入空气污染指数的项目为：二氧化硫、氮氧化物和总悬浮颗粒物、一氧化碳和臭氧。当某种污染物浓度$\rho_{i,j}<\rho_i<\rho_{i,j+1}$时，其污染分指数API计算公式

为式（4-51）。

$$I_i = \frac{(\rho_i - \rho_{i,j}) \times (I_{i,j+1} - I_{i,j})}{\rho_{i,j+1} - \rho_{i,j}} + I_{i,j} \tag{4-51}$$

式中，ρ_i、I_i 分别为第 i 种污染物的质量浓度和污染分指数；$\rho_{i,j}$、$I_{i,j}$ 分别为第 i 种污染物在 j 点的质量浓度和污染分指数（查表 4-29）；$\rho_{i,j+1}$、$I_{i,j+1}$ 分别为第 i 种污染物在 j+1 点的质量浓度和污染分指数（查表 4-29）。

表 4-29　空气污染指数对应的污染物质量浓度限值

空气污染指数（API）	污染物质量浓度限值/（mg/m^3）				
	SO_2（日平均）	NO_2（日平均）	PM_{10}（日平均）	CO（日平均）	O_3（8 h 平均）
50	0.05	0.08	0.05	5	0.12
100	0.15	0.12	0.15	10	0.2
200	0.8	0.28	0.35	60	0.4
300	1.6	0.565	0.42	90	0.8
400	2.1	0.75	0.5	120	1
500	2.62	0.94	0.6	150	1.2

各种污染参数的污染分指数都计算出以后，取最大者为该区域或城市的空气污染指数 API=max（I_1，I_2，…，I_n）。如果有两种或以上污染物的污染分指数最大值相同，则首要污染物按照 PM_{10}、SO_2、NO_2、O_3、CO 的顺序选取。

空气质量指数（Air quality index，AQI）是定量描述空气质量状况的无量纲指数，分级表述污染程度，具有简明、直观和使用方便的特点。空气质量指数计算用到的污染物为 SO_2、NO_2、PM_{10}、$PM_{2.5}$、O_3、CO 6 项指标。空气污染指数范围和相应的空气质量状况见表 4-30。

表 4-30　空气污染指数范围和相应的空气质量状况

空气污染指数（API）	空气质量级别	空气质量状况	表征颜色	对健康的影响	建议采取的措施
0～50	Ⅰ	优	绿	可正常活动	
51～100	Ⅱ	良	蓝	可正常活动	

空气污染指数（API）	空气质量级别	空气质量状况	表征颜色	对健康的影响	建议采取的措施
101～150	Ⅲ	轻度污染	黄	易感人群症状有轻度加剧，健康人群出现刺激症状	心脏病和呼吸系统疾病患者应减少体力消耗和户外运动
151～200	Ⅳ	中度污染	红	心脏病和肺病患者症状加剧，运动耐受力降低，健康人群中普遍出现症状	老年人和心脏病、肺病患者应留在室内，并减少体力消耗
201～300	Ⅴ	重度污染	黑	健康人运动耐受力降低，有明显强烈症状	老年人和病人应留在室内，避免体力消耗，一般人群应减少户外活动
＞300	Ⅵ	严重污染	黑	健康人运动耐受力降低，有明显强烈症状	一般人群避免户外运动

4.3.9　噪声污染监测

4.3.9.1　噪声的一些概念和指标

（1）声音和噪声

声音的本质是波动。受作用的空气发生振动，当振动频率在 20～20 000 Hz 时，作用于人的耳鼓膜而产生的感觉称为声音。正在发声的物体叫声源，固体、液体、气体都能发声都可作为声源。例如，人说话唱歌时声带振动，是声源；海水振动作为声源发出海浪声；笛子等管乐器使空气柱振动作为声源。

当物体在空气中振动，使周围空气发生疏、密交替变化并向外传递，且这种振动频率在 20～20 000 Hz，人耳可以感觉，称为可听声，简称声音，噪声监测的就是这个范围内的声波。频率低于 20 Hz 的叫次声，高于 20 000 Hz 的叫超声，它们作用到人的听觉器官时不引起声音的感觉，所以听不到。例如，蚊子发出的声音，其频率在人耳能听到的声音的频率范围之内；人轻轻挥手发出的声音频率小于 20 Hz，为次声，不在人耳能听到的范围内。地震前老鼠会有预兆，从洞里跑出来，这是因为老鼠能听到低于 20 Hz 的声音。

超声波的特点是：方向性好、穿透能力强、易获得较集中的声能，所以应用于：声呐、B 超、金属探伤、清洗、焊接等。例如，通常用于医学诊断的超声波频率为 1～5 MHz。次声波的特点是容易绕过障碍、传得很远，其危害是对人体造成伤害、对建筑物造成破坏。次声波可来自火箭发射、飞机飞行、火山爆发、陨石坠落、地震、海啸、台风、雷电、核爆炸等。

频率 f、波长 λ 和声波速度 c 是声波的几个重要参数。频率是指声源在 1 s 内振动的次数，记作 f，单位为 Hz。声波频率的高低，反映声调的高低：频率高，声音尖锐；频率低，声音低沉。波长是沿声波传播方向，振动一个周期所传播的距离，或在波形上相位相同的相邻两点间的距离，用 λ 表示，单位为 m。声波速度是 1 s 时间内声波传播的距离，简称声速，记作 c，单位为 m/s。这三者的关系为式（4-52）。

$$c=f\lambda \tag{4-52}$$

声波有广泛的应用，现代化的测量海洋深度的仪器，就是声波的应用，使用时，只要打开开关，海洋的深度即刻就会在仪器上显示出来。测量 3 000 m 深的海底，大约只需要 4 s 的时间，船只可以一边航行一边测量。仪器上还有自动的记录装置，还能够自动地把海底的形状精确地连续记录下来。

声速与传播声音的媒质和温度有关。如果忽略温度的影响，声波在介质中的传播速度直取决于介质的弹性和密度，而与声源无关。一般来说，声音在固体中传播最快，在液体中次之，气体中最慢。空气中声速 c 与温度 t 的关系为式（4-53）。

$$c=331.4+0.607\,t \tag{4-53}$$

常温下 c 约为 345 m/s。海水中 c 约为 1 500 m/s，混凝土中 c 约为 3 400 m/s，钢铁中 c 约为 5 000 m/s，玻璃中 c 约为 5 200 m/s。超音速飞机的飞行速度用马赫数来表示，马赫为飞行器的速度与当地音速之比，如 10 马赫即 10 倍于音速。

从广义上来讲，这些人们生活和工作所不需要的声音叫噪声。从物理现象判断，一切无规律的或随机的声信号叫噪声。噪声按机理分为空气动力噪声、机械噪声、电磁噪声；按噪声随时间变化分稳态噪声、非稳态噪声；按来源分交通噪声、工业噪声、建筑施工噪声、社会生活噪声。我国环保法规规定，人们不需要的声音为噪声。

噪声污染的特点有：噪声是一种感觉污染；噪声不带来化学污染物质，只是由于声能传向人耳朵，造成危害；噪声的分布广泛而分散，噪声污染的影响范围是有限的，传播不远；噪声传播过程，能量发生衰减；噪声产生的污染没有后效作用，声源停止，噪声消失，无积累现象，不留痕迹。但应注意的是：噪声对人听力造成的损失是有累积性的。

（2）声功率、声强和声压

在单位时间内，声波通过垂直于传播方向某指定面积的声能量为声功率，用 W 表示，反应声源辐射声音本领的大小。在噪声监测中，声功率是指声源的总声功率，单位为 W。

在单位时间内，通过与声波传播方向垂直的单位面积上的声能量为声强，用 I 表示，单位为 W/s^2。距离点声源 r 处的声强按式（4-54）计算。

$$I = W/4\pi r^2 \tag{4-54}$$

由式（4-54）可知，距声源越远，声能越弱。

声源振动时，空气介质中压力的改变量为声压，用 P 表示，单位为 N/s^2 或 Pa。声压与声强关系为式（4-55）。

$$I=P^2/\rho c \tag{4-55}$$

式中，ρ为空气密度；c 为声速。

声压 P 易测，W、I 不易测量，本书的声级即指声压级。

声强或声压的大小是与离声源的远近有关的。例如，在机器的近旁，感觉这个机器的噪声很吵，当离开机器一定距离后，就会感觉噪声小很多。这是因为，离开声源较远距离后，我们的耳朵接收到的 L_P（声压级）或 L_I（声强级）变小的结果。然而，作为一个声源，它在单位时间里向外辐射的噪声能量并没有改变。

（3）分贝、声功率级、声强级、声功率级

能够引起听觉的声波不仅要有一定的频率范围（20～20 000 Hz），而且要有一定的声压范围。能引起人听觉的声压范围为 2×10^{-5}～20 N/m^2，1 Pa=1 N/m^2，变化范围高达 6 个数量级。声压级的引入，就可以把声压绝对值表示的数百万倍的变化范围，改变成仅仅 120 dB 的变化范围（表 4-31）。使人的听力从听阈到痛阈的范围变为 0～120 dB。这里的 dB 就是分贝的符号。分贝是用两个相同的物理量之比取以 10 为底的对数并乘以 10（或 20），即式（4-56）。

$$N=10\lg A_1/A_0 \tag{4-56}$$

声功率级用式（4-57）计算。

$$L_W=10\lg W/W_0 \tag{4-57}$$

声强级用式（4-58）计算。

$$L_I=10\lg I/I_0 \tag{4-58}$$

声压级用式（4-59）计算。

$$L_p=10\lg P^2/P_0^2=20\lg P/P_0 \tag{4-59}$$

表 4-31　声压和相应的声压级

声压/Pa	声压级/dB	典型声源
20	120	喷气式飞机起飞点（距离 100 英尺，1 英尺=0.304 8 m）
6.32	110	普通飞机（距离 400 英尺）
0.632	90	摩托车（距离 25 英尺）
0.2	80	垃圾处理
0.063 2	70	城市交叉路口
0.02	60	一般交谈
0.006 32	50	典型办公室
0.002	40	生活房间（不开电视）
0.000 632	30	夜间特别安静的卧室

有关声功率级、声压级、声强级等具体定义，请见本书第 2 章。

两个声源的声压级相加用式（4-60）计算。

$$L_{p_T}=10\lg\frac{p_T^2}{p_0^2}=10\lg(10^{0.1L_{p1}}+10^{0.1L_{p2}}) \tag{4-60}$$

对应于 n 个声源的情况，总声压级用式（4-61）计算。

$$L_{p_T}=10\lg\left(\sum_{i=1}^{n}10^{0.1L_{p_i}}\right) \tag{4-61}$$

进行两个声压级相加的逆运算，即两个声压级相减，为式（4-62)。

$$L_{p_2}=10\lg\left(\sum_{i=1}^{n}10^{0.1L_{pT}}-\sum_{i=1}^{n}10^{0.1L_{p1}}\right) \tag{4-62}$$

n 个声源声压级的平均为式（4-63)。

$$\overline{L_p}=10\lg\left[\frac{1}{n}\sum_{i=1}^{n}\left(10^{0.1L_{p_i}}\right)\right] \tag{4-63}$$

上述有关公式，具体推理过程见本书第 2 章。

两个声压级相加，也可以通过查两噪声源的叠加曲线（图 4-49）求解。例如，当 $L_{p1}\neq L_{p2}$（设 $L_{p1}>L_{p2}$）时，求 L_p，则先求 L_{p1} 与 L_{p2} 的差值；再由所得差值从表中查分贝和增值 ΔL；最后由式（4-64）求出合成声压级值。

$$L_p=L_{p1}+\Delta L \tag{4-64}$$

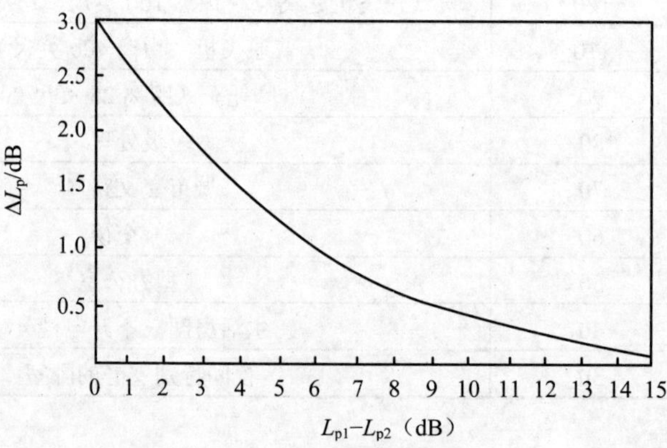

图 4-49　两噪声源的叠加曲线

【例】已知两个声压级：L_{p1}=90 dB，L_{p2}=84 dB，求合成声压级 L_p。

解：(1) $\Delta L = L_{p1} - L_{p2} = 90 - 84 = 6$ dB；

(2) 查图 6 dB →$\Delta L = 1.0$ dB；

(3) $L_p = L_{p1} + \Delta L = 90 + 1.0 = 91$ dB

由图 4-49 可见：两个声压级相等时，合成声压级增加 3 dB；两个声压级不等时，最大不超过 3 dB。($L_{p1} > L_{p2}$，$L_p \leqslant L_{p1}+3$)；两个声压级不等时，相差≥10 dB 以上时，增值很小，可以忽略不计，仍等于 L_1。如 L_{p1}=90 dB，L_{p2}=75 dB，合成 L_p=90 dB。

掌握了两个声源的叠加，就可以推广到多声源的叠加，只需逐次两两叠加即可，而与叠加次序无关。例如，有 8 个声源作用于一点，声压级分别为 70 dB、75 dB、82 dB、90 dB、93 dB、95 dB、100 dB，它们合成的总声压级可以任意次序查图 4-49 的曲线两两叠加而得。任选两种叠加次序（图 4-50）。

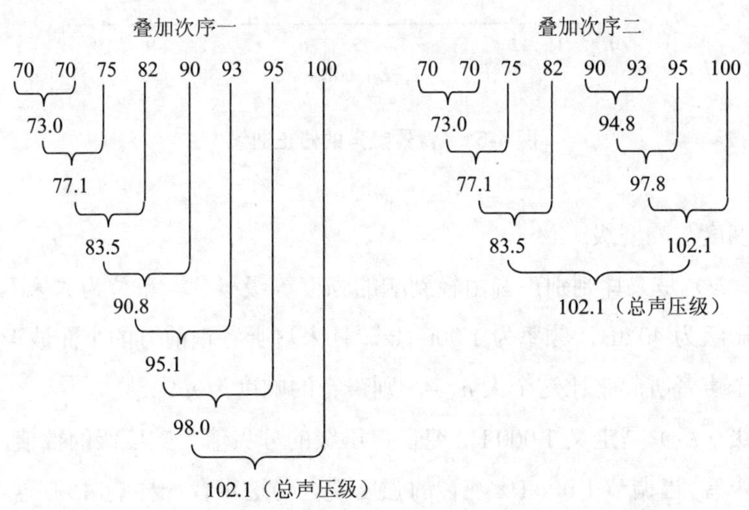

图 4-50　多声源叠加

噪声的相减也可以通过查两噪声源的叠加曲线求解。

【例】为测定某车间中一台机器的噪声大小，从声级计上测得声级为 104 dB，当机器停止工作，测得背景噪声为 100 dB，求该机器噪声的实际大小。

解：由题可知 104 dB 是指机器噪声和背景噪声之和（L_p），而背景噪声是 100 dB（L_{p1}）。

$L_p - L_{p1} = 4$ dB，从图 4-49 中可查得相应之 $\Delta L_p = 2.2$ dB，因此该机器的实际噪声声级 L_{p2} 为：$L_{p2} = L_p - \Delta L_p = 101.8$ dB。

这类与背景值有关的，也可以查背景噪声的修正曲线（图 4-51）求解。

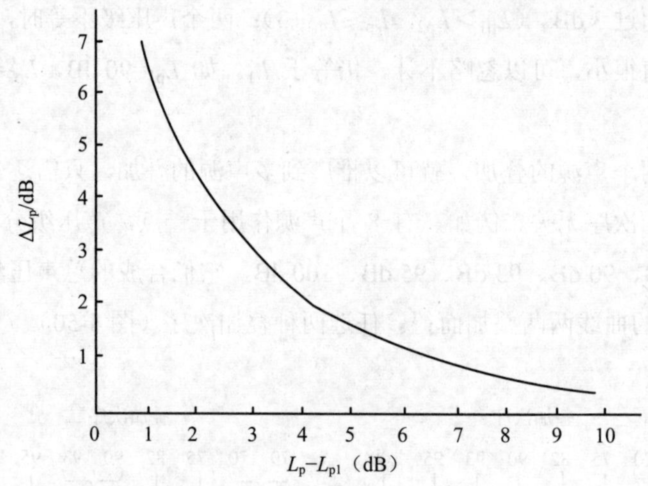

图 4-51 背景噪声的修正曲线

（4）响度与响度级

响度（N）是人耳判别声音由轻到响的强度等级概念，单位为“宋”。1 宋的定义为声压级为 40 dB，频率为 1 000 Hz，且来自听者正前方的平面波形的强度。如果另一个声音听起来比这个大 n 倍，则声音的响度为 n 宋。

响度级（L_N）是定义 1 000 Hz 纯音声压级的分贝值为响度级的数值。任何其他频率的声音，当调节 1 000 Hz 纯音的强度使之与这声音一样响时，则这 1 000 Hz 纯音的声压级分贝值就定为这一声音的响度级值。响度级的单位为“方”。

响度级的合成不能直接相加，而响度可以相加，见式（4-65）。

$$L_N = 40 + 33\lg N \tag{4-65}$$

根据大量实验得到，响度级每改变 10 方，响度加倍或减半。例如，已知 40

方为 1 宋，则 50 方为 2 宋、60 方为 4 宋、70 方为 8 宋。

等响曲线（图 4-52）是人耳听觉范围内一系列响度相等的声压级与频率关系曲线。

从等响曲线可见，响度级相同的声音其声压级可以不同，当然对应的频率也不同（表 4-32）。

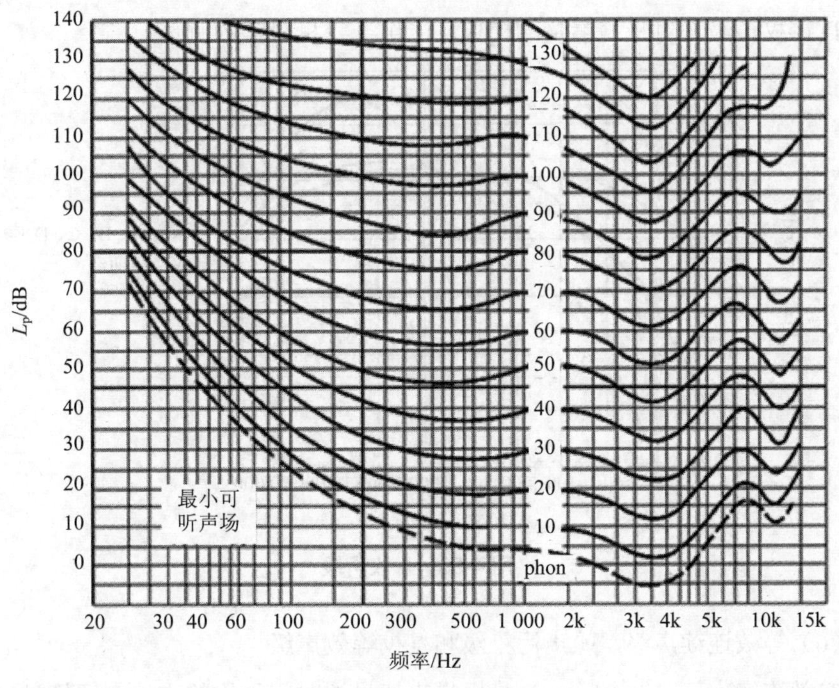

图 4-52　等响曲线

表 4-32　等响曲线举例

L_p/dB	f/Hz	L_N/方	效果
82	20	20	感觉响度一样，但 L_p 不同，当然 f 也不同，但 L_N 一样
35	100	20	
20	1 000	20	
30	10 000	20	

（5）计权声级

我国的计权声级（图 4-53）有 A、B、C、D 四种。A 计权声级是模拟人耳对 55 dB 以下低强度噪声的频率特性。将低频声音有较大的衰减，中频次之，高频不衰减甚至放大，测得的噪声值较接近人耳的听觉。因此在测定中大都采用 A 声级来衡量噪声的强弱，故噪声环境监测中多采用 A 计权声级。B 计权声级是模拟 55～85 dB 的中等强度噪声的频率特性。C 计权声级是模拟高强度噪声的频率特性。D 计权声级是对噪声参量的模拟，专用于飞机噪声的测量。

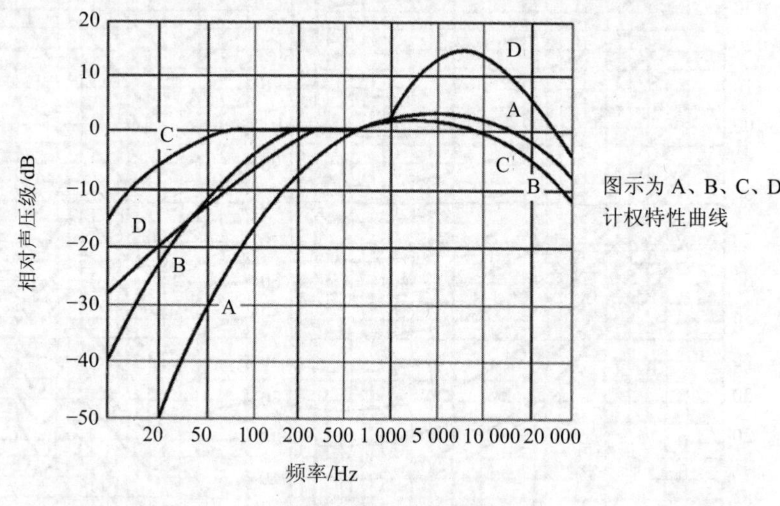

图 4-53 计权声级

（6）等效连续声级、噪声污染级和昼夜等效声级

等效连续声级 L_{eq}（$L_{Aeq,T}$）是用噪声能量按时间平均的方法来评价噪声对人的影响；即用一个相同时间内声能与之相等的连续稳定的 A 声级表示该段时间内的噪声的大小。等效连续 A 声级用式（4-66）计算。

$$L_{eq}=10\lg\left(\frac{1}{T}\int_0^T 10^{0.1L_t}\,dt\right) \tag{4-66}$$

式中，L_t 为某时刻 t 的瞬时 A 声级，dB；T 为规定的测量时间，s。当数据符合正态分布，L_{eq} 可用式（4-67）近似计算。

$$L_{Aeq}\approx L_{50}+d^2/60 \tag{4-67}$$

式中，d 为 L_{10} 与 L_{90} 之差，L_{10}、L_{50}、L_{90} 称为累积分布值，L_{10} 是测定时间内，10%的数值超过的噪声级，相当于噪声的峰值；L_{50} 是测定时间内，50%的数值超过的噪声级，相当于噪声的平均值；L_{90} 是测定时间内，90%的数值超过的噪声级，相当于噪声的本底值；L_{10}、L_{50}、L_{90} 的求法可用作图法查找，也可以将数据（如 100 个数据）从大到小排列，第 10、第 50、第 90 个为 L_{10}、L_{50}、L_{90}。在数值上，$L_{10}>L_{50}>L_{90}$。

噪声污染级 L_{NP} 是指在 L_{eq} 上加一项表示噪声变化幅度的量。噪声污染级用式（4-68）计算。

$$L_{NP}=L_{eq}+2.56\sigma \tag{4-68}$$

式中，σ 为测量过程中瞬时声级的标准偏差。噪声污染级可以显示涨落的噪声对人们的烦恼度。

也可以用简易计算公式（4-69）计算。

$$L_{NP}=L_{eq}+d \tag{4-69}$$

或者用式（4-70）计算。

$$L_{NP}=L_{50}+d+d^2/60 \tag{4-70}$$

式中，d 为 L_{10} 与 L_{90} 之差。

考虑到夜间噪声具有更大的烦扰程度，故提出昼夜等效声级 L_{dn}（也称日夜平均声级）。昼夜等效声级反映社会噪声昼夜间的变化情况。

昼夜等效声级用式（4-71）计算。

$$L_{dn}=10\lg\left[\frac{16\times10^{0.1L_d}+8\times10^{0.1(L_n+10)}}{24}\right] \tag{4-71}$$

式中，L_d 为白天的等效声级，时间是从 6:00—22:00，共 16 个小时；L_n 为夜间的等效声级，时间是从 22:00—次日 6:00，共 8 个小时。

（7）噪声的频谱分析

一般声源所发出的声音，不会是单一频率的纯音，而是由许许多多不同频率，不同强度的纯音组合而成的。为了使采取的噪声控制措施有针对性，分析噪声的各个频率成分就很有必要。

将噪声的强度（声压级）按频率顺序展开，使噪声的强度成为频率的函数，并考察其波形，称为噪声的频率分析（或频谱分析）。频谱分析的方法是使噪声信号通过一定带宽的滤波器，通带越窄，频率展开越详细；反之通带越宽，展开越粗略。

由于可听声频率范围是 20～20 000 Hz，有 1 000 倍的变化，因此，若把噪声按每赫兹的细度来分析它的强度，是非常麻烦和耗费时间的，也是没必要的。为了方便，把宽广的声频范围划分成若干个小的频段。通常把 20～20 000 Hz 的声频范围划分为 10 个频带，每个频带上下限的频率值称为上下截止频率（f_1 和 f_2），把式（4-72）定义为 n 倍频程。

$$\log_2（f_1/f_2）= n \quad （4\text{-}72）$$

n=1、1/2、1/3 分别称为倍频程、1/2 倍频程和 1/3 倍频程。

滤波器有等带宽滤波器、等百分比带宽滤波器和等比带宽滤波器 3 种。

①等带宽滤波器：任何频段上的滤波，通带都是固定的频率间隔，即含有相等的频率数。

②等百分比带宽滤波器：具有固定的中心频率百分数间隔，故它所含的频率数随滤波通带的频率升高而增加。例如，等百分比为 3%的滤波器，100 Hz 的通带为（100±3）Hz；1 000 Hz 的通带为（1 000±30）Hz，而 10 000 Hz 的通带为（10 000±300）Hz。

③等比带宽滤波器：是噪声监测中所用的滤波器，滤波器的上、下截止频率（f_2 和 f_1）之比以 2 为底的对数为某一常数，常用的有倍频程滤波器和 1/3 倍频程滤波器等。它们的具体定义是：1 倍频程：$\log_2（f_2/f_1）$=1；1/3 倍频程：$\log_2（f_2/f_1）$=1/3；其通式为式（4-73）。

$$f_2/f_1=2^n \quad （4\text{-}73）$$

当 n=1 时，称为 1 倍频，简称倍频程，在音乐上称为一个八度，是最常用的。表 4-33 列出了 1 倍频程滤波器最常用的中心频率值（f_m），以及上、下截止频率。这是经国际标准化认定并作为各国滤波器产品的标准值。用倍频程划分频带时，各频带的最高频率 f_2 为最低频率的 2 倍，即 $f_2=2^1\times f_1=2f_1$。当 n=1/3 时，称为 1/3 倍频。用 1/3 倍频程划分频带时，各频带的最高频率 f_2 为最低频率的 1.26 倍，即

$f_2=2^{1/3}\times f_1=1.26f_1$。

表 4-33　常用 1 倍频程滤波器的中心频率和截止频率　单位：Hz

中心频率 f_m	上截止频率 f_2	下截止频率 f_1	中心频率 f_m	上截止频率 f_2	下截止频率 f_1
31.5	44.547 3	22.273 7	1 000	1 414.20	707.1
63	89.094 6	44.547 3	2 000	2 828.40	1 414.20
125	176.775	88.387 5	4 000	5 656.80	2 828.40
250	353.55	176.775	8 000	11 313.6	5 656.80
500	707.1	353.55	16 000	22 627.2	11 313.6

这 10 个倍频程已经把可听声全部包括进来了，因此使得噪声监测和分析工作得到了简化。

由于人耳对接近次声的 31.5 Hz 和靠近超声的 16 000 Hz 两个频带的声音很不敏感，因此，实际工程只用了 63～8 000 这 8 个倍频程，甚至有时只用 125～4 000 Hz 这 6 个频带就可以了。

以频率为横坐标，相应的强度（如声压级）为纵坐标作图。经过滤波后各通带对应的声压级的包络线（即轮廓）叫噪声谱（图 4-54）。

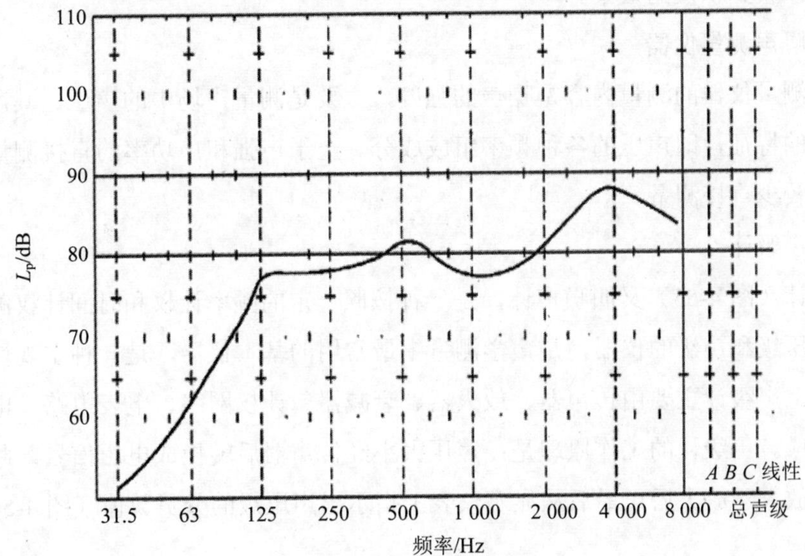

图 4-54　一次实测的噪声谱

1/3 频程频率范围的中心频率值（f_m），以及频率范围见表 4-34。

表 4-34 1/3 倍频程滤波器的中心频率和频率范围 单位：Hz

中心频率	频率范围	中心频率	频率范围	中心频率	频率范围	中心频率	频率范围
25	22.4～28.2	50	44.7～56.2	100	89.1～112	200	178～224
31.5	28.2～35.5	63	56.2～70.8	125	112～141	250	224～282
40	35.5～42.7	80	70.8～89.1	160	141～178	315	282～355
400	355～447	1 250	1 122～1 413	4 000	3 548～4 467	10 000	8 913～11 220
500	447～562	1 600	1 413～1 778	5 000	4 467～5 623	12 220	11 220～14 130
630	562～708	2 000	1 778～2 239	6 300	5 623～7 079	16 000	14 130～17 780
800	708～891	2 500	2 239～2 818	8 000	7 079～8 913	20 000	17 780～22 300
1 000	891～1 122	3 150	2 818～3 548				

需要指出的是，频谱分析对噪声监测和控制工作是很有用的。它可以帮助我们了解噪声源的特性，了解噪声危害的主要来源。针对最高声级的频带进行控制处理，可以收到积极的效果。

4.3.9.2 噪声测量仪器

噪声测量仪器的测量内容是噪声的强度，主要是测量声场中的声压，其次是测量噪声的特征，即声压的各种频率组成成分。至于声强和声功率的直接测量较麻烦，故较少直接测量。

（1）声级计

声级计（图 4-55）又叫噪声计，是一种按照一定的频率计权和时间计权测量声音的声压级和声级的仪器，是声学测量中最常用的基本仪器，是一种主观性的电子仪器。声级计主要由传声器、放大器、衰减器、计权网络、电表电路及电源等部分组成。声级计的工作原理是：声压大小经传声器后转换成电压信号，此信号经前置放大器放大后，最后从显示仪表上指示出声压级的分贝数值（图 4-56）。

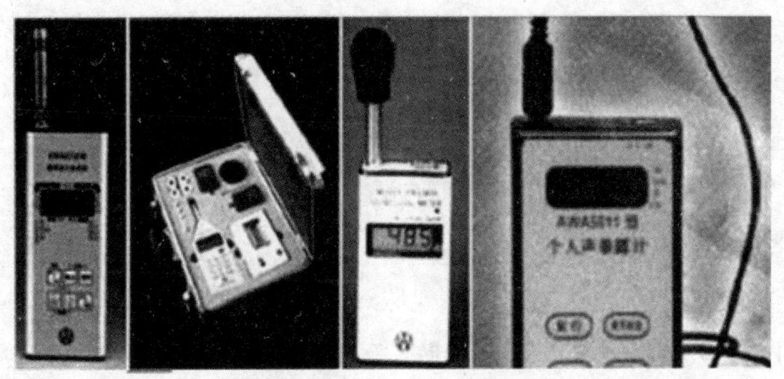

图 4-55　一些声级计实物图

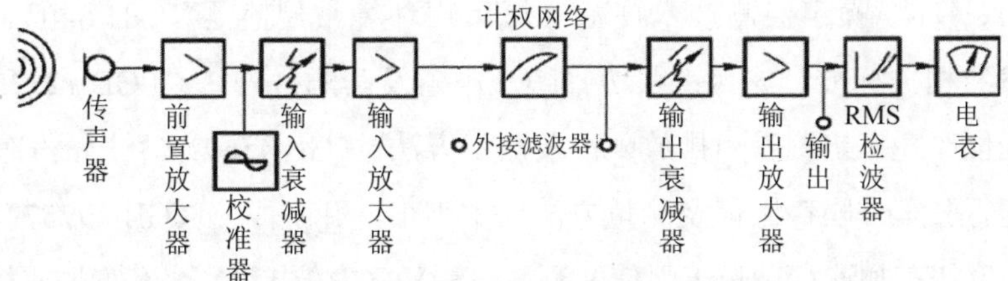

图 4-56　声级计的工作原理图

声级计按精度分为 1 级和 2 级声级计。两种级别的声级计的各种性能指标具有同样的中心值，仅仅是容许误差不同，而且随着级别数字的增大，容许误差放宽。如果按体积大小划分，声级计可分为台式声级计、便携式声级计和袖珍式声级计。如果按指示方式划分，声级计可分为模拟指示（电表、声级灯）和数字指示声级计。如果根据声级计在标准条件下测量 1 000 Hz 纯音所表现出的精度，可将声级计分成 4 种类型：0 级、1 级、2 级、3 级声级计。

通常声级计上有阻尼开关能反映人耳听觉动态特性；快挡“F”用于测量起伏不大的稳定噪声；如噪声起伏超过 4 dB 可利用慢挡“S”，上述两种指示反应速度时间常数分别是 125 ms 和 1 000 ms。有的声级计还有读取脉冲噪声的“脉冲”档。

（2）其他噪声测量仪器

其他噪声测量仪器还有：声级频谱仪、录音机、记录仪、实时分析仪等。声级频谱仪可测定频率与声压级的声音特征曲线；录音机可以记录全部声音情况；记录仪可以与频谱仪及声级计联用；实时分析仪是一种数字式谱线显示仪，能把测量范围的输入信号在短时间内同时反映在一系列信号通道显示屏上，通常用于较高要求的研究、测量，目前使用不普遍。

4.3.9.3 噪声监测实务

噪声监测实务，可以参考相关环保标准，如《工业企业厂界环境噪声排放标准》（GB 12348）、《城市轨道交通（地下段）结构噪声监测方法》（HJ 793）、《环境噪声监测技术规范　结构传播固定设备室内噪声》（HJ 707）、《环境噪声监测技术规范　噪声测量值修正》（HJ 706）、《环境噪声监测点位编码规则》（HJ 661）、《环境噪声监测技术规范　城市声环境常规监测》（HJ 640）。其余行业还可参考相关标准，如《铁路边界噪声限值及其测量方法》（GB 12525）、《摩托车和轻便摩托车定置噪声排放限值及测量方法》（GB 4569）、《三轮汽车和低速货车加速行驶车外噪声限值及测量方法（中国Ⅰ、Ⅱ阶段）》（GB 19757）、《摩托车和轻便摩托车加速行驶噪声限值及测量方法》（GB 16169）、《汽车加速行驶车外噪声限值及测量方法》（GB 1495）、《声学　机动车辆定置噪声测量方法》（GB/T 14365）、《机场周围飞机噪声测量方法》（GB 9661）。

噪声监测还要结合噪声控制有关标准，进行监测结果评价。环境噪声标准制定的依据是环境基本噪声。各国大多参考 ISO 推荐的基数（如睡眠为 30 dB），根据不同时间、不同地区和室内噪声受室外噪声影响的修正值以及本国具体情况来制定。常用的噪声有关标准，本章前已描述，具体也可参考国家环境保护部有关标准。

（1）城市环境噪声监测

城市环境噪声监测常用测量仪器可选用精度 2 型以上的积分式声级计及环境噪声自动监测仪器。

应在无雨、无雪的天气条件下测量，如果风速为 5.5 m/s 以上，应停止测量。测量时间：分为白天（6:00—22:00）和夜间（22:00—次日 6:00）两部分。白天时间一般选在上午 8:00—12:00，下午 2:00—6:00。夜间时间一般选在 22:00—次日 5:00。

城市区域环境噪声普查方法适用于为了解某一区域或整个城市的总体环境噪声水平、环境噪声污染的时间与空间分布规律而进行的测量。可采用网格测量法或定点测量法。

- 网格测量法：将要监测的城市划分为 500 m×500 m 的网格。若城市较小，可按 250 m×250 m 的网格划分。每一网格中的工厂、道路及非建成区的面积之和不得大于网格面积的 50%。测量点选择在每个网格的中心，若中心点的位置不宜测量（如房顶、污沟、禁区等），可移到旁边能够测量的位置。测量的网格数目不应少于 100 个格。网格测量法示意图见图 4-57。

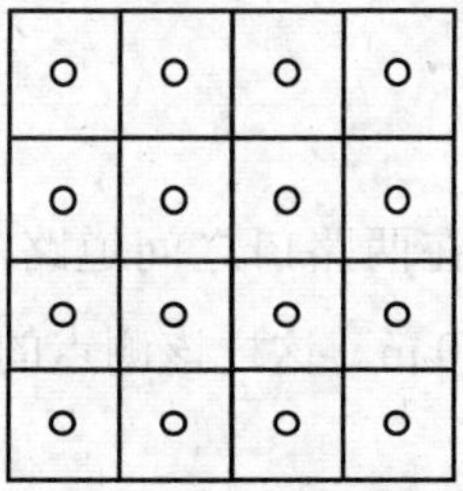

图 4-57　网格测量法示意图

- 定点测量法：在标准规定的城市建成区中，优化选取一个或多个能代表某一区域或整个城市建成区环境噪声平均水平的测点，进行 24 h 连续监测。

测量每小时的 L_{eq} 及昼间的 L_d 和夜间的 L_n。可按网格测量法的测量方法测量。将每一小时测得的连续等效 A 声级按时间排列，得到 24 h 的声级变化图形，用于表示某一区域或城市环境噪声的时间分布规律。

在测定城市噪声污染分布情况后，可在城市地图上用不同颜色或阴影线表示噪声带，每一噪声带代表一个噪声等级，每级相差 5 dB。各等级的颜色和阴影线规定见表 4-35。

表 4-35 各噪声带颜色和阴影线表示规定

噪声带/dB	颜色	阴影线
＜35	浅绿色	小点，低密度
36～40	绿色	中点，中密度
41～45	深绿色	大点，高密度
46～50	黄色	垂直线，低密度
51～55	褐色	垂直线，中密度
56～60	橙色	垂直线，高密度
61～65	朱红色	叉线，低密度
66～70	洋红色	叉线，中密度
71～75	紫红色	交叉线，高密度
76～80	蓝色	宽条垂直线
81～85	深蓝色	全黑

（2）城市交通噪声监测

城市交通噪声监测点应选在两路口之间道路边人行道上，离车行道的路沿 20 cm 处，此处离路口应大于 50 m。这样该测点的噪声可以代表两路口间该段道路的交通噪声。

在规定的时间段内，各测点每隔 5 s 记一个瞬时 A 声级，连续记录 200 个数据，同时记录车流量（辆/h）。

将 200 个数据从小到大排列，第 20 个数为 L_{90}，第 100 个数为 L_{50}，第 180 个数为 L_{10}。并计算 L_{eq}，因为交通噪声基本符合正态分布，故可用式（4-67）。

评价量为 L_{eq} 或 L_{10}，将每个测点 L_{10} 按 5 dB 一挡分级（方法同前述），以不同颜色或不同阴影线画出每段马路的噪声值，即得到城市交通噪声污染分布图。

全市测量结果应得出全市交通干线 L_{eq}、L_{10}、L_{50}、L_{90} 的平均值和最大值，以及标准偏差，以作为城市间比较。全市测量结果用式（4-74）计算。

$$L=\frac{1}{L}\sum(L_K\cdot l_K) \tag{4-74}$$

式中，L 为全市干线总长度，km；L_K 为所测 K 段干线的声级 L_{eq}（或 L_{10}）；l_K 为所测第 K 段干线的长度，km。

（3）城市功能区噪声的监测

当需要了解城市环境噪声随时间的变化时，应选择具有代表性的测点，进行长期监测。

测点的选择，可根据可能的条件决定，一般不少于 6 个点，这 6 个测点的位置应这样选择：0 类区、1 类区、2 类区、3 类区各一点；4 类区两点。

（4）工业企业噪声监测

1）车间内噪声测量

测点选择的原则：若车间内各处 A 声级波动小于 3 dB，则只需在车间内选择 1～3 个测点。

若车间内各处声级波动大于 3 dB，则应按声级大小，将车间分成若干区域（这些区域必须包括所有工人为观察或管理生产过程而经常工作、活动的地点和范围），任意两个区域的声级差不少于 3 dB，而每个区域内的声级波动必须小于 3 dB，每个区域取 1～3 个测点。

测量工业企业噪声时，传声器的位置应在操作人员的耳朵位置，并指向操作人员的耳朵，但人需离开。

测量应在工矿企业的正常生产时间进行，计权特性选择 A 声级，动态特性选择慢响应。

对于非稳态噪声，有两种测量方法：①在不同区域内 A 声级虽然有较明显的变化，但在每一区域内的噪声可以近似看成稳态噪声，这时则需要测量每一区域 A 声级及该声级下的暴露时间，然后计算等效连续声级。②按区域环境噪声测量方法，在每一区域的中心，每隔 5 s 连续读取 100 个数据求算等效连续 A 声级（等效连续声级记录表见表 4-36），然后把所有区域的等效连续 A 声级作算术平均值。

测点距墙面和其他主要反射面不小于 1 m，距地板 1.2～1.5 m，距窗户约 1.5 m，开窗状态下测量。

由于接触噪声时间和允许声级相联系，故定义实际噪声暴露时间 $T_{实}$除以容许暴露时间 T（表 4-37）之比为噪声剂量（D）。如果噪声剂量（D）大于 1，则在场工作人员所接受的噪声已超过安全标准。

表 4-36 等效连续声级记录表

<table>
<tr><td rowspan="2">暴露时间/min</td><td rowspan="2">测点</td><td colspan="10">中心声级/dB（A）</td><td rowspan="2">等效声级/dB（A）</td></tr>
<tr><td>80</td><td>85</td><td>90</td><td>95</td><td>100</td><td>105</td><td>110</td><td>115</td><td>120</td><td>125</td></tr>
<tr><td></td><td></td><td></td><td></td><td></td><td></td><td></td><td></td><td></td><td></td><td></td><td></td><td></td></tr>
<tr><td>备注</td><td></td><td></td><td></td><td></td><td></td><td></td><td></td><td></td><td></td><td></td><td></td><td></td></tr>
</table>

表 4-37 车间内部容许噪声级

<table>
<tr><td>每个工作日噪声暴露时间/h</td><td>8</td><td>4</td><td>2</td><td>1</td><td>1/2</td><td>1/4</td><td>1/8</td><td>1/16</td></tr>
<tr><td>允许噪声级/dB</td><td>90</td><td>93</td><td>96</td><td>99</td><td>102</td><td>105</td><td>108</td><td>111</td></tr>
<tr><td>最高噪声级/dB</td><td colspan="8">≤115</td></tr>
</table>

通常每天所接受的噪声往往不是某一固定声级，这时噪声剂量应按具体声级和响应的暴露时间进行计算，即式（4-75）。

$$D = T_{实1}/T_1 + T_{实2}/T_2 + \cdots \tag{4-75}$$

【例】某工人在车床上工作，8 h 定额生产 140 个零件，每个零件加工 2 min，车床工作时声级为 93 dB（A）。试计算噪声剂量（D），并以现有企业标准评价是否超过安全标准。

解：总暴露时间为 $T_{实}$=2×140=280 min，即 4.67 h。

从表 4-36 可知：容许暴露时间 T=4 h，故 D=4.67/4=1.17＞1。

结论：工作噪声环境已超过安全标准。

2）工业企业厂界噪声测量

工业企业外环境噪声，应在工业企业边界线 1 m 处进行，传声器高度 1.2 m 以上的噪声敏感处（如窗外 1 m 处）；如厂界有围墙，测点应高于围墙；若厂界与居民住宅相连，厂界无法测量时，测点应选在居室中央，室内限值应比相应标准低 10 dB。

背景噪声的声级值应比待测噪声的声级值低 10 dB 以上。若测量值与背景值＜10 dB，应进行修正。

工业企业厂界噪声测量所采用的测量仪器、测量条件等要求与城市区域噪声测量基本相同。

4.3.10　其他环境监测实务

以上为环境管理实务中涉及的常用环境监测，还有其他环境监测实务，如固体废物监测、土壤质量监测、环境振动测量、放射线和辐射监测、环境污染自动监测、环境污染生物监测、突发性环境污染事故监测等，也是环境管理实务中会遇到的监测实务。由于这些监测，许多原理与方法与本书已述的水、空气和废气监测的方法有相同或相似之处，它们的区别往往在于采样和前处理不同。在环境管理的监测实务中，如需要，可以参考环境保护部相关环境监测标准。当然随着我国对环保工作的日益重视和我国环保工作者的不断努力，新的国家环保标准将随时根据环保工作需要颁布，或对旧的环保国家标准的修改（订）也将随时根据环保工作需要而重新颁布。开展环境保护工作实务，应时刻关注，并以国家或地方最新颁布的环保法律法规或环保标准作为开展环保工作的依据。

4.4　环境监测报告编制实务

环境监测除了研究性监测，对于监视性监测和特定目的监测，还应编制相应的环境监测报告。不同的环境监测类型，其监测报告格式不尽相同。这里给出监视性监测、委托性监测和建设项目环境保护竣工验收监测等几种监测报告格式的举例。当然这些监测报告格式，不是唯一的。但一份合格的监测报告，应该包括监测的对象、性质、采样和监测依据、监测结果、工况说明（如果需要）、建议等相关信息。监测结果一般以列表形式给出。

4.4.1　监视性监测报告

监视性环境监测报告格式举例见图 4-58。监测报告表头内容包括：有效期、监测种类（废水、废气或噪声）及报告编号、报告表的总页数、监测项目名称

××市环境监测站

监测报告

2013131×××U

（盖监测站监测专用章）

×环测（气）监 ××号　　第×页 共×页

有效期至：××××年××月××日

项目名称：废气监测　　监测性质：监督监测

受检单位：××有限公司　地址：××市××镇××工业区　　样品来源：现场取样

采样日期：×年×月×日　　报告日期：×年×月×日

一、样品性状：废气

二、监测分析方法：

项目	采样和分析方法
硫酸雾	《固定污染源排气中颗粒物测定与气态污染物采样方法》（GB/T 16157—1996） 《固定污染源废气　硫酸雾的测定　离子色谱法》（HJ 544—2016）

三、监测结果：

监测点位	监测项目	样品编号	测定浓度/（mg/m^3）		排放量/（kg/h）		排气筒高度/m
			实测值	平均值	实测值	平均值	
排气筒出口	硫酸雾	QLWJ16008-1	1.50	1.38	4.8×10^{-4}	4.4×10^{-4}	15
		QLWJ16008-2	1.37		4.3×10^{-4}		
		QLWJ16008-3	1.26		4.1×10^{-4}		

四、监测点位图：

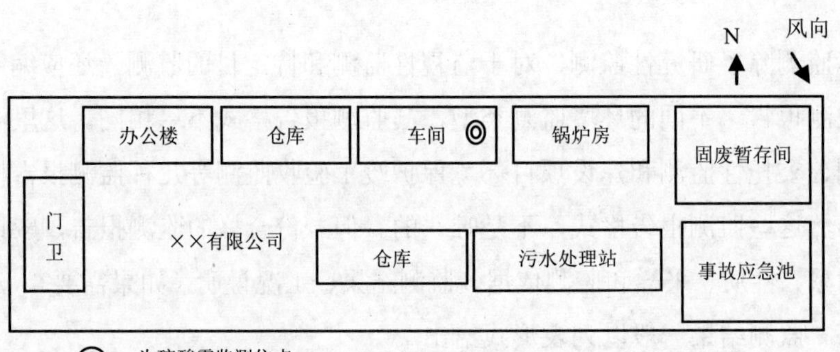

签发：　　质量负责人：　　项目负责人：

图 4-58　环境监测报告格式举例

（废水、废气或噪声）、监测性质（监督监测或委托监测）、受检单位及地址、样品来源（现场取样或其他）、采样日期和报告日期等。表头应加盖监测站或监测机构监测专用章。

监视性环境监测报告内容一般包括样品性状或监测地点、监测分析方法（应标注所采用的国家标准号）、监测结果、监测点位图（噪声必需）或工况说明、相关签发人和项目负责人等。监测分析方法如果涉及多种项目，可列表表示。监测结果一般列表表示。

4.4.2　委托性监测报告

委托性环境监测报告格式类似与监督性环境监测报告，可参考图 4-58。其中表头的监测性质填写“委托监测”。

委托性环境监测报告可在报告最后标注：“本监测报告对以上监测结果负责，如有异议请向本站质询”等内容。

某公司废水委托监测结果见表 4-38。

表 4-38　某公司废水委托监测结果

监测位置	样品编号	pH 值	总磷/（mg/L）	总氮/（mg/L）	氨氮/（mg/L）	COD/（mg/L）	BOD_5/（mg/L）
水处理站设施进口	W11	6.09	2.72	5.46	4.89	470	233
	W12	6.07	2.75	5.32	4.71	473	222
	W13	6.08	2.71	5.46	4.80	478	222
水处理站设施出口	W21	7.12	0.111	4.03	2.49	12	4.3
	W22	7.11	0.118	4.15	2.27	14	4.3
	W23	7.13	0.097	4.10	2.27	13	4.3

某公司噪声委托监测结果见表 4-39。

表 4-39　某公司噪声委托监测结果

监测时段	监测点位	监测结果/dB		备注
		L_{eq}	L_{max}	
昼间	1#厂界外 1 m	53.8	—	—
	2#厂界外 1 m	53.2	—	—
	3#厂界外 1 m	52.8	—	—
	4#厂界外 1 m	73.1	—	外界为城市干道
夜间	1#厂界外 1 m	49.1	55.2	—
	2#厂界外 1 m	49.4	56.8	—
	3#厂界外 1 m	47.2	50.9	—
	4#厂界外 1 m	59.8	65.5	外界为城市干道

该公司厂界噪声监测点位图见图 4-59。

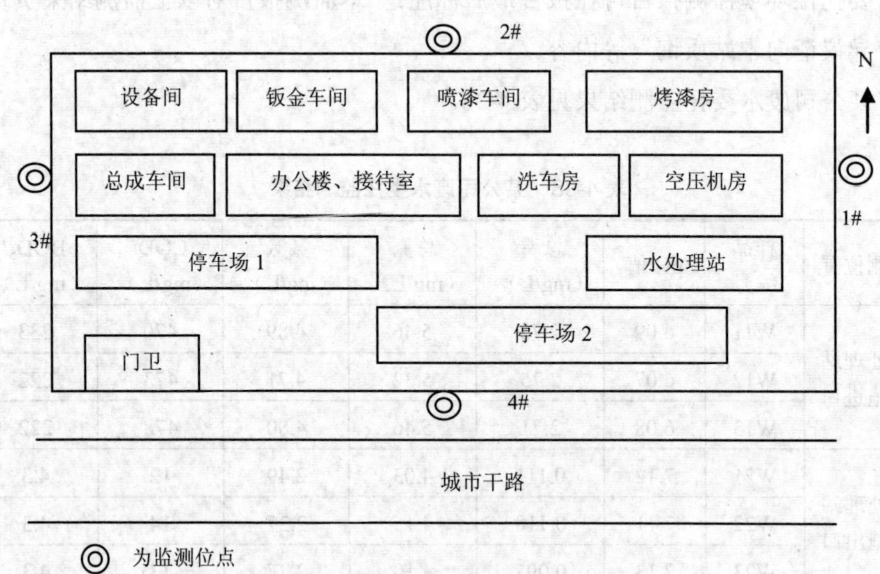

图 4-59　某公司厂界噪声监测点位图

4.4.3　建设项目环境保护竣工验收监测报告

建设项目环境保护竣工验收监测是环境监测的一类重要监测工作，需要为业主提供一份尽量详尽的监测报告，供建设项目环境保护竣工验收作为重要依据之一。

建设项目环境保护竣工验收监测报告一般包括前言、验收监测依据、建设项目基本概况与污染源调查、环评意见及环评批复要求、验收监测评价标准、验收监测结果及分析评价、环境管理检查、验收监测结论与建议等章节以及必要的附图、附表等附件。这里以某公司建设项目环境保护竣工验收监测报告为示例，说明环境保护竣工验收监测报告编制要点。

封面：

建设项目竣工环境保护验收监测报告（居中，三号字）

×环验〔2015〕××号（居中，五号字）

项目名称：××项目（与环评报告书一致）

委托单位：××有限公司（居中，四号字）

××环境监测中心站（居中，四号字）

××年×月（居中，四号字）

扉页：

承担单位：××环境监测中心站

（以下内容排版于左上角，各行顶格，五号字）

站长：刘××

项目负责人：陈××

报告编写人：陈××

审核：（签名）

审定：（签名）

现场监测负责人：黄××

参加人员：黄××，林××，方××，陈××，唐××，……

（以下内容排版于左下角，各行顶格，五号字）

××环境监测中心站（盖公章）

电话：

传真：

邮编：

地址：

目录页

目录之后，为报告正文，用五号字。正文示例如下：

一、前言

××有限公司位于××，为××行业。该公司于××年×月委托××机构编制《××项目环境影响报告书》，××年×月×日通过××市环境保护局的审批。项目于××年×月动工建设，××年×月×日经××市××区（县）环保局同意后投入试生产。

本项目总投资××万元，主要建设内容为××。本项目环保投资××万元，建设有处理能力为××t/d 的生产废水处理设施和处理能力为××m^3/h 的废气收集处理设施。环保设施由××机构设计及施工，且与生产线同时设计、同时施工、同时投入试运行。

该公司于××年×月×日委托我站进行项目竣工环保验收监测，我站有关技术人员于××年×月×日进行现场踏勘，通过现场调查后发现××问题，无法监测，我站退回委托，并告知公司负责人整改后重新委托；该公司整改完成后于××年×月×日重新委托我站进行项目竣工环保验收监测，我站有关技术人员对本项目重新进行现场踏勘、收集有关资料，编制了监测方案，作为本次验收监测的依据；并于××年×月×日组织技术人员按照验收监测方案中的各项内容，对该公司实施各项监测、调查工作，现根据现场监测及调查结果编制本报告。

二、验收监测依据

《建设项目环境保护管理条例》（国务院令 253 号）；

《建设项目竣工环境保护验收管理办法》（国家环保总局令　第13号）；

国家环保总局《关于建设项目环境保护设施竣工验收监测管理有关问题的通知》（环发〔2000〕38号）；

××有限公司废物综合利用项目环境影响报告书（报批本）及其批复；

某公司某项目环保竣工验收监测方案；

某公司某项目环保竣工验收监测委托书；

某公司提供的其他材料。

三、建设项目基本概况与污染源调查

（一）基本概况

1．项目概况

对项目概况进行阐述，并列表给出项目的主要产品及年产量，例表见表4-40。

表4-40　某公司主要产品表

序号	生产线名称	产品名称	设计年产量/（t/a）	实际年产量/（t/a）
1				
2				
…				

2．主要生产设备

列表给出项目主要生产设备清单，例表见表4-41。

表4-41　某公司主要生产设备清单

序号	名称	单位	数量	规格型号	备注
1	叉车	台	1		
2	板框过滤机	套	2	XAYZ40/800UK，功率3 kW	
3	干化池	个	1		
…					

3．主要原辅材料

列表给出本项目各生产线主要原辅材料年用量。

4．厂区平面布置（含噪声监测点）

给出厂区平面布置图。

5．生产工艺流程

给出××项目各生产线工艺及产污环节图。

①生产工艺：说明生产工艺过程，包括化学反应方程式等。

②工艺说明：说明各工艺过程。例如浸出、过滤、沉淀等。

③产污环节：尽量详细描述生产线各产污环节的污染物种类、数量、去向。

（二）污染源强

1．废水

本项目废水包括生产废水和生活污水，其中生产废水总计约××t/d，主要包生产废水（约××t/d）、化验室废水（约××t/d）、地面冲洗废水（××t/d）、废气吸收塔废水（约××t/d）。详细指出各类废水来源、产生量和去向、治理措施。必要时列表说明。

2．废气

详细指出本项目各类废气的主要来源、产生量和去向、治理措施。必要时列表说明。

3．噪声

详细指出本项目噪声主要来源、控制措施。必要时列表说明。

4．固体废物

详细指出本项目的一般固体废物和危险废物的来源、产生量和去向。必要时列表说明。

（三）环保措施

1．废水处理措施

（1）生产废水

详细说明废水处理措施，包括工艺流程、设备、处理过程各指标要求、去向。

（2）生活污水

详细说明废水处理措施，包括工艺流程、设备、处理过程各指标要求、去向。

2．废气处理措施

详细说明各类废气种类、处理措施，包括处理工艺的流程、设备、排放途径。

3．噪声防治措施

详细说明噪声与振动的防治措施。

4．固废防治措施

详细说明一般固废和危险废物的污染防治措施。特别注意描述危险废物的去向。

四、环境影响评价意见及环境影响评价批复要求（这部分应根据环评报告书简述，但不能漏掉关键要素）

（一）环境影响评价意见

1．项目概况

2．环境现状

（1）地表水环境

（2）空气环境

（3）声环境

（4）地下水环境

（5）主要环境问题

3.项目环境可行性

（1）产业政策

（2）场址选择

（3）平面布置合理性分析

（4）环境影响结论

1）地表水环境

2）大气环境

①排气筒设置合理性分析

②点源排放大气环境影响分析

③防护距离

3）声环境

4）固体废物

（5）公众参与

（6）环境监测计划

（7）清洁生产分析

（8）总量控制结论

（9）经营期环保措施及竣工验收要求

4．综合评价结论

5．建议

（二）环评批复要求（将环境管理行政部门的批复意见详细阐述）

五、验收监测评价标准

按保评批复的要求，确定本次验收监测执行的标准并详细列出废水、废气、噪声等的监测标准清单。

六、验收监测结果及分析评价

（一）监测期间工况分析

给出竣工验收监测时生产工况是否正常稳定，实际生产负荷是否大于实际生产能力负荷的75%以上，以是否符合竣工验收监测技术规范要求的明确意见。

（二）监测分析质量控制和质量保证

①××市环境监测中心站通过省级计量认证，资质认定证书号：××，有效期至××年×月×日。监测人员均持证上岗。

②某公司在竣工验收监测时生产负荷率均大于实际生产能力负荷的75%，符合竣工验收监测技术规范要求。

③现场采样和测试严格按照验收监测方案中要求进行。

④列表给出验收监测中的布点、采样过程及分析测试方法，并给出各项方法是否严格按照国家标准规范要求进行。

⑤气体采样监测仪器在检定有效期内，进场监测前对气体分析、采样器流量计等进行校核，并进行气密性检查。

⑥噪声监测仪经计量部门检定，并在有效使用期内的声级计，在进入现场监测前后经声校准器进行校准。

⑦监测数据及监测报告进行三级审核。

（三）验收监测内容

1．生产废水

（1）综合废水

①监测项目：pH 值、SS、COD_{Cr}、氨氮、石油类、总铜、总铬、六价铬、总镍、总镉、总铅、流量。

②点位布设及采样频次：调节池、生产废水总排放口各设 1 个采样点，连续监测 2 天，每天各采 4 次样。

③采样与分析：按有关技术规范和标准规定进行。

（2）一类污染物废水

①监测项目：总镍、总镉、总铅、总铬、六价铬。

②点位布设及采样频次：调节池、车间预排口各设 1 个采样点，连续监测 2 天，每天各采 4 次样。

③采样与分析：按有关技术规范和标准规定进行。

2．地下水

①监测项目：pH 值、高锰酸盐指数、氨氮、硫酸盐、氯化物、氟化物、硝酸盐、总铜、总锌、总汞、总砷、六价铬、总镍、总镉、总铅。

②点位布设及采样频次：厂区内检测井设 1 个采样点，连续监测 2 天，每天采 1 次样。

③采样与分析：按有关技术规范和标准规定进行。

3．废气

①监测项目：硫酸雾、氨气。

②点位布设：车间废气吸收塔后的排气筒设 1 个采样点（喷淋吸收塔前无法开

设采样孔）。

③采样频次：连续监测 2 天，每天在生产负荷达到规范要求时各采 3 次样。

④采样与分析：按有关技术规范和标准要求进行。

4．噪声

在厂界外 1 m 处布设 3 个测点（附图示），昼间监测 2 次，连续监测 2 天。

（四）验收监测结果

1．生产废水

（1）一类污染物废水监测结果列表

（2）一类污染物废水监测结果统计列表

（3）综合废水监测结果列表

（4）综合废水监测结果统计列表

（5）监测结果分析：给出公司生产废水经环境保护设施处理后，是否达标排放，是否符合环境管理行政部门的环评批复要求。

2．地下水

（1）地下水监测结果列表

（2）地下水监测结果分析

给出地下水监测结果是否受项目影响，如果有影响，影响程度如何的结论。

3．废气

（1）车间废气（硫酸雾）监测结果列表

（2）车间废气（氨气）监测结果列表

（3）废气监测结果分析

给出公司生产废气经环境保护设施处理后，是否达标排放，是否符合环境管理行政部门的环评批复要求。

4．厂界噪声

（1）厂界噪声监测点位示意图

（2）厂界噪声监测结果列表

（3）厂界噪声监测结果分析

给出公司生产噪声防治措施实施后，是否达标排放，是否符合环境管理行政部门的环评批复要求。

七、环境管理检查

（一）执行环保法律法规情况

给出公司某项目执行国家建设项目环境管理有关制度的情况。

（二）环保设施情况

1. 废水处理设施

给出废水处理设施治理效果及存在问题等方面的简要评价。

2. 废气处理设施

给出废气处理设施处理效果及存在问题等方面的简要评价。

（三）环境管理机构设置情况

给出公司是否建立内部环境管理机构及是否存在问题的意见。

（四）环保管理制度建立及执行情况

详细描述公司是否制定内部环保管理制度、企业环保组织机构图和废水处理系统操作规程等。

1. 废水处理系统的运行和维护管理

①废水处理系统已配备 2 名具备一定的环保知识和操作技能的操作人员，负责设施日常的操作，但无运行记录。

②废水处理设施工艺流程图、操作流程、注意事项等均已建立，但未上墙。

③废水排放口已按规范进行建设，但未按环评批复要求安装流量、pH 值、COD、氨氮在线监测系统和视频监控系统。

2. 废气处理系统的运行和维护管理

废气处理系统已配备 1 名具备一定的环保知识和操作技能的操作人员。

负责设施日常的操作，但无操作流程、运行记录。

（五）环境风险

给出公司是否制订《突发环境事件应急预案》并且通过环境保护行政部门备案、是否设置相应的应急池或配备相应的应急设备和制定应急演练等的意见。

（六）固体废物综合利用处理情况

给出公司固体废物综合利用处理情况说明。

（七）环境监理情况

给出公司是否按环境管理行政部门的环评批复要求提供环境监理报告，以及环境监理报告的主要结论。

（八）环境监测计划情况

给出公司是否按照环境管理行政部门的环评批复要求制订污染物排放监测计划，特别是涉及重金属等有毒有害污染物排放的监测，如果有，简要描述其计划。

八、验收监测结论与建议

（一）验收监测结论

①明确给出公司某项目是否执行国家建设项目环境管理有关制度，是否制定了内部环境管理制度的结论。如果公司执行了国家建设项目环境管理有关制度，制定了内部环境管理制度，其执行和制定程度如何也应明确给出评价结论。

②明确给出公司某项目生产废水、废气等的各类污染物经环保处理后，排放浓度是否符合有关标准限值要求，是否符合环评批复要求。

③明确给出公司某项目厂界噪声监测点位的噪声是否符合相关标准限值要求，是否符合环评批复要求。

④明确给出公司某项目的危险废物原料和新产生的危险废物和一般固废是否按相关法律法规要求暂存并规范转移，是否符合环评批复要求。

（二）建议

①该公司应进一步提高环保意识，建立健全相关环保管理制度，加强环保处理设施日常管理和运行，并做好日常运行记录，保证处理设施正常运行，稳定达标排放。各生产线废水调节池和污水事故应急池应严格控制好日常废水贮存量，预留一定容积，确保应急能时的正常使用。

②该公司应对危险废物原料储存区、新产生危险废物储存区、废水调节池、废水事故应急池、车间地面和排水沟（管）采取确实有效的防腐蚀、防渗漏措施，防止厂区范围内废水渗漏造成地下水污染。

③该公司应严格按照《危险废物贮存污染控制标准》（GB 18597—2001）的要求，规范建设储存区，加强对危险废物原料和新产生危险废物的管理，做好危险废物进出库的记录和标识工作；危险废物转移要严格按《危险废物转移联单管理办法》执行。

④按环评批复要求在废水排放口安装流量、pH值、COD、氨氮在线监测系统和视频监控系统；增加厂区地下水监测井，委托有资质检测机构对地下水进行监测，及时监控地下水污染情况。

⑤按环评批复要求制订日常监测计划，实施污染物排放监测。

⑥加强废水处理设施调试，提高氨氮处理效率，降低氨氮排放浓度，使氨氮年排放总量符合环评批复要求。

附件：

附件1 建设项目环境保护“三同时”竣工验收登记表

附件2 某公司项目地理位置图

附件3 某项目水平衡图

附件4 某公司生产设施及环保设施图

附件5 某公司竣工验收监测委托书

附件6 某公司某项目竣工环保验收监测方案

附件7 关于同意某公司某项目试生产的批复函

第5章　企业突发环境事件应急预案实务与案例

突发环境事件具有发生发展的不确定性、时空分布的差异性、侵害对象的公共性以及危害后果的严重性等特点，一旦发生重特大突发环境事件，极易造成生态破坏和环境污染，也会给人民生命财产安全造成重大损失。我国先后颁布了《突发事件应对法》《国家突发环境事件应急预案》《突发事件应急预案管理办法》《突发环境事件应急管理办法》等相关法律、法规及规范性文件。

各企业单位，尤其是重点企业单位，需要按有关环保要求，编制、报备企业（公司）的《突发环境事件应急预案》。企业单位编制、报备《突发环境事件应急预案》，并按编制的应急预案演练，使应急准备和应急管理有据可依、有章可循，提高全体员工风险防范意识，能有效防范和妥善应对突发环境事件，减少突发环境事件发生的概率和危害后果，保障人员生命财产和环境安全，维护和谐稳定的社会秩序。2015年1月，环保部印发《企业事业单位突发环境事件应急预案备案管理办法（试行）》的通知（环发〔2015〕4号），对企业单位的《环境事件应急预案》编制提出了更高的要求。

开展《企业突发环境事件应急预案》编制实务，要先了解突发环境事件的有关知识，掌握《企业突发环境事件应急预案》编制的有关要点。本书针对企业突发环境事件应急预案编制进行阐述。

5.1　突发环境事件

5.1.1　突发环境事件及相关概念

5.1.1.1　环境事件与突发环境事件

环保部于 2015 年 4 月 16 日颁布了《突发环境事件应急管理办法》（环境保护部令　第 34 号）。环境事件是指由于违反环境保护法律法规的经济、社会活动与行为，以及意外因素的影响或不可抗拒的自然灾害等原因致使环境受到污染，人体健康受到危害，社会经济与人民群众财产受到损失，造成不良社会影响的突发性事件。突发环境事件是指由于污染物排放或自然灾害、生产安全事故等因素，导致污染物或放射性物质等有毒有害物质进入大气、水体、土壤等环境介质，突然造成或可能造成环境质量下降，危及公众身体健康和财产安全，或造成生态环境破坏，或造成重大社会影响，需要采取紧急措施予以应对的事件，主要包括大气污染、水体污染、土壤污染等突发性环境污染事件和辐射污染事件。

5.1.1.2　几个相关概念

环境应急：是指针对可能或已发生的突发环境事件需要立即采取某些超出正常工作程序的行动，以避免事件发生或减轻事件后果的状态，也称为紧急状态；同时也泛指立即采取超出正常工作程序的行动。

泄漏处理：是指对危险化学品、危险废物、放射性物质、有毒气体等污染源因事件发生泄漏时所采取的应急处置措施。泄漏处理要及时、得当，避免重大事件的发生。泄漏处理一般分为泄漏源控制和泄漏物处置两部分。

应急监测：在环境应急情况下，为发现和查明环境污染情况和污染范围而进行的环境监测，包括定点监测和动态监测。

应急演习：为检验应急计划的有效性、应急准备的完善性、应急响应能力的适应性和应急人员的协同性而进行的一种模拟应急响应的实践活动。

环境风险：是指突发环境事件的可能性及突发环境事件造成的危害程度。

环境敏感点：是指依法设立的各级各类自然、文化保护地，以及对建设项目的某类污染因子或者生态影响因子特别敏感的区域。参照《建设项目环境影响评价分类管理名录》中“环境敏感区”的定义，是指具有下列特征的区域：①需特殊保护地区，即国家法律、法规、行政规章及规划确定或经县级以上人民政府批准的需要特殊保护的地区，如饮用水水源保护区、自然保护区、风景名胜区、基本农田保护区、水土流失重点防治区、森林公园、世界遗产地、国家重点文物保护单位、历史文化保护地等；②生态敏感与脆弱区，沙尘暴源区、荒漠中的绿洲、严重缺水地区、珍稀动植物栖息地或特殊生态系统、天然林、重要湿地和天然渔场等；③社会关注区，即人口密集区、文教区、党政机关集中办公地点、疗养地、医院等，以及具有历史、文化、科学、民族意义的保护地等。

5.1.2 突发环境事件分级

突发环境事件可分为国家突发环境事件和企业突发环境事件。

5.1.2.1 国家突发环境事件分级

《突发环境事件应急管理办法》将国家突发环境事件按照突发事件严重性和紧急程度，分为特别重大、重大、较大和一般四级（表 5-1）。

表 5-1 国家突发环境事件分级

事件分级	突发环境事件情形（具备情形之一即达该分级）
特别重大	(1) 因环境污染直接导致 30 人以上死亡或 100 人以上中毒或重伤的；(2) 因环境污染疏散、转移人员 5 万人以上的；(3) 因环境污染造成直接经济损失 1 亿元以上的；(4) 因环境污染造成区域生态功能丧失或该区域国家重点保护物种灭绝的；(5) 因环境污染造成设区的市级以上城市集中式饮用水水源地取水中断的；(6) Ⅰ、Ⅱ类放射源丢失、被盗、失控并造成大范围严重辐射污染后果的；放射性同位素和射线装置失控导致 3 人以上急性死亡的；放射性物质泄漏，造成大范围辐射污染后果的；(7) 造成重大跨国境影响的境内突发环境事件
重大	(1) 因环境污染直接导致 10 人以上 30 人以下死亡或 50 人以上 100 人以下中毒或重伤的；(2) 因环境污染疏散、转移人员 1 万人以上 5 万人以下的；(3) 因环境污染造成直接经济损失 2 000 万元以上 1 亿元以下的；(4) 因环境污染造成区域生态功能部分丧失或该区域国家重点保护野生动植物种群大批死亡的；

事件分级	突发环境事件情形（具备情形之一即达该分级）
重大	(5) 因环境污染造成县级城市集中式饮用水水源地取水中断的；(6) Ⅰ、Ⅱ类放射源丢失、被盗的；放射性同位素和射线装置失控导致 3 人以下急性死亡或者 10 人以上急性重度放射病、局部器官残疾的；放射性物质泄漏，造成较大范围辐射污染后果的；(7) 造成跨省级行政区域影响的突发环境事件
较大	(1) 因环境污染直接导致 3 人以上 10 人以下死亡或 10 人以上 50 人以下中毒或重伤的；(2) 因环境污染疏散、转移人员 5 000 人以上 1 万人以下的；(3) 因环境污染造成直接经济损失 500 万元以上 2 000 万元以下的；(4) 因环境污染造成国家重点保护的动植物物种受到破坏的；(5) 因环境污染造成乡镇集中式饮用水水源地取水中断的；(6) Ⅲ类放射源丢失、被盗的；放射性同位素和射线装置失控导致 10 人以下急性重度放射病、局部器官残疾的；放射性物质泄漏，造成小范围辐射污染后果的；(7) 造成跨设区的市级行政区域影响的突发环境事件
一般	(1) 因环境污染直接导致 3 人以下死亡或 10 人以下中毒或重伤的；(2) 因环境污染疏散、转移人员 5 000 人以下的；(3) 因环境污染造成直接经济损失 500 万元以下的；(4) 因环境污染造成跨县级行政区域纠纷，引起一般性群体影响的；(5) Ⅳ、Ⅴ类放射源丢失、被盗的；放射性同位素和射线装置失控导致人员受到超过年剂量限值的照射的；放射性物质泄漏，造成厂区内或设施内局部辐射污染后果的；铀矿冶、伴生矿超标排放，造成环境辐射污染后果的；(6) 对环境造成一定影响，尚未达到较大突发环境事件级别的

5.1.2.2　企业单位突发环境事件分级

企业突发环境事件根据危害程度、影响范围和控制事态能力的差别，可分为社会级、公司级、部门级（表 5-2）。

表 5-2　企业突发环境事件分级

事件分级	突发环境事件情形（具备情形之一即达该分级）
社会级	(1) 厂区内液体物料（如氨水、硫酸、氢氧化钠等）运送时发生倾倒、容器破裂或其他情况，产生大量泄漏，有毒有害物质对周围大气/土壤/地下水造成污染影响，厂区不可控；(2) 产生的事故废水外排，对外环境造成影响，厂区不可控；(3) 由于火灾事故引起的次生/衍生环境事故，厂区不可控；(4) 发生自然灾害事故引起的次生/衍生环境事故，厂区不可控；(5) 污水处理站故障，废水超标排放，厂区不可控；(6) 危险废物仓库危险废物泄漏、化学品库危险化学品泄漏，厂区不可控

事件分级	突发环境事件情形（具备情形之一即达该分级）
公司级	(1) 厂区内液体物料运送时发生倾倒破裂或其他情况产生泄漏，需要公司协调统一救援，厂区可控；(2) 事故废水泄漏，厂区可控；(3) 生产设备故障，厂区可控；(4) 发生的火灾事故，不会波及厂外建筑物，但需要公司协调统一救援，厂区可控；(5) 污水处理站故障，但厂区可控；(6) 危险废物仓库危险废物泄漏、化学品库危险化学品泄漏，但厂区可控；(7) 废气收集装置发生损坏，废气超标排放影响其他部门生产，但厂区可控
部门级	(1) 液体物料在车间使用前临时存储时发生泄漏，车间可以解决；(2) 污水处理站故障，车间可以解决；(3) 生产设备故障，车间可以解决；(4) 危险废物仓库危险废物、化学品库危险化学品泄漏，车间可以解决

社会级的重大突发环境事件，污染超出公司范围，影响周边区域，公司难以控制，须请求外部救援，并上报主管行政部门，必要时，逐级上报各级政府；公司级的较大突发环境事件，需各部门统一调度处置，但能在公司控制内消除的污染及相应的安全事故；部门级的轻微突发环境事件，无扩大征兆，生产运行未受影响，事故部门可以通过本部门操作岗位的应急处置，迅速有效地控制和消除事故危险的小量污染事故，并且由本部门负责人指挥处置，不需启动公司事故应急救援预案。

发生社会级环境事件，企业（公司）应及时报告主管行政部门，并逐级上报各级政府，在外部救援来临前，先按公司级事件展开应急处理。

5.2 企业突发环境事件应急预案

环保部办公厅于2014年4月4日印发了《企业突发环境事件风险评估指南（试行）》（环办〔2014〕34 号）。企业突发环境事件应急预案是指企业单位为了在应对各类事故、自然灾害时，采取紧急措施，避免或最大限度地减少污染物或其他有毒有害物质进入厂界外大气、水体、土壤等环境介质，而预先制定的工作方案。

5.2.1 编制程序

2016 年，上海市环境保护局根据企业单位突发环境事件应急预案管理的现状，总结了企业单位突发环境事件应急预案的工作程序，印发了《上海市企业事业单位突发环境事件应急预案编制指南（试行）》，有较好的规范作用。

应急预案编制通常应遵循准备、风险评估、预案编制、预案备案 4 个阶段有序开展。一般环境风险企业，可根据实际情况适当简化。

5.2.1.1　准备

应急预案编制的准备阶段主要任务是：成立编制小组、编制工作大纲、收集资料、现场基本情况调查（风险识别）。

（1）成立编制小组

企业单位是编制环境应急预案的责任主体，单位法定代表人是预案编制工作的责任人。企业单位应根据应对突发环境事件的需要，主动开展环境应急预案的编制、评审、备案和实施工作，并对环境应急预案内容的真实性和可操作性负责。企业单位可以自行编制环境应急预案，也可以委托相关专业技术服务机构编制环境应急预案。自行编制预案的企业单位，应成立编制小组；委托第三方专业技术服务机构编制的企业，应由企业单位和编制机构联合成立编制小组；应明确预案编制的执行负责人和牵头部门。

（2）编制工作大纲

企业单位或编制单位可以根据企业的情况和预案的总体要求，确定相应的预案编制工作大纲。预案编制工作大纲可以确定涉及的对象、时间进度，以及人员、经费、资料和其他保障条件。

（3）收集资料

整理收集企业单位编制应急预案需要的各类资料，通常包括：相关法律法规、相关应急预案（如地方政府的应急预案）、相关技术标准、国内外同类突发环境事件案例分析、本单位相关技术资料（如环评报告、消防技术资料等）、本单位环境风险及安全管理现状、企业周边及区域环境敏感点分布情况、企业及区域环境应急资源的现状、企业及预案涉及区域的电子地图、预案编制所需要的其他资料。

（4）现场基本情况调查

现场基本情况调查也是风险识别，即对所收集的资料，结合风险评估、资源调查和预案编制的实际需求，进行现场调查。对于调查中发现所收集资料与现状不相符的，应进行复核、纠正；对于资料缺失的，可通过现场调查进行补充、完善。完成现场调查后，对本单位环境风险及应急资源现状梳理。梳理可按表 5-3～表 5-5。

表 5-3 应急资源现状调查

序号	类别①	名称	型号或规格	数量	单位	位置②	保管人员或岗位③	使用人员或岗位④	最后有效期限⑤	备注

注：①设备、物资、场所；②标明实际存放的位置；凡属于企业外部资源的，应在备注中加以详细说明；③负责日常管理与清点的岗位、人员；④应急响应时应当使用的岗位、人员；⑤注明该资源的最后有效时间。

表 5-4 应急救援设施设备汇总

<table>
<tr><th rowspan="3">序号</th><th rowspan="3">类别</th><th rowspan="3">名称</th><th rowspan="3">数量</th><th rowspan="3">单位</th><th rowspan="3">位置</th><th colspan="2" rowspan="2">设备来源</th><th rowspan="3">外部供应单位名称</th><th colspan="2">外部供应单位联系方式</th></tr>
<tr><th rowspan="2">主要联系人</th><th rowspan="2">联络方式</th></tr>
<tr><th>厂内自备</th><th>外部供应</th></tr>
<tr><td>1</td><td rowspan="3">医疗救护仪器</td><td></td><td></td><td></td><td></td><td></td><td></td><td></td><td></td><td></td></tr>
<tr><td>2</td><td></td><td></td><td></td><td></td><td></td><td></td><td></td><td></td><td></td></tr>
<tr><td>…</td><td></td><td></td><td></td><td></td><td></td><td></td><td></td><td></td><td></td></tr>
<tr><td>1</td><td rowspan="3">个人防护装备器材</td><td></td><td></td><td></td><td></td><td></td><td></td><td></td><td></td><td></td></tr>
<tr><td>2</td><td></td><td></td><td></td><td></td><td></td><td></td><td></td><td></td><td></td></tr>
<tr><td>…</td><td></td><td></td><td></td><td></td><td></td><td></td><td></td><td></td><td></td></tr>
<tr><td>1</td><td rowspan="3">消防设施</td><td></td><td></td><td></td><td></td><td></td><td></td><td></td><td></td><td></td></tr>
<tr><td>2</td><td></td><td></td><td></td><td></td><td></td><td></td><td></td><td></td><td></td></tr>
<tr><td>…</td><td></td><td></td><td></td><td></td><td></td><td></td><td></td><td></td><td></td></tr>
<tr><td>1</td><td rowspan="3">应急交通工具</td><td></td><td></td><td></td><td></td><td></td><td></td><td></td><td></td><td></td></tr>
<tr><td>2</td><td></td><td></td><td></td><td></td><td></td><td></td><td></td><td></td><td></td></tr>
<tr><td>…</td><td></td><td></td><td></td><td></td><td></td><td></td><td></td><td></td><td></td></tr>
</table>

序号	类别	名称	数量	单位	位置	设备来源		外部供应单位名称	外部供应单位联系方式	
						厂内自备	外部供应		主要联系人	联络方式
1	应急监测设备									
2										
…										
1	其他设施设备									
2										
…										

表 5-5　应急救援物资汇总

序号	物资名称	数量	单位	设备来源		外部供应单位名称	外部供应单位联系方式	
				厂内自备	外部供应		主要联系人	联络方式

5.2.1.2　风险评估

风险评估阶段的主要任务是环境风险评估、应急资源调查、阶段性回顾。

（1）环境风险评估

进行突发环境事件风险评估，要完成《企业突发环境事件风险评估报告》的编制。该报告是企业进行突发环境事件应急预案编制的重要前置条件和工作基础。企业环境风险评估应给出风险级别的明确结论。环境风险级别分为：重大风险、较大风险、一般风险 3 类。

企业突发环境事件风险评估报告编制大纲通常如下：

> 1　前言
>
> 2　总则
>
> 2.1　编制原则
>
> 2.2　编制依据（政策法规、技术指南、标准规范、其他文件）
>
> 3　资料准备与环境风险识别

3.1 企业基本信息

3.2 企业周边环境风险受体情况

3.3 涉及环境风险物质情况

3.4 生产工艺

3.5 安全生产管理

3.6 现有环境风险防控与应急措施情况

3.7 现有应急物资与装备、救援队伍情况

4 突发环境事件及其后果分析

4.1 突发环境事件情景分析

4.2 突发环境事件情景源强分析

4.3 释放环境风险物质的扩散途径、涉及环境风险防控与应急措施、应急资源情况分析

4.4 突发环境事件危害后果分析

5 现有环境风险防控和应急措施差距分析

6 完善环境风险防控和应急措施的实施计划

7 企业突发环境事件风险等级

8 附图（企业地理位置图、厂区平面布置图、周边环境风险受体分布图，企业雨水、清净下水收集、排放管网图、污水收集、排放管网图以及所有排水最终去向图）

（2）应急资源调查

应急资源调查包括：企业第一时间可调用的环境应急队伍、装备、物资、场所等应急资源状况；可请求援助或协议援助的企业外部应急资源状况。制定应急资源清单并分配至相应的环境风险单元；绘制应急资源的平面布置图；如系外部资源，应附上交通线路等。凡属于企业外部资源的，应附有必要书面文件。公共服务设施和应急救援资源，不作为企业应急资源的组成部分。在《企业突发环境事件风险评估报告》中，应分析企业应急资源现状与满足环境应急需求的差距或不足；根据企业实际情况，制订短中长期的整改计划。

企业环境应急资源是指为应对突发环境事件，第一时间可以使用的企业内部应急物资、应急装备和应急队伍等要素的总称，以及企业外部可以请求援助的应急资源，包括与其他组织单位签订应急救援协议情况等。企业环境应急物资是指为应对突发环境事件，企业所需的非固定资产类自储或协议储存的消耗性物资。如个人防护类物资、污染控制物资、围堵物资、处理处置物资，包括处理、消解和吸收污染物（泄漏物）的各种絮凝剂、吸附剂、中和剂、解毒剂、氧化还原剂等。企业环境应急装备是指为应对突发环境事件，企业所需的固定资产类自储或协议储存的设备。主要包括个人防护装备、应急监测装备、应急通信系统、应急交通设备、应急急救设备、电源（包括应急电源）、照明等应急装置。企业环境应急队伍是指为应对突发环境事件，企业承担处置各类危险化学品事故、救援遇险人员等应急救援任务的管理、救援和专家等专业队伍。

（3）阶段性回顾

阶段性回顾是针对企业预案编制前两个阶段工作成果进行内部评估，是预案编制过程的重要内控环节。阶段性回顾的主要目的是对所收集资料的完整性和真实性、企业环境风险评估报告、企业应急资源调查报告等进行核定。

5.2.1.3　预案编制

应急预案编制阶段的主要任务是应急预案编制、应急预案评审、应急预案发布。

（1）应急预案编制

根据环境风险等级评估结果及应急管理需要，结合企业经营性质、规模、组织体系和环境风险状况、应急资源状况，对编制大纲中设定的预案体系进行调整，最终确定企业单位编制应急预案的体系。企业单位环境应急预案包括综合应急预案、专项应急预案、现场应急处置预案。其中，综合应急预案体现战略性，专项应急预案体现战术性，现场应急处置预案体现可操作性。

重大环境风险企业，环境应急预案体系应当包括 1 个综合应急预案、1 个或多个专项应急预案，以及 1 个或多个现场应急处置预案；较大环境风险企业，综合应急预案和专项应急预案可合并编写；一般环境风险企业，可以简化环境应急预案的体系（表 5-6）。

表 5-6　企业环境应急预案体系结构表

<table>
<tr><th>企业风险等级</th><th>综合应急预案</th><th>专项应急预案</th><th>现场应急处置预案</th></tr>
<tr><td>重大风险</td><td>需要</td><td>需要</td><td>需要</td></tr>
<tr><td>较大风险</td><td colspan="2">可合并编制</td><td>需要</td></tr>
<tr><td>一般风险</td><td colspan="3">可合并编制</td></tr>
</table>

（2）应急预案评审

环境应急预案编制完成后，企业单位应组织评审小组对环境应急预案进行评审。评审小组评审时，进行现场调查、现场踏勘、质询，并提出指导意见。

（3）应急预案发布

环境应急预案通过评审后，企业应当及时审议并由企业法人或指定负责人签署发布，在企业内部实施。

应急预案发布后，应及时撰写编制说明，并附有编制小组成员表。

5.2.14　预案备案

预案备案阶段的主要任务是预案备案和必要的预案信息公开。

企业预案发布后，应及时向环境管理行政部门申请备案。如提交备案文件较多，可填报“提交材料一览表”。如果有必要，应及时按要求向社会公开预案信息。

企业应急预案应当设定有效期，一般不超过 3 年。企业应当结合环境应急预案实施情况，每年对环境应急预案进行回顾性评估；应形成年度评估的书面文件，明确是否需要进行预案修订。对环境应急预案进行重大修订的，修订工作参照环境应急预案制定步骤进行。企业对环境应急预案进行修订的，应重新备案或变更。

5.2.2　应急预案的主要内容

企业突发环境事件应急预案包括综合预案、专项预案、现场预案。

5.2.2.1　综合预案

突发环境事件综合应急预案指从企业层面上总体阐述企业处理突发环境事件的应急预案，是应对各类突发环境事件的综合性文件，简称“综合预案”。

综合预案应当包括总则、企业概况、应急组织体系、环境风险分析、事件预防与预警、应急处置、后期处置、应急保障、监督与管理等内容。一般环境风险的企业，预案内容可适当简化，但至少需包括企业概况、组织指挥机制、应急队伍分工、信息报告、监测预警、不同情景下的应对流程和措施、应急资源保障等内容。

5.2.2.2　专项预案

突发环境事件专项应急预案是针对企业具体的突发环境事件类型、重大危险源和应急保障而制定的应急方案，具备明确的救援程序和具体的应急救援措施，简称“专项预案”。

专项预案既可针对危险废物、废水、废气等污染要素，也可针对化学品泄漏等突发事件类型的应急处置进行编制。专项环境应急预案应当包括危险性分析、可能发生的事件特征、主要污染物种类、应急组织机构与职责、预防措施、应急处置程序和应急保障等内容。

5.2.2.3　现场预案

突发环境事件现场应急处置预案是针对危险性较大的装置、场所或设施、岗位所制定的应急处置措施，具有具体、简单、针对性强的特点，简称“现场预案”。

现场预案是企业针对所有已识别出的重要环境风险单元，分别制定该单元内发生各类突发环境事件后的详细处置规程。现场预案应当包括危险性分析、可能发生的事件特征、应急处置程序、应急处置要点和注意事项等内容。企业还可以基于各工作岗位自行编制岗位操作卡，作为现场应急处置预案的重要组成部分，并通过“上墙”、宣贯、培训、演练、考核等环节，切实强化一线员工的应急处置能力。

5.2.2.4　应急预案关系

企业内部，突发环境事件应急预案包括综合预案、专项预案和现场预案，是企业《总体应急预案》的支持文件，与企业其他的应急预案（如《安全生产事故综合应急预案》《火灾事故应急预案》）相并列。从外部关系上看，企业突发环境事件应急预案与《国家突发环境事件应急预案》，各省、市、县级环境管理行政部门的《突发环境事件应急预案》，所在工业区的《突发环境事件应急预案》相衔接。

国家和省、市、县级环境管理行政部门的《突发环境事件应急预案》对所辖区的《企业突发环境事件应急预案》有领导和指导作用。当企业发生突发环境应急事件，且超出公司处理能力范围或达到需要外部协调指挥时，应立即上报所在地政府和环境管理行政部门，由上级部门启动其相关预案，企业应急预案作为上级应急预案的一个子部分，按上级预案规定的要求实施，服从上级指挥，配合处理环境应急事件。

此外，企业突发环境事件应急预案与周边企业应急预案互相为平行关系。

应急预案关系见图 5-1。

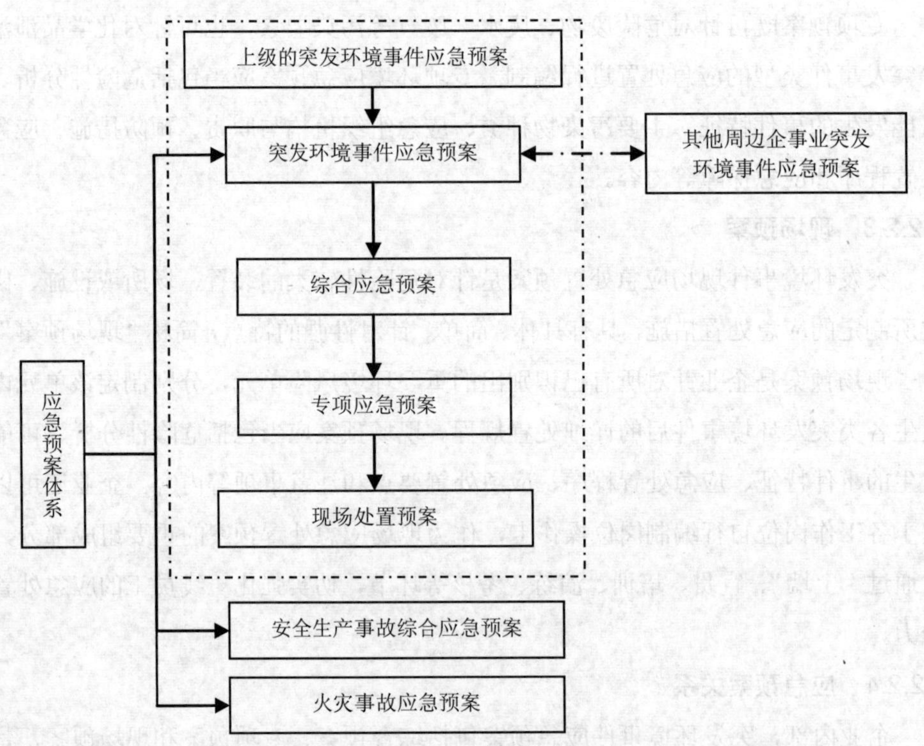

图 5-1 企业内外部应急体系关系

5.2.3　应急预案编制要点

5.2.3.1　综合预案

综合应急预案应包含总则、企业概况、应急组织体系、环境风险分析、事件预防与预警、应急响应处置、后期处置、应急保障、演练、培训、实施等相关内容。

（1）总则

总则应说明应急预案编制的目的、企业突发环境应急预案的适用范围和环境应急处置工作应遵循的总体原则。简述应急预案编制所依据的法律法规、规章、上位预案，以及有关行业管理规定、技术规范和标准等。说明本单位应急预案体系的构成情况，明确综合、专项、现场等预案的名称、数量，以及采用专章或专篇的形式。应当根据企业的实际情况，按照应急事件发生的性质、严重程度、可控性、影响范围等，采用定量与定性相结合的分级标准，进行事件分级。可在《国家突发环境事件应急预案》分级标准的基础上，进一步细化本单位风险等级的划分标准。

（2）企业概况

企业概况应根据企业《突发环境事件风险评估报告》的相关内容，简要说明企业基本信息和环境风险现状，包含以下内容：基本信息、装置及工艺、环境风险物质、“三废”情况、环境风险单元、批复及实施情况、历史事故分析、企业周边状况，包括环境区划、周边敏感目标（重点是企业周边 500 m 范围内）、周边风险企业等。根据上述内容，提供企业地理位置图及周边环境图、风险受体分布图；企业平面布置及环境风险单元分布图；生产工艺流程图；企业雨水、清净下水收集、排放管网图，污水收集、排放管网图以及所有最终去向图；重点关注物质的理化属性；环境应急资源清单、环境应急资源平面布置图；相关批复文件、合同、联单等。

（3）应急组织体系与职责

由日常风险管控、应急指挥响应两套体系共同构成应急组织体系，明确企业的应急组织架构、应急救援指挥机构及主要成员的职责，明确各应急救援队伍的情况和职责。如企业与外部机构或企业有应急救援联动协议的，应加以说明，并辅以必要的书面佐证材料。根据上述内容，提供应急救援组织机构名单；相关单位和人员通信录；应急工作流程图。

（4）环境风险分析

在环境风险分析章节，应根据《企业环境风险评估报告》，说明企业主要环境风险状况，主要包含企业环境风险评定等级结论及环境风险物质数量与临界量比值（*Q*）、生产工艺与环境风险控制水平（*M*）、环境风险受体敏感性（*E*）表征、企业可能发生的突发环境事件分析及可能产生的后果、企业当前的环境风险防范措施。

（5）企业内部预警机制

企业内部预警机制指企业根据事故信息、外部机构发布的预警信息等，指示企业内部相关部门和人员做好突发环境事件防范和应对准备的响应机制。企业应建立内部预警机制，采用定性与定量相结合的指标确定企业内部预警分级标准，如按颜色（蓝、黄、橙、红等）确定预警等级。该章节应明确预警发布程序、预警措施和预警的调整、解除和终止。常见预警因素有自然灾害预警信息、公用基础设施故障、政府部门提示加强安全保障、企业周边发生事故并可能会影响本企业、本企业已发生其他事故并可能引发环境类事故等。

（6）应急处置

应急处置章节主要明确企业应急响应的等级和分类，按照事件的不同类型和等级，分别建立响应机制；说明各不同等级应急响应情况下的指挥机构、响应流程、各部门和人员的职责及分工、信息报告的方式和流程、应急响应终止等。根据《企业突发环境事件风险评估报告》中设定的事故情景建立健全针对性强、可操作程度高的事件处置方案，方案中至少应包括现场应急处置措施、保护目标的应急救援措施、受伤人员的救护救治措施等。较大及以上环境风险企业另行编制专项、现场预案的，处置方案内容可适当简化；一般环境风险企业可以不再另行编制专项、现场预案的，处置方案要从事故情景出发，针对风险单元、应急处置措施等重要环节，开展针对性详细描述。

（7）后期处置

在后期处置章节，对事故调查、事故现场污染物的处置、损害评估、预案评估等应做出明确规定。

（8）应急保障

该章节从原则、制度、途径、方式等方面明确企业应急保障工作，主要包含人员、资金、物资和装备（类型、数量、性能、存放位置、责任人）、医疗卫生、交通、治安、通信等。对于企业自身无法独立完成的要素，可引入可靠的外部保障资源或机制，并应签署书面协议。

（9）演练和宣教培训

该章节应明确演练的类型、内容、程序、频次、记录等内容，明确预案培训要求。

（10）预案实施和修订

该章节应明确本预案在企业内部批准、实施的具体时间和有效期，明确修订的条件和程序。

（11）其他

预案可包含名词术语、责任奖惩、解释等相关内容。

（12）编制大纲

可参考以下大纲进行编制：

1　总则

1.1　编制目的

1.2　适用范围

1.3　规范性引用文件

1.4　应急预案体系

1.5　事件分级

1.6　工作原则

2 企业概况

2.1 企业基本情况

2.2 周边环境概况

3 应急组织体系与职责

3.1 应急指挥机构及职责

3.2 应急救援专业队伍及职责

4 环境风险分析

4.1 环境风险评估结果

4.2 可能发生的突发环境事件分析

4.3 环境风险防控措施

5 企业内部预警机制

5.1 内部预警等级

5.2 内部预警发布与预警措施

5.3 内部预警调整、解除与终止

6 应急处置

6.1 应急预案启动

6.2 信息报告

6.3 分级响应

6.4 指挥与协调

6.5 应急监测

6.6 事件处置

6.7 应急终止

7 后期处置

7.1 善后处置

7.2 调查与评估

7.3 恢复重建

8 应急保障

8.1　人力资源保障
8.2　资金保障
8.3　物资保障
8.4　医疗卫生保障
8.5　交通运输保障
8.6　治安维护
8.7　通信保障
8.8　科技支撑
9　监督管理
9.1　应急预案演练
9.2　宣教培训
9.3　责任与奖惩
10　附则
10.1　名词术语
10.2　预案解释
10.3　修订情况
10.4　实施日期

5.2.3.2　专项预案

专项预案是针对企业存在的重大危险源和可能发生的突发环境事件而制定的应对工作方案，具备较强的针对性和具体可操作性。企业应根据实际情况制定专项预案，既可以按危险废物、废水排放、废气排放等环境要素确定，也可以按化学品泄漏、火灾导致污染等企业环境行为确定，如××化学品储罐泄漏专项预案。专项环境应急预案应当包括危险性分析、可能发生的事件特征、主要污染物种类、应急组织机构与职责、预防措施、应急处置程序和应急保障等内容。

（1）主要风险物质

该章节应分析专项预案可能涉及的主要风险物质，包含性质、种类、数量等。

（2）可能发生的事件

该章节应阐述可能发生的突发环境事件，包含引发事件的诱因［主要涉及操作失误等人为因素、设备老旧因素及检维修、开（停）车、倒罐（槽）、吹（冲）洗、放空、火炬燃烧等非正常工况因素等］。

（3）危险性分析

该章节应阐述突发环境事件的危险性，重点针对应急处置状态下的短期或急性影响，兼顾潜在风险、中长期累积影响。从人员（企业员工、可能受影响的区域人员）、环境（大气、水、土壤、敏感目标）等几个方面综合考虑。

（4）预防措施

根据可能发生的事故类型，明确各项预防措施，包括环境风险管理制度、监控措施、工程措施、环境应急队伍及物资储备等，降低风险和减少一旦发生时的损害。

（5）应急职责分工

根据可能发生的事故类型和应急处置需求，明确应急队伍和人员，可制作应急组织结构图，用表格形式表明各部门、具体岗位、人员的部门（岗位）名称、职责、人员姓名、联系方式。

（6）应急处置程序

针对风险物质、事故类型和危险性，明确应急处置措施。可采用组织结构图、流程图、路线图、表单等形式，并辅以简明的文字说明，简明表达各项要点。对于可能涉及的空间信息，可在平面布置图上进行标注。应明确：事故源或事故环节的封堵与切断措施、信息报送机制（内部、外部）、应急监测和监控措施、现场人员的防护和疏散、人员救护、事件解除和终止等内容。

（7）应急保障

针对事故类型，说明应急处置所需的物资与装备情况，包含数量、管理和维护、位置等，可以通过制作表单和空间分布图，详细表明应急物资、装备、队伍、疏散点等关键要素的分布情况。

（8）编制大纲

可参考以下大纲进行编制。

1　主要风险物质 2　可能发生的事件 2.1　事件类型 2.2　事件诱因 3　危险性分析 3.1　对人体健康的影响 3.2　对环境的影响 4　预防措施 5　应急职责分工 6　应急处置 6.1　事故源或事故环节的封堵与切断措施 6.2　事故信息的上报 6.3　指挥体系的确定及运作 6.4　危险区的划分与确定 6.5　应急监测与监控措施 6.6　现场人员的防护、撤离与疏散 6.7　应急救援队伍的进入、防护、救援 6.8　二次灾害、事故转化及扩大的防范措施 6.9　事件解除、终止、升级的判断 6.10　事故后处理 7　应急保障

5.2.3.3　现场处置预案

现场处置预案是针对危险性较大的装置、场所或设施等环境风险单元所制定的应急处置措施，具有具体、简明、针对性强的特点。与综合预案、专项预案相比，现场预案更强调现场可操作性，简明扼要地指出一旦发生事故情形下一线员工（操作人员、现场管理员、中控人员等）就环境污染防范第一时间应采取的具体措施。

根据企业的实际情况，对企业重点风险区域、重点环境风险单元、事故易发环节等均应编制现场预案。

现场处置预案的制订一定要结合实际情况，充分听取员工等各方意见，注重可操作性、可行性。要与企业综合、专项应急预案做好衔接。

现场处置预案应当包括危险性分析、可能发生的事件特征、应急处置程序、应急处置要点和注意事项等内容。

（1）基本情况

简要介绍环境风险单元的基本情况，包括规模、工艺、主要化学品或风险物质、“三废”情况。

（2）主要环境风险

简要指出环境单元的环境风险因素，具体指出可能发生的事故情景，如泄漏、火灾、爆炸、异常排放等。说明可能涉及的危险化学品的理化性质。

（3）现场应急处置

针对可能发生的事故情景，明确一线员工在事故一旦发生后应采取的应急措施，如关闭阀门、关闭雨水阀、停车、报警、报告、人员疏救等。

说明直接用于该风险单元的应急物资的种类、数量、位置等情况。

明确现场人员信息报告的程序、对象和方式（联系人员、电话等）。

（4）岗位操作卡

岗位操作卡是针对风险单元各具体工作岗位，简洁明了地规定其在应急处置中的具体操作规程的文本，从而更好地指导一线员工履行职责。

应急处置相关的工作职责可以合并到生产操作手册中，作为岗位职责的一部分。

岗位职责的关键信息梳理后可以“上墙”，便于企业员工随时掌握和起到提醒作用。

企业应通过岗位操作卡的宣贯、培训、演练、考核等环节，切实强化一线员工的应急处置意识和能力。

（5）注意事项

主要是应急响应与救援过程中涉及的注意要点，包括个人防护、救援对策和其他需要特别警示的注意事项。

（6）编制大纲

可参考以下大纲进行编制。

1　基本情况
2　主要环境风险
3　现场应急处置
　3.1　监控与预警
　3.2　信息报告
　3.3　现场处置
　3.4　事件解除、终止、升级
　3.5　事故后处理
　3.6　应急物资
4　岗位操作卡
5　注意事项

5.3　环境风险评估报告案例分析

环境风险评价是针对建设项目在建设和运行期间发生的可预测突发性事件或事故（一般不包括人为破坏及自然灾害）引起有毒有害、易燃易爆等物质泄漏，或突发事件产生的新的有毒有害物质，所造成的对人身安全与环境的影响和损害所进行的风险评估，提出合理可行的防范、应急与减缓措施，以使建设项目事故率、损失和环境影响达到可接受水平。本节以某蚀刻废液回收利用和废弃电路板回收利用企业为例，说明企业环境风险评估报告的要点。

5.3.1 前言

前言部分对环境风险评估报告的主要内容进行简介。例如，根据企业实际建设情况，按照《建设项目环境风险评价技术导则》(HJ/T 169)、《企业突发环境事件风险评估指南（试行)》(环办〔2014〕34 号)、《关于进一步加强环境影响评价管理防范环境风险的通知》(环发〔2012〕77 号)、《关于切实加强风险防范严格环境影响评价管理的通知》(环发〔2012〕98 号）等文件的要求，明确企业环境风险源、周边环境状况及环境敏感点的情况，对潜在的环境风险事故进行预测分析，明确企业环境风险等级，测算最小事故应急池的容积，并对企业现有环境风险防范措施进行评估、提出整改要求。

5.3.2 总则

通过对建设项目生产、储存、公共辅助设施可能发生的环境风险事故和后果进行分析、预测和评估，提出合理事故防范、应急与减缓措施，最终把项目的事故后果控制在可接受水平内。

5.3.2.1 编制原则

①认真执行国家和地方有关的环境保护法律、法规、规章、行业及产业政策，坚持“安全第一、预防为主”的原则。

②坚持评价内容全面、评价重点突出、评价方法规范、规定的防范与应急措施针对性强、结论客观、可行的原则。

③充分利用安全评价、环境影响评价的数据和同类厂家风险管理等方面的成果开展环境风险评估。

5.3.2.2 编制依据

编制依据主要是国家环保法律法规、相关行业及产业政策、企业相关的文档资料。如：

《环境保护法》（2015 年 1 月起实施）；

《突发事件应对法》（2007 年 11 月 1 日起实施）；

《环境影响评价法》（2003 年 9 月 1 日起实施）；

《安全生产法》（2002 年 11 月 1 日起实施）；

《危险化学品安全管理条例》（2011 年 12 月 1 日起实施）；

《国务院关于加强环境保护重点工作的意见》（国发〔2011〕35 号）；

《突发事件应急预案管理办法》（国办发〔2013〕101 号）；

《突发环境事件信息报告办法》（2011 年 5 月 1 日起实施）；

《突发事件应急预案管理办法》（国办发〔2013〕101 号）；

《突发环境事件应急监测技术规范》（HJ 589—2010）；

《危险化学品重大危险源辨识》（GB 18218—2009）；

《关于进一步加强环境影响评价管理防范环境风险的通知》（环发〔2012〕77 号）；

《关于切实风险防范严格环境影响评价管理的通知》（环发〔2012〕98 号）；

《建设项目环境保护设计规定》（国环字第 002 号）；

《建设项目环境影响评价分类管理名录》（2015 年版）；

《产业结构调整指导目录（2011）年本》（2015 年修订）；

《建筑设计防火规范》（GB 50016—2006）；

《关于印发〈企业突发环境事件风险评估指南（试行）〉的通知》（环办〔2014〕34 号）；

《事故状态下水体污染的预防与控制技术要求》（Q/SY 1190—2013）；

《锅炉大气污染物排放标准》（GB 13271—2014）；

《污水综合污染物排放标准》（GB 8978—1996）；

《建设项目环境风险评价技术导则》（HJ/T 169—2004）；

《某公司某项目环境影响报告书》。

5.3.3 资料准备与环境风险识别

5.3.3.1 企业基本信息

（1）企业概况

先介绍企业历史，主营业务，特别是环评、环评批复、执行环评情况等的详细过程。

再介绍厂区状况。如厂区为长方形，东西长 190 m，南北长 132 m，总占地面积 25 485 m^2，地上总建筑面积 17 205 m^2。公司东侧为××公司，西面为××公司，北面为××公司，南面为××公司预留地，最近居民点为项目东北侧 500 m 的××村。

最后介绍企业的定员和班制情况。如全厂总劳动定员为 80 人，年工作 300 天，日工作 12～16 h，两班制生产。

（2）地理位置

介绍企业所在地的地理位置情况，给出地理坐标，公司与外界的交通连接情况。

（3）气候、气象条件

介绍企业所在地的气候和气象条件。如该区属于南亚热带海洋性季风气候，夏长冬短，温和湿润。据市气象站资料，年平均降雨量 1 386.4 mm，年均降雨日 70～140 d，年平均气温 17.3～20℃，7 月平均气温为 25～28.5℃，1 月平均气温为 8.6～11.0℃，平均太阳辐射约 110 kcal/cm^2，日照时数 1 934～2 093 h，无霜期 290～340 d。年平均气压为 1 014.4 hPa，年平均相对湿度 77%。年平均风速 3.7 m/s，冬季主导风向为东北风，频率占 29%，次主导风向为东北偏北风，频率占 19%，静风频率为 5%；夏季主导风向为南风和西南偏南风，频率占 16%，次主导风向为东南偏南风，频率占 10%，静风频率为 15%。据气象资料统计，该区域大气稳定度以 D 类、A 类稳定度出现的频率较高。影响本地区的灾害性天气主要有台风，每年 2～3 次，其次为干旱与洪涝。

（4）地质条件

介绍企业所在地的地质条件，特别应明确所在地的地震、泥石流、洪涝灾害等自然灾害情况。

（5）水文资料

介绍企业所在地的水文情况。

（6）功能区划及执行标准

给出企业所在地的功能区划及应执行的相应标准，例表见表 5-7。

表 5-7　某公司某项目应执行的环境标准

<table>
<tr><th>序号</th><th>环境要素</th><th>标准类型</th><th>标准名称</th></tr>
<tr><td rowspan="2">1</td><td rowspan="2">大气</td><td>质量标准</td><td>《环境空气质量标准》（GB 3095—2012）中的二级
《工业企业卫生设计标准》（TJ 36—79）</td></tr>
<tr><td>排放标准</td><td>《锅炉大气污染物排放标准》（GB 13271—2014）
《恶臭污染物排放标准》（GB 14554—1993）
《大气污染物综合排放标准》（GB 16297—1996）</td></tr>
<tr><td rowspan="2">2</td><td rowspan="2">水</td><td>质量标准</td><td>《海水水质标准》（GB 3097—1997）第三类</td></tr>
<tr><td>排放标准</td><td>《污水综合排放标准》（GB 8978—1996）三级标准</td></tr>
<tr><td rowspan="2">3</td><td rowspan="2">声</td><td>质量标准</td><td>《声环境质量标准》（GB 3096—2008）中的 3 类标准</td></tr>
<tr><td>排放标准</td><td>《工业企业厂界环境噪声排放标准》（GB 12348—2008）中 3 类标准</td></tr>
<tr><td>4</td><td>固体废物</td><td>—</td><td>《一般工业固体废物贮存、处置场污染控制标准》（GB 18599—2001）
《危险废物贮存污染控制标准》（GB 18597—2001）
环保部关于发布《一般工业固体废物贮存、处置场污染控制标准》（GB 18599—2001）等 3 项国家污染物控制标准修改单的公告（公告 2013 年第 36 号）</td></tr>
</table>

（7）生产设备及原辅材料、产品

给出企业主要生产设备及原辅料、产品等的列表。例表见表 5-8～表 5-11。

表 5-8 某公司某项目主要生产设备一览表

名称	规格	数量/（台/套）
蚀刻废液回收处置生产车间设备		
蒸氨反应罐	10 m^2	1
氨化吸氨器	XAQ-600	1
冷凝器	18 m^2	2
稀氨水罐	1.5 m^3	2
冷凝器	14 m^2	2
吸氨器	XAQ-600	2
	XAQ-100	1
	XAQ-40	1
氨吸收罐	—	4
高效脱氨器	TAQ-600-5100B	2
脱氨罐	10 m^3	1
换热槽	换热面 30 m^2	1
箱式压滤机	60 m^2	1
罗茨鼓风机	JTS-65	1
玻璃钢冷却塔	MRR-80 L	1
泵		30
轴流风机		10
硫酸雾吸收塔		1
蒸汽锅炉（锅炉房）	由 4 t/h 变更为 1 t/h，燃油改为燃生物质	1
线路板边角料回收生产车间生产设备		
线路板毛板拆解台	12 工位	2
线路板粉碎分选线	BDPCB8OO-2	1
脂塑型材生产线	65 锥双主机	3
注塑造粒机	75 平双	1
混料机组	500～1 000 L	1
砂光机		1
压花机		1
粉碎机		1
模具		4

表 5-9　某公司某项目主要原辅材料一览表　　单位：t/a

项目	硫酸铜生产线		线路板边角料回收	
产品方案及规模	96%五水硫酸铜	5 000	铜粉	550
			高强度载物托板等脂塑产品	7 072.286
	20%氨水	8 472.5	锡块（副产品）	127
			电子元器件（副产品 HW49）	8 126.7
原燃材料消耗	碱性蚀刻液	5 416.7	废旧线路板	10 000
	酸性蚀刻液	7 583.3	线路板边角料	4 000
	98%硫酸	1 920.2	PE 粒	1 879.424
	50%氢氧化钠	7 791		

表 5-10　某公司某项目主要原辅材料及产品储存方式及储存量

名称	容积	现场最大存量	物料状态	存储方式	存储设备			存储场所
					规格	材质	数量	
碱性蚀刻废液	75 m^3	75 t	液体	罐装	25 m^3	聚乙烯	3	生产车间
酸性蚀刻废液	50 m^3	50 t	液体	罐装	25 m^3	聚乙烯	2	生产车间
浓硫酸	9 m^3	14.5 t	液体	罐装	9 m^3	碳素合金钢	1	生产车间
稀硫酸	0.45 m^3	0.46 t	液体	罐装	0.45 m^3	聚乙烯	1	生产车间
液碱	25 m^3	29.2 t	液体	罐装	25 m^3	聚乙烯	1	生产车间
PVC 废料	500 t	20 t	固体	袋装	—	—	—	仓库
PVC 粉	50 t	10 t	固体	袋装	25 kg/袋	PVC 编织袋	2 000	仓库
硫酸铜	250 t	100 t	固体	袋装	25 kg/袋	PVC 编织袋	10 000	仓库
氨水	30 m^3	20 t	液体	罐装	15 m^3	聚乙烯	2	生产车间
粗铜粉	100 t	10 t	固体	袋装	50 kg/袋	PVC 编织袋	2 000	仓库
货板架	300 t	15 t	固体	堆放	—	—	—	仓库
高强度载物托板等脂塑产品	128 t	15 t	固体	堆放	—	—	—	仓库
锡块	50 t		固体	袋装	1 t/袋	PVC 编织袋	50	仓库
电子元器件（危废）	35 m^2	40 t	固体	袋装	1 t/袋	PVC 编织袋	40	电子元器件危废库

表 5-11 某公司某项目主要原辅材料成分

原辅材料名称	组成
酸性蚀刻液	氯化铵（18%～22%）、氯化铜（19%~23%）、氯化氢（4%～6%）、水（53%～57%）
碱性蚀刻液	氯化铵（18%～22%）、氨（4.5%～8.5%）、铜氨络合物$[Cu(NH_3)_4]Cl_2$（27.5%～30.5%）、水（43%～47%）
NaOH	50% NaOH 溶液
线路板边角料	铜 20%、树脂及玻璃布 80%（主要含有环氧树脂聚酯树脂、阻燃剂等）

（8）生产工艺

给出生产工艺流程图，并做必要的产污环节分析。

（9）“三废”排放情况及环保措施

①废水：企业生产线废水按环境监测结果计，介绍废水的主要污染物，特征污染物及产生量和排放量。对于生活污水，可按人均用水量 150 L/d 估算，排放系数取 0.8，按企业定员测算生活污水产生量。将生产废水和生活污水排放量合并，结合环境监测结果，测算全厂废水年排放量，以及废水中 COD、BOD_5、SS、NH_3-N 及特征污染物等的年排放量。介绍废水处理工艺流程和设备流程，以及废水达标排放情况和排放去向。

②废气：企业锅炉、生产线等各类废气按环境监测结果计，介绍废气的主要污染物产生量和排放量。介绍尾气或废气处理工艺流程和设备流程，以及废气达标排放情况。

③固体废物：介绍企业危险废物和一般固废的来源和产生量，重点介绍危险废物的数量和《国家危险废物名录》的分类，以及危险废物暂存和转移的合规性。介绍生活垃圾等一般固废的去向。

关于“三废”的情况介绍，必要时可分别列表表示。

5.3.3.2 涉及环境风险物质情况

风险识别范围包括生产设施风险识别和生产过程所涉及的物质风险识别。生产设施风险识别范围包括：主要生产装置、贮运系统、公用工程系统、工程环保设施及辅助生产设施等；物质风险识别范围包括：主要原材料及辅助材料、燃料、中间产品、最终产品以及生产过程排放的“三废”污染物等。风险类型根据有毒有害物质放散起因，分为火灾、爆炸和泄漏三种类型。

（1）物质风险识别

物质风险是根据 GB 6944—2012 中物质危险性标准（表 5-12）判断的。

表 5-12　物质危险性标准

	分类	LD_{50}（大鼠经口）/(mg/kg)	LD_{50}（大鼠经皮）/(mg/kg)	LC_{50}（小鼠吸入，4 h）/(mg/L)
有毒物质	1	<5	<1	<0.01
	2	$5<LD_{50}<25$	$10<LD_{50}<50$	$0.1<LC_{50}<0.5$
	3	$25<LD_{50}<200$	$50<LD_{50}<400$	$0.5<LC_{50}<2$
易燃物质	1	可燃气体——在常压下以气态存在并与空气混合形成可燃混合物；其沸点（常压下）为 20℃或 20℃以下的物质		
	2	易燃液体——闪点低于 21℃，沸点高于 20℃的物质		
	3	可燃液体——闪点低于 55℃，压力下保持液态，在实际操作条件下（如高温高压）可以引起重大事故的物质		
爆炸性物质		在火焰影响下可以爆炸，或者对冲击、摩擦比硝基苯更为敏感的物质		

根据《危险货物分类和品名编号》（GB 6944—2012）分类，识别企业的项目生产过程使用的原辅材料及产品属于哪类风险物质。

物质风险识别时应注意判断：生产过程中废气和废水处理设施事故下，造成的事故排放是否可能引发人员伤亡或环境污染事故。

（2）重大危险源辨别

对照《危险化学品重大危险源辨识》（GB 18218—2009）中“表 1　危险化学品名称及其临界量”和“表 2　未在表 1 中列举的危险化学品类比及其临界量”，识别企业所涉及的危险化学品临界量，例表见表 5-13。

表 5-13　某公司危险化学品贮存量

序号	危险物质	风险类别	贮存方式	贮存量/t		
				临界量 Q_n	设计存量 q_n	q_n/Q_n
1	98%硫酸	腐蚀性液体	储罐	—	9	—
2	氨水	低毒液体	储罐	—	30	—
3	50%氢氧化钠	腐蚀性液体	储罐	—	25	—

500 m 范围内为一个单元，单元内存在的危险物质为单一品种时，其数量等于或超过标准中规定的临界值即定为重大危险源；单元内存在的危险物质为多品种时，按 GB 18218—2009 中叠加计算（若≥1 则定为重大危险源），公式为式(5-1)。

$$\frac{q_1}{Q_1}+\frac{q_2}{Q_2}+\cdots+\frac{q_n}{Q_n}\geqslant 1 \tag{5-1}$$

式中，q_1，q_2，…，q_n 为每种危险物质实际存在量，t；Q_1，Q_2，…，Q_n 为与各危险化学品相对应的临界量，t。

对照《建设项目环境风险评价技术导则》（HJ/T 169）和《危险化学品重大危险源辨识》（GB 18218），判断：企业贮存的化学品是否含极度危害、高度危害类毒性物质，是否属于剧毒、易燃、易爆物质；企业的项目是否构成重大危险源。

（3）评价工作等级划分

根据《建设项目环境风险评价技术导则》（HJ/T 169）中关于环境风险评价工作等级划分表（表 5-14），结合企业项目涉及的危险化学品储存区域是否重大危险源，确定企业项目的环境风险评价工作等级。应当注意的是，《建设项目环境风险评价技术导则》正在修订中，重新颁布后，评价工作等级划分表将改变，应使用新的划分表确定评价等级。

表 5-14 评价工作等级划分表

	剧毒、危险性物质	一般毒性危险物质	可燃、易燃危险物质	爆炸、危险物质
重大危险源	一级	二级	一级	一级
非重大危险源	二级	二级	二级	二级
环境敏感地区	一级	一级	一级	一级

（4）水环境污染事故风险

废水污染事故多是由于意外事故或腐蚀等情况发生，使设备、管路出现漏点、断裂或设备检修操作不当等原因，造成有害液体流失。一般企业可能发生的废水污染事故有：危废储存间、成品仓库、车间等危险区域的火灾事故时产生的消防废水；处理危险化学品、危废泄漏事故时产生的冲洗废水；污水站泄漏事故产生的废水；事故废水若未收集、处理，通过雨水管网直接对外排放，将会对周边水环境产生不良影响。

（5）大气环境污染事故风险

一般企业可能发生的废气污染事故有：锅炉烟气除尘系统故障导致烟气事故性排放；工艺废气事故性排放；液体物料罐大面积泄漏排放。

（6）危险废物处置环节风险

根据企业危废种类和数量，危废管理等实际情况，分析可能存在的风险。一般企业危废转移处置环节的风险应侧重排查危废转移联单制度是否完备，企业内部危废转移台账是否完备，企业内部危废暂存场所、设备是否具有防渗漏、防水等保障。

（7）风险识别结果

根据上述分析，总结企业项目涉及的主要风险类型包括哪些，例如，是否存在泄漏和火灾隐患；总结企业项目涉及的风险物质是哪些；总结企业项目涉及的风险环节有哪些，如危险物质的运输、贮存、输送等。

根据风险识别，重点识别、评价企业项目是否存在泄漏风险源及其对外界环境的影响。

5.3.3.3　企业周边环境风险受体情况

列出企业周边环境保护目标并给出敏感目标分布图（可用百度地图或谷歌地图标识）。企业周边环境保护目标例表见表 5-15。

表 5-15　某公司周边主要环境敏感目标一览表

项目	编号	环境保护目标	保护目标性质及与厂址方位和最近距离	规模	环境质量要求
大气环境及环境风险	1	××村	居民区　东北　625 m	310 户，1 235 人	《环境空气质量标准》（GB 3095—1996）二级
	2	××村	居民区　东北　910 m	263 户，1 051 人	
	3	××村	居民区　东南　1 550 m	240 户，954 人	
	4	××村	居民区　东北　500 m	135 户，622 人	
	5	××村	居民区　西北　760 m	365 户，1 443 人	

项目	编号	环境保护目标	保护目标性质及与厂址方位和最近距离	规模	环境质量要求
大气环境及环境风险	6	××村	居民区 西北 1 150 m	230 户，899 人	《环境空气质量标准》（GB 3095—1996）二级
	7	××村	居民区 西北 1 830 m	105 户，422 人	
	8	××村	居民区 西北 1 880 m	797 户，3 189 人	
	9	××村	居民区 西 2 000 m	605 户，2 420 人	
	10	××镇	居民区 西 2 500 m	14 905 户，54 227 人	
海域环境	1	水产养殖区	养殖区，排污口 5 km	—	《海水水质标准》（GB 3097—1997）第二类区
声环境	1	厂界	厂界外 200 m	—	《声环境质量标准》（GB 3096—2008）3 类区

5.3.3.4 安全生产管理

对企业的安全生产做描述。如企业成立了环保领导小组，主要生产管理人员担任总负责，配有专兼职人员做好环保设施的操作、维护保养及记录工作。企业制定了《安全环保管理制度》，正在按规范编制《突发环境事件应急预案》，先后投入了大量资金配套相应的环保设施和突发环境事件应急设施。企业建筑构件的耐火性能符合国家建筑设计规范。制订了完善的安全、技术操作规程和管理制度（上墙）并严格执行。制定了事故安全应急方案，明确项目应急的现场指挥机构和相关系统，明确责任，并确保指挥到位。

5.3.3.5 现有环境风险防控与应急措施情况

对企业环境风险防控与应急措施进行介绍，可列表表示，见表 5-16。

表 5-16 某公司环境风险防控措施情况

岗位	环境风险防控措施内容
锅炉房	采用生物质作为燃料，锅炉废气采用水膜除尘系统进行喷淋除尘，减少污染物排放
	锅炉工负责对锅炉废气除尘设施进行巡查，并做好记录
	制订操作规程，严格按操作规程进行运行控制，防止误操作导致废气事故排放
	锅炉房张贴紧急停车操作规程与应急人员联系电话，以便发生事故时可进行先期处置并及时报警

岗位	环境风险防控措施内容
危化品仓库	有毒、腐蚀性物资仓库地面应设有防渗漏设施或事故废水收集槽
	配备应急救援器材和物资
	仓库地面设有防渗漏设施，各类化学品分区存放
危废储存间	一般固体废物与危险固废分类分区堆放，并做好隔离、防水、防晒、防雨、防渗、防火处理
	危废间门口悬挂“严禁烟火”“危险废物”警告标识牌及应急联系电话
	根据《危险废物贮存污染控制标准》（GB 18597—2001）要求设置危险废物贮存场所，使用醒目的标识，并定期由专门人员对其进行管理
	危险废物的存放和转移均派专门负责人进行记录登记，其中包括存放和转移的量以及日期等
	危险化学品从业人员应经过培训，考核合格，方可上岗作业
	危废储存间内配备灭火器等应急救援物质
	严格执行“危废转移联单”制度与台账制度
	危险固废及时收集进危废间
	设置巡检制度，生产班组每班巡检一次，并做好记录
生产车间	生产车间设置了视频监控系统，对生产过程实行实时监控
	车间内设有污水导流沟、应急收集池。泄漏物料、事故废水等可通过导流沟自流进入污水处理站调节池
	酸碱储罐、蚀刻液罐、氨水罐设置围堰
	配套氨气泄漏事故报警仪
	配备应急救援器材和物资
	张贴生产操作规程与紧急停车操作规程，以防误操作造成环境污染事故
	对各岗位操作人员进行岗位培训与应急培训
	车间内严禁烟火
污水站	日处理规模 100 t，处理工艺采用“斜板沉淀、中和、砂滤、炭滤和重金属离子交换处理”，可去除氧化铜微粒、部分 Cu^{2+}和 COD
	污水处理站制订污水处理操作规程并“上墙”，严格按操作规程进行运行控制，防止误操作导致废水事故排放。废水处理设施运行人员每班对污水管、污水池及设备巡检三次
全厂	全厂重点区域设置了视频监控系统：针对危险源，采取了相应的安全防范措施，建立了应急监控系统的设立，对重要设备的运行状况、重点区域的人员活动情况进行了适时监控，在事故未发生前预先发现隐患或事故发生时及时发现异常情况
	建立安全生产管理制度和管理机构，认真做好紧急突发事故的急救与防护等工作；全厂实行领导带班制度，实行班组日查、危险点每日巡查制度，对危险源点、可能产生污染事故的设施进行监控，监控方式采用现场巡查、自动监控、专人监督等；在监控过程中一旦发现异常，立即汇报并及时排除风险隐患

岗位	环境风险防控措施内容
全厂	在厂区高处设置风向标，以观察风向；按照国家安全要求配置消防等安全设施
	公司保持生产部作业工人相对稳定，尤其是蚀刻废液处理工艺、PVC 再生粒热熔工艺、锅炉房等作业工人。对工人进行定期培训，加强其日常业务能力，在作业过程中能够熟练操作，避免事故发生
	制订严格的生产安全操作规程，定期对生产设备和环保设施进行检验，避免因设备故障引起的事故排放
	加强设备的日常维护，防止因为设备损坏，出现管道破裂；接头法兰、控制阀门密封不良的情况应及时维修，并做记录
	开停车阶段严格按操作规程对设备进行检查
	各部门负责人每天对部门内的环境风险源进行巡查并记录
	对岗位工人进行安全与环保知识的培训
	全厂实行雨污分流制，修建雨水导流沟，初期雨水进入应急池。建有一座 500 m^3 的事故应急水池，配套建设事故废水收集管线；各生产车间和仓库外围设有截排水沟，事故下的废液废水可通过车间外围水沟导流进入应急池
	每年生产淡季结合消防演练，进行废水污染事故应急演练，4 次/年
	参与应急行动的人员获得相应培训，培训内容针对不同的职责安排不同的内容；领导层的培训内容：应急管理知识、国家应急管理法律法规要求、信息披露技能、危机应急过程的职责和机构设置、主要的应急处理程序等；职能工作小组人员的培训内容：应急管理知识、应急预案组成机构及职责、相关程序和公司信息要求等；现场管理人员的培训内容：应急计划、应急部署及职责、抢险救助指挥技能、报告程序和方式、各种应急部署执行要求等
	应急领导小组定期组织公司级应急演练，各部门按规定组织部门级应急演练；每次演练后，应及时总结经验、教训，发现不足和缺陷，以使预案不断完善
	在总雨水口设有切换闸阀
	雨水管、污水管等管线均采取必要的防渗漏措施，以避免管道泄漏污染土壤
	加强防患意识，采用耐酸、耐腐蚀的管道，并对各管道接口进行良好密封，以减轻对土壤污染
	厂区内地面硬化，采取防渗措施以减轻对土壤的污染
	在生产车间、危废储存间等地张贴应急人员联系方式和信息报告流程图，以便发生事故时第一发现者可立即上报
	建立突发环境应急救援组织。每年全厂结合消防演练进行一次突发环境事件应急演练，各风险岗位每季度进行一次应急演练，由各主管部门负责组织
	公司设置兼职人员负责安全、环保工作
	与市安监局、环保局、消防大队等政府主管部门建立了紧急应急救援联系通道，发生事故时能有效依托外部力量协助事故处置

5.3.3.6　现有应急物资与装备、救援队伍情况

（1）应急物资与装备情况

要列出应急物资储备清单（表 5-17），向环境管理行政部门备案时，该清单作为单独附件。对公司应急物资与装备情况简介。如公司存放应急物资包括工作服、防护眼镜、防毒面罩、防护手套、防护靴、急救药箱及药品、通信手机、手提式扩音器、便携式应急照明灯、风向标等。此外，厂区各处分布有灭火器材和消防栓等。

表 5-17　应急物资储备清单

类型	名称	数量	位置	责任人	联系电话
应急通信照明设备	手提式扩音器	2 个	车间、办公室		
	电话、传真、电脑	7、1、12 台	办公大楼		
	便携式应急照明灯	2 个	保安部		
消防设备	干粉灭火器	80 个	公司各部门		
	消防栓	40 个	公司各部门		
堵漏、围堵设备、物质	沙袋、活性炭	35、20 袋	仓库		
	水泵	2 个	动力车间		
应急监测设备	风向标	1 个	生产车间		
	温湿度计	2 个	化验室		
	氨气报警仪	27 个	生产车间		
	pH 值测试纸	5 包	生产车间		
	便携式 COD 测试仪	1 个	化验室		
个人防护设备	硅胶防毒半面罩	2 个	仓库		
	防护眼镜	10 副	仓库		
	防护服	3 套	仓库		
	防护手套、靴子	110 副、3 副	仓库		
	安全帽	15 个	仓库		
医疗救护仪器药品	急救箱	1 个	生产车间		

（2）救援队伍情况

要制作公司救援人员应急联系表（表 5-18），向环境管理行政部门备案时，该清单作为单独附件。简介公司救援队伍，如公司成立了应急救援机构，由应急领

导小组（应急指挥部）、应急办公室和各应急小组组成。指挥部由总经理任总指挥，生产副总和行政副总担任副总指挥，负责全公司应急救援工作的组织和指挥。应急办公室主任由行政副总担任，负责应急机构日常事务。各应急小组成员名单详见表 5-18。

表 5-18 公司救援人员应急联系表

<table>
<tr><th colspan="2">成员</th><th>姓名</th><th>职务</th><th>手机</th></tr>
<tr><td colspan="2">总指挥</td><td></td><td>总经理</td><td></td></tr>
<tr><td colspan="2" rowspan="2">副总指挥</td><td></td><td>生产副总</td><td></td></tr>
<tr><td></td><td>行政副总</td><td></td></tr>
<tr><td rowspan="3">应急办公室</td><td>主任</td><td></td><td>行政副总</td><td></td></tr>
<tr><td rowspan="2">成员</td><td></td><td>行政专员</td><td></td></tr>
<tr><td></td><td>化验专员</td><td></td></tr>
<tr><td rowspan="3">联络协调组</td><td>组长</td><td></td><td>行政副总</td><td></td></tr>
<tr><td rowspan="2">成员</td><td></td><td>办公文员</td><td></td></tr>
<tr><td></td><td>保安</td><td></td></tr>
<tr><td rowspan="5">抢险处置组</td><td>组长</td><td></td><td>车间主任</td><td></td></tr>
<tr><td rowspan="4">成员</td><td></td><td>普工</td><td></td></tr>
<tr><td></td><td>普工</td><td></td></tr>
<tr><td></td><td>普工</td><td></td></tr>
<tr><td></td><td>普工</td><td></td></tr>
<tr><td rowspan="2">环境监测组</td><td>组长</td><td></td><td>化验专员</td><td></td></tr>
<tr><td>成员</td><td></td><td>化验专员</td><td></td></tr>
<tr><td rowspan="3">疏散警戒组</td><td>组长</td><td></td><td>行政专员</td><td></td></tr>
<tr><td rowspan="2">成员</td><td></td><td>普工</td><td></td></tr>
<tr><td></td><td>普工</td><td></td></tr>
<tr><td rowspan="2">医疗救护组</td><td>组长</td><td></td><td>出纳</td><td></td></tr>
<tr><td>成员</td><td></td><td>普工</td><td></td></tr>
<tr><td rowspan="3">物资供应组</td><td>组长</td><td></td><td>生产副总</td><td></td></tr>
<tr><td rowspan="2">成员</td><td></td><td>仓管</td><td></td></tr>
<tr><td></td><td>普工</td><td></td></tr>
<tr><td colspan="2" rowspan="3">专家组</td><td></td><td>总经理</td><td></td></tr>
<tr><td></td><td>生产副总</td><td></td></tr>
<tr><td></td><td>车间主任</td><td></td></tr>
<tr><td colspan="2">24 小时值班电话</td><td colspan="3"></td></tr>
</table>

5.3.4　突发环境事件及其后果分析

5.3.4.1　突发环境事件情景分析

由上述环境风险识别，可假设企业存在主要环境风险情景、类型。一般主要有泄漏和火灾险情。

泄漏：主要为液体染料、助剂罐体发生破裂，储存的物质泄漏等对周围环境造成影响。可以预测某公司某项目最大容积泄漏情景。

火灾：通常包括池火、喷射火、火球和气爆、突发火四种类型。火灾通过放出辐射热影响周围环境，如果辐射热的能量足够大，可引起其他可燃物质燃烧，甚至生物燃烧。常见的各种功能单元潜在的环境风险分析见表 5-19。

表 5-19　常见的各功能单元潜在环境风险分析

潜在的事故类型	发生事故的原因	危险物质向环境转移的可能途径	影响程度分析
污水事故排放	污水处理站设施故障	通过区域污水管网，送××污水处理厂，会对××污水处理厂造成正常运转造成影响	主要影响××污水处理厂的正常运行
消防事故导致废水排放	火灾	消防废水通过雨水管网可能进入外环境	对周边水域环境的产生一定影响
硫酸、氨水等泄漏事故	储罐阀门损坏、贮罐破裂、管道或槽体破损	通过雨水管网可能进入外环境，直接腐蚀地面土壤、氨水等挥发性气体挥发，无组织扩散	排入周边水域，对水体造成污染；损坏管道；并通过地面进入土壤造成污染，对周围环境影响造成较大影响

5.3.4.2　最大可信事故概率

风险评价可参考《建设项目环境风险评价技术导则》（征求意见稿，注意与 HJ/T 169—2004 区分）附录 I 进行有毒有害气体大气伤害概率估算。一般而言，发生频率小于 10^{-6} 次/年的事件是极小概率事件，可作为最大可信事故设定的参考。

5.3.4.3 突发环境事件情景源强分析

（1）污水事故排放

污水事故排放主要考虑废水处理设施出现故障，对外排废水中主要污染物排放源强应进行分析。

（2）消防事故导致废水排放

消防事故情景可设定单个车间出现火灾情况下，消防废水产生量可根据生产工艺情况计算，如按 30 L/s 计算，按 1 个消火栓给水计，消防水量为 108 m^3/h，以连续用水时间 1 h 计，总的消防用水量约 108 m^3。消防废水中可能含未燃烧而进入水体的原辅料，如硫酸、蚀刻液、氨水等，其浓度将较高。

（3）硫酸泄漏事故

硫酸泄漏速率按照伯努利方程计算，泄漏孔径设定为 20 mm，泄漏时间设定为 10 min，计算结果为硫酸泄漏速率为 1.90 kg/s，10 min 内硫酸泄漏量为 1.14 t。

伯努利方程见式（5-2）。

$$Q_L = C_d A\rho\sqrt{\frac{2(P-P_0)}{\rho}+2gh} \tag{5-2}$$

式中，Q_L为液体泄漏速率，kg/s；P为容器内介质压力，Pa；P_0为环境压力，Pa；ρ为泄漏液体密度，kg/m^3；g为重力加速度，9.81 m/s^2；h为裂口之上液位高度，m；C_d为液体泄漏系数，当雷诺系数 Re＞100 时，裂口为多边形或圆形，取 0.65，裂口为三角形，取 0.6，裂口为长方形，取 0.55，当雷诺系数 Re≤100 时，裂口为多边形或圆形，取 0.5，裂口为三角形，取 0.45，裂口为长方形，取 0.4；A为裂口面积，m^2。

（4）氨水泄漏事故

当氨水储罐因管道、阀门或罐体损坏发生泄漏，假设氨水泄漏后立即挥发成氨气（以 20%氨水浓度计算氨挥发量），泄漏孔径设定为 20 mm，泄漏时间设定为 10 min，采用伯努利方程计算结果为，氨水泄漏量 707.51 kg/10 min。

若有气体泄漏或两相流泄漏，其计算具体方法可参考《建设项目环境风险评价技术导则》（HJ/T 169）。

5.3.4.4　突发环境事件危害后果分析

（1）事故源项

1）最大可信事故及后果分析

根据《建设项目环境风险评价技术导则》（HJ/T 169—2004），事故影响预测采用多烟团模式进行预测，见式（5-3）。

$$C(x,y,0)=\frac{2Q}{(2\pi)^{3/2}\sigma_x\sigma_y\sigma_z}\exp\left(-\frac{(x-x_0)^2}{2\sigma_x^2}\right)\exp\left(-\frac{(y-y_0)^2}{2\sigma_y^2}\right)\exp\left(-\frac{z_0^2}{2\sigma_z^2}\right) \tag{5-3}$$

式中，C（x，y，0）为下风向地面（x，y）坐标处的空气中污染物浓度，mg/m^3；（X_0，Y_0，Z_0）为烟团中心坐标；Q 为事故期间烟团排放量，mg；x、y、z 为方向扩散参数，m。

选取小风（1.7 m/s）、静风（0.4 m/s）和有风（2.1 m/s），在 D 类稳定度条件下，氨水泄漏挥发事故在 5 km 范围内的影响预测计算结果见表 5-20。

表 5-20　氨水储槽破裂外泄事故预测结果　　单位：mg/m^3

下风向距离/m	静风（假设 U=0.4 m/s）		小风（假设 U=1.7 m/s）		有风（假设 U=2.1 m/s）	
	5 min	10 min	5 min	10 min	5 min	10 min
50	650.088 7	661.67	8 891.42	8 891.42	7 912.93	7 912.93
100	161.126 9	173.172 4	3 414.15	3 414.15	2 827.15	2 827.15
200	29.708 3	40.932 1	1 094.23	1 094.23	892.098 3	892.098 3
300	7.334 1	16.008 8	542.599 8	545.244 8	442.975 1	442.975 2
400	1.706 5	7.413 3	136.843 8	330.601	258.570 7	268.222 7
500	0.332 9	3.642 9	5.612 4	223.803 7	67.717 4	181.450 7
600	0.051 6	1.806 5	0.129 5	161.840 3	4.966 4	131.750 7
700	0.006 2	0.879 5	0.003 3	103.159 4	0.223 5	100.433
800	0.000 6	0.413 4	0.000 1	37.398	0.009 9	76.550 9
900	0	0.185 6	0	7.679 8	0.000 5	46.345 6
1 000	0	0.079	0	1.133 7	0	18.214 3
2 000	0	0	0	0	0	0
5 000	0	0	0	0	0	0

对照《工作场所有害因素职业接触限值》（GBZ 2）、《工业企业设计卫生标准》

（TJ 36）中的居住区标准，空气中不同浓度的氨对人体的危害程度及其浓度限值见表 5-21。

表 5-21　不同浓度的氨对人体的危害程度及其浓度限值

空气中氨的浓度/（mg/m³）	人体危害程度	居住区大气中最高允许浓度	职业接触限值/（mg/m³）	
			时间加权平均允许浓度	短时接触限值
210～350	接触 1 h 的最大耐受量	0.2	20	30
280～490	引起眼、鼻、咽喉直接刺激的最低量			
1 750～4 550	接触半小时有危害性			
3 500～7 000	短时暴露迅速致死			

注：据亨徒生和哈加特二世实验，1943 年。

由上述预测分析可知，如果氨水贮槽发生泄漏事故，将有 707.51 kg 的氨气外泄挥发进入环境大气，在静风、小风和有风天气条件下，将可能造成一定范围内影响如下：

①静风时（0.4 m/s）5 min，约 100 m 范围内严重污染，约 200 m 范围内超过车间浓度；10 min，约 100 m 范围内严重污染，约 300 m 范围内超过车间浓度。

②小风时（1.7 m/s），5 min，下风向约 100 m 范围内可直接导致人员死亡，约 400 m 范围内严重污染，约 500 m 范围内超过车间浓度；10 min，下风向约 100 m 范围内可直接导致人员死亡，约 500 m 范围内严重污染，约 800 m 范围内超过车间浓度。

③有风时（2.1 m/s），5 min，下风向约 100 m 范围内可直接导致人员死亡，约 400 m 范围内严重污染，约 600 m 范围内超过车间浓度；10 min，下风向约 100 m 范围内可直接导致人员死亡，约 500 m 范围内严重污染，约 1 000 m 范围内超过车间浓度。

综上所述，如果发生氨水贮槽发生泄漏事故，将造成某公司附近的环境空气质量受到严重影响，对人体的危害较大。

2）硫酸泄漏事故

硫酸会污染土壤、水体，当发生储槽破裂泄漏时，硫酸遇水可发生沸溅烫伤人员，易燃易爆等物质会燃烧爆炸，燃烧后转变为 SO_2 和水蒸气，火灾爆炸可能危及生命财产安全。

一般硫酸泄漏后会被截留在车间内，并导流至应急池，对环境危害有限，但由于硫酸具有强腐蚀性，一旦发生泄漏，会损坏管道，对接触人员健康造成伤害，并通过地面进入土壤，并造成土壤污染，并且如果没有及时堵漏、导流与处理，将对环境造成严重的危害，特别是排入周围水域，不但对水体造成污染，也会造成水中生物大量死亡。

3）污水事故排放

①超标废水泄漏至污水厂：由于某公司废水中铜离子浓度较高，若厂区污水处理设施出现事故，废水中铜未被处理达标后排向××污水处理厂，会对××污水处理的工艺产生冲击影响（主要原因是铜离子会抑制污水处理厂污水中微生物的生长），最终导致污水处理厂尾水排放浓度不达标，同时铜离子随着污水处理厂尾水排放进入所在地水域，对水环境造成一定影响。

②超标废水泄漏至外环境：污水收集管网或超标废水因设施故障外溢泄漏可能会对地下水产生影响。在这种情况下，应分析超标废水泄漏是否对当地居民饮用水造成影响。同时，污水渗漏污染了土壤和地下水，短期内土壤和地下水的污染难以恢复，而土壤和地下水如果含有腐蚀性物质，会对建筑物造成一定的影响，土壤和地下水中有毒有害物质被周边植物吸收，通过食物链的传导，进而会间接影响附近居民。

4）消防事故废水

事故废水和消防废水中含有未燃烧而进入水体的硫酸、蚀刻液、氨水，其浓度较高，直接排入外环境势必对其产生严重影响，应通过应急收集系统进行收集，分批由污水处理设施进行处理，达标后排放。

故企业要定时加强设备设施的维护，加强预防工作，不定时巡检排除安全隐患，防患于未然。发生相应事故除及时通知当地政府、环保局等政府机关外，还应第一时间通知相应范围内的受灾单位、村庄居民做好相应防范。

（2）事故影响人数分析及疏散方案

大气事故影响范围半径在 1 000 m 内，涉及周边村庄。发生事故时，公司应急小组在做好应急处置后，应急小组人员需要撤离该危险区域，发生事故同时需通知事故涉及村庄相关村民，做好疏散准备，上述企业厂区内人员（无关人员先撤离，相关技术人员视情况生产减产或停产后也做好相应撤离准备）的疏散路线以其公司的应急预案为准，疏散至厂区外的疏散人员疏散路线以远离事故区并向下风向的侧向方向撤离。

（3）同类事故案例分析

典型的案例生动，同类事故案例分析，能起到直接警示作用，是环境风险报告必不可少的内容之一。

浓硫酸化学分子式为 H_2SO_4，是一种具有高腐蚀性的强矿物酸。浓硫酸指质量分数大于或等于 70%的硫酸溶液。浓硫酸在浓度高时具有强氧化性，这是它与普通硫酸或普通浓硫酸最大的区别之一。同时它还具有脱水性、强氧化性、强腐蚀性、难挥发性、酸性、稳定性、吸水性等。由于浓硫酸中含有大量未电离的硫酸分子，所以浓硫酸具有吸水性、脱水性和强氧化性等特殊性质。遇水能释放大量的热能。

【同类案例一】：

时间：2015 年 4 月 6 日。

地点：湖北省黄冈市蕲春县彭思镇茅山村一化工厂。

事件过程：倒掉的围墙砸断了该厂一个 5 000 t 储量的硫酸罐阀门，由于该厂还未开工，罐内只有 700 t 硫酸，加上阀门下方还有部分硫酸不能流出，最终流出的硫酸只有 650 t，并且全部流进了硫酸罐外 1 000 多 m^2 的应急池内，未造成人员伤亡，为确保周边群众安全，300 村民被转移。事故后，需要 430 t 石灰来中和这些硫酸，整个中和过程用 3 天时间才完成。

起火原因：连日大雨，化工厂围墙倒塌，倒掉的围墙砸断了该厂一个 5 000 t 储量的硫酸罐阀门。

氨水的主要成分为 $NH_3 \cdot H_2O$，是氨气的水溶液，无色透明且具有刺激性气味。氨气熔点-77℃，沸点 36℃，密度 0.91 g/cm^3。氨气易溶于水、乙醇。易挥发，具有部分碱的通性，氨水由氨气通入水中制得。氨气有毒，对眼、鼻、皮肤有刺激性和腐蚀性，能使人窒息，空气中最高容许浓度为 30 mg/m^3。

【同类案例二】：

时间：2007 年 8 月 25 日上午 9 时 30 分。

地点：吉林省桦甸市兴达冷冻厂。

事故经过：兴达冷冻厂工人发现生产车间里一处制冷设备的氨水向外喷发，于是迅速拉闸，使机器停止运转。两名员工因被氨水溅到受轻伤。后经勘查发现，冷冻设备里流出的氨水达 100 多 kg。随后工厂内的 100 多名工人与附近村民，被迅速疏散到距离工厂 1 000 m 以外的安全地点。

事故原因：阀门长时间未检修形成安全隐患，导致事故发生；两名员工防护不到位造成伤害事故发生；兴达冷冻厂管理不善，使设备不能按规定和计划进行维修。

以上案例说明化工类企业，危化品一旦发生泄漏，影响范围可能很大，公司应加强管理，做好设备养护，定期不定期地检查排除安全隐患，以免造成难以挽回的损失。

（4）水环境风险预测

1）车间内应急池设置可行性分析

某公司硫酸铜生产车间主要液体原料放置于蚀刻废液处理车间，车间内平面布置见图 5-2。

分区一：25 m^3 液碱储罐×1，25 m^3 碱性蚀刻液储罐×1，围堰内容积约为 10 m×5 m×0.9 m=45 m^3，可以满足单个储罐泄漏的应急需求。

分区二：25 m^3 碱性蚀刻液储罐×2，25 m^3 酸性蚀刻液储罐×2，围堰内容积约为 10 m×9 m×0.9 m=81 m^3，可以满足单个储罐泄漏的应急需求。

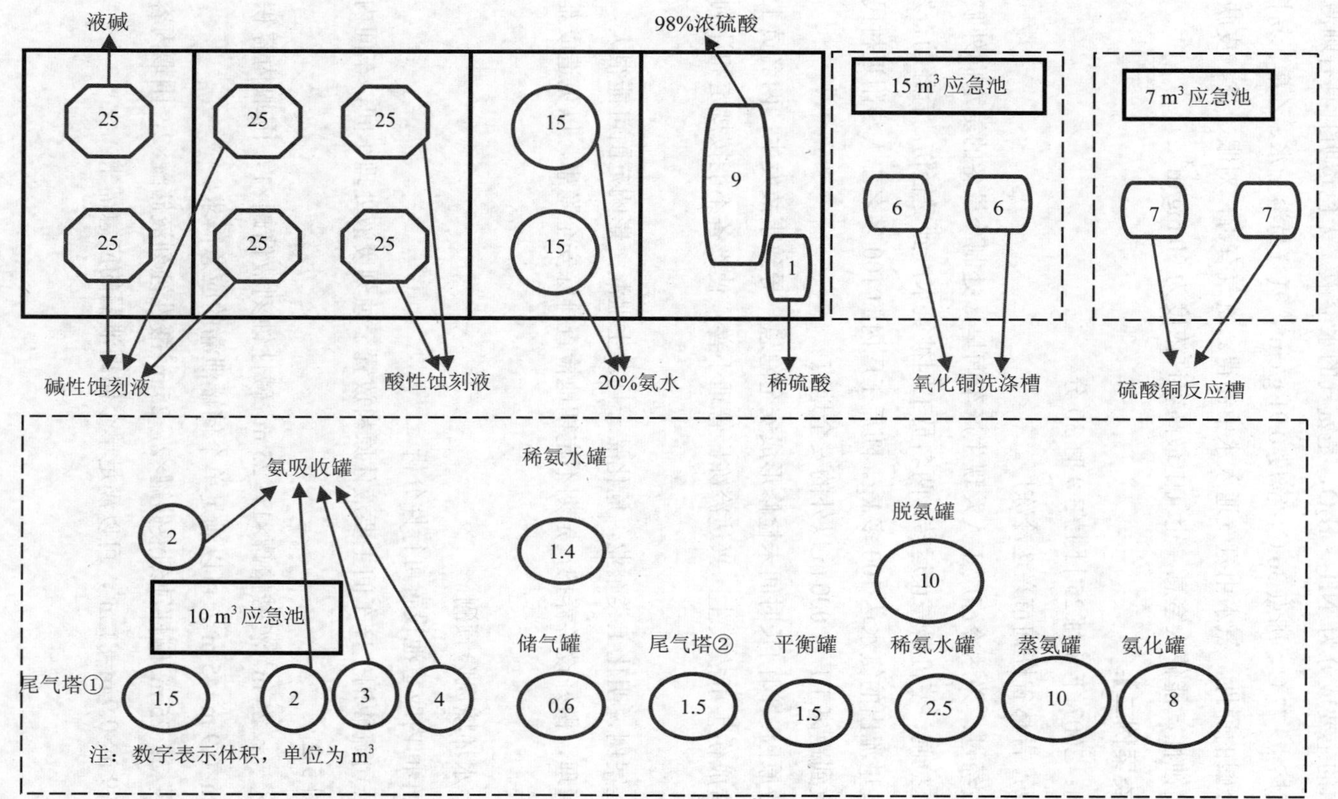

图 5-2 某公司硫酸铜生产车间内平面布置图

分区三：15 m^3 20%氨水储罐×2，围堰内容积约为 10 m×4.5 m×0.9 m=41 m^3，可以满足单个储罐泄漏的应急需求。

分区四：9 m^3 98%浓硫酸储罐×1，0.45 m^3 稀硫酸储罐×1，围堰内容积约为 10 m×4.5 m×0.9 m=41 m^3，可以满足单个储罐泄漏的应急需求。

分区五：6 m^3 氧化铜洗涤槽×2，设置有 15 m^3 应急池 1 个，可以满足泄漏应急需求。

分区六：7 m^3 硫酸铜反应槽×2，设置有 7 m^3 应急池 1 个，可以满足泄漏应急需求。

分区七：布置有氨吸收罐（2 m^3/2 m^3/3 m^3/4 m^3 各 1 个）、稀氨水罐（1.4 m^3 和 2.5 m^3 各 1 个），蒸氨罐 10 m^3，脱氨罐 10 m^3 等，并配置有 10 m^3 应急池 1 个，可以满足泄漏应急需求。

2）全厂所需最小事故应急池容积计算

厂区所需最小事故池容积计算过程如下：

根据《化工建设项目环境保护设计规范》（GB 50483—2009）和《事故状态下水体污染的预防与控制技术要求》（Q/SY 1190—2009）中的相关规定设置。事故应急池主要用于区内发生事故或火灾时，控制、收集和存放污染事故水（包括污染雨水）及污染消防水。污染事故水及污染消防水通过雨水的管道收集，污染事故水和消防废水分开存放。事故应急水池容量按式（5-4）计算。

$$V_{事故池}=\left(V_1+V_2+V_{雨}\right)_{max}-V_3 \tag{5-4}$$

式中，（V_1+V_2+$V_{雨}$）$_{max}$ 为应急事故废水最大计算量，m^3；V_1 为最大一个容器的设备（装置）或贮罐的物料贮存量，m^3；V_2 为在装置区或贮罐区一旦发生火灾爆炸及泄漏时的最大消防水量，包括扑灭火灾所需用水量和保护邻近设备或贮罐（最少 3 个）的喷淋水量，m^3；$V_{雨}$为发生事故时可能进入该废水收集系统的当地的最大降雨量，m^3，$V_{雨}$为事故期间降雨体积；V_3 为事故废水收集系统的装置或罐区围堰、防火堤内净空容量（m^3）与事故废水导排管道容量（m^3）之和。

车间事故水量核算见表 5-22。

表 5-22 某公司硫酸铜生产车间事故水量核算

类型		分项	水量/m^3	计算条件/备注
V_1和V_3	物料和围堰	装置最大物料和围堰	0	车间内最大储罐 25 m^3，车间内设有分区围堰应急系统，最大储存容积可达 81 m^3，各分区均可以满足物料泄漏应急需求，因此该项按 0 计算
V_2	消防水	厂区装置区	144	消防水设计流量为 20 L/s，2 h 火灾事故消防废水量 144 m^3
$V_雨$	降雨量		49.5	$V_雨=10qF=10Fq_a/n$，年降雨量q_a为 1386.4 mm，年平均降雨天数 n=140 天，生产区面积约为 0.4 hm^2
合计			193.5	厂区内设 500 m^3 事故应急池 1 个，可满足需求

根据以上事故废水量分析，企业已建的 500 m^3 应急池可以满足装置区事故废水的收集。

5.3.5 现有环境风险防控和应急措施差距分析

风险防控措施完善建议见表 5-23。

表 5-23 风险防控措施完善建议一览表

单元或对象	现有的风险防控措施	差距及建议
	废水防控措施	
事故应急水池	已建 500 m^3 的事故池	—
雨污分流	基本达成全厂雨污分流	—
导流系统	生产车间内部设置导流沟，与污水处理站相接；车间外围设有截排水沟，与应急池相接	—
阀门	雨水口设置切断闸阀	—
其他	设置应急泵、阀门、污水操作工专员、絮凝剂	加强应急泵的日常维护管理
	废气防控措施	
生产车间	设专员负责	从管理上加强以预防废气事故的发生
仓库	加强储存管理	
	固废防控措施	
危废临时储存场所	设置危险废物贮存场所	应按照规范设置危险废物贮存场所，加强防渗防流失措施

单元或对象	现有的风险防控措施	差距及建议
一般固体废物储存场所	设置一般固体废物储存场所	—
化学品		
生产车间	生产车间分区设置有泄漏应急池	
仓库	仓库仅用于堆存固态原辅材料，外围设置截排水边沟	加强原辅材料堆放、储存管理
应急物资		
照明设备	已有便携式应急照明灯	
堵漏设施	已有沙袋等堵漏物质	
应急处置	已有活性炭、应急泵等	建议增加备用电源
医疗救护仪器药品	已有常规药品	
个人防护物资	已有防护服、防护面罩、眼镜、手套、口罩等	
管理措施		
相关制度	环境影响评价、安全环保管理制度，正在编制应急处置方案	加强对工人进行培训和演练

危险化学品在存储、生产等过程中的规范化储存要求建议如下。

①存储方面：其中仓库存储要求危险化学品仓库应设置高窗，窗上应安装防护铁栏，窗户应采取避光和防雨措施。仓库门应根据危险化学品性质相应采用具有防火、防雷、防静电、防腐、不产生火花等功能的单一或复合材料制成，门应向疏散方向开启。仓库内照明、事故照明设施、电气设备和输配电线路应采用防爆型，配电箱及电气开关应设置在仓库外，并应可靠接地，安装过压、过载、触电、漏电保护设施，采取防雨、防潮保护措施，仓库地面应防潮、平整、坚实、易于清扫，不发生火花。危险化学品不应露天存放，应根据危险化学品特性分区、分类、分库贮存，各类危险化学品不应与其相禁忌化学品混合储存。两种物品不应发生接触。生产车间临时取用存放原则，随用随取，尽量少量堆放在现场，既可减少无组织挥发对员工的伤害，又能降低事故发生后的影响范围。

②运输方面：装卸、搬运危险品化学时，应做到轻装、轻卸，严禁摔、碰、撞、击、拖拉、倾倒和滚动。

③制度管理方面：应建立健全危险化学品储存安全生产责任制、安全生产规章制度和操作规程。应建立危险化学品储存档案，档案内容至少应包括：危险化学品出入库核查登记、库存危险化学品品种、数量、定期检查记录。配备应急救援人员和必要的应急救援器材、物资，并定期组织演练。

5.3.6 完善环境风险防控和应急措施的实施计划

通过现有环境风险防控和应急措施差距分析，某公司应制订具体的实施计划表，并按计划时间完善环境风险防控和应急措施。

5.3.7 企业突发环境事件风险等级

通过前述分析，应对企业突发环境事件风险等级给出明确判定。根据《企业突发环境事件风险评估指南（试行）》（环办〔2014〕34 号），通过定量分析企业生产、加工、使用、存储的所有环境风险物质数量及其临界量的比值（Q），评估工艺过程与环境风险控制水平（M）以及环境风险受体敏感性（E），按照矩阵法对企业进行突发环境事件风险等级划分。环境风险等级划分为一般环境风险、较大环境风险和重大环境风险三级。评估程序见图 5-3。

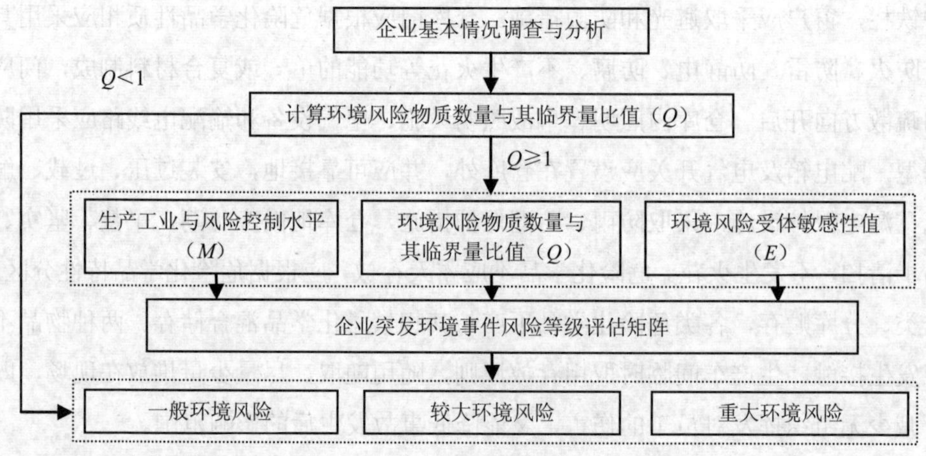

图 5-3 企业环境风险等级评估程序

某公司主要的环境风险物质为硫酸、氢氧化钠、氨水、酸碱蚀刻液等，对照《企业突发环境事件风险评估指南（试行）》（环办〔2014〕34 号）中附录 B 突发环境事件风险物质及临界量清单见表 5-24。

表 5-24　某公司风险物质数量与临界量比值（Q）情况表

物品名称	储存单元最大贮存量/t	临界量/t	Q 值
硫酸	14.96	50	0.299
氨水	20	50	0.4
合计	—	—	0.699

由表 5-24 可见，某公司的风险物质数量与临界量比值 Q 为 0.699，小于 1，判定为一般环境风险。

5.3.8　建议

环境风险报告的最后，应提出环境风险预防建议。如某公司生产装置区、危险化学存储区、污水站存在的事故风险，主要的风险为氨水、浓硫酸泄漏后的挥发影响以及污水管道等设施故障，污水对外界环境的影响，因此，企业应有高度的风险意识，从工程上和管理上实行全面严格的防范措施，做好事故预防，一旦发生事故，必须严格按照风险防范措施和应急预案要求及时做出应对，将事故对周围环境和人群的影响降到最低。

5.4　综合应急预案案例分析

本节以某蚀刻废液回收利用和废弃电路板回收利用企业为例，说明企业突发环境事件综合应急预案编制的详细要点。

5.4.1 总则

5.4.1.1 编制目的

根据国家和地方各级环保部门的有关文件精神，结合企业环保工作的实际情况，为正确应对和有序处置企业突发性环境污染事故，进一步健全企业突发环境污染事件应急机制，规范应急管理工作，提高突发环境事件的应急救援反应速度和协调水平，增强综合处置突发事件的能力，预防和控制次生灾害的发生，最大限度地保护员工和人民群众的身体健康和环境安全，将环境污染事故造成的影响降至最小限度，使应急准备和应急管理有据可依、有章可循，提高全体员工风险防范意识，制定综合应急预案。

5.4.1.2 编制依据

综合应急预案的编制依据通常有相关法律法规、相关标准和技术规范、相关规章和指导性文件，以及企业所在地各级政府颁发的相关法规和通知等。

（1）法律法规

综合应急预案常用的法律法规依据一般有：

《突发事件应对法》；

《环境保护法》；

《水污染防治法》；

《大气污染防治法》；

《固体废物污染环境防治法》；

《职业病防治法》；

《消防法》；

《危险化学品安全管理条例》；

《使用有毒物品作业场所劳动保护条例》；

《特种设备安全监察条例》；

《生产安全事故报告和调查处理条例》。

（2）标准、技术规范

综合应急预案常用的标准和技术规范依据一般有：

《企业突发环境事件风险评估指南（试行）》（环办〔2014〕34 号）；

《危险化学品事故应急援救预案编制导则（单位版）》（安监管危化字〔2004〕43 号）；

《生产经营单位安全生产事故应急预案编制导则》（AQ/T 9002—2006）；

《建设项目环境风险评价技术导则》（HJ/T 169—2004）；

《国家危险废物名录》（部令　第 39 号）；

《危险化学品名录（2015 版）》；

《剧毒化学品目录（2015 版）》；

《危险化学品重大危险源辨识》（GB 18218—2009）；

《危险废物贮存污染控制标准》（GB 18597—2001）；

《常用化学危险品贮存通则》（GB 15603—1995）。

（3）规章、指导性文件

综合应急预案常用的规章和指导性文件依据一般有：

《突发环境事件应急管理办法》；

《突发事件应急预案管理办法》（国办发〔2013〕101 号）；

《国家突发环境事件应急预案》（国办函〔2014〕119 号）；

《突发事件应急演练指南》（应急办函〔2009〕62 号）；

《企业事业单位突发环境事件应急预案备案管理办法（试行）》（环发〔2015〕4 号）；

《突发环境事件信息报告办法》（环境保护部令　第 17 号）；

《突发环境事件调查处理办法》（环境保护部令　第 32 号）；

《福建省环保厅突发环境事件应急预案》。

此外，企业所在地的相关法规和通知，以及企业相关环保技术资料也是编制依据。如：

《福建省环境保护条例》；

《福建省流域水环境保护条例》；

《福建省土壤污染防治办法》；

福建省环保厅转发环保部关于印发《企业事业单位突发环境事件应急预案备案管理办法（试行）》的通知（闽环保应急〔2015〕2号）；

《××县突发环境事件应急预案》，××县环保局；

以及企业环保相关的技术文档等。

5.4.1.3 事件分级

针对企业可能发生的突发环境事件、危害程度、影响范围和控制事态能力的差别，将突发环境事件分为三级：社会级、公司级、部门级。发生社会级突发环境事件，公司应及时报告市（县）环保局及当地政府，在外部救援来临前，先按公司级突发环境事件展开处理。

5.4.1.4 适用范围

①本预案适用于公司范围内发生的一级以下的突发环境事故的应急救援或一级事故的应急准备与前期处置，即在生产经营过程中，人为或不可抗力造成的废水、废气事故性排放的环境污染事件应急准备与前期处置。

②公司范围外，在本公司应急能力范围内，响应上级主管部门调度，协助周边环境污染事件的应急救援。

5.4.1.5 工作原则

（1）以人为本，安全第一

保护员工的健康和安全优先，防止和控制事故蔓延及污染优先。要求员工在紧急状态下首先避险和自救，重要性排序为：人员、环境、财产、工作进度。

为保障应急工作迅速开展，应急程序启动后，全厂及各部门、现场领导应立即履行应急领导小组成员的职责。所有的应急活动必须在应急领导小组（应急指挥部）的统一协调下进行，统一号令、步调一致、令必行，禁必止。

（2）快速反应，相互支援

加强环境事件危险源监测、监控和监督管理，建立环境事件风险防范体系。经常性地做好思想、预案、机制等准备工作，加强培训和预案演练。充分发挥专家学者在应急管理中的参谋作用，采用先进的监测、预警、预防和应急处置技术及设施，为突发环境事件的预警和处置提供技术支持。确保一旦有险能快速反应，科学处置。紧急状态发生后，各部门在最短时间内高效率地按应急预案运作。各部门不仅要完成本部门应急任务，而且要听从指挥，以大局为重，加强联系和沟通，相互配合，提高应急的整体效能。

（3）信息准确，客观公布

加强联动，信息共享。建立联动协调机制，加强协同配合，完善环境应急监测网络，充分发挥部门、行业优势和专业救援力量的作用，实现资源信息共享。紧急状态发生后，各部门能快速收集信息并准确地向应急办公室报告，同时对应急办公室发布指令的执行情况及时准确地反馈。必要时由应急办公室主任按规定程序公布和应对媒体。

（4）平战结合，有序运转

保持常态下的应急意识。平时应按规定组织演练。演练尽可能按照实战要求进行，提高快速反应能力。应对突发事件时，应尽可能保持其他生产经营活动的正常运转，科学有序、有效地处理事故。

5.4.1.6　应急预案的关系

综合应急预案是公司《总体应急预案》的支持文件，与公司《安全生产事故综合应急预案》《火灾事故应急预案》等专项应急预案相并列，组成公司应急预案体系。公司突发环境应急预案是公司应急预案体系中的一部分。突发环境事件应急预案包括综合环境应急预案、专项应急预案和重点岗位现场处置预案，与《国家突发环境事件应急预案》、企业所在地各级各类应急预案相衔接。与周边企业应急预案互为平行。

本预案的上级预案为《市（县）环保局突发环境事件环境应急预案》，其对本公司应急预案具有直接的领导和指导作用。当公司发生突发环境应急事件，且超出公司处理能力范围或达到需要外部协调指挥时，公司立即上报当地政府和市（县）环保局，由上级部门启动其相关预案，公司应急预案作为上级应急预案的一个子部分，按上级预案规定的要求实施，服从上级指挥，配合处理环境应急事件。

应急预案关系图可参考图 5-1。

5.4.2 应急组织指挥体系与职责

5.4.2.1 内部应急组织机构与职责

①公司建立突发环境应急救援组织，应急救援组织由应急领导小组（应急指挥部）、应急办公室和各应急小组组成，应急救援组织机构见图 5-4，具体联系方式及应急人员名单可参考表 5-18。

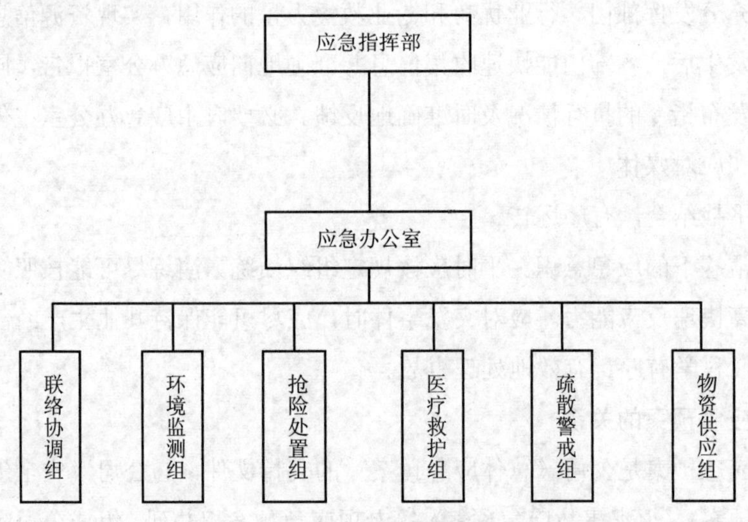

图 5-4 厂区应急救援组织机构图

②当发生公司级以上突发环境事件时，应急领导小组应成立应急指挥部。由总经理任总指挥，厂长任副总指挥，负责全公司应急救援工作的组织和指挥。

③公司各部门、车间应根据各自的管理职责，成立相应的应急小组，部门主要负责人担任组长，向应急指挥部负责。

④公司相关部门在处理突发事件过程担负相应的职责，其对应关系按职能部门职责分解界定。

（1）应急组织机构职责

①应急指挥部：总指挥由总经理担任，主要负责抢险应急全过程的决策、指挥与协调。副总指挥由生产副总和行政副总担任，主要协助总指挥进行决策、指挥和协调，分工负责各专业组的工作。

②应急办公室：由行政副总担任负责人，主要负责提出应急预案修编需求，提出应急物资配备需求建议，必要时代表指挥中心对外发布有关信息等。

③联络协调组：由行政副总担任组长。主要负责事故应急救援过程中的联络事宜，调动各种手段，确保应急期间内外通信畅通。

④抢险处置组：由车间主任担任组长。小组成员应对事故现场、地形、设备、工艺熟悉，接到通知后，小组成员迅速集合队伍奔赴现场，正确佩戴个人防护用具，必要时深入事故发生中心区域，切断事故源，关闭系统、抢修设备，防止事故的扩大，控制有害物质的扩散区域和截流、洗消工作，降低事故损失。

⑤环境监测组：由化验员任组长，事故发生后的应急监测任务可委托有相关监测能力的单位（市环境监测站）进行应急监测，环境监测组主要负责协助监测工作，以及向指挥部通报监测情况。

⑥医疗救护组：由陈××担任组长，负责受伤人员的现场救护，进行清洗消毒处理，作好隔离控制，防止交叉感染和扩散。

⑦疏散警戒组：由行政专员担任组长，主要负责现场警戒及交通车辆管制、人员进出管制，并对人员疏散提供应急措施参考。

⑧物质供应组：由生产副总担任组长，主要负责抢险抢救物质及设备的日常维护、供应和抢险救灾人员的生活保障。

（2）人员替岗规定

建立职务代理人制度。当公司总指挥不在岗时，由副总指挥履行应急领导小组组长职责，副总指挥不在岗时，由被授权的组长履行应急小组组长职责；其他主管人员不在岗时，由其职务代理人履行其职责。

（3）专家组

公司内部由总经理、生产副总、车间主任 3 人组成专家组，主要负责对突发环境事件情况进行即时分析，对各类事故产生情况、故障源头、处置方法等进行讨论，为应急指挥部的决策提供理论支持。

5.4.2.2 外部指挥与协调

建立与市（县）政府、市（县）环保局及周边企业之间的应急联动机制，当事故超出厂区范围或厂区应急物资不足时，通信联络组立即通过手机、电话等形式向上级部门、园区或周边企业寻求增援。当周边企业的增援人员与物资到达现场后，服从公司应急指挥部的统一调配。当政府部门到达后，现场指挥立即移交指挥权，并向政府部门负责人简要汇报应急响应现状，公司的应急救援队伍及应急物资情况，并协助指挥。现场所有的应急救援小组和应急物资服从政府部门的调配。

5.4.3 预防与预警

5.4.3.1 预防

某公司从危险源监控、管理、培训等方面对风险源进行“四全”（全员、全方位、全过程、全天候）监控，具体参考表 5-16。

5.4.3.2 预警

根据危险源的实际情况及周边现状，对各类突发环境实际实行分级管理。一旦发现事故，按照事故类别、级别进行预警。

预警分为内部预警和外部预警，对局部事故（岗位/班组、厂区内可控事故）进行内部预警。对可能扩散并对外部环境造成影响的事件进行外部预警。内部预警采用电话、扩音器等进行，外部预警由应急指挥部总指挥根据事态情况向政府、社会和周边单位报警。

（1）预警条件

外部获取信息：地方政府通过新闻媒体公开发布的暴雨、台风等预警信息；当地政府监督部门的监测结论或委托监测单位的监测结论；周边企业发布的预警信息或其他外部投诉、报警信息。

内部获取信息：各种设施故障报警；视频监控或巡视人员发现异常情况；应

急设施故障或应急物资不足；污水处理站出水水质异常；检查/巡查发现的其他可能导致环境污染事故的隐患；检查/巡查发现的其他可导致泄漏、火灾的安全隐患。

（2）预警措施

①根据《国家突发环境事件应急预案》的规定及公司突发环境事件分级情况，环境突发事件的预警分为三级，预警级别由低到高颜色依次为黄色、橙色、红色预警，分别与部门级环境事件、公司级环境事件、社会级环境事件相对应。

②应急指挥部根据预警条件信息的可能危害程度、紧急程度和发展势态，做出预警决定，发布预警信息，通知相关部门进入预警状态，已存在预警根据紧急程度或已经发生事件，根据事态的危害程度和发展势态，预警可升级、降级或取消。当应急指挥部预测可能发生的事故较大，超出公司的处置能力时，要立刻拨打“119”“110”申请增援，并及时采取行动。

③对可能造成事故的源头进行排查（尤其是各类粉尘、废气收集处理设施是否正常、化学品使用情况和危废暂存情况要加强巡逻及监督，定期与不定期查看，排查隐患），视情况开启应急泵，准备好应急物资等。

④应急指挥部跟踪事态的发展，根据事态的变化情况适时宣布预警解除或启动应急预案。

⑤预警信息的内容包括：预警信息的类别、预警级别、响应级别、起始时间、可能影响的区域或范围、应重点关注的事项和建议采取的措施等内容，可通过电话、内部网络、电视及短信服务等形式发布。

（3）预警解除

当突发环境事件现场得到控制，事件条件已经消除，且污染危害已彻底消除无继发的可能时，应急领导小组方可解除预警。

5.4.4　应急处置

5.4.4.1　先期处置

①气象部门等通知有极端天气发生或其他地质灾害预警时，公司接到通知后根据预报的灾害等级及政府部门的要求做出是否停产的决定。若停产根据情况切

断电源，如有必要车间人员撤离至安全地带。

②当仓库、生产车间、危废贮存间等区域发生或可能发生火灾事故或液体等化学品泄漏时，相关人员在确保自身安全的情况下在现场进行预先处理将可能泄漏的环境风险物质转移至其他容器，并将封堵及消防设施材料运至现场，做好封堵及防火准备。同时第一发现者亲自或通知附近巡逻人员立即前往收集池查看液位，根据情况开启应急泵，使事故废水泵送并暂存于事故池内，待事故结束后进行处理。

③通知可能受到影响的单位或个人，采取相应的防护措施。

5.4.4.2 响应分级

针对突发环境事故危害程度、影响范围和控制事态能力的差别，将响应级别分为三级：社会级、公司级、部门级，响应级别与事件分级对照见表 5-25，执行各级响应时应急人员参与情况见表 5-26。

表 5-25 响应级别与事件分级对照表

事件分级	响应级别	备注
社会级突发环境事件	社会级	需要全厂和社会力量参与应急
公司级突发环境事件	公司级	需要几个部门或全厂力量参与应急
部门级突发环境事件	部门级	仅需要事故部门参与应急，可申请其他部门支援

表 5-26 分级响应时应急人员参与情况

参与人员	公司级/社会级响应	部门级响应
总经理	√	
厂长	√	
部门经理/科长	√	√
现场操作工/员工	√	√

（1）部门级响应

由当班负责人组织应急响应行动，组织当班人员抢修，控制污染源，把污染范围控制到最小，避免造成二次污染，根据突发事件应急处理需要调集应急物资和设备，并立即报告公司应急办公室。部门级应急响应行动掌握以下原则：

①统一指挥，分工合作。部门级应急响应启动后，所有行动由事故部门负责人或授权人统一指挥，根据现场实际情况，指定各应急行动负责人（包含人员搜救、伤者救护、人员疏散与撤离、现场紧急关断、紧急堵漏、事件现场的隔离警戒、安全环保、后勤保障、记录和信息报告等内容）。

②人员安全，环境保护。所有参加应急响应行动人员必须经过专业培训，并在保障自身安全的情况下实施应急响应行动。优先处理伤者，发现人员失踪或有受伤人员，应立即开展搜救和现场救护工作，并及时联系送往指定医院救治。应急响应行动过程中，各应急小组始终注意环境保护，防止因事件本身或处理过程中所造成的环境污染。

③控制为先，逐步消除。应急响应行动应首先考虑控制事件，采取紧急关断、紧急堵漏等措施，防止污染事故扩大。当事件得到有效控制后，再解决事故的消除问题。

④及时报告，对外授权。确保事件在第一时间报告，当突发环境事件有新的发展以及事件失控或事故扩大时，必须立即报告。向市（县）环保局报告原则上由应急办公室负责，现场任何越级报告行为必须得到公司应急总指挥的授权。

（2）公司级响应

①当公司应急总指挥宣布公司级应急响应，判断确认后，公司应急办公室立即向所有应急小组传达应急启动指令，并立即到达应急现场，开展污染源调查、控制、转移、消除、环境监测先期工作。

②由应急总指挥主持召开紧急会议，分析判断事件状态，事故发展与扩大的可能性，划定受污染区域，确定应该立即采取的主要应对措施；紧急会议期间，物质供应组准备好交通车辆；各应急小组按各自的职责分工迅速开展工作。

③在公司应急指挥部成员未到达以前，事件现场人员按以下要求开展应急行动：a. 现场指挥由当时的最高职务者临时担任，当上级领导赶到后，立即移交指挥权；公司应急指挥部指令未到达前，现场应急响应行动按部门级应急响应程序进行指挥，当公司应急指挥部指令到达后，现场临时指挥立即贯彻执行。b. 事件当事人和已到达事件现场的其他人员应听从临时指挥人员的统一指挥。

④当公司应急指挥部成员及各应急小组到达事件现场后，按以下要求开展应急行动：a. 应急总指挥或授权人员到达事件现场后，立即接管现场应急指挥；b. 临时指挥人员立即向到达现场的指挥人员简要汇报应急响应现状，并协助指挥；c. 各应急小组组长立即贯彻应急指挥的应急响应指令，带领本小组成员开展应急响应行动；d. 事件现场参与初始应对的应急响应人员回到各应急小组，听从各自小组长的指挥。

⑤公司级应急响应行动除掌握原则以外，还应注意以下事项：a. 在征得应急总指挥同意后，由应急办公室按照有关法律法规要求向市（县）环保局报告事故；b. 做好环境应急监测；c. 做好人员疏散、撤离工作；d. 必要时，在征得应急总指挥同意后，由应急办公室向周边协议单位发送支援请求；e. 当需要将伤者送往周边较远城市抢救时，由通信联络组负责联系并协调送往有关医院。

（3）超出公司级响应（社会级）

当事故影响超出公司范围时，应急指挥部经确认后，立刻下达启动应急预案指令，迅速组织相关应急小组赶到突发环境事件现场进行处置，同时向市（县）环保局及有关部门报告，配合政府做好应急处置工作。

5.4.4.3 应急响应程序

（1）内部接警与上报

应急办公室设 24 小时值班制度。环境污染事故发生后，根据事故所在厂区，现场有关人员按紧急应变流程图（图 5-5）向有关部门经理和应急办公室报告。报告内容包括事件发生的时间、地点、原因、已采取的应急措施等。应急总指挥根据事故严重程度决定是否启动应急小组。

公司可将紧急应变流程图和各主管的联系电话做成小卡片形式，公司每个职员人手一张，以确保信息沟通的顺畅。

（2）外部信息报告与通报

1）报告的时限和程序

如果发生的环境污染事故范围控制在厂区内，并及时得到处理，未对周围环境和社会造成影响的，企业在处理完成后 1 日内向环保部门报告；如果发生的环境污染事故可能影响厂区外，需要其他环保力量支持的，在事故发生后立即（1 h 内）向市（县）环保局及市（县）政府报告，请求支援，并在事故处理完毕后 3 日内向政府环境管理行政部门报告事故原因及处理情况。

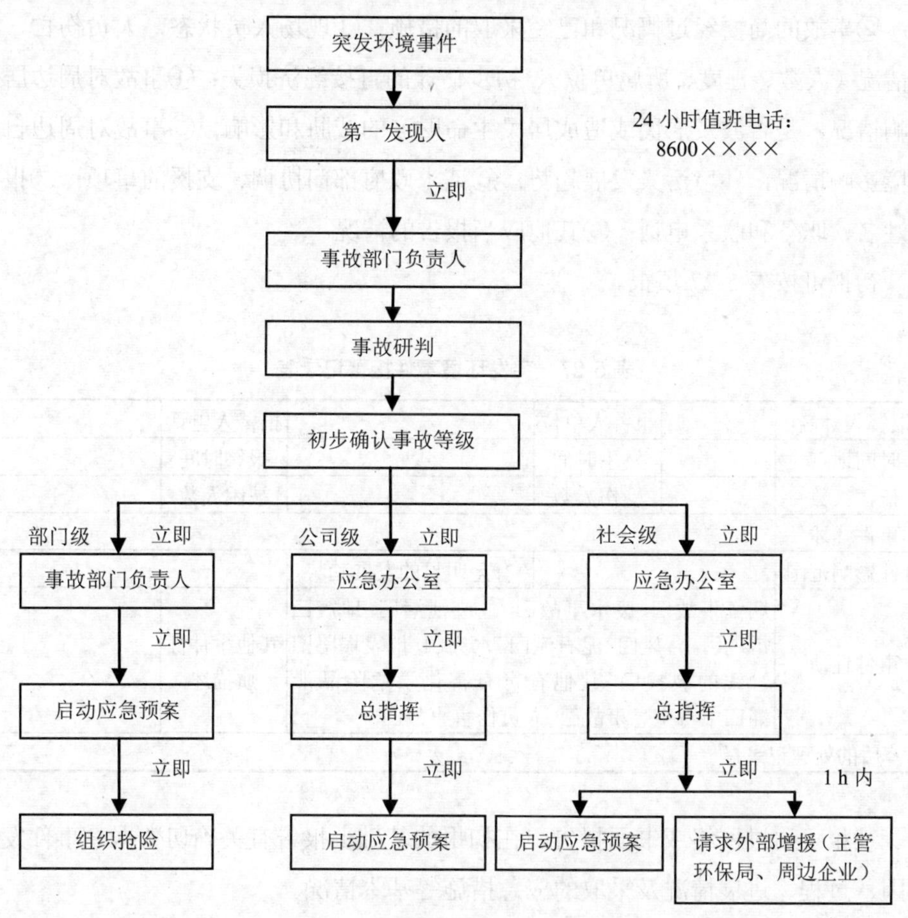

图 5-5　紧急应变报告流程图

2）报告方式与内容

报告的基本要求：真实、简洁、按时；以文字为准；应得到总指挥的授权和审核；保留初步报告的文稿；按照政府部门的要求，及时补充适当的事故情况。

突发环境事件的报告分为初报、续报和处理结果报告。初报在发现或者得知突发环境事件后首次上报，应从发现事件后起 1 h 内上报；续报在查清有关基本情况、事件发展情况后随时上报；处理结果报告在突发环境事件处理完毕后上报。

初报的信息报告应包含以下内容：①事故发生的时间、地点以及事故现场情况；②事故的简要经过概况和已经采取的措施；③现场人员状态，人员伤亡、撤离情况（人数、程度、所属单位）、初步估计的直接经济损失；④事故对周边居民影响情况，是否波及居民或造成居民生命财产的威胁和影响；⑤事故对周边自然环境影响情况，环境污染发展趋势；⑥请求政府部门协调、支援的事项；⑦报告人姓名、职务和联系电话；⑧其他应当报告的情况。

初报可按表 5-27 填报。

表 5-27 突发环境事件接警记录表

<table>
<tr><td>报警人姓名</td><td></td><td>报警人单位</td><td></td><td>报警人电话</td><td></td></tr>
<tr><td>时间地点</td><td></td><td>发生时间</td><td></td><td>报警时间</td><td></td></tr>
<tr><td>死亡人数</td><td></td><td>受伤人数</td><td></td><td>被困人数</td><td></td></tr>
<tr><td>事件描述</td><td colspan="5"></td></tr>
<tr><td>事件影响范围</td><td colspan="2"></td><td>有无明显的发展趋势</td><td colspan="2"></td></tr>
<tr><td>事件性质</td><td colspan="3">烟气事故□ 废水事故□ 危废泄漏□ 地震□
雷电□ 台风□ 泥石流□ 水灾□ 地表塌陷□
管线的破损□ 其他有毒有害化学危险品泄漏□中毒窒息事故□ 人员伤害事故□</td><td>其他事件性质描述</td><td></td></tr>
<tr><td colspan="6">接警后的处理记录：</td></tr>
</table>

续报可通过网络或书面报告，在初报的基础上报告有关确切数据，事件发生原因、过程、进展情况及采取的应急措施等基本情况。

处理结果报告应当在初报和续报的基础上，报告处理突发环境事件的措施、过程和结果，突发环境事件潜在或者间接危害以及损失、社会影响、处理后的遗留问题、责任追究等详细情况。处理结果报告应至少包括事件基本情况，处理事件的措施、过程和结果，事件造成的危害、损失和社会影响，处理后的遗留问题，肇事者责任追究情况五个部分。处理结果报告采用书面报告，确保在事故后的 3 个工作日内把书面报告提交给上级主管部门。

突发环境事件信息应当采用传真、网络、邮寄和面呈等方式书面报告；情况紧急时，初报可通过电话报告，但应当及时补充书面报告。

书面报告中应当载明突发环境事件报告单位、报告签发人、联系人及联系方式等内容，并尽可能提供地图、图片以及相关的多媒体资料。

3）信息通报

突发环境事件已经或者可能涉及相邻村庄、企业以及纳污污水厂，应急办通过电话、网络等方式及时通报周边村庄、企业及污水厂负责人。

（3）启动应急响应

公司应急响应程序分为接警、预警、判断响应级别、应急启动、控制及救援行动、扩大应急、应急终止和后期处置等步骤。应急响应流程见图 5-6。

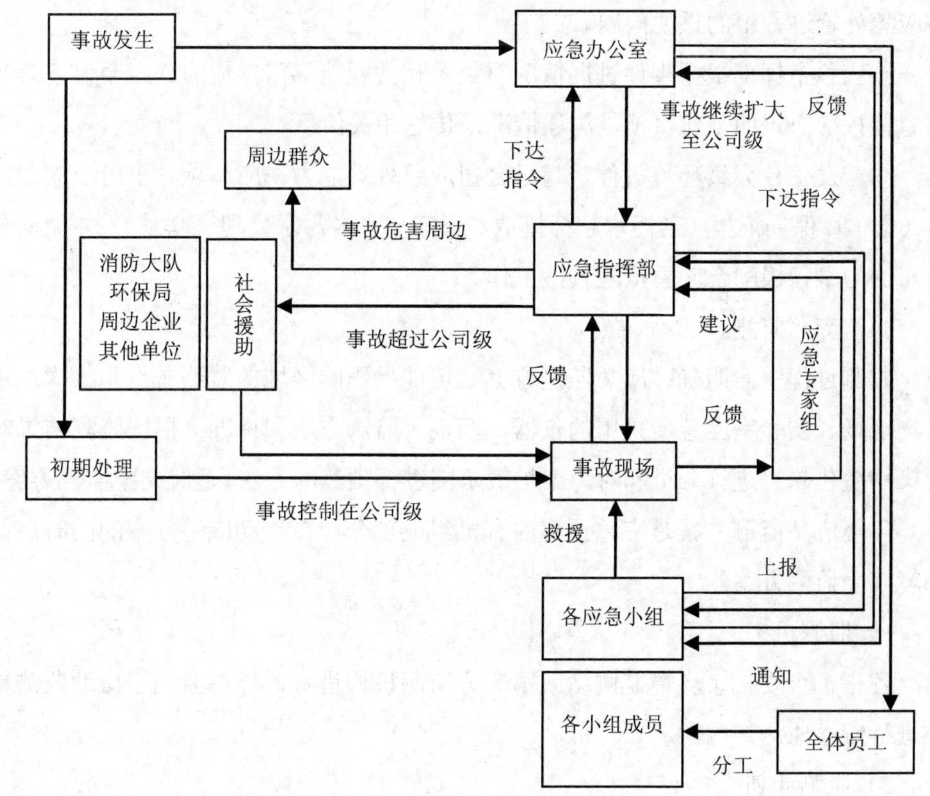

图 5-6　公司应急反应流程图

①突发环境事件发生后，操作人员应立刻向当班班长和部门主管汇报。事故部门主管接到事故信息报告后立刻到达事故现场对突发事件进行确认，组织部门人员按工艺操作规程、安全技术规程和事故处理预案开展抢险和救援工作，控制事态发展，同时按报告程序报告事故情况，应急领导小组组长根据突发事件的发展态势决定应急响应级别，并下达启动相应级别应急预案的指令。

②公司级预案启动后，应急领导小组成立应急指挥部，成立地点须选择在事故现场上风附近或就近会议室。

③应急指挥部筹备召开首次应急会议。首次会议由应急总指挥主持，应急副总指挥、成员参加。

④应急总指挥或副总指挥根据应急工作需要，召开后续的应急会议，研究解决应急处置过程中的重要问题。

⑤应急指挥部根据事件进展情况召集各相关职能部门参加的联席会议，落实应急指挥部决定的工作事项，沟通情况，传达相关信息。

⑥若发生社会级环境事件，超过公司应急处理能力，应急领导小组应立即向市（县）环保局汇报（若污水超标排放，还应与××污水处理厂联系），并调动全公司的力量积极配合应急抢险救援工作。

（4）应急监测

监测过程中需明确：应急监测方案、可能受影响区域的监测布点和频次；污染物现场、实验室应急所采用的仪器、药剂、监测方法和标准；根据监测结果对污染物变化趋势进行分析和对污染扩散范围进行预测的方法，适时调整监测方案。

环境应急监测方案是应急预案的有机组成部分，在启动应急预案的同时启动环境应急监测方案。

1）监测机构

各指标可委托市环境监测站或第三方监测机构进行，环境监测组协助监测单位进行应急监测。

2）监测计划

①大气环境应急监测计划。监测项目：TSP、NO_2、SO_2、氯乙烯、氯化氢、

硫酸雾、氨、非甲烷总烃；监测布点及监测频次见表 5-28。监测点位布设：事故发生地污染物浓度最大处根据事故发生地和类型确定，上风向及下风向监测点位根据实际风向确定。

表 5-28　环境空气监测频次表

监测点位	监测频次	追踪监测
事故发生地污染物浓度的最大处	初始加密监测，视污染物浓度递减	连续监测 2 次浓度低于环境空气质量标准值或已接近可忽略水平为止
事故发生地最近的居民居住区或其他敏感区	初始加密监测，视污染物浓度递减	连续监测 2 次浓度低于环境空气质量标准值或已接近可忽略水平为止
事故发生地的下风向	4 次/天	连续监测 2～3 天
事故发生地上风向对照点	2 次/应急期间	—

②水环境应急监测计划。监测项目：pH 值、COD、氨氮、SS、铜。监测布点及监测频次见表 5-29。各监测项目的监测布点、方法及执行的标准可按表 5-30 所示。

表 5-29　水质监测频次表

监测点位	监测频次	追踪监测
企业厂区雨水口、污水处理站进出口	若事故水通过厂区雨水流入外环境，则进行监测。初始加密监测，后根据情况递减	两次监测浓度均低于环境质量标准值或已接近可忽略水平为止

3）监测数据的报告

监测数据由环境监测组及时向应急指挥部汇报，应急指挥部据此展开相关应急措施，同时及时向市（县）环保局汇报。

各监测项目的监测方法按照《突发环境事件应急监测技术规范》（HJ 589—2010）实施。

表 5-30 应急监测方法一览表

项目		方法	标准
废气	TSP	重量法	GB/T 15432—95
	SO_2	甲醛吸收—副玫瑰苯分光光度法	HJ 482—2009
	NO_2	盐酸萘乙二胺比色法	HJ 479
	黑度	林格曼烟气黑度图法	HJ/T 398
	HCl	离子色谱法	HJ 549—2009
	硫酸雾	离子色谱法	HJ 544—2009
	氨	纳氏试剂分光光度法	HJ 533—2009
	氯乙烯	气相色谱法	HJ/T 34—1999
	非甲烷总烃	气相色谱法	HJ 604—2011
废水	pH 值	玻璃电极法	GB 6920—86
	COD	重铬酸钾法	HJ 828—2017
	氨氮	纳氏试剂分光光度法	HJ 535—2009
	SS	重量法	GB 11901—89
	铜	火焰原子吸收分光光度法	HY 003.4—1991

分析时均使用符合国家标准的分析纯试剂，实验用水均使用无干扰试剂的纯水，按照相关的监测标准进行制备。

现场监测应当优先使用气体检测管及便携式测定仪。对于现场无法进行监测的，应当尽快送至实验室进行分析，应急监测结束后需用精密度、准确度等指标检验其方法的适用性。

应急监测结果应以电话、传真、监测快报等形式立即上报，跟踪监测结果以监测简报形式在监测次日报送，事故处理完毕后，应出具监测报告。

一般事件监测报告上报市（县）环保局，较大及重特大事件除上报市（县）政府和市（县）环保局，还应上报更高一级环境管理部门。

其他方面：①监测人员安全防护措施：应急监测，至少两人同行；进入事故现场进行采样监测，需经现场指挥/警戒人员许可，在确认安全的情况下，按规定佩戴必需的防护设备（如防护服、胶靴、防毒面具、防护手套、安全帽等）；进入易燃易爆事故现场的应急监测车辆应有防火、防爆安全装置，应使用防爆的现场应急监测仪器设备进行现场监测，或在确认安全的情况下使用现场应急监测仪器设备进行现场监测。②应急设施的日常管理：用于应急监测的便携式监测仪器，定期进行检定/校准或核查，并进行日常维护、保养，确保仪器设备始终保持良好的技术状态，仪器使用前需进行检查；检测试纸、快速检测管等应按规定的保存要求进行保管，并保障在有效期内使用，定期用标准物质对检测试纸、快速检测管等进行使用性能检查，如有效期为一年，半年进行一次检查；损耗的物资（如试剂、试纸等）应在一周内配备齐全，如需外地订购的物资尽量在两周内备齐。

5.4.4.4　应急处置

（1）水环境突发事件应急处置

公司突发水环境事件主要包括：污水站废水超标排放；物料泄漏或泄漏产生的冲洗废水、火灾产生的消防废水进入雨水管道外排。

污染扩散途径为：通过污水口外排；通过雨水口外排。

1）切断污染源的程序与措施

①泄漏事故：对产生的泄漏物料第一时间进行回收处置，小量泄漏尽量擦洗，减少冲洗。

②火灾事故：火情较小时尽量使用干粉灭火器，减少消防废水产生量。

③污水超标事故：停止外排，同时检修设备，找到超标原因并解决，事故发生超过 2 h 后未恢复正常的，总指挥宣布停止生产进行检修。

2）防止染源扩散程序

视事故发生类型及具体情况采取以下措施：

①防止污染源从污水口外排：抢险处置组在接到应急指挥通知后，指定专人第一时间奔赴污水站，将沉淀池污水泵入调节池，同时指定专人第一时间检查埋地式应急池状态，必要情况下将污水送入应急池内暂时储存。

②防止污染源从雨水口外排：抢险处置组在接到应急指挥通知后，第一时间赴雨水检查口确保阀门关闭，并打开排入应急池的阀门，则事故废水自流进入应急池。

③若事故废水未控制住，进入外环境，应急办立即向市（县）环保局报告，请求启动市（县）应急预案，并配合市政府做好应急处置工作。

④抢险处置组在事故结束后，对流入应急池的废水进行处理，保留应急池空置状态。应急办公室将本次事故发生的时间、地点、原因、处置措施等详细记录，并存档。

3）极端天气条件下突发环境事件应急处置

公司接到通知后根据预报的灾害等级及政府部门的要求做出是否停产的决定。若停产根据情况切断电源，如有必要车间人员撤离至安全地带。

①发紧急撤离、集中信号，打开公司所有撤离大门，立即确保应急通道畅通。

②立即停止一切不相关活动、所有在场领导和人员参加公司的救援和疏导，按照平时消防演练逃生的路线有组织、迅速地疏散，不得贪恋财物、迅速离开现场，听从组长指挥，互相照顾，组织人员迅速撤离现场。

③地震、火灾等其他灾害发生时，如安全通道被破坏而无法安全撤离时，要稳定人员情绪，并引导人员转移到相应安全区等待救援。

④工作时间发生火灾时，发现者除拨打电话“119”“110”报警外，要迅速报告公司安全部门、公司领导。领导应立即指挥员工关闭电源；夜间发生火灾时，发现者要大声呼救，立即拨打“110”“119”报警电话，并报告公司领导，在接到报警时，领导小组要立即到一线进行指挥，并迅速做出反应，指挥各小组迅速到指定位置。

⑤发生漏水现象危及人身安全的应立即切断水源（消防用水源除外）。

⑥除不可抗力的地震等自然灾害外，人为引发的灾害应保护好现场，协助公安、消防部门进行事故现场分析，查明原因。

⑦协助相关部门作好善后处理工作，尽快恢复灾后正常工作和秩序。

⑧事故处置结束，抢险处置组将本次事故发生的时间、地点、原因、处置措施等详细记录，交到应急办公室存档。

4）洗消废水

在生产及仓储发生火灾等事故，进而处置产生的含酸、铜离子等物质的消防水，分别会流入雨水和污水管网。此时，应将雨水管网的外排阀门关闭，雨水口的废水用泵抽取至车间污水沟，最终将收集液汇入事故应急池（废水先排入调节池，当事故水量超过调节池储存量时，将事故废水排入事故应急池），处理达标后排放，消除潜在无序状态产生污染事故的可能。化验室应对水环境污染物进行监测，具体执行“水环境污染事件应急监测方案”。

若产生洗消废水（消防废水和冲洗废水），应急处置程序如下：

①当发生火灾或有冲洗废水产生时，第一发现者在报警的同时要立即前往雨水口关闭阀门，根据情况开启应急泵，使事故废水可泵至车间污水沟汇入事故应急池。

②当污水输送管道发生破裂时，会影响周围环境，污染周围土壤和地下水等。当污水输送管道发生破裂时，应立即停止污水输送，积极抢修，并把废水暂存于调节池和事故应急池，若管道修复时间较长，应立即停止生产，待排污管道修复后重新生产。

③若事故废水未截留及时，污染外环境，则应立即关闭雨水和污水应急阀门（控制外排总量）应急办公室则立即向市（县）环保局及市（县）政府报告，启动相关预案，在必要时可采用筑坝封堵措施，减小水污染可能影响的范围。

④事故结束，恢复正常生产后，抢险处置组负责将事故池中的事故水逐步输送至污水站处理。

⑤事故处置结束，抢险处置组将本次事故发生的时间、地点、原因、处置措施等详细记录，交到应急办公室存档。

5）污水站泄漏应急处置

①污水泄漏应急预案。a. 巡视人员发现污水管泄漏或污水处理站泄漏，应立即汇报当班班长。b. 根据泄漏情况决定是否通知其他部门参与抢险。c. 根据泄漏量，应切断雨水排放口，泄漏的污水通过雨水管网在雨水口被截留泵送至车间污水沟汇入应急池。d. 车间领导迅速到达现场，指挥本部门人员进行抢险。e. 现场抢险人员要注意自身安全，听从指挥人员的命令，不可贸然进入事故区，以免发生人身伤亡，造成事故进一步扩大。

②水质处理异常应急预案。保证当污水处理厂进水水质发生异常或工艺运行异常时采取紧急应变措施，防止污水超标排放。a. 巡视人员如发现 COD 在线监测仪持续报警（废水超标排放），应立刻通知部门主管或经理。b. 根据泄漏情况决定是否通知其他部门参与抢险。c. 主管或经理应立刻分析缘由，找到解决办法，如是进水水质异常，对工艺设备产生影响或出水水质产生影响，污水站则根据现有工艺设备，组织各工段对工艺设备参数进行修改；如是污水处理站处理设备损坏应立即组织人员修理，同时将污水暂存于事故应急池，保证未处理废水不直接排入水环境，必要时停产。检查污水站发生事故的原因，待故障排除，污水处理设施排放达标后重新生产。

6）超标污水排入污水管网与污水厂衔接应急措施

如公司污水处理站出现故障非正常排放，可能导致超标废水排入至园区污水处理厂，增加污水处理厂的污染负荷。事故发生时，在及时限制超标废水外排的同时，环保主管还应立刻将情况汇报给污水处理厂负责人，以做好应对准备，平时也应与污水厂随时保持联系。

（2）大气环境突发事件应急处置

结合公司生产工艺、污染产排情况分析，公司可能产生的大气污染事件主要是氨水储罐因管道、阀门或罐体损坏发生泄漏挥发引起氨气无组织排放造成大气污染事故。

1）切断污染源的程序与措施

值班长或熟悉现场的人员立即关闭进入氨水罐的管道阀门，切断泄漏源，停止事故现场周边电气设备电源。

关阀人员防护用品必须穿戴齐全：自给式呼吸器、化学安全眼镜、防护工作服、防化学品手套。

①管道壁发生泄漏，可关闭阀门，使用不同形状的堵漏垫、堵漏楔、堵漏胶、堵漏带等器具实施封堵。

②微孔泄漏，使用螺丝钉加黏合剂旋入孔内的办法封堵。

③带压管道泄漏，可用捆绑式充气堵漏袋，或使用金属外壳内衬橡胶垫等专

用器具实施堵漏。

④阀门、法兰盘或法兰垫片损坏发生泄漏，可用不同型号的法兰夹并注射密封胶的方法实施封堵，或直接使用专门阀门堵漏工具实施堵漏。

2）污染源现场处理程序

①由抢险处置组负责，穿戴全封闭防护服、氧气呼吸器，在消防水幕掩护下，查找泄漏发生的部位、形态，寻找和抢救伤员。

②由抢险处置组负责，到达现场后，立即打开车间、仓库排风设施，加强气流流通，加快污染物扩散，避免局部浓度过高引起人员中毒。

③由疏散警戒组负责，接到应急指挥通知后，10 min 内到达现场，根据地形、风向风速、事故设备内氨水量、泄漏程度等，对泄漏影响范围进行评估，对现场进行隔离警戒，警戒距离视事故现场情况而定，以应急指挥部指挥为准，必要时实行交通管制和疏导。

3）人员隔离、防护、疏散

①事故现场个人防护措施：防护眼镜、呼吸器、防护服、防护手套等。

②区域划分：危险区为事故车间区域；泄漏源上风向为安全区；公司边界为隔离区。

③人员撤离、疏散路线：按总平面布置图中的疏散路线（图 5-7）撤离。备案时，疏散路线图作为单独附件。

④外部通报电话：外部关联单位应急通信联系表见表 5-31。

表 5-31　外部关联单位应急通信联系表

单位	电话
县环保局	
市（县）环保局	
市（县）职业病防治院	
市（县）医院	
投资区污水处理厂	
市安监局值班室	
省安监局	

单位	电话
县安监局	
急救、公安、消防、交通事故、气象	120、110、119、122、12121
环保热线	12369
县技术监督局	
县消防大队	
邻村一村主任林××	
邻村二村书记张××	
邻村三村主任林××	
投资区管委会	
周边公司一	
周边公司二	
周边公司三	

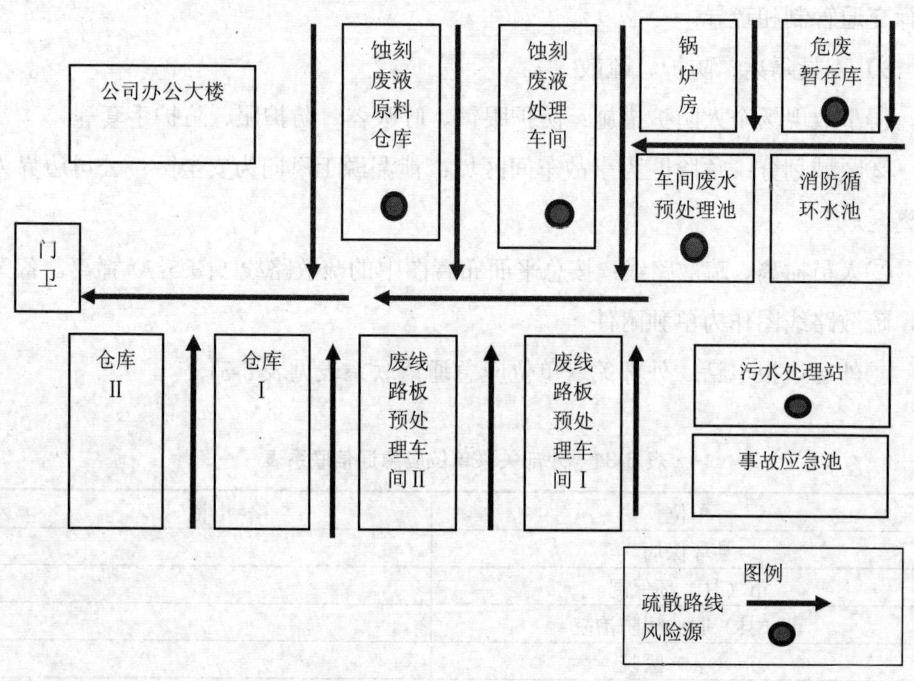

图 5-7　应急疏散路线图

事故处置结束，锅炉车间主任将本次事故发生的时间、地点、原因、处置措施等详细记录，交与应急办公室存档。

（3）化学品泄漏应急处置

泄漏事故主要指化学品（蚀刻废液、硫酸、氢氧化钠）泄漏事故、危废泄漏事故等，主要措施应避免泄漏物进入雨水管道或厂外环境造成污染。首先应根据泄漏物质的性质，毒性和特点，确定使用堵塞该污染物的材料，同时关闭阀门，利用该材料修补容器或管道的泄漏口，以防污染物更多地泄漏；利用能够降低污染物危害的物质（如沙土等）撒在泄漏口周围，将泄漏口与外部隔绝开；若泄漏速度过快，并且堵塞泄漏口有困难，应当及时使用有针对性的材料堵塞下水道，截断污染物外流造成污染。

防扩散措施：化学品仓库和危废临时存放所均为封闭式存放间，设置围堰；如在化学品仓库、生产车间泄漏的化学品，可通过导流使其最终流入应急池。泄漏后对地面进行冲洗产生的废水通过车间、仓库内导流沟最终流入应急池或污水站调节池。应急防护物资和设备：具体物资、设备列表参考表 5-4 和表 5-5，由物资供应组负责，配备抢险工具，安放合适地点，事故发生后，立即准备后所需物资奔赴现场，并且在每次应急结束后，及时补充器材，恢复战备状态。

事故时应急处置：

①关闭雨水排放口阀门，防止污染物通过污水排放口流入到厂外，对厂外水沟造成污染。

②通知相关人员启动通入应急池的应急泵，引导污染物、消防废水和冲洗废水等流入应急管道，最终流入调节（环境应急）池集中处理。

③进入应急池的污染物质经污水处理设施处理达标后可以排放，当应急池不能同时保障容纳企业生产废水与应急处置废水时，应立即减产甚至停产，首先保障应急池内废水的及时处理。

④用洗消液冲洗分为三个部分，一是在源头冲洗，将污染源严密控制在最小范围内；二是在事故发生地周围的设备、厂房以及下风向的建筑物喷洒洗消液，将污染控制在一个隔绝区域；三是在控制住污染源后，从事故发生地开始向下风

方向对污染区逐次推进全面而彻底地洗消。

⑤待事故现场污染物得到控制并消除已产生的污染物后方可启动正常排污口。

（4）危废泄漏应急处置

①在发生泄漏时，首先熄灭所有明火、隔绝一切火源，防止发生火灾和爆炸事故。

②若固体泄漏，发现人员用铜铲铲起，倒入废溶剂桶内，存于危废间，一起交由具备处置资质单位处置。若为废溶剂桶倾倒，发现人员立即用木质粉将泄漏的废溶剂吸附，然后将吸附后的木屑倒入废溶剂桶内，存于危废间。处置过程不得用水冲洗，防止污染区域扩大。若大量泄漏，在进行先期处置的同时立即向应急办公室报告，并通知附近的工作人员前往收集池查看情况，根据情况确定是否开启应急泵。

③若处置过程有冲洗废水产生，则按照“洗消废水事件应急处置”进行处理。

④事故处置结束，处理人员将本次事故发生的时间、地点、泄漏物、泄漏量、泄漏原因及处置措施详细记录，交与应急办公室存档。

危险废物应急处置更具体方案详见危险废物专项应急预案。

（5）应急救援队伍的调度及物资保障供应程序

①发生或可能发生突发环境事件时，按照事件分级执行分级响应，部门级突发环境事件由事故部门组织救援，事故部门负责人担任事故救援总负责；公司级突发环境事件需启动公司应急预案，组织各应急小组参与救援，各应急小组的负责人及职责详见“内部应急组织机构与职责”部分。

②事故发生后，应急指挥部根据现场情况，在自身救援条件受限，无力控制事故现场时（社会级突发环境事件），及时向县环保局及有关政府部门求援，由政府部门来协调政府救援力量。全公司的应急救援小组与物资服从政府部门的调配。

③应急人员在进入现场时应做好如下准备：一是人员准备，根据事故发生的规模、影响程度以及危险范围，确定应急救援人员的人数，并由经验丰富的或相关专业人员带队；二是救援器材、物资必须准备充足，以防出现吸附剂等救险药

剂不够用的情况；三是必须弄清救援方式，救援前尽量弄清楚各类相关事故处置情况，在保证自己安全的情况下最大限度地抢险救灾；四是思想准备要充分，救援时思想情绪保持稳定，做好救援抢险工作。当突发事件的危害已经消除或者得到有效控制，由应急小组组长命令应急救援人员撤离现场。撤离时应保持秩序不混乱，不得提前脱下防护设备，待到达安全区域时立即消毒、淋浴。

④公司配备了通信设备、照明设备、消防设备、个人防护设备及医疗救护仪器药品等应急物资，其数量、储存位置、负责人等参考表 5-4 和表 5-5。

（6）其他防止危害扩大的必要措施

①当发生火灾或危化品泄漏时，第一发现者要立即报告应急办公室并立即通知附近相关人员或自行前往收集池查看液位，根据情况开启应急泵，使事故废水泵送并暂存于事故应急池内。

②当危险化学品、废水小量泄漏时，用木质粉吸附，吸附后的木质粉为危险废物，暂存危废间，交由具备处置资质单位处置，不可随意倾倒，以防产生二次污染。

5.4.4.5　安全防护

（1）应急人员的安全防护

1）防护内容

呼吸系统防护：空气中浓度超标时，应该佩戴防毒面具。紧急事态抢救或逃生时，佩戴呼吸器。

眼睛防护：戴防护眼镜。

防护服：穿工作服（防腐或防烫）。

手防护：戴橡皮手套（防腐或防烫）。

其他：工作后，淋浴更衣。注意个人清洁卫生。

2）防护标准

根据事故物质的毒性及划定的危险区域，确定相应的防护等级，并根据防护等级按标准配备相应的防护器具。

防护等级划分标准及防护标准分别见表 5-32 和表 5-33。

表 5-32 防护等级划分标准

毒性	重度危险区	中度危险区	轻度危险区
剧毒	一级	一级	二级
高毒	一级	一级	二级
中毒	一级	二级	二级
低毒	二级	三级	三级
微毒	二级	三级	三级

表 5-33 防护标准

级别	形式	防化服	防护服	防护面具
一级	全身	内置重型防化服	全棉防静电内外衣	正压式空气呼吸器或全防型滤毒罐
二级	全身	封闭式防化服	全棉防静电内外衣	正压式空气呼吸器或全防型滤毒罐
三级	呼吸	简易防化服	战斗服	简易滤毒罐、面罩或口罩、毛巾等防护器材

公司所使用的各类化学品均为低毒、微毒或无毒的化学品，根据公司事件分级，除社会级外，发生的突发环境事件危险区的划分均在中度危险区内，故公司防护等级设置在三级（或以上）即可，防护标准按表 5-33 三级标准储备防护器具。

（2）受灾群众的安全防护

当事故影响范围超出厂界时，现场指挥部应根据事故类型和等级，划定危险区域，配合政府有关部门组织危险区域内的群众安全疏散并撤离到安全地点，为受灾群众提供避难场所以及必要的基本生活保障，配合政府部门进行受灾群众的医疗救助、疾病控制、生活救助。

5.4.4.6 受伤人员现场救护、救治与医院救治

（1）受伤人员现场救护措施

1）现场急救注意事项

①选择有利地形设置急救点；

②做好自身及伤病员的个体防护；

③防止继发性损害；

④至少 2～3 人为一组集体行动。

2）现场处理

①中毒（或窒息）人员的急救：首先将中毒人员转移到安全地带，解开领扣使其呼吸通畅，让中毒人员呼吸新鲜空气，脱去污染衣物，并清洗污染的皮肤和毛发，注意保暖；呼吸困难或停止呼吸者，同经培训具有救护知识的人员进行人工呼吸；经口中毒者，如为非腐蚀性物质，应立即用催吐方法，使毒物吐出，现场可用自己的中指、食指刺激咽部、压舌根的方法催吐，也可由旁人用羽毛或筷子一端扎上棉花刺激咽部催吐。催吐时尽量低头、身体向前弯曲，呕吐物不会呛入肺部。另外对失去知觉者，呕吐会误吸入肺；误喝石油类油品，易流入肺部引起肺炎。有抽搐、呼吸困难、神志不清或吸气时有吼声者均不能催吐。

②烧伤、烫伤及其他受伤人员的急救：发生烧伤或烫伤时，及时用冷水冲洗，并送医院救治；如发生化学危险品接触敏感部位，如眼睛、吸入等，可用清水冲洗，严重者或不适者送医院救治；因爆炸物打击、疏散时意外等引起的外伤伤员由现场医务人员（如有）进行伤口处理后及时送医院救治。

（2）医院名称、联系方式、地址

由医疗救护组负责联系救护中心或使用现场车辆将中毒、烧伤、烫伤及其他受伤人员送就近医院（或急救中心）就医，并向医院（或急救中心）提供相关危险化学品的数据资料。

医院急救电话：120。

市医院，联系电话：×××××××××，地址：××市××大道××号。

市职业病防治院，联系电话：×××××××××，地址：××市××区××街××号。

5.4.4.7　配合有关部门应急响应

事故发生后，应急指挥部根据现场情况，在自身救援条件受限，无力控制事故现场时，及时向政府有关部门求援，由政府部门来协调政府救援力量。待政府部门人员到达后，现场指挥立即移交指挥权，并向政府部门负责人简要汇报应急响应现状，公司的应急救援队伍及应急物资情况，并协助指挥。公司所有的应急小组和应急物资服从政府部门的调配。

5.4.5 应急终止

5.4.5.1 应急终止的条件和程序

应急终止的条件有：①事件现场得到控制，事件条件已经消除；②污染源的泄漏或释放已降至规定限值以内；③事件所造成的危害已经被彻底消除，无继发可能；④事件现场的各种专业应急处置行动已无继续的必要；⑤采取一切必要的防护措施以保护公众免受再次危害，并使事件可能引起的中长期影响趋于合理且尽量低的水平。

应急终止的程序：①应急终止时机经现场应急指挥确认，由现场应急总指挥批准。②现场应急指挥组向所属各专业应急救援队伍下达应急终止命令。③涉及周边社区及人员疏散的，由指挥部向上级有关部门报告后，由上级有关部门确认后，宣布解除危险。事故危险解除的信息由公司应急指挥部指定人员负责通知周边单位及人员，包括：周边道路警戒解除；受影响区域危险解除；其他单位受影响区域危险解除；公司内部局部或全部范围危险解除。④对现场中暴露的工作人员、应急行动人员和受污染设备进行清洁净化，对应急仪器设备进行维护、保养，使之始终保持良好的技术状态。⑤统计周边人员的健康状况（主要是中毒、致死情况），对于由于本公司的环境事故而造成周边人员伤害的，统计伤害程度及范围，对其进行适当经济补偿。

5.4.5.2 应急终止后的行动

（1）事故现场的保护措施

事故发生后，为方便事故的调查与处理，使事故调查人员看到事故发生后的原始状态，根据科学的计算，及时查清事故原因，采取有效的防护措施，避免类似事故发生。同时，避免无关人员进入事故现场，受到意外伤害。因此，必须对事故现场采取有效的保护措施。

①事故发生后，疏散警戒组在赶到事故现场后，立即组织有关人员对事故现

场进行封锁，除现场应急小组人员外，其他人员一律不得进入事故现场。

②事故现场除为避免进一步扩大事故，由操作人员和抢险处置组人员开启、关闭阀门外，其他人员一律不得改变设备阀门、仪表、安全阀等设施的状态。

③事故现场在未处理、勘查结束前，安排人员 24 h 保护现场。在事故现场勘查结束后，由总指挥通知安全警戒组撤离现场保护。

（2）事故现场的洗消

事故发生后，由于有毒有害物质的污染，对事故现场设备、环境和其他人员造成污染，因此在事故应急处理结束后，必须对事故现场进行洗消。

①利用消防水带对现场设备、环境进行冲洗，洗消人员/抢险处置组站在上风向处，避免洗消时洗消水喷溅到身上。

②对于不能用消防水带冲洗的设备设施，可利用简易喷雾器、盆、毛刷、清洗海绵等进行清洗。

③现场洗消时，打开应急泵使洗消废水泵入事故应急池暂存，防止洗消废水外排造成二次污染。

④现场洗消时，对现场应急救援人员等接触有毒有害物质的人员进行清洁净化，对防护服进行清洁净化处理。

事故现场的洗消工作由洗消去污组负责，洗消过程中，需环境监测组协助环境监测站或第三方监测机构人员对处置后的事故现场进行分析化验和监测，对雨水收集池进行监测，确定合格后洗消结束。

（3）信息发布

①发生社会级环境事故由总指挥或应急办公室经总指挥授权人员向政府报告，具体信息发布由政府部门进行；发生部门级以下事故则由总指挥应急办公室经总指挥授权人员对外发布有关信息。

②事故发生时，如有消防、公安、记者或村民来访，应急办公室负责接待，必要时由环保部门协助。任何来访人员未经总指挥之核准均不得放行进入厂区。

③发布及时，信息准确。

向政府部门汇报突发环境事件的相关情况，汇报的方式与内容详见“外部信息报告与通报”部分。

（4）跟踪环境监测

污染物进入周围环境后，随着稀释、扩散和降解等作用，其浓度会逐渐降低。为了掌握事故发生后的污染程度、范围及变化趋势，在应急状态终止后，环境监测组协助环境监测站或第三方监测机构人员进行污染物的跟踪监测，直至被污染的大气、水环境达到相关环境质量标准。

5.4.6 后期处置

5.4.6.1 善后处置

为了准确地查明事故原因和责任，在采取恢复措施前应按有关法规要求对事故现场进行保护。

①发生伤亡事故的现场：发生伤亡、重大伤亡事故时，公司迅速采取必要措施抢救伤员，防止事故扩大，并认真保护事故现场。在事故调查组未进入事故现场前，派专人看护现场，任何人不得擅自移动和取走现场物件。

②火灾事故：火灾扑灭后，立即安排对事故现场进行保护，接受事故调查，如实提供火灾事故的情况，协助公安消防机构调查火灾原因，核定火灾损失，查明火灾事故责任。在撤除事故现场、恢复正常生产秩序之前，对事故现场进行洗消：a. 废水事故善后。事故结束后，对现场进行清洗、消毒，对污染物进行收集、处置，将应急池中的事故废水经污水站处理达标后排到园区污水厂或委托其他单位进行处置，恢复应急池空置状态，污染物处理严格按照有关法律法规进行，必要时请环保部门进行处理。b. 空气污染事故。事故可能对周围区域的大气造成污染，为防止人员因吸入有毒、有害气体影响身体健康，在事故现场警戒撤除之前应该对大气的质量进行有针对性的检测分析。该项工作由公司应急指挥部门负责落实，联系市环境监测站和卫生部门进行专业检测。

③事故损毁设施的整理。如果事故对周围生产、生活设施造成了一定的损坏，公司对损坏的设施进行必要的整理或隔离，防止出现意外伤亡事故。事故损毁设施的整理由资产所属部门负责，维修部门配合进行。组织对突发事件造成的损失

进行评估，对受影响的设备设施进行维修或更换，组织受影响部门尽快恢复生产。

④其他善后处理包括：a. 解除邻近区域的警戒；b. 对现场中暴露的工作人员、应急行动人员和受污染设备进行清洁净化；c. 做好应急仪器设备维护、保养工作，使之始终保持良好的技术状态，对应急过程中消耗、使用的应急物资、器材进行补充，使其重新处于应急备用状态；d. 配合有关部门对环境污染事故中长期环境影响进行评估，提出补偿和对遭受污染的生态环境进行恢复的建议；e. 统计周边人员的健康状况（主要是中毒、致死情况），对于由于公司的环境事故而造成周边人员伤害的，统计伤害程度及范围，对其进行适当经济补偿。

5.4.6.2　评估与总结

应急办公室协助政府有关部门调查事故原因和责任人，总结突发事件应急处置工作的经验教训，对应急救援能力进行评估，并制定改进措施。然后应急领导办公室组织有关人员对预案进行修订，修订后的应急预案再行公布实施时，应对修订版进行必要的标注和说明，对修订或变更内容加以记录，然后再报各相关政府机关备案。

5.4.7　应急保障

5.4.7.1　人力资源保障

公司应急小组是公司突发环境事件应急抢险、救援的骨干力量，担负着公司各类突发环境事件的应急处理任务，各生产车间也要组建应急救援、抢险、抢修队伍，随时准备处理突发事件。人力资源保障详见“应急组织指挥体系与职责”部分。

5.4.7.2　资金保障

公司设有突发环境事件应急专项经费，主要用于应急器材维护及购置，应急培训，事故发生后的救护、监测、清消等处理费用，由应急办公室按照经费的适用范围监督管理。

突发环境事件的物品购置、演练、救援等所需经费由各应急小组根据实际需求，编制出相应的经费预算，向应急办公室申请，经总指挥批准后拨款，确保突发环境事件应急处置的支出。

特殊情况下的应急资金的支出由总指挥批准后拨款。

突发环境事件应急专项经费的支出由应急办公室定期公示。

（1）经费来源

目前国家和政府有关部门尚未对企业突发环境事件应急资金的筹措和管理进行明确规定，公司结合实际情况并参考《企业安全生产费用提取和使用管理办法》（财企〔2012〕16 号）的相关要求进行提取，同时制定相应的使用范围。

公司以上年度实际营业收入为提取依据，采取超额累退方式按照以下标准平均逐年提取：营业收入不超过 1 000 万元的，按照 2%提取；营业收入超过 1 000 万元至 1 亿元的部分，按照 1%提取；营业收入超过 1 亿元至 10 亿元的部分，按照 0.2%提取。

（2）经费使用范围

经费使用范围包括：

①完善、改造和维护突发环境事件预防设施、设备支出（不含环保保护“三同时”的设施等投资和维护费用），包括车间、库房等作业场所的环境监测、消毒、中和、防潮、防腐、防渗漏、液体化学品储罐围堰、事故应急池等。

②配备、维护、保养应急救援器材、装置等应急物质储备的支出。

③配备和更新现场作业人员安全防护用品和应急药品的支出。

④突发环境事件应急演练、宣教和培训支出。

⑤开展突发环境事件隐患评估、监控和整改支出。

⑥突发环境事件应急现场的应急行动支出，包括应急物资补给、事故设备的修复等。

⑦突发环境事件善后处置支出，包括伤亡人员的救护、抚恤等。

⑧突发环境事件应急行动的参与人员酬劳、补贴、奖励等支出。

⑨其他与突发环境事件直接相关的支出。

5.4.7.3 物资保障

应急救援需要使用的应急物资和装备的用途、数量、存放位置、管理责任人等内容，参考表 5-4 和表 5-5。应急救援物资由各物资保管人负责分发给各救援小组，在达到应急救援的目的同时尽量节约，不浪费。

按照责任规定，各部门必须保管好各自范围内的应急器材和设备并定期进行维护、保养。发现问题，立即进行修复，确保各种器材和设备始终处于完好备用状态。

5.4.7.4　医疗卫生保障

公司应急组织体系内设医疗救护组，负责落实与地方医疗卫生部门的应急医疗救援协议的签订，落实急救药箱药品，急救器材的配备和更新，并组织现场应急人员定期进行医疗急救知识与技能的培训。公司内常备创可贴、纱布、胶布、红药水、防尘口罩等常用医疗急救药品、器材，可以满足现场简单的救护，应急过程中如出现人员中毒或受伤，可就近送医院救治或立即与医院联系，组织现场救治。

5.4.7.5　交通运输保障

应急救援车辆由专人负责维护和保养，时刻保持车况良好，由指挥中心统一调度，确保发生突发环境事件时能够立即赶赴现场，完成应急救援任务。

5.4.7.6　通信与信息保障

应急小组通过内部电话通信网络和电话，进行有效的沟通与联络。经理级以上人员手机须保持 24 h 开通。

对各有关预案的人员和单位联系电话、联系人定期进行收集更新；更新后的信息要在 24 h 内向各部门传达，并更新预案相关附录。

5.4.7.7　科学技术保障

应急救援组织设有应急专家组，负责提供应急处置技术手段，现有技术人员，可进行简单的应急处理，必要时请政府相关部门技术专家增援。

应急资料库：设置档案室，对公司所有技术文件进行收集、分类、存档，可以随时查阅。

5.4.7.8　其他保障

治安保障：厂里设有保卫处，在事发初态可以进行有效地警戒与治安维护，必要时向“110”及周围单位请求增援。

制度保障：公司通过制定一系列的管理制度、岗位操作规程，加强管理，有效预防突发环境事件的发生。

5.4.8 监督管理

5.4.8.1 应急预案演练

（1）演练目的

演练的目的是：①使参加应急反应的各部门熟悉、掌握各自所在应急反应行动中的职责；②保证应急反应各有关环节快速、协调、有效地运作；③考核各级应急反应人员对所学理论与操作技能掌握的熟练程度；④及时发现应急反应计划和应急反应系统存在的问题与不足之处，以便予以改进和完善。

（2）演练组织

应急办公室应定期组织相关人员进行应急预案演习，演习规模可分为两种：①全面、系统的演习，以检验整个应急反应系统各环节的有效性；②针对应急反应系统某个环节进行演习，以进一步完善应急反应预案，也可增加应急反应人员熟悉应急反应行动的机会。

①应急办公室组织各部门召开第一次演练协调会议，讨论演练方案，明确演练分工，确定演练的其他相关事宜。

②应急办公室组织各部门召开第二次演练协调会议，核对准备进度，反馈准备过程中存在的问题，进一步讨论演练方案，筹备桌面演练。

③进行桌面演练，相关参与人员按照方案将整个过程在桌面上模拟演习一遍，应急总指挥和副总指挥点评桌面演习效果，提出预演中应重点注意的问题。

④举行现场演练，全程摄像或拍照和记录整个演练过程。

⑤全厂演练应急办公室应对演习情况予以记录，部门演练由部门经理或其授权人整理演练记录并提交应急办公室，所有演练记录需妥善保存备查。

（3）演练频次

每年至少组织一次全面、系统的应急演练，可结合消防演练一同进行突发环境事件应急演练，各风险岗位每季度进行一次应急演练，由各主管部门负责组织。

（4）演练过程

应急演练的过程可划分为演练准备、演练实施、演练评价与总结三个阶段。

①演练准备包括：做好演练方案，通过会议讨论确定最终方案；工作分配，演练物资准备；演练培训包括：消防器材、防护设备、监测和检测设备、堵漏设备使用及堵漏措施培训等。

②演练实施阶段是指从宣布初始事件到演练结束的整个过程。演练过程中参演应急组织和人员按照实际紧急事件发生时响应要求进行演示，由参演组织和人员根据自己关于最佳解决办法的理解，对事故做出响应行动。

③应急演练评价与总结包括：演练结束后应对演练的效果做出评价，提交演练报告，并针对演练过程中发现的问题，划分为不适项、整改项和改进项，分别进行纠正、整改、改进，总结演练；各风险岗位的应急演练由相应的车间主任进行演练总结和讲评，再根据应急演练结果，完善现场处置预案；公司级的应急演练由总指挥进行讲评，根据应急演练结果，完善综合应急预案。

5.4.8.2　宣传培训

为了确保快速、有序和有效的应急反应能力，应急救援机构成员认真学习本预案内容，明确在救援现场所担负的责任和义务；对于厂内员工，必须开展应急培训，熟悉生产使用的危险物质的特性，可能产生的各种紧急事故以及应急行动。

①新员工的三级安全教育应包括应急预防、处置等内容。办公室负责进行厂级安全教育，生产、技术、工务、管理等部门负责对本部门人员进行宣传教育，现场各班组负责对本班组人员进行宣传教育。

②应急办公室每年做出对各类应急人员、应急指挥人员、员工的培训安排计划，使企业每个员工都了解并掌握应急预案的要求及应急处置措施，并不断检查培训效果。

③应急办公室负责对周边单位、社区和相关方的应急宣传教育，不断提高人员的安全意识和应急意识。

（1）培训内容

①应急救援人员的培训主要内容包括：a. 如何识别危险；b. 如何启动紧急警报系统；c. 危险物质泄漏控制措施；d. 各种应急设备的使用方法；e. 防护用品的佩戴、使用；f. 如何安全疏散人群等；g. 如何使用灭火器及灭火步骤训练。

②公司员工的培训主要内容包括：a. 潜在的危险事故及其后果；b. 事故警报与通知的规定；c. 灭火器的使用及灭火步骤训练；d. 基本个人防护知识；e. 撤离的组织、方法和程序；f. 在污染区行动时必须遵守的规则；g. 自救与互救的基本常识。

（2）培训方式

培训的形式可以根据实际特点，采取多种形式进行。如定期开设培训班、上课、事故讲座、广播、发放宣传资料以及利用厂区内黑板报和墙报等，使教育培训形象生动。

（3）培训要求

针对性：针对可能的环境事故情景及承担的应急职责，不同的人员不同的内容。

周期性：一年一次。

定期性：定期进行技能培训，时间由各部门自行安排。

真实性：尽量贴近实际应急活动。

（4）周边人员应急响应知识的宣传

针对公司可能发生的事故，每年进行一次周边人员应急响应的宣传活动。宣传内容包括：①公司生产中存在的危险化学品的特性、健康危害、防护知识等；②公司可能发生危险化学品事故的知识、导致哪些危害和污染，在什么条件下，必须对周边人员进行转移疏散；③人员转移、疏散的原则以及转移过程中的注意安全事项；④对因事故而导致的污染和伤害的处理方法。

5.4.8.3 责任与奖惩

（1）奖励

在事故应急救援工作中做出显著成绩的单位和个人，依照人事规章制度给予表彰、奖励。

（2）责任追究

在应急救援准备工作中有下列情形之一的，依照人事部门等相关管理制度对有关责任单位和责任人进行处理；对构成犯罪的，移交司法机关，依法追究刑事责任。

①未按规定要求做好事故应急救援准备工作，经有关部门提出整改措施后，拒不整改的；

②迟报、谎报、瞒报事故；

③事故发生时，玩忽职守或临阵逃脱、擅离职守的；

④拒不执行事故应急救援指挥部的通知、指示、命令的；

⑤发生事故时，没有立即组织实施抢救或者采取必要措施，造成事故蔓延、扩大和重大经济损失的；

⑥妨碍抢险救援工作的；

⑦不配合、协助事故调查的。

5.4.9　附则

（1）名词术语

名词术语参考 5.1.1“突发环境事件及相关概念”部分。

（2）预案解释

本预案由某公司制定，由某公司环保部负责解释，由总经理签署发布。

（3）修订情况

本预案于××××年××月修订，为第×版。

（4）管理与更新

突发环境事件应急预案一经建立，就需要有与之相适应的管理机制对其进行管理，预案管理不是广义的普通管理，它包括预案本身的管理和救援组织、救援物资、救援体系等的管理，也包括随着企业生产的发展和企业规模的扩大，企业生产设备、设施的增加与更新，生产技术的改革与进步，场所的扩充与迁移，从业人员的流动与增减等诸多因素的产生而补充、整改、完善预案的不足项，保证预案的可行性、可靠性及完整性，确保应急启动的随时性。

突发环境事件应急预案每 3 年至少修订 1 次；有下列情形之一的，突发环境事件应急预案应当及时进行修订：①由于组织机构改革引起的变化，需对应急组织、管理做出相应的调整或修订；②生产工艺和技术、危险源发生变化，应急设备的更新、报废等情况出现，随时需要对相关内容进行修订；③根据原辅材料、中间体、工艺流程等的变更进行修订；④周围环境或者环境敏感点发生变化；⑤根据日常演习和实际应急反应取得的经验需对应急反应计划、技术、对策等内容进行修订；⑥突发环境事件应急预案依据的法律、法规、规章等发生变化的。

（5）应急预案备案

本预案由公司环境应急办公室组织修订，修订后的应急预案再行公布实施时，应对修订版进行必要的标注和说明，对修订或变更内容加以记录，公司组织内部评审后，再外请有关专家代表进行评估，预案根据评估意见修订后，报县环保局备案。

（6）实施日期

本预案于发布之日起正式实施。

附件包括：风险评估报告书，应急名单，信息接收、处理、上报等标准化格式文本，厂区地理位置图，厂区平面布置图，雨污管网图，突发环境事件处置流程图，应急物资储备清单，公司环保管理制度目录，预案编制人员清单，危险化学品特性表，应急演练方案及记录等。

5.5 专项应急预案案例分析

专项应急预案题目可以由各专项内容直接确定，如危险废物专项应急预案、安全生产专项应急预案、火灾事故专项应急预案等。突发环境事件的专项应急预案，通常以危险废物专项应急预案为题。本节以某蚀刻废液回收利用和废弃电路板回收利用企业为例，说明企业突发环境事件专项应急预案编制的详细要点。

5.5.1　总则

5.5.1.1　目的

为规范企业危险废物的应急管理机制，加强和规范危险废物的管理，最大限度地降低因火灾、爆炸或其他意外的突发或非突发事件导致的危险废物或危险废物组分泄漏到空气、土壤或水体中而产生的对人体健康和环境的危害特制定本应急预案。

5.5.1.2　制定依据

常用的编制依据如《环境保护法》《固体废物污染环境防治法》《危险化学品安全管理条例》《危险废物经营单位编制应急预案指南》等。

5.5.1.3　响应原则

立足于控制事态发展，减少事故损失。

5.5.1.4　适用范围

本应急预案适用于某公司危险废物贮存、转运及相关工作。

5.5.2　职责

可参考综合应急预案中“应急组织指挥体系与职责”的内容。

5.5.3　危险废物的危害特性及预防措施

本部分应阐述危险废物的主要来源、种类、产生量及可能引发的环境事件特征或类型，并提出预防措施。

某公司的危险废物主要为染化料的废包装材料、定型废气处理过程回收的废油及应急救援中产生的废活性炭，见表 5-34。

表 5-34　某公司的危险废物种类和危害

废物名称	类别	废物代码	产生量/（t/a）	产生工序	可能引发事件特征类型
净化铜废渣	HW49			五水硫酸铜生产	环境污染
水处理沉淀物	HW49			污水处理	环境污染

废物名称	类别	废物代码	产生量/（t/a）	产生工序	可能引发事件特征类型
废活性炭	HW49	900-039-49		废气治理	环境污染
破碎分筛后废树脂粉	HW13	900-451-13		线路板拆解	环境污染
干法破碎生产线布袋除尘收集灰渣	HW13	900-451-13		线路板破碎	环境污染
水喷淋灰渣	HW13	900-451-13		废气治理	环境污染
废电子元器件	HW49	900-045-49		线路板拆解	环境污染

公司内产生、运输或储存的危险废物可能引发如下事故。

5.5.3.1 泄漏事故

主污染物：酸碱液体物料的废包装材料（如废助剂桶）等危险废物。

主要原因：①储存容器损坏，发生泄漏；②在运输过程中可能导致泄漏；③由于操作失误导致危险废物的跑冒；④由于火灾、爆炸等引起危险废物的泄漏。

影响范围：①对储存现场的污染；②在运输过程中对厂区道路的污染。

可能后果：可能会导致厂区内外土壤污染或者水体污染及挥发使人中毒。

5.5.3.2 中毒事故

主要污染物：废活性炭等危险废物。

危害特性：废活性炭暴露在自然环境下容易挥发被吸附的物质，释放吸附的杂质，容易对土壤和空气环境质量造成污染，并对人体和环境的安全有一定的影响。通过皮肤接触（未佩戴手套或防化服等相关的劳保用品）、误服（溶于水中）、过量吸入（未佩戴防毒口罩）等方式均可能引发具有危险性的中毒事故。

5.5.3.3 预防和控制措施

预防和控制措施包括：①危废仓库按规范建设，分类堆放。②操作人员工作时必须穿戴工作服、口罩、防护眼镜、橡皮手套、橡皮围裙、长筒胶靴等劳保用品。采取不直接接触操作，定期进行常规的健康检查；加强健康教育，提高自我保护意识，并做好个人卫生和培养良好的卫生习惯。③包装物要完整、密封，不得与易燃物和酸类共贮混运，防止包装袋有破损，如在废活性炭的装卸过程中，必须首先用包装袋装好，每个包装袋控制在 20～30 kg，然后放置在平板拖车上，以防止装卸运输过程中有泄漏事件发生。④危险废物加强管理措施，公司生产产生的定型废气处理过程回收的废油等危险废物，有专门的库房贮存，各类废物分类整齐存放且进行封口，预防危险废物的流失和扬散；危险废物入库时均贴上标签；危废间门口和内部均配备灭火器材。

5.5.3.4　应急响应

接警人员接到报警后，应迅速向指挥部负责人报告，报告的内容包括发生事故的单位、时间、地点、性质、类型、受伤人员、事故损失情况、需要的急救措施及到达现场的路线方式，指挥部启动应急预案，通知相关专业组赶赴现场，实施救援，并视情况向上级管理部门报告。

事故发生时，应急指挥部立即组织各应急救援小组成员维护现场治安秩序，建立事故现场周围警戒区域，防止无关人员进入应急现场，保障救援队伍、物资运输和人群疏散等交通畅通。

（1）总体原则

①突发危险废物环境事故后，由环境应急指挥部根据事故情况开展应急救援工作的指挥与协调，通知有关车间、部门及应急抢救队伍赶赴事故现场进行事故抢险救护工作。

②召集、调动抢救力量，各车间、部门接到环境应急指挥部指令后，立即响应，派遣事故抢险人员、物资设备等迅速到达指定位置聚集，并听从现场总指挥的安排。

③环境应急指挥部按本预案确立的基本原则、专家建议，迅速组织应急救援力量进行应急抢救，并与参加应急行动的车间、部门保持通信畅通。应急处理时严禁单独行动，要有协同人员，必要时用消防水龙带喷水掩护。

④当现场现有应急力量和资源不能满足应急行动要求时，及时向上级主管单位报告请求支援。

⑤事故发生时，必须保护现场，对危险地区周边进行警戒封闭，按本预案营救、急救伤员和保护财产。如若发生特殊险情时，应急指挥中心在充分考虑专家和有关方面意见的基础上，依法及时采取应急处置措施，若处置过程中有冲洗废

水产生，则按照“水环境突发环境事件应急处置”进行处理。

⑥医疗卫生救助事故发生时，拨打“120”并及时赶赴现场开展医疗救治、疾病预防控制等应急工作。

⑦做好相关泄漏记录，事故处置结束，处理人员将本次事故发生的时间、地点、泄漏物、泄漏量、泄漏原因及处置措施详细记录，交给应急办公室存档，应急办公室及时查明原因和追究相关责任。

（2）具体操作

1）泄漏事故处理措施

①液体危废品的泄漏，容易发生污染及中毒事故。因此泄漏处理要及时、得当，避免重大事故的发生。处理人员通知停止周围一切可能危及安全的动火、产生火花的作业，消除一切火源，防止发生燃烧和爆炸；通知附近无关人员迅速离开现场，严禁闲人进入事故区等。处理人员应从上风处接近现场，严禁盲目进入。

②若固体泄漏，发现人员使用不产生冲击、静电火花的工具把泄漏物回收至密闭的容器中，存于危废间，待由具备处置资质单位处置。若为废溶剂桶倾倒，发现人员立即用木质粉将泄漏的废溶剂吸附，然后将吸附后的木质粉倒入废溶剂桶内，存于危废间。处置过程尽量避免用水冲洗，防止污染区域扩大。

2）危废火灾事故处理措施

①火灾发生初期时，首先由目击者切断火灾现场电源，同时通知公司应急指挥部，组织现场消防人员进行扑救。

②判断火势情况，拨打“119”火警报警电话；如有人员伤亡，应立刻拨打“120”救护车，由后勤救援组派人在路口接应消防车和救护车。

③在火灾尚未扩大到不可控制之前，应正确使用移动式灭火器，一般使用干粉灭火器来控制火灾。

④迅速关闭流向火点的可燃液体开关，用土沙盖住地面流淌的可燃液体，或挖沟导流将流淌的可燃液体导向安全地点。

⑤为防止火灾危及相邻设施，必须及时采取冷却保护措施，用冷水淋湿装有易燃、易爆物体的容器，并迅速移走火点周围的易燃、易爆物及贵重物。

⑥注意观察火灾四周情况，避免出现伴随的人员中毒、建筑物倒塌、物体坠落等事件。

5.5.3.5　现场急救

发生物料泄漏可引起人员中毒、化学性灼伤等意外伤害。当现场有人受到伤害时，当班急救队员应首先组织力量将患者转移离开事故现场到空气新鲜的地方（上风向），按正确的现场急救方法进行抢救。

进行现场急救的人员应遵守下列规定：①参加抢救人员必须所从指挥，抢救时必须分组有序进行，不能慌乱。②救护者应做好自身防护，戴好防毒面具或氧气呼吸器后，从上风向快速进入事故现场。进入事故现场后必须简单了解事故情况及引起伤害的物料，清点现场人数，严防遗漏。③迅速脱离有害环境：迅速将患者从上风向转移到空气新鲜的安全的地方。转移过程应注意：移动病人时应用双手托移，动作要轻，不可强拖硬拉；应用担架、木板、竹板抬送伤员；转移过程中应保持呼吸道通畅，去除领带、解开领扣和裤带、下颌抬高、头偏向一侧、清除口腔内的污物。④救护人员在工作时，应注意检查个人防护器材的使用情况，如发现异常或感到身体不适时要迅速离开危险区。⑤救护人员在医生到场后，应将患者病情、急救情况向医生交接清楚，经领导同意后方可离开现场。

紧急救护措施：因吸入或误食有毒物质而出现流涎、恶心、呕吐、昏迷、腹痛、腹泻、多汗、双瞳孔缩小、流泪、视物模糊、流涕、呼吸困难、其他不适等中毒现象时，其他员工有责任对其进行抢救，并视不同情况采取如下急救措施：①皮肤接触：皮肤受到有毒物质污染后要尽快脱去被污染的衣物，包括内衣裤。污染的皮肤要尽快用肥皂水清洗，再用清水冲洗干净。②眼睛接触：立即翻开上下眼睑，用流动清水冲洗至少要持续 10～20 min，就医。③吸入：迅速脱离现场至空气新鲜处，令其平躺，清除口腔、鼻腔分泌物等，维护呼吸道畅通；若出现呼吸困难补氧，可采用人工呼吸、吸氧，或指压人中、内关、足三里等方法。④误食：误食入者，用软物、手指刺激中毒员工咽后壁手法催吐。每次催吐后，口服清水或温淡盐水 100～200 mL，隔 3～5 min 后再次催吐，直至呕吐物变清、无异味为止。服食腐蚀性毒物及抽搐尚未控制者不宜催吐。催吐后，不论其效果如何或不宜催吐者，都应及时充分地洗胃，以便稀释毒物，消除毒物，保护机体，减轻损害。现场可采用刺激呕吐洗胃法，即先让中毒者喝下适量的洗胃剂（约 500 mL），然后刺激咽喉使其呕吐，吐后再饮再使之呕吐，反复几次至呕吐物清澈为止。常用的洗胃液有清水、淡盐水、淡肥皂水、茶水等。⑤昏迷：员工在现场抢救和运送途中要防止因咽喉周围组织松弛造成的窒息，同时也要防止胃内容物涌出造成窒息及吸入性肺炎。对昏睡及神志不清的员工要采用昏睡体位。昏睡体位为左侧躺下，左手过头伸直，头枕在左手上，右手弯曲支住下巴，右腿稍微前曲。⑥不论哪种形式的中毒，经现场抢救后都应送往医院就医。拨打“120”急救中心电话，就近送医院作进一步的抢救、治疗。

5.5.3.6 紧急撤离及转移

当采取以上措施，仍无法控制事态，并危及人身安全，经专家组确认，由现场总指挥下达救援人员紧急撤离命令。厂区内人员沿厂区道路向厂外撤离并沿当时上风向方向撤离至安全处，并及时上报政府等相关部门和单位。

5.5.4 信息报告

现场操作工发现危废泄漏时，立即按照应急处置程序进行处置，然后再向车间主任报告，报告内容包括事件类型、发生时间、已采取的措施等。

5.5.5 后期处理

现场清理：应急办公室制定清理方案，明确注意事项，防止在清理过程中发生二次事故，医疗救护组及物质供应组负责伤亡人员的善后处理和污染理赔工作。

事故调查：应急办公室负责开展事故调查和配合上级组织进行事故的调查。

总结评审：由应急办公室组织如开总结评审会，总结事故应急救援情况，为修订预案提出建议。

5.5.6 宣传、教育与演练

为全面提高应对突发事故能力，公司通过安全教育形式，对本厂职工进行危险废物危险特性、基本防护、应急处理方法等知识的传播。

实地演练是战时的基础，通过演练，员工熟练掌握救援方法，加快事故消除的速度，同时通过预案的演练，强化员工的安全意识，提高安全防护能力，每年至少组织一次应急演练。

5.5.7　培训

由应急办公室组织对公司应急求援指挥人员进行系统培训，根据应急救援目标的特点，开展应急救援队伍的业务训练。对于需要多部门、多专业参与救援的预案，开展协同能力的训练。培训内容主要包括应急处置程序、现场处置、技术规范、个人防护等。

5.5.8　注意事项

①处置过程必须隔绝一切火源。

②处置过程尽量避免用水冲洗，防止污染区域扩大。

③妥善处理被污染的衣物、泄漏物及堵漏、吸附材料，以免造成二次污染。

5.6　现场处置预案案例分析

本节以某蚀刻废液回收利用和废弃电路板回收利用企业为例，说明企业突发环境事件现场处置预案编制的详细要点。蚀刻废液回收利用和废弃电路板回收利用企业的突发环境事件的现场处置通常包括蚀刻废液处置车间现场处置和污水系统现场处置预案。

5.6.1　蚀刻废液处置车间现场处置预案

5.6.1.1　危险性分析

蚀刻废液处置车间内存放有酸性蚀刻废液、碱性蚀刻废液、液碱、浓硫酸、氨水等多类化学品，属于低毒、具腐蚀性的危险物料。物料泄漏后，不仅会腐蚀管道、损坏设备，对直接接触的工作人员造成健康危害；若流出车间、厂区外，会对外部的土壤、地下水和地表水的环境质量产生较严重的威胁；并且氨水具有较强挥发性，氨水泄漏后，还会造成局部空气质量恶化，严重的可导致人员伤亡。

5.6.1.2 信息报告

由现场事故第一发现人上报部门管理人员以及应急办，部门主管立即赴现场，根据现场实际情况，初步判定事故级别，而后将实际情况向应急办公室和应急总指挥汇报。

信息报告程序及方式参考 5.4.4.3 中的“内部接警与上报”内容。

信息报告方式为：①手机报警；②口头报警；③扩音器报警。

5.6.1.3 应急处置

①人工巡视发现车间内化学品发生泄漏，发现者应立即向部门经理或者应急办主任报告。部门经理或者应急办主任立即赶往事故现场，确认事故情况。

②疏散警戒组应隔离泄漏污染区，周围设警告标志，将无关人员移至安全区，禁止无关人员进入污染区。

③通信联络组负责各应急小组人员的召集、联络以及应急抢险工作中的协调。

④物资供应组负责后勤工作。

⑤医疗救护组抢救受伤人员配合就近医院送入治疗。

⑥现场抢险处置组穿戴个人防护用具，对事故现场进行应急处置。

（1）硫酸泄漏应急处置

建议应急处理人员戴好面罩，穿化学防护服。不要直接接触泄漏物，勿使泄漏物与可燃物质（木材、纸、油等）接触，在确保安全的情况下堵漏。喷水雾减慢挥发（或扩散），但不要对泄漏物或泄漏点直接喷水。用沙土混合，然后收集运至废物处理场所处置。也可以用大量水冲洗，经稀释的洗水放入废水系统。如硫酸大量泄漏，利用围堤收容，然后收集、转移、回收或无害处理后废弃。

（2）液碱泄漏应急处置

应急处理人员戴好防毒面具，穿化学防护服。不要直接接触泄漏物，以少量加入大量水中，调节至中性，再放入废水系统。也可以用大量水冲洗，经稀释的洗水放入废水系统。如碱液大量泄漏，收集回收或无害处理后废弃。

（3）氨水泄漏应急处置

应急处理人员戴防毒面具，穿化学防护服。不要直接接触泄漏物，在确保安全的情况下堵漏。用大量水冲洗，经稀释的洗水放入废水系统。用沙土吸收，然后以少量加入大量水中，调节至中性，再放入废水系统。如氨水大量泄漏，利用围堤收容，然后收集、转移、回收或无害处理后废弃。

（4）蚀刻废液泄漏应急处置

应急处理人员戴防毒面具，穿化学防护服。不要直接接触泄漏物，在确保安全的情况下堵漏。小量泄漏情况下用沙土等惰性材料进行吸收吸附，然后转移入适当容器中，作为危废委托处置，泄漏地面以水冲洗后，排入废水处理系统。蚀刻液大量泄漏情况下，利用围堤收容，然后转移入其他容器内，进行回收处理，或者无害处理后废弃。

事故处置结束后，应急办将本次事故发生时间、地点、事故原因、采取措施、处置过程以及经验教训进行总结记录，并存档。

现场处置相关联系人及联系方式见表 5-35。

表 5-35　生产车间现场应急处置相关联系人员及联系方式

成员		姓名	职务	手机
总指挥			总经理	
副总指挥			生产副总	
			行政副总	
应急办公室	主任		行政副总	
联络协调组	组长		行政副总	
抢险处置组	组长		车间主任	
环境监测组	组长		化验专员	
疏散警戒组	组长		行政专员	
医疗救护组	组长		出纳	
物资供应组	组长		生产副总	

5.6.1.4 注意事项

任何员工发现事故，应立即采取措施，争取消除事故或遏制事态扩大，同时立即报告部门负责人，必要时同时报警，处置时注意事项如下：①及时自救并正确向上级汇报，必要时报警；②应急救援人员进入事故现场前，必须做好安全防护措施；进入事故现场后，必须服从命令，听从指挥；③妥善处理被污染的衣物、泄漏物及堵漏、吸附材料，以免造成二次污染；④救援行动时，现场人员必须两人一组作业，互为保护及监护人员；⑤事件无法控制时，应疏散人群，在安全地带等候，引导外部救援单位进厂救援并协助其工作。

5.6.2 污水系统现场处置预案

5.6.2.1 危险性分析

危险源：主要考虑废水处理设施出现故障，外排废水未经处理或处理不完全，导致超标排放，主要污染因子是COD、氨氮、铜离子。

超标废水外排进入园区污水处理厂，不符合污水厂入网指标要求，会对园区污水处理厂的正常运行造成影响，排入外环境后，会对纳污水体的水环境质量产生影响。

发生突发环境事件前可能出现的征兆包括：①临时停电造成设备停止运行；②污水处理系统设备异常情况；③用pH值试纸或便携式COD测试仪检测出废水超标。

5.6.2.2 信息报告

由现场事故第一发现人上报部门管理人员以及应急办，部门主管立即赴现场，根据现场实际情况，初步判定事故级别，而后将实际情况向应急办公室和应急总指挥汇报。

信息报告程序及方式参考5.4.4.3中的“内部接警与上报”部分的内容。

信息报告方式为：①手机报警；②口头报警；③扩音器报警。

5.6.2.3　应急处置

（1）停电情况

①事故造成污水系统暂停的，污水处理操作工立即上报应急办，总指挥根据事故持续时间决定是否上报应急办和环保局。

②机修工立即进行紧急维修，同时启动备用发电机组。污水主管根据设备维修时间长短及调节池、管网情况确定能够容纳停电期间的污水水量，然后上报应急办，由其通知生产车间做好生产工作安排。

③当污水系统已容纳水量达到可容纳总水量（包括管网和事故应急池容纳的水量）的 50%还未恢复供电时，由应急办通知生产车间减少排水；当达到 70%还未恢复供电时，通知生产车间停止排水，直至恢复供电污水处理系统正常运行后方可排水。

（2）设备故障

①当污水处理工发现运行设备如水泵出现故障时，立即启动备用设备，并通知机修工对故障设备进行维修，使其恢复正常状态。

②若发生故障的设备无备用设备，则按紧急停机程序停止污水系统运行，将污水储存于调节池及应急池内，同时向应急办报告。

③事故处置组人员对设备故障情况进行核查、检修，直至设备恢复正常，方可恢复生产。

④事故处置结束，污水主管负责将本次事故发生的时间、地点、原因、处置措施等详细记录，交与应急办公室存档。

现场处置相关联系人及联系电话列表参考表 5-35。

5.6.2.4　注意事项

①污水操作工应定期对设备进行维护和检修，避免事故性排放。

②每班应对外排废水水质进行监测，防止超标排放。

③污水处理池上观测情况时要注意人身安全，防止落水。

④处置结束后，对于故障修复设备，严禁立刻投入满负荷运转，要逐步提高生产负荷，同时进行跟踪监测。

5.7 环境应急资源调查报告

本节以某蚀刻废液回收利用和废弃电路板回收利用企业为例，说明企业突发环境事件环境应急资源调查报告编制的详细要点。

为全面落实环境应急资源管理工作，有效整合利用现有资源，提升预防和处置突发环境事件能力，某公司应急资源调查有关情况报告如下。

5.7.1 公司概况

在简要介绍公司经营及发展前景的基础上，重点介绍公司设备配置、环境应急资源配置、机构与人力资源（尤其是安全环保方面的）等情况。

5.7.2 应急资源基本情况

公司竭力整合应急资源，全力完善基础建设，着力加强培训演练，努力健全应急队伍体系，保证应急资源基本得到保障和有效利用。

5.7.2.1 建立健全应急预案体系

为正确应对和有序处置突发性环境污染事故，进一步健全公司环境污染事件应急机制，规范应急管理工作，公司制定了环境应急预案体系，其主要包括内部关系、外部关系及平行关系：

①内部关系：公司突发环境事件应急预案是公司应急预案体系中的一部分，与《安全生产事故应急救援预案》《消防应急预案》组成公司应急预案体系。突发环境事件应急预案包括综合环境应急预案和重点岗位现场处置预案。

②外部（上级）关系：本预案的上级预案为《××市（县）环保局突发环境事件环境应急预案》，其对本公司应急预案具有直接的领导和指导作用。当公司发生突发环境应急事件，且超出公司处理能力范围或达到需要外部协调指挥时，公司立即上报市（县）政府和市（县）环保局，由上级部门启动其相关预案，公司应急预案作为上级应急预案的一个子部分，按上级预案规定的要求实施，服从上级指挥，配合处理环境应急事件。

③平行关系：公司应急预案与周边企业应急预案为平行关系。

5.7.2.2　应急救援队伍建设

为有效应对突发环境事件，公司成立了突发环境应急救援组织，应急救援组织由应急领导小组（应急指挥部）、应急专家组、应急办公室和各应急小组组成。各应急小组根据公司各部门、车间的各自职责而组建，共设有联络协调组、环境监测组、抢险处置组、疏散警戒组、医疗救护组、物质供应组 6 个应急小组。

5.7.2.3　整合必需的应急物资

应急设施方面：公司建有 500 m^3 事故应急池，并配套有相应的管线、泵等相应设施。

应急物资方面：全厂区车间均配置足够数量的灭火器，并设置视频监控；具体参考表 5-4 和表 5-5。应急资源调用采取统筹调度方式，由应急指挥部具体负责，应急办进行协调，各相关职能部门紧密配合，集中一切可用的人力、财力、物力，切实解决应急所需。

5.7.2.4　外部应急救援条件

公司建立与市（县）政府、环保局及周边企业之间的应急联动机制，当事故超出厂区范围或厂区应急物资不足时，通信联络组立即通过手机、电话等形式向上级部门或周边企业寻求增援。当周边企业的增援人员与物资到达现场后，其需服从公司应急指挥部的统一调配。当政府部门到达后，现场指挥立即移交指挥权，并向政府部门负责人简要汇报应急响应现状，公司的应急救援队伍及应急物资情况，并协助指挥。现场所有的应急救援小组和应急物资服从政府部门的调配。外部关联单位应急通信录参考表 5-31。

5.8　应急预案常用文档示例

应急预案备案报备常用文档包括备案表、演练记录表、预案编制人员清单、突发环境事件接警记录表、培训记录表、演习记录表、启动令与终止令格式、突发环境事件应急处置流程图等。

5.8.1 企业事业单位突发环境事件应急预案备案表

企业单位突发环境事件应急预案备案表示例见表 5-36。

表 5-36 企业单位突发环境事件应急预案备案表示例

<table>
<tr><td>单位名称</td><td>××公司</td><td>机构代码</td><td></td></tr>
<tr><td>法定代表人</td><td></td><td>联系电话</td><td></td></tr>
<tr><td>联系人</td><td>陈××</td><td>联系电话</td><td></td></tr>
<tr><td>传真</td><td></td><td>电子邮箱</td><td></td></tr>
<tr><td>地址</td><td colspan="3">××市（县）××镇××村（中心经度：__中心纬度：_）</td></tr>
<tr><td>预案名称</td><td colspan="3">《××公司突发环境事件应急预案》</td></tr>
<tr><td>风险级别</td><td colspan="3"></td></tr>
<tr><td colspan="4">本单位于　　年　月　日 签署发布了突发环境事件应急预案，备案条件具备，备案文件齐全，现报送备案。
本单位承诺，本单位在办理备案中所提供的相关文件及其信息均经本单位确认真实，无虚假，且未隐瞒事实。
预案制定单位（公章）</td></tr>
<tr><td>预案签署人</td><td></td><td>报送时间</td><td></td></tr>
<tr><td>突发环境事件应急预案备案文件目录</td><td colspan="3">1．突发环境事件应急预案备案表；
2．环境应急预案及编制说明：
环境应急预案（签署发布文件、环境应急预案文本）；
编制说明（编制过程概述、重点内容说明、征求意见及采纳情况说明，评审情况说明）；
3．环境风险评估报告；
4．环境应急资源调查报告；
5．环境应急预案评审意见</td></tr>
<tr><td>备案意见</td><td colspan="3">该单位的突发环境事件应急预案备案文件已于　　年　月　日收讫，文件齐全，予以备案。
备案受理部门（公章）
年　月　日</td></tr>
<tr><td>备案编号</td><td colspan="3">（受理部门填写）</td></tr>
<tr><td>报送单位</td><td colspan="3"></td></tr>
<tr><td>受理部门负责人</td><td></td><td>经办人</td><td></td></tr>
</table>

5.8.2　应急演练记录表

应急演练记录表示例见表 5-37。

表 5-37　应急演练记录表示例

<table>
<tr><td colspan="2">演练方案名称</td><td colspan="3"></td><td>演练地点</td><td></td></tr>
<tr><td colspan="2">组织部门</td><td></td><td>总指挥</td><td></td><td>演练时间</td><td></td></tr>
<tr><td colspan="2">参加部门和单位</td><td colspan="5"></td></tr>
<tr><td colspan="2">演练类别</td><td colspan="5"></td></tr>
<tr><td colspan="2">物资准备和人员培训情况</td><td colspan="5"></td></tr>
<tr><td colspan="2">演练过程描述</td><td colspan="5"></td></tr>
<tr><td colspan="2">预案适宜性充分性评审</td><td colspan="5">适宜性：□全部能够执行　□执行过程不够顺利　□明显不适宜
充分性：□完全满足应急要求　□基本满足需要完善　□不充分，必须修改</td></tr>
<tr><td rowspan="5">演练效果评审</td><td>人员到位情况</td><td colspan="5">□迅速准确　□基本按时到位　□个别人员不到位　□重点部位人员不到位
□职责明确，操作熟练　□职责明确，操作不够熟练　□职责不明，操作不熟练</td></tr>
<tr><td>物资到位情况</td><td colspan="5">现场物资：□现场物资充分，全部有效　□现场准备不充分　□现场物资严重缺乏
个人防护：□全部人员防护到位 □个别人员防护不到位　□大部分人员防护不到位</td></tr>
<tr><td>协调组织情况</td><td colspan="5">整体组织：□准确、高效　□协调基本顺利，能满足要求　□效率低，有待改进
抢险组分工：□合理、高效　□基本合理，能完成任务　□效率低，没有完成任务</td></tr>
<tr><td>实战效果评价</td><td colspan="5">□达到预期目标　□基本达到目的，部分环节有待改进　□没有达到目标，须重新演练</td></tr>
<tr><td>外部支援部门和协作有效性</td><td colspan="5">报告上级：　□报告及时 □联系不上
消防部门：　□按要求协作 □行动迟缓
医疗救援部门：　□按要求协作 □行动迟缓
周边政府撤离配合：　□按要求配合 □不配合</td></tr>
<tr><td colspan="2">存在问题和改进措施</td><td colspan="5"></td></tr>
</table>

记录人：×××　时间：××××年××月××日

5.8.3 预案编制人员清单

预案编制人员清单示例见表 5-38。

表 5-38 预案编制人员清单示例

姓名	单位	职称或职务	电话
陈××			
杨××			
…			

5.8.4 突发环境事件接警记录表

突发环境事件接警记录表示例见表 5-39。

表 5-39 突发环境事件接警记录表示例

报警人姓名		报警人单位		报警人电话	
时间地点		发生时间		报警时间	
死亡人数		受伤人数		被困人数	
事件描述					
事件影响范围			有无明显的发展趋势		
事件性质	烟气事故□ 废水事故□ 危废泄漏□ 地震□ 雷电□ 台风□ 泥石流□ 水灾□ 地表塌陷□管线的破损□ 其他有毒有害化学危险品泄漏□中毒窒息事故□ 人员伤害事故□			其他事件性质描述	
接警后的处理记录:					

接警记录人：×××

5.8.5 培训记录表

培训记录表示例见表 5-40。

表 5-40　培训记录表示例

<table>
<tr><td colspan="4">××公司环境突发事件应急培训记录表</td></tr>
<tr><td colspan="2">培训时间：</td><td colspan="2">培训地点：</td></tr>
<tr><td colspan="4">培训老师：</td></tr>
<tr><td colspan="4">培训内容：</td></tr>
<tr><td>参加培训人员</td><td>签到</td><td>参加培训人员</td><td>签到</td></tr>
<tr><td></td><td></td><td></td><td></td></tr>
<tr><td></td><td></td><td></td><td></td></tr>
</table>

5.8.6　演习记录表

演习记录表示例见表 5-41。

表 5-41　演习记录表示例

<table>
<tr><td colspan="4">××公司环境突发事件应急演习记录表</td></tr>
<tr><td colspan="4">演习目的：</td></tr>
<tr><td colspan="2">演习时间：</td><td colspan="2">演习地点：</td></tr>
<tr><td colspan="4">演习参加人员：</td></tr>
<tr><td colspan="4">演习观摩人员：</td></tr>
<tr><td colspan="4">演习指挥人员：</td></tr>
<tr><td colspan="4">演习过程：</td></tr>
<tr><td colspan="4">演习总结：</td></tr>
<tr><td>记录人：</td><td></td><td>记录时间：</td><td></td></tr>
</table>

5.8.7　突发环境事件信息报送内容

突发环境事件信息报送内容见表 5-42。

表 5-42 突发环境事件信息报送表

项目	内容
现场信息	报告时间、现场联系人、报告人联系方式
事件基本信息	事件类型、发生地点、发生时间、污染源、泄漏数量、财产损失、人员伤亡、事故原因、事故进展
现场勘察情况	1. 周边是否有饮用水水源地：分布情况（离事发地距离）、供水范围（每日供水量、影响人口量）； 2. 周边是否有居民点：离事发地距离； 3. 水文、气象条件：流速、风速
现场监测情况	监测报告、监测点位图（关键点位离事发地及敏感区域距离）
应急处置措施	公司和有关部门采取的措施

5.8.8 启动令与终止令格式

应急预案启动令与终止令如下：

启动令

鉴于公司发生突发环保事件，根据应急预案的设定条件，目前已达到启动级的情况，立即启动×级应急响应，按突发环境事件应急预案。

应急总指挥：×××

××××年××月××日

终止令

鉴于针对突发环保事件应急处置情况，已达到突发环境事件应急预案中所设定的终止条件，经应急指挥中心确认，立即终止应急响应，进入后期处置。

应急总指挥：×××

××××年××月××日

5.8.9 环境应急预案编制说明示例

环境应急预案编制说明示例如下：

1 编制过程概述及修编情况

1.1 编制过程概述

本预案为第×版：

（1）根据企业基本信息及生产、运行、管理情况，初步分析企业的环境风险物质及可能发生的突发环境事件，制订现场踏勘计划。

（2）通过现场调查，了解企业环境风险防控和应急措施、周边环境风险受体情况、公司与周边可利用的环境应急资源。

（3）按照《企业突发环境事件风险评估指南（试行）》（环办〔2014〕34）和《福建省环保厅转发环保部关于印发〈企业事业单位突发环境事件应急预案备案管理办法（试行）〉的通知》（闽环保应急〔2015〕2号），编制企业风险评估报告。

（4）建立应急组织机构，编制突发环境事件应急预案。

（5）组织应急预案评估会，根据专家及其他与会人员意见对突发环境事件应急预案进行修改完善，然后报环保行政主管部门备案。

1.2 主要修编情况

（1）更新法律条文要求。

（2）更新平面布置图及雨污管网图。

（3）更新风险评估。

（4）按照《福建省环保厅转发环保部关于印发〈企业事业单位突发环境事件应急预案备案管理办法（试行）〉的通知》（闽环保应急〔2015〕2号），补充环境应急预案编制说明及环境应急资源调查报告。

（5）增加危险废物专项应急预案。

（6）全文细节处修改。

2 重点内容说明

（1）项目环境风险评估

本项目主要风险类型包括泄漏和火灾；主要风险物质为各类酸碱；风险产生过程包括危险物质的运输、贮存、输送等设施。企业环境风险评估，按照资料准备与环境风险识别、可能发生突发环境事件及其后果分析、现有环境风险防控和环境应急管理差距分析、制订完善环境风险防控和应急措施的实施计划、划定突发环境事件风险等级五个步骤实施。

（2）企业内部应急组织机构

根据公司组织情况建立具体突发环境应急救援组织，并细化其职能分配及人员构成。由总经理任总指挥，厂长任副总指挥，负责全公司应急救援工作的组织和指挥。根据员工各自的管理职责，成立相应的应急小组，主要负责人担任组长，向应急指挥部负责。

（3）主要预防措施

主要环境防控措施从危险源监控、管理、培训等方面进行分析。

（4）现有环境风险防控

分析公司现有的风险防控措施，并提出整改要求。

3 征求意见及采纳情况说明

××公司于××××年××月××日在××市（县）召开了《××公司突发环境事件应急预案》技术评估会，认真听取了各位专家及代表的意见，对应急预案进行了修改。

4 评审情况说明

××××年××月××日，××公司在××市（县）××公司主持该公司编制的《突发环境事件应急预案》评审会。参加会议的有环保管理部门、周边企业和居民代表及特邀的3位专家，经现场踏勘及认真讨论认为该《环境应急预案》编制基本符合《企业事业单位突发环境事件应急预案备案管理办法（试行）》及相关法律、法规、技术规范的要求，预案基本符合企业环境应急实际，基本要素完整，应急保障措施基本明确。经修订完善后，可作为本企业突发环境事件应急实施方案和上报环保行政主管部门备案。

5.8.10　突发环境事件应急处置流程

突发环境事件应急处置流程见图 5-8。

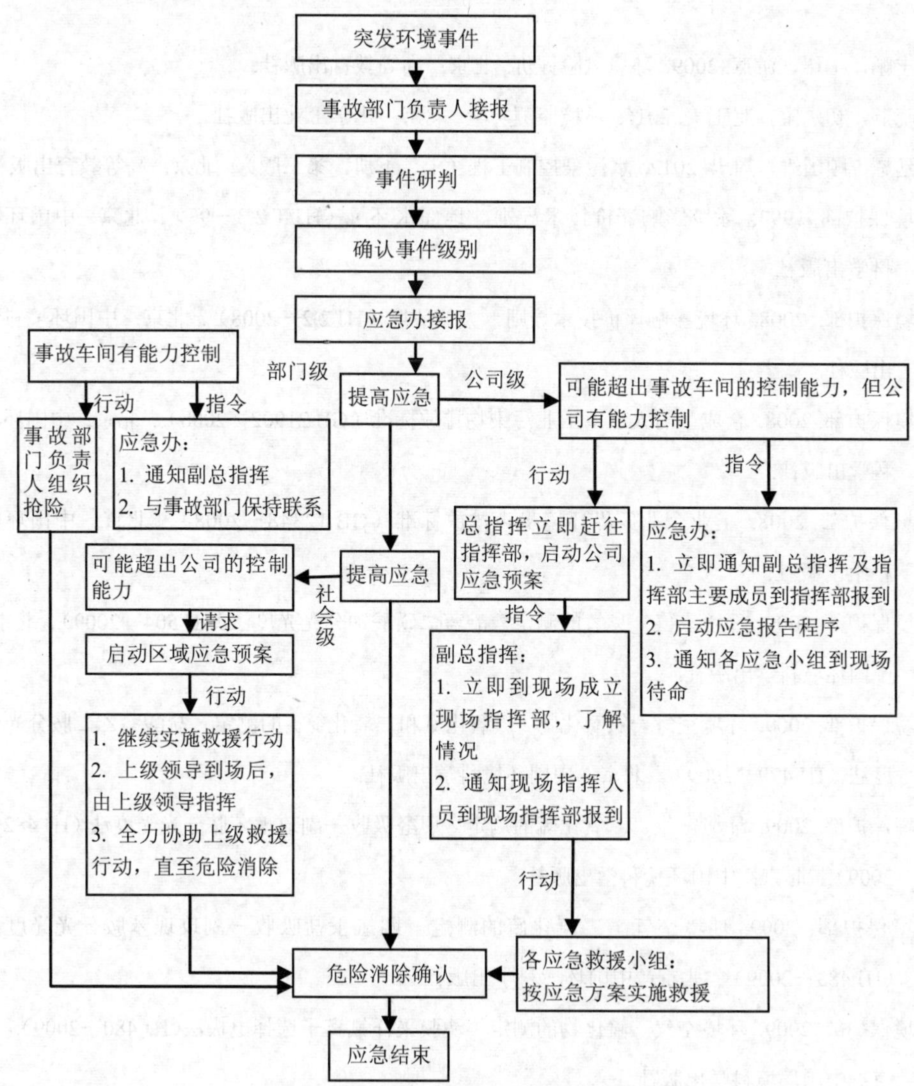

图 5-8　突发环境事件应急处置流程

参考文献

白志鹏，王珺，游燕. 2009. 环境风险评价. 北京：高等教育出版社.

邓晓燕，初永宝，赵玉美. 2016. 环境监测实验. 北京：化学工业出版社.

高廷耀，顾国维，周琪. 2012. 水污染控制工程（上、下册，第三版）. 北京：高等教育出版社.

环境保护部. 1993. 环境影响评价技术导则　地面水环境（HJ/T 2.3—93）. 北京：中国环境科学出版社.

环境保护部. 2008. 环境影响评价技术导则　大气环境（HJ 2.2—2008）. 北京：中国环境科学出版社.

环境保护部. 2008. 合成革与人造革工业污染物排放标准（GB 21902—2008）. 北京：中国环境科学出版社.

环境保护部. 2008. 工业企业厂界环境噪声排放标准（GB 12348—2008）. 北京：中国环境科学出版社.

环境保护部. 2009. 环境空气　臭氧的测定　靛蓝二磺酸钠分光光度法（HJ 504—2009）. 北京：中国环境科学出版社.

环境保护部. 2009. 环境空气　氮氧化物（一氧化氮和二氧化氮）的测定　盐酸萘乙二胺分光光度法（HJ 479—2009）. 北京：中国环境科学出版社.

环境保护部. 2009. 环境空气　二氧化硫的测定　甲醛吸收—副玫瑰苯胺分光光度法（HJ 482—2009）. 北京：中国环境科学出版社.

环境保护部. 2009. 环境空气　二氧化硫的测定　四氯汞盐吸收—副玫瑰苯胺分光光度法（HJ 483—2009）. 北京：中国环境科学出版社.

环境保护部. 2009. 环境空气　氟化物的测定　滤膜采样氟离子选择电极法（HJ 480—2009）. 北京：中国环境科学出版社.

环境保护部. 2009. 环境空气　氟化物的测定　石灰滤纸采样氟离子选择电极法（HJ 481—

2009）. 北京：中国环境科学出版社.

环境保护部. 2009. 环境影响评价技术导则　声环境（HJ 2.4—2009）. 北京：中国环境科学出版社.

环境保护部. 2009. 水质　氨氮的测定　纳氏试剂分光光度法（HJ 535—2009）. 北京：中国环境科学出版社.

环境保护部. 2009. 水质　氨氮的测定　水杨酸分光光度法（HJ 536—2009）. 北京：中国环境科学出版社.

环境保护部. 2009. 水质　氨氮的测定　蒸馏—中和滴定法（HJ 537—2009）. 北京：中国环境科学出版社.

环境保护部. 2009. 水质　采样方案设计技术规定（HJ 495—2009）. 北京：中国环境科学出版社.

环境保护部. 2009. 水质　采样技术指导（HJ 494—2009）. 北京：中国环境科学出版社.

环境保护部. 2009. 水质　多环芳烃的测定　液液萃取和固相萃取高效液相色谱法（HJ 478—2009）. 北京：中国环境科学出版社.

环境保护部. 2009. 水质　氟化物的测定　氟试剂分光光度法（HJ 488—2009）. 北京：中国环境科学出版社.

环境保护部. 2009. 水质　氟化物的测定　茜素磺酸锆目视比色法（HJ 487—2009）. 北京：中国环境科学出版社.

环境保护部. 2009. 水质　挥发酚的测定　4-氨基安替比林分光光度法（HJ 503—2009）. 北京：中国环境科学出版社.

环境保护部. 2009. 水质　挥发酚的测定　溴化容量法（HJ 502—2009）. 北京：中国环境科学出版社.

环境保护部. 2009. 水质　氰化物的测定　容量法和分光光度法（HJ 484—2009）. 北京：中国环境科学出版社.

环境保护部. 2009. 水质　溶解氧的测定　电化学探头法（HJ 506—2009）. 北京：中国环境科学出版社.

环境保护部. 2009. 水质　铜的测定　2,9-二甲基-1,10-菲啰啉分光光度法（HJ 486—2009）. 北京：中国环境科学出版社.

环境保护部. 2009. 水质　铜的测定　二乙基二硫代氨基甲酸钠分光光度法(HJ 485—2009). 北京：中国环境科学出版社.

环境保护部. 2009. 水质　五日生化需氧量(BOD_5)的测定　稀释与接种法(HJ 505—2009). 北京：中国环境科学出版社.

环境保护部. 2009. 水质　样品的保存和管理技术规定（HJ 493—2009）. 北京：中国环境科学出版社.

环境保护部. 2009. 水质　银的测定　3,5-Br_2-PADAP 分光光度法（HJ 489—2009）. 北京：中国环境科学出版社.

环境保护部. 2009. 水质　银的测定　镉试剂 2B 分光光度法（HJ 490—2009）. 北京：中国环境科学出版社.

环境保护部. 2009. 水质　总有机碳的测定　燃烧氧化—非分散红外吸收法(HJ 501—2009). 北京：中国环境科学出版社.

环境保护部. 2010. 环境空气　臭氧的测定　紫外光度法（HJ 590—2010）. 北京：中国环境科学出版社.

环境保护部. 2010. 水质　单质磷的测定　磷钼蓝分光光度法（暂行）（HJ 593—2010）. 北京：中国环境科学出版社.

环境保护部. 2010. 水质　硝基苯类化合物的测定　气相色谱法（HJ 592—2010）. 北京：中国环境科学出版社.

环境保护部. 2011. 固定污染源废气　二氧化硫的测定　非分散红外吸收法(HJ 629—2011). 北京：中国环境科学出版社.

环境保护部. 2011. 环境空气　总烃的测定　气相色谱法（HJ 604—2011）. 北京：中国环境科学出版社.

环境保护部. 2011. 环境影响评价技术导则　生态影响（HJ 19—2011）. 北京：中国环境科学出版社.

环境保护部. 2011. 环境影响评价技术导则　制药建设项目（HJ 611—2011）. 北京：中国环境科学出版社.

环境保护部. 2011. 六价铬水质自动在线监测仪技术要求（HJ 609—2011）. 北京：中国环境科学出版社.

环境保护部. 2011. 水质　钡的测定　火焰原子吸收分光光度法（HJ 603—2011）. 北京：中国环境科学出版社.

环境保护部. 2011. 水质　钡的测定　石墨炉原子吸收分光光度法（HJ 602—2011）. 北京：中国环境科学出版社.

环境保护部. 2011. 水质　总汞的测定　冷原子吸收分光光度法（HJ 597—2011）. 北京：中国环境科学出版社.

环境保护部. 2012. 环境空气质量指数（AQI）技术规定（HJ 633—2012）. 北京：中国环境科学出版社.

环境保护部. 2012. 环境噪声监测技术规范　城市声环境常规监测（HJ 640—2012）. 北京：中国环境科学出版社.

环境保护部. 2012. 水质　石油类和动植物油类的测定　红外分光光度法（HJ 637—2012）. 北京：中国环境出版社.

环境保护部. 2012. 水质　总氮的测定　碱性过硫酸钾消解紫外分光光度法(HJ 636—2012). 北京：中国环境出版社.

环境保护部. 2013. 固定污染源排气　氮氧化物的测定　酸碱滴定法（HJ 675—2013）. 北京：中国环境出版社.

环境保护部. 2013. 环境空气　挥发性卤代烃的测定　活性炭吸附—二硫化碳解吸/气相色谱法（HJ 645—2013）. 北京：中国环境出版社.

环境保护部. 2013. 环境空气　挥发性有机物的测定　吸附管采样—热脱附　气相色谱—质谱法（HJ 644—2013）. 北京：中国环境出版社.

环境保护部. 2013. 水质　总磷的测定　流动注射—钼酸铵分光光度法（HJ 671—2013）. 北京：中国环境出版社.

环境保护部. 2013. 环境空气和废气　气相和颗粒物中多环芳烃的测定　高效液相色谱法（HJ 647—2013）. 北京：中国环境出版社.

环境保护部. 2013. 环境空气和废气　气相和颗粒物中多环芳烃的测定　气相色谱—质谱法

（HJ 646 —2013）. 北京：中国环境出版社.

环境保护部. 2013. 环境空气颗粒物（PM_{10}和$PM_{2.5}$）采样器技术要求及检测方法（HJ 93—2013）. 北京：中国环境出版社.

环境保护部. 2013. 环境空气颗粒物（$PM_{2.5}$）手工监测方法（重量法）技术规范（HJ 656—2013）. 北京：中国环境出版社.

环境保护部. 2013. 环境空气气态污染物（SO_2、NO_2、O_3、CO）连续自动监测系统技术要求及检测方法（HJ 654—2013）. 北京：中国环境出版社.

环境保护部. 2013. 环境空气质量监测点位布设技术规范（试行）（HJ 664—2013）. 北京：中国环境出版社.

环境保护部. 2013. 环境空气质量评价技术规范（试行）（HJ 663—2013）. 北京：中国环境出版社.

环境保护部. 2013. 环境噪声监测点位编码规则（HJ 661—2013）. 北京：中国环境出版社.

环境保护部. 2013. 水质　氨氮的测定　连续流动—水杨酸分光光度法（HJ 665—2013）. 北京：中国环境出版社.

环境保护部. 2013. 水质　氨氮的测定　流动注射—水杨酸分光光度法（HJ 666—2013）. 北京：中国环境出版社.

环境保护部. 2013. 水质　金属总量的消解　微波消解法（HJ 677—2013）. 北京：中国环境出版社.

环境保护部. 2013. 水质　金属总量的消解　硝酸消解法（HJ 678—2013）. 北京：中国环境出版社.

环境保护部. 2013. 水质　磷酸盐的测定　离子色谱法（HJ 669—2013）. 北京：中国环境出版社.

环境保护部. 2013. 水质　磷酸盐和总磷的测定　连续流动—钼酸铵分光光度法（HJ 670—2013）. 北京：中国环境出版社.

环境保护部. 2013. 水质　氰化物等的测定　真空检测管—电子比色法（HJ 659—2013）. 北京：中国环境出版社.

环境保护部. 2013. 水质　硝基苯类化合物的测定　液液萃取/固相萃取—气相色谱法

（HJ 648 —2013）. 北京：中国环境出版社.

环境保护部. 2013. 水质　总氮的测定　连续流动—盐酸萘乙二胺分光光度法（HJ 667—2013）. 北京：中国环境出版社.

环境保护部. 2013. 水质　总氮的测定　流动注射—盐酸萘乙二胺分光光度法（HJ 668—2013）. 北京：中国环境出版社.

环境保护部. 2013. 环境空气颗粒物（PM_{10} 和 $PM_{2.5}$）连续自动监测系统技术要求及检测方法（HJ 653 —2013）. 北京：中国环境出版社.

环境保护部. 2013. 环境空气颗粒物（PM_{10} 和 $PM_{2.5}$）连续自动监测系统安装和验收技术规范（HJ 655 —2013）. 北京：中国环境出版社.

环境保护部. 2014. 固定污染源废气　氮氧化物的测定　定电位电解法（HJ 693—2014）. 北京：中国环境出版社.

环境保护部. 2014. 固定污染源废气　氮氧化物的测定　非分散红外吸收法（HJ 692—2014）. 北京：中国环境出版社.

环境保护部. 2014. 固定污染源废气　挥发性有机物的采样　气袋法（HJ 732—2014）. 北京：中国环境出版社.

环境保护部. 2014. 固定污染源废气　挥发性有机物的测定　固相吸附—热脱附/气相色谱—质谱法（HJ 734—2014）. 北京：中国环境出版社.

环境保护部. 2014. 环境噪声监测技术规范　结构传播固定设备室内噪声（HJ 707—2014）. 北京：中国环境出版社.

环境保护部. 2014. 环境噪声监测技术规范　噪声测量值修正（HJ 706—2014）. 北京：中国环境出版社.

环境保护部. 2014. 水质　65 种元素的测定　电感耦合等离子体质谱法（HJ 700—2014）. 北京：中国环境出版社.

环境保护部. 2014. 水质　汞、砷、硒、铋和锑的测定　原子荧光法（HJ 694—2014）. 北京：中国环境出版社.

环境保护部. 2014. 水质　黄磷的测定　气相色谱法（HJ 701—2014）. 北京：中国环境出版社.

环境保护部. 2014. 水质　硝基苯类化合物的测定　气相色谱—质谱法（HJ 716—2014）. 北京：

中国环境出版社.

环境保护部. 2014. 泄漏和敞开液面排放的挥发性有机物检测技术导则（HJ 733—2014）. 北京：中国环境出版社.

环境保护部. 2015. 铅水质自动在线监测仪技术要求及检测方法（HJ 762—2015）. 北京：中国环境出版社.

环境保护部. 2015. 砷水质自动在线监测仪技术要求及检测方法（HJ 764—2015）. 北京：中国环境出版社.

环境保护部. 2015. 水质 32 种元素的测定 电感耦合等离子体发射光谱法（HJ 776—2015）. 北京：中国环境出版社.

环境保护部. 2015. 水质 铬的测定 火焰原子吸收分光光度法（HJ 757—2015）. 北京：中国环境出版社.

环境保护部. 2016. 城市轨道交通（地下段）结构噪声监测方法（HJ 793—2016）. 北京：中国环境出版社.

环境保护部. 2016. 建设项目环境影响评价技术导则 总纲（HJ 2.1—2016）. 北京：中国环境出版社.

环境保护部. 2016. 总铬水质自动在线监测仪技术要求及检测方法（HJ 798—2016）. 北京：中国环境出版社.

环境保护部. 2017. 水质 化学需氧量的测定 重铬酸盐法（HJ 828—2017）. 北京：中国环境出版社.

环境保护部. 2017. 水质 挥发酚的测定 流动注射—4-氨基安替比林分光光度法（HJ 825—2017）. 北京：中国环境出版社.

环境保护部. 2017. 水质 硫化物的测定 流动注射—亚甲基蓝分光光度法(HJ 824—2017). 北京：中国环境出版社.

环境保护部. 2017. 水质 氰化物的测定 流动注射—分光光度法（HJ 823—2017）. 北京：中国环境出版社.

环保部环境工程评估中心. 2017. 环境影响评价案例分析. 北京：中国环境出版社.

环保部环境工程评估中心. 2017. 环境影响评价技术导则与标准. 北京：中国环境出版社.

环保部环境工程评估中心. 2017. 环境影响评价技术方法. 北京：中国环境出版社.

环保部环境工程评估中心. 2017. 环境影响评价考试大纲. 北京：中国环境出版社.

环保部环境工程评估中心. 2017. 环境影响评价相关法律法规. 北京：中国环境出版社.

国家环保局. 1986. 水质 pH 值的测定 玻璃电极法（GB/T 6920—86）. 北京：中国标准出版社.

国家环保局. 1987. 水质 氟化物的测定 离子选择电极法（GB 7484—87）. 北京：中国标准出版社.

国家环保局. 1987. 水质 镉的测定 双硫腙分光光度法（GB 7471—87）. 北京：中国标准出版社.

国家环保局. 1987. 水质 六价铬的测定 二苯碳酰二肼分光光度法（GB 7467—87）. 北京：中国标准出版社.

国家环保局. 1987. 水质 铅的测定 双硫腙分光光度法（GB 7470—87）. 北京：中国标准出版社.

国家环保局. 1987. 水质 溶解氧的测定 碘量法（GB 7489—87）. 北京：中国标准出版社.

国家环保局. 1987. 水质 铜、锌、铅、镉的测定 原子吸收分光光度法（GB 7475—87）. 北京：中国标准出版社.

国家环保局. 1987. 水质 硝酸盐氮的测定 酚二磺酸分光光度法（GB 7480—87）. 北京：中国标准出版社.

国家环保局. 1987. 水质 锌的测定 双硫腙分光光度法（GB 7472—87）. 北京：中国标准出版社.

国家环保局. 1987. 水质 亚硝酸盐氮的测定 分光光度法（GB 7493—87）. 北京：中国标准出版社.

国家环保局. 1987. 水质 总铬的测定（GB 7466—87）. 北京：中国标准出版社.

国家环保局. 1987. 水质 总汞的测定 高锰酸钾—过硫酸钾消解法 双硫腙分光光度法（GB 7469—87）. 北京：中国标准出版社.

国家环保局. 1987. 水质 总砷的测定 二乙基二硫代氨基甲酸银分光光度法（GB 7485—87）. 北京：中国标准出版社.

国家环保局. 1988. 空气质量　一氧化碳的测定　非分散红外法（GB 9801—88）. 北京：中国标准出版社.

国家环保局. 1989. 水质　高锰酸盐指数的测定（GB 11892—89）. 北京：中国标准出版社.

国家环保局. 1989. 水质　痕量砷的测定　硼氢化钾—硝酸银分光光度法（GB 11900—89）. 北京：中国标准出版社.

国家环保局. 1989. 水质　凯氏氮的测定（GB 11891—89）. 北京：中国标准出版社.

国家环保局. 1989. 水质　色度的测定（GB 11903—89）. 北京：中国标准出版社.

国家环保局. 1989. 水质　总磷的测定　钼酸铵分光光度法（GB 11893—89）. 北京：中国标准出版社.

国家环保局. 1989. 水质　总砷的测定　二乙基二硫代氨基甲酸银分光光度法（GB 7485—87）. 北京：中国标准出版社.

国家环保局. 1991. 水质　水温的测定　温度计或颠倒温度计测定法（GB 13195—91）. 北京：中国标准出版社.

国家环保局. 1991. 水质　浊度的测定（GB 13200—91）. 北京：中国标准出版社.

国家环保局. 1992. 大气降水 pH 值的测定　电极法（GB 13580. 4—92）. 北京：中国标准出版社.

国家环保局. 1992. 大气降水电导率的测定方法（GB 13580.3—92）. 北京：中国标准出版社.

国家环保局. 1992. 大气降水中氟化物的测定　新氟试剂光度法（GB 13580. 10—92）. 北京：中国标准出版社.

国家环保局. 1992. 水质　铅的测定　示波极谱法（GB/T 13896—92）. 北京：中国标准出版社.

国家环保局. 1993. 声学　机动车辆定置噪声测量方法（GB/T 14365—93）. 北京：中国标准出版社.

国家环保局. 1994. 环境空气　降尘的测定　重量法（GB/T 15265—94）. 北京：中国标准出版社.

国家环保局. 1995. 环境空气　总悬浮颗粒物的测定　重量法（GB/T 15432—1995）. 北京：中国标准出版社.

国家环保局. 1995. 环境中有机污染物遗传毒性检测的样品前处理规范（GB/T 15440—1995）.

北京：中国质检出版社.

国家环保局. 1995. 空气质量　甲醛的测定　乙酰丙酮分光光度法（GB/T 15516—1995）. 北京：中国标准出版社.

国家环保局. 1996. 水质　硫化物的测定　亚甲基蓝分光光度法（GB/T 16489—1996）. 北京：中国标准出版社.

国家环保局. 1996. 大气污染物综合排放标准（GB 16297—1996）. 北京：中国标准出版社.

国家环保局. 1996. 固定污染源排气中颗粒物测定与气态污染物的采样方法（GB/T 16157—1996）. 北京：中国标准出版社.

国家环保局. 1997. 水质　硫化物的测定　直接显色分光光度法（GB/T 17133—1997）. 北京：中国标准出版社.

环保总局. 1999. 固定污染源排气中氮氧化物的测定　盐酸萘乙二胺分光光度法（HJ/T 43—1999）. 北京：中国环境科学出版社.

环保总局. 1999. 固定污染源排气中氮氧化物的测定　紫外分光光度法（HJ/T 42—1999）. 北京：中国环境科学出版社.

环保总局. 1999. 固定污染源排气中非甲烷总烃的测定　气相色谱法（HJ/T 38—1999）. 北京：中国环境科学出版社.

环保总局. 1999. 固定污染源排气中一氧化碳的测定　非色散红外吸收法（HJ/T 44—1999）. 北京：中国环境科学出版社.

环保总局. 1999. 定电位电解法二氧化硫测定仪技术条件（HJ/T 46—1999）. 北京：中国环境科学出版社.

环保总局. 2000. 固定污染源排气中二氧化硫的测定　碘量法（HJ/T 56—2000）. 北京：中国环境科学出版社.

环保总局. 2000. 固定污染源排气中二氧化硫的测定　定电位电解法（HJ/T 57—2000）. 北京：中国环境科学出版社.

环保总局. 2000. 水质　硫化物的测定　碘量法（HJ/T 60—2000）. 北京：中国环境科学出版社.

环保总局. 2001. 大气固定污染源　氟化物的测定　离子选择电极法（HJ/T 67—2001）. 北京：中国环境科学出版社.

环保总局. 2001. 大气固定污染源　镉的测定　火焰原子吸收分光光度法（HJ/T 64.1—2001）. 北京：中国环境科学出版社.

环保总局. 2001. 大气固定污染源　镉的测定　石墨炉原子吸收分光光度法（HJ/T 64.2—2001）. 北京：中国环境科学出版社.

环保总局. 2001. 大气固定污染源　镍的测定　丁二酮肟—正丁醇萃取分光光度法（HJ/T 63.3 —2001）. 北京：中国环境科学出版社.

环保总局. 2001. 大气固定污染源　镍的测定　火焰原子吸收分光光度法（HJ/T 63.1—2001）. 北京：中国环境科学出版社.

环保总局. 2001. 大气固定污染源　镍的测定　石墨炉原子吸收分光光度法（HJ/T 63.2—2001）. 北京：中国环境科学出版社.

环保总局. 2001. 辐射环境监测技术规范（HJ/T 61—2001）. 北京：中国环境科学出版社.

环保总局. 2001. 高氯废水　化学需氧量的测定　氯气校正法（HJ/T 70—2001）. 北京：中国环境科学出版社.

环保总局. 2002. 地表水和污水监测技术规范（HJ/T 91—2002）. 北京：中国环境科学出版社.

环保总局. 2002. 水污染物排放总量监测技术规范（HJ/T 92—2002）. 北京：中国环境科学出版社.

环保总局. 2002. 水质　生化需氧量(BOD)的测定　微生物传感器快速测定法(HJ/T 86—2002). 北京：中国环境科学出版社.

环保总局. 2003. 氨氮水质自动分析仪技术要求（HJ/T 101—2003）. 北京：中国环境科学出版社.

环保总局. 2003. 电导率水质自动分析仪技术要求（HJ/T 97—2003）. 北京：中国环境科学出版社.

环保总局. 2003. 高氯废水　化学需氧量的测定　碘化钾碱性高锰酸钾法(HJ/T 132—2003). 北京：中国环境科学出版社.

环保总局. 2003. pH 水质自动分析仪技术要求（HJ/T 96—2003）. 北京：中国环境科学出版社.

环保总局. 2003. 溶解氧（DO）水质自动分析仪技术要求（HJ/T 99—2003）. 北京：中国环境科学出版社.

环保总局. 2003. 总氮水质自动分析仪技术要求（HJ/T 102—2003）. 北京：中国环境科学出版社.

环保总局. 2003. 总磷水质自动分析仪技术要求（HJ/T 103—2003）. 北京：中国环境科学出版社.

环保总局. 2003. 浊度水质自动分析仪技术要求（HJ/T 98—2003）. 北京：中国环境科学出版社.

环保总局. 2003. 高锰酸盐指数水质自动分析仪技术要求（HJ/T 100—2003）. 北京：中国环境科学出版社.

环保总局. 2003. 总有机碳（TOC）水质自动分析仪技术要求（HJ/T 104—2003）. 北京：中国环境科学出版社.

环保总局. 2004. 地下水环境监测技术规范（HJ/T 164—2004）. 北京：中国环境科学出版社.

环保总局. 2004. 室内环境空气质量监测技术规范（HJ/T 167—2004）. 北京：中国环境科学出版社.

环保总局. 2004. 酸沉降监测技术规范（HJ/T 165—2004）. 北京：中国环境科学出版社.

环保总局. 2004. 建设项目环境风险评价技术导则（HJ/T 169—2004）. 北京：中国环境科学出版社.

环保总局. 2005. 环境空气质量手工监测技术规范（HJ/T 194—2005）. 北京：中国环境科学出版社.

环保总局. 2005. 降雨自动监测仪技术要求及检测方法（HJ/T 175—2005）. 北京：中国环境科学出版社.

环保总局. 2005. 水质 氨氮的测定 气相分子吸收光谱法（HJ/T 195—2005）. 北京：中国环境科学出版社.

环保总局. 2005. 水质 凯氏氮的测定 气相分子吸收光谱法（HJ/T 196—2005）. 北京：中国环境科学出版社.

环保总局. 2005. 水质 硫化物的测定 气相分子吸收光谱法（HJ/T 200—2005）. 北京：中国环境科学出版社.

环保总局. 2005. 水质 硝酸盐氮的测定 气相分子吸收光谱法（HJ/T 198—2005）. 北京：中国环境科学出版社.

环保总局. 2005. 水质 亚硝酸盐氮的测定 气相分子吸收光谱法（HJ/T 197—2005）. 北京：中国环境科学出版社.

环保总局. 2005. 水质 总氮的测定 气相分子吸收光谱法（HJ/T 199—2005）. 北京：中国环境科学出版社.

环保总局. 2007. 固定污染源监测质量保证与质量控制技术规范（试行）(HJ/T 373—2007). 北京：中国环境科学出版社.

环保总局. 2007. 固定污染源排放烟气黑度的测定 林格曼烟气黑度图法(HJ/T 398—2007). 北京：中国环境科学出版社.

环保总局. 2007. 固定污染源烟气排放连续监测技术规范（试行）(HJ/T 75—2007). 北京：中国环境科学出版社.

环保总局. 2007. 固定污染源烟气排放连续监测系统技术要求及检测方法（试行）(HJ/T 76—2007). 北京：中国环境科学出版社.

环保总局. 2007. 固定源废气监测技术规范（HJ/T 397—2007）. 北京：中国环境科学出版社.

环保总局. 2007. 环境保护产品技术要求 标定总悬浮颗粒物采样器用的孔口流量计技术要求及检测方法（HJ/T 368—2007）. 北京：中国环境科学出版社.

环保总局. 2007. 环境保护产品技术要求 化学需氧量（COD_{Cr}）水质在线自动监测仪（HJ/T 377—2007）. 北京：中国环境科学出版社.

环保总局. 2007. 水污染源在线监测系统安装技术规范（HJ/T 353—2007）. 北京：中国环境科学出版社.

环保总局. 2007. 水污染源在线监测系统数据有效性判别技术规范(试行)(HJ/T 356—2007). 北京：中国环境科学出版社.

环保总局. 2007. 水污染源在线监测系统验收技术规范（试行）(HJ/T 354—2007). 北京：中国环境科学出版社.

环保总局. 2007. 水污染源在线监测系统运行与考核技术规范(试行)(HJ/T 355—2007). 北京：中国环境科学出版社.

环保总局. 2007. 水质 粪大肠菌群的测定 多管发酵法和滤膜法(试行)(HJ/T 347—2007). 北京：中国环境科学出版社.

环保总局. 2007. 水质　汞的测定　冷原子荧光法（试行）（HJ/T 341—2007）. 北京：中国环境科学出版社.

环保总局. 2007. 水质　汞的测定　冷原子荧光法（试行）（HJ/T 341—2007）. 北京：中国环境科学出版社.

环保总局. 2007. 水质　化学需氧量的测定　快速消解分光光度法（HJ/T 399—2007）. 北京：中国环境科学出版社.

环保总局. 2007. 水质　硫酸盐的测定　铬酸钡分光光度法（试行）（HJ/T 342—2007）. 北京：中国环境科学出版社.

环保总局. 2007. 水质　氯化物的测定　硝酸汞滴定法（试行）（HJ/T 343—2007）. 北京：中国环境科学出版社.

环保总局. 2007. 水质　锰的测定　甲醛肟分光光度法（试行）（HJ/T 344—2007）. 北京：中国环境科学出版社.

环保总局. 2007. 水质　铁的测定　邻菲啰啉分光光度法（试行）（HJ/T 345—2007）. 北京：中国环境科学出版社.

环保总局. 2007. 水质　硝酸盐氮的测定　紫外分光光度法（试行）（HJ/T 346—2007）. 北京：中国环境科学出版社.

环保总局. 2007. 水质自动采样器技术要求及检测方法（HJ/T 372—2007）. 北京：中国环境科学出版社.

环保总局. 2007. 总悬浮颗粒物采样器技术要求及检测方法（HJ/T 374—2007）. 北京：中国环境科学出版社.

蒋展鹏，杨宏伟. 2013. 环境工程学（第三版）. 北京：高等教育出版社.

金腊华. 2015. 环境影响评价. 北京：化学工业出版社.

毛东兴，洪宗辉. 2015. 环境噪声控制工程（第二版）. 北京：高等教育出版社.

钱瑜. 2012. 环境影响评价（第二版）. 南京：南京大学出版社.

曲向荣. 2012. 清洁生产. 北京：机械工业出版社.

盛连喜，冯江，王娓. 2010. 环境生态学导论（第二版）. 北京：高等教育出版社.

水利部. 1994. 中华人民共和国行业标准矿化度的测定（重量法）（SL 79—1994）. 北京：中国

水利出版社.

水利部. 1994. 中华人民共和国行业标准氧化还原电位的测定（电位测定法）（SL 94—1994）. 北京：中国水利出版社.

魏复盛，环保总局水和废水监测分析方法编委会. 2002. 水和废水监测分析方法（第四版增补版）. 北京：中国环境科学出版社.

魏复盛，环保总局空气和废气监测分析方法编委会. 2003. 空气和废气监测分析方法（第四版增补版）. 北京：中国环境科学出版社.

奚旦立，孙裕生. 2016. 环境监测（第四版）. 北京：高等教育出版社.

叶文虎，张勇. 2013. 环境管理学（第三版）. 北京：高等教育出版社.

于宏兵. 2012. 清洁生产教程. 北京：化学工业出版社.

赵玉明. 2014. 清洁生产（第二版）. 北京：中国环境出版社.